国外计算机科学教材系列

操作系统

——精髓与设计原理（第九版）

Operating Systems

Internals and Design Principles, Ninth Edition

[美] William Stallings 著

陈向群 陈 渝 译

電子工業出版社

Publishing House of Electronics Industry

北京 • BEIJING

内 容 简 介

本书既是关于操作系统概念、结构和原理的教材，目的是尽可能清楚与全面地展示现代操作系统的本质和特点；又是讲解操作系统的经典教材，不仅系统地讲述了操作系统的基本概念、原理和方法，而且以当代流行的操作系统Windows 10、UNIX、Android、Linux为例，展现了当代操作系统的本质和特点。全书共分背景知识、进程、内存、调度、输入/输出和文件、嵌入式系统六部分，内容包括：计算机系统概述，操作系统概述，进程描述和控制，线程，并发：互斥和同步，并发：死锁和饥饿，内存管理，虚拟内存，单处理器调度，多处理器、多核和实时调度，I/O管理和磁盘调度，文件管理，嵌入式操作系统，虚拟机，操作系统安全技术，云与物联网操作系统。

本书可作为高等学校计算机科学与技术专业操作系统课程的教材，也可供其他专业学生参考。

图书在版编目（CIP）数据

操作系统：精髓与设计原理：第九版/（美）威廉·斯托林斯（William Stallings）著；陈向群等译.
北京：电子工业出版社，2020.8
书名原文：Operating Systems: Internals and Design Principles, Ninth Edition
国外计算机科学教材系列
ISBN 978-7-121-38831-6

I. ①操…　II. ①威…　②陈…　III. ①操作系统－高等学校－教材　Ⅳ. ①TP316

中国版本图书馆 CIP 数据核字（2020）第 046184 号

责任编辑：谭海平
印　　刷：三河市鑫金马印装有限公司
装　　订：三河市鑫金马印装有限公司
出版发行：电子工业出版社
　　　　　北京市海淀区万寿路 173 信箱　　　邮编：100036
开　　本：787×1092　1/16　　印张：29.75　　字数：900 千字
版　　次：2006 年 2 月第 1 版（原著第 5 版）
　　　　　2020 年 8 月第 2 版（原著第 9 版）
印　　次：2024 年 12 月第 7 次印刷
定　　价：89.00 元

凡所购买电子工业出版社图书有缺损问题，请向购买书店调换。若书店售缺，请与本社发行部联系，联系及邮购电话：（010）88254888，88258888。

质量投诉请发邮件至 zlts@phei.com.cn，盗版侵权举报请发邮件至 dbqq@phei.com.cn。

本书咨询联系方式：malan@phei.com.cn。

译 者 序

操作系统技术一直在不断地发展和变化，计算机科学与技术专业、软件工程专业和信息安全专业的学生怎样全面且深入地理解操作系统呢？William Stallings 博士的这本教材给出了答案。William Stallings 博士撰写了很多有关计算机领域的教材，曾 13 次获得美国年度最佳计算机科学教科书奖和学术作者协会奖。他的这本教材已更新到了如今的第九版，并被国内外很多大学采用为操作系统课程的教材或参考书。本书内容丰富、布局合理、概念清晰、举例恰当、文字简洁，是一本不可多得的优秀教材。

本书在保持第八版的众多特色的基础上，紧跟操作系统技术的最新发展，增加了许多新内容：及时反映了 Linux 内核和 Android 内核的最新技术变化；从内容的组织、广泛性和先进性上完全改写了虚拟机一章，并增加了关于容器的内容；新增了云操作系统的内容；新增了物联网操作系统的内容。

特别值得一提的是，本书的配套资源可为教师和学生提供很大的帮助，这些资源包括每章末尾复习题和习题的参考答案、项目安排建议、教学课件、测试题库、教学大纲示范等。这些资源非常宝贵，可为我国各高等学校开设操作系统课程的教师提高教学质量提供有力的支持。即使是在课堂上带领学生认真讨论每章后面精心提炼的关键术语，对学生顺利完成操作系统课程的学习也是非常有意义的。

本书主要由陈向群、陈渝翻译。参加整理和校对工作的还有杨子岳、刘炳言、张子祺、田檬、张宸宁、阎钰璠、刘德培、江超等，在此对他们的贡献表示真诚的感谢。

由于译者水平有限，本书的译文中必定会存在一些不足或错误之处，欢迎各位专家和广大读者批评指正。

译　者

前　言

第九版新增内容

自本书第八版出版以来，操作系统领域一直都在不断地发展。第九版试图在反映这些发展的同时，保持操作系统领域的广泛性。修订本书时，从事教学和研究的许多教授审阅了第九版，因此新版中许多地方的叙述更清晰、更紧凑。

除有利于教学和阅读外，书中的内容也因应操作系统领域的进展做了整体更新，并扩展了教师和学生支持。主要变化如下：

- 更新了 Linux 的内容。为反映第八版后 Linux 内核的最新变化，更新和扩展了 Linux 的内容。
- 更新了 Android 的内容。为反映第八版后 Android 内核的最新变化，更新和扩展了 Android 的内容。
- 新增了虚拟化方面的内容。完全改写了关于虚拟机的章节，更好地组织了内容，加入了更广泛的新内容。此外，新增加了一节关于容器使用方面的内容。
- 新增了云操作系统的内容。新增了云操作系统的介绍，包括云计算概述、云操作系统原理和需求，以及流行开源云操作系统 OpenStack。
- 新增了物联网操作系统的内容。新增了物联网操作系统的介绍，包括物联网概述、物联网操作系统原理和需求，以及流行开源物联网操作系统 RIOT。
- 更新和扩展了嵌入式操作系统的内容。本章实质性的修改和扩展内容包括：
  - 扩展了嵌入式系统章节，增加了微控制器和深度嵌入式系统的介绍。
  - 扩展和更新了嵌入式操作系统的概述部分。
  - 扩展了嵌入式 Linux 的内容，新增了关于流行嵌入式 Linux 系统 μClinux 的介绍。
- 并发。在项目手册中增加了新项目，以便更好地帮助学生理解并发的原理。

目标

本书是一本关于操作系统概念、结构和原理的教材，目的是尽可能清楚与全面地展示现代操作系统的本质和特点。

这是一项具有挑战性的任务。首先，需要为各种各样的计算机系统设计操作系统，包括嵌入式系统、智能手机、单用户工作站和个人计算机、中等规模的共享系统、大型计算机和超级计算机，以及诸如实时系统之类的专用机器。多样性不仅体现在机器的容量和速度上，而且体现在具体应用和系统支持的需求上。其次，计算机系统正以日新月异的速度发展和变化，操作系统设计中的许多重要领域都是最近才开始研究的，并且关于这些领域及其他新领域的研究工作仍在进行。

尽管存在多样性和变化快等问题，但有些基本概念仍然保持不变。当然，这些概念的应用依赖于当前的技术状况和特定的应用需求。本书的目的是全面讨论操作系统设计的基本原理，并将现代流行的设计问题与当前操作系统的发展方向关联起来。

实例系统

本书的目的是让读者熟悉现代操作系统的设计原理和实现问题，因此单纯地讲述概念和理论远远不够。为了说明这些概念，同时将它们与真实世界中不得不做出的设计选择相关联，本书选择了

4 个操作系统作为实例：

- **Windows**：用于个人计算机、工作站和服务器的多任务操作系统，融入了很多操作系统发展的最新技术。此外，Windows 是最早采用面向对象原理进行设计的重要商业操作系统之一。本书涵盖了 Windows 最新版本（包括 Windows 10）采用的技术。
- **Android**：Android 是为嵌入式设备特别是手机量身定做的，主要是为了满足嵌入式环境的独特需求。本书介绍了 Android 的内核信息。
- **UNIX**：最初是为小型计算机设计的多用户操作系统，但后来广泛用于从微型计算机到超级计算机的各种机器中。本书采用若干版本的 UNIX 作为实例。FreeBSD 融合了很多的现代特征，是一个广泛应用的操作系统；Solaris 是一个广泛应用的商用 UNIX 系统。
- **Linux**：一个非常普及且源代码开放的 UNIX 版本。

选择这些操作系统的原因是它们之间存在相关性，同时它们也具有代表性。关于这些实例系统的讨论贯穿全书，而非集中于某章或附录部分。因此，在讨论并发性时，会描述每个实例系统的并发机制，并探讨各种设计选择的动机。采用真实的例子可加深读者对相关章节中设计概念的理解。为方便起见，读者也可以在在线文档中查阅所有实例系统的资料。

支持 ACM/IEEE 计算机科学课程体系 2013

本书的读者是大学学生和专业技术人员，可作为计算机科学、计算机工程和电气工程专业本科生一学期或两学期操作系统课程的教材。新版符合“ACM/IEEE 计算机科学课程体系 2013”（CS2013）最新草案版（2013 年 12 月）的要求。在 CS2013 推荐的课程体系中，操作系统（OS）是计算机科学的主干课程。CS2013 将所有课程内容分为三类，即核心类 1（含课程体系中的所有专题）、核心类 2（含所有或几乎所有专题）、选修类（深度和广度更大）。在操作系统领域，CS2013 含有核心类 1 的 2 个专题、核心类 2 的 4 个专题及选修类的 6 个可选专题，每个专题下都含有一些子专题。本书涵盖了 CS2013 列出的三类课程中的所有专题和子专题。

表 P.1 中给出了本书对操作系统知识领域的支持情况。对于每个专题下的子专题清单，读者可参阅文件网站 box.com/OS9e 上的文件 CS2013-OS.pdf。

表 P.1　本书对 CS2013 中操作系统知识领域的覆盖情况

专　题	本书的覆盖情况
操作系统概述（核心类 1）	第 2 章：操作系统概述
操作系统原理（核心类 1）	第 1 章：计算机系统概述 第 2 章：操作系统概述
并发（核心类 2）	第 5 章：并发：互斥和同步 第 6 章：并发：死锁和饥饿 附录 A：并发主题 第 19 章：分布式进程管理
调度与分派（核心类 2）	第 9 章：单处理器调度 第 10 章：多处理器、多核和实时调度
存储管理（核心类 2）	第 7 章：内存管理 第 8 章：虚拟内存
安全与保护（核心类 2）	第 15 章：操作系统安全技术
虚拟机（选修类）	第 14 章：虚拟机
设备管理（选修类）	第 11 章：I/O 管理和磁盘调度
文件系统（选修类）	第 12 章：文件管理
实时与嵌入式系统（选修类）	第 10 章：多处理器、多核和实时调度 第 13 章：嵌入式操作系统。书中与 Android 相关的例子
容错（选修类）	2.5 节：容错性
系统性能评估（选修类）	书中与存储管理、调度及其他领域相关的性能问题

本书结构

本书分为六部分：

1. 背景知识

2. 进程

3. 内存

4. 调度

5. 输入/输出和文件

6. 嵌入式系统（嵌入式操作系统、虚拟机、操作系统安全、云与物联网操作系统）

为便于说明，书中含有大量的图表，每章末尾给出了关键术语、复习题和习题；书后给出了参考文献。此外，本书可为教师提供题库。

教师支持资源

本书的主要目的是成为操作系统课程的有效教学工具，这体现在本书的结构和补充材料中。以下是便于教师教学的补充材料：

- **参考答案**：提供了每章末复习题和习题的答案。
- **项目手册**：对前言中列出的所有项目给出了项目布置建议。
- **PowerPoint 课件**：所有章节的课件，可用于课堂教学。
- **PDF 文件**：给出了本书中的全部图表。
- **测试题库**：按章给出了测试题，并附有单独的答案。
- **教学大纲示范**：本书的内容很多，很难在一学期内全部讲授。教学大纲示范告诉教师如何在有限的时间内使用本书。大纲示范是根据使用本书上一版的教师的实际教学经验总结形成的。

所有支持材料均可在本书的教师资源中心（IRC）找到。需要这些材料的教师，可通过培生公司的网站 www.pearsonhighered.com/stallings 下载。要访问 IRC，可联系本地销售代表[①]。

操作系统项目和其他学生练习

对许多教师而言，操作系统课程的一项重要任务是，通过一个或多个项目来加深学生对概念的理解。本书在课程中加入了一个项目，因为这个项目得到了众多的支持。本书的在线部分提供两个编程项目。此外，在通过培生公司得到的教师支持资源中，不仅包括分配和组织各个项目的方式，而且包括针对不同项目和特殊任务的手册。教师可布置如下任务：

- **OS/161 项目**：见后面的介绍。
- **模拟项目**：见后面的介绍。
- **信号量项目**：旨在帮助学生理解并发的概念，包括竞争条件、饥饿和死锁。
- **内核项目**：IRC 提供了两组不同的 Linux 内核编程项目及一组 Android 内核编程项目的完整支持。
- **编程项目**：见后面的介绍。
- **研究项目**：研究特定专题的网上项目和报告撰写。
- **阅读/报告任务**：让学生阅读后完成报告或布置为作业的论文。
- **写作任务**：便于学习的写作任务清单。
- **讨论专题**：课堂、聊天室和消息板上所用的专题，加深学生的理解和协作。

① 教辅申请方式请参见后面的“教学支持说明”，或联系 Te_service@phei.com.cn。

此外，本书还为教师和学生提供一个研究并发机制的软件包 BACI。

这些项目和学生练习可丰富教师的教学内容，教师和学生也可根据自己的需要对其进行裁剪，详见附录 B。

OS/161 项目

第九版支持基于 OS/161 的主动学习部分。OS/161 是一个教学用操作系统，越来越多的人已将其作为操作系统内核教学的首选平台，目的是既让学生体验真实操作系统的工作方式，又不会被相当复杂的成熟操作系统如 Linux 压垮。与部署得最多的操作系统比较，OS/161 的体量很小(仅约 20000 行代码和注释)，因此学生很容易在理解整个代码的基础上进行二次开发。

IRC 包括如下内容：

1. 教师可上传到课程服务器上供学生下载的 html 文件压缩包。

2. 帮助学生使用 OS/161 的入门手册。

3. 供学生实践使用的 OS/161 练习。

4. 供教师使用的习题解答。

5. 教材中的相应位置会说明这些项目，学生阅读相关内容后可完成相应的 OS/161 项目。

模拟项目

IRC 提供了涵盖操作系统设计关键内容的 7 个模拟项目。学生可以使用这套模拟工具包分析操作系统的设计特性。这些模拟工具是用 Java 编写的，既可作为 Java 应用程序在本地运行，又可在浏览器上在线运行。IRC 中含有学生所用的作业，这些作业演示了实施步骤和结果。

编程项目

新版教材支持编程项目。编程项目有两个：一是开发一个 shell 程序，即命令解释器；二是开发教材在线部分中介绍的进程分派器。IRC 为开发程序提供了所需的资料和逐步练习。

指导教师也可针对本书中的许多基本原理安排强度更大的编程项目。本书为这些项目的实施提供了详细的指导材料，并提供了与每个项目相关的习题。

IRC 提供的项目手册包括一系列编程项目，涵盖了大部分专题，并且可以在任何平台上使用合适的语言来实现。

在线文档和其他资源

第九版在两个网站上为学生在线提供大量配套资料。其中，配套网站（先登录 WilliamStallings.com/OperatingSystems，后单击 *Student Resources* 链接）中含有按章组织的链接列表和本书的勘误。网站上的相关内容包括：①

- **在线章节：**为使本书不致太厚，5 章内容以 PDF 格式提供，详见目录。
- **在线附录：**很多有趣的专题未放入纸质教材，而以附录的形式放在网上，详见目录。
- **习题和解答：**为便于学生理解，本书提供了一套习题及其解答。

致谢

感谢以下人员做出的贡献：Rami Rosen 提供了大部分关于 Linux 的新内容，Vinet Chadha 提供

① 部分资源也可登录华信教育资源网（www.hxedu.com.cn）下载。

了关于虚拟机的新内容，Durgadoss Ramanathan 提供了关于 Android ART 的新内容。

本书的多次修订得到了数以百计的教师和技术人员的帮助，他们慷慨地奉献了宝贵的时间和专业知识，在此向他们表示感谢。

以下教师审阅了本书的所有或大部分初稿：Jiang Guo（加州大学洛杉矶分校）、Euripides Montagne（中佛罗里达大学）、Kihong Park（普渡大学）、Mohammad Abdus Salam（南方大学农工学院）、Robert Marmorstein（朗沃德大学）、Christopher Diaz（薛顿希尔大学）和 Barbara Bracken（威尔克斯大学）。

还要感谢所有对一个或多个章节进行详细技术审查的如下人员：Nischay Anikar、Adri Jovin、Ron Munitz、Fatih Eyup Nar、Atte Peltomaki、Durgadoss Ramanathan、Carlos Villavieja、Wei Wang、Serban Constantinescu 和 Chen Yang。

感谢详细审阅实例系统的如下人员：Kristopher Micinski、Ron Munitz、Atte Peltomaki、Durgadoss Ramanathan、Manish Shakya、Samuel Simon、Wei Wang 和 Chen Yang 审阅了关于 Android 的内容；Tigran Aivazian、Kaiwan Billimoria、Peter Huewe、Manmohan Manoharan、Rami Rosen、Neha Naik 和 Hualing Yu 审阅了关于 Linux 的内容；Francisco Cotrina、Sam Haidar、Christopher Kuleci、Benny Olsson 和 Dave Probert 审阅了关于 Windows 的内容；Emmanuel Baccelli 和 Kaspar Schleiser 审阅了关于 RIOT 的内容；Bob Callaway 审阅了关于 OpenStack 的内容。eCosCentric 公司的 Nick Garnett 审阅了关于 eCos 的内容；TinyOS 公司的开发人员 Philip Levis 审阅了关于 TinyOS 的内容；Sid Young 审阅了关于容器虚拟化的内容。

多伦多大学的 Andrew Peterson 教授为 IRC 补充了关于 OS/161 的内容，James Craig Burley 撰写和录制了相关视频。

得克萨斯州立大学圣安东尼奥分校的 Adam Critchley 开发了模拟项目的习题；伊利诺伊大学香槟分校的 Matt Sparks 为本书改编了一组编程习题。

澳大利亚国防大学的 Lawrie Brown 提供了关于缓冲区溢出攻击的内容；密歇根工学院的 Ching-Kuang Shene 为竞争条件一节提供了示例，并审阅了该节；克罗拉多矿业大学的 Tracy Camp 和 Keith Hellman 提供了一些新的课外练习。此外，Fernando Ariel Gont 提供了一些课外练习，同时详细审阅了本书的全部章节。

感谢威廉与玛丽学院的 Bill Bynum 和克罗拉多矿业大学的 Tracy Camp 对附录 O 的贡献；感谢伍斯特理工学院的 Steve Taylor 对教师手册中程序设计项目和阅读/报告任务的贡献；感谢乔治·梅森大学的 Tan N. Nguyen 教授对教学手册中研究项目的贡献；感谢格里菲斯大学的 Ian G. Graham 对书中两个编程项目的贡献；感谢库兹敦大学的 Oskars Rieksts 允许我使用他的讲稿、测验与项目。

最后要感谢负责出版本书的人们。他们是培生公司的工作人员，特别是编辑 Tracy Johnson 及其助理 Kristy Alaura、产品经理 Carole Snyder 和项目经理 Bob Engelhardt。感谢培生公司的市场和销售人员，没有他们的努力，本书不可能面世。

关于作者

William Stallings，美国圣母大学电气工程专业学士，麻省理工学院计算机科学专业博士。

William Stallings 已出版图书近 20 种，含修订版在内共出版图书 40 种，内容涉及计算机安全、计算机网络和计算机体系结构。在多家期刊上发表了大量论文，包括《IEEE 进展》《ACM 计算评论》和《密码术》。13 次荣获教材与学术作者协会颁发的最佳计算机科学教科书奖。在计算机科学领域工作的 30 多年，William Stallings 一直是一位技术贡献者、技术管理者和多家高科技公司的主管；针对许多计算机和操作系统，设计和实现了基于 TCP/IP 与基于 OSI 的协议套件。

William Stallings 还是政府机构、计算机和软件供应商以及设计、选用网络软件与产品的用户的顾问。创建与维护了计算机科学专业学生资源网站 ComputerScienceStudent.com，为计算机科学专业的学生（及专业人员）提供文献及大量专题链接，也是学术期刊《密码术》的编委会成员。

目　录

第一部分　背景知识

第二部分 进程

第三部分　内存

第四部分 调度

第五部分　输入/输出和文件

第六部分 嵌入式系统

在线章节与附录[①]

① 此部分内容未做翻译，需要的读者可通过 www.hxedu.com.cn 下载。

第一部分

背景知识

第1章　计算机系统概述

学习目标

- 了解计算机系统的各个基本组成部分及它们间的内部关系
- 了解处理器执行一条指令时的每个步骤
- 掌握中断的概念，以及处理器如何及为何利用中断
- 列举并描述典型计算机存储体系的每一层
- 理解多处理器系统和多核计算机的基本特性
- 讨论局部性概念，分析多级存储体系的性能
- 掌握栈的操作，以及栈对过程调用和返回的支持

操作系统利用一个或多个处理器的硬件资源，为系统用户提供一组服务，它还代表用户来管理辅助存储器和输入/输出（Input/Output，I/O）设备。因此，在开始分析操作系统之前，掌握一些底层的计算机系统硬件知识很重要。

本章简要介绍计算机系统的硬件，并假设读者比较熟悉这些领域，因此对大多数领域只进行简要概述。但某些内容对本书后面要讨论的主题比较重要，因此对这些内容的讲述会比较详细。其他内容将在附录C中介绍，更多内容可参见[STAL16a]。

1.1　基本构成

计算机由处理器、存储器和输入/输出部件组成，每类部件都有一个或多个模块。这些部件以某种方式互连，以实现计算机执行程序的主要功能。因此，计算机有4个主要的结构化部件：

- **处理器**（Processor）：控制计算机的操作，执行数据处理功能。只有一个处理器时，它通常指中央处理器（CPU）。
- **内存**（Main memory）：存储数据和程序。此类存储器通常是易失性的，即当计算机关机时，存储器的内容就会丢失。相对于此的是磁盘存储器，当计算机关机时，它的内容不会丢失。内存通常也称实存储器（real memory）或主存储器（primary memory）。
- **输入/输出模块**（I/O modules）：在计算机和外部环境之间移动数据。外部环境由各种外部设备组成，包括辅助存储器设备（如硬盘）、通信设备和终端。
- **系统总线**（System bus）：在处理器、内存和输入/输出模块间提供通信的设施。

图1.1显示了这些部件的俯视图。处理器的一种功能是与存储器交换数据。为此，它通常使用两个内部（对处理器而言）寄存器：*内存地址寄存器*（Memory Address Register，MAR），用于确定下次读/写的存储器地址；*内存缓冲寄存器*（Memory Buffer Register，MBR），用于存放要写入存储器的数据或从存储器中读取的数据。同理，*输入/输出地址寄存器*（I/O Address Register，简称I/O AR或*I/O地址寄存器*）用于确定一个特定的输入/输出设备，*输入/输出缓冲寄存器*（I/O Buffer Register，简称I/O BR或*I/O缓冲寄存器*）用于在输入/输出模块和处理器间交换数据。

内存模块由一组单元组成，这些单元由顺序编号的地址定义。每个单元包含一个二进制数，它可解释为一个指令或数据。输入/输出模块在外部设备与处理器和存储器之间传送数据。输入/输出模块包含内存缓冲区，用于临时保存数据，直到它们被发送出去。

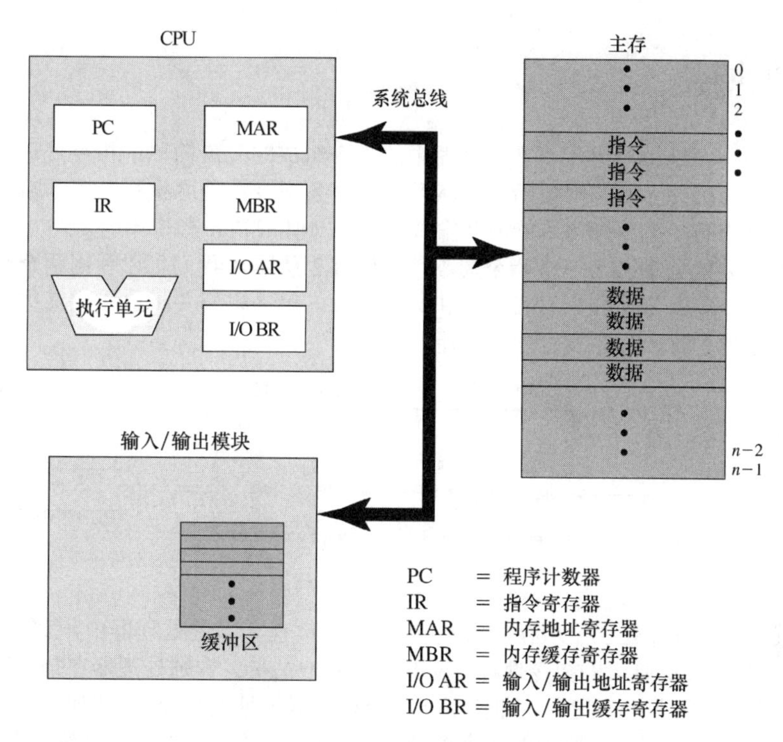

图 1.1　计算机部件：俯视图

1.2　微处理器的发展

微处理器可以在单个芯片上容纳一个处理器，它的发明为台式计算机和便携式计算机带来了一场硬件革命。尽管在最初的一段时间里，微处理器的处理速度要比多芯片处理器慢，但它们一直在不断地发展，因此今天的微处理器在进行大多数计算时运算速度非常快，这要归功于硬件上的交互信息时间已缩短到纳秒量级。

今天，微处理器不仅成了最快的通用处理器，还发展成了多处理器：每个芯片（称为底座）上面容纳了多个处理器（称为内核），每个处理器上有多层大容量缓存，且多个处理器之间共享内核的执行单元。2010 年，拥有一台双核或四核便携式计算机已不稀奇，每个内核甚至可以配两个硬件线程，使逻辑处理器的总数达到 4 个或 8 个。

尽管处理器对多数计算形式都能提供非常好的处理能力，但人们对数值计算的需求也与日俱增。图形处理单元通过使用此前巨型计算机上才能实现的单指令多数据技术，能有效地计算数据集。今天，图形处理单元已不再用于渲染高级图形，但仍适用于普通的数值处理，如游戏的物理仿真或大型电子表格的计算。同时，CPU 本身开始采用集成有庞大向量单元的 x86 和 AMD64 处理器结构，以此来增加对可操作数据集的容量。

处理器和图形处理单元并不是现代 PC 处理技术的全部。数字信号处理器也是当下的处理器之一，它主要对流信号如音频和视频进行处理。其他专用计算装置（固定功能单元）与 CPU 共存，用来支持其他标准的一些计算，如编码/解码语音和视频（多媒体数字信号编码器/解码器），或用来提供对加密和安全技术的支持。

为了满足便携式设备的需求，传统微处理器正在被片上系统取代。片上系统的概念不仅指 CPU 和高速缓存在一个芯片上，而且系统中的多数其他硬件也在这个芯片上，如数字信号处理器、图像处理单元、I/O 装置（如无线电和多媒体数字信号编码器/解码器）和内存。

1.3　指令的执行

处理器执行的程序是由一组保存在存储器中的指令组成的。最简单的指令处理包括两步：处理器首先从存储器中一次读（取）一条指令，然后执行每条指令。程序执行是由不断重复的取指令和执行指令的过程组成的。指令执行可能涉及很多操作，具体取决于指令本身。

单个指令所需要的处理称为一个**指令周期**。如图 1.2 所示，我们可以使用两个简单的步骤来描述指令周期。这两个步骤分别称为**取指阶段**和**执行阶段**。仅当机器关机、发生某些未知错误或遇到与停机相关的程序指令时，程序执行才会停止。

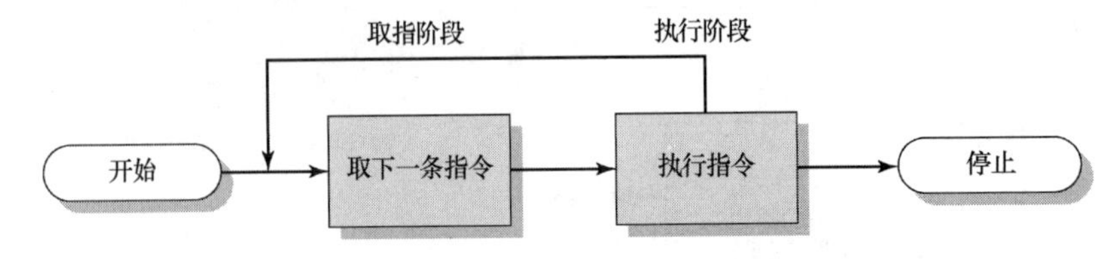

图 1.2　基本的指令周期

每个指令周期开始时，处理器从存储器中取一条指令。在典型的处理器中，**程序计数器**（Program Counter，PC）保存下一次要取的指令地址。除非出现其他情况，否则处理器在每次取指令后总是递增 PC，以便能按顺序取下一条指令（即位于下一个存储器地址的指令）。例如，考虑一台简化的计算机，其中的每条指令占据存储器中的一个 16 位字，假设程序计数器（PC）被置为地址 300，处理器下一次将在地址为 300 的存储单元处取指令，在随后的指令周期中，它将从地址为 301、302、303 等的存储单元处取指令。下面说明这一顺序是可以改变的。

取到的指令放在处理器的一个寄存器中，这个寄存器被称为**指令寄存器**（Instruction Register，IR）。指令中包含确定处理器将要执行的操作的位，处理器解释指令并执行对应的操作。大体上，这些动作可分为 4 类：

- **处理器-存储器**：数据可以从处理器传送到存储器，或从存储器传送到处理器。
- **处理器-I/O**：通过处理器和 I/O 模块间的数据传送，数据可以输出到外部设备，或从外部设备向处理器输入数据。
- **数据处理**：处理器可以执行很多与数据相关的算术操作或逻辑操作。
- **控制**：某些指令可以改变执行顺序。例如，处理器从地址为 149 的存储单元中取出一条指令，该指令指定下一条指令应该从地址为 182 的存储单元中取，这样处理器就会把程序计数器置为 182。因此在下一个取指阶段，将从地址为 182 的存储单元而非 150 的存储单元中取指令。

指令的执行可能涉及这些动作的组合。

考虑一个简单的例子。假设一台机器具有图 1.3 中列出的所有特征，处理器包含一个称为**累加器**（AC）的数据寄存器，所有指令和数据长度均为 16 位，使用 16 位的单元或字来组织存储器。指令格式中有 4 位是操作码，因而最多有 $2^4 = 16$ 种不同的操作码（由 1 位十六进制[①]数表示）。操作码定义了处理器执行的操作。通过指令格式的余下 12 位，可直接访问的存储器尺寸最大为 $2^{12} = 4096$（4K）个字（用 3 位十六进制数表示）。

图 1.4 描述了程序的部分执行过程，显示了存储器和处理器寄存器的相关部分。给出的程序片段把地址为 940 的存储单元中的内容与地址为 941 的存储单元中的内容相加，并将结果保存在后一个单元中。这需要三条指令，可用三个取指阶段和三个执行阶段来描述：

① 有关数制系统（十进制、二进制、十六进制）的详细信息，见网址为 ComputerScienceStudent.com 的计算机科学学生资源网。

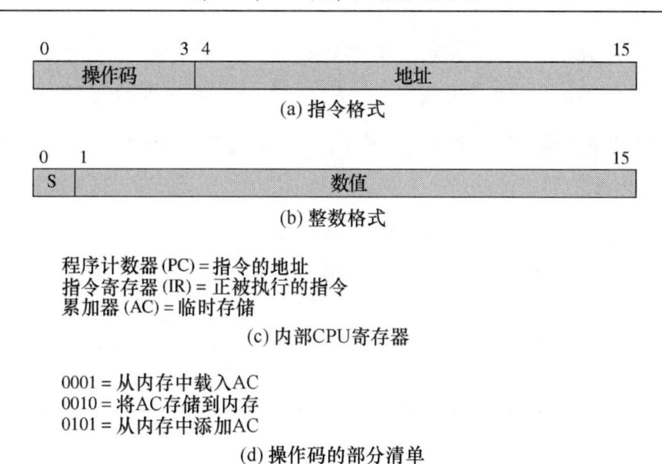

图 1.3　一台假想机器的特征

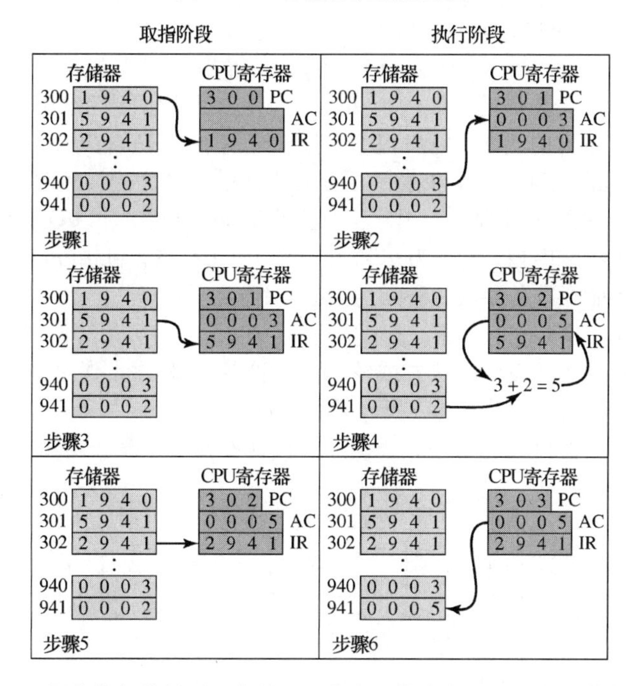

图 1.4　程序执行的例子（存储器和寄存器的内容，以十六进制表示）

1. PC 中包含第一条指令的地址 300，该指令内容（值为十六进制数 1940）被送入指令寄存器 IR 中，PC 增 1。注意，该处理过程使用了内存地址寄存器（MAR）和内存缓冲寄存器（MBR）。为简单起见，这里未显示这些中间寄存器。
2. IR 中最初的 4 位（第一个十六进制数）表示需要加载 AC，剩下的 12 位（后三个十六进制数）表示地址为 940。
3. 从地址为 301 的存储单元中取下一条指令（5941），PC 增 1。
4. AC 中以前的内容和地址为 941 的存储单元中的内容相加，结果保存在 AC 中。
5. 从地址为 302 的存储单元中取下一条指令（2941），PC 增 1。
6. AC 中的内容被存储到地址为 941 的存储单元中。

在该例中，为把地址为 940 的存储单元中的内容与地址为 941 的存储单元中的内容相加，共需要三个指令周期，每个指令周期都包含一个取指阶段和一个执行阶段。若使用更复杂的指令集，则需要的指令周期更少。大多数现代处理器都具有包含多个地址的指令，因此指令周期可能涉及多次存储器访问。此外，除存储器访问外，指令还可用于 I/O 操作。

1.4 中断

事实上，所有计算机都提供允许其他模块（I/O、存储器）中断处理器正常处理过程的机制。表 1.1 列出了最常见的中断类别。

表 1.1 中断类别

程序中断	在某些条件下由指令执行的结果产生，如算术溢出、被零除、试图执行一条非法机器指令或访问用户不允许的存储器位置
时钟中断	由处理器内部的计时器产生，允许操作系统按一定的规律执行函数
I/O 中断	由 I/O 控制器产生，用于发信号通知一个操作的正常完成或各种错误条件
硬件失效中断	由诸如掉电或存储器奇偶校验错之类的故障产生

中断最初是用于提高处理器效率的一种手段。例如，多数 I/O 设备都远慢于处理器，假设处理器使用图 1.2 所示的指令周期方案给一台打印机传送数据，在每次写操作后，处理器必须暂停并保持空闲，直到打印机完成工作。暂停的时间长度可能相当于成百上千个不涉及存储器的指令周期。显然，这对于处理器的使用来说是非常浪费的。

下面给出一个实例。假设有一台 1GHz CPU 的 PC，它每秒约可执行 10^9 条指令①。典型的硬盘速度是 7200 转/秒，因此旋转半周的时间约为 4ms，这要比处理器慢约 400 万倍。

图 1.5(a)显示了这些事件的状态，用户程序在处理过程中交替执行一系列 WRITE 调用，实竖线表示程序中的代码段，代码段 1、2 和 3 表示不涉及 I/O 的指令序列。WRITE 调用要执行一个 I/O 程序，该 I/O 程序是一个系统工具程序，由它执行真正的 I/O 操作。此 I/O 程序由三部分组成：

- 图中标记为 4 的指令序列，用于为实际的 I/O 操作做准备，包括复制将要输出到特定缓冲区的数据，为设备命令准备参数。
- 实际的 I/O 命令。若不使用中断，则执行此命令时，程序必须等待 I/O 设备执行请求的函数（或周期性地检测 I/O 设备的状态或轮询 I/O 设备）。程序可通过简单地重复执行一个测试操作的方式进行等待，以确定 I/O 操作是否完成。
- 图中标记为 5 的指令序列，用于完成操作，包括设置一个表示操作成功或失败的标记。

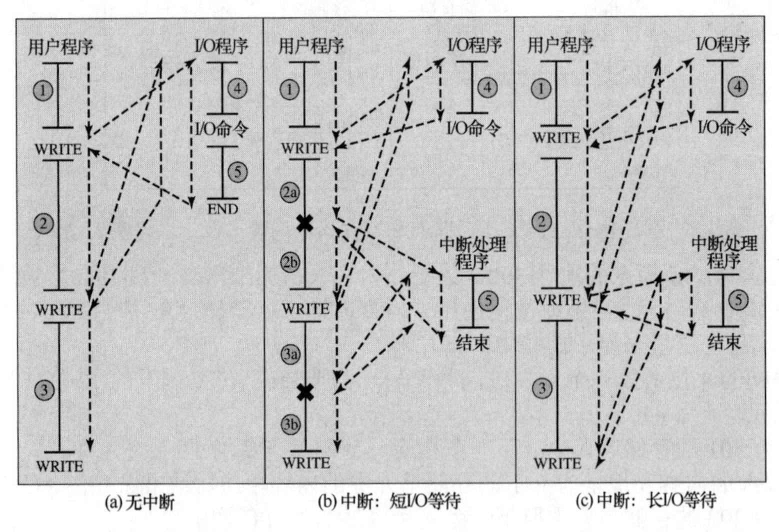

图 1.5 有中断和无中断时程序的控制流程

虚线代表处理器执行的路径，即它显示指令的执行顺序。遇到第一条 WRITE 指令，用户程序

① 关于数字前缀的用法，如吉（Giga）和太（Tera），见网址为 ComputerScienceStudent.com 的计算机科学学生资源网。

被中断，开始执行 I/O 程序。在 I/O 程序执行完成后，WRITE 指令之后的用户程序立即恢复执行。

由于完成 I/O 操作可能要花费较长的时间，I/O 程序需要挂起等待操作完成，因此用户程序会在 WRITE 调用处停留相当长的一段时间。

1.4.1　中断和指令周期

利用中断功能，处理器可以在 I/O 操作的执行过程中执行其他指令。考虑图 1.5(b)所示的控制流程，和前面一样，用户程序到达系统调用 WRITE 处，但涉及的 I/O 程序仅包括准备代码和真正的 I/O 命令。在这些为数不多的几条指令执行后，控制权返回到用户程序。在这期间，外部设备忙于从计算机存储器接收数据并打印。这种 I/O 操作和用户程序中指令的执行是并发的。

外部设备做好服务的准备后（即它准备好从处理器接收更多的数据时），外部设备的 I/O 模块给处理器发送一个中断请求信号。这时处理器会做出响应，暂停当前程序的处理，转而去处理服务于特定 I/O 设备的程序，这种程序被称为**中断处理程序**（interrupt handler）。在对该设备的服务响应完成后，处理器恢复原先的执行。图 1.5(b)中用✖表示发生中断的点。注意，中断可在主程序中的任何位置发生，而非只在一条特定指令处发生。

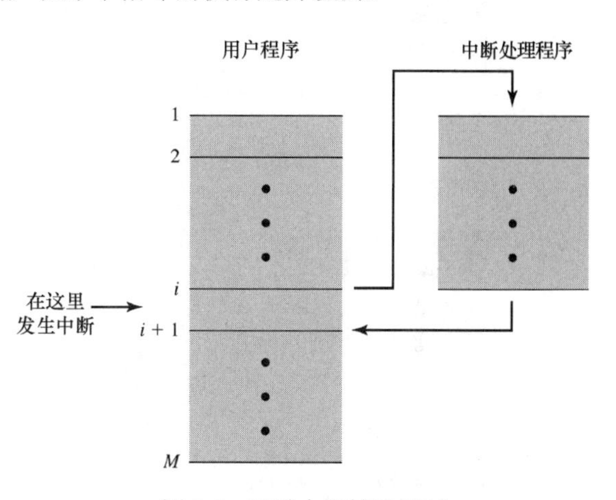

图 1.6　通过中断转移控制

从用户程序的角度来看，中断打断了正常执行的序列。中断处理完成后，再恢复执行（见图 1.6）。因此，用户程序并不需要为中断添加任何特殊的代码，处理器和操作系统负责挂起用户程序，然后在同一个地方恢复执行。

为适应中断产生的情况，在指令周期中要增加一个中断阶段，如图 1.7 所示（与图 1.2 对照）。在中断阶段，处理器检查是否有中断发生，即检查是否出现中断信号。若没有中断，则处理器继续运行，并在取指周期取当前程序的下一条指令；若有中断，则处理器挂起当前程序的执行，并执行一个中断处理程序。这个中断处理程序通常是操作系统的一部分，它确定中断的性质，并执行所需的操作。例如，在前面的例子中，处理程序决定哪个 I/O 模块产生中断，并转到向该 I/O 模块中写入更多数据的程序。当中断处理程序完成后，处理器在中断点恢复对用户程序的执行。

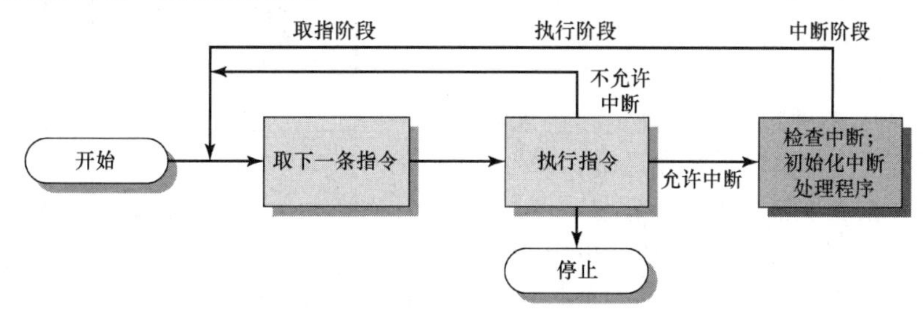

图 1.7　中断和指令周期

显然，这一处理有一定的开销，在中断处理程序中，必须执行额外的指令以确定中断的性质，并决定采用何种适当的操作。然而，若简单地等待 I/O 操作的完成，则会花费更多的时间，因此使用中断能够更有效地使用处理器。

为进一步理解效率的提高，参阅图 1.8，它是图 1.5(a)和图 1.5(b)所示控制流程的时序图。图 1.5(b)和图 1.8 假设 I/O 操作的时间相当短，少于用户程序中写操作之间完成指令执行的时间。而更典型的情况是，尤其是对比较慢的设备如打印机来说，I/O 操作比执行一系列用户指令的时间要长得多，图 1.5(c)显示了这类事件的状态。此时，用户程序在由第一次调用产生的 I/O 操作完成之前，到达了第二次 WRITE 调用。结果是用户程序在这一点挂起，当前面的 I/O 操作完成后，才能继续新的 WRITE 调用，开始一次新的I/O操作。图1.9给出了这种情况下使用中断和不使用中断的时序图，可以看到I/O操作在未完成时与用户指令的执行有重叠。由于这部分时间的存在，效率仍然有所提高。

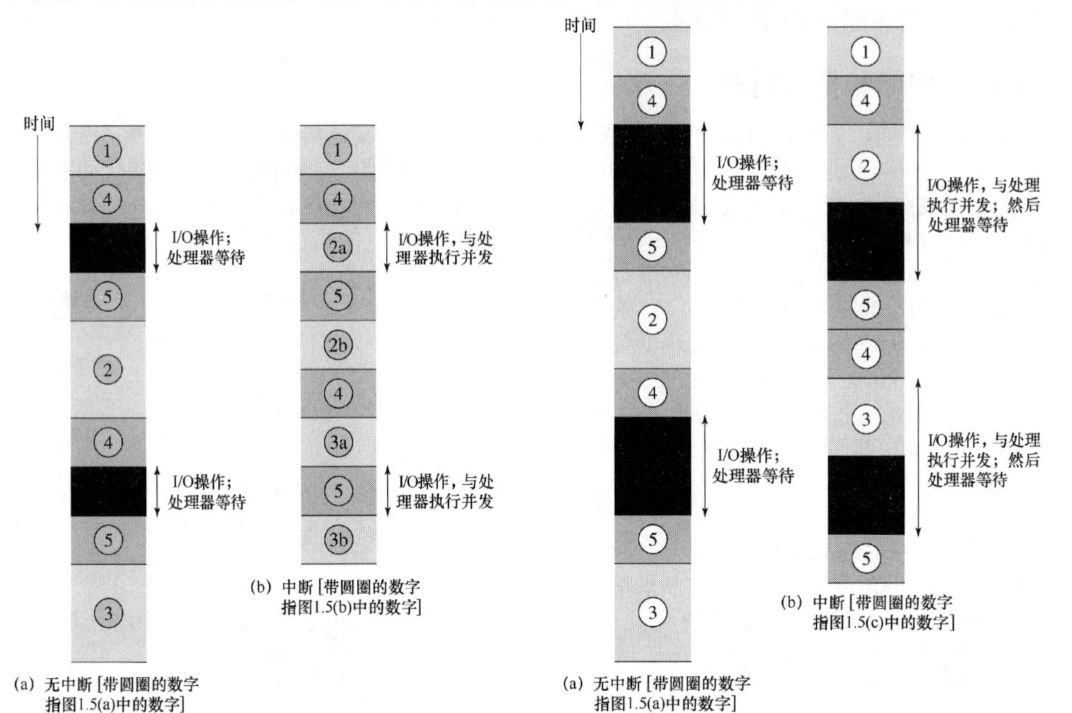

图1.8　程序时序：短I/O等待

图1.9　程序时序：长I/O等待

1.4.2　中断处理

中断激活了很多事件，包括处理器硬件中的事件和软件中的事件。图1.10显示了一个典型的序列。当I/O设备完成一次I/O操作时，发生下列硬件事件：

1. 设备给处理器发出一个中断信号。
2. 处理器在响应中断前结束当前指令的执行，如图1.7所示。
3. 处理器对中断进行测试，确定存在未响应的中断，并给提交中断的设备发送确认信号，确认信号允许该设备取消它的中断信号。
4. 处理器需要准备把控制权转交给中断程序。首先，需要保存从中断点恢复当前程序所需的信息，要求的最少信息包括程序状态字（PSW）[①]和保存在程序计数器（PC）中的下一条要执行的指令地址，它们被压入系统控制栈（见附录P）。
5. 处理器把响应此中断的中断处理程序入口地址装入程序计数器。每类中断可有一个中断处理程序，每个设备和每类中断也可各有一个中断处理程序，具体取决于计算机系统结构和操作

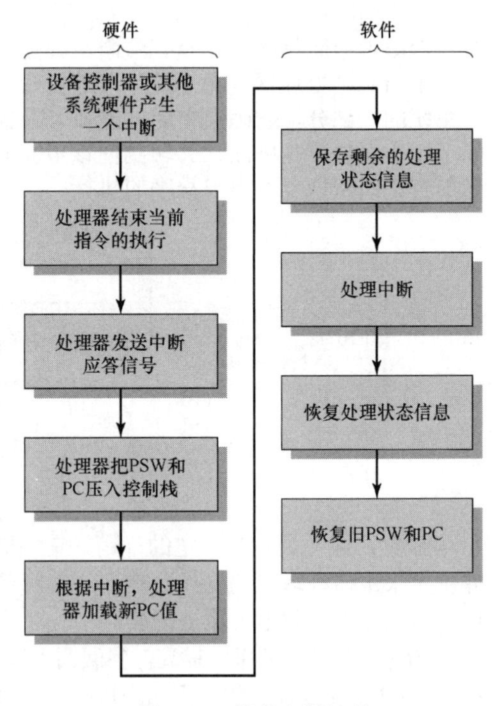

图1.10　简单中断处理

① PSW中包含了当前运行进程的状态信息，包括内存使用信息、条件码和其他诸如允许中断/禁止中断位、内核/用户模式位等状态信息，详见附录C。

系统的设计。若有多个中断处理程序，则处理器就必须决定调用哪个中断处理程序，这一信息可能已包含在最初的中断信号中，否则处理器必须给发中断的设备发送请求，以获取含有所需信息的响应。

一旦装入程序计数器，处理器就继续下一个指令周期，该指令周期也从取指开始。由于取指是由程序计数器的内容决定的，因此控制权被转交到中断处理程序，该程序的执行会引起以下操作：

6. 此时，与被中断程序相关的程序计数器和 PSW 被保存到系统栈中。还有一些其他信息被当作正在执行程序的状态的一部分。特别需要保存处理器寄存器的内容，因为中断处理程序可能会用到这些寄存器，因此所有这些值和任何其他状态信息都需要保存。在典型情况下，中断处理程序一开始就在栈中保存所有的寄存器内容，其他必须保存的状态信息将在第 3 章中讲述。图 1.11(a)给出了一个简单的例子。在该例中，用户程序在执行地址为 N 的存储单元中的指令后被中断，所有寄存器的内容和下一条指令的地址 $(N+1)$ 共 M 个字被压入控制栈。栈指针被更新，指向新的栈顶；程序计数器被更新，指向中断服务程序的开始。
7. 中断处理程序现在可以开始处理中断，其中包括检查与 I/O 操作相关的状态信息或其他引起中断的事件，还可能包括给 I/O 设备发送附加命令或应答。
8. 中断处理结束后，被保存的寄存器值从栈中释放并恢复到寄存器中，如图 1.11(b)所示。
9. 最后的操作是从栈中恢复 PSW 和程序计数器的值，因此下一条要执行的指令来自前面被中断的程序。

保存被中断程序的所有状态信息并在以后恢复这些信息十分重要，因为中断并不是程序调用的一个例程，它可以在任何时候发生，因而可以在用户程序执行过程中的任何一点发生，它的发生是不可预测的。

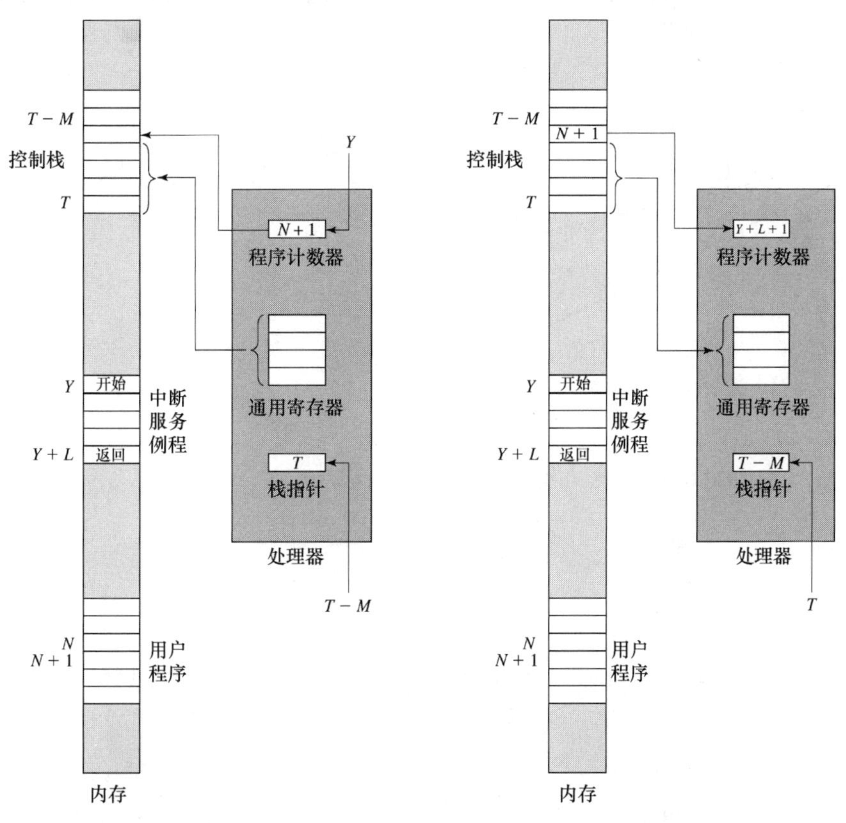

图 1.11　因中断导致的存储器和寄存器变化

1.4.3 多个中断

至此，我们讨论了发生一个中断的情况。假设正在处理一个中断时，可以发生一个或多个中断，例如一个程序可能从一条通信线路中接收数据并打印结果。每完成一个打印操作，打印机就会产生一个中断，每当一个数据单元到达，通信线路控制器也会产生一个中断。数据单元可能是一个字符，也可能是连续的字符串，具体取决于通信规则本身。在任何情况下，都有可能在处理打印机中断的过程中发生一个通信中断。

处理多个中断有两种方法。第一种方法是正在处理一个中断时，禁止再发生中断。禁止中断的意思是处理器将对任何新的中断请求信号不予理睬。若在此期间发生了中断，则通常中断保持挂起，当处理器再次允许中断时，再由处理器检查。因此，当用户程序正在执行时有一个中断发生，则立即禁止中断；当中断处理程序完成后，在恢复用户程序之前再允许中断，并且由处理器检查是否还有中断发生。这种方法很简单，因为所有中断都严格按顺序处理［见图 1.12(a)］。

上述方法的缺点是，未考虑相对优先级和时间限制的要求。例如，当来自通信线路的输入到达时，可能需要快速接收，以便为更多的输入让出空间。若在第二批输入到达时第一批输入还未处理完，则有可能由于 I/O 设备的缓冲区装满或溢出而丢失数据。

第二种方法是定义中断优先级，允许高优先级中断打断低优先级中断的运行［见图 1.12(b)］。第二种方法的例子如下。假设一个系统有 3 个 I/O 设备：打印机、磁盘和通信线路，优先级依次为 2、4 和 5，图 1.13 给出了可能的顺序。用户程序在 $t = 0$ 时开始，在 $t = 10$ 时发生一个打印机中断；用户信息被放置到系统栈中并开始执行打印机中断服务例程（Interrupt Service Routine，ISR）；这个例程仍在执行时，在 $t = 15$ 时发生了一个通信中断，由于通信线路的优先级高于打印机，因此必须处理这个中断，打印机 ISR 被打断，其状态被压入栈中，并开始执行通信 ISR；当这个程序正在执行时，又发生了一个磁盘中断（$t = 20$），由于这个中断的优先级较低，于是被简单地挂起，通信 ISR 运行直到结束。

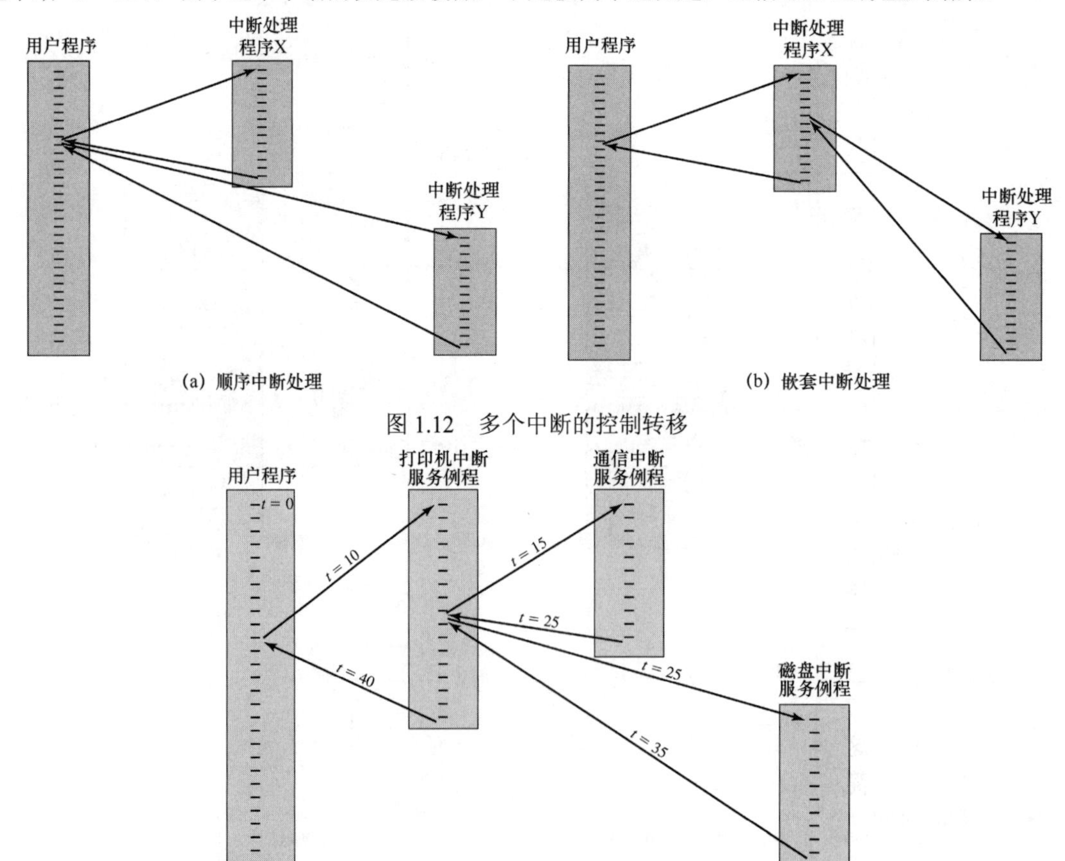

图 1.12 多个中断的控制转移

图 1.13 多个中断的时序

当通信 ISR 完成后（$t = 25$），恢复以前关于执行打印机 ISR 的处理器状态。但是，在执行这个例程中的任何一条指令前，处理器必须完成高优先级的磁盘中断，这样控制权就转移给了磁盘 ISR。只有当这个例程也完成（$t = 35$）时，才恢复打印机 ISR。当打印机 ISR 完成时（$t = 40$），控制权最终返回到用户程序。

1.5 存储器的层次结构

计算机存储器的设计目标可归纳为三个问题：多大的容量？多快的速度？多贵的价格？

“多大的容量”问题从某种意义上来说是无止境的，存储器有多大的容量，就可能开发出应用程序来使用它的容量。“多快的速度”问题相对易于回答，为达到最佳的性能，存储器的速度必须能够跟得上处理器的速度。换言之，当处理器正在执行指令时，我们不希望它会因为等待指令或操作数而暂停。“多贵的价格”问题也很重要。对一个实际的计算机系统来说，存储器的价格与计算机其他部件的价格相比应该是合理的。

应该认识到，存储器的这三个重要特性即价格、容量和访问时间之间存在着一定的折中。在任何时候，实现存储器系统会用到各种各样的技术，但各种技术之间往往存在着以下关系：

- 存取时间越快，每“位”的价格越高。
- 容量越大，每“位”的价格越低。
- 容量越大，存取速度越慢。

设计者面临的困难是很明显的，由于需求是较大的容量和每“位”较低的价格，因而设计者通常希望使用能够提供大容量存储的存储器技术；但为满足性能要求，又需要使用昂贵的、容量相对较小且具有快速存取时间的存储器。

解决这一难题的方法并不是依赖于单一的存储组件或技术，而是使用**存储器层次结构**（memory hierarchy）。一种典型的层次结构如图 1.14 所示。沿这个层次结构从上向下看，会出现以下情况：

a．每“位”的价格递减。

b．容量递增。

c．存取时间递增。

d．处理器访问存储器的频率递减。

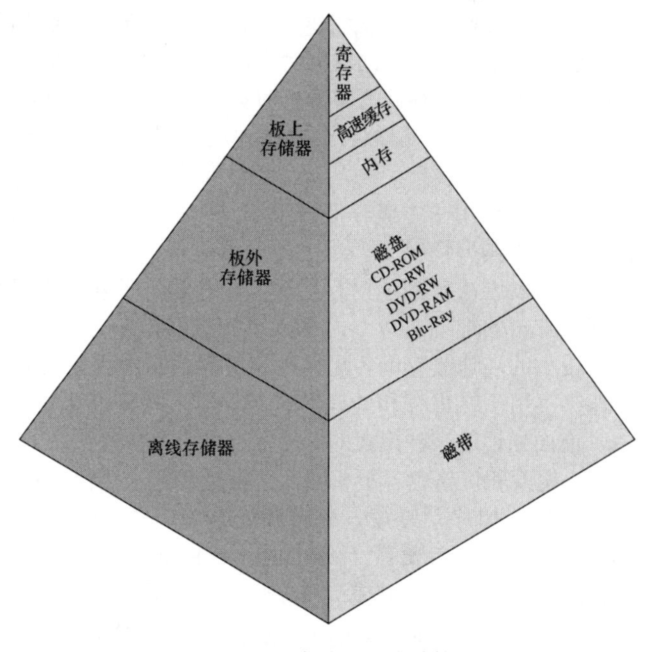

图 1.14　存储器层次结构

容量较大、价格较低的慢速存储器，是容量较小、价格较高的后备快速存储器。这种存储器的层次结构能够成功的关键在于：低层的访问频率递减。在本章后面讲解高速缓存时，以及在本书后面讲解虚拟内存时，将详细分析这个概念，这里只给出简要说明。

假设处理器存取两级存储器，第一级存储器的容量是 1000 字节，存取时间为 0.1μs；第二级存储器的容量是 100000 字节，存取时间为 1μs。若需要存取第一级存储器中的一个字节，则处理器可直接存取此字节；若这个字节位于第二级存储器，则此字节首先需要转移到第一级存储器中，然后再由处理器存取。为简单起见，我们忽略处理器用于确定这个字是在第一级存储器中还是在第二级存储器中所需的时间。图 1.15 给出了反映这种模型的一般曲线形状。此图表示了二级存储器的平均存取时间是**命中率**（hit ratio）H 的函数，H 定义为对较快存储器（如高速缓存）的访问次数与对所有存储器的访问次数的比值，T_1 是访问第一级存储器的存取时间，T_2 是访问第二级存储器的存取时

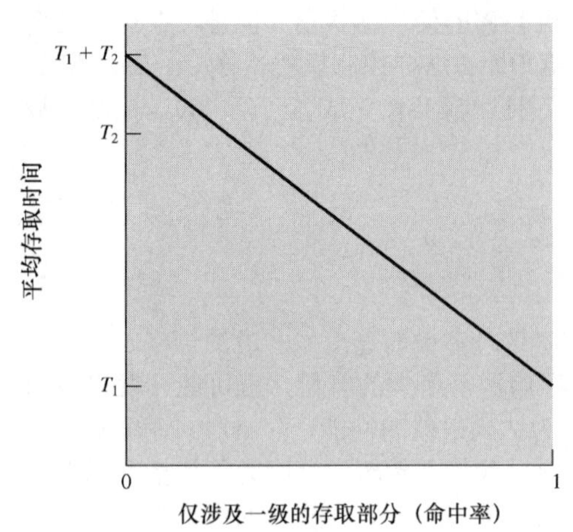

图 1.15　一个简单二级存储器的性能

间[①]。可以发现，当第一级存储器的存取次数所占比例较高时，总平均存取时间更接近于第一级存储器的存取时间，而非第二级存储器的存取时间。

例如，假设有 95%的存储器存取（$H = 0.95$）发生在高速缓存中，则访问一个字节的平均存取时间为

$$0.95 \times 0.1\mu s + 0.05 \times (0.1\mu s + 1\mu s) = 0.095 + 0.055 = 0.15\mu s$$

这一结果非常接近于快速存储器的存取时间。因此仅当条件 **a** 到 **d** 适用时，原则上可以实现该策略。通过使用各种技术手段，现有存储器系统满足条件 **a** 到 **c**，而且条件 **d** 通常也是有效的。

条件 **d** 有效的基础是访问的*局部性原理*（locality of reference）[DENN68]。在执行程序期间，处理器的指令访存和数据访存呈“簇”（指一组数据集合）状。典型的程序包含许多迭代循环和子程序，一旦程序进入一个循环或子程序执行，就会重复访问一个小范围内的指令集。同理，对表和数组的操作涉及存取“一簇”数据。经过很长的一段时间，程序访问的“簇”会改变，但在较短的时间内，处理器主要访问存储器中的固定“簇”。

因此，可以通过层次组织数据，使得随着组织层次的递减，对各层次的访问比例也依次递减。考虑前面提到的二级存储器的例子，让第二级存储器包含所有的指令和数据，程序当前的访问“簇”暂时存放在第一级存储器中。有时第一级存储器中的某个簇要换出到第二级存储器中，以便为新的“簇”进入第一级存储器让出空间。但平均来说，大多数存储访问是对第一级存储器中的指令和数据的访问。

此原理适用于多级存储器组织结构。最快、最小和最贵的存储器类型由位于处理器内部的寄存器组成。典型情况下，一个处理器包含多个寄存器，某些处理器包含上百个寄存器。向下跳过两级存储器层次就到了内存层次，内存是计算机中主要的内部存储器系统。内存中的每个单元位置都有唯一的地址对应，而且大多数机器指令会访问一个或多个内存地址。内存通常是高速的、容量较小的高速缓存的扩展。高速缓存通常对程序员不可见，或者更确切地说，对处理器不可见。高速缓存用于在内存和处理器的寄存器之间分段移动数据，以提高数据访问的性能。

前面描述的三种形式的存储器通常是易失性的，且采用的是半导体技术。半导体存储器的类型很多，速度和价格也各不相同。数据更多地永久保存在外部海量存储设备中，通常是硬盘和可移动存储介质，如移动磁盘、磁带和光存储介质。非易失性外部存储器也称*二级存储器*（secondary memory）或*辅助存储器*（auxiliary memory），用于存储程序和数据文件，其表现形式是程序员可以看到的*文件*（file）和*记录*（record），而不是单个字节或字（word）。硬盘还用来作为内存的扩展，即*虚拟内存*（virtual memory），这方面的内容将在第 8 章讲述。

在软件中还可以有效地增加额外的存储层次。例如，一部分内存可以作为*缓冲区*（buffer），用于临时保存从磁盘中读出的数据。这种技术，有时称为*磁盘高速缓存*（disk cache，详见第 11 章），可以通过两种方法提高性能：

1. 磁盘成簇写。即采用次数少、数据量大而非次数多、数据量小的传输方式。选择整批数据一次传输可以提高磁盘的性能，同时减少对处理器的影响。
2. 一些注定要写出（write-out）的数据也许会在下一次存储到磁盘之前被程序访问。在此情况下，数据能迅速地从软件设置的磁盘高速缓存中取出，而非从缓慢的磁盘中取回。

附录 1A 分析了两级存储器结构的性能。

① 若在快速存储器中找到了存取的字，则称为*命中*；若未找到存取的字，则称为*未命中*。

1.6　高速缓存

尽管高速缓存对操作系统不可见，但它会与其他存储管理硬件相互影响。此外，很多用于虚拟内存（见第 8 章）的原理也适用于高速缓存。

1.6.1　动机

在全部指令周期中，处理器在取指时至少要访问一次存储器，而且通常要多次访问存储器用于取操作数或保存结果。处理器执行指令的速度显然受存储周期（从存储器中读一个字或将一个字写入存储器所花的时间）的限制。长期以来，由于处理器和内存的速度不匹配，这一限制已成为很严重的问题。近年来，处理器速度的提高一直快于存储器访问速度的提高，因此需要在速度、价格和大小之间进行折中。理想情况下，内存的构造技术可采用与处理器中寄存器相同的构造技术，这样内存的存储周期才跟得上处理器周期。但这样做成本太高。解决方法是利用*局部性原理*（principle of locality），即在处理器和内存之间提供一个容量小且速度快的存储器，称为*高速缓存*。

1.6.2　高速缓存原理

高速缓存的目的是使得访问速度接近现有的最快存储器，同时支持价格较低的大存储容量（以较为便宜的半导体存储器技术实现）。图 1.16(a)说明了这一概念。图中有一个容量较大但速度较慢的内存，以及一个容量较小且速度较快的高速缓存。高速缓存包含一部分内存数据的副本。当处理器试图读取存储器中的一个字节或字时，要进行一次检查以确定该字是否在高速缓存中。若在，则将该字节从高速缓存传递给处理器；若不在，则将由固定数量的字节组成的一块内存数据读入高速缓存，然后将该字节从高速缓存传递给处理器。根据访问局部性原理，当一块数据被取入高速缓存以满足一次存储器访问时，很可能紧接着多次访问的数据是该块中的其他字节。

图 1.16(b)描述了高速缓存的多级使用。L2 缓存较慢，但其容量通常比 L1 缓存的大；L3 缓存比 L2 缓存慢但比 L2 缓存的容量大。

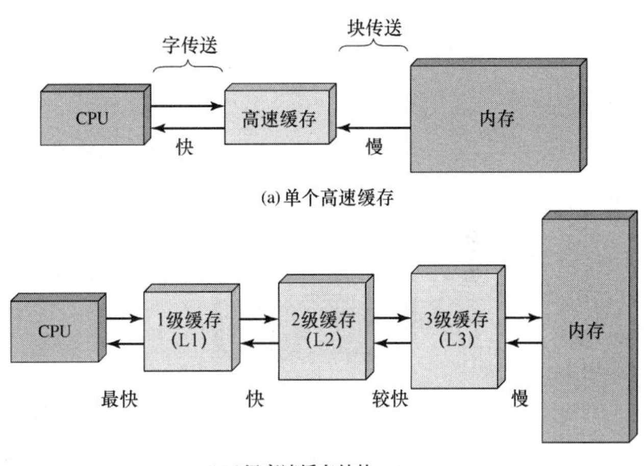

图 1.16　高速缓存和内存

图 1.17 描述了高速缓存/内存的系统结构。内存由 2^n 个可寻址的字组成，每个字都有唯一的 n 位地址。为便于映射，该存储器可视为由一些固定大小的块（block）组成，每块包含 K 个字，即共有 $M = 2^n/K$ 个块。高速缓存中有 C 个存储槽（slots，也称 lines），每个槽有 K 个字，槽的数量远小于存储器中块的数量（$C \ll M$）①。内存中块的某些子集驻留在高速缓存的槽中，若读存储器中某一块的某个字，而这个块又不在槽中，则将这个块转移到一个槽中。由于块数比槽数多，一个槽不可能唯一或永久地对应于一个块。因此，每个槽中都有一个标签，用以标识当前存储的是哪个块。标签通常是地址中较高的若干位，表示以这些位开始的所有地址。

例如，假设有一个 6 位地址和 2 位标签。标签 01 是由下列地址单元组成的块：010000，010001，010010，010011，010100，010101，010110，010111，011000，011001，011010，011011，011100，

① 符号≪表示远小于；类似地，符号≫表示远大于。

011101，011110，011111。

图 1.18 显示了读操作的过程。处理器生成要读的字的地址 RA，若该字在高速缓存中，则它将传递给处理器；否则，包含这个字的块将装入高速缓存，然后将这个字传递给处理器。

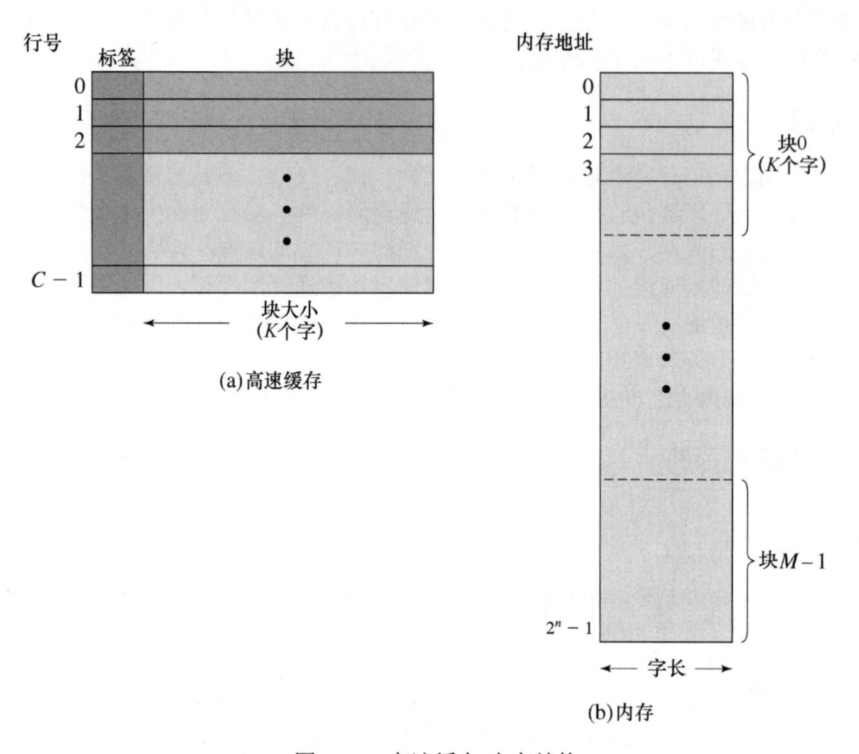

图 1.17 高速缓存/内存结构

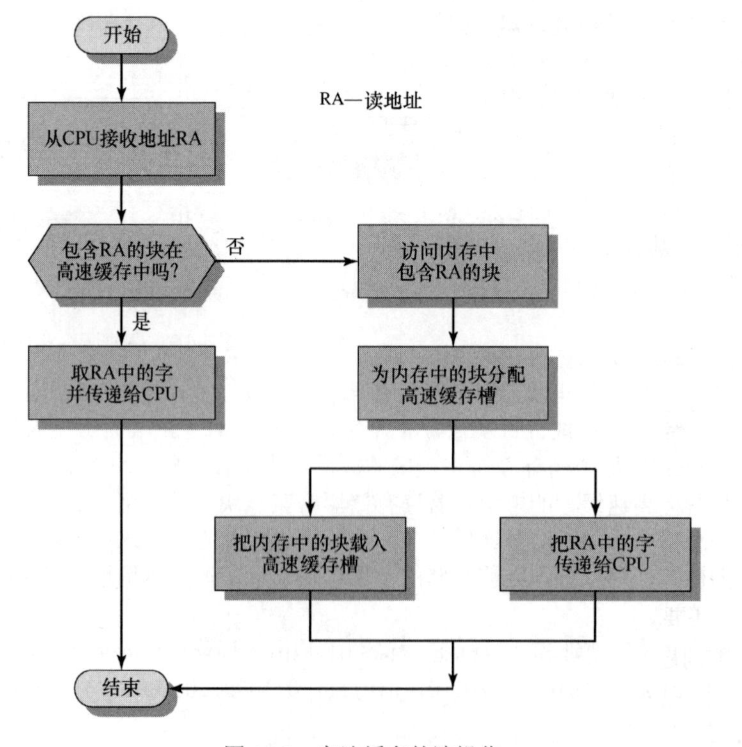

图 1.18 高速缓存的读操作

1.6.3 高速缓存设计

有关高速缓存设计的详细内容超出了本书的范围，这里只简单地概括主要的设计因素。我们将会看到，在进行虚拟存储器和磁盘高速缓冲设计时，还须解决类似的设计问题。这些问题可分为以下几类：

- 高速缓存大小
- 块大小
- 映射函数
- 置换算法
- 写策略
- 高速缓存的级数

前面讨论了**高速缓存大小**（cache size）问题，结论是适度的小高速缓存会对性能产生明显的影响。另一个尺寸问题是块大小（block size），即高速缓存与内存间的数据交换单位。当块大小从很小增长到很大时，由于局部性原理，命中率首先会增加。局部性原理指的是，位于被访问字附近的数据在近期被访问的概率较大。当块大小增大时，更多的有用数据被取到高速缓存中。但当块变得更大时，最近取到的数据被用到的可能性开始小于那些必须移出高速缓存的数据再次被用到的可能性（移出高速缓存是为了给新块让出位置），这时命中率反而开始降低。

新块读入高速缓存时，将由**映射函数**（mapping function）确定这个块将占据哪个高速缓存单元。设计映射函数要考虑两方面的约束。首先，读入一个块时，另一个块可能会被置换出高速缓存。置换方法应该能够尽量减小置换出的块在不久后还会用到的可能性。映射函数设计得越灵活，就越有余地来设计出增大命中率的置换算法。其次，映射函数越灵活，完成搜索以确定某个指定块是否位于高速缓存中的功能所需要的逻辑电路越复杂。

在映射函数的约束下，当新块加入高速缓存时，若高速缓存中的所有存储槽已被其他块占满，则**置换算法**（replacement algorithm）要选择置换那些在不久后被访问的可能性最小的块。尽管不可能找到这样的块，但合理且有效的策略是置换高速缓存中最长时间未被访问的块。该策略称为**最近最少使用**（Least-Recently-Used，LRU）**算法**。标识最近最少使用的块需要硬件机制的支持。

若高速缓存中某个块的内容已被修改，则需要在它被换出高速缓存前，将其写回内存。**写策略**（write policy）规定何时发生存储器写操作。一种极端情况是，每当块被更新后就发生写操作；而另一种极端情况是，只有当块被置换时才发生写操作。后一种策略减少了存储器写操作的次数，但会使内存处于一种过时的状态，这会妨碍多处理器操作及 I/O 模块的直接内存存取。

当前，将高速缓存设计为多级是很常见的做法。一般分为 L1 级（最接近处理器）、L2 级和最常用的 L3 级。关于多级高速缓存性能优势的讨论超出了本书的当前范围，感兴趣的读者请参阅 [STAL16a]。

1.7 直接内存存取

执行 I/O 操作的技术有三种：可编程 I/O、中断驱动 I/O 和直接内存存取（DMA）。在讨论 DMA 之前，先简要介绍其他两种技术，详细内容请参见附录 C。

当处理器正在执行程序并遇到一个与 I/O 相关的指令时，它会通过给相应的 I/O 模块发命令来执行这个指令。使用**可编程 I/O 操作**（programmed I/O）时，I/O 模块执行请求的动作并设置 I/O 状态寄存器中相应的位，但它并不会进一步通知处理器，尤其是它并不会中断处理器。因此处理器在执行 I/O 指令后，还要定期检查 I/O 模块的状态，以确定 I/O 操作是否已经完成。

可编程 I/O 的问题是，处理器通常必须等待很长的时间，以确定 I/O 模块是否做好了接收或发送更多数据的准备。处理器在等待期间必须不断地询问 I/O 模块的状态，因此会严重降低整个系统的性能。

另一种选择是中断驱动 I/O（interrupt-driven I/O）。由处理器给 I/O 模块发送 I/O 命令，然后处理器继续做其他一些有用的工作。当 I/O 模块准备好与处理器交换数据时，它将打断处理器的执行并请求服务。处理器和前面一样执行数据传送，然后恢复处理器以前的执行过程。

尽管中断驱动 I/O 比简单的可编程 I/O 更有效，但处理器仍然需要主动干预在存储器和 I/O 模块之间的数据传送，并且任何数据传送都必须完全通过处理器。因此这两种 I/O 形式都有两方面固有的缺陷：

1. I/O 传送速度受限于处理器测试设备和提供服务的速度。
2. 处理器忙于管理 I/O 传送的工作，必须执行很多指令以完成 I/O 传送。

需要移动大量数据时，要使用一种更有效的技术：*直接内存存取*（Direct Memory Access，DMA）。DMA 功能可以由系统总线中的一个独立模块完成，也可以并入一个 I/O 模块。无论采用何种形式，该技术的工作方式均是在处理器读或写一块数据时，给 DMA 模块产生一条命令，发送以下信息：

- 是否请求一次读或写
- 所涉及 I/O 设备的地址
- 开始读或写的存储器单元
- 需要读或写的字数

之后处理器继续其他工作。处理器把这个操作委托给 DMA 模块负责处理。DMA 模块直接与存储器交互，传送整个数据块，每次传送一个字。这个过程不需要处理器参与。传送完成后，DMA 模块向处理器发一个中断信号。因此，只有在开始传送和传送结束时处理器才会参与。

DMA 模块需要控制总线来与存储器进行数据传送。由于在总线使用中存在竞争，当处理器需要使用总线时，都要等待 DMA 模块。注意，这并不是一个中断，处理器没有保存上下文环境去做其他事情，而只是暂停一个总线周期（在总线上传输一个字的时间）。因此，在 DMA 传送过程中，当处理器需要访问总线时，处理器的执行速度会变慢。尽管如此，对多字 I/O 传送来说，DMA 仍比中断驱动和程序控制 I/O 更有效。

1.8 多处理器和多核计算机组织结构

传统上，计算机被视为顺序机，大多数计算机编程语言要求程序员把算法定义为指令序列。处理器通过按顺序逐条执行机器指令来执行程序。每条指令是以操作序列（取指、取操作数、执行操作、存储结果）的方式执行的。

对计算机的这种看法并不完全真实。在微操作级别，同一时间会有多个控制信号产生；长久以来，指令流水线技术至少可以把取操作和执行操作重叠起来。这些都是并行执行的例子。

随着计算机技术的发展和计算机硬件价格的下降，计算机的设计者们找到了越来越多的并行处理机会。并行处理的目的通常是提高性能，在某些情况下也可提高可靠性。本书分析了三种通过复制处理器来提供并行性的手段：对称多处理器（SMP）、多核计算机和集群。本节讲述 SMP 和多核计算机，第 16 章将分析集群。

1.8.1 对称多处理器

定义 对称多处理器（SMP）是具有如下特点的独立计算机系统：

1. 具有两个或两个以上可比性能的处理器。
2. 这些处理器共享内存和 I/O 设备，并通过总线或其他内部连接方式互连，因此每个处理器的访存时间大体相同。
3. 所有处理器共享对 I/O 设备的访问，要么通过相同的通道，要么通过可以连接到相同设备的不同通道。

4. 所有处理器可以执行相同的功能（因此是对称的）。
5. 整个系统由一个统一的操作系统控制，该操作系统为多个处理器及其程序提供作业、进程、文件和数据元素等各种级别的交互。

第 1 点到第 4 点不言自明。第 5 点阐明了 SMP 与松散耦合多处理系统（如集群）不同的一点。在多处理器系统中，交互的物理单元通常是一条消息或一个文件。而在 SMP 中，交互的基本单元可以是单个数据元素，且进程之间可以进行高度的协作。

与单处理器组织结构相比，SMP 组织结构的优势更为明显：

- **性能**：若计算机要做的工作包含可以并行完成的部分，则拥有多个处理器的系统与只有一个相同类型处理器的系统相比，能提供更好的性能。
- **可用性**：在对称多处理器中，因为所有处理器都可以执行相同的功能，因此单个处理器的失效并不会导致停机。相反，系统可以继续工作，只是性能有所下降而已。
- **增量成长**：用户可通过增加处理器的数量来提高系统的性能。
- **可伸缩性**：厂商可以提供一系列不同价格和性能指标的产品，其中产品性能可通过系统中处理器的数量来配置。

注意，这些优势是潜在的而非必定保证的。操作系统必须提供工具和功能来利用 SMP 系统的并行性。

SMP 的一个突出特点是，多处理器的存在对用户是透明的。操作系统管理每个处理器上的进程调度和处理器之间的同步。

组织结构　图 1.19 说明了 SMP 的一般组织结构。SMP 中有多个处理器，每个都含有自身的控制单元、算术逻辑单元和寄存器；每个处理器通常有两级专用缓存，分别为 L1 和 L2。如图 1.19 所示，每个处理器及其专用缓存都位于一个单独的芯片上。每个处理器都可通过某种形式的互连机制访问一个共享内存和 I/O 设备；共享总线就是一种通用方法。处理器可通过存储器（留在共享地址空间中的消息和状态信息）互相通信，还可以直接交换信号。存储器通常被组织为允许同时有多个对存储器不同独立部分的访问。

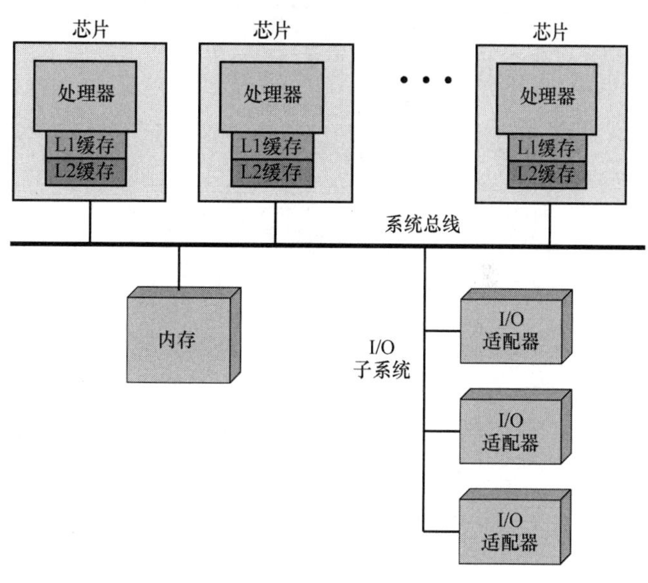

图 1.19　对称多处理器的组织结构

在现代计算机中，处理器通常至少有专用的一级高速缓存。高速缓存的使用带来了新的设计问题。由于每个本地高速缓存包含一部分内存的映像，若修改了高速缓存中的一个字，则会使得该字在其他高速缓存中变得无效。为避免出现这种情况，在发生更新时，必须告知其他处理器发生了更新。这个问题被称为高速缓存一致性问题，通常用硬件而非用操作系统解决[①]。

1.8.2　多核计算机

多核（multicore）计算机是指将两个或多个处理器（称为核）组装在同一块硅（称为片）上的计

① 关于基于硬件的高速缓存一致性问题的解决方案，请参阅[STAL16a]。

算机，因此又称芯片多处理器（chip multiprocessor）。每个核上通常包含组成一个独立处理器的所有零部件，如寄存器、ALU、流水线硬件、控制单元，以及L1指令和数据高速缓存。除拥有多个核外，现代多核芯片还包含L2高速缓存，甚至在某些芯片中包含L3高速缓存。

开发多核计算机的动机如下。几十年来，微处理器系统性能经历了稳定的指数提升过程。性能提升的部分原因是硬件发展（如微型计算机组件的日益小型化）带来的时钟频率的提高，以及将高速缓存向处理器移近的能力。性能提升的另一种方法是，不断增加处理器设计的复杂度以开发指令执行和内存访问的并行化。然而，设计师在实践中达到了极限，即很难通过设计更为复杂的处理器来达到更好的性能。设计师发现利用不断发展的硬件来提升性能的最好方式是，将多个处理器及数量可观的高速缓存放在单个芯片上。形成这一趋势背后的详细理论依据超出了本书的范围，但在附录C中有所总结。

多核系统的一个例子是英特尔酷睿i7-5960X。酷睿i7-5960X含有6个x86处理器，每个处理器都有其专用的L2高速缓存，所有处理器共享一个L3高速缓存［见图1.20(a)］。英特尔使用预取机制使高速缓存更为有效，即硬件将根据内存的访问模式来推测即将被访问的数据，并将其预先放到高速缓存中。

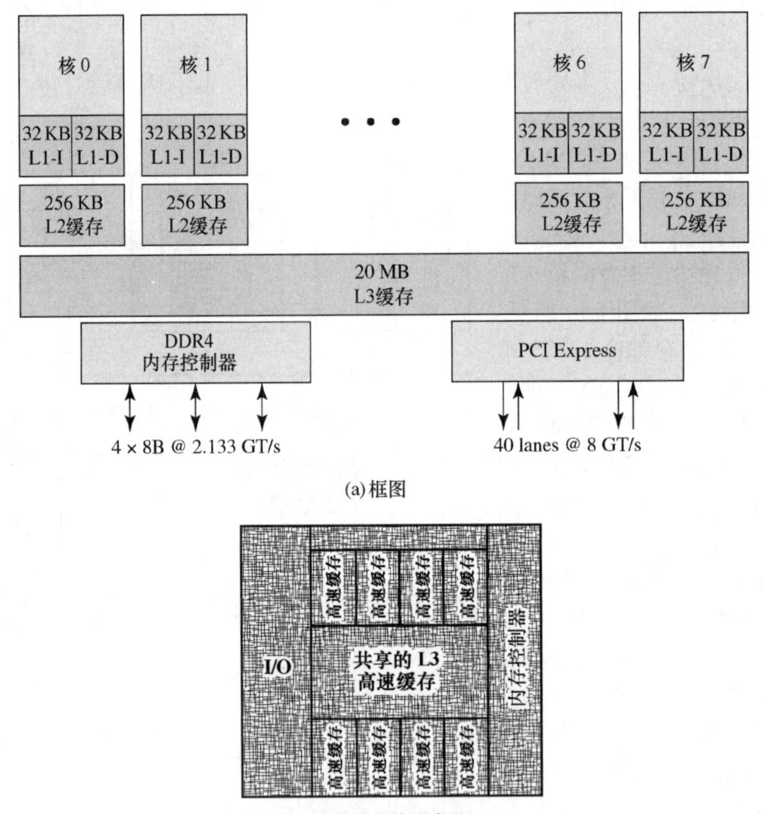

(a) 框图

(b) 芯片的物理布局

图1.20 英特尔酷睿i7-5960X框图

酷睿i7-5960X芯片支持两种与其他芯片进行外部通信的方式。DDR4内存控制器（DDR4 memory controller）将DDR（双倍数据传输速率）内存的控制器带到了芯片上。该接口支持4个8字节宽的通道，总线的总带宽可达256位。总数据传输速率最高可达64GB/s。芯片上有了内存控制器后，就不再需要前端总线PCI Express是一种外部总线，可以在相连的多个处理器芯片间实现高速通信。PCI Express连接每秒可实现8G次传输。在每次传输为40位的情况下，传输速率可达40GB/s。

1.9　关键术语、复习题和习题

1.9.1　关键术语

地址寄存器	指令周期	可编程 I/O
辅助寄存器	指令寄存器	寄存器
块	中断	置换算法
高速缓存	中断驱动 I/O	辅存
高速缓冲槽	I/O 模块	槽
中央处理单元	局部性引用	空间局部性
芯片多处理器	内存	栈
数据寄存器	分级存储体系	栈帧
直接内存存取（DMA）	未命中	栈指针
命中	多核	系统总线
命中率	多处理器	时间局部性
输入/输出	处理器	
指令	程序计数器	

1.9.2　复习题

1.1　列出并简要定义计算机的 4 个主要组成部分。

1.2　定义处理器寄存器的两种主要类别。

1.3　一般而言，一条机器指令能指定的 4 种不同操作是什么？

1.4　什么是中断？

1.5　多个中断的处理方式是什么？

1.6　内存层次各个元素间的特征是什么？

1.7　什么是高速缓存？

1.8　多处理器系统和多核系统的区别是什么？

1.9　空间局部性和时间局部性之间的区别是什么？

1.10　开发空间局部性和时间局部性的策略是什么？

1.9.3　习题

1.1　假设图 1.3 所示假想处理器还有两条 I/O 指令：

0011 = 从 I/O 中载入 AC

0111 = 把 AC 保存到 I/O 中

此时，使用 12 位地址标识一个特殊的外部设备。请给出以下程序的执行过程（按照图 1.4 的格式）：

1．从设备 5 中载入 AC。

2．加入内存单元 940 的内容。

3．把 AC 保存到设备 6 中。

假设从设备 5 中取到的下一个值为 3，内存单元 940 中的值为 2。

1.2　本章中用 6 步描述了图 1.4 所示程序的执行情况，请用 MAR 和 MBR 扩充这一描述。

1.3　假设有一个 32 位微处理器，其 32 位指令由两个字段组成：第一个字节包含操作码，其余部分为一个直接操作数或一个操作数地址。

a．最大可直接寻址的存储器容量为多少（以字节为单位）？

b．若微处理器总线具有以下情况，请分析其对系统速度的影响：

1．一个 32 位局部地址总线和一个 16 位局部数据总线。

2．一个 16 位局部地址总线和一个 16 位局部数据总线。

c．程序计数器和指令寄存器分别需要多少位？

1.4 假设有一微处理器产生一个 16 位的地址（例如，假设程序计数器和地址寄存器都是 16 位的），并且具有一个 16 位的数据总线。

a．若连接到一个 16 位存储器上，该微处理器能够直接访问的最大存储器地址空间为多少？

b．若连接到一个 8 位存储器上，该微处理器能够直接访问的最大存储器地址空间为多少？

c．访问一个独立的 I/O 空间需要哪些结构特征？

d．若输入指令和输出指令可以表示 8 位 I/O 端口号，该微处理器可以支持多少个 8 位 I/O 端口？可以支持多少个 16 位 I/O 端口？说明原因。

1.5 考虑一个 32 位微处理器，它有一个 16 位外部数据总线，并由一个 8MHz 的输入时钟驱动。假设该微处理器的总线周期的最大持续时间等于 4 个输入时钟周期。问该微处理器可以支持的最大数据传送速率为多少？外部数据总线增加到 32 位，或外部时钟频率加倍，哪种措施可以更好地提高处理器的性能？请叙述你的设想并解释原因。（提示：确定每个总线周期传输的字节数。）

1.6 考虑一个计算机系统，它包含一个 I/O 模块，用以控制一台简单的键盘/打印机电传打字设备。CPU 中包含下列寄存器，这些寄存器直接连接到系统总线上：

INPR：输入寄存器，8 位

OUTR：输出寄存器，8 位

FGI：输入标记，1 位

FGO：输出标记，1 位

IEN：中断允许，1 位

I/O 模块控制从打字机中输入（击键），并输出到打印机。打字机可把一个字母或数字符号编码成一个 8 位字，也可把一个 8 位字解码成一个字母或数字符号。8 位字从打字机进入输入寄存器时，输入标记被置位；打印一个字时，输出标记被置位。

a．描述 CPU 如何使用这 4 个寄存器实现与打字机间的输入/输出。

b．描述使用 IEN 如何提高执行效率。

1.7 实际上在所有包括 DMA 模块的系统中，DMA 访问内存的优先级总是高于处理器访问内存的优先级。这是为什么？

1.8 一个 DMA 模块从外部设备给内存传送字符，传送速度为 9600 位/秒（b/s）。处理器可以 100 万次/秒的速率取指令。由于 DMA 活动，处理器的速率将会减慢多少？

1.9 一台计算机包括一个 CPU 和一台 I/O 设备 D，通过一条共享总线连接到内存 M，数据总线的宽度为 1 个字。CPU 每秒最多可执行 106 条指令，平均每条指令需要 5 个处理器周期，其中 3 个周期需要使用存储器总线。存储器读/写操作使用 1 个处理器周期。假设 CPU 正在连续不断地执行后台程序，且需要保证 95%的指令执行速度，但没有任何 I/O 指令。假设 1 个处理器周期等于 1 个总线周期，现在要在 M 和 D 之间传送大块数据。

a．若使用程序控制 I/O，I/O 每传送 1 个字需要 CPU 执行 2 条指令，请估计通过 D 的 I/O 数据传送的最大可能速率。

b．若使用 DMA 传送，请估计传送速率。

1.10 考虑以下代码：

```
for (i = 0; i < 20; i++)
  for (j = 0; j < 10; j++)
    a[i] = a[i] * j
```

a．指出代码中空间局部性的一个例子。

b．指出代码中时间局部性的一个例子。

1.11 请将附录 1A 中的式（1.1）和式（1.2）推广到 n 级存储器层次。

1.12 考虑一个具有如下参数的存储器系统：

$T_c = 100\text{ns}$，$C_c = 0.01$ 分/位，$T_m = 1200\text{ns}$，$C_m = 0.001$ 分/位

a．1MB 的内存价格为多少？

b．使用高速缓存技术，1MB 的内存价格为多少？

c．若有效存取时间比高速缓存存取时间多 10%，命中率 H 为多少？

1.13 一台计算机包括高速缓存、内存和一个用做虚拟存储器的磁盘。若要存取的字在高速缓存中，存取需要 20ns；若该字在内存而非高速缓存中，把它载入高速缓存需要 60ns（包括初始检查高速缓存的时间），然后重新开始存取；若该字不在内存中，需要 12ns 从磁盘中取出该字，复制到高速缓存中还需要 60ns，然后重新开始存取。高速缓存的命中率为 0.9，内存的命中率为 0.6，问该系统中存取 1 个字的平均时间是多少（单位为 ns）？

1.14 假设处理器使用一个栈来管理过程调用和返回。请问可以取消程序计数器而用栈指针代替吗？

附录 1A　两级存储器的性能特征

本章通过把高速缓存用做内存和处理器间的缓冲器，建立了一个两级内部存储器。与一级存储器相比，这个两级结构通过开发局部性提供了更高的性能。本附录将探讨局部性。

内存高速缓存机制是计算机系统结构的一部分，它由硬件实现，通常对操作系统不可见。因此，本书不再讨论这一机制，但还有其他两种两级存储器：虚拟存储器和磁盘高速缓存（见表 1.2）也利用了局部性原理，并且至少部分是由操作系统实现的。我们将在第 8 章和第 11 章中分别讨论它们。本附录将介绍对三种方法都适用的两级存储器的性能特征。

表 1.2　两级存储器的特征

	内存高速缓存	虚拟内存（分页）	磁盘高速缓存
典型的访问时间比	5:1	10^6:1	10^6:1
内存管理系统	由特殊硬件实现	硬件和系统软件结合	系统软件
典型的块大小	4～128 字节	64～4096 字节	64～4096 字节
处理器对第二级的访问	直接访问	间接访问	间接访问

1A.1　局部性

两级存储器提高性能的基础是 1.5 节介绍的局部性原理。该原理表明内存的访问呈簇性。在很长的一段时间内，使用的簇会发生变化，但在很短的时间内，处理器基本上只与存储器访问中的一个固定簇打交道。

局部性原理有效的原因如下：

1．除了分支和调用指令，程序执行都是顺序的，而这两类指令在所有程序指令中只占一小部分。因此，大多数情况下，要取的下一条指令都是紧跟在取到的上一条指令之后的。

2．很少出现很长且连续的过程调用序列及相应的返回序列。相反，程序中过程调用的深度窗口限制在一个很小的范围内，因此在较短的时间内，指令的引用局限在很少的几个过程中。

3．大多数循环结构都由相对较少的几条指令重复若干次组成。在循环过程中，计算被限制在程序内一个很小的相邻部分中。

4．在许多程序中，很多计算都涉及处理诸如数组、记录序列之类的数据结构。在大多数情况下，对这类数据结构的连续引用都是对位置相邻的数据项进行操作。

以上原因在很多研究中得到了证实。关于第 1 点，有各种分析高级语言程序行为的研究，表 1.3 中列出了在执行过程中各种语句类型出现的频率，这些结果来自下面的研究。Knuth[KNUT71]分析了学生实习所用的一组 FORTRAN 程序，这是最早关于程序设计语言行为的研究；Tanenbaum[TANE78]

收集了用于操作系统程序的 300 多个过程，这些过程用支持结构化程序设计的语言（SAL）编写，并发表了测量结果；Patterson and Sequin[PATT82]分析了一组取自编译器和用于排版、计算机辅助设计（CAD）、排序和文件比较的程序的测量结果，还研究了程序设计语言 C 和 Pascal。Huck[HUCK83]分析了用于表示各种通用科学计算的 4 个程序，包括快速傅里叶变换和各种微分方程。关于这些语言和应用的研究得到了一致的结果：在一个程序的生命周期中，分支和调用指令仅占执行语句的一小部分。因此，这些研究证实了前面给出的断言 1。

表 1.3　高级语言操作中的相对动态频率

研究 语言 工作量	[HUCK83] Pascal 科学计算	[HNUT71] FORTRAN 学生	[PATT82] Pascal 系统	 C 系统	[TANE78] SAL 系统
赋值	74	67	45	38	42
循环	4	3	5	3	4
调用	1	3	15	12	12
条件	20	11	29	43	36
转移	2	9	—	3	—
其他	—	7	6	1	6

[PATT85]中的研究证明了断言 2，如图 1.21 所示。图 1.21 显示了调用-返回行为，每次调用以向下和向右的线表示，每次返回以向上和向右的线表示，图中定义的深度窗口等于 5。只有调用返回序列在任一方向上的移动为 6 时，才引起窗口移动。如图所示，正在执行的程序在一个固定窗口中停留了很长一段时间。同样，针对 C 和 Pascal 程序的分析表明，对深度为 8 的窗口，只有 1%的调用或返回需要移动[TAMI83]。

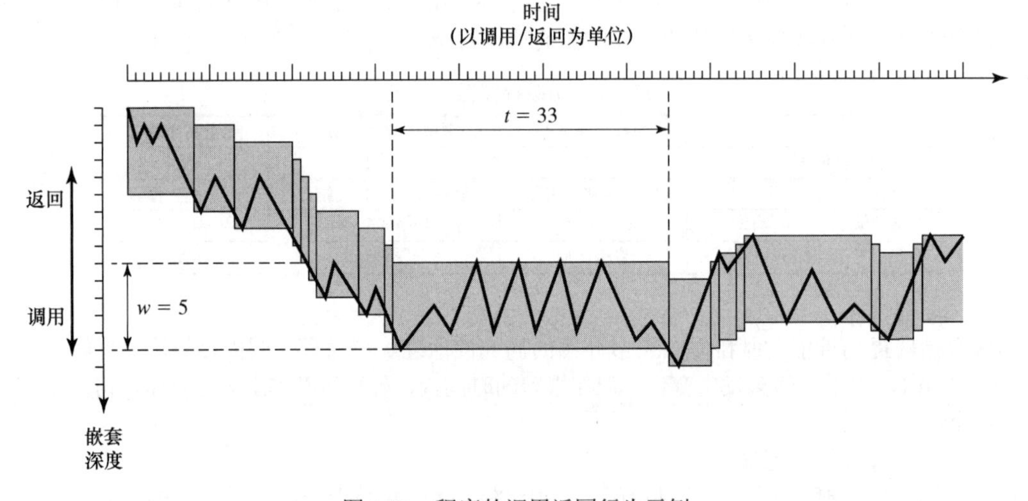

图 1.21　程序的调用返回行为示例

空间局部性和时间局部性是有区别的。空间局部性（spatial locality）指涉及多簇存储器单元的执行趋势，反映了处理器顺序访问指令的趋势，也反映了程序顺序访问数据单元的趋势，如处理数据表。时间局部性（temporal locality）指处理器访问最近使用过的存储器单元的趋势，例如在执行一个循环时，处理器重复执行相同的指令集合。

传统上，时间局部性是通过将近来使用的指令和数据值保存到高速缓存中并使用高速缓存的层次结构实现的。空间局部性通常是使用较大的高速缓存并将预取机制集成到高速缓存控制逻辑中实现的。近来，人们为优化这些技术并实现更好的性能，已进行了许多研究，但基本策略并未改变。

1A.2　两级存储器的操作

两级存储器结构也采用了局部性原理。上层存储器（M_1）比下层存储器（M_2）更小、更快、成本更高（每位），M_1 用于临时存储空间较大的 M_2 中的部分内容。访问存储器时，首先试图访问 M_1 中的项目，若成功，则可进行快速访问；若不成功，则把一块存储器单元从 M_2 复制到 M_1 中，再通过 M_1 进行访问。由于局部性，当一个块被取到 M_1 中时，将会有很多对块中单元的访问，从而加快整个服务。

要说明访问一项的平均时间，不仅要考虑两级存储器的速度，而且要考虑能在 M_1 中找到给定引用的概率。为此有

$$T_s = HT_1 + (1-H)(T_1 + T_2) = T_1 + (1-H)T_2 \tag{1.1}$$

式中，T_s 表示（系统）平均访问时间，T_1 表示 M_1（如高速缓存、磁盘高速缓存）的访问时间，T_2 表示 M_2（如内存、磁盘）的访问时间，H 表示命中率（访问可在 M_1 中找到的次数比）。

图 1.15 显示了平均访问时间关于命中率的函数。可以看出，命中率越高，总平均访问时间越接近于 M_1 而非 M_2。

1A.3　性能

下面讨论与评价两级存储器机制相关的一些参数。首先考虑价格。我们有

$$C_s = (C_1S_1 + C_2S_2)/S_1 + S_2 \tag{1.2}$$

式中，C_s 表示两级存储器每位的平均价格，C_1 表示上层存储器 M_1 每位的平均价格，C_2 表示下层存储器 M_2 每位的平均价格，S_1 表示 M_1 的大小，S_2 表示 M_2 的大小。我们希望 $C_s \approx C_2$，若 $C_1 \gg C_2$，则要有 $S_1 \ll S_2$。图 1.22 显示了这种关系①。

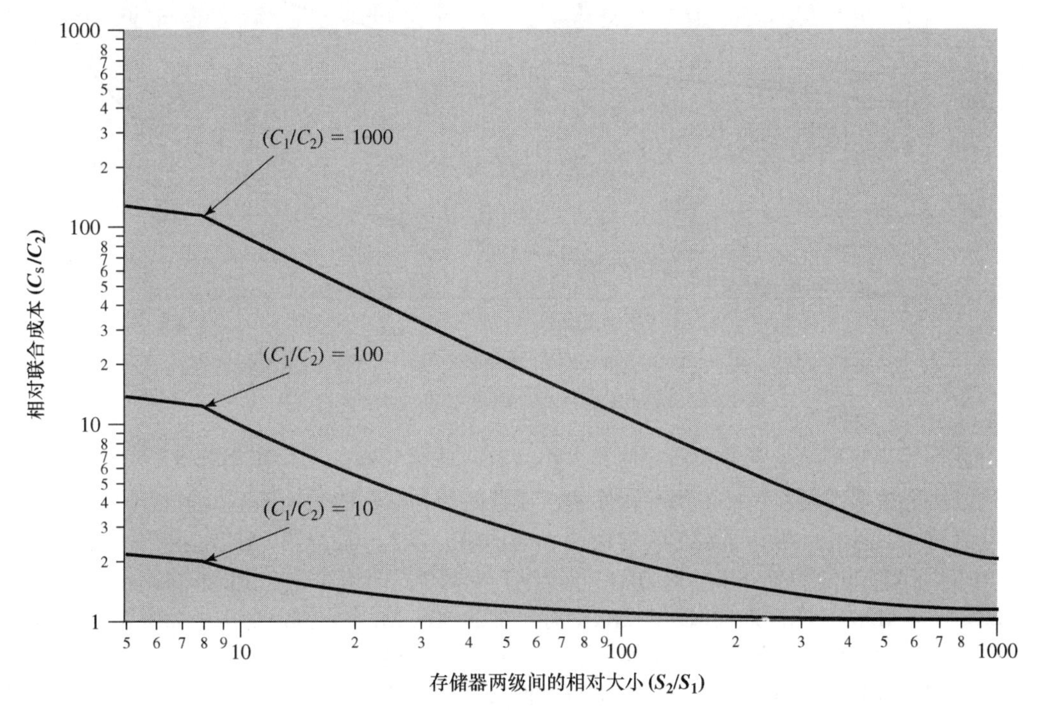

图 1.22　两级存储器平均价格与相对大小间的关系

接下来考虑访问时间。要明显提升两级存储器的性能，需要使 T_s 近似等于 T_1，即 $T_s \approx T_1$。若 T_1 远小于 T_2（$T_1 \ll T_2$），则需要命中率接近于 1。

因此，希望 M_1 较小时可降低价格，希望 M_1 较大时可提高命中率，从而提高性能。是否存在能使这两种需求都在合理范围内的 M_1 呢？我们可以通过一系列子问题来回答这个问题：

① 注意两个轴都使用了对数标度。有关对数标度的内容请参阅网址为 ComputerScienceStudent.com 的计算机科学学生资源网。

- 满足性能要求需要多大的命中率？
- 为保证所需要的命中率，M_1 的大小应为多少？
- 这个大小满足价格要求吗？

考虑值 T_1/T_s，它称为存取效率，用于衡量平均存取时间（T_s）与 M_1 的存取时间（T_1）的接近程度。根据式（1.1）有

$$\frac{T_1}{T_s}=\frac{1}{1+(1-H)T_2/T_1} \tag{1.3}$$

在图 1.23 中，T_1/T_s 被画成关于命中率 H 的函数，T_2/T_1 值为参数。因此，为满足性能要求，所需的命中率为 0.8～0.9。

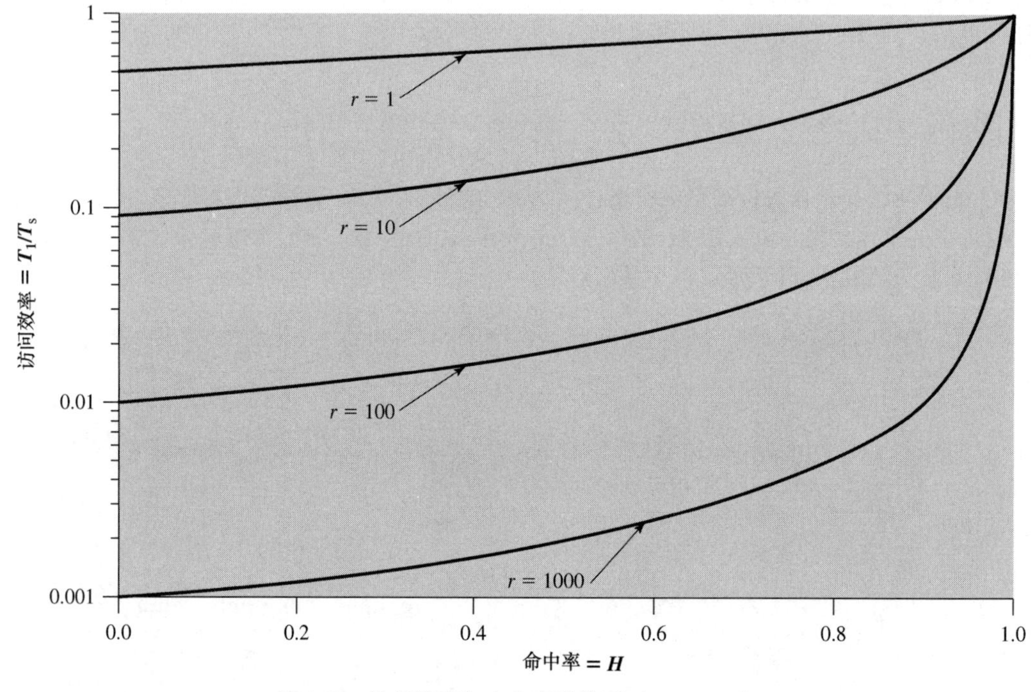

图 1.23 访问效率与命中率的关系（$r=T_2/T_1$）

现在我们可以更准确地表达相对存储器大小问题。对于 $S_1 \ll S_2$，命中率为 0.8 或更高就一定合理吗？这取决于很多因素，包括正执行软件的性质及两级存储器的设计细节。当然，主要决定因素是局部性的程度。图 1.24 显示了局部性对命中率的影响。显然，若 M_1 和 M_2 大小相等，则命中率为 1.0：M_2 中的所有项也总存储在 M_1 中。现在假设没有局部性，即访问是完全随机的。在这种情况下，若 M_1 的大小为 M_2 的一半，则任何时刻 M_2 中有一半的项在 M_1 中，因此命中率为 0.5。但实际上，访问中总存在某种程度的局部性。图 1.24 中给出了中等局部性和强局部性的影响。

因此，局部性较强时有可能实现命中率较大而尺寸较小的上层存储器。例如，很多研究表明，不论内存尺寸为多少，小高速缓存都能产生 0.75 以上的命中率（[AGAR89]、[PRZY88]、[STRE83]和[SMIT82]）。通常，高速缓存大小为 1K 个字～128K 个字都可以胜任，而内存的大小通常在几吉字节范围内。在考虑虚拟存储器和磁盘高速缓存时，可引用其他研究来证实同一种现象，即由于局部性，相对较小的 M_1 可产生较大的命中率。

这就引出了前面所列的最后一个问题：两个存储器的相对大小是否能满足价格要求？答案显然是肯定的。若只需要一个相对较小的上层存储器实现较好的性能，则两级存储器平均每位的价格将接近于比较便宜的下层存储器。注意，L2 寄存器更加复杂，详见[PEIR99]和[HAND98]。

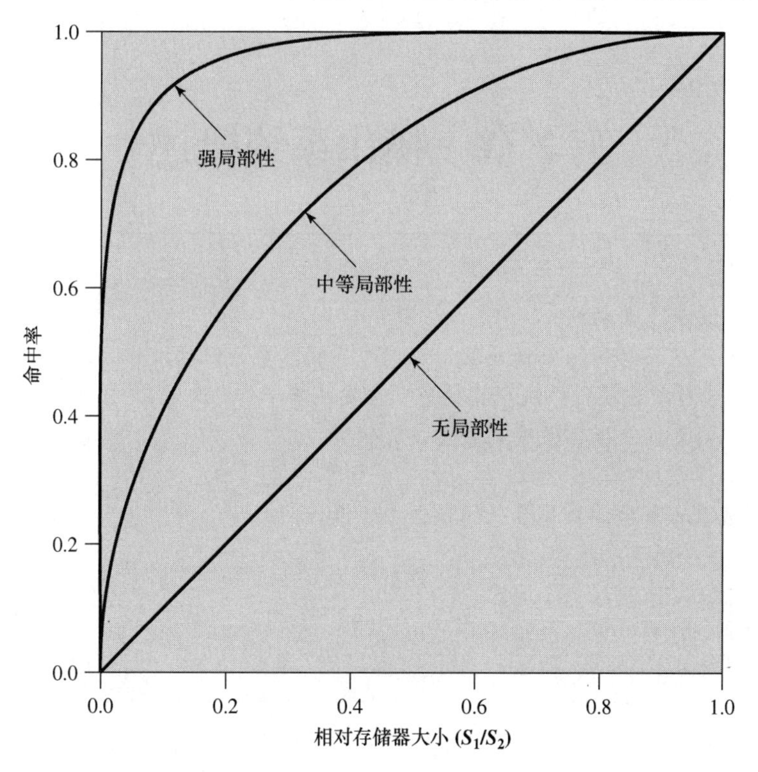

图 1.24　命中率与相对存储器大小的关系

第 2 章　操作系统概述

学习目标

- 小结操作系统的主要功能
- 讨论操作系统从早期的简单批处理系统到现代的复杂系统的演化
- 简要说明 2.3 节所述操作系统研究的每项主要成果
- 论述有助于开发现代操作系统的主要设计领域
- 定义并讨论虚拟机和虚拟化
- 理解多处理器和多核计算机带来的操作系统设计问题
- 了解 Windows 的基本结构
- 了解传统 UNIX 系统的基本要求
- 理解现代 UNIX 系统中的新特性
- 讨论 Linux 及其与 UNIX 的关系

本章简述操作系统的发展历史。这一历史本身很有趣，且从中也可大致了解操作系统的原理。首先在 2.1 节介绍操作系统的目标和功能，然后讲述操作系统如何从原始的批处理系统演化为成多任务、多用户的高级系统。其余部分给出贯穿于全书的两个操作系统的历史和总体特征。

2.1　操作系统的目标和功能

操作系统是控制应用程序执行的程序，是应用程序和计算机硬件间的接口。它有三个目标：

- **方便**：操作系统使计算机更易于使用。
- **有效**：操作系统允许以更有效的方式使用计算机系统资源。
- **扩展能力**：在构造操作系统时，应允许在不妨碍服务的前提下，有效地开发、测试和引入新的系统功能。

下面依次介绍操作系统的这三个目标。

2.1.1　作为用户/计算机接口的操作系统

为用户提供应用的硬件和软件可视为一种层次结构，如图 2.1 所示。应用程序的用户（即终端用户）通常并不关心计算机的硬件细节。因此，终端用户把计算机系统视为一组应用程序。一个应用程序可以用一种程序设计语言描述，并由程序员开发而成。若用一组完全负责控制计算机硬件的机器指令开发应用程序，则其非常复杂。为简化这一任务，需要提供一些系统程序，其中一部分称为实用工具或库程序，它们实现了创建程序、管理文件和控制 I/O 设备时经常使用的功能。程序员在开发应用程序时，将使用这些功能提供的接口；应用程序

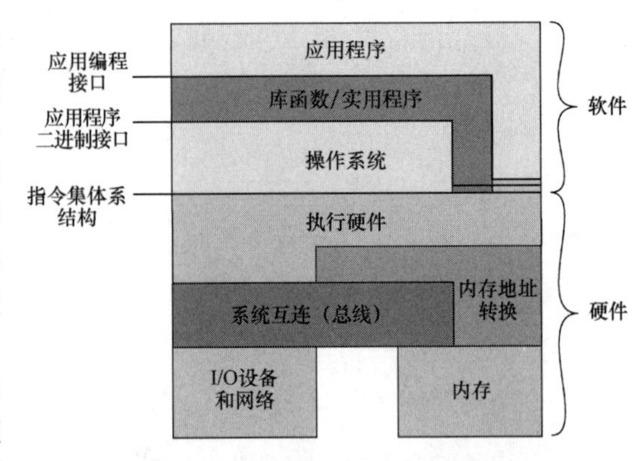

图 2.1　计算机硬件和软件结构

在运行时，将调用这些实用工具来实现特定的功能。最重要的系统程序是操作系统，操作系统为程序员屏蔽了硬件细节，并为程序员使用系统提供了方便的接口。它可作为中介，使程序员及应用程序更容易地访问与使用这些功能与服务。

简单地说，操作系统通常提供了以下几个方面的服务：

- **程序开发**：为帮助程序员开发程序，操作系统提供各种各样的工具和服务，如编辑器和调试器。通常，这些服务以实用工具程序的形式出现，严格来说并不属于操作系统核心的一部分；它们由操作系统提供，称为*应用程序开发工具*。
- **程序运行**：运行一个程序需要很多步骤，如必须把指令和数据加载到内存、初始化 I/O 设备和文件、准备其他一些资源。操作系统为用户处理这些调度问题。
- **I/O 设备访问**：每个 I/O 设备的操作都需要自身特有的指令集或控制信号，操作系统隐藏这些细节，并提供统一的接口，因此程序员可以使用简单的读/写操作来访问这些设备。
- **文件访问控制**：对操作系统而言，关于文件的控制不仅必须详细了解 I/O 设备（磁盘驱动器、磁带驱动器）的特性，而且必须详细了解存储介质中文件数据的结构。此外，对有多个用户的系统，操作系统还可提供保护机制来控制对文件的访问。
- **系统访问**：对于共享或公共系统，操作系统控制对整个系统的访问，以及对某个特殊系统资源的访问。访问功能模块必须提供对资源和数据的保护，以避免未授权用户的访问，还必须解决资源竞争时的冲突问题。
- **错误检测和响应**：计算机系统运行时可能发生各种各样的错误，包括内部和外部硬件错误（如内存错误、设备失败或故障），以及各种软件错误（如算术溢出、试图访问被禁止的内存单元、操作系统无法满足应用程序的请求）等。对每种情况，操作系统都必须提供响应以清除错误条件，使其对正在运行的应用程序影响最小。响应可以是终止引起错误的程序、重试操作或简单地给应用程序报告错误。
- **记账**：好的操作系统可以收集对各种资源的利用率的统计数据，监控诸如响应时间之类的性能参数。在任何系统中，这种信息对于预测将来增强功能的需求及调整系统以提高性能都是很有用的。对于多用户系统，这种信息还可用于记账。

图 2.1 也指明了典型计算机系统中的三种重要接口：

- **指令系统体系结构**（ISA）：定义了计算机遵循的机器语言指令系统，该接口是硬件与软件的分界线。注意，应用程序和实用程序都可直接访问 ISA，这些程序使用指令系统的一个子集（用户级 ISA）。操作系统能使用其他一些操作系统资源的机器语言指令（系统级 ISA）。
- **应用程序二进制接口**（ABI）：这种接口定义了程序间二进制可移植性的标准。ABI 定义了操作系统的系统调用接口，以及在系统中通过 ISA 能使用的硬件资源和服务。
- **应用程序编程接口**（API）：API 允许应用程序访问系统的硬件资源和服务，这些服务由用户级 ISA 和高级语言库（HLL）调用来提供。使用 API 能让应用软件更容易重新编译并移植到具有相同 API 的其他系统中。

2.1.2　作为资源管理器的操作系统

操作系统负责控制计算机资源的使用，例如 I/O 操作、主存和辅存，以及处理器执行时间等。但这一控制是通过一种不同寻常的方式实施的。通常，我们认为控制机制在被控制对象之外，或至少与被控制对象有一些差别和距离（例如，住宅供热系统是由自动调温器控制的，它完全不同于热产生和热发送装置）。但是，操作系统却不属于这种情况，它的控制机制有两方面的不同：

- 操作系统与普通计算机软件的作用相同，即它是由处理器执行的一段程序或一组程序。
- 操作系统经常会释放控制，而且必须依赖处理器才能恢复控制。

与其他计算机程序一样，操作系统由处理器执行的指令组成。在执行指令时，操作系统决定如何分配处理器时间，以及可以使用哪些计算机资源。但是，为了让处理器根据操作系统的决策采取相应的操作，处理器需要停止执行操作系统程序，而转去执行其他程序。因此，为了做一些“有用的”工作，操作系统放弃对处理器的控制，经过一段时间后再恢复对处理器的控制，让处理器准备好去做下一部分的工作。随着本章内容的深入，读者将逐渐了解所有这些机制。

图 2.2 显示了由操作系统管理的主要资源。操作系统的一部分在内存中，包括内核程序（kernel 或 nucleus）和当前正在使用的其他操作系统程序，内核程序包含操作系统中最常用的功能。内存的其余部分包含用户程序、实用程序和数据，它的分配由操作系统和处理器中的内存管理硬件联合控制完成，后面会详细介绍。操作系统决定在程序运行过程中何时使用 I/O 设备，并控制文件的访问和使用。处理器自身也是资源，操作系统必须决定在运行一个特定的用户程序时，可以分配多少处理器时间。

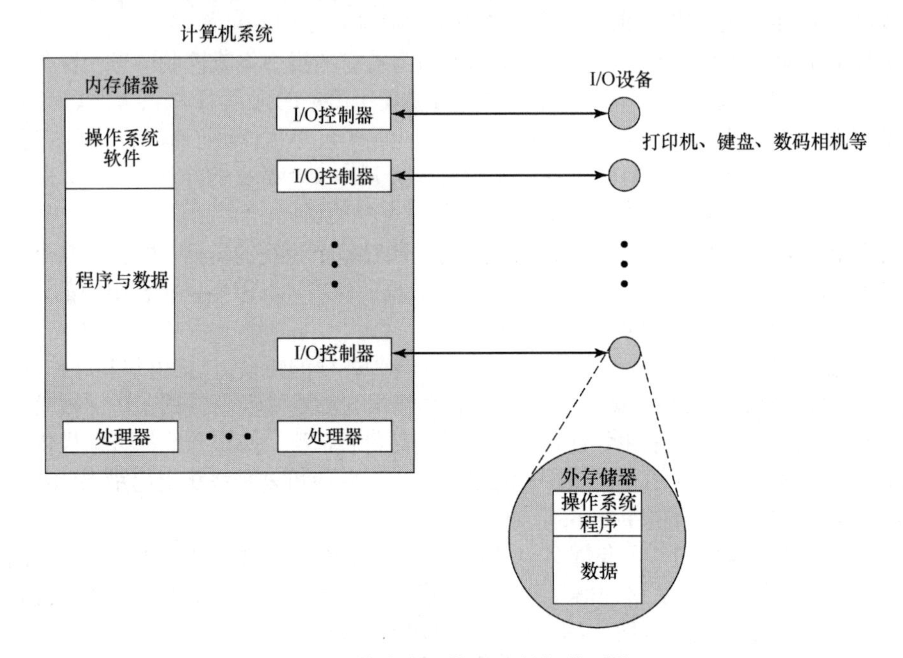

图 2.2　作为资源管理器的操作系统

2.1.3　操作系统的易扩展性

重要的操作系统应能不断地发展，原因如下：

- **硬件升级和新型硬件的出现**：例如，早期运行 UNIX 和 Macintosh 的处理器无分页（paging）硬件机制[①]，因此这两个操作系统也未使用分页机制，而较新的版本经过修改，具备了分页功能。同样，图形终端和页面式终端替代了滚行终端，这也影响了操作系统的设计，例如这类终端允许用户通过屏幕上的窗口同时查看多个应用程序，这就要求在操作系统中提供更复杂的支持。
- **新的服务**：为适应用户的需求或满足系统管理员的需要，需要扩展操作系统以提供新的服务。例如，若发现用现有工具很难保持较好的性能，则操作系统就要增加新的度量和控制工具。
- **纠正错误**：任何一个操作系统都会存在错误，随着时间的推移，这些错误会逐渐被人们发现并引入相应的补丁程序。当然，补丁本身也可能会引入新的错误。

操作系统的经常性变化使得其设计需要满足一定的要求。一个非常明确的观点是，在构造系统时应该采用模块化结构，清楚地定义模块间的接口，并备好说明文档。对于像现代操作系统这样的大型程序，简单的模块化是不够的[DENN80a]，即不能只是简单地把程序划分为模块，还需要做更多的工作。本章的后续部分将继续讨论这一问题。

---

① 分页将在本章后面简短讨论，详细讨论请参阅第 7 章。

2.2 操作系统的演化

了解操作系统的演化，既有助于理解操作系统的关键性设计需求，又有助于理解现代操作系统基本特征的意义。

2.2.1 串行处理

对于 20 世纪 40 年代后期到 50 年代中期的计算机，程序员需要直接与计算机硬件打交道，因为当时还没有操作系统。这些机器在一个控制台上运行，控制台包括显示灯、触发器、某种类型的输入设备和打印机。用机器代码编写的程序通过输入设备（如卡片阅读机）载入计算机。一个错误使得程序停止时，错误原因由显示灯指示。若程序正常完成，则输出结果将出现在打印机中。

早期的这种系统引出了两个主要问题：

- **调度**：大多数装置都使用硬拷贝登记表来预订机器时间。通常，用户可以以半小时为单位登记一段时间。有时，用户登记了 1 小时而仅用 45 分钟就完成了工作，剩下的时间里计算机只能闲置，这时就会导致浪费。另一方面，用户因遇到问题而未在分配的时间内完成工作，在解决问题前会被强制停止。
- **准备时间**：称为作业的单个程序，可能会向内存中加载编译器和高级语言程序（源程序），保存编译好的程序（目标程序），然后加载目标程序和公用函数并进行链接。每个步骤都可能需要安装或拆卸磁带，或准备卡片组。若在此期间发生了错误，则用户只能全部重新开始。因此，在程序运行前的准备工作需要花费大量的时间。

这种操作模式称为*串行处理*，它反映了用户必须顺序访问计算机的事实。后来，为使串行处理更加有效，人们开发了各种各样的系统软件工具，包括公用函数库、链接器、加载器、调试器和 I/O 驱动，它们作为公用软件可为所有用户使用。

2.2.2 简单批处理系统

早期的计算机非常昂贵，同时由于调度和准备而浪费的时间令人难以接受，因此最大限度地利用处理器是非常重要的。

为提高利用率，人们有了开发批处理操作系统的想法。第一个批处理操作系统（同时也是第一个操作系统）是 20 世纪 50 年代中期由 General Motors 开发的，它用在 IBM 701 上[WEIZ81]；这个系统随后经过进一步改进，被很多 IBM 用户在 IBM 704 中实现；20 世纪 60 年代早期，许多厂商为自己的计算机系统开发了批处理操作系统，其中用于 IBM OS 7090/7094 计算机的操作系统 IBSYS 最为著名，它对其他系统有着广泛的影响。

简单批处理方案的中心思想是使用一个称为*监控程序*（monitor）的软件。通过使用这类操作系统，用户不再直接访问机器，相反，用户把卡片或磁带中的作业提交给计算机操作员，由操作员把这些作业按顺序组织成批，并将整个批作业放到输入设备上，供监控程序使用。每个程序完成处理后返回到监控程序，同时监控程序自动加载下一个程序。

为了理解这一方案如何工作，可以从以下两个角度进行分析：监控程序角度和处理器角度。

- **监控程序角度**：监控程序控制事件的顺序。为做到这一点，大部分监控程序必须总是处于内存中并且可以执行（见图 2.3），这部分称为*常驻监控程序*（resident monitor）。其他部分包括一些实用程序和公用函数，它们作为用户程序的子程序，在需要用到它们的作业开始执行时才被载入。监控程序每次从输入设备（通常是卡片阅读机或磁带驱动器）中读取一个作业。读入后，当前作业被放置到用户程序区域，并且把控制权交给这个作业。作业完成后，它将控制权返回给监控程序，监控程序立即读取下一个作业。每个作业的结果被发送到输出设备（如打印机），交付给用户。
- **处理器角度**：从某个角度看，处理器执行内存中存储的监控程序中的指令，这些指令读入下一个作业并存储到内存的另一部分中。读入一个作业后，处理器将会遇到监控程序中的分支指令，分支指令指导处理器在用户程序的开始处继续执行。处理器继而执行用户程序中的指令，直到遇到一个结束指令或错误条件。无论哪种情况都将导致处理器从监控程序中取下一条指令。因此，“控制权交给作业”仅意味着处理器当前取的和执行的都是用户程序中的指令，而“控制权返回给监控程序”意味着处理器当前从监控程序中取指令并执行指令。

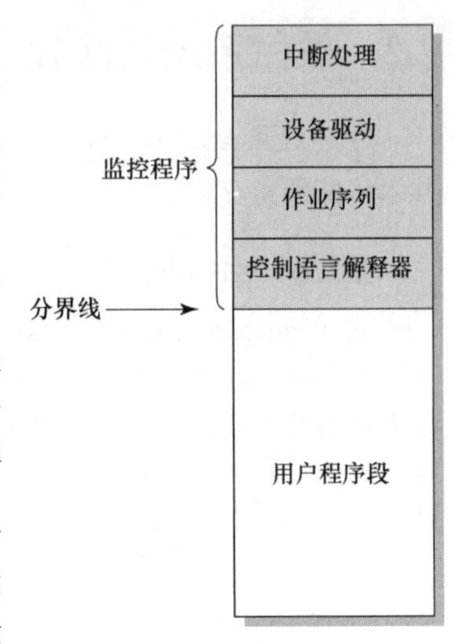

图 2.3　常驻监控程序的内存布局

监控程序完成调度功能：一批作业排队等候，处理器尽可能迅速地执行作业，没有任何空闲时间。监控程序还改善了作业的准备时间。每个作业中的指令均以一种作业控制语言（Job Control Language，JCL）的基本形式给出。这是一种特殊的程序设计语言，用于为监控程序提供指令。例如，用户提交一个用 FORTRAN 语言编写的程序以及程序需要用到的一些数据，所有 FORTRAN 指令和数据在一个单独打孔的卡片中，或是磁带中的一条单独的记录。除 FORTRAN 指令和数据行外，作业中还包括作业控制指令，这些指令以$符号开头。作业的整个格式如下所示：

```
$JOB
$FTN
•
•   } FORTRAN 指令
•
$LOAD
$RUN
•
•   } 数据
•
$END
```

为执行这个作业，监控程序读$FTN 行，从海量存储器（通常为磁带）中载入合适的语言编译器。编译器将用户程序翻译成目标代码，并保存在内存或海量存储器中。若保存在内存中，则操作称为“编译、加载、运行”；若保存在磁带中，就需要$LOAD 指令。在编译操作之后，监控程序重新获得控制权，此时监控程序读$LOAD 指令，启动一个加载器，并将控制权转交给它，加载器将目标程序载入内存（在编译器所占的位置）。在这种方式下，有一大段内存可以由不同的子系统共享，但每次只能运行一个子系统。

在用户程序的执行过程中，任何输入指令都会读入一行数据。用户程序中的输入指令导致调用一个输入例程，输入例程是操作系统的一部分，它检查输入以确保程序并不是在 JCL 行中意外读入的。若是这样，则会发生错误，控制权转交给监控程序。用户作业完成后，监控程序扫描输入行，直到遇到下一条 JCL 指令。因此，不管程序中的数据行是太多还是太少，系统都会受到保护。

可以看出，监控程序或批处理操作系统只是一个简单的计算机程序。它依赖于处理器可从内存的不同部分取指令的能力，交替地获取或释放控制权。此外，还考虑到了其他硬件功能：

- **内存保护**：当用户程序正在运行时，不能改变包含监控程序的内存区域。若试图这样做，则处理器硬件将发现错误，并将控制权转交给监控程序，监控程序取消这个作业，输出错误信息，并加载下一个作业。
- **定时器**：定时器用于防止一个作业独占系统。在每个作业开始时，设置定时器，若定时器时间到，则会停止用户程序，控制权返回给监控程序。
- **特权指令**：某些机器指令被设计成特权指令，只能由监控程序执行。处理器在运行一个用户程序时，若遇到这类指令，则会发生错误，并将控制权转交给监控程序。I/O 指令属于特权指令，因此监控程序可以控制所有 I/O 设备，此外还可避免用户程序意外地读取下一个作业中的作业控制指令。用户程序希望执行 I/O 时，须请求监控程序为自己执行这一操作。

- **中断**：早期的计算机模型并没有中断能力。这个特征使得操作系统在让用户程序放弃控制权或从用户程序获得控制权时，具有更大的灵活性。

内存保护和特权指令引出了运行模式的概念。用户程序以*用户模式*（user mode）执行，此时有些内存区域是受保护的，特权指令也不允许执行。监控程序以*系统模式*或*内核模式*（kernel mode）执行，此时不仅可以执行特权指令，而且可以访问受保护的内存区域。

当然，没有这些功能也可以构建操作系统。但是，计算机厂商很快认识到这样做会造成混乱，因此，即使是相对比较原始的批处理操作系统也提供这些硬件功能。

对批处理操作系统来说，用户程序和监控程序交替执行。这样做有两个缺点：一部分内存交付给监控程序；监控程序消耗了一部分机器时间。所有这些都构成了系统开销。尽管存在系统开销，但简单的批处理系统还是提高了计算机的利用率。

2.2.3　多道批处理系统

即使是对简单批处理操作系统提供的自动作业序列，处理器仍然经常处于空闲状态。问题在于 I/O 设备相对于处理器而言速度太慢。图 2.4 详细列出了一个有代表性的计算过程。该计算过程涉及的程序用于处理一个记录文件，且平均每秒处理 100 条指令。在该例中，计算机 96%的时间都用于等待 I/O 设备完成文件数据传送。图 2.5(a)显示了这种只有一个单独程序的情况，称为*单道程序设计*（uniprogramming）。处理器花费一定的运行时间进行计算，直到遇到一个 I/O 指令，这时它须等到该 I/O 指令结束后才能继续进行。

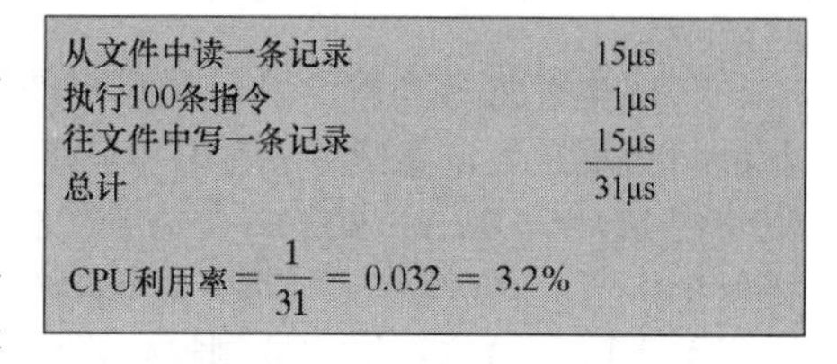

从文件中读一条记录	15μs
执行100条指令	1μs
往文件中写一条记录	15μs
总计	31μs

$$\text{CPU利用率} = \frac{1}{31} = 0.032 = 3.2\%$$

图 2.4　系统利用率实例

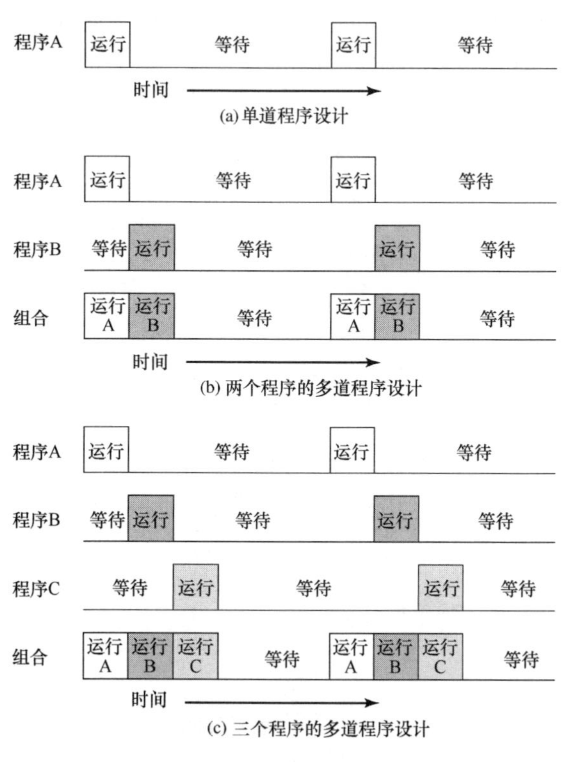

图 2.5　多道程序设计实例

这种低效率是可以避免的。内存空间可以保存操作系统（常驻监控程序）和一个用户程序。假设内存空间容得下操作系统和两个用户程序，则当一个作业需要等待 I/O 时，处理器可以切换到另一个可能并不在等待 I/O 的作业[见图 2.5(b)]。进一步还可以扩展内存以保存三个、四个程序或更多的程序，且在它们之间进行切换［见图 2.5(c)］。这种处理称为*多道程序设计*（multiprogramming）或*多任务处理*（multitasking），它是现代操作系统的主要方案。

下面用一个简单的例子来说明多道程序设计的优点。考虑一台计算机，它有 250MB 的可用内存（未被操作系统使用）、一个磁盘、一个终端和一台打印机，同时提交执行三个程序 JOB1、JOB2 和 JOB3，它们的属性如表 2.1 所示。假设 JOB2 和 JOB3 对处理器只有最低的要求，JOB3 还要求连续使用磁盘和打印机。对于简单的批处理环境，这些作业将被顺序执行。因此，JOB1 在 5 分钟后完成，JOB2 必须等到这 5 分钟过后，在 15 分钟内完成，而 JOB3 则在 20 分钟后才开始，即从它最初被提交开始，30 分钟后才完成。表 2.2 中的“单道程序设计”列给出了平均资源利用情况、吞吐量和响应时间，图 2.6(a)显示了各个设备的利用率。显然，在所需的 30 分钟内，所有资源都未得到充分使用。

现在假设这些作业在多道程序操作系统下并行运行。由于作业间几乎没有资源竞争，因此这三个作业都可在计算机中同时存在其他作业的情况下，以几乎最短的时间运行（设 JOB2 和 JOB3 都分配到了足够的处理器时间，以保证它们的输入和输出操作处于活动状态）。JOB1 仍需要 5 分钟完成，但在这一时间末尾，JOB2 也完成了 1/3，而 JOB3 则完成了一半。三个作业将在 15 分钟内完成。表 2.2 中“多道程序设计”列的数据取自图 2.6(b)所示的直方图，从中可以看出性能的提高很明显。

表 2.1　示例程序执行属性

	JOB1	JOB2	JOB3
作业类型	大量计算	大量 I/O	大量 I/O
持续时间	5 分钟	15 分钟	10 分钟
所需内存	50MB	100MB	75MB
是否需要磁盘	否	否	是
是否需要终端	否	是	否
是否需要打印机	否	否	是

表 2.2　多道程序设计的资源利用效果

	单道程序设计	多道程序设计
处理器利用率	20%	40%
内存利用率	33%	67%
磁盘利用率	33%	67%
打印机利用率	33%	67%
总运行时间	30 分钟	15 分钟
吞吐率	6 个作业/小时	12 个作业/小时
平均响应时间	18 分钟	10 分钟

与简单批处理系统一样，多道程序批处理系统必须依赖于某些计算机硬件。对多道程序设计最有帮助的硬件是，支持 I/O 中断和直接内存访问（Direct Memory Access，DMA）的硬件。通过中断驱动的 I/O 或 DMA，处理器可为一个作业发出 I/O 命令，设备控制器执行 I/O 操作时，处理器执行另一个作业；I/O 操作完成后，处理器被中断，控制权传递给操作系统中的中断处理程序，中断处理程序结束后，操作系统把控制权传递给另一个作业。

多道程序设计操作系统要比单个程序或*单道程序设计*（uniprogramming）系统复杂。待运行的多个作业须保留在内存中，因此需要*内存管理*（memory management）。此外，准备运行多个作业时，处理器必须决定运行哪个作业，因此需要某种调度算法。这些概念将在本章后面的部分详细讲述。

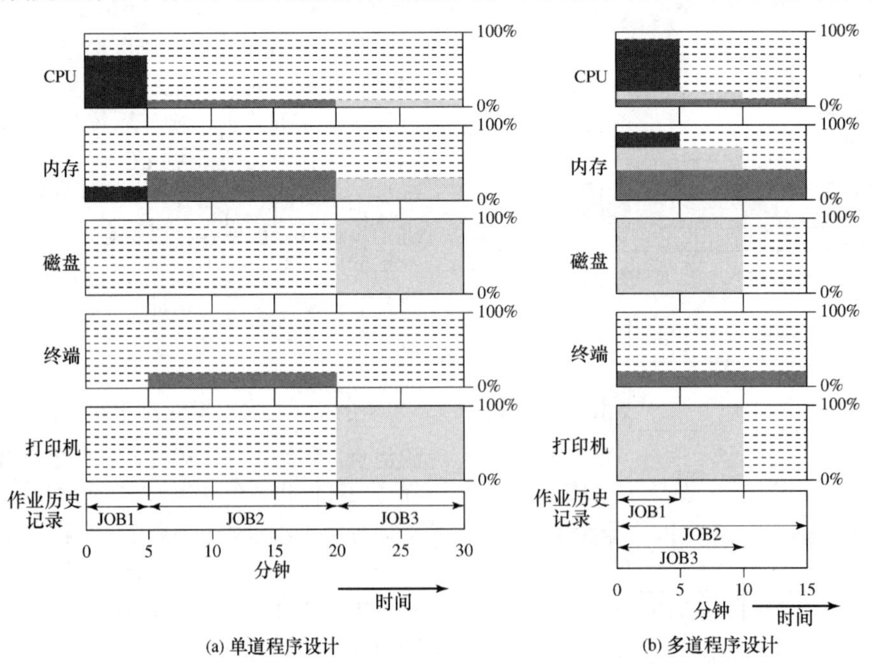

图 2.6　利用率直方图

2.2.4　分时系统

使用多道程序设计，可使批处理（batch processing）变得更加有效。但对许多作业来说，需要提供一种用户直接与计算机交互的模式。实际上，对于一些作业如事务处理，交互模式是必需的。

今天，人们通常使用专用个人计算机或工作站来完成交互式计算任务，但在 20 世纪 60 年代这是行不通的，因为当时大多数计算机都非常庞大且昂贵，因而分时系统应运而生。

多道程序设计允许处理器同时处理多个批作业，还可处理多个交互作业。对于后者而言，由于多个用户分享处理器时间，因而该技术称为分时（time sharing）。在分时系统中，多个用户可以通过终端同时访问系统，由操作系统控制每个用户程序在很短的时间内交替执行。因此，若有 n 个用户同时请求服务，若不计操作系统开销，则每个用户平均只能得到计算机有效速度的 $1/n$。但由于人的反应时间相对较慢，因此设计良好的系统响应时间应可以接近于专用计算机的响应时间。

批处理和分时都使用了多道程序设计，其主要差别如表 2.3 所示。

表 2.3　批处理多道程序设计和分时的比较

	批处理多道程序设计	分　时
主要目标	充分利用处理器	减小响应时间
操作系统指令源	作业控制语言命令 作业提供的命令	终端键入的命令

第一个分时操作系统是由麻省理工学院（MIT）开发的*兼容分时系统*（Compatible Time-Sharing System, CTSS）[CORB62]，它源于多路存取计算机项目（Machine-Aided Cognition 或 Multiple-Access Computers，Project MAC）。该系统最初于 1961 年为 IBM 709 开发，后来移植到了 IBM 7094 上。

与后来的系统相比，CTSS 相当原始。该系统运行在一台内存为 32000 个 36 位字的机器上，常驻监控程序占用 5000 个字。当控制权分配给一个交互用户时，该用户的程序和数据被载入内存剩余的 27000 个字的空间。程序通常在第 5000 个字的位置开始载入，这简化了监控程序和内存管理。系统时钟以约 0.2s 一个的速度产生中断，在每个时钟中断处，操作系统恢复控制权，并将处理器分配给另一个用户。因此，在固定的时间间隔内，当前用户被抢占，另一个用户被载入，这项技术称为时间片（time slicing）技术。为便于以后恢复，它会保留老用户程序状态，在新用户程序和数据读入前，老用户程序和数据被写出到磁盘。随后在获得下一次机会时，老用户程序代码和数据被恢复到内存中。

为减小磁盘开销，只有当新来的程序需要重写用户存储空间时，用户存储空间才被写出。这一原理如图 2.7 所示。假设有 4 个交互用户，其内存需求如下：

- JOB1：15000
- JOB2：20000
- JOB3：5000
- JOB4：10000

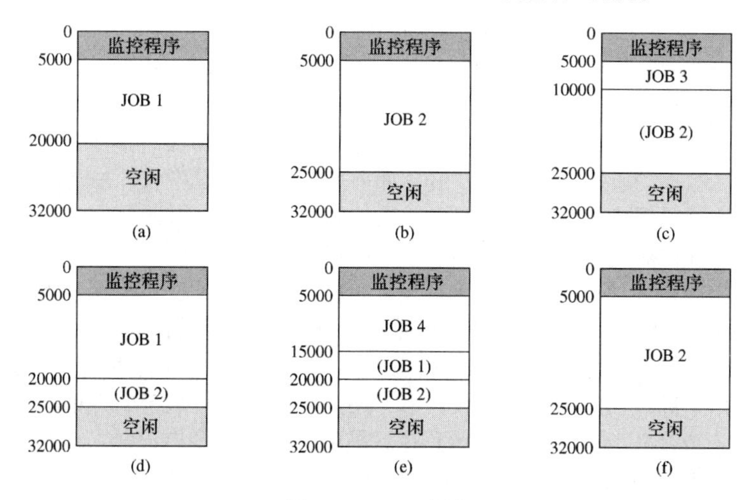

图 2.7　CTSS 操作

图 2.7(a)：最初，监控程序载入 JOB1 并把控制权转交给它；图 2.7(b)：稍后，监控程序决定把控制权转交给 JOB2。由于 JOB2 比 JOB1 需要更多的存储空间，JOB1 必须首先被写出，然后载入 JOB2；图 2.7(c)：接着，JOB3 被载入并运行，但由于 JOB3 比 JOB2 小，JOB2 的一部分仍然留在内存中，以减少写磁盘的时间；图 2.7(d)：稍后，监控程序决定把控制交回 JOB1，当 JOB1 载入内存时，JOB2 的另一部分将被写出；图 2.7(e)：载入 JOB4 时，JOB1 和 JOB2 的一部分仍留在内存中；图 2.7(f)：此时，若 JOB1 或 JOB2 被激活，则只需载入一部分。在该例中是 JOB2 接着运行，这就要求 JOB4 和 JOB1 留在内存中的那一部分被写出，然后读入 JOB2 的其余部分。

与今天的分时系统相比，CTSS 是一种原始方法，但它可以工作。它非常简单，因而使得监控程序最小。由于一个作业经常被载入内存的相同单元，因而在载入时不需要重定位技术（在后面讲述）。这一技术仅写出必需的内容，因而可以减少磁盘的活动。在 7094 上运行时，CTSS 最多可支持 32 个用户。

分时和多道程序设计引发了操作系统中的许多新问题。若内存中有多个作业，则必须保护它们不相互干扰，例如不会修改其他作业的数据。有多个交互用户时，必须对文件系统进行保护，以便只有授权用户才可以访问某个特定的文件。还必须处理资源（如打印机和海量存储器）竞争问题。在本书中，我们会经常遇到类似的问题及其解决方法。

2.3 主要成就

操作系统是最复杂的软件之一，其复杂性具体表现为实现困难甚至相互冲突的目标（方便、有效和易扩展性）所带来的挑战。[DENN80a]提出了操作系统开发中的 4 个重要理论进展：

- 进程
- 内存管理
- 信息保护和安全
- 调度和资源管理

每个进展都是为解决实际的困难问题，由相关原理或抽象概念来描述的。这 4 个领域包括现代操作系统设计和实现中的关键问题。本节简要回顾这 4 个领域，可作为本书其余部分的综述。

2.3.1 进程

进程的概念是操作系统设计的核心。Multics 的设计者在 20 世纪 60 年代首次使用了这一术语[DALE68]，它比作业更通用。关于进程的定义有很多，如下所示：

- 一个正在执行的程序。
- 计算机中正在运行的程序的一个实例。
- 可分配给处理器并由处理器执行的一个实体。
- 由一个单一顺序线程、一个当前状态和一组相关系统资源所表征的活动单元。

后面将详细介绍这一概念。

计算机系统的发展有三条主线：多道程序批处理操作、分时和实时事务系统，它们在时间安排和同步中所产生的问题推动了进程概念的发展。如前所述，多道程序设计是为了让处理器和 I/O 设备（包括存储设备）同时保持忙状态，以实现最大的效率。其关键机制是：在响应表示 I/O 事务结束的信号时，操作系统将对内存中驻留的不同程序进行处理器切换。

发展的第二条主线是通用的分时。其主要设计目标是能及时响应单个用户的要求，但由于成本原因，又要同时支持多个用户。由于用户反应时间相对较慢，因此这两个目标可以同时实现。例如，若一个典型用户平均需要每分钟 2 秒的处理时间，则可以有近 30 个这样的用户共享同一个系统，并且感觉不到存在互相干扰。当然，在这一计算中，还必须考虑操作系统的开销因素。

发展的第三条主线是实时事务处理系统。在这种情况下，很多用户都在对数据库进行查询或修改，例如航空公司的预订系统。事务处理系统和分时系统的主要差别在于，前者局限于一个或几个应用，而后者的用户可以开始程序、执行作业，以及使用各种各样的应用程序。对于这两种情况，系统响应时间都是最重要的。

系统程序员在开发早期的多道程序和多用户交互系统时使用的主要工具是中断。已定义事件（如 I/O 完成）的发生可以暂停任何作业的活动。处理器保存某些上下文（如程序计数器和其他寄存器），首先跳转到中断处理程序，处理中断，然后恢复用户被中断的作业或处理其他作业。

设计出能够协调各种不同活动的系统软件非常困难。在任何时刻都有许多作业正在运行，每个作业都包括要求按顺序执行的很多步骤，因此分析事件序列的所有组合几乎不可能。由于缺乏能够在所有活动中进行协调和合作的系统级方法，程序员只能基于他们对操作系统所控制的环境的理解，采用自己的特殊方法。但这种方法很脆弱，尤其是对于一些程序设计中的小错误，因为这些错误仅在很少见的事件序列发生时才会出现。由于需要从应用程序软件错误和硬件错误中区分出这些错误，因而诊断工作很困难。即使检测出错误，也很难确定其原因，因为很难再现错误产生的精确场景。一般而言，产生这类错误的主要原因有 4 个[DENN80a]：

- **不正确的同步**：常常会出现一个例程必须挂起，等待系统中其他地方的某一事件的情况。例如，一个程序启动了一个 I/O 读操作，在继续进行前必须等到缓冲区中有数据。这时需要来自其他例程的一个信号，而设计得不正确的信号机制可能导致信号丢失或接收到重复信号。
- **失败的互斥**：常常会出现多个用户或程序试图同时使用一个共享资源的情况。例如，两个用户可能试图同时编辑一个文件。若不控制这种访问，则会发生错误。因此必须有某种互斥机制，以保证一次只允许一个例程对一部分数据执行事务处理。很难证明这类互斥机制的实现对所有可能的事件序列都是正确的。
- **不确定的程序操作**：某个特定程序的结果只依赖于该程序的输入，而不依赖于共享系统中其他程序的活动。但是，当程序共享内存且处理器控制它们交替执行时，它们可能会因为重写相同的内存区域而发生不可预测的相互干扰。因此，程序调度顺序可能会影响某个特定程序的输出结果。
- **死锁**：很可能有两个或多个程序相互挂起等待。例如，两个程序可能都需要两个 I/O 设备执行一些操作（如从磁盘复制到磁带）。一个程序获得了一个设备的控制权，而另一个程序获得了另一个设备的控制权，它们都等待对方释放自己想要的资源。这样的死锁依赖于资源分配和释放的时机安排。

要解决这些问题，就需要一种系统级的方法来监控处理器中不同程序的执行。进程的概念为此提供了基础。进程由三部分组成：

1. 一段可执行的程序。
2. 程序所需要的相关数据（变量、工作空间、缓冲区等）。
3. 程序的执行上下文。

最后一部分是根本。*执行上下文*（execution context）又称*进程状态*（process state），是操作系统用来管理和控制进程所需的内部数据。这种内部信息和进程是分开的，因为操作系统信息不允许被进程直接访问。上下文包括操作系统管理进程及处理器正确执行进程所需的所有信息，包括各种处理器寄存器的内容，如程序计数器和数据寄存器。它还包括操作系统使用的信息，如进程优先级及进程是否在等待特定 I/O 事件的完成。

图 2.8 给出了一种进程管理方法。两个进程 A 和 B 存在于内存中的某些部分，即给每个进程（包含程序、数据和上下文信息）分配了一块内存区域，并且在由操作系统建立和维护的进程表中进行了记录。进程表包含记录每个进程的表项，表项内容包括指向包含进程的存储块地址的指针，还包括该进程的部分或全部执行上下文。执行上下文的其余部分存放在别处，可能和进程本身保存在一起（见图 2.8），通常还可能保存在内存的一块独立区域中。*进程索引寄存器*（process index register）包含当前正在控制处理器的进程在进程表中的索引。*程序计数器*（program counter）指向该进程中下一条待执行的指令。*基址寄存器*（base register）和*界限寄存器*（limit register）定义该进程所占据的内存区域：基址寄存器中保存该内存区域的开始地址，界限寄存器中保存该区域的大小（以字节

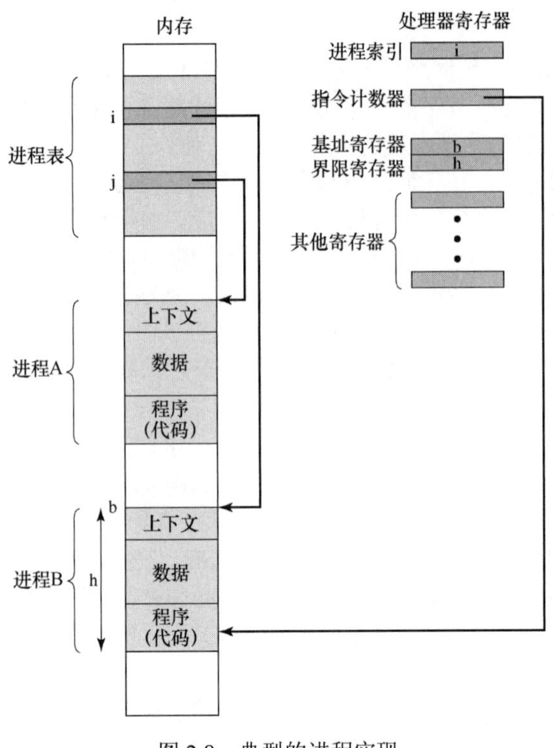

图 2.8　典型的进程实现

或字为单位)。程序计数器和所有数据引用相对于基址寄存器来解释，且不能超过界限寄存器中的值，因此可以保护内部进程间不会相互干涉。

在图 2.8 中，进程索引寄存器表明进程 B 正在执行。以前执行的进程临时被中断，在 A 中断的同时，所有寄存器的内容被记录在其执行上下文环境中，以后操作系统就可以执行进程切换，恢复进程 A 的执行。进程切换过程包括保存 B 的上下文和恢复 A 的上下文。在程序计数器中载入指向 A 的程序区域的值时，进程 A 自动恢复执行。

因此，进程被当作数据结构来实现。一个进程可以正在执行，也可以等待执行。任何时候整个进程状态（state）都包含在其上下文环境中。这种结构使得人们可以开发功能强大的技术，来确保在进程中进行协调和合作。在操作系统中可能会设计和并入一些新的功能（如优先级），这可通过扩展上下文环境来包括支持这些特征的新信息。本书中将有很多关于使用进程结构解决在多道程序设计和资源共享中出现的问题的例子。

最后要介绍的是线程（thread）。本质上，一个分配了资源的进程可分解为多个并发的线程，这些线程相互协作执行，完成进程的工作。因此，这又引入了一个由硬件和软件管理的新并行活动层次。

2.3.2　内存管理

支持模块化程序设计的计算环境和数据的灵活使用，可以很好地满足用户的需求。系统管理员需要有效且有条理地控制存储器分配。为满足这些要求，操作系统担负着 5 项存储器管理职责：

- **进程隔离**：操作系统必须保护独立的进程，防止互相干扰各自的存储空间，包括数据和指令。
- **自动分配和管理**：程序应该根据需要在存储层次间动态地分配，分配对程序员是透明的。因此，程序员无须关心与存储限制有关的问题，操作系统会有效地实现分配问题，可仅在需要时才给作业分配存储空间。
- **支持模块化程序设计**：程序员应该能够定义程序模块，并动态地创建、销毁模块和改变模块的大小。
- **保护和访问控制**：不论在存储层次中的哪一级，存储器的共享都会产生一个程序访问另一个程序内存空间的潜在可能性。当某个特定的应用程序需要共享时，这是可取的。但在其他时候，它可能会威胁到程序的完整性，甚至威胁到操作系统自身。操作系统必须允许一部分内存可以由各种用户以各种方式进行访问。
- **长期存储**：许多应用程序需要在计算机关机后长时间地保存信息。

典型情况下，操作系统使用虚存和文件系统机制来满足这些要求。文件系统实现了长期存储，它在一个有名称的对象中保存信息，这个对象称为文件（file）。对程序员来说，文件是一个很方便的概念；对操作系统来说，文件是访问控制和保护的一个有用单元。

虚存机制允许程序以逻辑方式访问存储器，而不考虑物理内存上可用的空间数量。虚存的构想是为了满足有多个用户作业同时驻留在内存中的要求，因此在一个进程被写出到辅存中且后续进程被读入时，连续的进程执行之间将不会脱节。进程大小不同时，若处理器在很多进程间切换，则很难把它们紧密地压入内存，因此人们引入了分页系统。在分页系统中，进程由许多固定大小的块组成，这些块称为**页**。程序通过**虚地址**（virtual address）访问字，虚地址由页号和页中的偏移量组成。进程的每页都可置于内存中的任何地方，分页系统提供了程序中使用的虚地址和内存中的**实地址**（real address）或物理地址之间的动态映射。

有了动态映射硬件后，下一个逻辑步骤就是消除一个进程的所有页同时驻留在内存中的要求。一个进程的所有页都保留在磁盘中，进程执行时，一部分页会调入内存。若需要访问的某页不在内存中，则存储管理硬件会在检测到它后，与操作系统协同安排加载这个**缺页**（missing page）。这一配置称为**虚存**（virtual memory），如图 2.9 所示。

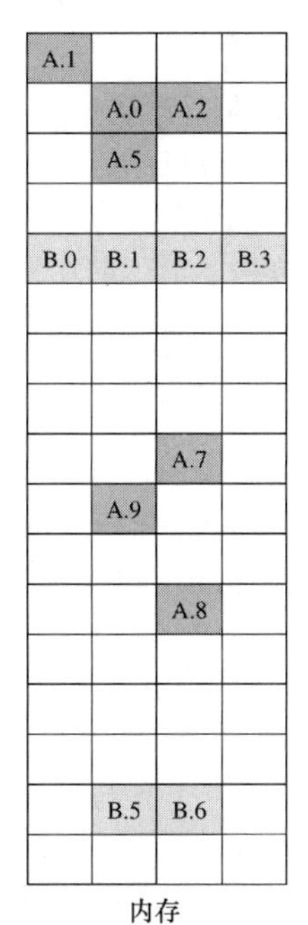

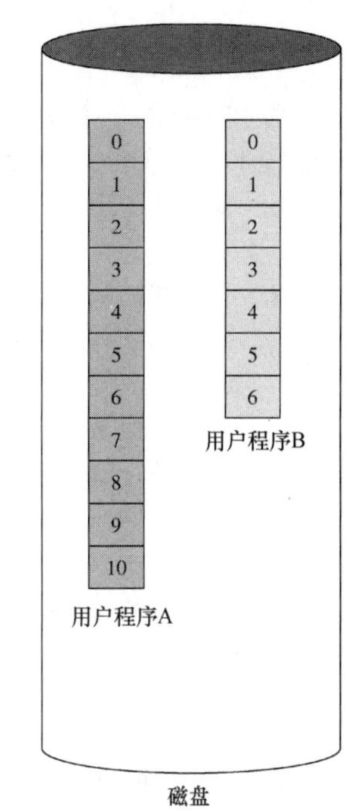

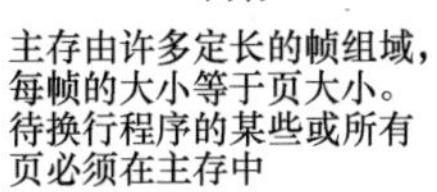

主存由许多定长的帧组域，每帧的大小等于页大小。待换行程序的某些或所有页必须在主存中

图 2.9　虚存的概念

处理器硬件和操作系统共同向用户提供“虚拟处理器”的概念，而“虚拟处理器”有对虚存的访问权限。该存储器既可以是一个线性地址空间，又可以是段的集合，而段是变长的连续地址块。不论哪种情况，程序设计语言的指令都可以访问虚存区域中的程序和数据。给每个进程唯一的不重叠虚存空间，可以实现进程隔离；使两个虚存空间的一部分重叠，可实现内存共享；文件可用于长期存储，文件或其一部分可以复制到虚存中供程序操作。

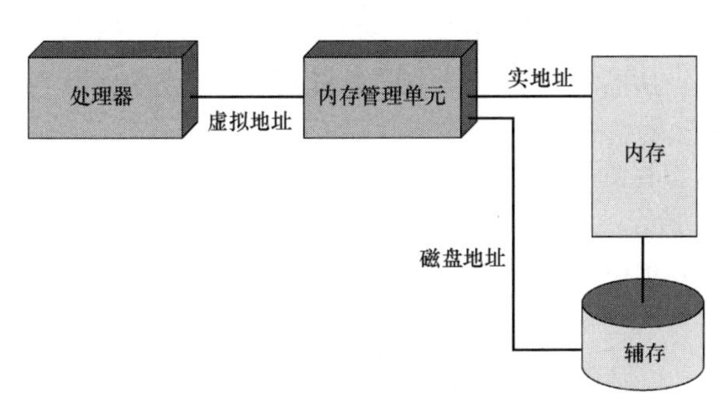

图 2.10　虚存寻址

图 2.10 显示了虚存方案中的寻址关系。存储器由内存和低速辅存组成，内存可直接访问（通过机器指令），外存可通过把块载入内存间接访问。地址转换硬件（映射器）位于处理器和内存之间。程序使用虚地址访问，虚地址将映射成真实的内存地址。若访问的虚地址不在实际内存中，实际内存中的一部分内容将换到外存中，然后换入所需的数据块。在这一活动过程中，产生该地址访问的进程须被挂起。操作系统设计者的任务是开发开销很少的地址转换机制，以及减小各级存储器间通信量的存储分配策略。

2.3.3　信息保护和安全

分时系统的普及，以及近年来计算机网络的发展，导致人们越来越关注信息保护问题。环境不同，企业所面临的威胁也不同。有些能够内置到计算机和操作系统中的通用工具，可以提供各种保护和安全机制。通常，我们更关注计算机系统的访问控制和信息安全。

与操作系统相关的大多数安全和保护问题可分为 4 类：

1. **可用性**：保护系统不被中断。
2. **保密性**：保证用户不能读取未授权访问的数据。
3. **数据完整性**：保护数据不被未授权修改。
4. **认证**：涉及用户身份的正确认证和消息或数据的合法性。

2.3.4 调度和资源管理

操作系统的一个关键任务是管理各种可用资源（内存空间、I/O 设备、处理器），并调度各种活动进程来使用这些资源。任何资源分配和调度策略都须考虑 3 个因素：

1. **公平性**：通常希望给竞争使用某一特定资源的所有进程提供几乎同等和公平的访问机会。对同一类作业，即有类似请求的作业，更需要如此。
2. **有差别的响应性**：另一方面，操作系统可能需要区分具有不同服务要求的不同作业类别。操作系统将试图做出满足所有要求的分配和调度决策，并动态地做出决策。例如，若某个进程正在等待使用一个 I/O 设备，则操作系统会尽可能迅速地调度这个进程，进而释放该设备以方便其他进程使用。该进程可以立即使用设备，然后释放设备以便让其他进程使用。
3. **有效性**：操作系统希望获得最大的吞吐量和最小的响应时间，并在分时情形下能够容纳尽可能多的用户。这些标准互相矛盾，在给定状态下适当折中是操作系统的一个正在研究的问题。

调度和资源管理任务是基本的运筹问题，可用数学研究成果加以解决。此外，系统活动的度量对监控性能并进行相应的调节而言非常重要。

图 2.11 给出了多道程序设计环境中涉及进程调度和资源分配的操作系统的主要组件。操作系统维护了多个队列，每个队列代表等待某些资源的进程列表。*短程队列*（short-term queue）由在内存中（或至少最基本的部分在内存中）并等待处理器可用时随时准备运行的进程组成。任何一个这样的进程都可在下一步使用处理器，但究竟选择哪个进程则取决于短期调度器或*分派器*（dispatcher）。常用的一种策略是，依次给队列中的每个进程分配一定的时间，这称为*时间片轮转*（round-robin）技术，时间片轮转技术使用了一个环形队列。另一种策略是，给不同的进程分配不同的优先级，然后根据优先级进行调度。

长程队列是等待使用处理器的新作业列表。操作系统通过把长程队列中的作业转移到短程队列中，实现向系统中添加作业的任务，这时内存的一部分必须分配给新到的作业。因此，操作系统要避免由于允许太多的进程进入系统而过量使用内存或处理时间的问题。每个 I/O 设备都有一个 I/O 队列，可能有多个进程会请求使用同一个 I/O 设备。所有等待使用一个设备的进程在该设备的队列中排队，同时操作系统必须决定把可用的 I/O 设备分配给哪个进程。

出现一个中断时，操作系统在中断处理程序入口得到处理器的控制权。进程可以通过服务调用明确地请求某些操作系统的服务，如 I/O 设备处理服务。此时，服务调用处理程序是操作系统的入口点。任何情况下，只要处理中断或服务调用，就会请求短期调度器选择一个进程执行。

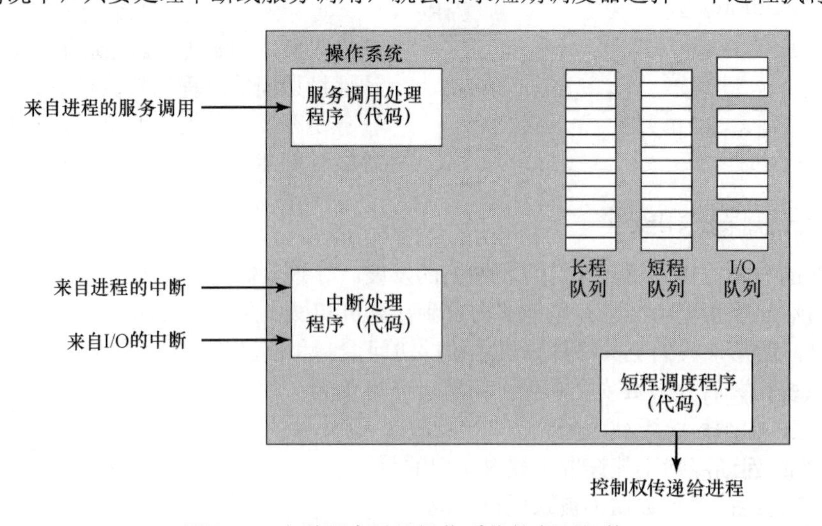

图 2.11 多道程序设计操作系统的主要组件

前面所述仅是功能性的说明；操作系统在这一部分的细节和模块化设计，不同的操作系统存在不同。操作系统中这方面的研究大多针对选择算法和数据结构，目的是提供公平性、有差别的响应性和有效性。

2.4 现代操作系统的特征

过去数年中，操作系统的结构和功能逐步发展。但近年来，新操作系统及现有操作系统的新版本中引入了许多新的设计要素，使得操作系统有了本质性的变化。这些现代操作系统响应了新的硬件发展、新的应用程序和新的安全威胁。促使操作系统发展的硬件因素主要有：包含多处理器的计算机系统、高速增长的机器速度、高速网络连接和容量不断增加的各种存储设备。多媒体应用、Internet 和 Web 访问、客户-服务器计算等应用领域也影响了操作系统的设计。在安全性方面，互联网访问增加了潜在的威胁和更加复杂的攻击（如病毒、蠕虫和黑客技术），这些都对操作系统的设计产生了深远的影响。

人们对操作系统要求的变化，不仅要求设计人员修改和增强操作系统的现有体系结构，而且要求设计人员采用新的操作系统组织方法。在实验操作系统和商用操作系统中，设计人员采用了很多不同的方法和设计要素，它们大致可分为以下几类：

- 微内核体系结构
- 多线程
- 对称多处理
- 分布式操作系统
- 面向对象设计

直到最近，多数操作系统都只有一个*单体内核*（monolithic kernel），操作系统应提供的多数功能都由这个大内核来提供，包括调度、文件系统、网络、设备驱动器、内存管理等。典型情况下，这个大内核是作为一个进程实现的，所有元素都共享同一地址空间。*微内核体系结构*（microkernel architecture）只给内核分配一些最基本的功能，包括地址空间管理、*进程间通信*（Inter Process Communication，IPC）和基本的调度。其他操作系统服务则由运行在用户模式且与其他应用程序类似的进程提供，这些进程可根据特定的应用和环境需求进行定制，有时也称这些进程为*服务器*。这种方法分离了内核和服务程序的开发，可为特定应用程序或环境要求定制服务程序。微内核方法可使系统结构的设计更加简单、灵活，非常适合于分布式环境。实际上，微内核可以按相同的方式与本地和远程服务进程交互，使分布式系统的构造更为方便。

多线程（multithreading）技术是指把执行一个应用程序的进程划分为可以同时运行的多个线程。线程和进程的区别如下：

- **线程**（thread）：可分派的工作单元。它包括处理器上下文环境（包含程序计数器和栈指针）和栈中自身的数据区域（目的是启用子程序分支）。线程顺序执行且可以中断，因此处理器可以转到另一个线程。
- **进程**（process）：一个或多个线程和相关系统资源（如包含数据和代码的存储器空间、打开的文件和设备）的集合。它严格对应于一个正在执行的程序的概念。通过把一个应用程序分解成多个线程，程序员可以在很大程度上控制应用程序的模块性及相关事件的时间安排。

多线程对于执行许多本质上独立且不需要串行处理的应用程序非常有用，例如监听和处理很多客户请求的数据库服务器。在同一个进程中运行多个线程时，在线程间来回切换涉及的处理器开销，要比在不同进程间进行切换的开销少。线程对构造进程也非常有用，进程作为操作系统内核的一部分，将在第 4 章中讲述。

对称多处理（Symmetric MultiProcessing，SMP）不仅指（第 1 章中介绍的）计算机硬件体系结构，而且指采用该体系结构的操作系统的行为。对称多处理操作系统可调度进程或线程到所有的处理器上运行。对称多处理体系结构与单处理器体系结构相比，具有更多的优势：

- **性能**：若计算机要完成的工作可安排为让部分工作并行完成，则有多个处理器的系统与只有一个同类型处理器的系统相比，性能更佳。这可用图 2.12 进行说明。对多道程序设计而言，一次只能执行一个进程，此时所有其他进程都在等待处理器。对多处理系统而言，多个进程可分别在不同的处理器上同时运行。

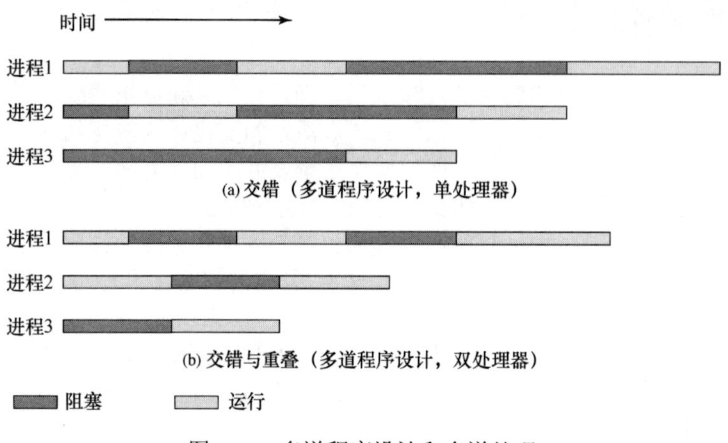

图 2.12　多道程序设计和多道处理

- **可用性**：在对称多处理计算机中，由于所有处理器都可以执行相同的功能，因而单个处理器的失效并不会导致机器停止。相反，系统可以继续运行，只是性能有所降低。
- **增量成长**：用户可通过添加额外的处理器来增强系统的功能。
- **可扩展性**：生产商可根据系统配置的处理器数量，提供一系列不同价格和性能特征的产品。

特别需要注意的是，这些只是潜在而非确定的优点。操作系统必须提供发掘对称多处理系统中并行性的工具和功能。

多线程和对称多处理总被放在一起讨论，但它们实际上是两个独立的概念。即使是在单处理器计算机中，多线程对结构化的应用程序和内核进程也是很有用的。由于多个处理器可以并行运行多个进程，因而对称多处理计算机对非线程化的进程也是有用的。这两种方式是互补的，一起使用更有效。

对称多处理技术的特征之一是，多处理器的存在对用户是透明的。操作系统负责在多个处理器中调度线程或进程，并负责处理器间的同步。本书介绍为用户提供单系统外部特征的调度和同步机制。另一个不同的问题是，给一群计算机（多机系统）提供单系统外部特征。此时，需要处理的是一群计算机，每个计算机都有自己的内存、外存和其他 I/O 模块。*分布式操作系统*（distributed operating system）会使用户产生错觉——多机系统好像具有单一的内存空间、外存空间及其他统一的存取措施，如分布式文件系统。尽管集群正变得越来越流行，且市场上也有很多集群产品，但分布式操作系统的技术发展水平仍落后于单处理器操作系统和对称多处理操作系统。第八部分将分析这类系统。

操作系统设计的另一项革新是使用了面向对象技术。*面向对象设计*（object-oriented design）用于给小内核增加模块化的扩展。在操作系统一级，基于对象的结构可使程序员定制操作系统，而不会破坏系统的完整性。面向对象技术还使得分布式工具和分布式操作系统的开发变得更容易。

2.5 容错性

容错性是指系统或部件在发生软/硬件错误时，能够继续正常运行的能力。这种能力通常会涉及一定程度的冗余。容错性旨在提高系统的可靠性。通常来讲，通过增加系统的容错性（进而增加可靠性），需要在经济层面和/或性能层面付出一定的代价。因此，在多大程度上采取容错措施必须要由所消耗资源的重要程度来决定。

2.5.1　基本概念

与容错性相关的系统运行质量的三个基本度量指标是可靠性、平均失效时间和可用性。这些概念最初用来衡量硬件故障，但今天在硬件和软件错误方面用得更为普遍。

系统可靠性 $R(t)$的定义如下：从时刻 $t=0$ 开始系统正确运行，到时刻 t 该系统正确运行的概率。对于计算机系统和操作系统，“正确运行”意味着一系列程序正常运行，并保护数据不被意外地修改。平均失效时间（MTTF）定义为

$$\mathrm{MTTF}=\int_0^\infty R(t)\,\mathrm{d}t$$

平均修复时间（MTTR）是指修复或替换错误部分所花费的平均时间。图 2.13 说明了 MTTF 和 MTTR 之间的关系。

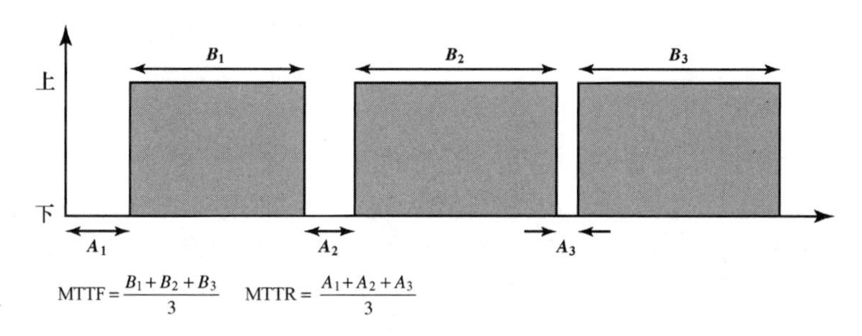

图 2.13　系统运行状态

系统或服务的可用性（availability）定义为系统能够有效服务用户请求的时间段。类似地，可用性是指在某个给定的时刻和条件下，实体正常运行的概率。系统不可用的时间称为宕机时间（downtime）；系统可用的时间称为正常运行时间（uptime）。一个系统的可用性 A 可表示为

$$A=\frac{\mathrm{MTTF}}{\mathrm{MTTF}+\mathrm{MTTR}}$$

表 2.4 中列出了一些通常已确认的可用性类别和每年的宕机时间。

通常，平均正常运行时间即 MTTF 是一个比可用性更好的指标，因为短宕机时间和短正常运行时间的组合可能会被人们判定为高可用性组合，但若正常运行时间比完成一个服务的时间还短，则用户就无法得到任何服务。

表 2.4　可用性类别

类　别	可　用　性	每年的宕机时间
连续型	1.0	0
容错	0.99999	5 分钟
故障恢复	0.9999	53 分钟
高可用性	0.999	8.3 小时
一般可用性	0.99～0.995	44～87 小时

2.5.2　错误

IEEE 标准将错误定义为一个不正确的硬件或软件状态，这种状态由环境、设计错误、程序错误、数据结构错误所导致的组件错误、操作错误、物理干扰造成。该标准还规定故障表现为：（1）硬件设备或组件缺陷，如短路或线路损坏；（2）计算机程序中不正确的步骤、过程或数据定义。

错误分为以下几类：

- **永久性错误**：错误一旦发生，就会一直存在。错误在故障部分替换或修复前将一直存在。例如，硬盘磁头损坏、软件错误、通信部件损坏等。
- **临时性错误**：错误不存在于所有操作条件下。临时错误又可分为如下几类：

–**瞬时性错误**：这类错误仅发生一次。例如，冲激噪声造成的位传输错误、电源故障、改变内存位的辐射等。

–**间歇性错误**：这类错误发生在多个不可预测的时间。间歇性错误的一个例子是连接松动导致的错误。

一般而言，系统的容错性是通过增加冗余度来实现的。冗余的实现有以下几种方法：

- **空间（物理）冗余**：物理冗余包括使用多个组件同时执行相同的功能，或设置一个可用组件作为备份，以防止另一个组件出现错误的情况。前者的例子如使用多条并行线路并以多数输出的结果作为输出，后者的例子如互联网上的备用域名服务器。
- **时间冗余**：时间冗余指检测到错误时重复某一功能或操作。该方法对于临时性错误有效，但对永久性错误无效。例如，检测到异常时，使用数据链路控制协议重传数据块。
- **信息冗余**：信息冗余通过复制或编码数据的方式来检测和修复位数据，进而提高容错性。这样的一个例子是，存储系统所用的差错控制编码电路和 RAID 磁盘所用的纠错技术，详见后面的章节。

2.5.3 操作系统机制

操作系统软件中采用了许多技术来提高容错性。本书中将贯穿一些这样的例子，如下所示：

- **进程隔离**：如前所述，进程在内存、文件存取和执行过程中通常是相互隔离的。操作系统为进程管理所提供的这一结构，可为其他进程不受产生错误进程的影响提供一定的保护。
- **并发控制**：第 5 章和第 6 章将介绍进程通信或协作时可能出现的一些困难与错误。这两章还将介绍用于保证正确操作和从错误状态（如死锁）恢复的技术。
- **虚拟机**：将在第 14 章中详细介绍的虚拟机，提供了更高程度的应用隔离和错误隔离。虚拟机也可用于提供冗余，即用一个虚拟机充当另一个虚拟机的备份。
- **检测点和回滚机制**：检测点是应用程序状态的一个副本，该副本在可考虑范围内保存于对错误免疫的存储介质中。回滚则从先前存储的检测点重新开始执行。发生错误时，应用程序的状态回滚到检测点并从那里开始重新执行。该技术可用于从瞬时错误及永久性硬件故障、某些类型的软件异常中恢复。数据库和事务处理系统中通常内置有这样的机制。

可探讨的技术很多，但完整地介绍操作系统容错机制超出了本书的范围。

2.6 多处理器和多核操作系统设计考虑因素

2.6.1 对称多处理器操作系统设计考虑因素

在 SMP 系统中，内核可在任何一个处理器上执行，最典型的情况是每个处理器分别从可用进程池或线程池获取任务并进行自调度。内核可由多个进程或多个线程构造而成，允许各部分并行执行。由于共享资源（如数据结构）及内核各部分同时运行引起的并发事件（如设备访问），SMP 方式使操作系统变得更复杂。设计者们必须要考虑这一点，并采用相关技术来解决和同步资源请求。

SMP 操作系统管理处理器资源和其他计算机资源，以使用户能以与多道单处理器系统相同的方式看待 SMP 系统。用户可能会使用多进程或多线程的方式来构建应用，而不关心计算机使用的是单处理器还是多处理器。因此，多处理器操作系统不仅要提供多道系统的所有功能，而且必须提供适应多处理器需要的额外功能。关键设计问题如下：

- **并发进程或线程**：内核程序应可重入，以使多个处理器能同时执行同一段内核代码。当多个处理器执行内核的相同或不同部分时，为避免数据损坏和无效操作，需要妥善管理内核表和数据结构。
- **调度**：任何一个处理器都可以执行调度，这既增加了执行调度策略的复杂度，又增加了保证调度相关数据结构不被损坏的复杂度。若使用的是内核级多线程方式，则存在将同一进程的多个线程同时调度到多个处理器上的可能性。关于多处理器调度问题，参见第 10 章。

- **同步**：因为可能存在多个活跃进程访问共享地址空间或共享 I/O 资源的情况，因此必须认真考虑如何提供有效的同步机制这一问题。同步用来实现互斥及事件排序。在多处理器操作系统中，锁是一种通用的同步机制，这部分内容将在第 5 章说明。
- **内存管理**：多处理器上的内存管理不仅要处理单处理器上内存管理涉及的所有问题，还要解决第 3 章中讨论的问题。另外，操作系统还要充分利用硬件提供的并行性来实现最优性能。不同处理器上的分页机制必须进行调整，以实现多处理器共享页或段时的数据一致性，执行页面置换。物理页的重用是我们关注的最大问题，即必须保证物理页在重新使用前不能访问到它以前的内容。
- **可靠性和容错性**：出现处理器故障时，操作系统应能妥善地降低故障的影响。调度器和操作系统的其他部分必须能识别出发生故障的处理器，并重新组织管理表。

多处理器操作系统的设计问题通常要扩展多道单处理器设计问题的解决方案，因此这里不单独介绍它，而是将具体问题贯穿于本书并在合适的情景中予以解释。

2.6.2　多核操作系统设计考虑因素

多核系统设计的考虑因素，包含本节已讨论 SMP 系统的所有设计问题，但我们需要关注其潜在的并行规模问题。目前，多核供应商可提供在单个芯片容纳多达 10 个或更多个核的系统，而且随着处理器技术的发展，核的数量还会增加，共享和专用缓存的大小也会增加，因此我们正在进入一个“众核”系统的时代。

众核系统的设计挑战是，如何有效利用多核计算能力及如何智能且有效地管理芯片上的资源，核心关注点在于如何将众核系统固有的并行能力与应用程序的性能需求相匹配。对于当前的多核系统，可以从三个层次开发其潜在的并行能力。首先是每个核内部的硬件并行，即指令级并行，这一层次可能会被应用程序和编译器用到，也可能用不到；其次是处理器层次上的潜在并行能力，即在每个处理器上多道程序或多线程程序的执行能力；最后是在多核上一个应用程序以并发多进程或多线程形式执行的潜在并行能力。对于后面两个层次，若没有强大有效的操作系统的支持，则硬件资源将得不到有效利用。

从根本上讲，多核技术问世后，如何更好地提取可并行的计算负载一直是操作系统设计者努力解决的问题，目前人们正在研发多种方法，以便用在下一代操作系统中。本节介绍两种常用的策略，后续章节将讨论它们的一些细节。

应用层并行　大体上，大多数应用都可划分为可并行执行的多个子任务，而这些子任务会以多进程或多线程的形式实现。难点在于开发人员必须决定如何将应用分割为多个可独立运行的子任务，也就是说，必须由开发者来判断应用的哪部分应异步执行，哪部分应并行执行。这是支持并行编程设计的编译器和编程语言的首要特性。而操作系统要支持并行编程，至少要能为开发者划分的并行子任务有效地分配资源。

支持并行开发的最有效方法是 Grand Central Dispatch（GCD），它已在基于 UNIX 的 Mac OS X 操作系统和 iOS 操作系统中实现。GCD 是一个多核支持性能。虽然 GCD 不能帮助开发者决定如何将任务或应用分解成单独的并发部分，但一旦开发者标识出可独立运行的子任务，GCD 将使其尽可能更容易实现。

本质上，GCD 是一种线程池机制，操作系统可将任务映射到代表并发可用度的线程（及 I/O 阻塞线程）。从 Windows 2000 开始，Windows 也提供一个线程池机制，且这种机制已在服务器应用程序中广泛使用了多年。而 GCD 的新意在于对编程语言的扩展，这使得匿名方法（称为块）成为指定任务的一种方式。因此，GCD 并不是一项重大改进，但从更好利用多核系统可用并行能力的角度来说，GCD 是一种有价值的新工具。

苹果公司关于 GCD 的口号之一是“并发海洋中的序列化岛屿”。它能捕获向普通桌面应用程序添加更多并发的实际情况。“岛屿”能将开发者从同步数据访问、死锁及其他多线程缺陷等棘手问题中解脱出来，鼓励开发者从程序中识别出脱离主线程会更好执行的部分，即使它们由一些顺序的或部分依赖的子任务组成。GCD 既能使得分解整体任务变得更容易，又能保持子任务间原有的顺序和依赖关系。随后几章将介绍 GCD 的一些细节。

虚拟机方式　另一种方式是要认识到，随着单芯片上核数量的不断增加，在单个核上尝试多道程序设计以支持多应用运行可能是对资源的错位使用[JACK10]。相反，若为一个进程分配一个或更多的核，并让处理器去处理进程，则能避免很多由任务切换及调度引起的开销。这样，多核操作系统就成了管理程序，负责为应用程序分配“核”资源的高层次决策，而不用过多地关注其他资源的分配。

这种方式的机理如下：早期的计算机，一个程序运行在一个单独的处理器上。而多道程序设计的出现，使得每个应用程序都好像运行在一个专用的处理器上。多道程序设计基于进程这一概念，进程是运行环境的抽象。为了管理进程，操作系统需要一块受保护的空间，以避免用户和程序的干扰，于是出现了内核模式和用户模式的区别。实际上，这两种模式将一个处理器抽象成了两个虚拟处理器。然而，随着虚拟处理器的出现，出现了谁将获得真正的处理器的竞争。在这些处理器之间进行切换产生的开销也开始增长，并已影响了系统的响应能力，这一情况在多核出现后更加严重。但对于众核系统，我们可以考虑抛弃内核模式和用户模式的区别，让操作系统成为管理程序，让应用程序自己负责资源管理，操作系统为应用分配处理器和内存资源，而应用程序使用编译器生成的元数据，能够知道如何最优地使用分配的资源。

2.7　微软 Windows 系统简介

2.7.1　背景

1985 年，微软公司将最早成功应用于个人计算机上的 MS-DOS 操作系统更名为 Windows。Windows/MS-DOS 组合最终被 Windows 的新版本取代，这个新版本就是 1993 年首次发布的 Windows NT，它适用于笔记本计算机和台式机。尽管自 Windows NT 以来 Windows 的内部架构基本保持不变，但 Windows 操作系统仍然在不断发展，不断地扩充新的功能和特性。目前最新的操作系统版本是 Windows 10。Windows 10 集成了上述桌面/笔记本计算机版本 Windows 8.1，以及用于物联网（IoT）移动设备的 Windows 版本的功能。Windows 10 还集成了 Xbox One 系统的软件。由此产生了统一的 Windows 10 系统，支持台式机、笔记本计算机、智能手机、平板计算机和 Xbox One。

2.7.2　体系结构

图 2.14 显示了 Windows 的总体结构。类似于其他操作系统，Windows 分开了面向应用的软件和操作系统核心软件，后者包括在内核模式下运行的执行体、内核、设备驱动器和硬件抽象层。在内核模式下运行的软件可以访问系统数据和硬件，在用户模式下运行的其他软件则不能访问系统数据。

操作系统组织结构　Windows 的体系结构是高度模块化的。每个系统函数都正好由一个操作系统部件管理，操作系统的其余部分和所有应用程序通过相应的部件使用标准接口来访问这个函数。关键的系统数据只能通过相应的函数访问。从理论上讲，任何模块都可以移动、升级或替换，而不需要重写整个系统或其标准应用程序编程接口（API）。

Windows 的内核模式组件包括以下类型：

- **执行体**（Executive）：包括操作系统核心服务，如内存管理、进程和线程管理、安全、I/O 和进程间通信。
- **内核**（Kernel）：控制处理器的执行。内核管理包括线程调度、进程切换、异常和中断处理、多处理器同步。与执行体和用户级的其他部分不同，内核本身的代码并不在线程内执行。因此，内核是操作系统中唯一不可抢占或分页的部分。
- **硬件抽象层**（Hardware Abstraction Layer，HAL）：在通用的硬件命令和响应与某一特定平台专用的命令和响应之间进行映射，它将操作系统从与平台相关的硬件差异中隔离出来。HAL

使得每个机器的系统总线、直接存储器访问（DMA）控制器、中断控制器、系统计时器和存储控制器对执行体和内核来说看上去都是相同的。它还支持后面将介绍的 SMP。

- **设备驱动**（Device drivers）：用来扩展执行体的动态库。动态库包括硬件设备驱动，可以将用户 I/O 函数调用转换为特定的硬件设备 I/O 请求；动态库还包括一些软件构件，用于实现文件系统、网络协议和其他必须运行在内核模式下的系统扩展功能。
- **窗口和图形系统**（Windowing and graphics system）：实现 GUI 函数，如处理窗口、用户界面控制和绘图。

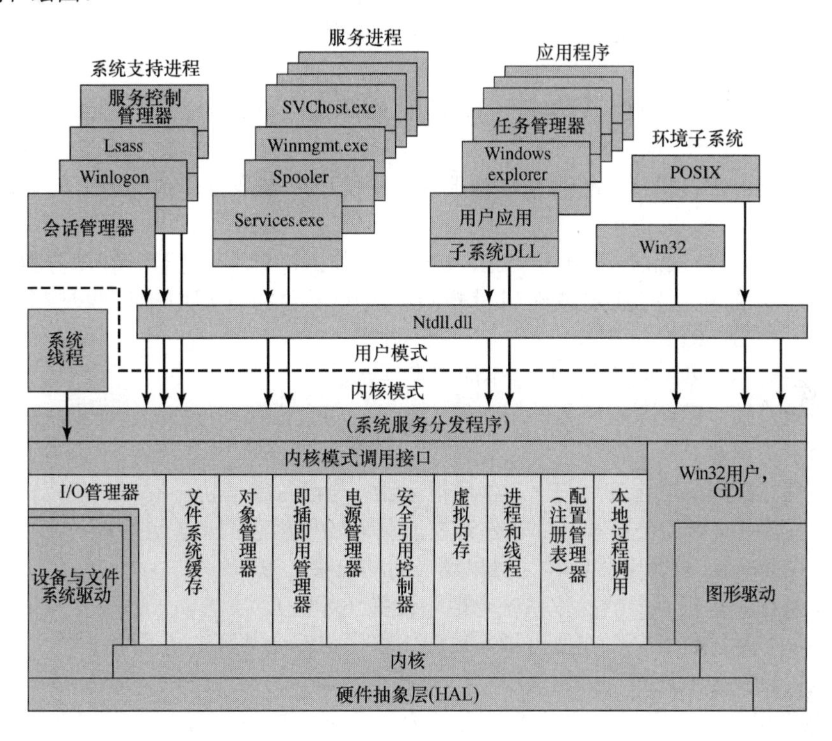

图 2.14　Windows 内核体系结构[RUSS11]

Windows 执行体包括一些特殊的系统函数模块，并为用户模式软件提供 API。以下是对每个执行体模块的简单描述：

- **I/O 管理器**：提供应用程序访问 I/O 设备的一个框架，负责为进一步的处理分发合适的设备驱动。I/O 管理器负责实现所有 Windows I/O API，并实施安全性、设备命名和文件系统（使用对象管理器）。第 11 章将讲述 Windows I/O。
- **高速缓存管理器**：使最近访问过的磁盘数据驻留在内存中，以实现快速访问；在更新后的数据发送到磁盘前，于内存中保持一段很短的时间，延迟磁盘写操作，进而提高基于文件的 I/O 性能。
- **对象管理器**：创建、管理和删除 Windows 执行体对象和用于表示诸如进程、线程和同步对象等资源的抽象数据类型。为对象的保持、命名和安全性设置实施统一的规则。对象管理器还负责创建对象句柄，对象句柄由访问控制信息和指向对象的指针组成。本节稍后将深入讨论 Windows 对象。
- **即插即用管理器**：决定并加载特定设备的驱动。

- **电源管理器**：调整各种设备间的电源管理，它可把处理器设置为休眠状态以达到节能的目的，甚至可把内存中的内容写入磁盘，然后切断整个系统的电源。
- **安全访问监控程序**：强制执行访问确认和审核产生规则。Windows 面向对象模型采用统一的安全视图，直到组成执行体的基本实体。因此，Windows 为所有受保护对象的访问确认和审核检查使用相同的例程，这些受保护的对象包括文件、进程、地址空间和 I/O 设备。Windows 的安全性将在第 15 章讲述。
- **虚存管理器**：管理虚拟地址、物理地址和磁盘上的页面文件。控制内存管理硬件和相应的数据结构，把进程地址空间中的虚地址映射到计算机内存中的物理页。Windows 虚存管理将在第 8 章讲述。
- **进程/线程管理器**：创建、管理和删除对象，跟踪进程和线程对象。Windows 进程和线程管理将在第 4 章讲述。
- **配置管理器**：负责执行和管理系统注册表，系统注册表是保存系统和用户参数设置的数据仓库。
- **本地过程调用**（Local Procedure Call，LPC）**机制**：针对本地进程，在服务和子系统间进行通信的一套跨进程的高效过程调用机制。类似于分布处理中的*远程过程调用*（Remote Procedure Call，RPC）方式。

用户模式进程 Windows 支持 4 种基本的用户模式进程：

- **特殊系统进程**：管理系统所需的用户模式服务，如会话管理程序、认证子系统、服务管理程序和登录进程等。
- **服务进程**：打印机后台管理程序、事件记录器、与设备驱动协作的用户模式构件、不同的网络服务程序等。微软公司和外部软件开发人员需要使用它们来扩展系统的功能，因为这些服务是在 Windows 系统中后台运行用户模式活动的唯一方法。
- **环境子系统**：提供不同的操作系统个性化设置（环境）。支持的子系统有 Win32 和 POSIX。每个环境子系统包括一个在所有子系统应用程序中都会共享的子系统进程，以及把用户应用程序调用转换为本地过程调用（LPC）和/或本地 Windows 调用的动态链接库（DLL）。
- **用户应用程序**：为充分利用系统功能而为用户提供的可执行程序（EXE）和动态链接库（DLL）。EXE 和 DLL 一般针对特定的环境子系统，但有些作为操作系统组成部分的程序使用了本地系统接口（NT API）。支持在 64 位系统上运行 32 位程序。

Windows 利用一组受环境子系统保护的通用内核模式构件，为多操作系统特性编写的应用程序提供支持。每个子系统在执行时都包括一个独立的进程，该进程包含共享的数据结构、优先级和需要实现特定功能的执行对象的句柄。首个这类应用程序启动时，Windows 会话管理器会启动上述进程。子系统进程作为系统用户运行，因此执行体会保护其地址空间免受普通用户进程的影响。

受保护子系统提供图形或命令行用户界面，为用户定义操作系统的外观。另外，每个受保护的子系统都会为特定的操作环境提供 API，这表明为那些特定操作环境创建的应用程序在 Windows 下不用改变即可运行，原因是它们看到的操作系统接口与编写它们时的接口相同。

2.7.3 客户-服务器模型

Windows 操作系统服务、受保护子系统和应用程序都采用客户-服务器计算模型构建，客户-服务器模型是分布式计算中的一种常用模型，将在第六部分讲述。类似于 Windows 的设计，在单个系统内部也可采用相同的结构。

本地 NT API 是一套基于内核的服务，它提供系统所用的一些核心抽象，如进程、线程、虚拟内存、I/O 和通信。使用客户端/服务器模型，Windows 为在用户模式进行中实现某些功能提供了丰富的服务。环境子系统和 Windows 用户模式服务都以通过 RPC 与客户端进行通信的进程来实现。每个服务器进程都等待客户的一个服务请求（如存储服务、进程创建服务或处理器调度服务）。客户可以是应用程序或另一个操作系统模块，它通过发送消息来请求服务。消息从执行体发送到适当的服务器，服务器执行所请求的操作，并通过另一条消息返回结果或状态信息，再由执行体发送回客户。

客户-服务器体系结构的优点如下：

- **简化了执行体**。可以在用户模式服务器中构造各种各样的 API，而不会有任何冲突或重复；可以很容易地加入新的 API。
- **提高了可靠性**。每个新服务运行在内核之外，有自己的存储空间，这样可以免受其他服务的干扰，单个客户的失败不会使操作系统的其余部分崩溃。
- **为应用程序与服务间通过 RPC 调用进行通信提供了一致的方法，且灵活性不受限制**。函数桩隐藏消息传递进程，使客户应用程序看不到它，函数桩是为包装 RPC 调用的一小段代码。通过一个 API 访问一个环境子系统或服务时，客户端应用程序中的函数桩把调用参数包作为一个消息发送给一个服务器子系统执行。
- **为分布式计算提供了适当的基础**。分布式计算通常使用客户-服务器模型，它通过分布的客户和服务器模块以及客户与服务器间的消息交换实现远程过程调用。对于 Windows，本地服务器可以代表本地客户应用程序给远程服务器传递一条消息，客户不需要知道请求是在本地还是远程得到服务的。实际上，一条请求是在本地还是在远程得到服务，可基于当前负载条件和动态配置的变化而动态变化。

2.7.4 线程和 SMP

Windows 的两个重要特征是支持线程和对称多处理（SMP），2.4 节对此进行了论述。[RUSS11]中列出了支持线程和 SMP 的如下 Windows 特征：

- 操作系统例程可在任何可用的处理器上，不同例程可在不同处理器上同时执行。
- Windows 支持在单个进程中执行多个线程。同一进程中的多个线程可在不同处理器上同时执行。
- 服务器进程可以使用多个线程来处理多个用户同时发出的请求。
- Windows 提供在进程间共享数据和资源的机制及灵活的进程间通信能力。

2.7.5 Windows 对象

尽管 Windows 的内核是用 C 语言编写的，但其采用的设计原理却与面向对象设计密切相关。面向对象方法简化了进程间资源和数据的共享，便于保护资源免受未经许可的访问。Windows 使用的面向对象的重要概念如下：

- **封装**：一个对象由一个或多个称为*属性*的数据项组成，在这些数据上可以执行一个或多个称为服务的过程。访问对象中数据的唯一方法是引用对象的一个服务，因此，对象中的数据易于保护，避免未经授权的使用和不正确的使用（如试图执行不可执行的数据片）。
- **对象类和实例**：一个对象类是一个模板，它列出了对象的属性和服务，并定义了对象的某些特性。操作系统可在需要时创建对象类的特定实例，例如，当前处于活动状态的每个进程只有一个进程对象类和一个进程对象。这种方法简化了对象的创建和管理。
- **继承**：尽管要靠手工编码来实现，但执行体可使用继承通过添加新的特性来扩展对象类。每个执行体类都基于一个基类，基类定义虚方法，以便支持创建、命名、安全保护和删除对象。调度程序对象是继承事件对象属性的执行体对象，因此它们能使用常规的同步方法。其他特定对象类型，如设备类，允许这些面向特定设备的类从基类中继承，增加额外的数据和方法。
- **多态性**：Windows 内部使用通用 API 函数集操作任何类型的对象，这是附录 D 中定义的多态性的一个特征。但由于许多 API 是特定对象类型所特有的，因此 Windows 并不是完全多态的。

不熟悉面向对象概念的读者，可参阅附录 D。

Windows 中的所有实体并非都是对象。在用户模式下访问数据时，或在访问共享数据或受限数据时，都要使用对象。对象表示的实体有文件、进程、线程、信号、计时器和窗口。Windows 通过对象管理器来创建和管理所有的对象类型，对象管理器代表应用程序负责创建和销毁对象，并授权访问对象的服务和数据。

执行体中的对象有时也称内核对象（以区分执行体并不关心的用户级对象），它作为内核分配的内存块存在，只能被内核访问。数据结构的某些元素（如对象名、安全参数、使用计数）对所有对象类型都是相同的，而其他元素则为某一特定对象所特有（如线程对象的优先级）。因为这些对象的数据结构位于仅能由内核访问的进程地址空间中，因此应用程序不能引用这些数据结构并直接读写。实际上，应用程序是通过一组执行体支持的对象操作函数来间接操作对象的。创建对象后，请求这一创建的应用程序会得到该对象的句柄，句柄实际上是指向被引用对象的指针。句柄可被同一个进程中的任何线程使用，以便访问可操作该对象的 Win32 函数，或复制到其他进程。

对象可以有与之相关联的安全信息，这种信息以安全描述符（Security Descriptor，SD）的形式表示。安全信息可限制对对象的访问，如一个进程可以创建一个命名信号量对象，以便仅有某些用户可打开和使用这个信号。信号对象的安全描述符可列出允许（或不允许）访问信号对象的用户和允许访问的类型（读、写、改变等）。

Windows 中的对象可以有名称，也可以无名称。一个进程创建一个无名对象后，对象管理程序返回这个对象的句柄，而句柄是访问该对象的唯一途径。也可为无名对象提供一个名称，以便其他进程能用该名称获得这个对象的句柄。例如，若进程 A 希望与进程 B 同步，则它可以创建一个有名事件对象，并把事件名称传递给进程 B，然后进程 B 打开并使用这个事件对象；但在进程 A 仅希望使用事件同步其内部的两个线程时，可创建一个无名事件对象，因为其他进程不需要使用这个事件。

Windows 同步使用处理器时所用的两类对象如下：

- **分派器对象**：执行体对象的子集，线程可以在该类对象上等待，以控制基于线程的系统操作的分发与同步。这些内容将在第 6 章讲述。
- **控制对象**：内核组件用来管理不受普通线程调度控制的处理器操作。表 2.5 中列出了内核控制对象。

表 2.5 Windows 内核控制对象

异步过程调用	打断一个特定线程的执行，以一种特定的处理器模式调用过程
延迟过程调用	延迟中断处理，以避免延迟中断硬件处理。也可用于实现定时器和进程间通信
中断	通过中断分派表（Interrupt Dispatch Table，IDT）中的表项把中断源连接到中断服务例程。每个处理器都有一个 IDT，用于分发该处理器中发生的中断
进程	表示虚地址空间和一组线程对象执行时所需要的控制信息。一个进程包括指向地址映射的指针、包含线程对象的就绪线程清单、属于该进程的线程清单、在该进程中执行的所有线程的累加时间和基本优先级
线程	表示线程对象，包括调度优先权和数量，以及应运行在哪个处理器上
分布图	用于衡量一块代码中的运行时间分布。用户代码和系统代码都可以建立分布图

Windows 不是一个成熟的面向对象操作系统。它不是用面向对象语言实现的，且完全位于执行体组件中的数据结构未被表示为对象。尽管如此，Windows 展现了面向对象技术的能力，表明了这种技术在操作系统设计中不断增长的趋势。

2.8 传统的 UNIX 系统

2.8.1 历史

UNIX 最初是在贝尔实验室开发的，1970 年在 PDP-7 上开始运行。贝尔实验室和其他地方关于 UNIX 的工作，产生了一系列的 UNIX 版本。第一个里程碑式的成果是把 UNIX 系统从 PDP-7 上移植到了 PDP-11 上，这首次暗示 UNIX 将成为所有计算机上的操作系统；另一个里程碑式的成果是用 C 语言重写了 UNIX，这在当时是一个前所未闻的策略。人们通常认为，操作系统这样需要处理时间限制事件的复杂系统，必须完全用汇编语言编写，原因如下：

- 按照今天的标准，内存（包括 RAM 和二级存储器）容量小且价格贵，因此高效使用内存很重要。这包括不同的内存覆盖技术，如使用不同的代码段和数据段，以及自修改代码。
- 尽管自 20 世纪 50 年代起就开始使用编译器，但业界一直对自动生成代码的质量怀有疑虑。在资源空间很小的情况下，时间上和空间上都高效的代码非常重要。
- 处理器和总线速度相对较慢，因此节省时钟周期会使得运行时间大大提升。

C 语言实现证明了对大部分而非全部系统代码使用高级语言的优点。今天，实际上所有的 UNIX 实现都是用 C 语言编写的。

这些 UNIX 的早期版本在贝尔实验室中非常流行。1974 年，UNIX 系统首次出现在一本技术期刊中[RITC74]，这引发了人们对该系统的兴趣，随后 UNIX 向商业机构和大学提供了许可证。首个在贝尔实验室外使用的版本是 1976 年的第 6 版，随后于 1978 年发行的第 7 版是大多数现代 UNIX 系统的先驱。最重要的非 AT&T 系统是加州大学伯克利分校开发的 UNIX BSD，它最初在 PDP 上运行，后来在 VAX 机上运行。AT&T 继续开发并改进这一系统，1982 年，贝尔实验室将 UNIX 的多个 AT&T 变体合并成了一个系统，即商业销售的 UNIX System III。后来在操作系统中又增加了很多功能组件，形成了 UNIX System V。

2.8.2　描述

典型的 UNIX 架构分为三个层次：硬件，内核和用户。操作系统通常称为系统内核，或简称为内核，主要强调它与用户和应用程序的隔离。内核直接与硬件交互。本书以 UNIX 作为例子，但我们主要关注的是 UNIX 内核。当然，UNIX 还配置了很多用户服务和接口，可以认为这些服务和接口是系统的一部分，把它们划归到 shell 中，用来支持来自应用程序的系统调用、其他接口软件以及 C 编译器（编译器，汇编器，加载器）的组件。这一层包括了用户应用程序和 C 编译器的用户接口。

图 2.15 深入描述了内核。用户程序既可直接调用操作系统服务，又可通过库程序调用操作系统服务。系统调用接口是内核和用户的边界，它允许高层软件使用特定的内核函数。另一方面，操作系统包含直接与硬件交互的原子例程（primitive routine）。在这两个接口之间，系统被划分为两个主要部分：一个关心进程控制，另一个关心文件管理和 I/O。进程控制子系统负责内存管理、进程的调度和分发、进程的同步及进程间的通信。文件系统按字符流或块的形式在内存和外部设备间交换数据，实现数据交换需要用到各种设备驱动。面向块的传送使用磁盘高速缓存方法：在用户地址空间和外部设备之间，插入了内存中的一个系统缓冲区。

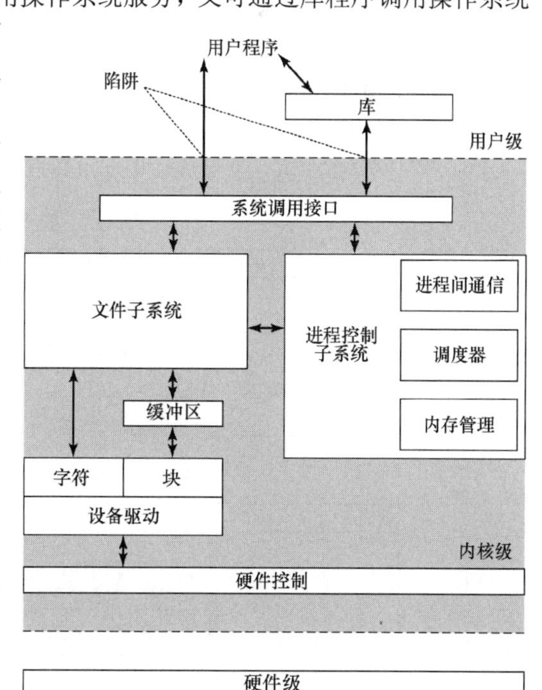

图 2.15　传统 UNIX 内核

本节描述传统 UNIX 系统；[VAHA96]中使用它来表示 System V Release 3（简称 SVR3）、4.3BSD 及更早的版本。下面是关于传统 UNIX 的综述：它被设计成在单一处理器上运行，缺乏保护数据结构免受多个处理器同时访问的能力；它的内核不通用，只支持一种文件系统、进程调度策略和可执行文件格式。传统 UNIX 的内核不可扩展，不能重用代码。因此，增加不同 UNIX 版本的功能时，必须添加许多新代码，因此其内核非常大，且不是模块化的。

2.9 现代 UNIX 系统

随着 UNIX 的不断发展，出现了很多具有不同功能的不同版本。因此，人们开始希望得到具有现代操作系统特征和模块化结构的全新版本。典型的现代 UNIX 内核具有如图 2.16 所示的结构。它有一个以模块化方式编写的小核心软件，该软件可提供许多操作系统进程需要的功能和服务；每个外部圆圈表示相应的功能及以多种方式实现的接口。

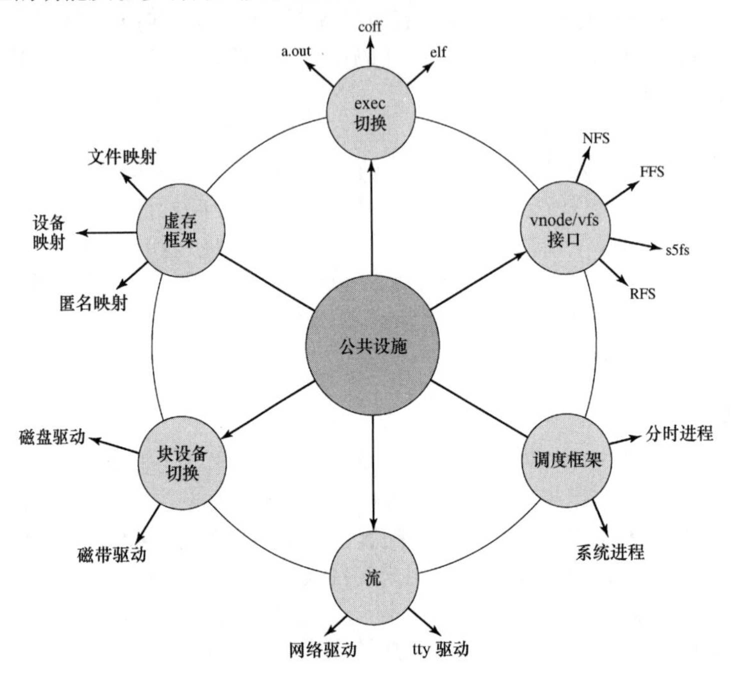

图 2.16 现代 UNIX 内核

下面给出现代 UNIX 系统的一些例子（如图 2.17 所示）。

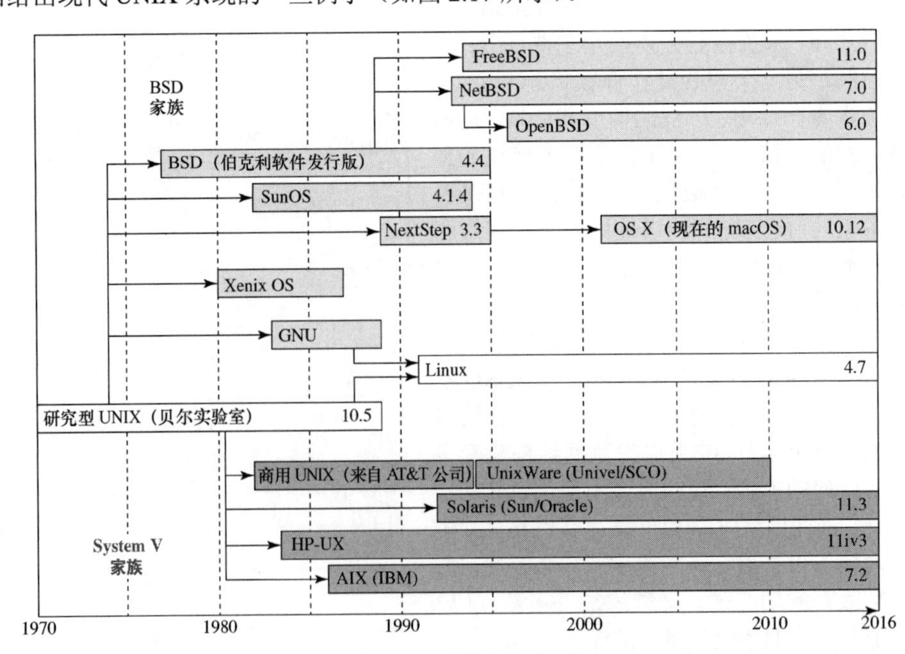

图 2.17 UNIX 家族树

2.9.1　System V Release 4（SVR4）

由 AT&T 和 Sun 共同开发的 SVR4 结合了 SVR3、4.3BSD、Microsoft Xenix System V 和 SunOS 的特点，几乎完全重写了 System V 的内核，形成了一个整洁且复杂的版本。这一版本的新特性包括实时处理支持、进程调度类、动态分配数据结构、虚拟内存管理、虚拟文件系统和可抢占的内核。

SVR4 同时汲取了商业设计者和学院设计者的成果，为商业 UNIX 的部署提供了统一的平台，是最重要的 UNIX 变体。它合并了以往 UNIX 系统中的大多数重要特征。SVR4 可运行于从 32 位微处理器到超级计算机的任何处理器上。

2.9.2　BSD

UNIX 的 BSD（Berkeley Software Distribution）系列在操作系统设计原理的演化中意义重大。4.xBSD 广泛用于高校，是许多商业 UNIX 产品的基础。BSD 对 UNIX 的普及起主要作用，大多数 UNIX 的增强功能首先都出现在 BSD 版中。

4.4BSD 是伯克利最后发布的 BSD 版本，随后其设计和实现小组被解散。它是 4.3BSD 的重要升级，包含了一个新的虚存系统，改变了内核结构，增强了一系列其他特性。

有几种广泛使用的开源版本的 BSD。FreeBSD 在基于 Internet 的服务器和防火墙中很受欢迎，并且用于许多嵌入式系统。NetBSD 适用于多个平台，包括大型服务器系统、桌面系统和手持设备，并且常用于嵌入式系统。 OpenBSD 是一个特别强调安全性的开源操作系统。

最新的 Macintosh 操作系统，最初称为 OS X，而现在称为 MacOS，则是基于 FreeBSD 5.0 和 Mach 3.0 微内核开发的。

2.9.3　Solaris 11

Solaris 是 Oracle 基于 SVR4 的 UNIX 版本，其最新版是 11。Solaris 提供了 SVR4 的所有特征和许多更高级的特征，如完全可抢占、多线程内核，完全支持 SMP 及文件系统的面向对象接口。Solaris 是使用最为广泛且最成功的商用 UNIX 版本。

2.10　Linux 操作系统

2.10.1　历史

Linux 最初是 IBM PC（Intel 80386）上所用的一个 UNIX 变体，它由芬兰的计算机科学专业学生 Linus Torvalds 编写。1991 年，Torvalds 在 Internet 上公布了最早的 Linux 版本，此后很多人通过网上合作为 Linux 的发展做出了贡献，但所有这些都受 Torvalds 的控制。由于 Linux 免费且源代码公开，因此很快成了 Sun 和 IBM 公司的工作站与其他 UNIX 工作站的替代操作系统。今天，Linux 已成为功能全面的 UNIX 系统，可在所有平台上运行。

Linux 成功的关键在于，它是由*免费软件基金*（Free Software Foundation，FSF）赞助的免费软件包。FSF 的目标是推出与平台无关的稳定软件，这种软件必须免费、高质，并为用户团体接受。FSF 的 GNU 项目[①]为软件开发者提供了工具，GNU Public License（GPL）是 FSF 正式认可的标志。Torvalds 在开发内核时使用了 GNU 工具，后来他在 GPL 下发布了这个内核。因此，我们今天所见的 Linux 发行版是 FSF 的 GNU 项目、Torvald 的个人努力及世界各地很多合作者共同开

① GNU 是 GNU's Not Unix 的首字母简写。GNU 项目是一系列免费软件，包括为开发类 UNIX 操作系统的软件包和工具；它常常使用 Linux 内核。

发的产品。

除由很多个体开发者使用外，Linux 已明显渗透到了业界，但这并不是软件免费的缘故，而是 Linux 内核的质量很高。很多天才的开发人员对当前的版本都有贡献，他们造就了这一在技术上给人留下深刻印象的产品；Linux 高度模块化且易于配置，因此很容易在各种不同的硬件平台上显示出最佳的性能；另外，由于可以获得源代码，销售商可以调整应用程序和使用方法，以满足特定的要求。还有一些如 Red Hat 和 Canonical 类的商业公司，长期以来为其基于 Linux 的发行版提供高度专业和可靠的支持。本书将介绍基于 2016 年发布的 Linux Kernel 4.7 的 Linux 内核功能。

Linux 操作系统的成功主要归功于它的开发模式，由一个称为 LKML（Linux Kernel Mailing List，Linux 内核邮件列表）的主邮件列表处理代码分发。除此之外，还存在其他邮件列表，每个列表专注于一个 Linux 内核子系统（如 netdev 邮件列表用于网络，linux-pci 用于 PCI 子系统，linux-acpi 用于 ACPI 子系统等）。发送到这些邮件列表的补丁程序应遵守严格的规则（主要是 Linux 内核编码风格的约定），同时被世界各地订阅这些邮件列表的开发者进行审核。任何人都可以向这些邮件列表发送补丁程序；统计数据（如 lwn.net 网站上经常发布的数据）表明，大部分发送补丁程序的开发者来自著名的商业公司，如英特尔、Red Hat、谷歌、三星等。同时，大部分维护人员也是商业公司的员工（如为 Red Hat 工作的网络维护人员 David Miller）。大多数情况是，这些补丁程序会根据邮件列表的反馈和讨论进行修复，然后重新发送并审核。最终，维护者决定是接受还是拒绝这些补丁；子系统的维护者不时地向由 Linus Torvalds 亲自管理的主内核树发送其树的 pull 请求。Linus 自己每隔 7～10 周发布一个新的内核版本，每个版本都有 5～8 个候选版本（RC）。

注意，尝试了解其他开源操作系统（如各种风格的 BSD 或 OpenSolaris）不像 Linux 那样成功和流行是很有意思的。这可能有多种原因，但可以确定的是，Linux 开发模式的开放性促成了它的流行和成功。不过这一话题超出了本书的范畴。

2.10.2 模块结构

大多数 UNIX 内核都是单体的。前面讲过，单体内核指在一大块代码中包含所有的操作系统功能，并作为单个进程运行，具有唯一的地址空间。内核中的所有功能部件可以访问所有的内部数据结构和例程。若对典型单体操作系统的任何部分进行了改变，则变化生效前，所有模块和例程都须重新链接、重新安装，再重新启动系统。因此，任何修改（如增加一个新的设备驱动或文件系统函数）都很困难。Linux 中的这个问题尤其尖锐，因为 Linux 的开发是全球性的，是由独立开发者组成的松散组织完成的。

尽管 Linux 未采用微内核的方法，但由于其特殊的模块结构，因而也具有很多微内核方法的优点。Linux 由很多模块组成，这些模块可由命令自动加载和卸载。这些相对独立的块称为**可加载模块**（loadable module）[GOYE99]。实质上，模块就是内核在运行时可以链接或断开链接的对象文件。一个模块通常实现一些特定的功能，如一个文件系统、一个设备驱动或内核上层的一些特征。尽管模块可以因为各种目的而创建内核线程，但其自身不作为进程或线程执行。当然，模块会代表当前进程在内核模式下执行。

因此，虽然 Linux 被认为是单体内核，但其模块结构克服了开发和发展内核过程中所遇到的困难。

Linux 可加载模块有两个重要特征：

1. **动态链接**：当内核已在内存中并正在运行时，内核模块可被加载和链接到内核。模块也可在任何时刻被断开链接，并移出内存。
2. **可堆叠模块**：模块可按层次结构排列。被高层的客户模块访问时，它们是库；被低层的模块访问时，它们是客户。

动态链接简化了配置任务，节省了内核所占的内存空间[FRAN97]。在 Linux 中，用户程序或用户可以使用 insmod 或 modprobe 和 rmmod 命令显式地加载和卸载内核模块，内核自身监视特定函数的需求，并根据需求加载和卸载模块。通过可堆叠模块定义模块间的依赖关系的优点如下：

1. 多个类似模块的相同代码（如类似硬件的驱动），可移入单个模块中，因此降低了重复性。
2. 内核可确保所需模块存在，避免卸载其他运行模块所依赖的模块，并在加载新模块时一同加载所需要的其他模块。

图 2.18 给出了 Linux 管理模块时所用结构的一个例子。图中显示了仅加载两个模块 FAT 和 VFAT 后的内核模块清单。每个模块由模块表和符号表共同定义。模块表包括以下元素：

- ***name**：模块名。
- ***refcnt**：模块计数器，启动该模块功能的操作时，计数器递增；操作终止时，计数器递减。
- **num_syms**：导出符号数。
- ***syms**：指向该模块的符号表的指针

符号表列出了在这个模块中定义并在其他地方用到的符号。

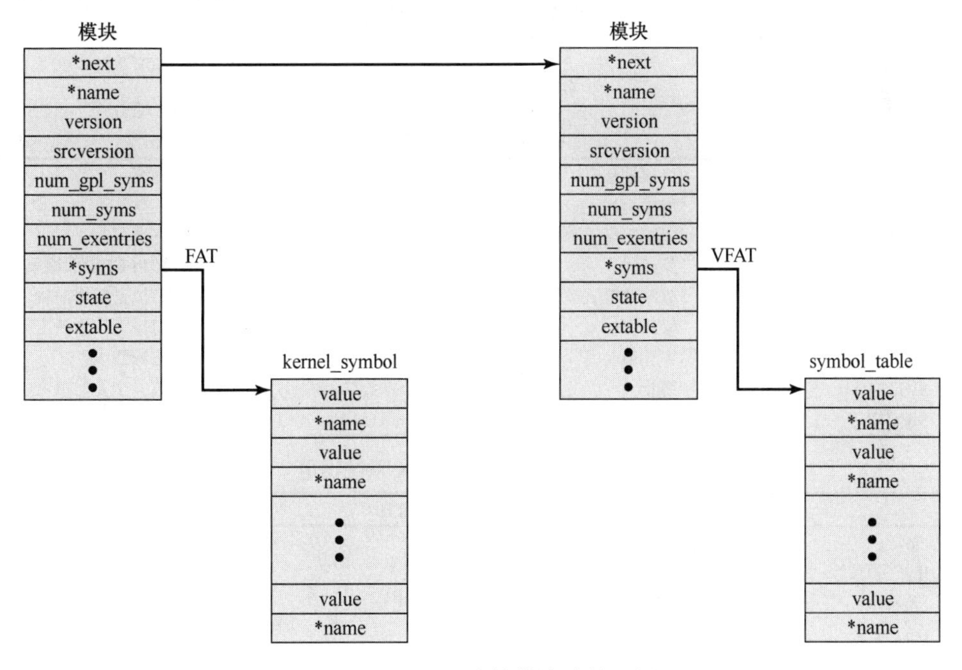

图 2.18　Linux 内核模块清单示例

2.10.3　内核组件

图 2.19 给出了典型 Linux 内核的主要组件[MOSB02]。图中显示了运行在内核上的一些进程。每个方框表示一个进程，每条带箭头的曲线表示一个正在执行的线程。内核本身包括一组相互关联的组件，箭头表示主要的关联。底层的硬件也是一个组件集，箭头表示硬件组件被哪个内核组件使用或控制。当然，所有内核组件都在 CPU 上执行，但为简洁起见，图中未显示它们之间的关系。

主要内核组件的简要介绍如下：

- **信号**（Signals）：内核使用信号来向进程提供信息。例如，使用信号来告知进程出现了某些错误（如被零除错误）。表 2.6 给出了一些信号的例子。
- **系统调用**（System calls）：进程通过系统调用来请求系统服务。系统调用有几百个，大致分为 6 类：文件系统、进程、调度、进程间通信、套接字（网络）和其他。表 2.7 按类别的不同分别给出了一些例子。

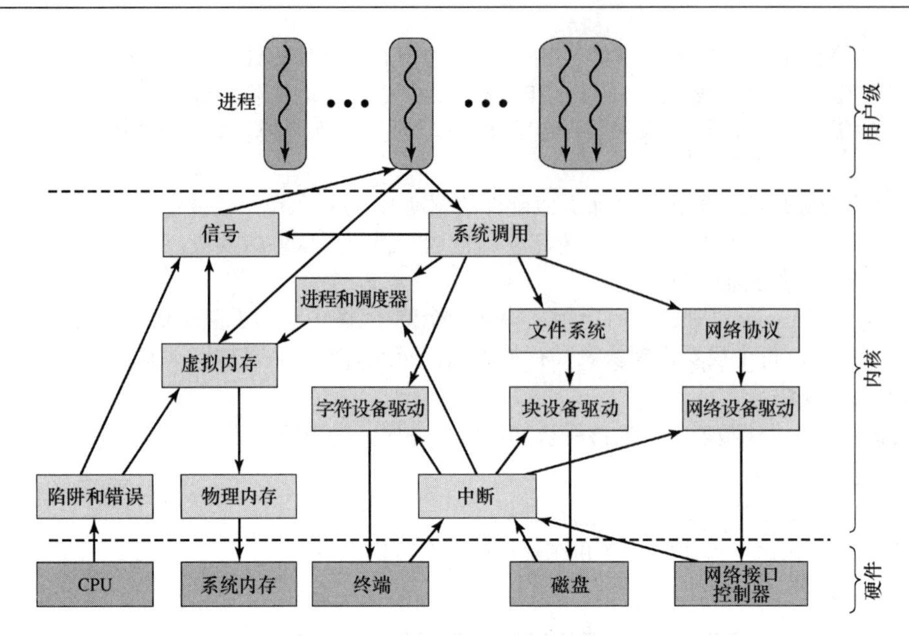

图 2.19 Linux 内核组件

表 2.6 一些 Linux 信号

SIGHUP	终端挂起	SIGCONT	继续
SIGQUIT	键盘退出	SIGTSTP	键盘停止
SIGTRAP	跟踪陷阱	SIGTTOU	终端写
SIGBUS	总线错误	SIGXCPU	超出 CPU 的极限
SIGKILL	删除信号	SIGVTALRM	虚拟告警器时钟
SIGSEGV	段错误	SIGWINCH	窗口大小未改变
SIGPIPT	坏管道	SIGPWR	电源错误
SIGTERM	终止	SIGRTMIN	第一个实时信号
SIGCHLD	子进程状态未改变	SIGRTMAX	最后一个实时信号

表 2.7 一些 Linux 系统调用

文件系统相关	
close	关闭文件描述符
link	重命名文件
open	打开或创建文件或设备
read	从文件描述符中读
write	往文件描述符中写
进程相关	
execve	执行程序
exit	终止调用的进程
getpid	获得进程标志
setuid	设置当前进程的用户标志
prtrace	为父进程提供一种方法，使之可监视和控制另一个进程的执行，并检查和修改其核心映像与寄存器
调度相关	
sched_getparam	根据进程的标志 pid 设置与调度策略相关的调度参数
sched_get_priority_max	返回最大优先级值，以用于由策略确定的调度算法
sched_setscheduler	根据进程 pid 设置调度策略（如 FIFO）和相关参数
sched_rr_get_interval	根据进程 pid 把轮转时间量写入由参数 tp 表示的 timespec 结构
sched_yield	通过该系统调用，一个进程可自动释放处理器。该进程会因静态优先级而移动到队列尾部，同时开始运行一个新进程

（续表）

进程间通信（IPC）相关	
msgrcv	为接收消息分配的消息缓冲结构。系统调用根据 msqid 把一个消息从消息队列读取到新创建的消息缓冲区中
semctl	根据 cmd 对信号量集执行控制操作
semop	对信号量集 semid 选定的成员执行操作
shmat	把由 semid 标识的共享内存段附加到调用进程的数据段
shmctl	允许用户用一个共享的内存段接收信息，设置共享内存段的所有者、组和权限，或销毁一个段
套接字（网络）相关	
bind	为套接字分配一个本地 IP 地址和端口，成功返回 0，失败返回-1
connect	在给定套接字和远程套接字间建立连接，远程套接字需要与套接字地址相关联
gethostname	返回本地主机名称
send	把*msg 指向的缓冲区中的数据按字节发送到指定套接字
setsockopt	设置套接字属性
其他	
fsync	把文件中的所有核心部分复制到硬盘中，并等待设备报告所有的部分都被写入存储器
time	返回从 1970 年 1 月 1 日起的时间，以秒为单位
vhangup	在当前终端模拟挂起操作。该调用在其他用户登录时提供“干净”的 tty

- **进程和调度器**（Processes and Scheduler）：创建、管理、调度进程。
- **虚存**（Virtual memory）：为进程分配和管理虚存。
- **文件系统**（File Systems）：为文件、目录和其他文件相关对象提供一个全局的分层命名空间，并提供文件系统函数。
- **网络协议**（Network protocols）：为用户的 TCP/IP 协议套件提供套接字接口。
- **字符设备驱动**（Character device drivers）：管理向内核一次发送/接收 1 字节数据的设备，如终端、调制解调器和打印机。
- **块设备驱动**（Block device drivers）：管理以块为单位向内核发送/接收数据的设备，如各种形式的外存（磁盘、CD-ROM 等）。
- **网络设备驱动**（Network device drivers）：管理网卡和通信端口，即管理连接到网桥或路由的网络设备。
- **陷阱和错误**（Traps and faults）：处理 CPU 产生的陷阱和错误，如内存错误。
- **物理内存**（Physical memory）：管理实际内存中的内存页池，并为虚存分配内存页。
- **中断**（Interrupts）：处理来自外设的中断。

2.11 Android

Android 操作系统是为移动手机设计的基于 Linux 的操作系统，也是最流行的手机操作系统：Android 手机的销量约为苹果手机销量的 4 倍[MORR16]。当然，这只是 Android 系统强势增长的原因之一，从更广泛的层面上来看，操作系统应能在任何含有电子芯片的硬件设备上使用，而不仅仅在服务器和个人主机上使用，Android 系统恰恰很好地体现了这一点，也正因为如此，Android 系统广泛用于物联网操作系统。

最初的 Android 操作系统由 Android 公司开发，该公司随后于 2005 年被谷歌公司收购。最早的商业版本 Android 1.0 于 2008 年发布。截至目前，最新的 Android 版本是 Android 7.0（Nougat）。Android 有一个很活跃的开发者和爱好者社区，他们使用 Android 开源项目（AOSP）的源代码来开发和发布自己修改过的操作系统版本。开源性是 Android 操作系统成功的关键因素。

2.11.1 Android 软件体系结构

Android 是一个包括 Linux 修改版本的内核、中间件和关键应用的软件栈。图 2.20 详细显示了 Android 软件体系结构。因此，Android 应视为一个完整的软件栈，而非单个操作系统。

应用 与用户直接进行交互的所有应用都是应用层的一部分，包括一套通用的应用程序，如电子邮件客户端、短信系统、日历、地图、浏览器、联系人和移动设备通用的其他应用。开源 Android 体系结构的一个关键目标是，使开发者能够针对特殊硬件及不同用户需求开发出相应的应用程序。通过使用高级语言 Java 作为开发语言，为开发者屏蔽了硬件细节，同时也引入了 Java 的高级特征，如预定义类等。图 2.20 显示了可在 Android 平台上找到的几种基本应用。

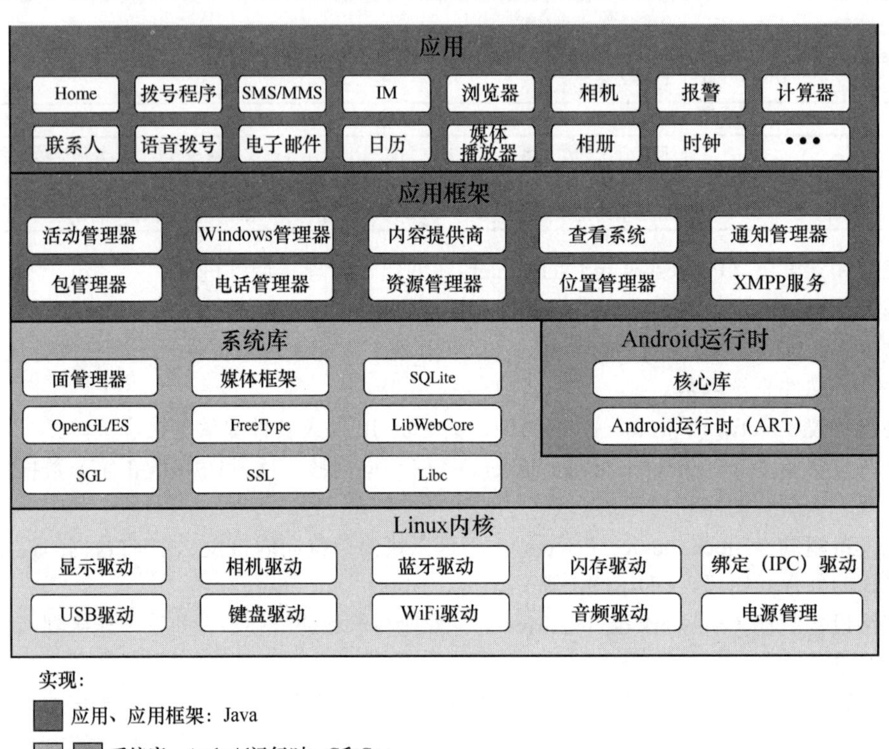

图 2.20 Android 软件体系结构

应用框架 应用框架层提供高级构建块，为程序员开发程序提供标准化的访问接口，旨在简化组件的复用。一些关键的应用框架组件如下：

- **活动管理器**：管理应用的生命周期，即负责启动、暂停和恢复各个应用。
- **窗口管理器**：底层界面管理器的抽象。界面管理器处理帧缓冲区的交互和底层的绘图，而窗口管理器在其上提供了新的一层，允许应用声明客户端区域并使用类似状态栏的特性。
- **包管理器**：安装和删除应用。
- **电话管理器**：允许与电话、短信和彩信服务交互。
- **内容接口**：这些函数将封装应用间需要共享的应用数据，如联系人数据。
- **资源管理器**：管理应用程序的资源，如本地化字符串和位图。
- **视图系统**：提供用户界面（UI）元素，如按钮、列表框、日期选择器和其他控件，以及 UI 事件（如触摸和手势）。

- **位置管理器**：允许开发人员使用基于位置的服务，可以基于全球定位系统（GPS）、基站 ID 或本地 Wi-Fi 数据库等（识别 Wi-Fi 热点及其状态）。
- **通知管理器**：触发规定事件时提醒用户，如收到信息、到达约会时间等。
- **XMPP**：管理应用间的通信。

系统库　应用框架下面的一层由两部分组成：系统库和运行库。系统库组件是用 C 或 C++编写的实用系统函数集，可被 Android 系统的各个组件使用。应用可通过 Java 接口来对其进行调用，同时这些功能向开发者开放。部分关键系统库如下：

- **界面管理器**：Android 使用了类似于 Vista、Compiz 的排版窗口管理器，但与后者相比要简单得多。它不直接写入屏幕绘图缓冲区，而是根据绘图命令构建离屏位图文件，然后在合并其他位图文件后，组成展示给用户看的屏幕内容，因此系统可创造各种有趣的效果，如透明窗口和华丽切换。
- **OpenGL**：OpenGL（Open Graphics Library）是一种跨语言、跨平台的应用接口，用于绘制二维或三维计算机图形。OpenGL/ES（用于嵌入式系统的 OpenGL）是为嵌入式系统设计的 OpenGL 子集。
- **媒体框架**：媒体框架支持多种格式的视频录制和播放，包括 AAC、AVC（H.264）、H.263、MP3、MPEG-4 等。
- **SQL 数据库**：Android 包含一个简化的 SQLite 数据库引擎，用于存储持久性数据。SQLite 将在随后的章节中讨论。
- **浏览器引擎**：用以快速展示 HTML 内容，Android 的浏览器引擎基于 WebKit 库，iPhone 的 Safari 本质上同样如此。在谷歌浏览器 Chrome 转换到 Blink 库前，使用的也是 WebKit 库。
- **仿生 LibC**：标准 C 系统库的一个精简版本，是为嵌入式设备进行的调整。接口是标准的 Java 本地接口（JNI）。

Linux 内核　Android 系统的内核与 Linux 的内核非常相似，但不完全相同。值得注意的变化之一是，Android 系统中缺乏不适合在移动设备环境中应用的驱动，这就使得 Android 的内核更小。此外，Android 系统针对移动设备环境提高了内核的功能，但这些改进可能在台式计算机或便携式计算机平台上并不适用。

Android 系统依赖于 Linux 内核来提供核心的系统服务，如安全、内存管理、进程管理、网络协议栈和驱动模型。内核也扮演硬件和软件中间的抽象层角色，以使 Android 系统能使用 Linux 系统支持的大多数硬件驱动。

2.11.2　Android 运行时

大多数在移动设备上使用的操作系统，如 iOS 和 Windows，都使用直接编译到特定硬件平台的软件。与此不同的是，大多数 Android 软件会首先转换为字节码格式，然后转换为设备自身的原生指令。早期发行版本的 Android 使用一种称为 Dalvik 的字节码翻译方案。但是，Dalvik 在扩展到更大的内存和多核体系结构时存在许多限制。因此，较新版本的 Android 依赖一种称为 Andoird 运行时（Android RunTime，ART）的机制。ART 完全兼容现存的 Dalvik 字节码格式 dex（Dalvik Executable，Dalvik 可执行文件），因此应用开发者不需要为了让代码能够在 ART 下执行而加以修改。我们首先看一下 Dalvik，然后考察 ART。

Dalvik 虚拟机　Dalvik 虚拟机（Dalvik VM，DVM）执行.dex 格式的文件，该格式针对存储效率和内存映射进行过优化。虚拟机使用内置工具 dx 将 Java 编译器编译好的类转换成虚拟机原生格式，之后便能运行这些类。虚拟机运行在 Linux 内核之上，依赖 Linux 内核的底层功能（如多线程、低级内存管理）。Dalvik 核心类库旨在为曾经使用 Java 标准版本的开发者提供熟悉的开发基础，并针对小型移动设备做出了调整。

每个 Android 应用程序都有各自的 Dalvik 虚拟机实例，并在各自的进程内运行。Dalvik 的设计允许一个设备高效地同时运行多个虚拟机。

dex 文件格式 DVM 运行 Java 编写的应用程序和代码。标准的 Java 编译器将源代码（以文本形式编写）转换为字节码。字节码随后被编译成一个.dex 文件，该文件可以被 DVM 读取、执行。实质上，类文件被转换为.dex 文件（和标准 Java 虚拟机的.jar 文件相似），之后被 DVM 读取和执行。类文件中重复使用的数据在.dex 文件中只被包含一次，这样能够节省空间和降低额外开销。这些可执行文件在应用程序安装后可以再次修改，以针对移动设备进一步优化。

Android 运行时的概念 ART 是 Android 目前使用的应用程序运行时，于 Android 4.4 版本（KitKat）引入。Android 在初始设计时是针对单核（具备非常有限的硬件多线程支持）、小内存设备设计的。在这个前提下，Dalvik 似乎是一个合适的运行时。然而在最近一段时间，运行 Android 的设备具备了多核处理器、更大的内存（和相对低廉的价格）。这让 Google 开始重新思考对运行时的设计，旨在利用可用的高端硬件为开发者和用户提供更加丰富的体验。

对于 Dalvik 和 ART 两者而言，所有的 Android 应用程序都用 Java 编写，并被编译成 dex 字节码。Dalvik 在使用 dex 字节码格式保证可移植性的同时，这些字节码必须转换（编译）为机器码，以便被处理器真正执行。Dalvik 运行时在应用程序运行的过程中完成从 dex 字节码到原生机器码的转换，这个过程被称为*即时*（Just-In-Time，JIT）编译。由于 JIT 只编译一部分代码，它占用较少的内存和设备物理存储（只有 dex 文件而非机器码被存储在持久存储中）。Dalvik 会识别出经常运行的代码片段，并将对应的编译好的代码缓存下来，从而使这段代码后续的执行速度变得更快。由于存放这些缓存代码的物理内存被设置为不可交换/不可换页的，因此会导致系统内存压力进一步增加，特别是在系统已经出现内存压力时。即使有这些优化，Dalvik 也必须在每次应用程序启动时都执行 JIT 编译，这会占用大量的处理器资源。处理器不仅需要执行应用程序的逻辑，而且要将 dex 字节码转换为原生代码，这会带来更多的能耗，还会导致一些重量级应用程序开启时用户界面体验较差。

为了解决这些问题，更加高效地利用可用的高端硬件，Android 引入了 ART。ART 同样执行 dex 字节码，但不是在运行过程中编译字节码，而是在应用程序安装时将字节码编译为原生机器码。这被称为预先（Ahead-Of-Time，AOT）编译。ART 使用 `dex2oat` 工具在应用程序安装时进行这项编译。该工具的输出是在应用程序运行时执行的文件。

图 2.21 展示了一个 APK 的生命周期。APK 是一个由开发者发布给用户的应用程序包。APK 的生命周期从源代码被编译为.dex 格式，并和其他配套的支持代码整合成 APK 文件开始。在用户端，APK 接收后即被解压。资源文件和原生代码一般会安装到应用程序的目录内。之后，无论是在 Dalvik 中还是在 ART 中，.dex 文件都还要经过更多的处理步骤。在 Dalvik 中，一个名字为 `dexopt` 的函数被应用于 dex 文件，从而产生一个经过优化的 dex（odex），即加速过的 dex。这一步的目的是让 `dex` 代码能够在 dex 解释器中更快地执行。在 ART 中，`dex2oat` 函数会执行和 `dexopt` 类似的优化过程，随后将 `dex` 代码编译为目标设备的原生代码。`dex2oat` 函数的输出是一个可执行可链接（Executable and Linkable，ELF）格式文件，这种文件能够不依靠解释器直接运行。

优点和缺点 ART 的优点如下：

- 直接执行原生代码，减少了应用程序的启动时间。
- 避免了 JIT 的处理器消耗，提升了电池续航能力。
- 避免了 JIT 缓存的内存消耗，应用运行所需的内存占用更小。此外，由于没有不可换页的 JIT 代码缓存，因此提升了小内存场景下内存使用的灵活性。
- 整合了一些垃圾回收优化和调试功能改进。

ART 的一些潜在缺点如下：

- 由于字节码到原生代码的转换是在安装时完成的，所以应用程序的安装需要更多的时间。对于需要在测试中多次加载应用程序的 Android 开发者来说，这些时间是可观的。
- 在设备首次启动或恢复出厂设置后的首次启动过程中，所有在设备上安装过的应用程序都需要通过 dex2opt 编译为原生代码。因此，与 Dalvik 相比，首次启动会明显消耗更长的时间（3～5 秒量级）。

- 生成的原生代码存放在内部存储中，这就需要大量额外的内部存储空间。

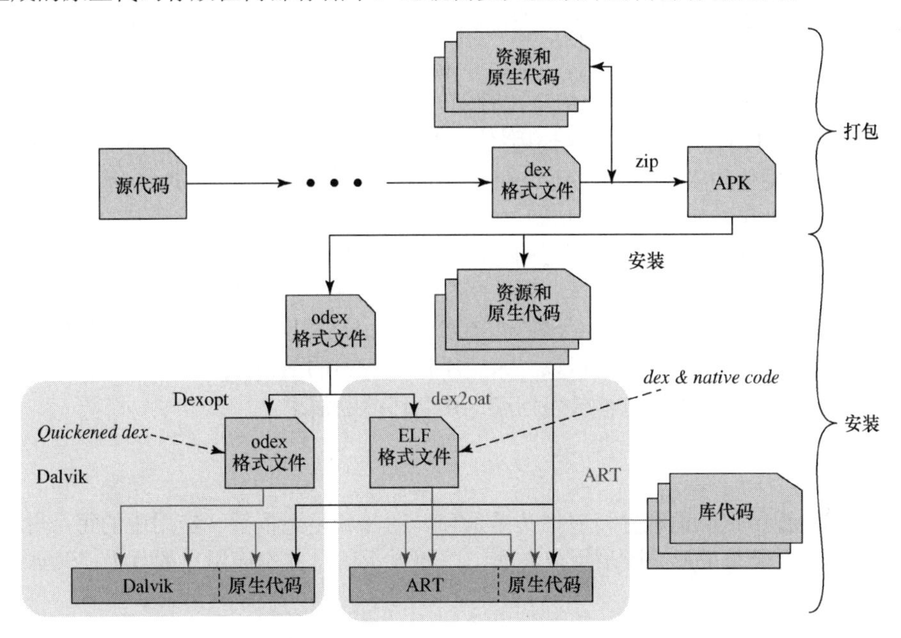

图 2.21　一个 APK 的生命周期

2.11.3　Android 系统体系结构

如图 2.22 所示，从应用开发者的角度来审视 Android 非常具有实际意义。Android 系统的体系结构图 2.20 所示软件体系结构的简化抽象。从这个角度来看，Android 包含了如下几层：

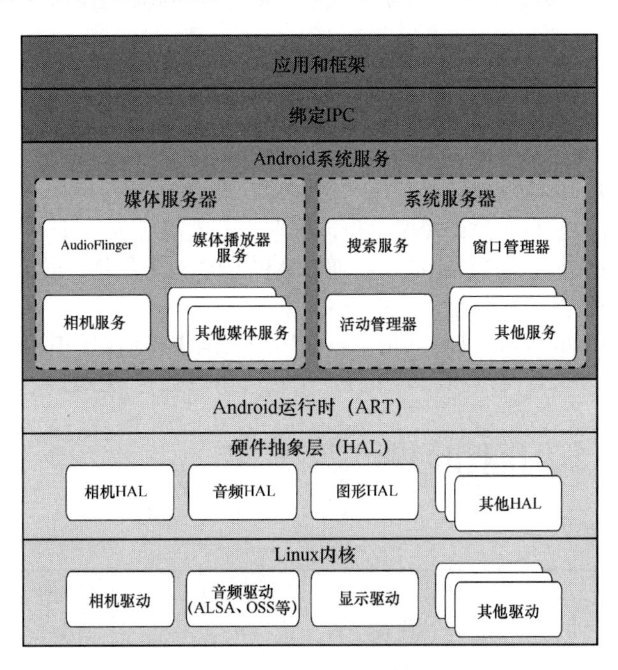

图 2.22　Android 系统体系结构

- **应用和框架**：应用开发者最关心这一层及访问低层服务的 API。
- **Binder IPC**：Binder 进程间通信机制允许应用框架打破进程的界限来访问 Android 系统服务代码，从而允许系统的高层框架 API 与 Android 的系统服务进行交互。
- **Android 系统服务**：框架中大部分能够调用系统服务的接口都向开发者开放，以便开发者能够使用底层的硬件和内核功能。Android 系统服务分为两部分：媒体服务处理播放和录制媒体文件，系统服务系统服务完成电源管理、位置管理和通知管理等系统级功能。
- **硬件抽象层（HAL）**：HAL 提供调用核心层设备驱动的标准接口，以便上层代码不需要关心具体驱动和硬件的实现细节。Android 的 HAL 与标准 Linux 中的 HAL 基本一致。本层用于从用户空间抽象特定于设备的功能（由硬件支持并由内核公开）。用户空间可以是 Android 的服务或应用程序，设计 HAL 层的目的是使用户空间和多种设备保持一致。此外，供应商可以增加一些自己的功能放入 HAL 层而不会影响用户空间。例如，硬件解析器 HwC（Hardware Composer）就是一个特定于供应商的 HAL 层实现，可以理解供应商底层硬件的渲染功能，其 Surface 管理器可以与来自不同供应商的 HwC 的各种实现无缝地协同工作。
- **Linux 内核**：Linux 内核已被裁剪到满足移动环境的需求。

2.11.4 活动

活动是单个可视用户界面组件，包括菜单选项、图标和复选框等。应用中的每个屏幕都是活动类的扩展。活动使用视图来形成图形用户界面，以便显示信息并响应用户的行为。第 4 章中将详细讨论活动。

2.11.5 电源管理

Android 在 Linux 内核中增加了两个提升电源管理能力的新功能：报警和唤醒锁。

报警功能是在 Linux 内核中实现的，开发者可通过调用运行库中的报警管理器来进行操作。通过报警管理器，应用可以请求定时叫醒服务。报警管理器是内核服务，目的是让应用即使在系统休眠的情况下也能触发警告提醒。这就使得系统随时可以进入休眠状态以节省电能，即使有一个进程有需要被唤醒的服务。

唤醒锁可以阻止 Android 系统进入休眠模式。一个应用程序占有以下唤醒锁中的一个：

- **full_wake_lock**：处理器工作，屏幕亮，键盘亮。
- **partial_wake_lock**：处理器工作，屏幕关，键盘关。
- **screen_dim_wake_lock**：处理器工作，屏幕暗，键盘关。
- **screen_bright_wake_lock**：处理器工作，屏幕亮，键盘关。

当应用要求被管理的外设保持供电时，会通过 API 请求对应的锁。若无唤醒锁存在，则系统就会锁定并关闭设备以节省电能。

通过访问/sys/power/wavelock 文件，用户可在用户空间中访问内核中电源管理的相应对象。把 wake_lock 和 wake_unlock 文件写入相应的文件，用户可以定义和切换锁。

2.12 关键术语、复习题和习题

2.12.1 关键术语

批处理	管程	时间片轮转
批处理系统	单体内核	调度
执行上下文	多道批处理系统	串行处理
分布式操作系统	多道程序设计	状态

宕机时间	多任务	对称多处理（SMP）
错误	多线程	任务
中断	核心	线程
作业	面向对象程序设计	分时
作业控制语言（JCL）	操作系统	分时系统
内核	物理地址	时间片
内核模式	特权指令	单道程序设计
可加载模块	进程	正常运行时间
平均失效时间（MTTF）	进程状态	用户模式
平均修复时间（MTTR）	实地址	虚拟地址
内存管理	可靠性	虚拟机
微内核	常驻监控程序	虚拟内存
	循环制	

2.12.2　复习题

2.1　操作系统设计的三个目标是什么？
2.2　什么是操作系统的内核？
2.3　什么是多道程序设计？
2.4　什么是进程？
2.5　操作系统是怎样使用进程上下文的？
2.6　列出并简要介绍操作系统的 5 种典型存储管理职责。
2.7　实地址和虚地址的区别是什么？
2.8　描述时间片轮转调度技术。
2.9　解释单体内核和微内核的区别。
2.10　什么是多线程？
2.11　列出对称多处理操作系统设计时要考虑的关键问题。

2.12.3　习题

2.1　假设有一台多道程序计算机，每个作业都有相同的特征。在一个计算周期 T 中，一个作业有一半时间用在 I/O 上，另一半时间用于处理器的活动。每个作业一共运行 N 个周期。假设使用简单的循环法调度，且 I/O 操作可以与处理器操作重叠。定义以下参量：

- 时间周期 = 完成任务的实际时间
- 吞吐量 = 每个时间周期 T 内平均完成的作业数
- 处理器利用率 = 处理器活跃（不处于等待状态）的时间百分比

当周期 T 分别按下列方式分布时，对 1 个、2 个和 4 个同时发生的作业，请计算这些参量：

a．前一半用于 I/O，后一半用于处理器。

b．前 1/4 和后 1/4 用于 I/O，中间部分用于处理器。

2.2　I/O 密集型程序是指若单独运行，则花费在等待 I/O 上的时间比使用处理器的时间要多的程序。处理器密集型程序与之相反。假设短期调度算法偏爱那些近期使用处理器时间较少的程序，请解释为什么这个算法偏爱 I/O 密集型程序，但并非永远不受理处理器密集型程序所需的处理器时间？

2.3　请比较优化分时系统时所采用的调度策略与优化多道批处理系统时所采用的调度策略。

2.4　系统调用的目的是什么？系统调用与操作系统及模式（内核模式和用户模式）操作的概念是如何关联的？

2.5　在 IBM 的主机操作系统 OS/390 中，内核中的一个重要模块是系统资源管理程序（System Resource

Manager，SRM），它负责地址空间（进程）之间的资源分配。SRM 使得 OS/390 非常特殊，任何其他主机操作系统或某些其他类型的操作系统所实现的功能，都比不上 SRM 所实现的功能。这里所称的资源包括处理器、实存和 I/O 通道。SRM 会累计处理器、通道和各个关键数据结构的利用率，以便基于性能监视和分析提供最优的性能。这种安装版本设置了 4 个不同的性能目标，以便指引 SRM 根据系统的利用率来动态地改变安装和作业的性能。SRM 依次提供报告，允许受过训练的操作人员改进配置和参数设置，进而改善用户服务。

现在考虑 SRM 活动的一个实例。实存被划分为成千上万个大小相等的块（称为帧）。每帧可以容纳一块称为页的虚存。SRM 每秒约接收 20 次控制，并在每次控制之间和每页之间进行检查。若页未被引用或改变，计数器增 1。一段时间后，SRM 求这些数的平均值，得出系统中某页未被触及的平均秒数。这样做的目的是什么？SRM 将采取什么动作？

2.6 拥有 8 个处理器的一台多处理机接有 20 台磁带机。大量作业提交给了该系统，每个作业执行完需要 4 台磁带机。假设每个作业在开始执行后的很长时间内仅需要 3 台磁带机，仅在执行快结束时短时间用到第 4 台磁带机。此外，还假设这类作业源源不断。

a. 假设仅当 4 台磁带机都可用时，操作系统的调度程序才开始选择一个作业执行。而作业一旦开始执行，就立即得到 4 台磁带机，结束执行前不会释放它们。一次能同时执行的最大作业数是多少？按照这一策略，剩下的空转磁带机的最大台数和最小台数各是多少？

b. 为提升磁带机的利用率并避免死锁，请给出另一种策略及其一次能够同时执行的最大作业数。空转磁带机的台数范围是多少？

第二部分

进　　程

第3章　进程描述和控制

学习目标

- 定义进程并解释进程与进程控制块之间的关系
- 理解进程状态及进程状态转换的过程
- 了解操作系统管理进程所用的数据结构，列出相关数据结构并解释其目的
- 评估操作系统对进程控制的需求
- 掌握操作系统代码运行时涉及的问题
- 了解 UNIX SVR4 中的进程管理模式

所有多道程序操作系统，从 Windows 这种单用户系统到 IBM z/OS 这种支持成千上万用户的主机系统，都是围绕进程这一概念创建的。因此，操作系统须满足的多数需求都涉及进程：

- 操作系统必须交替执行多个进程，在合理的响应时间范围内使处理器的利用率最大。
- 操作系统必须按照特定的策略（如某些函数或应用程序具有较高的优先级）给进程分配资源，同时避免死锁[①]。
- 操作系统须为有助于构建应用的进程间通信和用户进程创建提供支持。

本章首先介绍操作系统表示和控制进程的方式，然后讨论进程的状态，进程状态描述进程的行为特征；接着介绍操作系统表示每个进程的状态所需要的数据结构，以及操作系统为实现其目标所需要的进程的其他特征；再后介绍操作系统使用这些数据结构控制进程执行的方式；最后讨论 UNIX SVR4 中的进程管理。第 4 章中将给出现代操作系统管理进程的更多例子。

本章中偶尔会引用虚存的概念，但在处理进程的多数时候可以忽略虚存。虚存已在第 2 章中简要介绍，详细介绍见第 8 章。

3.1　什么是进程

3.1.1　背景

在给进程下定义前，首先回顾一下第 1 章和第 2 章介绍的一些概念：

1. 计算机平台由一组硬件资源组成，如处理器、内存、I/O 模块、定时器和磁盘驱动器等。
2. 计算机程序是为执行某些任务而开发的。典型情况下，它们接受外来的输入，做一些处理后，输出结果。
3. 直接根据给定的硬件平台写应用程序的效率低下，主要原因如下：
   a. 针对相同的平台可以开发出很多应用程序，所以开发出这些应用程序访问计算机资源的通用例程很有意义。
   b. 处理器本身只能对多道程序设计提供有限的支持，需要用软件去管理处理器和被多个程序共享的其他资源。
   c. 若多个程序在同一时间都是活跃的，则需要保护每个程序的数据、I/O 使用和不被其他程序占用的资源。

① 有关死锁的内容将在第 6 章讲述。从本质上看，若两个进程为了继续需要相同的两个资源，而每个进程都拥有其中的一个资源时，就会发生死锁。每个进程都将无限地等待自己没有的那个资源。

4. 开发操作系统是为了给应用程序提供方便、安全和一致的接口。操作系统是计算机硬件和应用程序之间的一层软件（见图 2.1），它为应用程序和工具提供支持。
5. 操作系统可想象为资源的统一抽象表示，它可被应用程序请求和访问。资源包括内存、网络接口和文件系统等。操作系统为应用程序创建这些资源的抽象表示后，就须管理它们的使用，例如操作系统既可允许资源共享，又可允许资源保护。

有了应用程序、系统软件和资源的概念，就可讨论操作系统有序管理应用程序的执行的方式，进而达到如下目标：

- 资源对多个应用程序是可用的。
- 物理处理器在多个应用程序间切换，以保证所有程序都在执行中。
- 处理器和 I/O 设备能得到充分利用。

所有现代操作系统采用的方法都依赖于一个模型，在该模型中，应用程序的执行对应于存在的一个或多个进程。

3.1.2　进程和进程控制块

第 2 章给出了进程的如下几个定义：

- 一个正在执行的程序。
- 一个正在计算机上执行的程序实例。
- 能分配给处理器并由处理器执行的实体。
- 由一组执行的指令、一个当前状态和一组相关的系统资源表征的活动单元。

也可把进程视为由一组元素组成的实体，进程的两个基本元素是*程序代码*（program code，可能被执行相同程序的其他进程共享）和与代码相关联的*数据集*（set of data）。假设处理器开始执行这个程序代码，并且我们把这个执行实体称为进程。进程执行的任意时刻，都可由如下元素来表征：

- **标识符**：与进程相关的唯一标识符，用来区分其他进程。
- **状态**：若进程正在执行，则进程处于运行态。
- **优先级**：相对于其他进程的优先顺序。
- **程序计数器**：程序中即将执行的下一条指令的地址。
- **内存指针**：包括程序代码和进程相关数据的指针，以及与其他进程共享内存块的指针。
- **上下文数据**：进程执行时处理器的寄存器中的数据。
- **I/O 状态信息**：包括显式 I/O 请求、分配给进程的 I/O 设备和被进程使用的文件列表等。
- **记账信息**：包括处理器时间总和、使用的时钟数总和、时间限制、记账号等。

上述列表信息存放在一个称为*进程控制块*（process control block）的数据结构中（见图 3.1），控制块由操作系统创建和管理。比较有意义的一点是，进程控制块包含了充分的信息，因此可以中断一个进程的执行，并在后来恢复进程的执行，就好像进程未被中断过那样。进程控制块是操作系统为支持多进程并提供多重处理技术的关键工具。进程中断时，操作系统会把程序计数器和处理器寄存器（上下文数据）保存到进程控制块中的相应位置，进程状态相应地改为其他值，如阻塞态或就绪态(后面将讲述)。现代操作系统可以随意将其他进程置为运行态，并把它的程序计数器和进程上下文数据加载到处理器寄存器中，进而执行这一进程。

因此，我们可以说进程由程序代码和相关数据及进程控制块组成。单处理器计算机在任何时刻最多都只能执行一个进程，而正在运行的进程的状态为运行态。

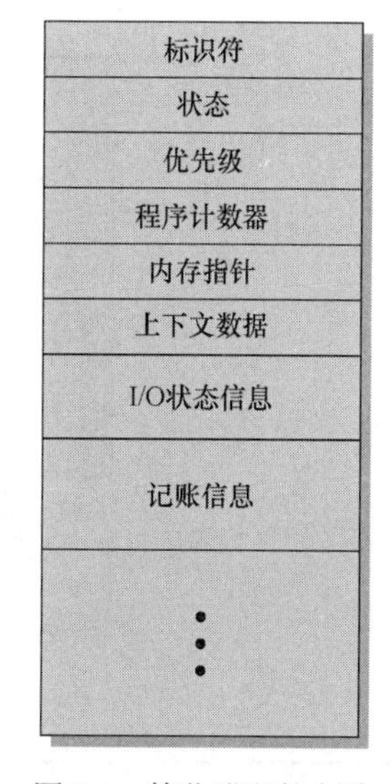

图 3.1　简化进程控制块

3.2　进程状态

正前所述，操作系统会为待执行程序创建进程或任务。处理器以某种顺序执行指令序列中的指令，这种顺序由程序计数器寄存器中不断变化的值给出，因为程序计数器可能会指向不同进程的不同代码部分；程序的执行则涉及其内部的一系列指令。

列出为进程执行的指令序列，可描述单个进程的行为，这样的序列称为进程轨迹（trace）。给出各个进程轨迹的交替方式，就可描述处理器的行为。

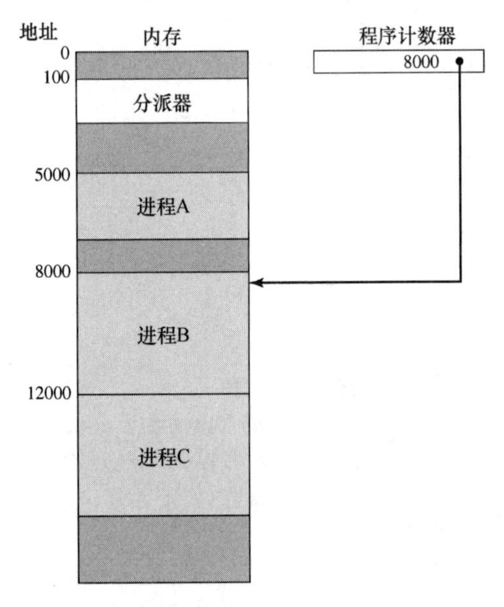

图 3.2　指令周期 13 的执行快照（见图 3.4）

考虑一个非常简单的例子。图 3.2 给出了三个进程在内存中的布局，为简化讨论，假设未使用虚存，因此所有三个进程都由完全载入内存中的程序表示；此外，有一个小分派器[1]使处理器切换进程。图 3.3 显示了三个进程在执行过程早期的轨迹，给出了进程 A 和 C 中最初执行的 12 条指令以及进程 B 中执行的 4 条指令，假设第 4 条指令调用了进程须等待的 I/O 操作。

现在从处理器的角度来看这些轨迹。图 3.4 给出了最初 52 个指令周期中交替出现的轨迹(为方便起见，指令周期都给出了编号)。图中，阴影部分代表由分派器执行的代码。在每个实例中由分派器执行的指令顺序是相同的，因为执行的是分派器的同一功能行。假设操作系统为避免任何一个进程独占处理器时间，仅允许一个进程最多连续执行 6 个指令周期，此后将被中断。如图 3.4 所示，进程 A 的前 6 条指令执行后，出现一个超时，然后执行分派器的某些代码，在将控制权转移给进程 B 前，分派器执行了 6 条指令[2]。在进程 B 的 4 条指令执行后，进程 B 请求一个它必须等待的 I/O 动作，因此处理器停止执行进程 B，并通过分派器转移到进程 C，在超时后，处理器返回进程 A，这次超时后，进程 B 仍然等待那个 I/O 操作的完成，因此分派器再次转移到进程 C。

(a) 对进程A的跟踪	(b) 对进程B的跟踪	(c) 对进程C的跟踪
5000	8000	12000
5001	8001	12001
5002	8002	12002
5003	8003	12003
5004		12004
5005		12005
5006		12006
5007		12007
5008		12008
5009		12009
5010		12010
5011		12011

5000是进程A的程序起始地址
8000是进程B的程序起始地址
12000是进程C的程序起始地址

图 3.3　图 3.2 中进程的轨迹

① 分派器即调度器。——译者注
② 进程只执行了很少的几条指令，且分派器的速度非常低，做这样的设想完全是为了简化讨论。

1	5000	27	12004
2	5001	28	12005
3	5002	---------------------超时	
4	5003	29	100
5	5004	30	101
6	5005	31	102
---------------------超时		32	103
7	100	33	104
8	101	34	105
9	102	35	5006
10	103	36	5007
11	104	37	5008
12	105	38	5009
13	8000	39	5010
14	8001	40	5011
15	8002	---------------------超时	
16	8003	41	100
---------------------I/O请求		42	101
17	100	43	102
18	101	44	103
19	102	45	104
20	103	46	105
21	104	47	12006
22	105	48	12007
23	12000	49	12008
24	12001	50	12009
25	12002	51	12010
26	12003	52	12011
		---------------------超时	

100是分派器程序的起始地址

阴影部分表示分派器进程的执行；第一、三列对指令周期计数；第二、四列表示正在被执行的指令地址。

图 3.4　图 3.2 中进程的组合轨迹

3.2.1　两状态进程模型

操作系统的基本职责是控制进程的执行，包括确定交替执行的方式和给进程分配资源。在设计控制进程的程序时，第一步是描述进程所表现出的行为。

通过观察可知，在任何时刻，一个进程要么正在执行，要么未执行，因而可以构建最简单的模型。进程可处于以下两种状态之一：运行态或未运行态，如图 3.5(a)所示。操作系统创建一个新进程时，它将该进程以未运行态加入系统，操作系统知道这个进程的存在，并正在等待执行机会。当前正在运行的进程不时地会被中断，此时操作系统中的分派器部分将选择一个新进程运行。前一个进程从运行态转换为未运行态，后一个进程则转换为运行态。

由这个简单的模型我们可以意识到操作系统的一些设计元素。必须用某种方式来表示每个进程，以便使得操作系统能够跟踪到它，即必须有一些与进程相关的信息，包括进程在内存中的当前状态和位置，即进程控制块。未运行进程必须位于某种类型的队列中，并等待执行时机。图 3.5(b)给出了一个结构，该结构中有一个队列，队列中的每项都指向某个特定进程的指针，或队列可以由数据块构成的链表组成，每个数据块表示一个进程。

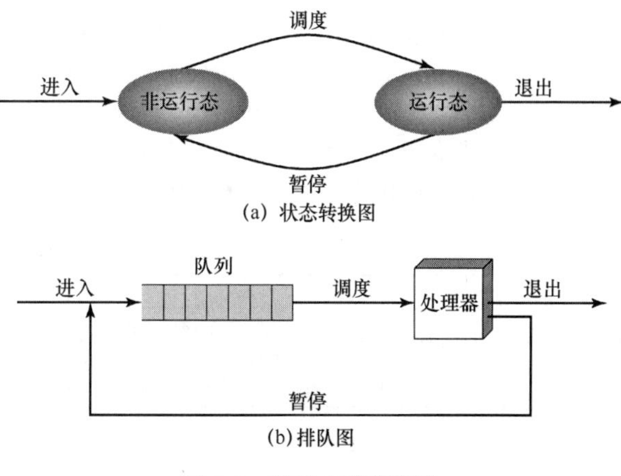

图 3.5　两状态进程模型

我们可以用这个排队图来描述分派器的行为。被中断的进程转移到等待进程队列中，或在进程结束或取消时销毁它（离开系统）。在任何情形下，分派器均从队列中选择一个进程来执行。

3.2.2 进程的创建和终止

在对简单的两状态模型进行改进之前，有必要讨论一下进程的创建和终止。无论使用哪种进程行为模型，进程的生存期都围绕着进程的创建和终止。

进程的创建 将一个新进程添加到正被管理的进程集时，操作系统需要建立用于管理该进程的数据结构（见 3.3 节），并在内存中给它分配地址空间，这些行为构成了一个新进程的创建过程。

触发进程创建的事件通常有 4 个，如表 3.1 所示。在批处理环境中，响应作业提交时会创建进程；在交互环境中，当新用户试图登录时会创建进程。不论哪种情况，操作系统都负责新进程的创建工作。操作系统也可能会代表应用程序创建进程。例如，若用户请求打印一个文件，则操作系统可以创建一个管理打印的进程，进而使请求进程可以继续执行，与完成打印任务的时间无关。

表 3.1 创建进程的原因

事　件	说　明
新的批处理作业	磁带或磁盘中的批处理作业控制流通常会提供给操作系统。当操作系统准备接收新工作时，将读取下一个作业控制命令
交互登录	终端用户登录到系统
为提供服务而由操作系统创建	操作系统可以创建一个进程，代表用户程序执行一个功能，使用户无须等待（如控制打印的进程）
由现有进程派生	基于模块化的考虑或开发并行性，用户程序可以指示创建多个进程

传统上，操作系统会以对用户或应用程序透明的方式来创建所有进程，这在许多现代操作系统中仍很常见。但是，允许一个进程引发另一个进程的创建很有用。例如，一个应用程序进程可以产生另一个进程，以接收应用程序产生的数据，并将数据组织成适合于后续分析的格式。新进程与应用程序并行运行，并在得到新数据时激活。这种方案对构造应用程序非常有用，例如，服务器进程（如打印服务器、文件服务器）可以为它处理的每个请求产生一个新进程。当操作系统为另一个进程的显式请求创建一个进程时，这个动作就称为*进程派生*（process spawning）。

当一个进程派生另一个进程时，前一个称为*父进程*（parent process），被派生的进程称为*子进程*（child process）。典型情况下，相关进程需要相互之间的通信和合作。对程序员来说，合作是一项非常困难的任务，相关主题将在第 5 章讲述。

进程终止 表 3.2 概括了进程终止的典型原因。任何一个计算机系统都必须为进程提供表示其完成的方法，批处理作业中应包含一个 Halt 指令或其他操作系统显式服务调用来终止。在前一种情况下，Halt 指令将产生一个中断，警告操作系统一个进程已经完成。对交互式应用程序，用户的行为将指出何时进程完成。例如，在分时系统中，当用户退出系统或关闭自己的终端时，该用户的进程将被终止。在个人计算机或工作站中，用户可以结束一个应用程序（如字处理或电子表格）。所有这些行为最终将导致给操作系统发出一个服务请求，以终止发出请求的进程。

此外，很多错误和故障条件会导致进程终止。表 3.2 列出了一些最常见的识别条件[①]。

最后，在有些操作系统中，进程可被创建它的进程终止，或在父进程终止时而终止。

表 3.2 导致进程终止的原因

事　件	说　明
正常完成	进程自行执行一个操作系统服务调用，表示它已经结束运行
超过时限	进程运行时间超过规定的时限。可以测量多种类型的时间，包括总运行时间（“挂钟时间”）、花费在执行上的时间，以及对于交互进程从上一次用户输入到当前时刻的时间总量

① 在某些情况下，宽松的操作系统可能会允许用户从错误中恢复而不结束进程。例如，若用户请求访问文件失败，操作系统可能仅仅告知访问被拒绝并且允许进程继续运行。

（续表）

事　件	说　明
无可用内存	系统无法满足进程需要的内存空间
超出范围	进程试图访问不允许访问的内存单元
保护错误	进程试图使用不允许使用的资源或文件，或试图以一种不正确的方式使用，如往只读文件中写
算术错误	进程试图进行被禁止的计算，如除以零或存储大于硬件可以接纳的数字
时间超出	进程等待某一事件发生的时间超过了规定的最大值
I/O 失败	在输入或输出期间发生错误，如找不到文件、在超过规定的最多努力次数后仍然读/写失败（如遇到磁带上的一个坏区时）或无效操作（如从行式打印机中读）
无效指令	进程试图执行一个不存在的指令（通常是由于转移到了数据区并企图执行数据）
特权指令	进程试图使用为操作系统保留的指令
数据误用	错误类型或未初始化的一块数据
操作员或操作系统干涉	由于某些原因，操作员或操作系统终止进程（如出现死锁时）
父进程终止	当一个父进程终止时，操作系统可能会自动终止该进程的所有子进程
父进程请求	父进程通常具有终止其任何子进程的权力

3.2.3　五状态模型

若所有进程都做好了执行的准备，则图 3.5(b)所给出的排队原则是有效的。队列是先进先出（first-in-first-out）表，对于可运行的进程，处理器以一种轮转（round-robin）方式操作（依次给队列中每个进程一定的执行时间，然后进程返回队列。阻塞情况除外）。但是，即使对前面描述的简单例子，这一实现都是不合适的：存在一些处于非运行态但已就绪等待执行的进程，同时还存在另外一些处于阻塞态等待 I/O 操作结束的进程。因此，若使用单个队列，则分派器不能只考虑选择队列中最老的进程，而应扫描这个列表，查找那些未被阻塞且在队列中时间最长的进程。

解决该问题的一种较好方法是，将非运行态分成两个状态：就绪态（ready）和阻塞态（blocked），如图 3.6 所示。此外，还应额外增加两个已被证明很有用的状态。新图中的 5 个状态如下所示。

- **运行态**：进程正在执行。本章中假设计算机只有一个处理器，因此一次最多只有一个进程处于这一状态。
- **就绪态**：进程做好了准备，只要有机会就开始执行。
- **阻塞/等待态**[①]：进程在某些事件发生前不能执行，如 I/O 操作完成。
- **新建态**：刚刚创建的进程，操作系统还未把它加入可执行进程组，它通常是进程控制块已经创建但还未加载到内存中的新进程。
- **退出态**：操作系统从可执行进程组中释放出的进程，要么它自身已停止，要么它因某种原因被取消。

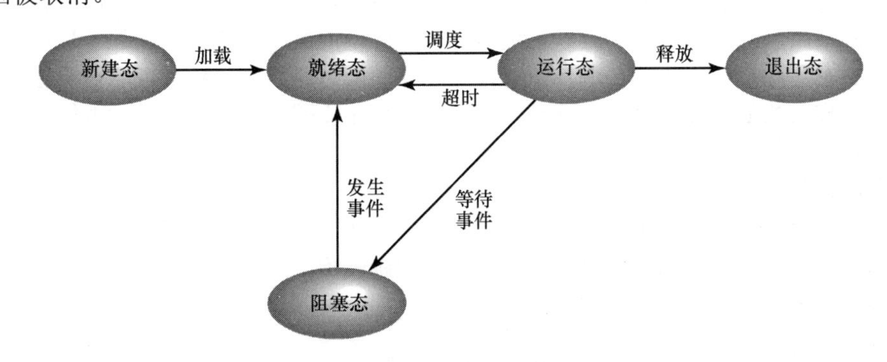

图 3.6　五状态进程模型

新建态和退出态对进程管理非常有用。新建态对应于刚刚定义的进程。例如，若一位新用户试

① 等待态作为一个进程状态，经常用于替换术语阻塞态。一般情况下，我们常用阻塞态，但这两个术语可以互换。

图登录到分时系统中，或新的批作业被提交执行，则操作系统可以分两步定义新进程。首先，操作系统执行一些必需的辅助工作，将标识符关联到进程，并分配和创建管理进程所需要的全部表格。此时，进程处于新建态，这意味着操作系统已经执行了创建进程的必需动作，但还未执行进程。例如，操作系统可能会因性能不高或内存不足，而限制系统中的进程数量。进程处于新建态时，操作系统所需的关于该进程的信息保存在内存中的进程表内，但进程本身还未进入内存，也就是说，即将执行的程序代码不在内存中，也没有为与这个程序相关的数据分配空间。进程处于新建态时，程序保留在外存中，通常保留在磁盘中①。

类似地，进程退出系统也分为两步。首先，进程到达一个自然结束点后，由于出现不可恢复的错误而取消时，或在具有相应权限的另一个进程取消该进程时，进程将被终止；终止将使进程转换为退出态，此时不再执行进程，与作业相关的表和其他信息会临时被操作系统保留，因此给辅助程序或支持程序提供了提取所需信息的时间。实用程序为了分析性能和利用率，可能需要提取进程的历史信息，这些程序提取了所需的信息后，操作系统就不再需要保留任何与该进程相关的数据，因此会从系统中删除该进程。

图 3.6 显示了导致进程状态转换的事件类型。可能的转换如下：

- **空→新建**：创建执行一个程序的新进程。这一事件在表 3.1 中所列出的原因下都会发生。
- **新建→就绪**：操作系统准备好再接纳一个进程时，把一个进程从新建态转换到就绪态。大多数系统会基于现有的进程数或分配给现有进程的虚存数量设置一些限制，以确保不会因为活跃进程的数量过多而导致系统性能下降。
- **就绪→运行**：需要选择一个新进程运行时，操作系统选择一个处于就绪态的进程，这是调度器或分派器的工作。进程的选择问题将在第四部分探讨。
- **运行→退出**：若当前正运行的进程表示自身已完成或取消，则它将被操作系统终止，见表 3.2。
- **运行→就绪**：这类转换最常见的原因是，正在运行的进程已到达“允许不中断执行”的最大时间段；实际上所有多道程序操作系统都实行了这种时间限制。这类转换还有很多其他原因，例如操作系统给不同的进程分配不同的优先级，但这并未在所有操作系统中实现。假设进程 A 以一个给定的优先级运行，而具有更高优先级的进程 B 正处于阻塞态。若操作系统知道进程 B 等待的事件已经发生，则将进程 B 转换到就绪态，然后因为优先级的原因中断进程 A 的执行，将处理器分派给进程 B，此时我们说操作系统抢占（preempted）了进程 A②。最后一种情况是，进程自愿释放对处理器的控制，例如一个周期性进行记账和维护的后台进程。
- **运行→阻塞**：进程请求其必须等待的某些事件时，则进入阻塞态。对操作系统的请求通常以系统服务调用的形式发出，即正在运行的程序请求调用操作系统中一部分代码所发生的过程。例如，进程可能请求操作系统的一个服务，但操作系统无法立即予以服务；也可能请求一个无法立即得到的资源，如文件或虚存中的共享区域；还有可能需要进行某种初始化的工作，如 I/O 操作所遇到的情况，并且只有在该初始化工作完成后才能继续执行。当进程互相通信，一个进程等待另一个进程提供输入时，或等待来自另一个进程的信息时，都可能被阻塞。
- **阻塞→就绪**：所等待的事件发生时，处于阻塞态的进程转换到就绪态。
- **就绪→退出**：为清楚起见，状态图中未表示这种转换。在某些系统中，父进程可在任何时刻终止一个子进程。若父进程终止，则与该父进程相关的所有子进程都将被终止。
- **阻塞→退出**：前一项给出了注释。

① 在该段的讨论中，忽略了虚存的概念。在支持虚存的系统中，当进程从新建态转换为就绪态时，其程序代码和数据被加载到虚存中。虚存的简单介绍见第 2 章，详细内容请参阅第 8 章。

② 一般来说，抢占定义为收回一个进程正在使用的资源。此时，资源就是处理器本身。进程正在执行并且可以继续执行，但由于其他进程需要执行而被抢占。

再回到前面的简单例子，图 3.7 显示了每个进程在状态间的转换，图 3.8(a)给出了可能实现的排队规则，此时有两个队列：就绪队列和阻塞队列。进入系统的每个进程都放置在就绪队列中，当操作系统选择另一个进程运行时，将从就绪队列中进行选择。对于无优先级的方案，这可以是一个简单的先进先出队列。当一个正在运行的进程被移出处理器时，它根据情况要么终止，要么放置在就绪或阻塞队列中。最后，当一个事件发生时，所有位于阻塞队列中等待该事件的进程都被放到就绪队列中。

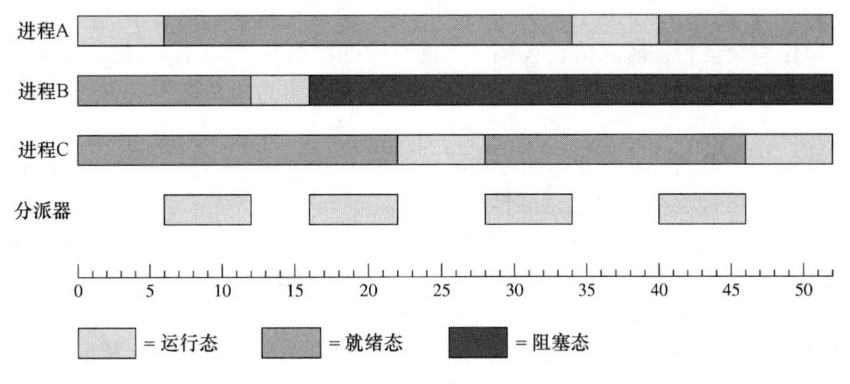

图 3.7　图 3.4 中的进程状态

后一种方案意味着当一个事件发生时，操作系统必须扫描整个阻塞队列，搜索那些等待该事件的进程。在大型操作系统中，队列中可能有几百甚至几千个进程，此时拥有多个队列将会很有效，一个事件可以对应一个队列。因此，事件发生时，相应队列中的所有进程都将转换到就绪态［见图 3.8(b)］。

最后一种改进是，若按照优先级方案分派进程，则维护多个就绪队列，每个优先级一个队列，将会带来很大的便利。操作系统很容易就可确定哪个就绪进程具有最高优先级且等待时间最长。

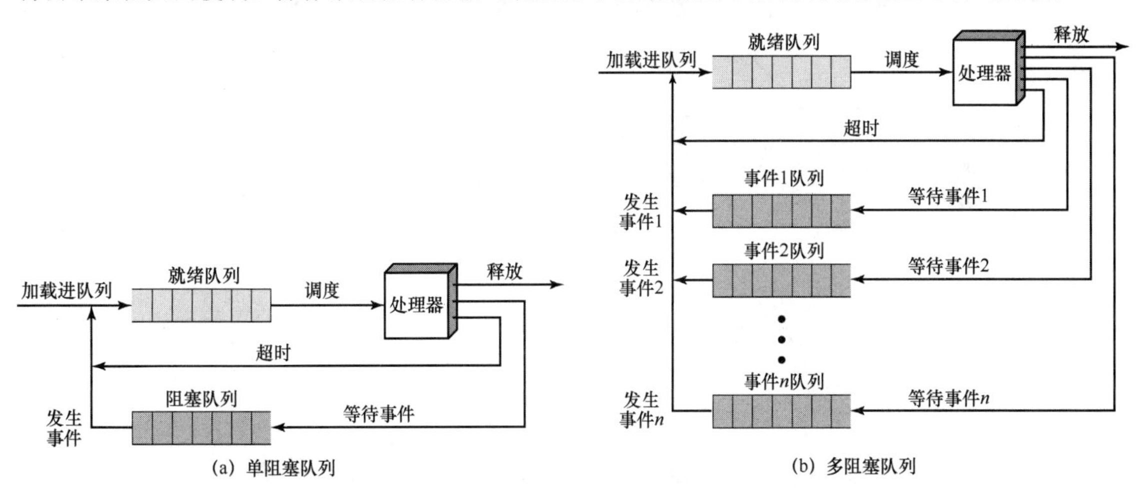

图 3.8　图 3.6 的排队模型

3.2.4　被挂起的进程

交换的需要　前面介绍的三个基本状态（就绪态、运行态和阻塞态）提供了一种为进程行为建立模型并指导操作系统实现的系统方法。许多实际的操作系统都是按照这三种状态具体构建的。

但是，我们可以证明向模型中增加其他状态也是合理的。为了说明加入新状态的好处，考虑一个未使用虚存的系统，每个被执行的进程必须完全载入内存，因此在图 3.8(b)中，所有队列中的所有进程必须驻留在内存中。

回忆可知，机器变得复杂的原因是，I/O 活动远慢于计算速度使得单道程序系统中的处理器大多数时间处于空闲状态。但图 3.8(b)所示的方案并未完全解决这个问题。此时，内存中保存有多个进程，当一个进程被阻塞时，处理器可可移向另一个进程，但由于处理器远快于 I/O，会出现内存中的所有进程都在等待 I/O 的现象。因此，即便是多道程序设计，处理器多数时间仍可能处于空闲状态。

解决方案之一是扩充内存来容纳更多的进程，但这种方法有两个缺点。首先是内存的价格问题，当内存大小增加到兆位及千兆位时，价格也会随之增加；其次是程序对内存空间需求的增长速度要快于内存价格的下降速度。因此，更大的内存往往会导致更大的进程而非更多的进程。

解决方案之二是交换，即把内存中某个进程的一部分或全部移到磁盘中。当内存中不存在就绪态的进程时，操作系统就把被阻塞的进程换出到磁盘中的挂起队列（suspend queue），即临时从内存中"踢出"的进程队列。操作系统此后要么从挂起队列中取出另一个进程，要么接受一个新进程的请求，将其放入内存运行。

交换是 I/O 操作，因此可能会使问题更加恶化。由于磁盘 I/O 一般是系统中最快的 I/O（相对于磁带或打印机 I/O），因此交换通常会提高性能。

要使用前面介绍的交换，在进程行为模型［见图 3.9(a)］中必须增加另一个状态：挂起态。当内存中的所有进程都处于阻塞态时，操作系统可把其中的一个进程置为挂起态，并将它转移到磁盘，此时内存所释放的空间就可被调入的另一个进程使用。

操作系统执行换出操作后，将进程取到内存中的方式有两种：接纳一个新近创建的进程，或调入一个此前挂起的进程。显然，操作系统倾向于调入一个此前挂起的进程，并为它提供服务，而非增加系统的总负载数。

但这一推理也带来了一个难题，即所有已被挂起的进程都处于阻塞态。显然，这时把被阻塞的进程取回内存没有任何意义，因为它仍然未做好执行的准备。但是，由于每个挂起的进程最初都阻塞在某个特定的事件上，因此发行该事件时，进程将不再阻塞而可以继续执行。

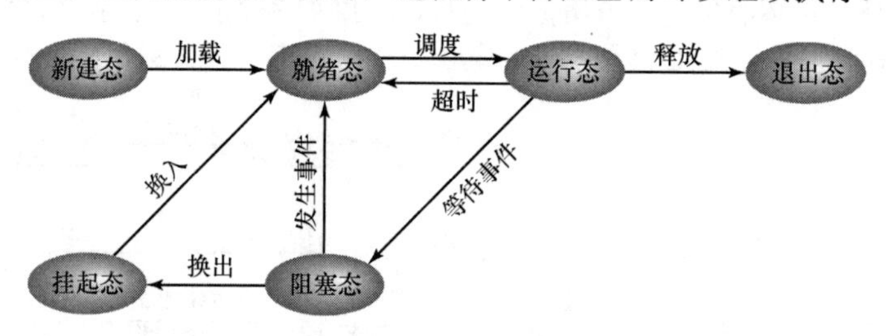

(a) 包含单挂起态的模型

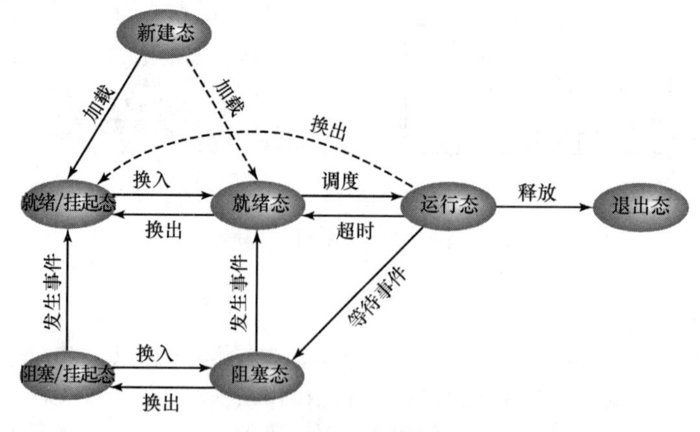

(b) 包含两个挂起态的模型

图 3.9 含有挂起态的进程状态转换图

因此，我们需要重新考虑设计方式。下面是两个无关的概念：进程是天在等待一个事件（阻塞与否）还是已被换出内存（挂起与否）。为容纳这一 2×2 组合，需要 4 个状态：

- **就绪态**：进程已在内存中并可以执行。
- **阻塞态**：进程已在内存中并等待一个事件。
- **阻塞/挂起态**：进程已在外存中并等待一个事件。
- **就绪/挂起态**：进程已在外存中，但只要载入内存就可执行。

在查看包含两个新挂起态的状态转换图前，必须注意迄今为止的论述都假设未使用虚存，进程要么都在内存中，要么都在内存外。使用虚存中，可能会执行只有部分内容在内存中的进程，若访问的进程地址不在内存中，则将进程的相应部分调入内存。使用虚存看上去不需要显式交换，因为通过处理器中的存储管理硬件，任何进程中的任何地址都可移入或移出内存。然而，如第 8 章所述，若活动进程很多，且所有的进程都有一部分在内存中时，则可能会导致虚存系统崩溃。因此，即使是在虚存系统中，操作系统也需要不时地根据执行情况完全显式地换出进程。

现在来看图 3.9(b)中的状态转换模型（图中虚线表示可能但非必需的转换）。重要的新转换如下：

- **阻塞→阻塞/挂起**：若没有就绪进程，则至少换出一个阻塞进程，以便为另一个未阻塞进程腾出空间。即使有可用的就绪态进程，也能完成这种转换。若操作系统需要确定当前正运行的进程，或就绪进程为了维护基本的性能而需要更多的内存空间，则会挂起一个阻塞的进程。
- **阻塞/挂起→就绪/挂起**：若等待的事件发生，则处于阻塞/挂起态的进程可转换到就绪/挂起态。注意，此时要求操作系统必须得到挂起进程的状态信息。
- **就绪/挂起→就绪**：若内存中没有就绪态进程，则操作系统需要调入一个进程继续执行。此外，处于就绪/挂起态的进程与处于就绪态的任何进程相比，优先级更高时，也可进行这种转换。出现这种情况的原因是，操作系统设计者规定，调入高优先级的进程比减少交换量更重要。
- **就绪→就绪/挂起**：通常，操作系统更倾向于挂起阻塞态进程而非就绪态进程，因为就绪态进程可以立即执行，而阻塞态进程虽然占用了内存空间但不能执行。若释放内存来得到足够空间的唯一方法是挂起一个就绪态进程，则这种转换也是必需的。此外，若操作系统确信高优先级的阻塞态进程很快将会就绪，则它可能会选择挂起一个低优先级的就绪态进程，而非一个高优先级的阻塞态进程。

值得考虑的其他几种转换如下：

- **新建→就绪/挂起**和**新建→就绪**：创建一个新进程时，该进程要么加入就绪队列，要么加入就绪/挂起队列。不论哪种情况，操作系统都须建立一些表来管理进程，并为进程分配地址空间。操作系统可能更倾向于在初期执行这些辅助工作，以便能维护大量的未阻塞进程。采用这种策略时，经常出现无足够空间分配给新进程的情况，因此使用了"新建→就绪/挂起"转换。另一方面，我们可以证明创建进程的即时原理，即尽可能推迟创建进程以减少操作系统的开销，并在系统被阻塞态进程阻塞时，允许操作系统执行进程创建任务。
- **阻塞/挂起→阻塞**：这种转换在设计中很少见，原因是若一个进程未准备好执行且不在内存中，则调入它没有意义。但此时要考虑如下情况：一个进程终止后，会释放一些内存空间，而阻塞/挂起队列中有一个进程的优先级要比就绪/挂起队列中任何进程的优先级都高，并且操作系统有理由相信阻塞进程的事件很快就会发生。这时，把阻塞进程而非就绪进程调入内存是合理的。
- **运行→就绪/挂起**：通常，当一个运行进程的分配时间到期后，它将转换到就绪态。但在阻塞/挂起队列中具有较高优先级的进程不再被阻塞时，操作系统会抢占这个进程，或直接把这个运行进程转换到就绪/挂起队形中，并释放一些内存空间。
- **各种状态→退出**：典型情况下，一个进程的运行终止，要么是它已完成运行，要么是出现了一些错误条件。但在某些操作系统中，进程可被父进程终止，或在父进程终止时终止。

若这种情况允许，则进程在任何状态下都可转换到退出态。

挂起的其他用途 到目前为止，挂起进程等价于不在内存中的进程。不在内存中的进程，不论它是否在等待一个事件，都不能立即执行。

下面总结挂起进程的概念。首先，挂起进程具有如下特点：

1. 该进程不能立即执行。
2. 该进程可能在也可能不在等待一个事件。若在等待一个事件，则阻塞条件不依赖于挂起条件，阻塞事件的发生不会使进程立即执行。
3. 为阻止该进程执行，可通过代理使其置于挂起态，代理可以是进程本身，也可以是父进程或操作系统。
4. 除非代理显式地命令系统进行状态转换，否则该进程无法从这一状态转移。

表 3.3 中列出了挂起进程的一些原因。已讨论的一种原因是，提供更多的内存空间以便调入一个就绪/挂起态进程，或增加分配给其他就绪态进程的内存。操作系统会因为其他动机而挂起一个进程，如用于监视系统活动的记账或跟踪进程，以便用进程记录各种资源（处理器、内存、通道）的使用情况及系统中用户进程的进展情况。操作员控制之下的操作系统会不时地打开或关闭这个进程。若操作系统发现问题或怀疑存在问题，则会挂起进程。第 6 章中介绍的死锁就是这样的一个例子。另一个例子是，若在进程测试时检测到通信线路中出现了问题，则操作员会让操作系统挂起使用该线路的进程。

表 3.3 进程挂起的原因

事 件	说 明
交换	操作系统需要释放足够的内存空间，以调入并执行处于就绪态的进程
其他 OS 原因	操作系统可能挂起后台进程或工具程序进程，或挂起可能会导致问题的进程
交互式用户请求	用户希望挂起一个程序的执行，以便进行调试或关联资源的使用
定时	进程可被周期性地执行（如记账或系统监视进程），并在等待下一个时间间隔时挂起
父进程请求	父进程可能会希望挂起后代进程的执行，以检查或修改挂起的进程，或协调不同后代进程之间的行为

另外一些原因涉及交互用户的行为。例如，若用户怀疑程序有缺陷，则可挂起执行程序进行调试，检查并修改程序或数据，然后恢复执行；又如，存在一个收集印迹或记账的后台程序时，用户可能希望能够打开或关闭这个程序。

分时因素也会影响交换。例如，若一个周期性激活的进程多数时间是空闲的，则在两次用到它的时间间隔期内，应把它换出。监视使用情况或用户活动的程序就是这样的一个例子。

最后，父进程可能希望挂起一个后代进程。例如，进程 A 生成进程 B 来执行文件读操作；随后，进程 B 在读文件的过程中遇到错误，并报告给进程 A；进程 A 挂起进程 B，调查错误的原因。

在以上的所有情形下，挂起进程的活动都是由最初请求挂起操作的代理请求的。

3.3 进程描述

操作系统控制计算机系统内部的事件，为处理器执行进程进行调度和分派，给进程分配资源，并响应用户程序的基本服务请求。因此，我们可把操作系统视为管理系统资源的实体。

图 3.10 显示了这一概念。在多道程序设计环境中，虚存中已有许多已创建进程（$P_1, P_2, \cdots, P_n$），每个进程在执行期间都需要访问某些系统资源，包括处理器、I/O 设备和内存。图中，进程 P_1 正在运行，它至少有一部分已在内存中，并控制了两个 I/O 设备；进程 P_2 也在内存中，但由于正在等待分配给 P_1 的 I/O 设备而被阻塞；进程 P_n 已被换出，因此处于挂起态。

后面几章将探讨操作系统代表进程管理这些资源的细节，这里只关注一些最基本的问题：要控制进程并管理资源，操作系统需要哪些信息？

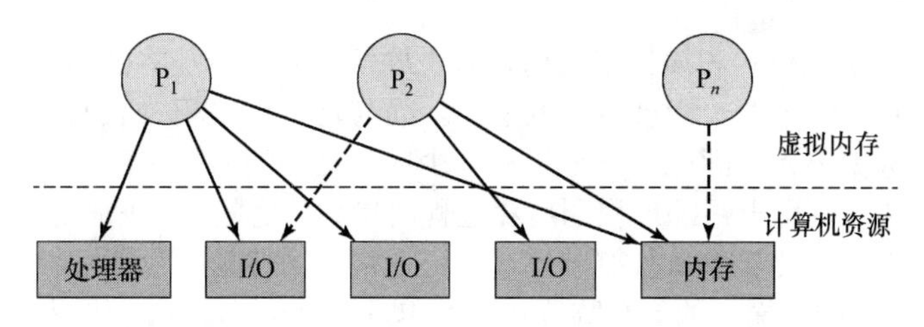

图 3.10　进程和资源（某一时刻的资源分配）

3.3.1　操作系统的控制结构

操作系统为了管理进程和资源，必须掌握每个进程和资源的当前状态。普遍采用的方法是，操作系统构造并维护其管理的每个实体的信息表。图 3.11 给出了这种方法的大致范围，即操作系统维护的 4 种不同类型的表：内存、I/O、文件和进程。尽管不同操作系统的实现细节不同，但所有操作系统维护的信息基本都可以分为这 4 类。

内存表（memory table）用于跟踪内（实）存和外（虚）存。内存的某些部分为操作系统保留，剩余部分供进程使用，外存中保存的进程使用某种虚存或简单的交换机制。内存表必须包含如下信息：

- 分配给进程的内存。
- 分配给进程的外存。
- 内存块或虚存块的任何保护属性，如哪些进程可以访问某些共享内存区域。
- 管理虚存所需要的任何信息。

第三部分将详细讲述用于内存管理的信息结构。

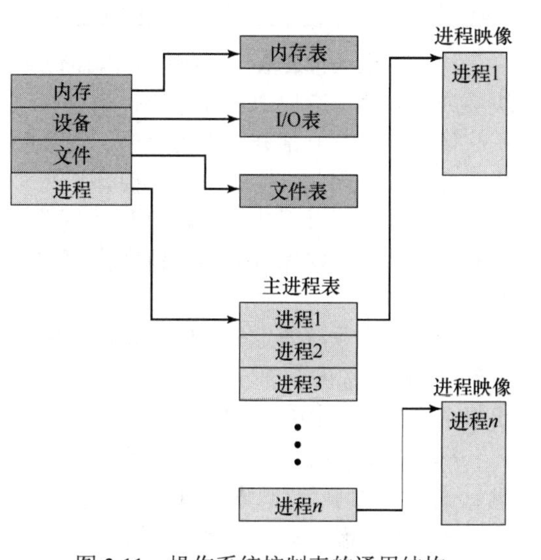

图 3.11　操作系统控制表的通用结构

操作系统使用 *I/O 表*管理计算机系统中的 I/O 设备和通道。在任意给定时刻，某个 I/O 设备要么可用，要么已分配给特定的进程。正在进行 I/O 操作时，操作系统需要知道 I/O 操作的状态，以及作为 I/O 传送的源与目标的内存单元。第 11 章将详细讲述 I/O 管理。

操作系统还会维护*文件表*（file table）。文件表提供关于文件是否存在、文件在外存中的位置、当前状态和其他属性的信息。大部分信息（非全部信息）可能由文件管理系统维护和使用。此时，操作系统仅有少许或没有关于文件的信息；在其他操作系统中，文件管理的许多细节由操作系统本身管理，详见第 12 章。

最后，为管理进程，操作系统必须维护*进程表*（process tables），本节的剩余部分将着重讲述所需的进程表。在此之前，我们需要先明确两点：首先，尽管图 3.11 给出了 4 种不同的表，但这些表必须以某种方式链接起来或交叉引用。内存、I/O 和文件是代表进程而被管理的，因此进程表中必须有对这些资源的直接或间接引用。文件表中的文件可通过 I/O 设备访问，有时它们也位于内存中或虚存中。这些表自身必须可被操作系统访问到，因此它们受制于内存管理。

其次，操作系统最初是如何知道创建表的？显然，操作系统必须具有基本环境的一些信息，如有多少内存空间、I/O 设备是什么及它们的标识符是什么等。这是配置问题，即操作系统初始化后，必须能使用定义基本环境的某些配置数据，而这些数据必须在操作系统之外通过人的帮助产生，或由一些自动配置软件产生。

3.3.2　进程控制结构

操作系统在管理和控制进程时，首先要知道进程的位置，其次要知道进程的属性（如进程 ID、进程状态）。

进程位置 在处理进程位置和属性问题前，首先要解决一个更基本的问题：进程的物理表示是什么？进程最少必须包括一个或一组被执行的程序，而与这些程序相关联的是局部变量、全局变量和任何已定义常量的数据单元。因此，一个进程至少应有足够的内存空间来保存其的程序和数据；此外，程序的执行通常涉及用于跟踪过程调用和过程间参数传递的栈（见附录 P）。最后，还有与每个进程相关的许多属性，以便操作系统控制该进程。通常，属性集称为进程控制块（process control block）[①]。程序、数据、栈和属性的集合称为进程映像（process image）（见表 3.4）。

表 3.4 进程映像中的典型元素

项　目	说　明
用户数据	用户空间中的可修改部分，包括程序数据、用户栈区域和可修改的程序
用户程序	待执行的程序
栈	每个进程有一个或多个后进先出（LIFO）栈，栈用于保存参数、过程调用地址和系统调用地址
进程控制块	操作系统控制进程所需的数据（见表 3.5）

进程映像的位置取决于所用的内存管理方案。在最简单的情形下，进程映像保存在相邻的内存块中或连续的内存块中。存储块位于外存（通常是磁盘）中，因此在操作系统管理进程时，其进程映像至少应有一部分位于内存中。而要执行该进程，则必须将整个进程映像载入内存中或至少载入虚存中。因此，操作系统需要知道每个进程在磁盘中的位置，并知道每个进程在内存中的位置。下面介绍第 2 章中 CTSS 操作系统关于这种方案的一个复杂变体。在 CTSS 中，当进程被换出时，部分进程映像可能仍保留在内存中。因此，操作系统必须跟踪每个进程映像的哪一部分仍然在内存中。

现代操作系统假定分页硬件允许使用不连续的物理内存来支持部分常驻内存的进程[②]。在任意时刻，进程映像的一部分可在内存中，剩余部分可在外存中[③]。因此，操作系统维护的进程表必须给出每个进程映像中的每页的位置。

图 3.11 给出了位置信息的结构。有一个主进程表，每个进程在表中都有一个表项，每个表项至少包含一个指向进程映像的指针。若进程映像包括多个块，则这一信息直接包含在主进程表中，或通过交叉引用内存表中的表项得到。当然，这种描述是一般性描述，不同操作系统会按自身的方式来组织位置信息。

进程属性 复杂的多道程序系统需要关于每个进程的大量信息。如前所述，该信息可以保留在进程控制块中。不同的系统以不同的方式组织该信息，本章和下一章的末尾提供了很多这样的例子。这里先简要介绍操作系统将会用到的信息，而不详细考虑信息是如何组织的。

表 3.5 给出了操作系统所需进程信息的简单分类。这些信息量初看之下令人惊讶，但随着对操作系统了解的深入，这一列表看起来会更加合理。

进程控制块信息分为三类：

- 进程标识信息
- 进程状态信息
- 进程控制信息

实际上，对于所有操作系统中的进程标识符（process identification）来说，每个进程都分配了一个唯一的数字标识符。进程标识符可以简单地表示为主进程表（见图 3.11）中的一个索引；否则，就必须有一个映射，以便操作系统可以根据进程标识符定位相应的表。该标识符可用在很多地方，且操作系统控制的其他许多表可以使用进程标识符来交叉引用进程表。例如，内存表可以组织起来

① 这种数据结构的其他一些常用名称有任务控制块、进程描述符和任务描述符。
② 2.3 节中简要介绍了页、段和虚存的概念。
③ 这一简要讨论回避了一些细节。尤其是在使用虚存的系统中，所有活动的进程映像都存储在外存中。当进程映像的一部分加载到内存中时，其加载过程是复制而非移动。因此，外存保留了进程映像中所有段（或页）的副本。但当位于内存中的部分进程映像被修改时，在内存的更新部分复制到外存中前，外存中的进程映像内容是过时的。

提供一个内存映射，以说明每个区域分配给了哪个进程。I/O 表和文件表中也存在类似的引用。进程相互之间进行通信时，进程标识符可用于通知操作系统某一特定通信的目标；允许进程创建其他进程时，标识符可用于指明每个进程的父进程和后代进程。

表 3.5　进程控制块中的典型元素

进程标识信息	
标识符	存储在进程控制块中的数字标识符，包括： • 该进程的标识符（Process ID，简称进程 ID） • 创建该进程的进程（父进程）的标识符 • 用户标识符（User ID，简称用户 ID）
处理器状态信息	
用户可见寄存器	用户可见寄存器是处理器在用户模式下执行机器语言时可以访问的寄存器。通常有 8～32 个此类寄存器，而在一些 RISC 实现中，这种寄存器会超过 100 个
控制和状态寄存器	用于控制处理器操作的各种处理器寄存器，包括： • **程序计数器**：包含下一条待取指令的地址 • **条件码**：最近算术或逻辑运算的结果（如符号、零、进位、等于、溢出） • **状态信息**：包括中断允许/禁用标志、执行模式
栈指针	每个进程有一个或多个与之相关联的后进先出（LIFO）系统栈。栈用于保存参数和过程调用或系统调用的地址，栈指针指向栈顶
进程控制信息	
调度和状态信息	这是操作系统执行调度功能所需的信息，典型的信息项包括： • **进程状态**：定义待调度执行的进程的准备情况（如运行态、就绪态、等待态、停止态） • **优先级**：描述进程调度优先级的一个或多个域。某些系统需要多个值（如默认、当前、最高许可） • **调度相关信息**：具体取决于所用的调度算法，如进程等待的时间总量和进程上次运行的执行时间总量 • **事件**：进程在继续执行前等待的事件标识
数据结构	进程可以以队列、环或其他结构链接到其他进程。例如，具有某一特定优先级且处于等待状态的所有进程可在一个队列中链接。一个进程与另一个进程间的关系可是父子（创建者-被创建者）关系。进程控制块中或包含至其他进程的指针，以支持这些结构
进程间通信	各种标记、信号和信息可与两个无关进程间的通信关联。进程控制块中可维护某些或全部此类信息
进程特权	进程根据其可以访问的内存和可执行的指令类型来赋予特权。此外，特权也适用于系统实用程序和服务的使用
存储管理	该部分包括指向描述分配给该进程的虚存的段表和/或页表的指针
资源所有权和使用情况	指示进程控制的资源，如一个打开的文件。还可包含处理器或其他资源的使用历史，调度器需要这些信息

除进程标识符外，还给进程分配了一个用户标识符，用于说明拥有该进程的用户。

处理器状态信息（processor state information）由处理器寄存器的内容组成。运行一个进程时，进程的信息一定会出现在寄存器中。中断进程时，必须保存该寄存器的所有信息，以便进程恢复执行时可以恢复所有这些信息。所涉寄存器的性质和数量取决于处理器的设计。典型情况下，寄存器组包括用户可见寄存器、控制和状态寄存器及栈指针。这些内容已在第 1 章介绍过。

注意，所有处理器设计都包括一个或一组称为程序状态字（Program Status Word，PSW）的寄存器，它包含有状态信息。PSW 通常包含条件码和其他状态信息。Intel x86 处理器中的处理器状态字就是一个很好的例子，它称为 EFLAGS 寄存器（见图 3.12 和表 3.6），能被运行在 x86 处理器上的任何操作系统（包括 UNIX 和 Windows）使用。

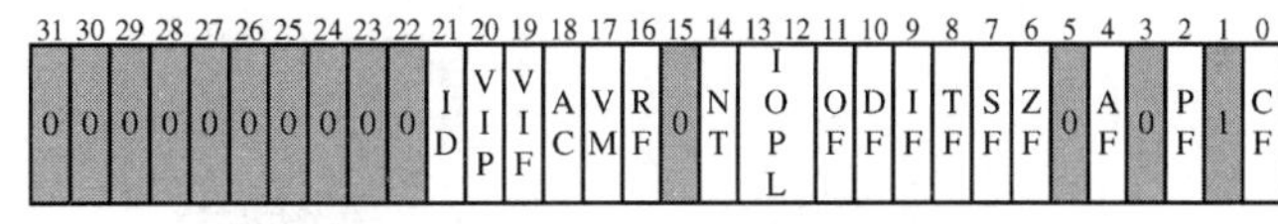

X ID（标识标志）
X VIP（虚拟中断挂起）
X VIF（虚拟中断标志）
X AC（对齐检查）
X VM（虚拟8086模式）
X RF（恢复标志）
X NT（嵌套任务标志）
X IOPL（I/O特权级）
S OF（溢出标志）
C DF（方向标志）
X IF（中断允许标志）
X TF（陷阱标志）
S SF（符号标志）
S ZF（零标志）
S AF（辅助进位标志）
S PF（奇偶校验标志）
S CF（进位标志）

S表示状态标志（状态标志）
C表示控制标志（控制标志）
X表示系统标志（系统标志）
阴影位为保留位

图 3.12　x86 EFLAGS 寄存器

表 3.6　x86 的 EFLAGS 寄存器位

状态标志（条件码）	
AF（辅助进位标志）	在使用 AL 寄存器的 8 位算术或逻辑运算中，指明半个字节间的进位或借位
CF（进位标志）	指明算术运算后，最左位的进位或借位情况；也可被某些移位或循环操作改变
OF（溢出标志）	指明加法或减法后的算术溢出情况
PF（奇偶校验标志）	指明算术或逻辑运算结果的奇偶情况。1 表示偶数奇偶校验，0 表示奇数奇偶校验
SF（符号标志）	指明算术或逻辑运算结果的符号位情况
ZF（零标志）	指明算术或逻辑运算的结果是否为零
控制标志	
DF（方向标志）	确定字符串处理指令是递增或递减到 16 位半寄存器 SI 和 DI（用于 16 位操作），还是递增或递减到 32 位寄存器 ESI 和 EDI（用于 32 位操作）
系统标志（应用程序无法修改）	
AC（对齐检查）	设置字或双字是按非字边界寻址还是按非双字边界寻址
ID（标识符位）	若该位可被置位和清除，则处理器支持 CPUID 指令。该指令提供关于厂商、产品系列和型号的信息
RF（恢复标志）	允许程序员禁用调试异常，以便调试异常后可以重新启动该指令而不会立即导致另一个调试异常
IOPL（I/O 特权级）	置位会使得在保护模式运行期间，处理器对所有 I/O 设备的访问生成一个异常
IF（中断允许标志）	置位时处理器将识别外部中断
TF（陷阱标志）	置位时每个指令执行后会引发一个中断，可用于调试
NT（嵌套任务标志）	指明当前任务嵌套在以保护模式运行的另一个任务中
VM（虚拟 8086 模式）	允许程序员启用或禁用虚拟 8086 模式，以决定处理器是否像 8086 机那样运行
VIP（虚拟中断挂起）	虚拟 8086 模式下用于指明一个或多个中断正在等待服务
VIF（虚拟中断标志）	虚拟 8086 模式下用于代替 IF

进程控制块中的第三种主要信息称为进程控制信息（process control information），它是操作系统控制和协调各种活动进程所需的额外信息。表 3.5 的最后一部分给出了这类信息的范围。在后续章节中详细介绍操作系统的功能时，就会逐渐明白表中所列各项的用途。

图 3.13 给出了进行映像在虚存中的结构。每个进程映像都由进程控制块、用户栈、进程专用地址空间以及与其他进程共享的其他地址空间组成。图中每个进程映像的地址范围看起来是连续的，但实际情况可能并非如此，具体取决于内存管理方案和操作系统组织控制结构的方式。

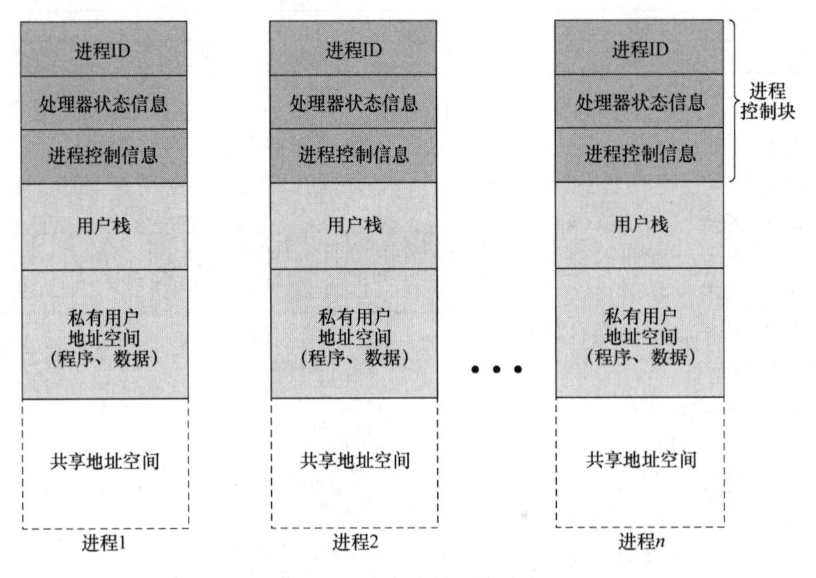

图 3.13　虚存中的用户进程

如表 3.5 所示，进程控制块还包括结构信息，包含链接进程控制块的指针。因此，前节所述的队列可实现为进程控制块的链表。例如，图 3.8(a)中的排队结构可按图 3.14 中的方式实现。

进程控制块的作用　进程控制块是操作系统中最重要的数据结构。每个进程控制块都包含操作系统所需进程的所有信息。实际上，操作系统中的每个模块，包括那些涉及调度、资源分配、中断处理、性能监控和分析的模块，都能读取和修改它们。我们可以说资源控制块集合定义了操作系统的状态。

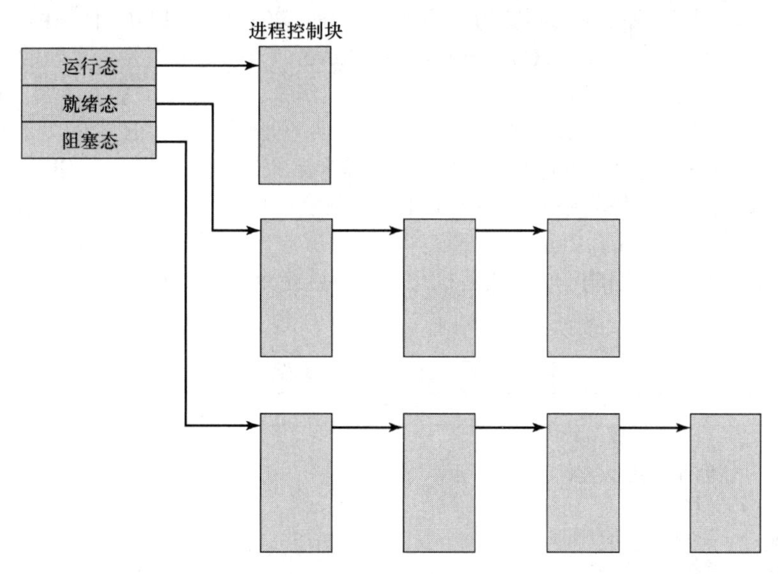

图 3.14　进程链表结构

这就带来了一个重要的设计问题。操作系统中的很多例程需要访问进程控制块中的信息。直接访问这些表并不困难。每个进程都有一个唯一的 ID 号，它可用作进程控制块的指针表的索引。困难不是访问而是保护，具体表现为两个问题：

- 一个例程（如中断处理程序）中的错误可能会破坏进程控制块，进而破坏系统对受影响进程的管理能力。
- 进程控制块结构或语义中的设计变化可能会影响到操作系统中的许多模块。

这些问题可要求操作系统中的所有例程都通过一个处理程序例程来解决，即处理程序例程的任务仅是保护进程控制块，且是读写这些块的唯一仲裁程序。使用这类进程时，需要在性能和其他系统软件结构的信任度之间进行折中。

3.4　进程控制

3.4.1　执行模式

在继续讨论操作系统管理进程的方式之前，需要区分通常与操作系统相关联的处理器执行模式和与用户程序相关联的处理器执行模式。大多数处理器至少支持两种执行模式。某些指令只能在特权模式下运行，包括读取或改变诸如 PSW（程序状态字）之类的控制寄存器的指令、原始 I/O 指令和与内存管理相关的指令。另外，部分内存区域仅能在特权模式下访问。

非特权模式通常称为*用户模式*（user mode），因为用户程序通常在该模式下运行；特权模式称为*系统模式*（system mode）、*控制模式*（control mode）或*内核模式*（kernel mode），内核模式指的是操作系统的内核，它是操作系统中包含重要系统功能的部分。表 3.7 列出了通常可在操作系统内核中发现的功能。

使用两种模式的原因是保护操作系统和重要的操作系统表（如进程控制块）不受用户程序的干扰。在内核模式下，软件会完全控制处理器及其所有指令、寄存器和内存。为安全起见，这种级别的控制对用户程序而言没有必要。

这样就出现了两个问题：处理器如何才能知道它正在什么模式下执行？模式如何变化？对第一

个问题，PSW 中通常存在一个指示执行模式的位，该位会因事件的改变而变化。典型情况下，当用户调用一个操作系统服务或中断来触发系统例程的执行时，执行模式将被置为内核模式；而当从系统服务返回到用户进程时，执行模式则置为用户模式。例如，实现 64 位 IA-64 体系结构的 Intel Itanium 处理器中，就有一个包含 2 位 CPL（Current Privilege Level，当前特权级别）字段的处理器状态寄存器（PSR）。级别 0 是最高特权级别，级别 3 是最低特权级别。多数操作系统（如 Linux）为内核模式使用级别 0，为用户模式使用其他级别。发生中断时，处理器会清空 PSR 中的大部分位，包括 CPL 字段。这会自动地将 CPL 设置为级别 0。中断处理例程末尾的最后一个指令是 IRT（Interrupt Return，中断返回），它会使得处理器恢复中断程序的 PSR，即恢复该程序的特权级别。应用程序进行系统调用时，会出现类似的顺序。对于 Itanium 而言，应用程序通过如下方式实现系统调用：将系统调用标识符和参数放到一个预定义的区域，然后执行一个特殊指令中断用户模式下的程序执行，将控制权交给内核。

表 3.7　操作系统内核的典型功能

进程管理
• 进程的创建和终止 • 进程的调度和分派 • 进程切换 • 进程同步和进程间通信的支持 • 管理进程控制块
内存管理
• 为进程分配地址空间 • 交换 • 页和段管理
I/O 管理
• 缓冲区管理 • 为进程分配 I/O 通道和设备
支持功能
• 中断处理 • 记账 • 监视

3.4.2　进程创建

3.2 节介绍了导致创建新进程的事件。讨论与进程相关的数据结构后，我们现在简单地描述实际创建进程所涉及的步骤。

操作系统基于某种原因（见表 3.1）决定创建一个新进程时，会按如下步骤操作：

1. **为新进程分配一个唯一的进程标识符**。此时，主进程表中会添加一个新表项，每个进程一个表项。
2. **为进程分配空间**。这包括进程映像中的所有元素。因此，操作系统必须知道私有用户地址空间（程序和数据）和用户栈需要多少空间。默认情况下会根据进程的类型分配这些值，但也可在作业创建时基于用户请求设置这些值。若一个进程由另一个进程生成，则父进程可把所需的值作为进程创建请求的一部分传递给操作系统。若任何已有的地址空间将被这个新进程共享，则要建立正确的链接。最后，必须为进程控制块分配空间。
3. **初始化进程控制块**。进程标识部分包括进程 ID 和其他相关的 ID，如父进程的 ID 等；处理器状态信息部分的多数项目通常初始化为 0，但程序计数器（置为程序入口点）和系统栈指针（定义进程栈边界）除外。进程控制信息部分根据标准的默认值和该进程请求的特性来初始化。例如，进程状态通常初始化为就绪或就绪/挂起。优先级默认情况下可设置为最低，除非显式请求了更高的优先级；进程最初不拥有任何资源（I/O 设备、文件），除非显式地请求了这些资源，或继承了父进程的资源。

4. **设置正确的链接**。例如，若操作系统将每个调度队列都维护为一个链表，则新进程必须放在就绪或就绪/挂起链表中。
5. **创建或扩充其他数据结构**。例如，操作系统可因编制账单和/或评估性能，为每个进程维护一个记账文件。

3.4.3　进程切换

表面上看，进程切换很简单。在某个时刻，操作系统中断一个正在运行的进程，将另一个进程置于运行模式，并把控制权交给后者。然而，这会引发若干问题。首先，什么事件触发了进程的切换？其次，必须认识到模式切换与进程切换间的区别；最后，要实现进程切换，操作系统须对其控制的各种数据结构做些什么？

何时切换进程　进程切换可在操作系统从当前正运行进程中获得控制权的任何时刻发生。表 3.8 给出了可能把控制权交给操作系统的事件。

表 3.8　进程执行的中断机制

机　制	原　因	用　途
中断	来自当前执行指令的外部	对异步外部事件的反应
陷阱	与当前执行指令相关	处理一个错误或一个异常条件
系统调用	显式请求	调用操作系统函数

首先考虑系统中断。实际上，大多数操作系统都会区分两种系统中断：一种称为*中断*，另一种称为*陷阱*。前者与当前正运行进程无关的某种外部事件相关，如完成一次 I/O 操作；后者与当前正运行进程产生的错误或异常条件相关，如非法的文件访问。对于普通*中断*（interrupt），控制权首先转给中断处理器，中断处理器完成一些基本的辅助工作后，再将控制权转给与已发生的特定中断相关的操作系统例程。示例如下：

- **时钟中断**：操作系统确定当前正运行进程的执行时间是否已超过最大允许时间段［*时间片*（time slice），即进程中断前可以执行的最大时间段］。若超过，则进程切换到就绪态，并调入另一个进程。
- **I/O 中断**：操作系统确定是否已发生 I/O 活动。若 I/O 活动是一个或多个进程正在等待的事件，则操作系统就把所有处于阻塞态的进程转换为就绪态（阻塞/挂起态进程转换为就绪/挂起态）。操作系统必须决定是继续执行当前处于运行态的进程，还是让具有高优先级的就绪态进程抢占这个进程。
- **内存失效**：处理器遇到一个引用不在内存中的字的虚存地址时，操作系统就必须从外存中把包含这一引用的内存块（页或段）调入内存。发出调入内存块的 I/O 请求后，内存失效进程将进入阻塞态；操作系统然后切换进程，恢复另一个进程的执行。期望的块调入内存后，该进程置为就绪态。

对于*陷阱*（trap），操作系统则确定错误或异常条件是否致命。致命时，当前正运行进程置为退出态，并切换进程；不致命时，操作系统的动作将取决于错误的性质和操作系统的设计，操作系统可能会尝试恢复程序，或简单地通知用户。操作系统可能会切换进程，或继续当前运行的进程。

最后，操作系统可被来自正执行程序的*系统调用*（supervisor call）激活。例如，正运行用户进程执行了一个请求 I/O 操作的指令（如打开文件），这时该调用会转移到作为操作系统代码一部分的一个例程。使用系统调用时会将用户进程置为阻塞态。

模式切换　第 1 章介绍过中断阶段是指令周期的一部分。回忆可知，在中断阶段，处理器会根据出现的中断信号来检查中断是否出现。无中断出现时，处理器会继续取指阶段，并在当前进程中取当前程序的下一条指令；出现中断时，处理器会做如下工作：

1. 将程序计数器置为中断处理程序的开始地址。
2. 从用户模式切换到内核模式，以便中断处理代码包含特权指令。

处理器现在继续取指阶段，并取中断处理程序的第一条指令来服务该中断。此时，将已中断进程的上下文保存到已中断程序的进程控制块中。

现在的问题是，保存的上下文包括哪些内容？答案是，它必须包含中断处理程序可能改变的所有信息，以及恢复被中断程序时所需要的所有信息。因此，必须保存称为处理器状态信息的进程控制块部分，包括程序计数器、其他处理器寄存器和栈信息。

还需要做哪些工作？这取决于下一步会发生什么。中断处理程序通常是执行一些与中断相关的基本任务的小程序。例如，它会重置表示中断出现的标志或指示器，为发出中断的实体如 I/O 模块发送应答，做一些与中断事件的影响相关的辅助工作。例如，若中断与 I/O 事件有关，则中断处理程序检查错误条件；若发生了错误，则中断处理程序给最初请求 I/O 操作的进程发一个信号。若是时钟中断，则处理程序把控制权移交给分派器，由分派器将控制权传递给另一个进程，因为给当前运行进程分配的时间片已用尽。

进程控制块中的其他信息如何处理？若中断之后切换到另一个应用程序，则需要做一些工作。但在多数操作系统中，中断发生后并不一定进行进程切换。可能的情况是，执行中断处理程序后，继续执行正运行的进程。此时，所要做的工作是发生中断时保存处理器状态信息，并在控制权返回给该程序时恢复这些信息。保存和恢复功能通常由硬件实现。

进程状态的变化 显然，模式切换与进程切换是不同的。模式切换可在不改变运行态进程的状态的情况下出现。此时保存上下文[①]并在以后恢复上下文仅需很少的开销。但是，若当前正运行进程将转换为另一状态（就绪、阻塞等），则操作系统必须使环境产生实质性的变化。完整的进程切换步骤如下：

1. 保存处理器的上下文，包括程序计数器和其他寄存器。
2. 更新当前处于运行态进程的进程控制块，包括把进程的状态改变为另一状态（就绪态、阻塞态、就绪/挂起态或退出态）。还须更新其他相关的字段，包括退出运行态的原因和记账信息。
3. 把该进程的进程控制块移到相应的队列（就绪、在事件 *i* 处阻塞、就绪/挂起）。
4. 选择另一个进程执行，详见第四部分的讨论。
5. 更新所选进程的进程控制块，包括把进程的状态改为运行态。
6. 更新内存管理数据结构。是否需要更新取决于管理地址转换的方式，详见第三部分。
7. 载入程序计数器和其他寄存器先前的值，将处理器的上下文恢复为所选进程上次退出运行态时的上下文。

因此，涉及状态变化的进程切换与模式切换相比，要做的工作更多。

3.5 操作系统的执行

第 2 章指出了关于操作系统的两个特殊事实：

- 操作系统与普通计算机软件以同样的方式运行，即它也是由处理器执行的一个程序。
- 操作系统会频繁地释放控制权，并依赖于处理器来恢复控制权。

若操作系统仅是像其他程序那样由处理器执行的一组程序，则操作系统是一个进程吗？若是，如何控制它？这些有趣的问题使得人们提出了大量的设计方法。图 3.15 中给出了当代操作系统中使用的各种方法。

3.5.1 无进程内核

在许多老操作系统中，传统且通用的一种方法是在所有进程外部执行操作系统内核［见图 3.15(a)］。

① 术语上下文切换（context switch）经常出现在一些操作系统的文献和教材中。遗憾的是，尽管大部分文献把该术语当作进程切换来使用，但其他一些资料则把它当成模式切换或线程切换，线程切换将在后面的章节讲述。为防止产生歧义，本书不使用该术语。

采用这种方法时，若当前正运行进程被中断或产生一个系统调用，则会保存该进程的模式上下文，并将控制权转交给内核。操作系统本身具有控制过程调用和返回的内存区域与系统栈。操作系统可执行任何预期的功能，并恢复被中断进程的上下文，恢复中断用户进程的执行；操作系统也可保存进程的模式上下文，并继续调度和分派另一个进程，但是否这样做取决于中断的原因和当前的情况。

无论哪种情况，关键都是进程这一概念仅适用于用户程序，而操作系统代码则是在特权模式下单独运行的实体。

3.5.2　在用户进程内运行

较小计算机（PC、工作站）的操作系统通常采用另一种方法，即在用户进程的上下文中执行所有操作系统软件。此时，操作系统是用户调用的一组例程，它在用户进程的环境内执行并实现各种功能，如图 3.15(b)所示。任何时刻操作系统都管理着 n 个进程映像，这些映像不仅包括图 3.13 中列出的区域，还包括内核程序的程序、数据和栈区域。

图 3.16 给出了该策略下的典型进程映像结构。当进程在内核模式下运行时，单独的内核栈用于管理调用/返回。操作系统代码和数据位于共享地址空间中，并被所有用户进程共享。

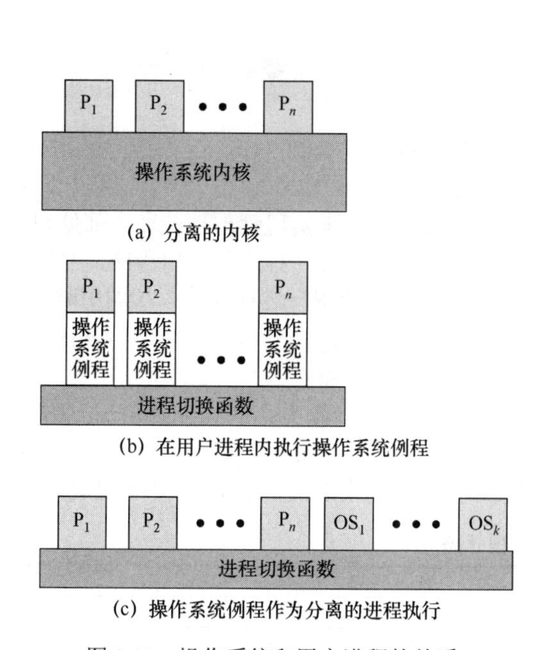

图 3.15　操作系统和用户进程的关系

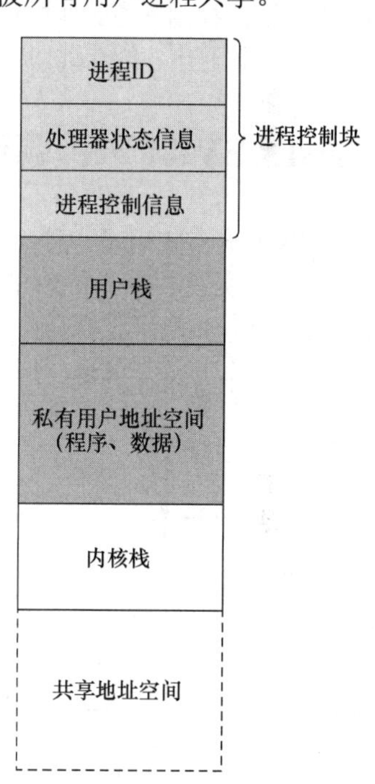

图 3.16　进程映像：操作系统在用户空间内运行

发生中断、陷阱或系统调用时，处理器置于内核模式，控制权转交给操作系统。要把控制权从用户程序转交给操作系统，需要保存模式上下文并切换模式，再切换到一个操作系统例程，但此时仍然是在当前的用户进程内继续执行，不需要切换进程，只是在同一进程中切换模式。

操作系统完成操作后，需要继续运行当前的进程，则会切换模式以在当前进程内恢复已中断的程序。这种方法的关键优点是：中断一个用户程序，使用某些操作系统例程，然后恢复用户程序，所有这些都不会招致两次进程切换的惩罚。然而，若确认将出现进程切换而非返回到先前正执行的程序，则控制权会传递给一个进程切换例程，进程切换例程是否在当前进程中执行，则取决于系统的设计。然而，在某些特殊情况下，当前进程必须置于非运行态，而另一个进程则指定为正运行进程。此时，将执行视为发生在所有进程外部逻辑上最为方便。

这种看待操作系统的方式很独特。有时，会保存一个进程的状态信息，从就绪态进程中选择另一个进程，并把控制权交给这个新进程。这种混乱但并不任意情况的原因是，关键时候用户进程中执行的代码是共享的操作系统代码而非用户代码。根据用户模式和内核模式的概念，即使操作系统例程在用户进程环境内执行，用户也不能篡改或干涉操作系统例程。这进一步表明进程和程序并不相同，即它们之间并非一对一的关系。在一个进程内，用户程序和操作系统程序都可执行，而在不同用户进程中执行的操作系统程序是相同的。

3.5.3 基于进程的操作系统

图 3.15(c)所示的另一种方法是把操作系统作为一组系统进程来实现。类似于其他方法，该软件是在内核对模式下运行的内核的一部分。但在这种情况下，主要的内核功能被组织为独立的进程。同样，此时存在一些在任何进程之外执行的进行切换代码。

这种方法有几个优点。首先，它利用了鼓励使用模块化操作系统的程序设计原理，可使模块间的接口最小且最简单。其次，有些非关键操作系统功能可简单地用独立的进程来实现，例如前面提及的监视各种资源（处理器、内存、通道）利用率和系统中用户进程进展状态的程序。因为这种程序不向任何活动进程提供特殊的服务，因此只能被操作系统调用。作为一个进程，这一功能可以任何指定的优先级在分派器的控制下与其他进程交替执行。第三，把操作系统作为一组进程来实现时，在多处理器或多机环境中很有用，因此此时为提高性能，有些操作系统服务可传送到专用的处理上执行。

3.6 UNIX SVR4 进程管理

UNIX System V 使用了一种对用户可见的简单但功能强大的进程机制。UNIX 采用了图 3.15(b)中的模型，在该模型中操作系统的大部分都在用户进程环境内执行。UNIX 使用了两类进程，即系统进程和用户进程。系统进程在内核模式下运行，执行操作系统代码来实现管理功能和内部处理，如内存空间的分配和进程交换；用户进程则在用户模式下运行并执行用户程序和实用程序，在内核模式下运行并执行属于内核的指令。当产生异常（错误）、发生中断或用户进程发出系统调用时，用户进程可进入内核模式。

3.6.1 进程状态

UNIX 操作系统中共有 9 种进程状态，如表 3.9 所示。图 3.17（基于[BACH86]中的图形）是相应的状态转换图，它与图 3.9(b)类似，两个 UNIX 休眠态对应于图 3.9(b)中的两个阻塞态。不同之处如下：

表 3.9 UNIX 进程状态

进程状态	说 明
用户运行	在用户模式下执行
内核运行	在内核模式下执行
就绪，并驻留在内存中	只要内核调度到就立即准备运行
休眠，并驻留在内存中	在某事件发生前不能执行，且进程在内存中（一种阻塞态）
就绪，被交换	进程已就绪，但交换程序必须把它换入内存后，内核才能调度它去执行
休眠，被交换	进程正在等待一个事件，并被交换到外存中（一种阻塞态）
被抢占	进程从内核模式返回到用户模式，但内核抢占了它，并做了进程切换，以调度另一个进程
创建	进程刚被创建，还未做好运行的准备
僵死	进程不再存在，但它留下了一条其父进程可以收集的记录

- UNIX 采用两个运行态表示进程是在用户模式下执行还是在内核模式下执行。
- UNIX 区分两种状态，即内存中的就绪态和被抢占态。从本质上说，它们是同一状态，如图中它们间的虚线所示。之所以区分这两个状态，是为了强调进入被抢占状态的方式。当一个进程在内核模式下运行（系统调用、时钟中断或 I/O 中断的结果），且内核已完成了其任务并准备把控制权返回给用户程序时，就可能会出现抢占的时机。这时，内核可能决

定抢占当前进程，转而支持另一个已就绪并具有较高优先级的进程。在这种情况下，当前进程转换为被抢占态，但为了分派处理，处于被抢占态的进程和在内存中处理就绪态的进程就构成了一个队列。

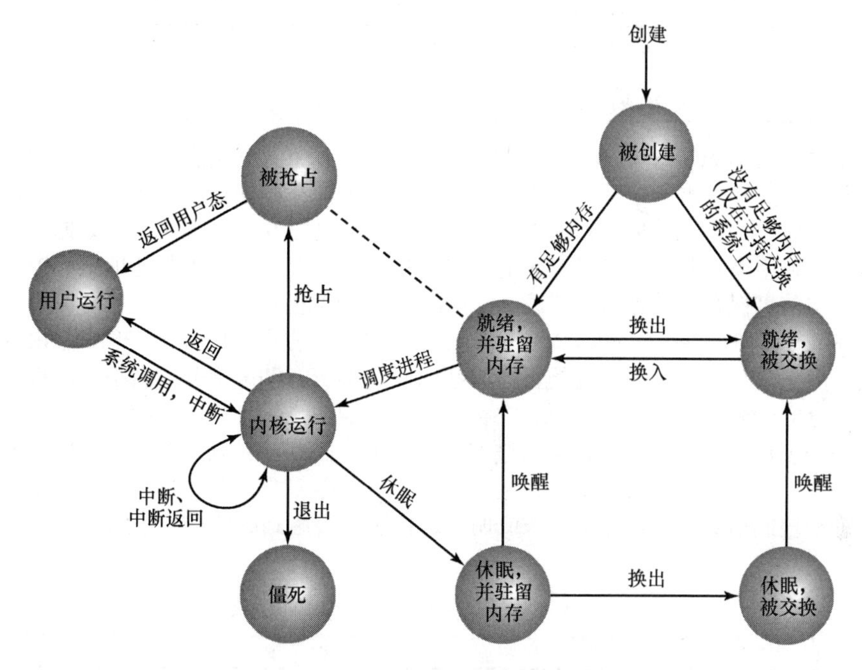

图 3.17　UNIX 进程状态转换图

只有在进程准备从内核模式转换到用户模式时才可能发生抢占，进程在内核模式下运行时不会被抢占，因此 UNIX 不适用于实时处理。有关实时处理需求的讨论详见第 10 章。

UNIX 中有两个独特的进程。进程 0 是一个特殊的进程，它是在系统启动时创建的。实际上，它是启动时加载的一个预定义数据结构，是交换程序进程。此外，进程 0 产生称为*初始进程*的进程 1，进程 1 是系统中所有其他进程的祖先。当新的交互用户登录到系统时，进程 1 会为该用户创建一个用户进程。随后，用户进程创建构成分支树的子进程，因此任何应用程序都由一组相关的进程组成。

3.6.2　进程描述

UNIX 中的进程是一组相当复杂的数据结构，这些数据结构为操作系统提供管理进程和分派进程所需的全部信息。表 3.10 概括了进程映像中的元素，这些元素分为三部分：用户级上下文、寄存器上下文和系统级上下文。

表 3.10　UNIX 进程映像

用户级上下文	
进程正文	程序中可执行的机器指令
进程数据	该进程的程序可访问的数据
用户栈	包含参数、局部变量和在用户模式下运行的函数指针
共享内存	与其他进程共享的内存区，用于进程间通信
寄存器上下文	
程序计数器	待执行的下一条指令的地址，该地址是内核中或用户内存空间中的内存地址
处理器状态寄存器	包含抢占时的硬件状态，其内容和格式取决于硬件
栈指针	指向内核栈或用户栈的栈顶，具体取决于当前的运行模式
通用寄存器	与硬件相关

（续表）

系统级上下文	
进程表项	定义进程的状态，操作系统总可以存取该信息
U（用户）区	仅在进程的上下文中才能存取的进程控制信息
本进程区表	定义从虚地址到物理地址的映射；还包含一个权限字段，以指明进程允许的存取类型：只读、读写或读取－执行
内核栈	包含进程在内核模式下执行时，内核过程的栈帧

用户级上下文（user-level context）包含用户程序的基本元素，它可直接由已编辑的目标文件生成。用户程序分为正文和数据两个区域，正文区只读，用于保存程序指令。执行进程时，处理器使用用户栈区域调用过程、返回结果并传递能数。共享内存区是与其他进程共享的数据区域，它只有一个物理副本，但使用虚存时，共享内存区的每个共享进程看上去都位于其地址空间中。进程未运行时，处理器状态信息保存在*寄存器上下文*（register context）区域中。

系统级上下文（system-level context）包含操作系统管理进程所需的其余信息，它由静态部分和动态部分组成，静态部分的大小在进程的生命周期内固定不变，动态部分的大小在进程的生命周期内可变。静态部分的一个元素是进程表项，它实际上是由操作系统维护的进程表的一部分，每个进程一个表项。进程表项包含内核总可访问的进程控制信息。因此，在虚存系统中，所有的进程表项都位于内存中。表 3.11 中列出了进程表项的内容。用户区（即 U 区）包含内核在进程上下文中执行时所需的其他进程控制信息，从内存中调入或调出进程时也会用到这些控制信息。表 3.12 给出了该表的内容。

表 3.11　UNIX 进程表项

项　　目	说　　明
进程状态	进程的当前状态
指针	指向 U 区和进程内存区（文本、数据和栈）
进程大小	让操作系统知道给进程分配多少空间
用户标识符	**实用户 ID** 标识负责正运行进程的用户；**有效用户 ID** 标识被进程用于获得与特定程序相关的临时特权；该程序作为进程的一部分执行时，进程以有效用户 ID 方式运行
进程标识符	该进程的 ID；父进程的 ID。系统调用 fork 期间，当进程进入新建态时，设置这些 ID
事件描述符	进程处于休眠态时有效。事件发生时，进程转换到就绪态
优先级	用于进程调度
信号	列举发送到进程但还未处理的信号
定时器	包括进程执行时间、内核资源利用情况，以及用于给进程发送警告信号的用户设置计时器
P_link	指向就绪队列中的下一个链接（进程就绪时有效）
内存状态	指明进程映像是在内存中还是被换出。若在内存中，则该字段还指明它是被换出，还是临时锁定在内存中

表 3.12　UNIX 的用户区

项　　目	说　　明
进程表指针	指明与用户区对应的表项
用户标识符	实用户 ID 和有效用户 ID，用于确定用户的权限
定时器	记录进程（及其后代）在用户模式下执行的时间和在内核模式下执行的时间
信号处理程序数组	对系统中定义的每类信号，指出进程收到信号后将做出什么反应（退出、忽略、执行特定的用户函数）
控制终端	有进程登录时，指出进程登录的终端
错误字段	记录系统调用时遇到的错误
返回值	包含系统调用的结果
I/O 参数	描述传送的数据量、源（或目标）数据数组在用户空间中的地址和用于 I/O 的文件偏移量
文件参数	描述进程文件系统环境的当前目录和当前根目录
用户文件描述符表	记录进程打开的文件
限制字段	限制进程的大小和可进程写入的文件大小
权限模式字段	进程创建文件的屏蔽方式设置

进程表项和用户区的区别反映了 UNIX 内核总在某些进程的上下文中执行的事实。多数时候，内核都处理与该进程相关的部分，但在内核执行调度算法来分派另一个进程时，则需要访问其他进程的相关信息。给定进程不是当前进程时，可以访问进程表中的信息。

系统级上下文的第三个静态部分是由内存管理系统使用的本进程区表。最后，内核栈是系统级上下文的动态部分。进程在内核模式下执行时需要使用内核栈，它包含出现过程调用和中断时，必须保存和恢复的信息。

3.6.3 进程控制

UNIX 中的进程创建是由内核系统调用 `fork()` 实现的。一个进程发出一个 `fork` 请求时，操作系统执行如下功能[BACH86]：

1．在进程表中为新进程分配一个空项。

2．为子进程分配一个唯一进程标识符。

3．复制父进程的进程映像，但共享内存除外。

4．增加父进程所拥有文件的计数器，反映另一个进程现在也拥有这些文件的事实。

5．将子进程置为就绪态。

6．将子进程的 ID 号返回给父进程，将 0 值返回给子进程。

所有这些工作都在父进程的内核模式下完成。内核完成这些功能后，可继续分派器例程工作一部分的如下三种操作之一：

- 停留在父进程中。控制权返回到用户模式下父进程调用 `fork` 的位置。
- 处理器控制权交给子进程。子进程开始执行代码，执行点与父进程相同，即在 `fork` 调用的返回处。
- 控制权转交给另一个进程。父进程和子进程都置于就绪态。

很难想象在这种创建进程的方法中，父进程和子进程都执行相同的代码。区别在于：从 `fork` 调用返回时，测试返回参数。若值为零，则它是子进程，此时可转移到相应的用户程序中继续执行；若值非零，则它是父进程，此时继续执行主程序。

3.7 小结

现代操作系统中最基本的构件是进程，操作系统的基本功能是创建、管理和终止进程。当进程处于活跃状态时，操作系统必须设法使每个进程都分配到处理器执行时间，并协调它们的活动、管理有冲突的请求、给进程分配系统资源。

要执行进程管理功能，操作系统必须维护每个进程的描述（或进程映像），包括执行进程的地址空间和一个进程控制块。进程控制块含有操作系统管理进程需要的全部信息，包括进程的当前状态、分配给进程的资源、优先级和其他相关数据。

在整个生命周期内，进程总是在一些状态之间转换。最重要的状态有就绪态、运行态和阻塞态。就绪态进程是指当前未执行但已做好执行准备的进程，只要操作系统调度到它，它就会立即执行；运行态进程是指当前正被处理器执行的进程，在多处理器系统中会有多个进程处于这种状态；阻塞态进程是指正在等待某一事件完成（如一次 I/O 操作）的进程。

正运行进程可被进程外发生并被处理器识别的中断事件打断，或被执行操作系统的系统调用打断。不论在哪种情况下，处理器都会执行一次模式切换，将控制权转交给操作系统例程。操作系统完成必需的操作后，可以恢复被中断的进程或切换到其他进程。

3.8 关键术语、复习题和习题

3.8.1 关键术语

阻塞态	特权态	运行态
子进程	进程	挂起态
分派器	进程控制块	交换
退出态	进程控制信息	系统态
中断	进程映像	任务
内核模式	进程克隆	时间片
模式切换	进程切换	跟踪
新建态	程序状态字	陷阱
父进程	就绪态	用户模式
抢占	轮转	

3.8.2 复习题

3.1 什么是指令跟踪？

3.2 哪些常见事件会触发进程的创建？

3.3 简要定义图 3.6 所示进程模型中的每种状态。

3.4 抢占一个进程是什么意思？

3.5 什么是交换，其目的是什么？

3.6 为何图 3.9(b)中有两个阻塞态？

3.7 列出挂起态进程的 4 个特点。

3.8 操作系统会为哪类实体维护信息表？

3.9 列出进程控制块中的三类信息。

3.10 为什么需要两种模式（用户模式和内核模式）？

3.11 操作系统创建一个新进程的步骤是什么？

3.12 中断和陷阱有何区别？

3.13 举出中断的三个例子。

3.14 模式切换和进程切换有何区别？

3.8.3 习题

3.1 右侧的状态转换图是简化的进程管理模型。标号表示就绪态、运行态、阻塞态和非常驻态间的转换。
分别列出引发每个上述状态转换的事件。可用图示的方式进行说明。

	就绪	运行	阻塞	非常驻
就绪	–	1	–	5
运行	2	–	3	–
阻塞	4	–	–	6

3.2 假设在时刻 5 仅使用了系统资源中的处理器和内存。考虑如下事件：

时刻 5：P_1执行一个命令读磁盘单元 3。

时刻 15：P_5的时间片结束。

时刻 18：P_7执行一个命令写磁盘单元 3。

时刻 20：P_3执行一个命令读磁盘单元 2。

时刻 24：P_5执行一个命令写磁盘单元 3。

时刻 28：换出 P_5。

时刻 33：P_3 读磁盘单元 2 完成，产生中断。

时刻 36：P_1 读磁盘单元 3 完成，产生中断。

时刻 38：P_8 结束。

时刻 40：P_5 写磁盘单元 3 完成，产生中断。

时刻 44：调入 P_5。

时刻 48：P_7 写磁盘单元 3 完成，产生中断。

分别写出每个进程在时刻 22、37 和 47 的状态。若一个进程被阻塞，请写出该进程等待的事件。

3.3 图 3.9(b)中包含了 7 个状态。原则上，若在任意两个状态间进行转换，则可能有 42 种不同的转换。

a. 列出所有可能的转换，并举例说明什么事件会触发这些状态转换。

b. 列出所有不可能的转换并说明原因。

3.4 请仿照图 3.8(b)，画出图 3.9(b)中 7 状态进程模型的排队图。

3.5 考虑图 3.9(b)中的状态转换图。假设操作系统正在分派进程，有些进程处于就绪态和就绪/挂起态，且至少有一个处于就绪/挂起态的进程的优先级，高于处于就绪态的所有进程的优先级。有两种极端的策略：（1）总是分派一个处于就绪态的进程，以减少交换；（2）总是把机会给具有最高优先级的进程，即使会导致在不需要交换时进行交换。请给出一种能均衡考虑优先级和性能的中间策略。

3.6 表 3.13 列出了 VAX/VMS 操作系统的进程状态。

a. 能合理解释存在如此多的等待状态吗？

b. 为何以下等待状态没有驻留和换出方案：页面错误等待、冲突页等待、公共事件等待、空闲页等待和资源等待？

c. 画出状态转移图，并指出引发状态转换的动作或事件。

表 3.13　VAX/VMS 的进程状态

进程状态	说　明
当前正在执行	运行进程
可计算（驻留）	就绪并驻留在内存中
可计算（换出）	就绪但换出内存
页面失效等待	进程引用了不在内存中的页，必须等待读入该页
页冲突等待	程序引用了另一个正处于页面失效等待的进程所等待的共享页，或引用了进程正在读入或写出的私有页
普通事件等待	等待共享事件标志（事件标志是单比特进行间信令机制）
空闲页等待	等待内存中的一个空闲页加入该进程的页集合（进程的工作页面组）
休眠等待（驻留）	进程将自己置于等待状态
休眠等待（换出）	休眠进程被换出内存
本地事件等待（驻留）	进程在内存中，并正在等待局部事件标志（通常是 I/O 完成）
本地事件等待（换出）	处于本地事件等待状态的进程被换出内存
挂起等待（驻留）	进程被另一个进程置于等待状态
挂起等待（换出）	挂起进程被换出内存
资源等待	进程正在等待各种系统资源

3.7 VAX/VMS 操作系统采用 4 种处理器访问模式来提升系统资源在进程间的保护和共享。访问模式确定：

- **指令执行特权**：处理器将执行什么指令。
- **内存访问特权**：当前指令可能访问虚存中的哪个单元。

4 种模式如下：

- **内核模式**：执行 VMS 操作系统的内核，包括内存管理、中断处理和 I/O 操作。
- **执行模式**：执行许多操作系统服务调用，包括文件（磁盘和磁带）和记录管理例程。
- **管理模式**：执行其他操作系统服务，如响应用户命令。
- **用户模式**：执行用户程序和诸如编译器、编辑器、链接程序、调试器之类的实用程序。

在较少特权模式执行的进程通常需要调用在较多特权模式下执行的过程；例如，一个用户程序需要一个操作系统服务。该调用使用一个改变模式（简称 CHM）指令来实现，这个指令将引发一个中断，把控制转交给处于新访问模式下的例程，并通过执行 REI（Return from Exception or Interrupt，从异常或中断中返回）指令返回。

a．很多操作系统只提供内核模式和用户模式 2 种模式。提供 4 种模式代替 2 种模式有何优缺点？

b．你能举出一种有 4 种以上模式的情况吗？

3.8 上题中讨论的 VMS 方案通常称为环状保护结构（见图 3.18）。3.3 节描述的简单内核/用户方案是一种两环结构。这种保护方案的缺点是无法实施“须知”原理。[SILB04]给出了示例：若一个对象在域 D_j 中可访问，但在域 D_i 中不可访问，则有 $j < i$。这意味着在 D_i 中可访问的每个对象在 D_j 中都可以访问。请解释示例中提出的问题。

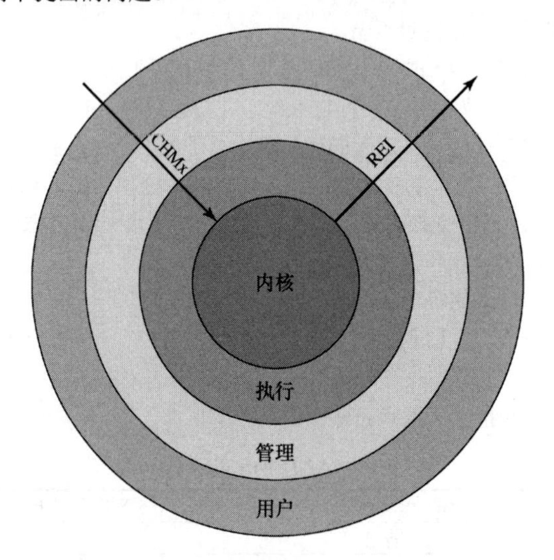

图 3.18 VAX/VMS 访问模型

3.9 图 3.8(b)表明，一个进程每次只能位于一个事件队列中。

a．允许一个进程同时等待一个或多个事件可行吗？请举例说明。

b．在这种情况下，如何修改图中的排队结构以支持这个新特性？

3.10 在很多早期的计算机中，中断会导致寄存器的值保存在与给定中断信息相关联的固定单元中。在何种情况下这是一种实用技术？解释这种技术通常并不方便的原因。

3.11 在 3.4 节曾说 UNIX 不适合实时应用，因为在内核模式下运行的进程不能被抢占。请具体进行阐述。

3.12 有如下 C 程序：

```
main()
{ int pid;
pid = fork();
printf ("%d \n", pid);
}
```

假设 `fork` 函数运行成功，程序可能的输出是什么？

第4章　线　　程

学习目标

- 了解进程与线程的区别
- 描述线程的基本设计问题
- 掌握用户级线程和内核级线程的差异
- 掌握 Windows 中的线程管理功能
- 掌握 Solaris 中的线程管理功能
- 掌握 Linux 中的线程管理功能

本章讲述一些与进程管理相关的高级概念，这些概念在很多现代操作系统中都可以找到。首先，这里所说的进程概念要比前面给出的更复杂、更精细。实际上，它包含了两个独立的概念：一个与资源所有权有关，一个与执行相关。这一区别使得许多操作系统中出现和发展了称为线程（thread）的结构。

4.1　进程和线程

在迄今为止的讨论中，进程具有如下两个特点：

- **资源所有权**：进程包括存放进程映像的虚拟地址空间；回顾第 3 章的内容可知，进程映像是程序、数据、栈和进程控制块中定义的属性集。进程总具有对资源的控制权或所有权，这些资源包括内存、I/O 通道、I/O 设备和文件等。操作系统提供预防进程间发生不必要资源冲突的保护功能。
- **调度/执行**：进程执行时采用一个或多程序（见图 1.5）的执行路径（轨迹），不同进程的执行过程会交替进行。因此，进程具有执行态（运行、就绪等）和分配给其的优先级，是可被操作系统调度和分派的实体。

这两个特点是独立的，因此操作系统应能分别处理它们。很多操作系统，特别是近期开发的操作系统已在这样做。为区分这两个特点，我们通常将分派的单位称为*线程*或*轻量级进程*（Light Weight Process，LWP），而将拥有资源所有权的单位称为*进程*（process）或*任务*（task）[①]。

4.1.1　多线程

多线程是指操作系统在单个进程内支持多个并发执行路径的能力。每个进程中仅执行单个线程的传统方法（此时还未提出线程的概念）称为*单线程方法*（single-threaded approach）。图 4.1 左侧所示的两种安排都是单线程方法。MS-DOS 是支持单用户进程和单线程的操作系统例子。其他操作系统如各种版本的 UNIX，也支持多用户进程，但每个进程仅支持一个线程。图 4.1 的右侧描述了多线程方法。Java 运行时环境是单进程多线程的一个例子。本节重点关注每个进程都支持多个线程的多

① 我们甚至无法保持这种程度的一致性。在 IBM 大型机操作系统中，地址空间和任务的概念分别大致对应于本节中描述的进程和线程。文献中的术语轻量级进程要么等同于术语线程，要么是一种称为内核级线程的特殊线程，要么是 Solaris 中的一种把用户级线程映射到内核级线程的实体。

进程使用情况。这种方法已被 Windows、Solaris 和很多现代 UNIX 操作系统采用。本节概述多线程，Windows、Solaris 和 Linux 的细节将在本章后面探讨。

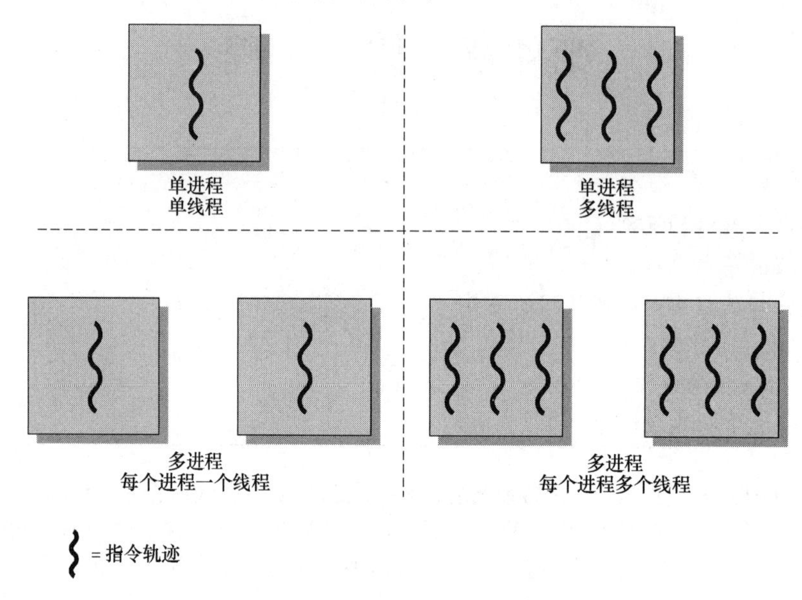

图 4.1　线程和进程

在多线程环境中，进程定义为资源分配单元和一个保护单元。与进程相关联的有：

- 容纳进程映像的虚拟地址空间。
- 对处理器、其他进程（用于进程间通信）、文件和 I/O 资源（设备和通道）的受保护访问。

一个进程中可能有一个或多个线程，每个线程都有：

- 一个线程执行状态（运行、就绪等）。
- 未运行时保存的线程上下文；线程可视为在进程内运行的一个独立程序计数器。
- 一个执行栈。
- 每个线程用于局部变量的一些静态存储空间。
- 与进程内其他线程共享的内存和资源的访问。

图 4.2 从进程管理的角度说明了线程和进程的区别。在单线程进程模型中（无明确的线程概念），进程的表示包括其进程控制块和用户地址空间，以及在进程执行中管理调用/返回行为的用户栈和内核栈。进程正运行时，处理器寄存器由该进程控制；进程未运行时，将保存这些处理器寄存器中的内容。在多线程环境中，进程仍然只有一个与之关联的进程控制块和用户地址空间，但每个线程现在会有许多单独的栈和一个单独的控制块，控制块中包含寄存器值、优先级和其他与线程相关的状态信息。

因此，进程中的所有线程共享该进程的状态和资源，所有线程都驻留在同一块地址空间中，并可访问相同的数据。当某个线程改变了内存中的一个数据项时，其他线程在访问这一数据项时会看到这一变化。若一个线程以读权限打开一个文件，则同一进程中的其他线程也能从这个文件中读取数据。

比较性能后会发现线程的如下优点：

1. 在已有进程中创建一个新线程的时间，远少于创建一个全新进程的时间。Mach 开发人员的研究表明，线程创建要比在 UNIX 中创建进程快 10 倍[TEVA87]。
2. 终止线程要比终止进程所花的时间少。
3. 同一进程内线程间切换的时间，要少于进程间切换的时间。
4. 线程提高了不同执行程序间通信的效率。在多数操作系统中，独立进程间的通信需要内核介入，以提供保护和通信所需的机制。但是，由于同一进程中的多个线程共享内存和文件，因此它们无须调用内核就可互相通信。

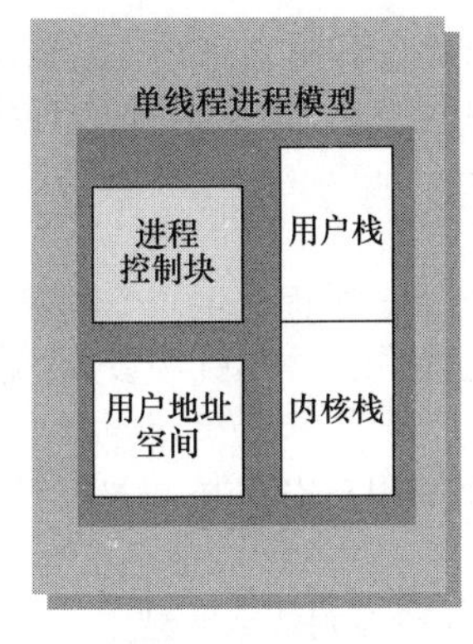

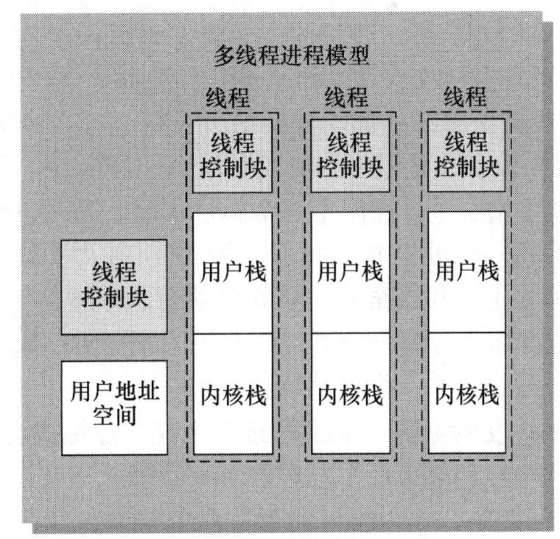

图 4.2　单线程和多线程进程模型

因此，若将一个应用程序或函数实现为一组相关联的执行单元，则用一组线程要比用一组分离的进程更有效。

使用线程的一个应用程序示例是文件服务器。每个新文件请求到达时，文件管理程序会创建一个新线程。服务器需要处理很多请求，因此会在短期内创建和销毁许多线程。服务器运行在多处理器机器上时，同一进程中的多个线程可以同时在不同处理器上执行。此外，由于文件服务中的进程或线程须共享文件数据，并据此协调它们的行为，因此使用线程和共享内存要比使用进程和消息传递消息的速度快。

在单处理器上使用线程结构，可简化逻辑上从事几种不同工作的程序的结构。

[LETW88]给出了在单用户多处理系统中使用线程的 4 个例子：

- **前台和后台工作**：例如，在电子表格程序中，一个线程可以显示菜单并读取用户输入，而另一个线程执行用户命令并更新电子表格。这种方案允许程序在前一条命令完成前提示输入下一条命令，因而通常会使用户感到应用程序的响应速度有所提高。
- **异步处理**：程序中的异步元素可用线程来实现。例如，为避免掉电带来的损失，往往把文字处理程序设计成每隔 1 分钟就把随机存储内存（RAM）缓冲区中的数据写入磁盘。可以创建一个任务是周期性地进行备份的线程，该线程由操作系统直接调度。这样，主程序中就不需要特别的代码来提供时间检查或协调输入和输出。
- **执行速度**：多线程进程在计算一批数据时，可通过设备读取下一批数据。在多处理器系统中，同一进程中的多个线程可同时执行。这样，即使一个线程在读取数据时被 I/O 操作阻塞，另一个线程仍然可以继续运行。
- **模块化程序结构**：涉及多种活动或多种输入/输出源和目的的程序，更容易使用线程来设计和实现。

在支持线程的操作系统中，调度和分派是在线程基础上完成的，因此大多数与执行相关的信息可以保存在线程级的数据结构中。但是，有些活动会影响进程中的所有线程，因此操作系统必须在进程级对它们进行管理。例如，挂起操作会把一个进程的地址空间换出内存，以便为其他进程的地址空间腾出位置。因为一个进程中的所有线程共享同一个地址空间，因此它们会同时被挂起。类似地，进程终止时会使得进程中的所有线程都终止。

4.1.2　线程的功能

类似于进程，线程也具有执行状态，且可彼此同步。下面依次介绍线程的这两种功能。

线程状态　和进程一样，线程的主要状态有运行态、就绪态和阻塞态。一般来说，挂起态对线程没有意义，因此这类状态仅适用于进程。特别地，一个进程被换出时，由于所有线程都共享该进程的地址空间，因此所有线程都须被换出。

有 4 种与线程状态改变相关的基本操作[ANDE04]：

- **派生**：典型情况下，在派生一个新进程时，同时也会为该进程派生一个线程。随后，进程中的线程可在同一进程中派生另一个线程，并为新线程提供指令指针和参数；新线程拥有自己的寄存器上下文和栈空间，并放在就绪队列中。
- **阻塞**：线程需要等待一个事件时会被阻塞（保存线程的用户寄存器、程序计数器和栈指针），处理器转而执行另一个就绪线程。
- **解除阻塞**：发生阻塞一个线程的事件时，会将该线程转移到就绪队列中。
- **结束**：一个线程完成后，会释放其寄存器上下文和栈。

一个重要的问题是，一个线程阻塞是否会导致整个进程阻塞。换言之，进程中的一个线程被阻塞时，是否会阻止进程中其他线程的运行，即使这些进程处于就绪态？显然，若一个被阻塞线程阻塞了整个进程，则会丧失线程的某些灵活性和能力。

在后面讨论用户级线程和内核级线程时，会回到这个问题，现在我们先考虑线程不会阻塞整个进程情况下的性能优点。图 4.3（据[KLEI96]中的图形）显示了执行两个远程过程调用（RPC）的一个程序[①]。这两个调用分别涉及两个不同的主机，用于获得一种组合结果。在单线程程序中，结果是按顺序获取的，因此程序必须依次等待来自每个服务器的响应。重写该程序，为每个 RPC 使用一个单独的线程，可明显加快程序的运行速度。注意，该程序在单处理器上运行时，必须顺序产生请求并顺序处理结果，但对两个应答的等待是并发的。

在单处理器上，多道程序设计可交替执行多个进程中的多个线程。在图 4.4 所示的例子中，两个进程中的三个线程在处理器中交替执行。当前正运行的线程阻塞或时间片用完时，执行传递到另一个线程[②]。

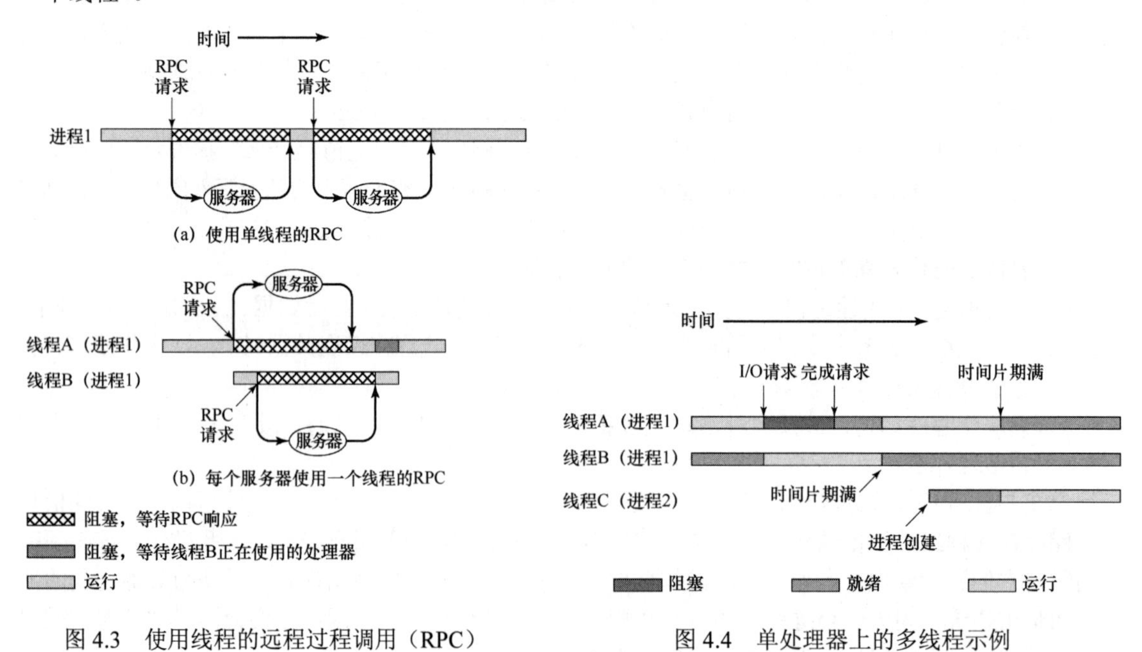

图 4.3　使用线程的远程过程调用（RPC）

图 4.4　单处理器上的多线程示例

① RPC 是在不同机器上执行两个程序的技术，它使用过程调用/返回语法和语义进行交互。调用程序和被调用程序都视对方同一台机器中运行。RPC 常用于客户端/服务器模式的应用程序中，详见第 16 章。

② 在该例中，线程 C 在线程 A 用完其时间片后开始运行，即便此时线程 B 也在就绪态。是选择 B 还是选择 C，是调度决策问题，相关主题将在本书的第四部分讲述。

线程同步　一个进程中的所有线程共享同一个地址空间和诸如打开的文件之类的其他资源。一个线程对资源的任何修改都会影响同一进程中其他线程的环境，因此需要同步各种线程的活动，以便它们互不干扰且不破坏数据结构。例如，两个线程都试图同时往一个双向链表中增加一个元素时，可能会丢失一个元素或破坏链表结构。

线程同步带来的问题和使用的技术通常与进程同步相同，详见第 5 章和第 6 章。

4.2 线程分类

4.2.1 用户级和内核级线程

线程分为两大类，即*用户级线程*（User-Level Thread，ULT）和*内核级线程*（Kernel-Level Thread，KLT）[①]，后者又称内核支持的线程或轻量级进程。

用户级线程　在纯 ULT 软件中，管理线程的所有工作都由应用程序完成，内核意识不到线程的存在。图 4.5(a)说明了纯 ULT 方法。任何应用程序都可使用线程库设计成多线程程序。线程库是管理用户级线程的一个例程包，它含有创建和销毁线程的代码、在线程间传递消息和数据的代码、调度线程执行的代码，以及保存和恢复线程上下文的代码。

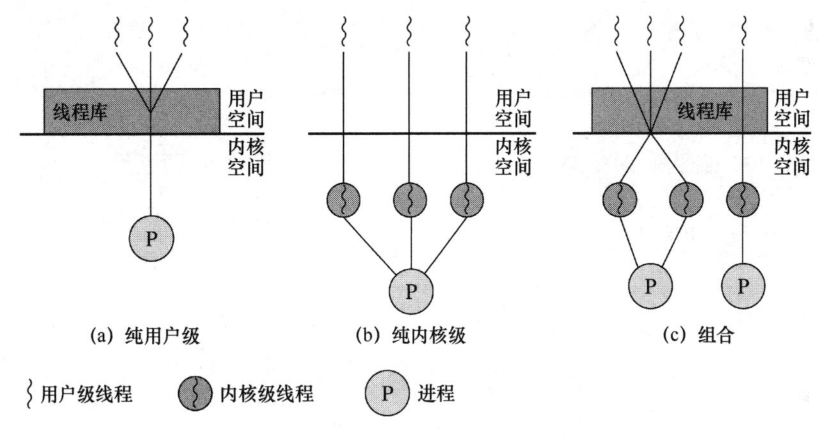

图 4.5　用户级线程和内核级线程

默认情况下，应用程序从单个线程开始，并在该线程中开始运行。这个应用程序及其线程将分配给一个由内核管理的进程。应用程序在运行（进程处于运行态）的任何时刻，都可派生一个在相同进程中运行的新线程。线程派生是通过调用线程库中的派生例程实现的。通过过程调用，控制权传递给派生例程。线程库为新线程创建一个数据结构，然后使用某种调度算法，把控制权传递给该进程中处于就绪态的一个线程。当控制权传递给线程库时，需要保存当前线程的上下文，然后在控制权从线程库中传递给一个线程时，恢复那个线程的上下文。上下文实际上包括用户寄存器的内容、程序计数器和栈指针。

上段描述的所有活动发生在用户空间中和一个进程内，内核并不知道这些活动。内核继续以进程为单位进行调度，并为进程指定一个执行状态（就绪态、运行态、阻塞态等）。下面的例子将阐述线程调度和进程调度的关系。假设进程 B 在其线程 2 中执行，进程和作为进程一部分的两个用户级线程的状态如图 4.6(a)所示。此时可能会发生如下情况之一：

1. 在线程 2 中执行的应用程序代码进行一个阻塞进程 B 的系统调用。例如，执行一次 I/O 调用。这会把控制权转交给内核，随后内核启动 I/O 操作，把进程 B 置于阻塞态，并切换到另一个进程。在此期间，根据线程库维护的数据结构，进程 B 的线程 2 仍处于运行状态。注意，从

① 缩写 ULT 和 KLT 并未被人们广泛使用，引入它们只是为了表达上的简洁。

在处理器上执行的角度来看，线程 2 实际上并不处于运行态，只是在线程库看来它处于运行态。相应的状态图如图 4.6(b)所示。

2．时钟中断把控制权传递给内核，内核确定当前正运行的进程 B 已用完其时间片。内核把进程 B 置于就绪态并切换到另一个进程。同时，根据线程库维护的数据结构，进程 B 的线程 2 仍处于运行态。相应的状态图如图 4.6(c)所示。

3．线程 2 运行到需要进程 B 的线程 1 执行某些动作的一个点。此时，线程 2 进入阻塞态，而线程 1 从就绪态转换到运行态。进程自身保留在运行态。相应的状态图如图 4.6(d)所示。

上面三种情况中，每种情况都表明从图 4.6(a)开始的一个替代事件，因此图 4.6(b)～(d)所示的三种状态都是图 4.6(a)状态的过渡。在第 1 种和第 2 种情况中［见图 4.6(b)和图 4.6(c)］，当内核把控制权切换回进程 B 时，线程 2 会恢复执行。还要注意进程在执行线程库中的代码时可被中断，要么是其时间片已用完，要么是被一个更高优先级的进程抢占。因此在中断时，进程有可能处于线程切换的中间时刻，即正在从一个线程切换到另一个线程。当该进程被恢复时，线程库得以继续运行，完成线程切换，并把控制权转移给进程中的另一个线程。

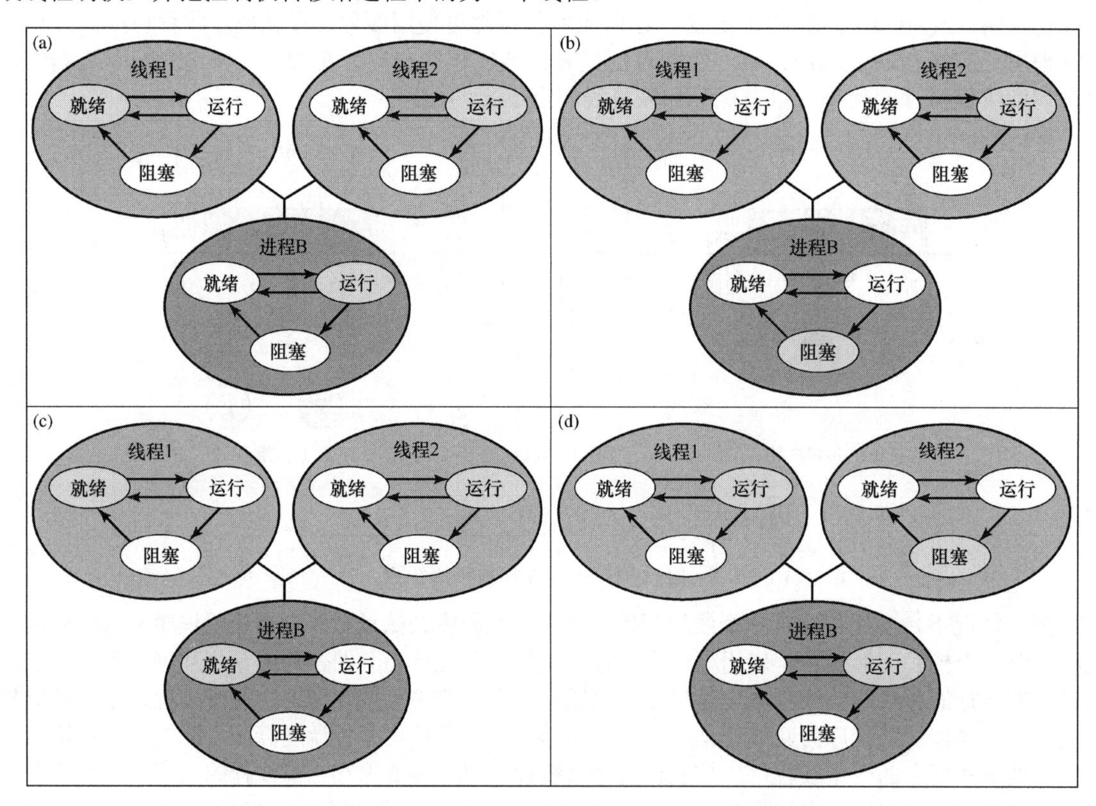

图 4.6　用户级线程状态和进程状态间的关系示例

使用 ULT 而非 KLT 的优点如下：

1．所有线程管理数据结构都在一个进程的用户地址空间中，线程切换不需要内核模式特权，因此进程不需要为了管理线程而切换到内核模式，进而节省了两次状态转换（从用户模式到内核模式，以及从内核模式返回用户模式）的开销。

2．调度因应用程序的不同而不同。一个应用程序可能更适合简单的轮转调度算法，而另一个应用程序可能更适合基于优先级的调度算法。为了不要乱底层的操作系统调度程序，可以做到为应用程序量身定做调度算法。

3．ULT 可在任何操作系统中运行，不需要对底层内核进行修改以支持 ULT。线程库是供所有应用程序共享的一组应用级函数。

与KLT相比，ULT也有两个明显的缺点：

1. 在典型的操作系统中，许多系统调用都会引起阻塞。因此，在ULT执行一个系统调用时，不仅会阻塞这个线程，而且会阻塞进程中的所有线程。
2. 在纯ULT策略中，多线程应用程序不能利用多处理技术。内核一次只把一个进程分配给一个处理器，因此一个进程中只有一个线程可以执行，这相当于在一个进程内实现了应用级多道程序设计。虽然多道程序设计可明显提高应用程序的速度，但同时执行部分代码更会使某些应用程序受益。

现在已有解决这两个问题的方法，例如把应用程序写成一个多进程程序而非多线程程序。但是，这种方法消除了线程的主要优点：每次切换都变成进程间的切换而非线程间的切换，导致开销过大。

另一种解决线程阻塞问题的方法是，使用一种称为套管（jacketing）的技术。“套管”的目标是把一个产生阻塞的系统调用转化为一个非阻塞的系统调用。例如，替代直接调用一个系统I/O例程，让线程调用一个应用级的I/O套管例程，这个套管例程中的代码用于检查并确定I/O设备是否忙。若忙，则该线程进入阻塞态并把控制权传送给另一个线程。这个线程重新获得控制权后，套管例程会再次检查I/O设备。

内核级线程　在纯KLT软件中，管理线程的所有工作均由内核完成。应用级没有线程管理代码，只有一个到内核线程设施的应用编程接口（API）。Windows是这种方法的一个例子。

图4.5(b)显示了纯KLT方法。内核为进程及进程内的每个线程维护上下文信息。调度由内核基于线程完成。这种方法克服了ULT方法的两个缺点。首先，内核可以同时把同一个进程中的多个线程调度到多个处理器中；其次，进程中的一个线程被阻塞时，内核可以调度同一个进程中的另一个线程。KLT方法的另一个优点是，内核例程自身也可是多线程的。

与ULT方法相比，KLT方法的主要缺点是：在把控制权从一个线程传送到同一个进程内的另一个线程时，需要切换到内核模式。为说明两种方法的区别，表4.1给出了在单处理器VAX机上运行类UNIX操作系统的测量结果。表中进行了两个基准测试，即Null Fork和Signal-Wait，前者测量创建、调度、执行和完成一个调用空过程的进程/线程的时间（即派生一个进程/线程的开销），后者测量进程/线程给正在等待的进程/线程发信号，然后在某个条件上等待所需要的时间（即两个进程/线程的同步时间）。可以看出，ULT和KLT之间、KLT和进程之间都有一个数量级以上的性能差距。

表4.1　线程和进程操作执行时间（μs）

操　作	用户级线程	内核级线程	进　程
Null Fork	34	948	11300
Signal Wait	37	441	1840

从表中可以看出，虽然使用KLT多线程技术与使用单线程的进程相比，速度明显提升，但使用ULT与使用KLT相比，速度再次得以提升。速度的再次提升是否能实现，取决于应用程序的性质。应用程序中的大多数线程切换都需要内核模式访问时，基于ULT的方案不见得会比基于KLT的方案好。

混合方法　有些操作系统提供混合ULT和KLT的方法［见图4.5(c)］。在混合系统中，线程创建完全在用户空间中完成，线程的调度和同步也在应用程序中进行。一个应用程序中的多个用户级线程会被映射到一些（小于等于用户级线程数）内核级线程上。为使整体性能最佳，程序员可为特定应用程序和处理器调节KLT的数量。

在混合方法中，同一个应用程序中的多个线程可在多个处理器上并行地运行，某个会引起阻塞的系统调用不会阻塞整个进程。设计正确时，这种方法可结合纯ULT方法和纯KLT方法的优点，并克服它们的缺点。

Solaris操作系统是使用混合方法的很好例子。最新版的Solaris将ULT/KLT关系限制为1:1。

4.2.2　其他方案

如前所述，资源分配和分派单元的概念一直体现在单个进程的概念中，即线程和进程的关系是

1:1。近年来的研究热点是，在一个进程中提供多个线程。这是一种多对一的关系。此外，还有两种组合，即多对多的关系和一对多的关系，如表 4.2 所示。

表 4.2　线程和进程间的关系

线程:进程	描　　述	实例系统
1:1	执行的每个线程是唯一的进程，它有自己的地址空间和资源	传统 UNIX
M:1	一个进程定义了一个地址空间和动态资源所有权。可以在该进程中创建和执行多个线程	Windows NT、Solaris、Linux, OS/2、OS/390、MACH
1:*M*	一个线程可以从一个进程环境迁移到另一个进程环境。允许线程轻松地在不同系统中移动	Ra(Clouds)、Emerald
M:*N*	结合了 *M*:1 和 1:*M* 的属性	TRIX

多对多的关系　实验性操作系统 TRIX 研究了线程和进程间的多对多关系[PAZZ92, WARD80]。TRIX 操作系统中有域和线程的概念。域是一个静态实体，它包含一个地址空间和一些发送/接收消息的端口；线程是一个执行路径，它含有执行栈、处理器状态和调度信息。

类似于前述多线程方法，多个线程可在一个域中执行，且带来的效益也类似于前者。但是，单个用户的活动或应用程序也可能在多个域中执行，此时线程要从一个域移动到另一个域。

在多个域中使用一个线程目的，最初是为了给程序员提供结构化的工具。例如，我们考虑一个使用 I/O 子程序的程序。在允许用户派生进程的多道程序设计环境中，主程序可能产生一个新进程去处理 I/O，然后继续执行。但在主程序后面的步骤取决于 I/O 操作的结果时，主程序就要等待其他 I/O 程序结束。实现这一应用有以下几种方法：

1. 整个程序作为单个进程来实现。这是一种简单且合理的解决方案，但内存管理有些问题。整个进程要有效地执行，可能需要相当大的内存空间，而 I/O 子程序缓冲 I/O 并处理少量程序代码所需的地址空间相对较小。由于 I/O 程序在大程序的地址空间中执行，因此在 I/O 操作期间整个进程必须驻留在内存中，或经过 I/O 操作交换出去。把主程序和 I/O 子程序作为同一个地址空间中的两个线程来实现时，这种存储管理的影响仍然存在。
2. 主程序和 I/O 子程序可作为两个独立的进程实现。这会带来创建辅助程序的开销。I/O 活动频繁时，要么使每个辅助进程处于活跃状态（消耗管理资源），要么频繁地创建和销毁该子程序（低效）。
3. 把主程序和 I/O 子程序当作由单个线程实现的单个活动，但为主程序和 I/O 子程序分别创建地址空间（域）。因此，在执行过程中，这个线程可在两个地址空间之间移动，操作系统可以分别管理这两个地址空间，而不会带来任何创建进程的开销。此外，I/O 子程序使用的地址空间可共享给其他相似的 I/O 程序。

TRIX 开发人员的经验表明；第三种方法优点甚多，对某些应用程序来说可能是最有效的解决方案。

一对多的关系　在分布式操作系统（用于控制分布式计算机系统）领域，人们对把线程当作一个可在地址空间中移动的实体兴趣浓厚①。这种研究的一个著名例子是内核称为 Ra 的 Clouds 操作系统[DASG92]，另一个例子是 Emerald 系统[STEE95]。

从用户的角度来看，Clouds 中的线程是一个活动单元。进程是一个带有相关进程控制块的虚地址空间。线程创建后，会通过调用该进程中一个程序的入口点，开始在进程中执行。线程可从一个地址空间转移到另一个地址空间，甚至横跨机器边界（即从一台计算机移到另一台计算机）。线程移动时，它须携带自身的某些信息，如控制终端、全局参数和调度指导信息（如优先级）。

Clouds 方法提供了一种隔离用户、程序员与详细分布式环境的有效方法。用户的活动可表示成线程，线程在计算机间的移动由操作系统根据各种与系统相关的因素控制，如对远程资源进行访问的需要、负载平衡等。

---

① 进程或线程在地址空间之间的移动或在不同机器上的线程迁移，近年来已成为一个热点，详见第 18 章。

4.3 多核和多线程

使用多核系统支持单个多线程应用程序的情况可能会出现在工作站、游戏机或正运行处理器密集型应用的个人计算机上，这时会带来性能和应用程序设计上的一些问题。本节首先介绍在多核系统上运行的多线程应用程序性能，然后介绍采用多核系统性能设计应用程序的一个具体示例。

4.3.1 多核系统上的软件性能

多核组织结构带来的性能提升，取决于应用程序有效利用并行资源的能力。我们首先介绍运行在多核系统上的单个应用程序。Amdahl 定律（见附录 E）声称

$$\text{加速比}=\frac{\text{在单个处理器上执行程序的时间}}{\text{在 }N\text{ 个并行处理器上执行程序的时间}}=\frac{1}{(1-f)+f/N}$$

该定律假设程序执行时间的 $(1-f)$ 分之一所涉及的代码本质上是串行的，其余 f 分之一所涉及的代码是无限并行的，并且没有调度开销。

该定律看上去使得多核组织结构的前景很迷人。然而，如图 4.7(a)所示，即使是一小部分串行代码也会显著影响性能。假设只有 10%的代码本质上是串行的（即 $f = 0.9$），则在一个 8 处理器的多核系统上运行该程序也仅有 4.7 倍的性能提升。另外，多处理器任务调度和通信以及高速缓存一致性维护都会给软件带来额外的开销。这就使得性能曲线达到峰值后便开始下降。图 4.7(b)是一个有代表性的例子[MCDO07]。

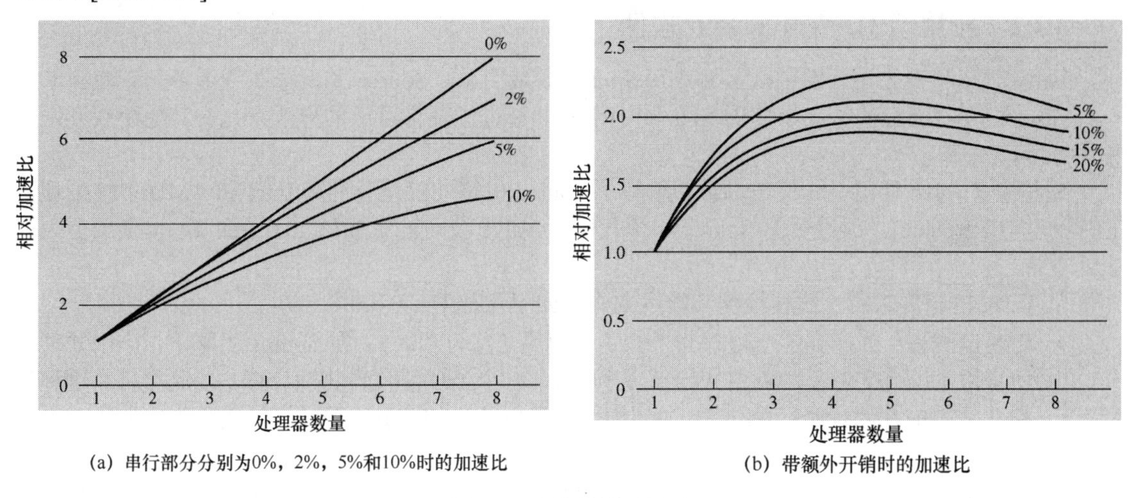

(a) 串行部分分别为0%，2%，5%和10%时的加速比

(b) 带额外开销时的加速比

图 4.7 多核的性能影响

尽管如此，软件工程师们一直在努力解决这个问题，而且发现大量应用程序可以有效利用多核系统。[MCDO07]研究了一系列数据库应用程序，这些程序采取了很多措施来降低硬件组织结构、操作系统、中间件和数据库应用软件本身的串行部分比例。从图 4.8 中可以看出，数据库管理系统和数据库应用程序能有效地使用多核系统。还有许多不同类型的服务器程序能够有效使用并行化的多核组织结构，因为服务器程序通常会并行地处理许多相对独立的事务。

除通用服务器软件外，其他类型的应用程序也可从多核系统中直接获益，因为它们的吞吐量能随着处理器核心的数量伸缩。[MCDO06]给出了如下示例：

- **原生多线程应用程序：**多线程应用程序的特征是具有少数几个高度线程化的进程。线程化应用程序的例子包括 Lotus Domino 和 Siebel CRM（客户关系管理）。
- **多进程应用程序：**多进程应用程序的特征是具有多个单线程的进程。多进程应用程序的

例子包括 Oracle 数据库、SAP 和 PeopleSoft。

- **Java 应用程序：** Java 从根本上支持线程的概念。不仅 Java 语言本身能够很方便地支持多线程应用程序开发，Java 虚拟机也是一个多线程进程，它为 Java 应用程序提供调度机制和内存管理。能够直接从多核系统资源中获益的 Java 应用程序包括 Oracle 公司的 Java 应用服务器、BEA 公司的 Weblogic、IBM 公司的 Websphere 和开源的 Tomcat 应用服务器。基于 J2EE 开发的所有应用程序也可直接从多核技术中获益。

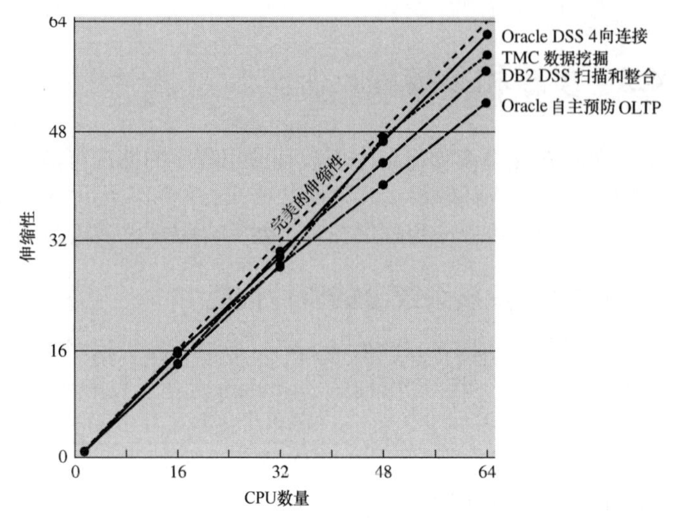

图 4.8　多处理器硬件上数据库负载的伸缩性

- **多实例应用程序：** 即使个别应用程序未利用大量的线程来达到伸缩性，仍然可以通过并行运行多个应用程序的实例来从多核组织结构中获益。多个应用程序实例需要一定程度上的隔离性时，可使用虚拟化技术（虚拟出支撑操作系统的硬件）为每个实例提供独立、安全的环境。

4.3.2　应用示例：Valve 游戏软件

Valve 娱乐科技公司开发了众多游戏和 Source 游戏引擎。Source 是玩家数量最多的游戏引擎之一。Valve 公司在自己的游戏中使用 Source 引擎，并通过颁发许可证的方式来允许其他游戏开发者使用 Source 引擎。

近年来，Valve 使用多线程技术重新编写了 Source 引擎，以充分利用 Intel 和 AMD 多核处理器芯片的性能[REIM06]。改进后的 Source 引擎代码为 Valve 公司的游戏如《半条命 2》提供了更为强大的支持。

从 Valve 的角度来看，线程根据其粒度定义为如下几种[HARR06]：

- **粗粒度线程：** 分配到各个处理器上的各个模块（称为系统）。在 Source 引擎中，一个处理器负责渲染，一个处理器负责 AI（人工智能），一个处理器负责物理计算，以此类推。这种策略非常简单。从本质上讲，每个主要模块都是单线程的，由一个时间轴线程来协调所有其他线程的同步。
- **细粒度线程：** 分布在多个处理器上的许多相似或相同的任务。例如，在数据数组上迭代的一个循环可分割为一些小循环，而小循环则在各个线程上并行执行。
- **混合线程：** 这涉及某些系统选择性使用细粒度线程，或其他系统使用单个线程。

Valve 公司发现，使用粗粒度线程策略时，在双处理器上运行程序的性能是在单处理器上运行程序的性能的两倍，但这种性能提升仅在某些专门设计的情形下才能达到。在真实的游戏环境中，性能约能提升为原来的 1.2 倍。Valve 公司还发现有效地利用细粒度线程非常困难，因为每个工作单元耗费的时间是变化的，而且管理输出和结果的时间轴所涉及的编程相当复杂。

Valve 公司还发现，随着 8 颗核心甚至 16 颗核心的多核系统的出现，混合线程方法最具应用前景，因此它可实现最佳的加速比。Valve 识别了那些只在单处理器上运行时才非常有效率的系统。例如，混音系统几乎不与用户交互，它只处理自身的数据集，且不受窗口的帧配置限制。其他模块（如场景渲染）可组织为许多线程，这类模块既可以在单个处理器上运行，又可以在多个处理器上运行，因此能获得更好的性能。

图 4.9 显示了渲染模块的线程结构。在这个层次结构中，高层的线程根据需要创建低层的线程。渲染模块依赖于 Source 引擎的一个关键部分——世界列表。世界列表是游戏世界中视觉元素的数据库表示。渲染模块的首要任务是决定游戏世界中的哪些区域需要渲染，次要任务是决定场景中哪些物体需要从多角度观看。然后是处理器密集型的渲染工作。渲染模块需要为每个物体渲染出不同角度的视图，如游戏角色的视图、显示器（monitor）中的视图及水面上倒映的视图。

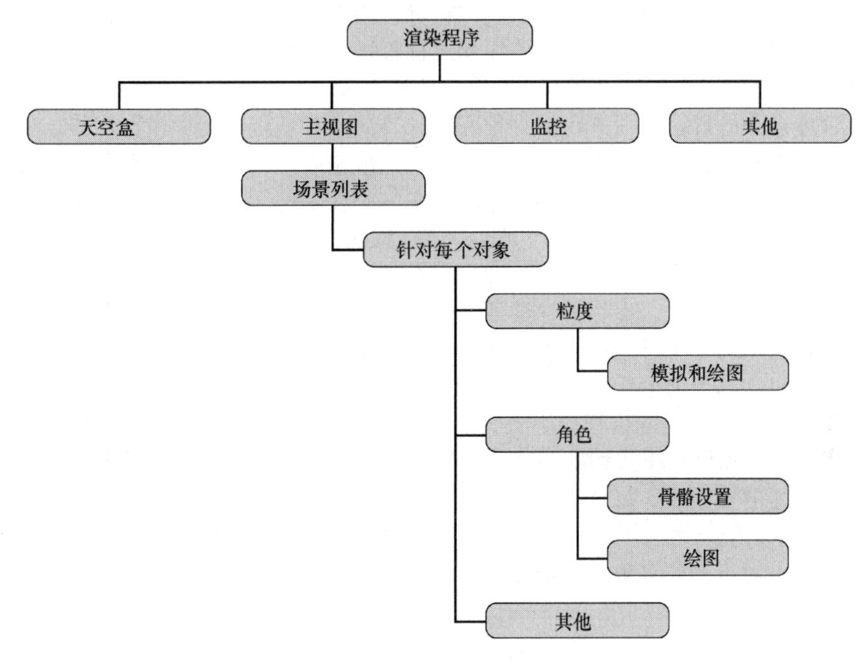

图 4.9　渲染模块的混合线程模式

[LEON07]列举了渲染模块线程策略的一些关键要素，包括：

- 并行地为不同的场景构建场景渲染列表（如世界及其在水中的倒影）。
- 重叠图形模拟。
- 并行计算不同场景之间角色的骨架变换。
- 允许多个线程并行绘图。

设计人员发现，为一个线程而简单地给类似世界列表这样的关键数据库加锁非常低效。因为一个线程超过 95%的时间是从数据集中读取数据，最多只有 5%的时间花在写入数据上。因此，使用“单写者多读者”的并发机制能提高程序的工作效率。

4.4　Windows 的进程和线程管理

本节首先介绍支持在 Window 中执行应用程序的关键对象和机制，然后详细介绍如何管理进程和线程。

应用程序（application）由一个或多个进程组成。每个进程（process）提供执行程序所需要的资源。每个进程都具有一个虚拟的地址空间、可执行代码、系统对象句柄、安全上下文、独一无二的进程标识符、环境变量、优先级权限、最小和最大工作集尺寸，以及至少一个执行线程。每个进程都以一个称为主线程的单线程开始，但它可由任何一个线程创建其他线程。

线程（thread）是进程中可被调度执行的实体。一个进程的所有线程共享其虚拟地址空间和系统资源。此外，每个线程都包括异常处理、调度优先级、线程本地存储、唯一的线程标识符和线程执行前系统用来保存线程上下文的一组结构。在多处理器计算机中，系统可根据计算机上具有的处理器，同时执行尽可能多的线程。

作业对象（job object）允许将一组进程当作一个单元来管理。作业对象是可命名、可获得、可共享的对象，这些对象控制与其相关的进程的属性。作业对象上的操作会影响所有与工作对象相关的进程。这样的例子包括强制性限制，如工作集大小和进程优先级，或终止与作业有关的所有进程。

线程池（thread pool）是一个工作线程集，它可代表应用程序有效地执行异步回调。线程池主要用于减少应用程序线程的数量，并对工作线程进行管理。

纤程（fiber）是必须由应用程序调度的一个可执行单元。纤程运行在调度其的线程的上下文中。每个线程可以调度多个纤程。一般来说，纤程在设计良好的多线程应用中没有优势，但使用纤程会使得调度自身线程的端口程序变得更为容易。从系统角度来看，纤程扮演的角色是运行该纤程的线程。例如，若一个纤程访问线程的本地存储空间，则它是在访问运行它的线程的本地存储空间。此外，若一个纤程调用 `ExitThread` 函数，则运行该纤程的线程会退出。然而，纤程没有与之关联的相同状态信息，这一点和线程不同。唯一为纤程保存的状态信息是纤程的栈、纤程的寄存器子集，以及创建纤程期间提供的数据。保存寄存器通常是通过函数调用而保存的一组寄存器。纤程不预先调度。一个线程通过从另一个纤程切换到当前纤程来调度纤程。系统仍然调度线程的运行。正运行纤程的线程被抢占时，其当前运行的纤程会被抢占，但仍被选择。

用户模式调度（UMS）是应用程序用于安排自己的线程的一种轻量级机制。应用程序可在不陷入系统调用的情况下，以用户模式切换 UMS 线程，而且在一个 UMS 线程在内核中发生阻塞时，程序可以收回对处理器的控制权。每个 UMS 线程都有自己的线程上下文，它们不共享单个线程的上下文。对于需要极少系统调用的短期工作项目来说，以用户模式在线程之间切换的能力会使得 UMS 比线程池更有效率。对于需要有效地在多处理器或多核系统上并行多线程这类高性能要求的应用程序来说，UMS 模式很有用。要利用 UMS 的优势，应用程序必须实现调度程序组件，以便管理应用程序的 UMS 线程并决定何时运行这些线程。

4.4.1 后台任务管理和应用生命周期

从 Windows 8 开始，直到 Windows10，开发人员现在只需管理各个应用程序的状态。旧 Windows 版本总是向用户提供所有进程的生命周期控制权，在传统的桌面环境下，用户需要负责关闭应用程序，但对话框会提醒他们保存用户数据。在 Windows 最新的 Metro 界面上，Windows 管理应用程序进程的生命周期。尽管在 Metro 界面中只有几个应用程序可以通过辅屏视图运行在主应用程序旁边，但同一时刻只有一个 Store 应用程序可以运行。这个特性是新设计的直接体现。Windows 的 Live Tiles 通过列表方式来展现常用的应用程序。实际上它们接收推送通知，显示动态内容时并未占用系统资源。

在 Metro 界面上显示的前台应用是通过处理器、网络、可用硬盘资源呈现给用户的，其他所有应用处于挂起态，不访问这些资源。一个应用进入挂起态时，将触发一个事件以存储用户信息的状态，这由应用开发人员负责。无论是需要资源还是应用超时，Windows 都会因许多原因而终止后台应用。这明显背离了之前的 Windows 操作系统。应用需要保留所有用户访问过的数据、用户更改过的设置等，这就意味着应用挂起时，用户需要保存应用的状态以防 Windows 突然结束该应用，进而能在此后重新恢复应用的状态。应用返回前台时，会自动触发从内存获得用户状态的事件。没有事件响应意味着后台应用已终止。相反，即使应用被挂起，应用数据仍会保持在系统中，直到应用重新开始。无论应用是被挂起还是被 Windows 终止或被用户关闭，用户都希望它保持离开时的原样。应用程序开发人员可用代码来决定是否应恢复保存的状态。

有些应用程序（如动态信息）可通过查看与之前执行的应用程序相关联的数据戳并选择丢弃数据来支持新获得的信息。这由开发者而非操作系统决定。若用户关闭一个应用，则不保存未保存的数据。在 Windows 中，随着前台任务占据所有的系统资源，后台应用必然处于饥饿状态，这就使得开发与状态改变相关联的应用程序成了 Windows 应用成功的关键。

为处理后台任务的需求，程序开发人员建立了一个后台任务 API，它能在应用不在前台时执行小型任务。在这种受限的环境中，应用程序可能会收到服务器推送的通知，或用户可能会收到电话呼叫。推送信息是标准可扩展标记语言（XML）字符串，由云服务管理，也称 Windows 通知服务（WNS）。服务向用户的后台程序推送更新。API 将以队列方式来管理这些请求，并在请示获得了足够的处理器资源时运行它们。后台任务在处理器的使用方面受到了严格限制，以确保关键任务保证能获得应用程序资源。然而，这并不能保证会运行一个后台应用程序。

4.4.2 Windows 进程

Windows 进程的重要特点如下：

- Windows 进程作为对象实现。
- 一个进程可被创建为一个新进程，或一个已有进程的副本。
- 一个可执行的进程可包含一个或多个线程。
- 进程对象和线程对象都内置有同步能力。

图 4.10（基于[RUSS11]中的图形）显示了进程与其控制或使用的资源的关联方式。每个进程都被指定了一个安全访问令牌，称为进程的基本令牌。用户初次登录时，Windows 创建一个包括用户安全 ID 的访问令牌。每个由用户创建的进程或代表用户运行的进程都有该访问令牌的一个副本。Windows 使用该令牌来让用户访问受保护的对象，或在系统上和受保护的对象上执行限定的功能。访问令牌控制该进程是否可以改变其自身的属性。在这种情况下，该进程没有已打开的访问令牌的句柄。进程试图打开这样的一个句柄时，安全系统会确认是否允许这样做，即确定该进程是否可以改变自己的属性。

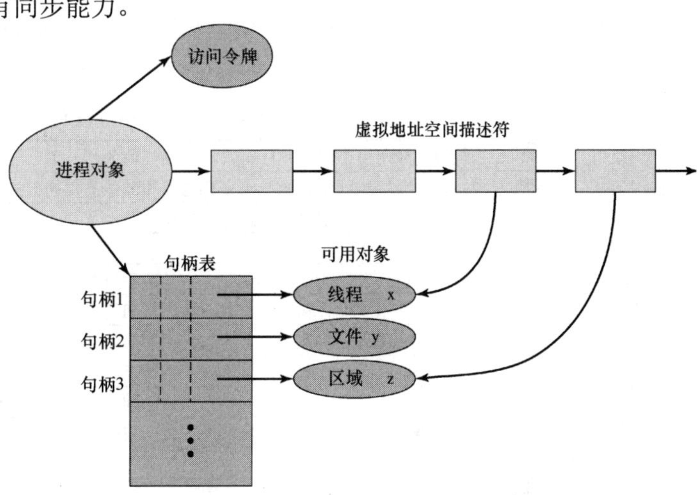

图 4.10　Windows 进程及其资源

与进程相关的还有定义当前分派给该进程的虚拟地址空间的一系列块。进程不能直接修改这些结构，必须依赖于虚存管理器来为进程提供内存分配服务。

最后，进程还包括一个对象表，表中内容为该进程所知其他对象的句柄。对象中包含的每个线程都有一个句柄。图 4.10 给出了一个线程。该进程还可以访问一个文件对象和一个定义一段共享内存的段对象。

4.4.3 进程对象和线程对象

Windows 面向对象结构促进了通用进程软件的发展。Windows 使用两类与进程相关的对象：进程和线程。进程是一个实体，该实体对应于拥有内存、打开的文件等资源的用户作业或应用程序；线程是顺序执行的可分派工作单元，它是可中断的，因此处理器可以切换到另一个线程。

Windows 进程用对象来表示。每个进程都由许多属性定义，并封装了其可以执行的许多行为或服务。一个进程在收到相应的消息后将执行一个服务。调用这类服务的唯一方法是，向提供该服务的进程对象发送消息。Windows 创建一个进程后，会使用为 Windows 进程定义的、用作模板的对象类或类型来生成一个新的对象实例，并在创建对象时为其赋属性值。表 4.3 简单给出了进程对象中每个对象属性的定义。

表 4.3　Windows 进程对象属性

属性	说明
进程 ID	对操作系统标识该进程的唯一值
安全描述符	描述谁创建了对象，谁可以访问或使用该对象，以及禁止谁访问该对象
基本优先级	进程中线程的基本执行优先级
默认处理器亲和性	可以运行进程中线程的默认处理器集合
配额限制	用户进程可以使用的已分页和未分页系统内存的最大值、分页文件空间的最大值及处理器时间的最大值
执行时间	进程中所有线程已执行的时间总量
I/O 计数器	记录进程中线程已执行的 I/O 操作的数量和类型的变量
VM 操作计数器	记录进程中线程已执行的虚存操作的数量和类型的变量
异常/调试端口	进程中的一个线程引发异常时，进程管理器发送消息所用的进程间通信通道。正常情况下，这些通道分别连接到环境子系统和调试器进程
退出状态	进程终止的原因

每个 Windows 进程必须至少包含一个执行线程，该线程可能会创建其他线程。在多处理器系统中，同一个进程中的多个线程可以并行执行。表 4.4 定义了线程对象的属性。注意线程的某些属性与进程的类似，此时，线程的这些属性值是从进程的属性值得到的。例如，在多处理器系统中，线程处理器亲和性是可以执行该线程的处理器集合，该集合等于进程处理器亲和性或其子集。

表 4.4　Windows 线程对象属性

属性	说明
线程 ID	线程调用一个服务程序时，标识该线程的唯一值
线程上下文	定义线程执行状态的一组寄存器值和其他易失的数据
动态优先级	线程在任何给定时刻的执行优先级
基本优先级	线程动态优先级的下限
线程处理器亲和性	可以运行线程的处理器集合，它是线程所在进程的处理器亲和性的子集或全集
线程执行时间	线程在用户模式和内核模式下执行时间的累积值
警告状态	表示线程是否将执行一个异步过程调用的标志
挂起计数	线程的执行被挂起但未被恢复的次数
代理令牌	允许线程代表另一个进程执行操作的临时访问令牌（供子系统使用）
终止端口	线程终止时，进程管理器发送消息所用的进程间通信通道（供子系统使用）
线程退出状态	线程终止的原因

注意，线程对象的一个属性是上下文，它包括线程执行后处理器寄存器的值。该信息允许线程被挂起和恢复。此外，当线程被挂起时，可通过修改该线程的上下文来改变它的行为。

4.4.4　多线程

由于不同进程中的线程可并发执行（看起来同时执行），因此 Windows 支持进程间的并发性。此外，同一个进程中的多个线程可以分配给不同的处理器并同时执行（实际上同时执行）。一个含有多线程的进程在实现并发时，不需要使用多进程的开销。同一个进程中的线程可通过它们的公共地址空间交换信息，并访问进程中的共享资源。不同进程中的线程可通过在两个进程间建立的共享内存交换信息。

具有多个线程的面向对象进程是实现服务器应用程序的有效方法。例如，一个服务器进程可以并发地为许多客户服务。

4.4.5　线程状态

一个已有的 Windows 线程处于以下 6 种状态之一（见图 4.11）：

- **就绪态**：就绪线程可被调度执行。内核分派器跟踪所有就绪线程并按优先级顺序进行调度。
- **备用态**：备用线程已被选择下次在某个特定处理器上运行。备用线程在备用态等待，直到那个处理器可用。若备用线程的优先级足够高，则正在那个处理器上运行的线程可能会被这个备用线程抢占。否则，该备用线程要等到正运行线程被阻塞或时间片结束时才能运行。

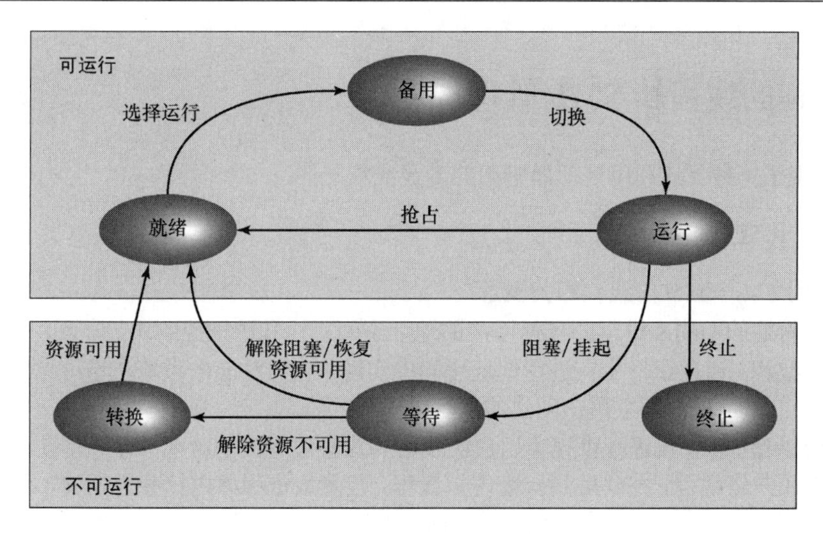

图 4.11 Windows 线程状态

- **运行态**：内核分派器执行了线程切换后，备用线程将进入运行态并开始执行。执行过程一直持续到该线程被抢占、用完时间片、被阻塞或终止。在前两种情况下，它将回到就绪态。
- **等待态**：(1) 当线程被一个事件（如 I/O）阻塞，(2) 为了同步自愿等待，或 (3) 一个环境子系统指引它把自身挂起时，该线程将进入等待态。等待的条件满足时，若其所有资源都可用，则线程将转到就绪态。
- **过渡态**：一个线程在等待后，若准备好运行但资源不可用时，则进入该状态。例如，一个线程的栈被换出内存。当该资源可用时，线程进入就绪态。
- **终止态**：一个线程可被自身终止或被另一个线程终止，或当其父进程终止时终止。完成清理工作后，该线程就从系统中移出，或被执行体保留①，供以后重新初始化。

4.4.6 对操作系统子系统的支持

通用的进程和线程软件必须支持各种操作系统客户端的特定进程与线程结构。操作系统子系统的职责是，利用 Windows 进程和线程的特征来模仿相应操作系统中的进程与线程软件。进程/线程管理领域相当复杂，这里仅对其进行概述。

进程创建从应用程序的一个创建新进程请求开始。创建进程的请求从一个应用程序发往相应的受保护子系统，该子系统又给 Windows 执行体发送一个进程请求，Windows 创建一个进程对象并给子系统返回该对象的一个句柄。Windows 创建一个进程时，它不会自动创建线程。在 Win32 中，一个新进程往往和一个线程一起创建。因此，Win32 子系统再次调用 Windows 进程管理器，为这个新进程创建一个线程，并从 Windows 接收该线程的句柄，正确的线程和进程信息返回给应用程序。POSIX 子系统不支持线程，因此 POSIX 子系统从 Windows 得到新进程的线程，使得该进程可被激活，但仅给应用程序返回该进程的信息。而 POSIX 进程通过 Windows 执行体的进程和线程来实现这一点，它对应用程序是不可见的。

执行体创建一个新进程时，这个新进程会继承创建它的进程的许多属性。但在 Windows 环境中，进程的创建是间接完成的。一个应用程序客户端进程给 Win32 子系统发出一个进程创建请求，该子系统又给 Windows 执行体发出一个进程创建请求。由于期待的效果是新进程继承客户端进程而非服务器进程的特性，因而 Windows 允许子系统指定新进程的父进程。新进程随后继承父进程的访问令牌、配额限制、基本优先级和默认处理器亲和性。

① 关于 Windows 执行体的描述见第 2 章。它包含基本操作系统服务，如存储管理、进程和线程管理、安全、I/O 及进程间通信。

4.5 Solaris 的线程和 SMP 管理

Solaris 实现了一种灵活利用处理器资源的多级线程支持。

4.5.1 多线程体系结构

Solaris 使用了 4 个独立的线程相关概念：

- **进程**：普通的 UNIX 进程，包括用户的地址空间、栈和进程控制块。
- **用户级线程**：通过线程库在进程地址空间中实现，它们对操作系统是不可见的。用户级线程（ULT）[①]是进程内一个用户创建的执行单元。
- **轻量级进程**：轻量级进程可视为用户级线程和内核线程间的映射，每个轻量级进程支持一个或多个用户级线程，并映射到一个内核线程。轻量级进程由内核独立调度，可在多处理器中并行执行。
- **内核线程**：可调度和分派到系统处理器上运行的基本实体。

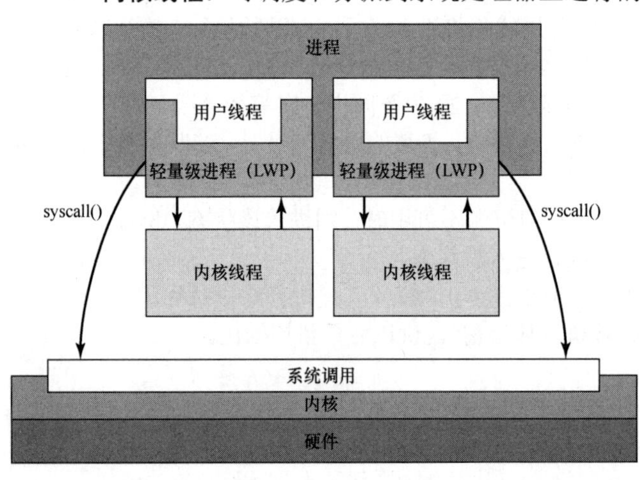

图 4.12　Solaris 中的进程和线程[MCDO07]

图 4.12 显示了这 4 个实体间的关系。注意，每个轻量级进程严格对应于一个内核线程。一个进程中的轻量级进程对应用程序是可见的，因此轻量级进程的数据结构保存在它们各自的进程地址空间中。同时，每个轻量级进程被绑定到了一个可分派的内核线程上，该内核线程的数据结构保存在内核的地址空间中。

一个进程可以只包含一个绑定到某个轻量级进程上的用户级线程。在这种情况下，它对应于传统的 UNIX 进程，只有一个执行线程。进程中不需要并发时，应用程序可使用这种进程结构。一个应用程序需要并发时，其进程需要包含多个线程，且每个线程都绑定到一个轻量级进程上，而每个轻量级进程又绑定到一个内核线级程上。

另外，有些内核线程并未与轻量级进程绑定。内核通过创建、运行并销毁这些内核线程来执行特定的系统功能。使用内核线程而非内核进程来执行系统功能，可以减少在内核中切换的开销（从进程切换变为线程切换）。

4.5.2 动机

Solaris 中采用三层线程架构（用户级线程、轻量级进程和内核线程）的原因是，辅助操作系统管理线程，并向应用程序提供清晰的接口。用户级线程接口可以是一个标准线程库。已定义好的一个用户级线程会映射到一个轻量级进程（由操作系统管理，并定义执行状态）上。在执行状态，一个轻量级线程以一对一的关系绑定到一个内核线程。因此，并发和执行均是在内核线程的层面上来管理的。

此外，一个应用程序可以通过包含系统调用的应用程序接口来访问硬件。这些 API 允许用户调用内核服务来为调用 API 的进程执行特权任务，如读写文件、向设备发送控制命令、创建新的进程或线程、为进程分配内存等。

---

① 再次声明，缩写 ULT 只在本书中出现，在 Solaris 文献中是找不到的。

4.5.3 进程结构

图 4.13 在大体上比较了传统 UNIX 系统中的进程结构和 Solaris 中的进程结构。在典型的 UNIX 实现中，进程结构包括：

- 进程 ID。
- 用户 ID。
- 信号分派表，供内核用于确定给进程发一个信号时将会做些什么。
- 文件描述符，描述该进程所用文件的状态。
- 内存映射，定义该进程的地址空间。
- 处理器状态结构，包括该进程的内核栈。

Solaris 基本保留了这个结构，但用一组给每个轻量级进程包含一个数据块的结构代替了处理器状态块。

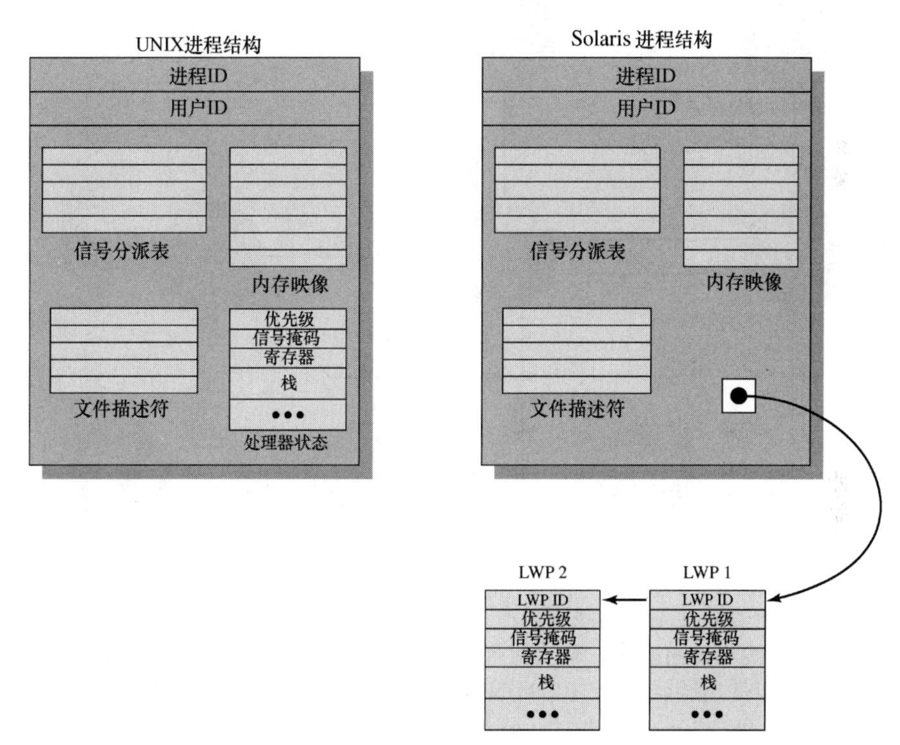

图 4.13 传统 UNIX 和 Solaris 的进程结构[LEWI96]

轻量级进程数据结构包括以下元素：

- 一个轻量级进程标识符。
- 轻量级进程及支持其内核线程的优先级。
- 一个信号掩码，告诉内核将接收哪个信号。
- 轻量级进程未运行时所保存的用户级寄存器的值。
- 轻量级进程的内核栈，栈中包含系统调用参数、结果和每个调用级别的错误代码。
- 资源的使用和统计数据。
- 指向对应内核级线程的指针。
- 指向进程结构的指针。

4.5.4 线程的执行

图 4.14 给出了线程执行状态的简化视图。这些状态反映了内核线程和与之绑定在一起的轻量级进程的执行状态。如前所述，有些内核线程并未与轻量级进程相关联，但同样的执行图也适用。这些状态如下：

- **就绪态**（RUN）：线程可以运行，即线程准备开始执行。
- **执行态**（ONPROC）：线程正在处理器上执行。
- **睡眠态**（SLEEP）：线程被阻塞。
- **停止态**（STOP）：线程停止。
- **僵死态**（ZOMBIE）：线程已被终止。
- **自由态**（FREE）：线程资源已被释放，并等待从操作系统的线程数据结构中移除。

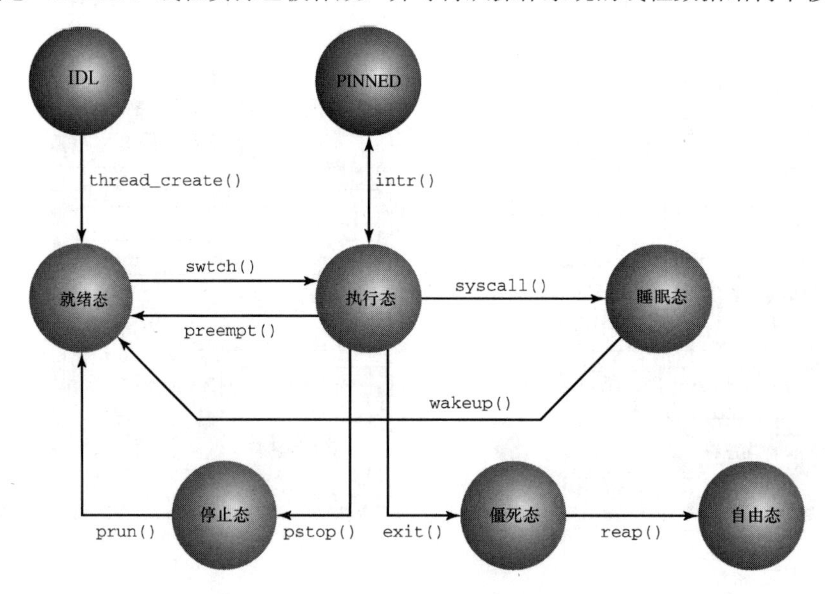

图 4.14 Solaris 的线程执行状态

当一个线程被一个更高优先级的线程抢占或其时间片用完时，会从执行态（ONPROC）转为就绪态（RUN）。当一个线程被阻塞时，会从执行态（ONPROC）转为睡眠态（SLEEP），并且必须等待一个事件唤醒它，以便返回到就绪态（RUN）。当一个线程调用了一个系统调用且必须等待系统服务完成时，就会被阻塞。当一个线程的进程被停止时，该线程便进入停止态（STOP），发生这种情况可能是出于调试目的。

4.5.5 把中断当作线程

大多数操作系统包含两种基本形式的并发活动：进程和中断。进程（或线程）彼此合作，通过实现互斥（在某一时刻只有一个进程可以执行某些代码或访问某些数据）和同步的各种原语来互相合作，并管理共享数据结构。中断是通过处理前等待一段时间运行来实现同步的。Solaris 把这两个概念统一到了称为内核线程的模型和用于调度并执行内核线程的一种机制中。为实现这一点，中断被转换成内核线程。

把中断转换成线程的动机是减少开销。中断处理程序通常操作由内核其余部分共享的数据，因此在访问这类数据的一个内核例程正在执行时，即使大多数中断不会影响到这些数据，中断也必须被阻塞。通常，实现这一点的方法是给这个例程设置中断优先级，使其优先级高于被阻塞的中断，并在访问完成后，再降低优先级。这些操作都要花费时间。这些问题在多处理器系统中更为严重，因为内核必须保护更多的对象，并可能需要在所有处理器上阻塞中断。

Solaris 中的解决方案可总结如下：

1. Solaris 使用一组内核线程来处理中断。类似于任何内核线程，中断线程也有其自身的标识符、优先级、上下文和栈。
2. 内核控制对数据结构的访问，并使用互斥原语（将在第 5 章讲述）在中断线程间进行同步。也就是说，通常用于线程的同步技术也可用于中断处理。
3. 中断线程被赋予更高的优先级，高于所有其他类型的内核线程。

发生一个中断时，它会被传送给某个特定的处理器，而正在该处理器上执行的线程被"钉住"。被钉住的线程不能移动到另一个处理器上，且其上下文会被保存，即在处理完中断前该线程会被挂起。然后，处理器开始执行一个中断线程。此时可以使用一个不活跃的中断线程池，因此不需要创建一个新线程。中断线程开始执行，即开始处理中断，若处理程序需要访问一个数据结构，而该数据结构当前正以某种方式被另一个正在执行的线程锁定，则中断线程必须等待访问。一个中断线程只能被另一个具有更高优先级的中断线程抢占。

Solaris 中断线程的经验表明，与传统的中断处理策略相比，该方法可以提供更好的性能 [KLEI95]。

4.6 Linux 的进程和线程管理

4.6.1 Linux 任务

Linux 中的进程或任务由一个 `task_struct` 数据结构表示。`task_struct` 数据结构包含以下各类信息：

- **状态**：进程的执行状态（执行态、就绪态、挂起态、停止态、僵死态）。这些状态将在下面进一步讲述。
- **调度信息**：Linux 调度进程所需要的信息。一个进程可能是普通的或实时的，并具有优先级。实时进程在普通进程前调度，且在每类中使用相关的优先级。一个引用计数器会记录允许进程执行的时间量。
- **标识符**：每个进程都有唯一的一个进程标识符（PID），以及用户标识符和组标识符。组标识符用于给一组进程指定资源访问特权。
- **进程间通信**：Linux 支持 UNIX SVR4 中的 IPC 机制，详见第 6 章。
- **链接**：每个进程都有一个到其父进程的链接以及到其兄弟进程（与它有相同的父进程）的链接，以及到所有子进程的链接。
- **时间和计时器**：包括进程创建的时刻和进程所消耗的处理器时间总量。一个进程可能还有一个或多个间隔计时器，进程通过系统调用来定义间隔计时器，计时器期满时，会给进程发送一个信号。计时器可以只用一次或周期性地使用。
- **文件系统**：包括指向被该进程打开的任何文件的指针和指向该进程当前目录与根目录的指针。
- **地址空间**：定义分配给该进程的虚拟地址空间。
- **处理器专用上下文**：构成该进程上下文的寄存器和栈信息。

图 4.15 给出了一个进程的执行状态，如下所示：

- **运行**：这个状态值对应于两个状态。一个运行进程要么正在执行，要么准备执行。
- **可中断**：这是一个阻塞态，此时进程正在等待一个事件（如一个 I/O 操作）的结束、一个可用的资源或另一个进程的信号。

- **不可中断**：这是另一个阻塞态。它与可中断状态的区别是，在不可中断状态下，进程正在等待一个硬件条件，因此不会接收任何信号。
- **停止**：进程被中止，并且只能由来自另一个进程的主动动作恢复。例如，一个正在被调试的进程可被置于停止态。
- **僵死**：进程已被终止，但由于某些原因，在进程表中仍然有其任务结构。

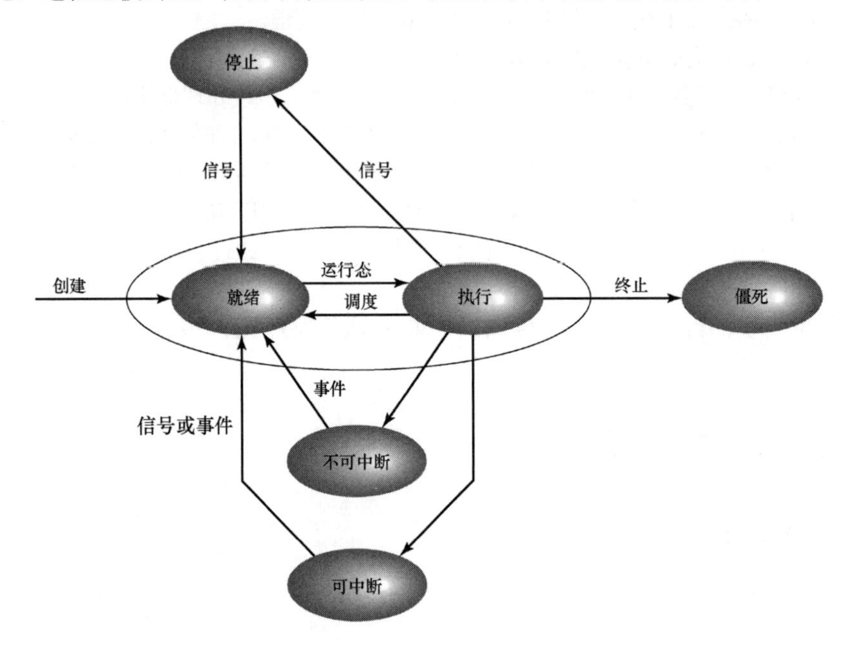

图 4.15　Linux 进程/线程模型

4.6.2　Linux 线程

传统 UNIX 系统支持在每个进程中只执行一个线程，但现代 UNIX 系统通常支持在一个进程中含有多个内核级线程。如同传统 UNIX 系统那样，老版本的 Linux 内核不支持多线程。多线程应用程序需要用一组用户级程序库来编写，以便将所有线程映射到一个单独的内核级进程中，最著名的是 pthread（POSIX thread）库[①]。现代 UNIX 提供内核级线程。Linux 提供一种不区分进程和线程的解决方案，这种解决方案使用一种类似于 Solaris 轻量级进程的方法，将用户级线程映射到内核级进程。组成一个用户级进程的多个用户级线程则映射到共享同一个组 ID 的多个 Linux 内核级进程上。因此，这些进程可以共享文件和内存等资源，使得同一个组中的进程调度切换时不需要切换上下文。

在 Linux 中通过复制当前进程的属性可创建一个新进程。新进程创建后，可以共享资源，如文件、信号处理程序和虚存。两个进程共享相同的虚存时，可将它们视为一个进程中的线程。然而，没有给线程单独定义数据结构，因此 Linux 中的进程和线程没有区别。Linux 用 `clone()` 命令代替通常的 `fork()` 命令来创建进程。该命令包含了一组标识作为参数。传统的 `fork()` 系统调用在 Linux 上是用所有克隆标志清零的 `clone()` 系统调用实现的。

克隆标识包括以下实例：

- CLONE_NEWPID：创造新的进程 ID 命名空间。
- CLONE_PARENT：调用者及其创建的任务共享同一个父进程。

① POSIX（Portable Operating System based on UNIX）是一组 IEEE 应用程序接口（API）标准，其中包括线程 API 的标准。实现了 POSIX 标准的线程库通常命名为 Pthreads。Pthreads 普遍用于类 UNIX 的 POSIX 标准的系统中，如 Linux 和 Solaris。Windows 也实现了 POSIX 标准的线程库。

- CLONE_SYSVSEM：共享 System V SEM_UNDO 语义。
- CLONE_THREAD：将该进程插入父进程的同一个线程组。该标志为真时，它隐含设置了 CLONE_PARENT。
- CLONE_VM：共享地址空间（内存描述符和所有页表）。
- CLONE_FS：共享相同的文件系统信息（包括当前工作目录、文件系统的根和掩码）。
- CLONE_FILES：共享相同的文件描述符表。创建一个文件描述符或关闭一个文件描述符被传播到另一个进程，并使用 `fcntl()`系统调用更改一个文件描述符的关联标志。

当 Linux 内核执行从一个进程到另一个进程的切换时，会检查当前进程的页目录地址是否与将被调度的进程的相同。若相同，则它们共享同一个地址空间，所以此时上下文切换仅是从代码的一处跳转到代码的另一处。

虽然属于同一个进程组的克隆进程共享同一内存空间，但不能共享同一个用户栈。所以 `clone()` 调用会为每个进程创建独立的栈空间。

4.6.3 Linux 命名空间

Linux 中和每个进程相关联的是一组命名空间。命名空间可使一个进程（或共享同一命名空间下的多个进程）拥有与其他相关命名空间下的其他进程不同的系统视图。命名空间和 cgroups（将在下一节介绍）是 Linux 轻量级虚拟化的基础，这是一个特性，它为一个进程或一组进程提供了一种错觉，认为它们是系统上唯一的进程。Linux 的容器广泛使用了这一特性。目前 Linux 有 6 种命名空间，即 mnt、pid、net、ipc、uts 和 user。

命名空间由系统调用 `clone()`创建，它用 6 个命名空间克隆标记（CLONE_NEWNS、CLONE_NEWPID、CLONE_NEWNET、CLONE_NEWIPC、CLONE_NEWUTS 和 CLONE_NEWUSER）之一作为参数。进程也可通过 `unshare()`系统调用和其中一个标记创建命名空间；与 `clone()`相反，这种情况下不会创建新的进程，而只会创建一个依附于所调用进程的新命名空间。

Mount 命名空间　Mount 命名空间为进程提供文件系统层次结构的特定视图，因此两个不同 mount 命名空间的两个进程会看到不同的文件系统层次结构。一个进程使用的所有文件操作仅适用于该进程可见的文件系统。

UTS 命名空间　UTS（UNIX timesharing，UNIX 分时）命名空间和 Linux 系统调用 uname 有关。uname 调用返回当前内核的名字和信息，包括节点名（存在于定义实现网络的系统名）和域名（NIS 域名）。NIS（Network Information Service，网络信息服务）是在所有主要 UNIX 和类 UNIX 系统上使用的标准模式。它允许某个 NIS 域下的一组机器共享一个通用配置文件集，因此系统管理员只需使用最少的配置数据就可建立 NIS 客户端系统，并在单一位置增加、删除或修改配置数据。通过 UTS 命名空间，初始化和配置参数能够根据同一系统上的不同进程而变化。

IPC 命名空间　IPC 命名空间隔离某些进程间通信（IPC）资源，如信号量、POSIX 消息队列，和其他。因此，并发机制由可在进程中启动 IPC 的程序员使用，这些进程共享相同的 IPC 命名空间。

PID 命名空间　PID 命名空间隔离进程 ID 空间，以便不同 PID 命名空间中的进程拥有相同的 PID。这个特性用于用户空间中的检查点/恢复机制（CRIU）—— 一个 Linux 软件工具。使用这个工具，可以冻结一个正在运行的程序（或其一部分），使它成为一个检查点，并放到硬盘中作为一个文件集。然后，可通过这些文件从本主机上或不同主机上冻结点恢复和运行这些程序。CRIU 项目的一个显著特点是，它主要是在用户空间实现的，因为在内核中实现的尝试失败了。

网络命名空间　网络命名空间用于隔离与网络相关的系统资源。每个网络命名空间都拥有自己的网络设备、IP 地址、IP 路由表、端口号等。这些命名空间虚拟化所有对网络资源的访问，允许此网络命名空间中每个进程或一组进程拥有其所需的网络访问权限（但不会超过所需）。在任何给定时间，一个网络设备只属于一个网络命名空间。一个套接字也只能属于一个命名空间。

用户命名空间 用户命名空间为其自身的UID集提供一个容器，并完全与其父进程分离。因此，当一个进程克隆一个新进程时，可为新进程指定一个新的用户命名空间、一个新的PID命名空间和所有其他命名空间。克隆的进程对父进程的所有资源或父进程资源和特权的子集，有使用权和特权。用户命名空间在安全性方面是敏感的，因为它们可以创建非特权容器（由非根用户创建的进程）。

Linux cgroup子系统 Linux的cgroup子系统与命名空间子系统是轻量级进程虚拟化的基础，因此也构成了Linux容器的基础。目前，几乎每个Linux容器项目（如Docker、LXC、Kubernetes等）都基于这两个子系统。Linux cgroup子系统提供资源管理和记账功能，它处理CPU、网络、内存等资源，主要用于硬件平台家族的两端（嵌入式设备和服务器），而很少用于桌面设备。cgroups的开发始于2006年，由谷歌的工程师以process containers这一命名开始，后来改为cgroups以避免与Linux Containers混淆。因为所有cgroup文件系统的操作都是基于文件系统的，因此增加了一个新的虚拟文件系统（VFS）cgroups（有时也称cgroupfs），而没有增加新的系统调用以实现cgroups。在Linux内核4.5（2016年3月）中发布了一个名为cgroup v2的新版本cgroups。cgroup v2子系统解决了cgroup v1的控制器间的许多不一致问题，并通过建立严格一致的接口使cgroup v2更好地组织起来。

目前，已有12个cgroup v1控制器和3个cgroup v2控制器（内存、I/O和PID），还有其他的v2控制器正在开发中。

为了使用cgroup文件系统（如浏览或将任务附加到cgroups等），与使用任何其他文件系统一样必须先挂载它。cgroup文件系统可以挂载到文件系统的任何路径上，许多用户空间应用程序和容器项目使用`/sys/fs/cgroup`作为挂载点。挂载cgroup文件系统后，用户可以创建子组、将进程和任务附加到这些组、设置各种系统资源的限制等。由于还有用户空间项目使用cgroup v1，所以存在cgroup v2与cgroup v1共存现象；新子系统取代原有子系统后，内核子系统中会出现并行现象；例如，目前iptables和新的nftables共存，而在之前是iptables与ipchains共存。

4.7 Android的进程和线程管理

在详细讨论Android的进程和线程管理前，需要介绍Android应用和活动的概念。

4.7.1 安卓应用

Android应用是实现了某个应用的软件，每个Android应用都包含一个或多个实例，而每个实例由一个或多个4种类型的应用程序组件组成。每个组件在整个应用程序的运行过程中起着重要的作用，且各个组件可被当前应用程序和其他应用程序单独激活。以下是4种组件类型：

- **活动**：活动对应于一个用户可视化界面。例如，一个电子邮件应用程序可能用一个活动来显示新邮件列表，一个活动来撰写邮件，一个活动来读取邮件。虽然这些活动在电子邮件应用程序中配合工作，形成了紧密配合的用户体验，但每个活动相对于其他活动都是独立的。Android系统的内部活动和输出活动区别明显，其他应用程序可以启动输出活动，一般包括“主”屏幕应用程序，但不能启动内部活动。例如，一个摄像头应用程序可以启动包含新邮件的电子邮件应用程序的活动，以便用户共享一幅图片。
- **服务**：服务通常用于执行后台操作，它需要相当长的时间才能完成。对于一个应用的主要线程（即UI线程）而言，这会使得与用户直接互动的响应速度更快。例如，用户使用应用程序时，一个服务可以创建一个线程来播放背景音乐，或者可以创建一个线程从网络获取数据而不阻塞用户界面和活动。一个服务可能由应用程序调用。此外，还有系统服务运行于Android系统的整个生命周期，如电池的能耗管理和振动服务。这些系统服务创建作为系统服务器进程一部分的线程。

- **内容提供器**：内容提供器是应用程序所用应用数据的一个接口。管理数据中的一类是私有数据，它只能被含有内容提供器的应用程序使用。例如，记事本应用程序使用内容提供器保存笔记。管理数据中的另一类是共有数据，它可被多个应用程序访问。这类数据包括存储在文件中、SQLite 数据库中和互联网上的数据，或存储在应用程序可以访问的其他任何位置的数据。
- **广播接收器**：广播接收器响应系统的广播公告。广播可来自其他应用程序，如让其他应用程序知道一些数据已被下载到设备，并可供它们使用；广播也可来自系统（例如低电量警告）。

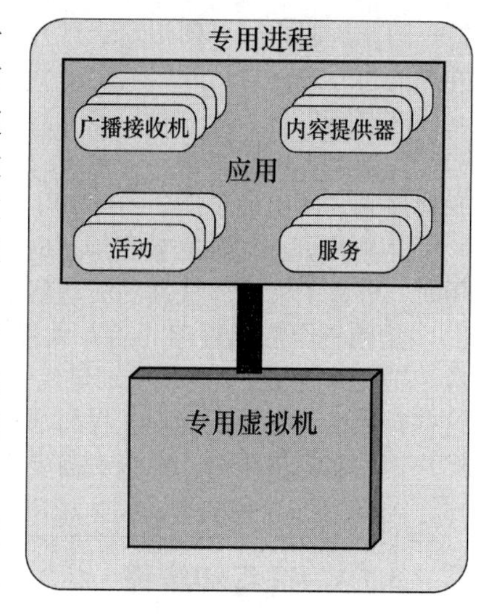

图 4.16　Android 应用

每个应用程序都运行在自己的专用虚拟机上，并有一个包含该应用程序及其虚拟机的进程（见图 4.16）。这种方法隔离了每个应用，称为沙盒模式。因此，一个应用程序在无授权许可的情况下，不能访问其他应用程序的资源，每个应用程序都视为一个有着自身独特用户 ID 的个人 Linux 用户，这些用户 ID 用于设置文件权限。

4.7.2　活动

活动是一个提供用户交互的应用程序组件，如打电话、拍照、发送邮件或查看地图。每个活动都有一个可在其中绘制其用户界面的窗口。这个窗口通常会充满屏幕，也可比屏幕小而浮在其他窗口之上。

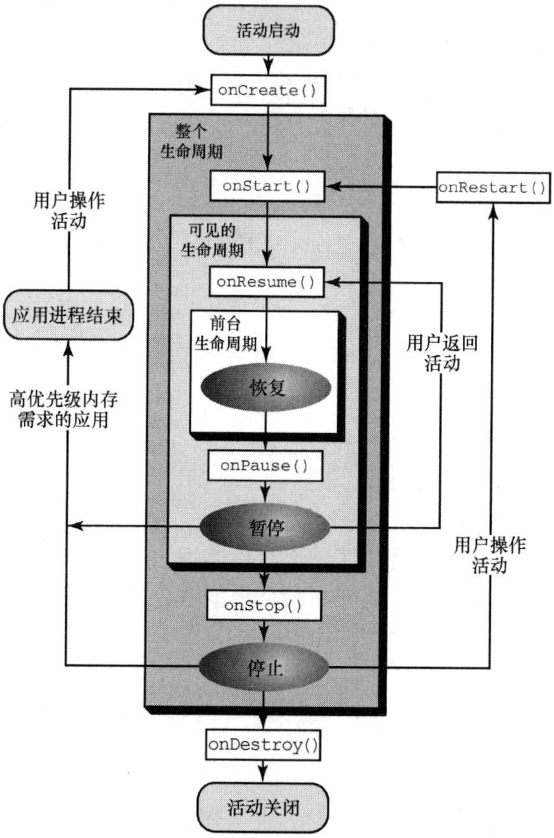

上文中提到，一个应用可能包含多个活动。当应用运行时，有一个活动在前台与用户进行交互。打开多个活动是按照栈（先进后出）的方式记录的。若用户从当前活动切换到其他活动，则创建一个新活动并把新活动压入栈中，之前的活动会变成当前应用栈的第二个元素。这一过程可以重复多次，以不断地向栈中添加元素。用户可以通过按返回按钮或类似的功能接口，返回到最近的一个前台活动。

图 4.17　活动状态转换图

活动状态　图 4.17 给出了活动的状态转换简图。记住，一个应用可以有多个活动，每个活动的状态对应于状态转换图上的一个特定状态。启动一个新活动时，应用程序会执行一系列针对活动管理器（见图 2.20）的 API 调用：`onCreate()` 对活动进行静态初始化，包括数据结构的初始化；`onStart()` 使活动在屏幕上对用户可见；`onResume()` 将控制权交给活动，以便用户可以与之交互。这时活动处于恢复状态。这称为活动的**前台生命周期**。在这段时间内，该活动在屏幕上位于其他活动之前，拥有用户输入焦点。

一个用户操作可以调用该应用内的其他活动。例如，在邮件应用的运行期间，当用户选择一封邮件时，一个新活动会打开该邮件。系统执行 onPause()系统调用，把当前活动放入栈中并改为暂停态。然后应用创建一个新活动，这个活动将进入恢复态。

在任何时候，用户都可能通过返回按钮、关闭窗口或其他与活动相关的一些操作，来终止当前运行的活动。应用会调用 onStop(0)来停止该活动，然后取出栈中的栈顶活动并恢复它。恢复态和暂停态共同组成了活动的可见生命周期。在此期间，用户可以在屏幕上看到该活动并与之交互。

用户离开应用如回到主屏幕时，当前运行的活动会暂停，进而停止运行。当用户恢复运行此应用时，停止的活动即栈顶的活动就会重新启动，然后成为该应用的前台活动。

结束一个应用程序 若有太多的事情正在进行，则系统可能需要恢复一些主存储器以保持响应。在这种情况下，系统会通过结束应用中的一个或多个活动来回收内存，同时终止该应用的进程。这些释放的内存用于管理进程和那些结束的活动，但应用本身仍然存在，用户不知道它改变了状态。用户返回到该应用时，系统就需要重新创建那些需要调用的已被结束的活动。

系统以面向栈的形式结束应用程序：先结束最近使用过的应用。前台服务应用不太可能被结束。

4.7.3 进程和线程

一个应用的进程和线程默认分配单个进程和单个线程，所有应用程序的组件在该应用程序的单个进程的单个线程上运行。为避免用户界面运行缓慢，减慢或阻塞操作发生在一个组件中时，开发人员可在一个进程中创建多个线程，或在一个应用中创建多个进程。在任何情况下，对于一个给定的应用，其所有进程和线程都在相同的虚拟机中执行。

要回收负载较重系统中的内存，系统就需要结束一个或多个进程。如前节所述，结束一个进程时，也会结束由该进程支持的一个或多个活动。要回收系统资源，就要用到优先级层次结构来决定结哪个或哪些进程。在任何给定的时刻，每个进程都处在一个特定的优先级层次结构上，处在最低优先级层次结构上的进程先结束。按降序排列的优先级层次结构如下所示：

- **前台进程**：用户当前正从事工作所需要的进程。在同一时间，前台进程可以有多个。例如，用户正在进行交互的活动事件的进程（恢复态下的活动）和负责为用户正在进行交互的活动提供服务的控制进程，都是前台进程。
- **可见进程**：主持一个组件的进程，它不是前台进程，但对用户始终可见。
- **服务进程**：正在运行服务的进程，它不属于任何一个更高的类别。这样的例子包括在后台播放音乐或在网络上下载数据。
- **后台进程**：在停止态主持一个活动的进程。
- **空进程**：不保留任何活动应用组件的进程。保留这种进程的唯一原因是为了缓存目的，用来提升下一次组件需要在其中运行的启动时间。

4.8 Mac OS X 的 GCD 技术

如第 2 章所述，Mac OS X Grand Central Dispatch（GCD）提供了一个可用线程池。设计人员可以指定程序中的部分代码为“块”，块可被独立调度和并发执行。操作系统会根据核心数量及系统的线程容量尽可能提高并发性。虽然其他操作系统也提供类似的线程池，但 GCD 在易用性和效率方面有质的提升[LEVI16]。

“块”是对 C、C++或其他编程语言的简单扩展。使用块的目的是为了定义一个完整的工作单元，包括代码和数据。下面是一个很简单的块的定义：

```
x = ^{ printf("hello world\n"); }
```

块定义的开始是一个“^”符号，接下来是一个用花括号括起来的函数体。在上述块的定义下，可用 x 来调用花括号中的函数代码，因此执行 x() 将会打印出字符串“hello world”。

块可让编程人员封装复杂的函数及其参数和数据，使它们能像变量一样在程序中方便地引用和

传递。形如

F = F + 数据

的块以队列的方式调度和分派。应用程序除使用 GCD 提供的系统队列外，也可建立自己的私有队列。程序执行过程中遇到的块会被放入队列，GCD 则利用这些队列来实现并发、顺序化和回调。队列是轻量级用户空间的数据结构，使用队列比手动管理线程和锁要有效得多。例如，下面这个队列有三个块：

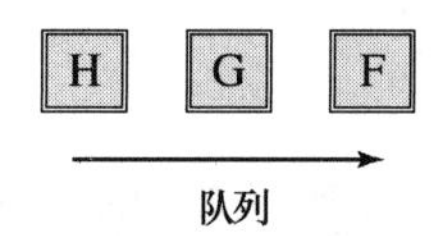

根据队列及其定义方式的不同，GCD 可将其中的块当作潜在可并发执行的任务，或当作需要顺序执行的任务。在这两种情形下，块的调度都基于先进先出的顺序。对于可并发的队列，调度器会尽快将 F 分配给一个可用线程，接下来分配 G，最后是 H。对于顺序执行队列，调度器将 F 分配给一个线程，只有当 F 完成之后才会将 G 分配给一个线程。使用预定义线程的方法为每次请求节省了创建新线程的时间，减少了与块操作有关的延迟。线程池的大小由系统自动调整，在最小化空闲或竞争线程数量的同时最大化 GCD 程序的性能。

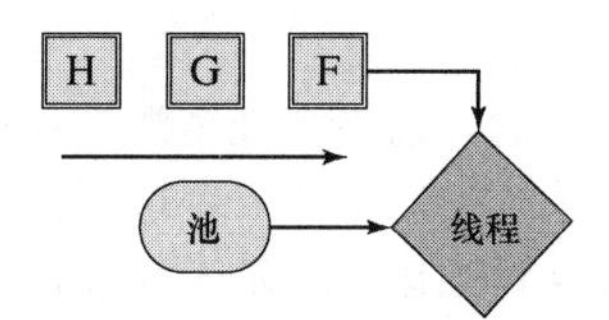

除直接调度块外，应用程序还可将一个块和队列与一个事件源关联起来，事件源可以是时钟、网络套接字或文件描述符。每当源产生一个事件时，若关联的块不是正在执行，则会被调度运行。这既实现了快速响应，又避免了轮询或让线程阻塞在事件源上的代价。

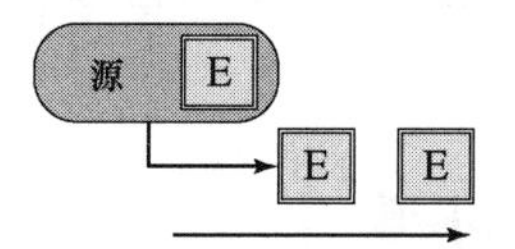

[SIRA09]中的一个例子说明了 GCD 的易用性。设想一个基于文档的应用程序，它有一个按钮，单击该按钮时，程序将会分析当前文档并显示所关心的统计数据。通常情况下，分析过程会在 1 秒内完成，因此可以使用下面的代码将按钮和动作关联起来：

```
- (Inaction)analyzeDocument:(NSButton *)sender
{
  NSDictionary *stats = [myDoc analyze];
  [myModel setDict:stats];
  [myStatsView setNeedsDisplay:YES];
  [stats release];
}
```

函数体的第一行分析文档，第二行更新程序内部状态，第三行更新数据视图以反映新的结果。上面的代码遵循了常见的模式，在主线程中执行。只有分析过程占用时间不长时，这种设计才是可以接受的。因为在用户单击按钮之后，程序的主线程需要尽可能快地处理完用户输入，然后回到主事件循环处理下一次用户输入。但是，若用户打开了一个很大且很复杂的文档，则分析数据这一步花费的时间可能会长到让人难以忍受。因此，程序开发人员只能被迫修改代码来处理这种小概率事件。而修改代码可能需要添加全局对象、增加线程管理、处理回调关系、整理参数、加入上下文对象、增加新变量等。但有了 GCD 后，很少的修改就能产生同样的效果：

```
- (IBAction)analyzeDocument:(NSButton *)sender
  {dispatch_async(dispatch_get_global_queue(0, 0), ^{
     NSDictionary *stats = [myDoc analyze];
     dispatch_async(dispatch_get_main_queue(), ^{
        [myModel setDict:stats];
        [myStatsView setNeedsDisplay:YES];
        [stats release];
     });
  });
}
```

GCD 中的函数都以 dispatch_开始。外层调用的 dispatch_async()函数会将任务放入全局并发队列中，以告知操作系统该块可以分配到独立的并发队列中执行，因此主线程的执行不会延迟。当分析函数完成时，内层的 dispatch_async()调用引导操作系统将随后的代码块放到主队列的末尾，当块到达队列头时就会在主线程上执行。对于程序员来说，很少的修改就实现了要求的功能。

4.9 小结

某些操作系统区分进程和线程的概念，前者涉及资源的所有权，后者涉及程序的执行。这种方法可提高性能，方便编码。在多线程系统中，可在一个进程内定义多个并发线程，实现方法是使用用户级线程或内核级线程。用户级线程对操作系统是未知的，它们由一个在进程的用户空间中运行的线程库创建并管理。用户级线程非常高效，因为从一个线程切换到另一个线程不需要进行状态切换，但一个进程中一次只有一个用户级线程可以执行，若一个线程发生阻塞，则整个进程都会被阻塞。进程内包含的内核级线程是由内核维护的。由于内核认识它们，因而同一个进程中的多个线程可在多个处理器上并行执行，一个线程的阻塞不会阻塞整个进程，但从一个线程切换到另一个线程时需要进行模式转换。

4.10 关键术语、复习题和习题

4.10.1 关键术语

应用	消息	任务
纤程	多线程	线程
套管	命名空间	线程池
作业对象	端口	用户级线程
内核级线程	进程	用户模式调度（UMS）
轻量级进程		

4.10.2 复习题

4.1 表 3.5 列出了无线程操作系统中进程控制块的基本元素。对于多线程系统，这些元素中的哪些可能属于线程控制块，哪些可能属于进程控制块？

4.2 请给出线程间的状态切换比进程间的状态切换开销更低的原因。

4.3 在进程概念中体现出的两个独立且无关的特点是什么？

4.4 给出在单用户多处理系统中使用线程的 4 个例子。

4.5 哪些资源通常被一个进程中的所有线程共享？

4.6 列出用户级线程相对于内核线程的三个优点。

4.7 列出用户级线程相对于内核线程的两个缺点。

4.8 定义“套管”技术。

4.10.3　习题

4.1 在进程中使用多线程有两个好处：（1）在进程中创建一个新线程的开销比创建一个新进程的开销小；（2）同一个进程内的线程间的通信更简单。同一个进程中两个线程切换的开销是否也比不同进程中两个线程切换的开销少？

4.2 在比较用户级线程和内核线程时曾指出用户级线程的一个缺点是，当一个用户级线程执行系统调用时，不仅这个线程被阻塞，进程中的所有线程都被阻塞。请问这是为什么？

4.3 OS/2 是 IBM 为个人计算机开发的一个过时的操作系统。在 OS/2 中，其他操作系统中通用的进程概念被分成了三个不同类型的实体：会话、进程和线程。一个会话是一组与用户接口（键盘、显示器、鼠标）相关联的一个或多个进程。会话代表了一个交互式的用户应用程序，如字处理程序或电子表格。这个概念使得 PC 用户可以打开一个以上的应用程序，在屏幕上显示一个或多个窗口。操作系统必须知道哪个窗口即哪个会话是活动的，以便把键盘和鼠标的输入传递给相应的会话。在任何时刻，只有一个会话在前台模式，其他的会话都在后台模式，键盘和鼠标的所有输入都发送给前台会话的一个进程。当一个会话在前台模式时，执行视频输出的进程直接把它发送到硬件视频缓冲区，然后发送到用户的显示屏；当这个会话移到后台时，硬件视频缓冲区被保存到一个逻辑视频缓冲区。当一个会话在后台时，若该会话的任何一个进程的任何一个线程正在执行并产生屏幕输出，则这个输出就被送到逻辑视频缓冲区；当这个会话返回前台时，屏幕会被更新，为新的前台会话显示逻辑视频缓冲区中的当前内容。

有一种方法可以把 OS/2 中与进程相关的概念的数量从 3 个减少到 2 个：删去会话，把用户接口（键盘、显示器、鼠标）和进程关联起来。这样，在某一时刻，就只有一个进程处于前台模式。为了进一步结构化，进程可分成几个线程。

a. 使用这种方法会丧失什么优点？

b. 若将这种修改方法深入下去，则应在哪里分配资源（内存、文件等），是在进程级还是在线程级？

4.4 考虑这样一个环境，用户级线程和内核级线程为一对一的映射关系，它允许进程中的一个或多个线程产生会引发阻塞的系统调用，而其他线程则继续运行。解释为什么在单处理器机器上，这个模型会使得多线程程序的运行速度快于相应单线程程序的运行速度。

4.5 当一个进程退出时，其正在运行的线程是否会继续运行？

4.6 OS/390 大型机操作系统围绕地址空间和任务的概念构造。粗略说来，一个地址空间对应于一个应用程序，并且或多或少地对应于其他操作系统中的一个进程；在一个地址空间中，可以产生一组任务，这些任务可以并发执行，这大致对应于多线程的概念。两个数据结构对管理任务结构起着关键作用。地址空间控制块（ASCB）含有 OS/390 所需要的关于一个地址空间的信息，而不论该地址空间是否正在执行。ASCB 中的信息包括分派优先级、分配给该地址空间的实存和虚存、该地址空间中就绪的任务数及每个任务是否被换出。一个任务控制块（TCB）表示一个正执行的用户程序，它含有在一个地址空间中管理该任务所需的信息，包括处理器状态信息、指向该任务所涉及的程序的指针和任务执行状态。ASCB 是在系统内存中保存的全局结构，而 TCB 是保存在各自地址空间中的局部结构。请问把控制信息划分成全局和局部两部分有什么好处？

4.7 在很多诸如 C 和 C++语言的现行规范中，并未提供对多线程编程的支持。如下面的程序所示，这一问题可能会对编译器和代码的正确性造成影响。考虑如下的函数定义和声明：

```
int global_positives = 0;
typedef struct list {
    struct list *next;
    double val;
```

```
} * list;
void count_positives(list l)
{
   list p;
   for (p = l; p; p = p -> next)
     if (p -> val > 0.0)
        ++global_positives;
}
```

考虑如下情况：当一个线程 A 执行操作

```
count_positives(<list containing only negative values>);
```

的同时，另一个线程 B 执行

```
++global_positives;
```

a. 该函数的功能是什么？

b. C 语言只对单个线程的执行进行了规范。对于本题中所声明的函数，在两个并发的线程中使用是否会有明显或潜在的问题？

4.8 对于一些已优化的编译器（包括比较保守的 GCC），上题中的 `count_positives` 函数一般会被优化成类似下面的代码：

```
void count_positives(list l)
{
    list p;
    register int r;
r = global_positives;
   for (p = l; p; p = p -> next)
        if (p -> val > 0.0) ++r;
   global_positives = r;
}
```

若有 A、B 两个线程并发执行，则被这样编译优化过的代码会有什么明显或潜在的问题发生？

4.9 考虑下列使用了 POSIX Pthreads API 的代码：

```
thread2.c
#include <pthread.h>
#include <stdlib.h>
#include <unistd.h>
#include <stdio.h>
int myglobal;
  void *thread_function(void *arg) {
     int i,j;
     for ( i= 0; i<20; i++ ) {
        j= myglobal;
        j= j+1;
        printf(".");
        fflush(stdout);
         sleep(1);
         myglobal=j;
     }
     return NULL;
```

```
}

int main(void) {
  pthread_t mythread;
  int i;
  if ( pthread_create( &mythread, NULL, thread_function,
     NULL)) {
     printf(ldquo;error creating thread.”);
     abort();
  }
for ( i = 0; i<20; i++) {
   myglobal = myglobal+1;
   printf("o");
   fflush(stdout);
   sleep(1);
}
if ( pthread_join ( mythread, NULL ) ) {
   printf("error joining thread.");
abort();
}
printf("\nmyglobal equals %d\n",myglobal);
exit(0);
}
```

main()中首先声明一个变量 mythread，其类型为 pthread_t，它是一个线程的 ID；然后，if 语句创建一个与 mythread 关联的线程。调用 pthread_create()，若成功则返回 0，若失败则返回非零值。pthread_create()的第三个参数是一个新线程开始时将执行的函数名，当 thread_function()返回时，线程终止。此时主程序本身定义了一个线程，所以有两个线程正在执行。函数 pthread_join 允许主线程等待直到新的线程结束。

a．这个程序实现的功能是什么？

b．程序执行的输出如下：

```
$ ./thread2
..o.o.o.o.oo.o.o.o.o.o.o.o.o.o..o.o.o.o.o
myglobal equals 21
```

这一输出结果是否是所期望的？若不是，则什么地方出错了？

4.10 Solaris 资料表明，一个用户级线程可能让位于具有相同优先级的另一个线程。请问，若有一个可运行的、具有更高优先级的线程，则让位函数是否还会导致让位于具有相同优先级或更高优先级的线程？

4.11 在 Solaris 9 和 10 中，ULT 和 LWP 之间是一一映射的。在 Solaris 8 中，单个 LWP 可以支持一个或多个 ULT。

a．ULT 到 LWP 的多对一映射，可能的好处是什么？

b．Solaris 8 中，ULT 的线程执行状态不同于 LWP，为什么？

c．图 4.18 给出了在 Solaris 8 和 9 中，ULT 及与其关联的 LWP 的状态转换图。解释图中的操作和两个图的关系。

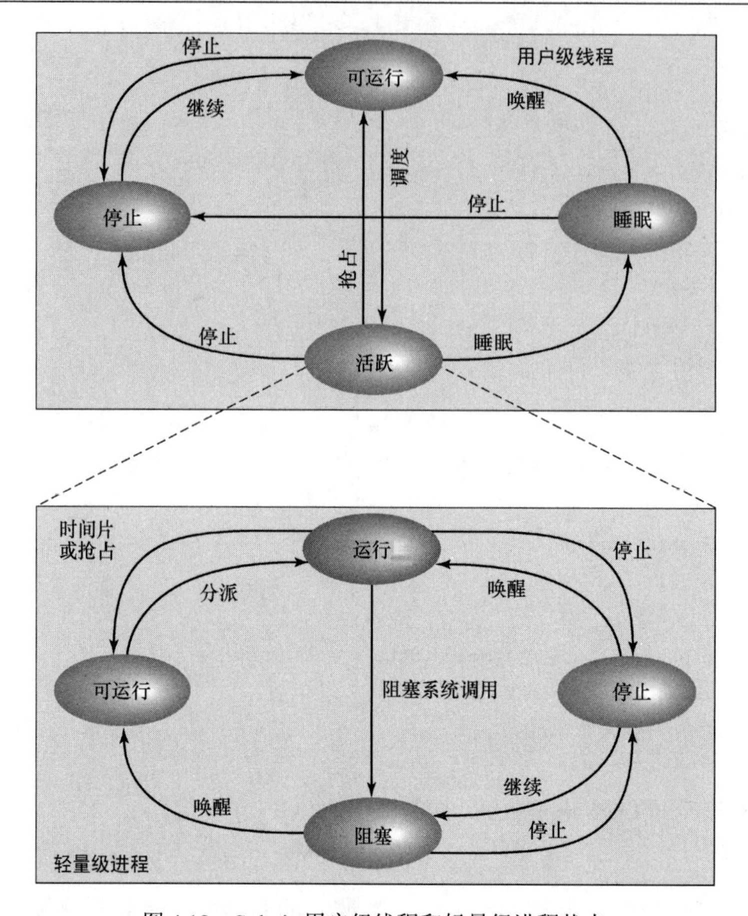

图 4.18　Solaris 用户级线程和轻量级进程状态

4.12　解释 Linux 操作系统中不可中断睡眠状态的存在理由。

第 5 章　并发：互斥和同步

学习目标

- 讨论与并发相关的基本概念，如竞争条件、操作系统关注的问题和互斥需求
- 掌握硬件支持互斥的方法
- 定义并解释信号量
- 定义并解释管程
- 解释读者/写者问题

操作系统设计中的核心问题是进程和线程的管理：

- **多道程序设计技术**：管理单处理器系统中的多个进程。
- **多处理器技术**：管理多处理器系统中的多个进程。
- **分布式处理器技术**：管理多台分布式计算机系统中多个进程的执行。最近迅猛发展的集群就是这类系统的典型例子。

并发是所有问题的基础，也是操作系统设计的基础。并发包括很多设计问题，其中有进程间通信、资源共享与竞争（如内存、文件、I/O 访问）、多个进程活动的同步以及给进程分配处理器时间等。我们将会看到这些问题不仅会出现在多处理器环境和分布式处理器环境中，也会出现在单处理器的多道程序设计系统中。

并发会在以下三种不同的上下文中出现：

- **多应用程序**：多道程序设计技术允许在多个活动的应用程序间动态共享处理器时间。
- **结构化应用程序**：作为模块化设计和结构化程序设计的扩展，一些应用程序可被有效地设计成一组并发进程。
- **操作系统结构**：同样的结构化程序设计优点适用于系统程序，且我们已知操作系统自身常常作为一组进程或线程实现。

并发相当重要，本书专门安排四章和一个附录着重讲述与并发相关的问题。第 5 章和第 6 章涉及多道程序设计和多处理器系统中的并发性，第 16 章和第 18 章讲述与分布式处理相关的并发问题。

本章首先介绍并发的概念和多个并发进程执行的含义[①]。我们发现，支持并发进程的基本需求是加强互斥的能力。也就是说，当一个进程被授予互斥能力时，则在其活动期间，它具有排斥所有其他进程的能力。5.1 节介绍了实现互斥的各种方法，这些方法都是软件解决方案，利用了“忙等待”技术。随后介绍一些不需要忙等待，由操作系统或语言编译器支持的互斥解决方案。这里将讨论三种方法：信号量、管程和消息传递。

本章通过两个经典的并发问题来说明并发的概念，并对本书中使用的各种方法进行比较。5.4 节将介绍一个可运行的例子——生产者/消费者问题，并以读者/写者问题来结束本章。

第 6 章将继续讨论并发问题，实例系统中的并发机制将推迟到第 6 章末讲述。附录 A 介绍与并发相关的其他主题。表 5.1 列出了一些和并发相关的关键术语。本书的配套网站上提供了一组说明本章基本概念的动画。

---

① 为简单起见，我们通常指“进程”的并发执行。实际上，如第 4 章所述，在某些系统中，并发的实体是线程而非进程。

表 5.1 与并发相关的关键术语

原子操作	一个函数或动作由一个或多个指令的序列实现，对外是不可见的；也就是说，没有其他进程可以看到其中间状态或能中断此操作。要保证指令序列要么作为一个组来执行，要么都不执行，对系统状态没有可见的影响。原子性保证了并发进程的隔离
临界区	一段代码，在这段代码中进程将访问共享资源，当另外一个进程已在这段代码中运行时，这个进程就不能在这段代码中执行
死锁	两个或两个以上的进程因每个进程都在等待其他进程做完某些事情而不能继续执行的情形
活锁	两个或两个以上的进程为响应其他进程中的变化而持续改变自己的状态但不做有用的工作的情形
互斥	当一个进程在临界区访问共享资源时，其他进程不能进入该临界区访问任何共享资源的情形
竞争条件	多个线程或进程在读写一个共享数据时，结果依赖于它们执行的相对时间的情形
饥饿	一个可运行进程尽管能继续执行，但被调度程序无限期地忽视，而不能被调度执行的情形

5.1 互斥：软件解决方法

软件方法能够解决进程在共享内存的单处理器或多处理器机器上并发执行的问题。这些方法通常假设在内存访问级实现了基本的互斥（[LAMP91]，见习题 5.3）。也就是说，尽管允许访问的顺序事先没有具体安排，但同时访问内存中的同一地址的操作（读或写）被某种内存仲裁器串行化了。此外，软件方法也不要求硬件、操作系统或编程语言的支持。

5.1.1 Dekker 算法

Dijkstra 给出了一种两个进程互斥的算法[DIJK65]，该算法由德国数学家 Dekker 设计。跟随 Dijkstra 的脚步，我们将分步实现这一解决方案。这有助于阐明在开发并发程序时遇到的许多共同问题。

算法 1 前面已经说明，任何互斥方法必须基于硬件上的一些基本互斥机制。这种约束最常见的是某一时刻对某一内存地址只能有一次访问。在这种约束下，预留一个全局内存区域，并标记为 `turn`。进程（`P0` 或 `P1`）想进入它的临界区执行时，要先检查 `turn` 的内容。若 `turn` 的值等于进程号，则该进程可以进入它的临界区；否则该进程被强制等待。等待进程重复地读取 `turn` 的值，直到被允许进入临界区。这一过程称为*忙等待*（busy waiting）或*自旋等待*（spin waiting），因为受阻塞的进程直到被允许进入临界区才会起实际作用。它必须循环或周期性地检查变量，因此在等待期间会耗费处理器的时间。

进程在获得临界区的访问权并完成访问后，必须为另一个进程更新 `turn` 的值。

总体而言，有一个共享全局变量：

```
int turn = 0;
```

图 5.1(a)给出了两个进程的程序。这种解决方案保证了互斥属性，但有两个缺点。第一，进程必须严格交替使用它们的临界区，因此执行的步调由两个进程中较慢的进程决定。若 `P0` 在 1 小时内仅使用临界区 1 次，而 `P1` 要以 1000 次/小时的速率使用临界区，则 `P1` 就必须适应 `P0` 的节奏。更为严重的问题是，若一个进程终止，则另一个进程就会被永久阻塞。无论进程是在临界区内终止还是在临界区之外终止，都会发生这种情况。

以上构造的是一种*协同程序*（coroutine）。协同程序能够实现程序之间执行控制权的传递（见习题 5.5）。尽管这对单个进程来说是一种有用的构造技术，但它不能充分支持并发处理。

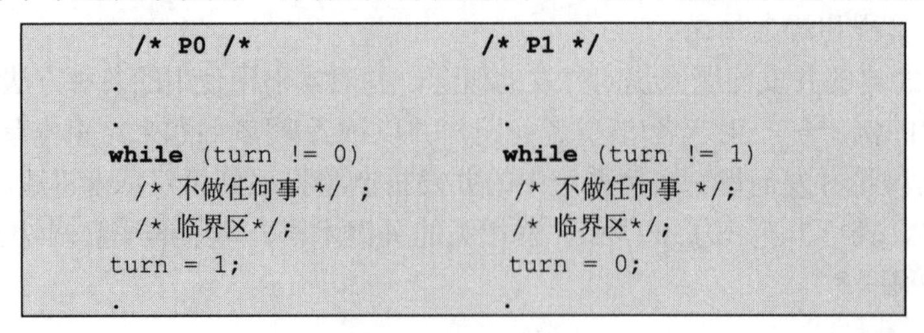

```
/* P0 /*                  /* P1 */
.                         .
.                         .
while (turn != 0)         while (turn != 1)
  /* 不做任何事 */ ;        /* 不做任何事 */;
  /* 临界区*/;              /* 临界区*/;
turn = 1;                 turn = 0;
.                         .
```

(a)算法 1

图 5.1 互斥算法

```
/* P0 */                          /* P1 */
.                                 .
.                                 .
while (flag[1])                   while (flag[0])
  /* 不做任何事 */;                  /* 不做任何事 */;
flag[0] = true;                   flag[1] = true;
/*临界区*/;                        /* 临界区*/;
flag[0] = false;                  flag[1] = false;
.                                 .
```

(b)算法 2

```
/* P0 */                          /* P1 */
.                                 .
.                                 .
flag[0] = true;                   flag[1] = true;
while (flag[1])                   while (flag[0])
  /* 不做任何事 */;                  /* 不做任何事 */;
/* 临界区*/;                       /* 临界区*/;
flag[0] = false;                  flag[1] = false;
.                                 .
```

(c)算法 3

```
/* P0 */                          /* P1 */
.                                 .
.                                 .
flag[0] = true;                   flag[1] = true;
while (flag[1]) {                 while (flag[0]) {
  flag[0] = false;                  flag[1] = false;
  /*延迟 */;                         /*延迟 */;
  flag[0] = true;                   flag[1] = true;
}                                 }
/*临界区*/;                        /* 临界区*/;
flag[0] = false;                  flag[1] = false;
.
```

(d)算法 4

图 5.1　互斥算法（续）

算法 2　算法 1 的问题是要存储可以进入临界区的进程的名字，而实际上我们需要的是两个进程的状态。每个进程都应有自己的进入临界区的“钥匙”，这样，若一个进程出错，另一个仍能访问临界区。为了满足这一需求，我们定义一个布尔数组 flag，flag[0]和 P0 关联，flag[1]和 P1 关联。每个进程能检查但不能改变另一个进程的 flag 值。一个进程要进入临界区时，它会周期性地检查另一个进程的 flag，直到其值为 false，这表明另一个进程不在临界区内。检查进程立即设置自己的 flag 为 true，进入自己的临界区。离开临界区时，将自己的 flag 设置为 false。

现在共享全局变量[①]是

```
enum     boolean(false = 0; true = 1);
Boolean  flag[2] = 0, 0
```

图 5.1(b)说明了这个算法。若一个进程在临界区外终止，包括设置 flag 代码时，则另一个进程不会被阻塞。事实上，另一个进程会像平常一样进入临界区，因为它的 flag 总是 false。然而，若一个进程在临界区内终止，或在进入临界区之前已将 flag 设置为 true，则另一个进程就会永久阻塞。

这种解决方案和第一种方案相比变得更差，因为它甚至没有保证互斥。考虑以下的事件序列：

P0 执行 **while** 语句发现 flag[1]设置为 false
P1 执行 **while** 语句发现 flag[0]设置为 false

① 此处的 **enum** 用来声明一个数据类型（布尔型）和该类型变量可以取的值。

P0 设置 flag[0]为 true 进入它的临界区

P1 设置 flag[1]为 true 进入它的临界区

因为两个进程都在临界区内，所以程序出错。此方案的问题是互斥与相关进程的执行速率有关。

算法 3 因为一个进程可能在另一个进程检查 flag 但还未进入临界区时，改变自身的状态，所以算法 2 的方案失败。我们可通过简单地交换两条语句来解决这一问题，如图 5.1(c)所示。

和前面一样，若一个进程在临界区内及控制临界区的 flag 设置代码处失败，则另一个进程就会被阻塞。若一个进程在临界区外失败，则另一个进程不会被阻塞。

接下来，从进程 P0 的角度检查是否能保证实现互斥。一旦 P0 设置 flag[0]为 true，在 P0 进入并离开它的临界区之前，P1 不能进入临界区。若 P0 在设置它的 flag 时，P1 已进入临界区，则 P0 会被 while 语句阻塞，直至 P1 离开临界区。同理，从 P1 的角度来看也是这样。

这保证了互斥，但又引发了另一个问题。若每个进程在执行 while 语句之前都将 flag 设置为 true，则每个进程都会认为另一个已经进入临界区，进而引发死锁。

算法 4 在算法 3 中，一个进程在设置其状态时是不知道另一个进程的状态的。由于每个进程坚持要进入临界区，导致死锁发生，而且没有机会回退到之前的位置。可以用一种方法来解决这一问题。每个进程设置 flag 表明它要进入临界区，但为了“谦让”另一个进程，会随时重设 flag，为其他进程而推迟自己的请求，如图 5.1(d)所示。

这一思想很接近正确的算法，但仍有缺点。使用算法 3 中讨论的方案，互斥能得到保证。然而，考虑以下的事件序列：

P0 设置 flag[0]为 true

P1 设置 flag[1]为 true

P0 检查 flag[1]

P1 检查 flag[0]

P0 设置 flag[0]为 false

P1 设置 flag[1]为 false

P0 设置 flag[0]为 true

P1 设置 flag[1]为 true

这个序列会无限进行下去，哪个进程都不会进入临界区。严格来讲，这不是死锁，因为两个进程执行速率的相对变化会打破这种循环，允许其中一个进入临界区，这种状态称为活锁（livelock）。死锁是指一组进程要进入临界区但没有一个进程会成功。活锁则有可能执行成功，但也有可能任何一个进程都不会进入临界区。

尽管刚才所描述的场景不会维持很长时间，但仍是一种有可能发生的情形。因此，算法 4 也不是一种合适的算法。

正确的算法 我们需要观察两个进程的状态，这些状态可由数组 flag 提供。但从算法 4 中可以看出，这还不够。还需要给两个进程的活动安排顺序，以避免刚才所说的“互相谦让”问题。算法 1 中的 turn 变量能实现这个目的，这一变量表示哪个进程有权进入它的临界区。

此解法称为 Dekker 算法，如下所示。当 P0 要进入它的临界区时，将其 flag 设置为 true，然后检查 P1 的 flag。若为 false，P0 可以立即进入它的临界区；否则，P0 要检查 turn，若发现 turn 为 0，则 P0 要持续周期性地检查 P1 的 flag。而 P1 需要延期执行并将 flag 设置为 false，让 P0 执行。P0 完成临界区执行后，将其 flag 设置为 false 以释放临界区，并将 turn 设置为 1，把权力转交给 P1。

图 5.2 给出了 Dekker 算法。构造 **parbegin**(P1, P2, …, Pn)的含义是：挂起主程序的执行，开始并发执行程序 P1, P2, …, Pn，所有程序 P1, P2, …, Pn 都执行完毕后，重新开始执行主程序。Dekker 算法的验证留做习题（见习题 5.1）。

```
boolean flag [2];
int turn;
void P0()
{
     while (true) {
          flag [0] = true;
          while (flag [1]) {
               if (turn == 1) {
                    flag [0] = false;
                    while (turn == 1) /* 不做任何事 */;
                    flag [0] = true;
               }
          }
          /* 临界区 */;
          turn = 1;
          flag [0] = false;
          /* 剩余部分 */;
     }
}
void P1( )
{
     while (true) {
          flag [1] = true;
          while (flag [0]) {
               if (turn == 0) {
                    flag [1] = false;
                    while (turn == 0) /* 不做任何事 */;
                    flag [1] = true;
               }
          }
          /* 临界区 */;
          turn = 0;
          flag [1] = false;
          /* 剩余部分 */;
     }
}
void main ()
{
     flag [0] = false;
     flag [1] = false;
     turn = 1;
     parbegin (P0, P1);
}
```

图 5.2　Dekker 算法

5.1.2　Peterson 算法

Dekker 算法解决了互斥问题，但复杂的程序很难实现且其正确性也很难证明。Peterson[PETE81]提出了一个简单且精致的算法。和前面一样，全局数组变量 flag 表明每个互斥进程的位置，全局变量 turn 解决同时发生的冲突。算法如图 5.3 所示。

很容易说明该算法解决了互斥问题。考虑进程 P0，一旦它将 flag[0] 设置为 true，P1 就不能进入临界区。若 P1 已进入临界区，则 flag[1] = true，P0 被阻塞而不能进入临界区。另一方面，也避免了互相阻塞。假设 P0 被阻塞在 while 循环，这表示 flag[1] 为 true，turn = 1。当 flag[1] 变为 false 或 turn 变为 0 时，P0 都可以进入临界区。现在考虑所有三种可能的情况：

1. P1 不想进入临界区。这种情况不存在，因为它设置 flag[1] = false。
2. P1 在等待进入临界区。这种情况也不存在，因为若 turn = 1，则 P1 就可进入临界区。
3. P1 重复使用临界区，这样就独占了临界区。这种情况不会发生，因为 P1 每次要进入临界区之前，都要将 turn 设置为 0，迫使它给 P0 进入临界区的机会。

于是就有了一种简单的方法解决两个进程的互斥问题。此外 Peterson 算法很容易推广到多进程的情况[HOFR90]。

```
boolean flag [2];
int turn;
void P0()
{
      while (true) {
            flag [0] = true;
            turn = 1;
            while (flag [1] && turn == 1) /* 不做任何事*/;
            /* 临界区  */;
            flag [0] = false;
            /* 剩余部分*/;
      }
}
void P1()
{
      while (true) {
            flag [1] = true;
            turn = 0;
            while (flag [0] && turn == 0) /* 不做任何事*/;
            /* 临界区  */;
            flag [1] = false;
            /* 剩余部分*/
      }
}
void main()
{
      flag [0] = false;
      flag [1] = false;
      parbegin (P0, P1);
}
```

图 5.3　两个进程的 Peterson 算法

5.2　并发的原理

在单处理器多道程序设计系统中，进程会被交替地执行，因而表现出一种并发执行的外部特征，如图 2.12(a)所示。即使不能实现真正的并行处理，并且在进程间来回切换也需要一定的开销，交替执行在处理效率和程序结构上还是会带来很多好处。在多处理器系统中，不仅可以交替执行进程，而且可以重叠执行进程，如图 2.12(b)所示。

从表面上看，交替和重叠代表了完全不同的执行模式和不同的问题。实际上，这两种技术都可视为并发处理的一个实例，并且都代表了同样的问题。在单处理器情况下，问题源于多道程序设计系统的一个基本特性：进程的相对执行速度不可预测，它取决于其他进程的活动、操作系统处理中断的方式以及操作系统的调度策略。这就带来了下列困难：

1. 全局资源的共享充满了危险。例如，若两个进程都使用同一个全局变量，并且都对该变量执行读写操作，则不同的读写执行顺序是非常关键的。关于这个问题的例子将在下一小节中给出。
2. 操作系统很难对资源进行最优化分配。例如，进程 A 可能请求使用一个特定的 I/O 通道并获得控制权，但它在使用这个通道前已被阻塞，而操作系统仍然锁定这个通道，以防止其他进程使用，这是难以令人满意的。事实上，这种情况有可能导致死锁，详见第 6 章。
3. 定位程序设计错误非常困难。这是因为结果通常是不确定的和不可再现的（有关讨论详见[LEBL87, CARR89, SHEN02]）。

上述所有困难在多处理器系统中都有具体的表现，因为在这样的系统中进程执行的相对速度也是不可预测的。多处理器系统还必须处理多个进程同时执行所引发的问题，从根本上说，这些问题和单处理器系统中的是相同的，随着讨论的深入，这些问题将逐渐明了。

5.2.1　一个简单的例子

考虑下面的过程：

```
void echo()
{
 chin = getchar();
 chout = chin;
 putchar(chout);
}
```

这个过程显示了字符回显程序的基本步骤，每击一下键，就可从键盘获得输入。每个输入字符保存在变量 chin 中，然后把该字符传送给变量 chout，并回送给显示器。任何程序都可以重复地调用这个过程，接收用户输入，并在屏幕上显示。

现在考虑一个支持单用户的单处理器多道程序设计系统，用户可以从一个应用程序切换到另一个应用程序，每个应用程序都使用同一键盘进行输入，使用同一屏幕进行输出。由于每个应用程序都需要使用过程 echo，所以它就被视为一个共享过程，载入到所有应用程序的公用全局存储区中。因此，只需使用 echo 过程的一个副本，从而节省空间。

在进程间共享内存非常有用，它允许进程间有效而紧密的交互。但是，这种共享也可能会带来一些问题。考虑下面的事件序列：

1. 进程 P1 调用 echo 过程，并在 getchar 返回它的值并存储于 chin 后立即中断，此时最近输入的字符 x 保存在变量 chin 中。
2. 进程 P2 被激活并调用 echo 过程，echo 过程运行得出结果，输入然后在屏幕上显示单个字符 y。
3. 进程 P1 恢复。此时 chin 中的值 x 被写覆盖，因此已丢失，而 chin 中的值 y 传送给 chout 并显示出来。

因此，第一个字符丢失，第二个字符显示了两次，问题的本质在于共享全局变量 chin。多个进程访问这个全局变量，若一个进程修改了它，然后被中断，另一个进程可能在第一个进程使用它的值之前又修改了这个变量。假设在这个过程中一次只可以有一个进程，则前面的顺序会产生如下结果：

1. 进程 P1 调用 echo 过程，并在 getchar 返回它的值并存储于 chin 后立即中断，此时最近输入的字符 x 保存在变量 chin 中。
2. 进程 P2 被激活并调用 echo 过程。但是，由于 P1 仍然在 echo 过程中，尽管当前 P1 处于阻塞态，P2 仍被阻塞，不能进入这个过程。因此，P2 被阻塞，等待 echo 过程可用。
3. 一段时间后，进程 P1 恢复，完成 echo 的执行，并显示出正确的字符 x。
4. 当 P1 退出 echo 后，解除 P2 的阻塞，P2 恢复后，成功地调用 echo 过程。

这个例子说明，若需要保护共享的全局变量（以及其他共享的全局资源），唯一的办法是控制访问该变量的代码。若我们定义了一条规则，即一次只允许一个进程进入 echo，并且只有在 echo 过程运行结束后，它才对另一个进程是可用的，则刚才讨论的那类错误就不会发生。如何实施这一规则是本章的重要内容。

在阐述这个问题前，首先假设在单处理器多道程序设计系统中，通过以上例子可以说明即使只有一个处理器也有可能产生并发问题。在多处理器系统中，同样也存在保护共享资源的问题，解决方法也是相同的。首先，假设没有机制来控制访问共享的全局变量：

1. 进程 P1 和 P2 分别在一个单独的处理器上执行，它们都调用了 echo 过程。
2. 有下面的事件发生，同一行的事件并行发生：

```
进程 P1                 进程 P2
•                       •
chin = getchar();       •
•                       chin = getchar();
chout = chin;           chout = chin;
```

```
putchar(chout);           •
•                         putchar(chout);
•                         •
```

结果是输入到 P1 的字符在显示前丢失，输入到 P2 的字符显示在 P1 和 P2 中。若增加“一次只能有一个进程处于 echo 中”的规则，则会产生以下的执行顺序：

1. 进程 P1 和 P2 分别在一个单独的处理器上执行，P1 调用 echo 过程。
2. 当 P1 在 echo 过程中时，P2 调用 echo。由于 P1 已在 echo 过程中（不论 P1 是在阻塞还是在执行），P2 都被阻塞而不能进入该过程。因此 P2 被阻塞，等待 echo 过程可用。
3. 一段时间后，进程 P1 完成 echo 的执行，退出该过程并继续执行。在 P1 从 echo 中退出的同时，P2 立即被恢复并开始执行 echo。

在单处理器系统的情况下，出现问题的原因是中断可能会在进程中的任何地方停止指令的执行；在多处理器系统的情况下，不仅同样的条件可以引发问题，而且当两个进程同时执行且都试图访问同一个全局变量时，也会引发问题。这两类问题的解决方案是相同的：控制对共享资源的访问。

5.2.2 竞争条件

竞争条件发生在多个进程或线程读写数据时，其最终结果取决于多个进程的指令执行顺序。考虑下面两个简单的例子。

在第一个例子中，假设两个进程 P1 和 P2 共享全局变量 a。在 P1 执行的某一时刻，它将 a 的值更新为 1，在 P2 执行的某一时刻，它将 a 的值更新为 2。因此，两个任务竞争更新变量 a。在本例中，竞争的“失败者”（即最后更新全局变量 a 的进程）决定了变量 a 的最终值。

在第二个例子中，考虑两个进程 P3 和 P4 共享全局变量 b 和 c，且初始值为 b = 1，c = 2。在某一执行时刻，P3 执行赋值语句 b = b + c，在另一执行时刻，P4 执行赋值语句 c = b + c。两个进程更新不同的变量，但两个变量的最终值取决于两个进程执行赋值语句的顺序。若 P3 首先执行赋值语句，则最终值为 b = 3，c = 5；若 P4 首先执行赋值语句，则最终值为 b = 4，c = 3。

附录 A 介绍了使用信号量解决竞争条件的例子。

5.2.3 操作系统关注的问题

并发会带来哪些设计和管理问题？如下所示：

1. 操作系统必须能够跟踪不同的进程，这可使用第 4 章介绍的进程控制块来实现。
2. 操作系统必须为每个活动进程分配和释放各种资源。有时，多个进程想访问相同的资源。这些资源包括：
   - **处理器时间**：这是调度功能，详见第四部分。
   - **存储器**：大多数操作系统使用虚存方案，详见第三部分。
   - **文件**：详见第 12 章。
   - **I/O 设备**：详见第 11 章。
3. 操作系统必须保护每个进程的数据和物理资源，避免其他进程的无意干扰，这涉及与存储器、文件和 I/O 设备相关的技术。
4. 一个进程的功能和输出结果必须与执行速度无关（相对于其他并发进程的执行速度）。这是本章的主题。

为理解如何解决与执行速度无关的问题，我们首先需要考虑进程间的交互方式。

5.2.4 进程的交互

我们可以根据进程相互之间知道对方是否存在的程度，对进程间的交互方式进行分类。表 5.2 列出了三种可能的感知程度及每种感知程度的结果。

表 5.2　进程的交互

感知程度	关　系	一个进程对其他进程的影响	潜在的控制问题
进程之间不知道对方的存在	竞争	• 一个进程的结果与另一进程的活动无关 • 进程的执行时间可能会受到影响	• 互斥 • 死锁（可复用资源） • 饥饿
进程间接知道对方的存在（如共享对象）	通过共享合作	• 一个进程的结果可能取决于从另一进程获得的信息 • 进程的执行时间可能会受到影响	• 互斥 • 死锁（可复用资源） • 饥饿 • 数据一致性
进程直接知道对方的存在（它们有可用的通信原语）	通过通信合作	• 一个进程的结果可能取决于从另一进程获得的信息 • 进程的执行时间可能会受到影响	• 死锁（可消耗资源） • 饥饿

- **进程之间相互不知道对方的存在**：这是一些独立的进程，它们不会一起工作。关于这种情况的最好例子是多个独立进程的多道程序设计，可以是批处理作业，也可以是交互式会话，或者是两者的混合。尽管这些进程不会一起工作，但操作系统需要知道它们对资源的竞争情况（competition）。例如，两个无关的应用程序可能都想访问同一个磁盘、文件或打印机。操作系统必须控制对它们的访问。
- **进程间接知道对方的存在**：这些进程并不需要知道对方的进程 ID，但它们共享某些对象，如一个 I/O 缓冲区。这类进程在共享同一个对象时会表现出合作行为（cooperation）。
- **进程直接知道对方的存在**：这些进程可通过进程 ID 互相通信，以合作完成某些活动。同样，这类进程表现出合作行为。

实际条件并不总是像表 5.2 中给出的那么清晰，例如几个进程可能既表现出竞争，又表现出合作。然而，对操作系统而言，分别检查表中的每一项并确定它们的本质是必要的。

进程间的资源竞争　当并发进程竞争使用同一资源时，它们之间会发生冲突。我们可以把这种情况简单描述如下：两个或更多的进程在它们的执行过程中需要访问一个资源，每个进程并不知道其他进程的存在，且每个进程也不受其他进程的影响。每个进程都不影响它所用资源的状态，这类资源包括 I/O 设备、存储器、处理器时间和时钟。

竞争进程间没有任何信息交换，但一个进程的执行可能会影响到竞争进程的行为。特别是当两个进程都期望访问同一个资源时，若操作系统把这个资源分配给一个进程，则另一个进程就必须等待。因此，被拒绝访问的进程的执行速度就会变慢。一种极端情况是，被阻塞的进程永远不能访问这个资源，因此该进程永远不能成功结束运行。

竞争进程面临三个控制问题。首先是需要*互斥*（mutual exclusion）。假设两个或更多的进程需要访问一个不可共享的资源，如打印机。在执行过程中，每个进程都给该 I/O 设备发命令，接收状态信息，发送数据和接收数据。我们把这类资源称为*临界资源*（critical resource），使用临界资源的那部分程序称为程序的*临界区*（critical section）。一次只允许有一个程序在临界区中，这一点非常重要。由于不清楚详细要求，我们不能仅仅依靠操作系统来理解和增强这个限制。例如在打印机的例子中，我们希望任何一个进程在打印整个文件时都拥有打印机的控制权，否则在打印结果中就会穿插着来自竞争进程的打印内容。

实施互斥产生了两个额外的控制问题。一个是*死锁*（deadlock）。例如，考虑两个进程 P1 和 P2，以及两个资源 R1 和 R2，假设每个进程为执行部分功能都需要访问这两个资源，则就有可能出现下列情况：操作系统把 R1 分配给 P2，把 R2 分配给 P1，每个进程都在等待另一个资源，且在获得其他资源并完成功能前，谁都不会释放自己已拥有的资源，此时这两个进程就会发生死锁。

另一个控制问题是*饥饿*（starvation）。假设有三个进程（P1、P2 和 P3），每个进程都周期性地访问资源 R。考虑这种情况，即 P1 拥有资源，P2 和 P3 都被延迟，等待这个资源。当 P1 退出其临界区时，P2 和 P3 都允许访问 R，假设操作系统把访问权授予 P3，并在 P3 退出临界区之前 P1 又要访问该临界区，若在 P3 结束后操作系统又把访问权授予 P1，且接下来把访问权轮流授予 P1

和 P3，则即使没有死锁，P2 也可能被无限地拒绝访问资源。

由于操作系统负责分配资源，竞争的控制不可避免地涉及操作系统。此外，进程自身需要能够以某种方式表达互斥的需求，如在使用前对资源加锁，但任何一种解决方案都涉及操作系统的某些支持，如提供锁机制。图 5.4 用抽象术语给出了互斥机制。假设有 *n* 个进程并发执行，每个进程包括在资源 Ra 上操作的临界区和不涉及资源 Ra 的其他代码。因为所有进程都需要访问同一资源 Ra，因此在同一时刻只有一个进程在临界区就很重要。为实施互斥，需要两个函数 entercritical 和 exitcritical。每个函数的参数都是竞争使用的资源名，若另外一个进程在其临界区中，则任何试图进入临界区的进程都必须等待。

下面还需要继续分析函数 entercritical 和 exitcritical 的具体机制，我们暂时把它推迟到讨论另一种进程的交互情况之后。

```
/* 进程 1*/
void P1
{
 while (true) {
  /* 处理代码 /;
  entercritical (Ra);
  /* 临界区 */;
  exitcritical (Ra);
  /* 其他代码 */;
 }
}
```

```
/* 进程 2*/
void P2
{
 while (true) {
  /* 处理代码 */;
  entercritical (Ra);
  /* 临界区 */;
  exitcritical (Ra);
  /* 其他代码 */;
 }
}
```

…

```
/*进程 n */
void Pn
{
 while (true) {
  /* 处理代码*/;
  entercritical (Ra);
  /* 临界区 */;
  exitcritical (Ra);
  /* 其他代码 */;
 }
}
```

图 5.4　互斥机制示例

进程间通过共享合作　通过共享进行合作的情况，包括进程间在互相并不确切知道对方的情况下进行交互。例如，多个进程可能访问一个共享变量、共享文件或数据库，进程可能使用并修改共享变量而不涉及其他进程，但却知道其他进程也可能访问同一个数据。因此，这些进程必须合作，以确保它们共享的数据得到正确管理。控制机制必须确保共享数据的完整性。

由于数据保存在资源（设备或存储器）中，因此再次涉及有关互斥、死锁和饥饿等控制问题。唯一的区别是可以按两种不同的模式（读和写）访问数据项，并且只有写操作必须保证互斥。

但是，除这些问题之外还有一个新要求：数据一致性。举个简单的例子，考虑一个关于记账的应用程序，这个程序中可能会更新各个数据项。假设两个数据项 a 和 b 保持着相等关系 a = b，也就是说，为保持这一关系，任何一个程序若修改了其中一个变量，也必须修改另一个变量。现在来看下面两个进程：

```
P1:
    a = a + 1;
    b = b + 1;
P2:
    b = 2 * b;
    a = 2 * a;
```

若最初状态是一致的，则单独执行每个进程会使共享数据仍然保持一致状态。现在考虑下面的并发执行，两个进程在每个数据项（a 和 b）上都考虑到了互斥：

```
a = a + 1;
b = 2 * b;
b = b + 1;
a = 2 * a;
```

按照这一执行顺序，结果不再保持条件 a = b。例如，开始时有 a = b = 1，在这个执行序列结束时有 a = 4 和 b = 3。为避免这个问题，可以把每个进程中的整个序列声明为一个临界区。

因此，在通过共享进行合作的情况下，临界区的概念非常重要，前述抽象函数 entercritical 和 exitcritical（见图 5.4）也可以用在这里。在这种情况下，该函数的参数可能是一个变量、一个文件或任何其他共享对象。此外，若使用临界区来保护数据的完整性，则没有确定的资源或变量可作为参数。此时，可以把参数视为一个在并发进程间共享的标识符，用于标识必须互斥的临界区。

进程间通过通信合作　在前面两种情况下，每个进程都有自己独立的环境，不包括其他进程，进程间的交互是间接的，并且都存在共享。在竞争情况下，它们在不知道其他进程存在的情况下共享资源；在第二种情况下，它们共享变量，每个进程并未明确地知道其他进程的存在，它只知道需要维护数据的完整性。当进程通过通信进行合作时，各个进程都与其他进程进行连接。通信提供同步和协调各种活动的方法。

典型情况下，通信可由各种类型的消息组成，发送消息和接收消息的原语由程序设计语言提供，或由操作系统的内核提供。

由于在传递消息的过程中进程间未共享任何对象，因而这类合作不需要互斥，但仍然存在死锁和饥饿问题。例如，有两个进程可能都被阻塞，每个都在等待来自对方的通信，这时发生死锁。作为饥饿的例子，考虑三个进程 P1、P2 和 P3，它们都有如下特性：P1 不断地试图与 P2 或 P3 通信，P2 和 P3 都试图与 P1 通信，若 P1 和 P2 不断地交换信息，而 P3 一直被阻塞，等待与 P1 通信，由于 P1 一直是活动的，因此虽不存在死锁，但 P3 处于饥饿状态。

5.2.5　互斥的要求

要提供对互斥的支持，必须满足以下要求：

1. 必须强制实施互斥：在与相同资源或共享对象的临界区有关的所有进程中，一次只允许一个进程进入临界区。
2. 一个在非临界区停止的进程不能干涉其他进程。
3. 绝不允许出现需要访问临界区的进程被无限延迟的情况，即不会死锁或饥饿。
4. 没有进程在临界区中时，任何需要进入临界区的进程必须能够立即进入。
5. 对相关进程的执行速度和处理器的数量没有任何要求和限制。
6. 一个进程驻留在临界区中的时间必须是有限的。

满足这些互斥条件的方法有多种。第一种方法是让并发执行的进程承担这一责任，这类进程（不论是系统程序还是应用程序）需要与另一个进程合作，而不需要程序设计语言或操作系统提供任何支持来实施互斥。我们把这类方法称为软件方法。尽管这种方法已被证明会增加开销并存在缺陷，但通过分析这类方法，可以更好地理解并发处理的复杂性，这些内容在后续章节里会介绍。第二种方法涉及专用机器指令，这种方法的优点是可以减少开销，但却很难成为一种通用的解决方案，详见 5.3 节。第三种方法是在操作系统或程序设计语言中提供某种级别的支持，5.4 节到 5.6 节将介绍这类方法中最重要的三种方法。

5.3　互斥：硬件的支持

本节讨论几种实现互斥的硬件方法。

5.3.1　中断禁用

在单处理器机器中，并发进程不能重叠，只能交替。此外，一个进程在调用一个系统服务或被中断前，将一直运行。因此，为保证互斥，只需保证一个进程不被中断即可，这种能力可通过系统内核为启用和禁用中断定义的原语来提供。进程可通过如下方法实施互斥（与图 5.4 对比）：

```
while (true) {
      /* 禁用中断 */;
      /* 临界区 */;
```

```
        /* 启用中断 */;
        /* 其余部分 */;
    }
```

由于临界区不能被中断，故可以保证互斥。但是，这种方法的代价非常高。由于处理器被限制得只能交替执行程序，因此执行的效率会明显降低。另一个问题是，这种方法不能用于多处理器体系结构中。当一个计算机系统包括多个处理器时，通常就可能有一个以上的进程同时执行，在这种情况下，禁用中断并不能保证互斥。

5.3.2 专用机器指令

在多处理器配置中，几个处理器共享对内存的访问。在这种情况下，不存在主/从关系，处理器间的行为是无关的，表现出一种对等关系，处理器之间没有支持互斥的中断机制。

在硬件级别上，对存储单元的访问排斥对相同单元的其他访问。因此，处理器的设计者人员提出了一些机器指令，用于保证两个动作的原子性[①]，如在一个取指周期中对一个存储器单元的读和写或读和测试。在这个指令执行的过程中，任何其他指令访问内存都将被阻止，而且这些动作在一个指令周期中完成。

本节给出两种最常见的指令，有关其他指令的描述详见[RAYN86]和[STON93]。

比较和交换指令 compare&swap 指令定义如下[HERL90]：

```
int compare_and_swap (int *word, int testval, int newval)
{
  int oldval;
  oldval = *word
  if (oldval == testval) *word = newval;
  return oldval;
}
```

这个指令的一个版本是用一个测试值（testval）检查一个内存单元（*word）。若这个内存单元的当前值是 testval，就用 newval 取代该值；否则保持不变。该指令总是返回旧内存值；因此，若返回值与测试值相同，则表示该内存单元已被更新。由此可见这个原子指令由两部分组成：比较内存单元值和测试值；值相同时产生交换。整个比较和交换功能按原子操作执行，即它不接受中断。

这个指令的另一个版本返回一个布尔值：交换发生时为真，否则为假。几乎所有处理器家族（x86、IA64、sparc 和 IBM z 系列等）都支持该指令的某个版本，且多数操作系统都利用该指令支持并发。

图 5.5(a)给出了基于这个指令的互斥规程[②]。共享变量 bolt 被初始化为 0。唯一可以进入临界区的进程是发现 bolt 等于 0 的那个进程。所有试图进入临界区的其他进程进入忙等待模式。术语忙等待（busy waiting）或自旋等待（spin waiting）指的是这样一种技术：进程在得到临界区访问权之前，它只能继续执行测试变量的指令来得到访问权，除此之外不能做任何其他事情。一个进程离开临界区时，它把 bolt 重置为 0，此时只允许一个等待进程进入临界区。进程的选择取决于哪个进程正好执行紧接着的 compare&swap 指令。

exchange 指令 exchange 指令定义如下：

```
void exchange(int *register, int *memory)
{
    int temp;
    temp =  *memory;
    *memory =  *register;
    *register = temp;
}
```

① 术语“原子”表示不能被中断的单个步骤的指令。

② 构造 **parbegin**(P1,P2,…,Pn)的含义如下：阻塞主程序，初始化并行过程 P1,P2,…,Pn；P1,P2,…,Pn 过程全部终止之后，才恢复主程序的执行。

这个指令交换一个寄存器的内容和一个存储单元的内容。Intel IA-32（Pentium）和 IA-64（Itanium）体系结构都含有 XCHG 指令。

图 5.5(b)显示了基于 exchange 指令的互斥协议：共享变量 bolt 初始化为 0，每个进程都使用一个局部变量 key 且初始化为 1。唯一可以进入临界区的进程是发现 bolt 等于 0 的那个进程。它通过把 bolt 置为 1 来避免其他进程进入临界区。一个进程离开临界区时，它把 bolt 重置为 0，允许另一个进程进入它的临界区。

```
/* program mutualexclusion */
const int n = /* 进程个数 */;
int bolt;
void P(int i)
{
   while (true) {
     while (compare_and_swap(bolt, 0, 1) == 1)
         /* 不做任何事 */;
     /* 临界区 */;
     bolt = 0;
     /* 其余部分 */;
   }
}
void main(){
   bolt = 0;
   parbegin (P(1), P(2), ... ,P(n));
}
```

(a) 比较和交换指令

```
/* program mutualexclusion */
int const n = /* 进程个数 */;
int bolt;
void P(int i)
{
   while (true)
     int keyi = 1;
     do exchange (&keyi, &bolt)
     while (keyi != 0);
     /* 临界区 */;
     bolt = 0;
     /* 其余部分 */;
   }
}
void main(){
   bolt = 0;
   parbegin (P(1), P(2), ..., P(n));
}
```

(b) 交换指令

图 5.5　互斥的硬件支持

注意，由于变量初始化的方式和交换算法的本质，下面的表达式恒成立：

$$\mathrm{bolt}+\sum_i \mathrm{key}_i = n$$

若 bolt = 0，则没有任何一个进程在它的临界区中；若 bolt = 1，则只有一个进程在临界区中，即 key 的值等于 0 的那个进程。

机器指令方法的特点　使用专用机器指令实施互斥有以下优点：

- 适用于单处理器或共享内存的多处理器上的任意数量的进程。
- 简单且易于证明。
- 可用于支持多个临界区，每个临界区可以用它自己的变量定义。

然而使用专用机器指令实施互斥也有一些严重的缺点：

- **使用了忙等待**：因此，当一个进程正在等待进入临界区时，它会继续消耗处理器时间。
- **可能饥饿**：当一个进程离开一个临界区且有多个进程正在等待时，选择哪个等待进程是任意的，因此某些进程可能会被无限地拒绝进入。
- **可能死锁**：考虑单处理器上的下列情况。进程 P1 执行专用指令（例如 compare&swap、exchange）并进入临界区，然后 P1 被中断并把处理器让给具有更高优先级的 P2。若 P2 试图使用同一资源，由于互斥机制，它将被拒绝访问。因此，它会进入忙等待循环。但是，由于 P1 比 P2 的优先级低，因此它将永远不会被调度执行。

由于软件方法和硬件方法都存在缺陷，因此需要寻找其他合适的机制。

5.4 信号量

现在讨论提供并发性的操作系统和程序设计语言的机制。表 5.3 总结了一般常用的并发机制。

本节首先讨论信号量，后续两节分别讨论管程和消息传递。表中其他机制分别在第 6 章和第 13 章介绍的特殊操作系统实例中讨论。

表 5.3　常用的并发机制

信号量	用于进程间传递信号的一个整数值。在信号量上只可进行三种操作，即初始化、递减和增加，这三种操作都是原子操作。递减操作用于阻塞一个进程，递增操作用于解除一个进程的阻塞。信号量也称为计数信号量或一般信号量
二元信号量	只取 0 值和 1 值的信号量
互斥量	类似于二元信号量。关键区别在于为其加锁（设定值为 0）的进程和为其解锁（设定值为 1）的进程必须为同一个进程
条件变量	一种数据类型，用于阻塞进程或线程，直到特定的条件为真
管程	一种编程语言结构，它在一个抽象数据类型中封装了变量、访问过程和初始化代码。管程的变量只能由管程自身的访问过程访问，每次只能有一个进程在其中执行。访问过程即临界区。管程可以有一个等待进程队列
事件标志	用作同步机制的一个内存字。应用程序代码可为标志中的每个位关联不同的事件。通过测试相关的一个或多个位，线程可以等待一个事件或多个事件。在全部所需位都被设定（AND）或至少一个位被设定（OR）之前，线程会一直被阻塞
信箱/消息	两个进程交换信息的一种方法，也可用于同步
自旋锁	一种互斥机制，进程在一个无条件循环中执行，等待锁变量的值可用

在解决并发进程问题的过程中，第一个重要的进展是 1965 年 Dijkstra 的论文[DIJK65]。Dijkstra 参与了一个操作系统的设计，这个操作系统设计为一组合作的顺序进程，并为支持合作提供了有效且可靠的机制。只要处理器和操作系统使这些机制可用，它们就可以很容易地被用户进程使用。

基本原理如下：两个或多个进程可以通过简单的信号进行合作，可以强迫一个进程在某个位置停止，直到它接收到一个特定的信号。任何复杂的合作需求都可通过适当的信号结构得到满足。为了发信号，需要使用一个称为信号量的特殊变量。要通过信号量 s 传送信号，进程须执行原语 semSignal(s)；要通过信号量 s 接收信号，进程须执行原语 semWait(s)；若相应的信号仍未发送，则阻塞进程，直到发送完为止①。

为达到预期效果，可把信号量视为一个值为整数的变量，整数值上定义了三个操作：

1. 一个信号量可以初始化成非负数。
2. semWait 操作使信号量减 1。若值变成负数，则阻塞执行 semWait 的进程，否则进程继续执行。
3. semSignal 操作使信号量加 1。若值小于等于零，则被 semWait 操作阻塞的进程解除阻塞。

除这三个操作外，没有任何其他方法可以检查或操作信号量。

对这三个操作的解释如下：开始时，信号量的值为零或正数。若值为正数，则它等于发出 semWait 操作后可立即继续执行的进程的数量。若值为零（要么由于初始化，要么由于有等于信号量初值的进程已在等待），则发出 semWait 操作的下一个进程会被阻塞，此时该信号量的值变为负值。之后，每个后续的 semWait 操作都会使信号量的负值更大。该负值等于正在等待解除阻塞的进程的数量。在信号量为负值的情形下，每个 semSignal 操作都会将等待进程中的一个进程解除阻塞。

[Subject]给出了信号量定义的三个重要结论：

- 通常，在进程对信号量减 1 之前，无法提前知道该信号量是否会被阻塞。
- 当进程对一个信号量加 1 之后，会唤醒另一个进程，两个进程继续并发运行。而在一个单处理器系统中，同样无法知道哪个进程会立即继续运行。
- 向信号量发出信号后，不需要知道是否有另一个进程正在等待，被解除阻塞的进程数要么没有，要么为 1。

图 5.6 给出了关于信号量原语更规范的定义。semWait 和 semSignal 原语被假设是原子操作。图 5.7 定义了称为*二元信号量*（binary semaphore）的更严格的形式。二元信号量的值只能是 0 或 1，可由下面三个操作定义：

---

① 在 Dijkstra 最初的论文及大多数文献中，字母 P 用于 semWait，字母 V 用于 semSignal。有些文献中也使用术语 wait 和 signal。本书中为清晰起见，并避免与后续讨论的管程中的 wait 和 signal 操作相混淆，使用 semWait 和 semSignal。

```
struct semaphore {
        int count;
        queueType queue;
};
void semWait(semaphore s)
{
        s.count--;
        if (s.count < 0) {
          /* 把当前进程插入队列*/;
          /* 阻塞当前进程*/;
        }
}
void semSignal(semaphore s)
{
        s.count++;
        if (s.count <= 0) {
          /* 把进程 P 从队列中移除*/;
          /* 把进程 P 插入就绪队列*/;
        }
}
```

图 5.6　信号量原语的定义

```
struct binary_semaphore {
        enum {zero, one} value;
        queueType queue;
};
  void semWaitB(binary_semaphore s)
{
        if (s.value == one)
             s.value = zero;
        else {
                    /* 把当前进程插入队列*/;
                    /* 阻塞当前进程*/;
        }
}
  void semSignalB(semaphore s)
{
        if (s.queue is empty())
             s.value = one;
        else {
                   /* 把进程 P 从等待队列中移除*/;
                   /* 把进程 P 插入就绪队列 */;
        }
}
```

图 5.7　二元信号量原语的定义

1. 二元信号量可以初始化为 0 或 1。
2. semWaitB 操作检查信号的值。若值为 0，则进程执行 semWaitB 就会受阻。若值为 1，则将值改为 0，并继续执行该进程。
3. semSignalB 操作检查是否有任何进程在该信号上受阻。若有进程受阻，则通过 semWaitB 操作，受阻的进程会被唤醒；若没有进程受阻，则值设置为 1。

理论上，二元信号量更易于实现，且可以证明它和普通信号具有同样的表达能力（见习题 5.19）。为了区分这两种信号，非二元信号量也常称为**计数信号量**（counting semaphore）或**一般信号量**（general semaphore）。

与二元信号量相关的一个概念是**互斥锁**（mutex）。互斥是一个编程标志位，用来获取和释放一个对象。当需要的数据不能被分享或处理，进而导致在系统中的其他地方不能同时执行时，互斥被设置为锁定（一般为 0），用于阻塞其他程序使用数据。当数据不再需要或程序运行结束时，互斥被设定为非锁定。二元信号量和互斥量的关键区别在于，为互斥量加锁（设定值为 0）的进程和为互斥量解锁（设定值为 1）的进程必须是同一个进程。相比之下，可能由某个进程对二元信号量进行加锁操作，而由另一个进程为其解锁①。

不论是计数信号量还是二元信号量，都需要使用队列来保存于信号量上等待的进程。这就产生了一个问题：进程按照什么顺序从队列中移出？最公平的策略是先进先出（FIFO）：被阻塞时间最久的进程最先从队列释放。采用这一策略定义的信号量称为强信号量（strong semaphore），而没有规定进程从队列中移出顺序的信号量称为弱信号量（weak semaphore）。图 5.8 是一个关于强信号量操作的例子。其中进程 A、B 和 C 依赖于进程 D 的结果，在初始时刻①，A 正在运行，B、C 和 D 就绪，信号量为 1，表示 D 的一个结果可用。当 A 执行一条 semWait 指令后，信号量减为 0，A 能继续执行，随后它加入就绪队列；然后在时刻②，B 正在运行，最终执行一条 semWait 指令，并被阻塞；在时刻③，允许 D 运行；在时刻④，当 D 完成一个新结果后，它执行一条 semSignal 指令，允许 B 移到就绪队列中；在时刻⑤，D 加入就绪队列，C 开始运行，当它执行 semWait 指令时被阻塞。类似地，在时刻⑥，A 和 B 运行，且被阻塞在这个信号量上，允许 D 恢复执行。当 D 有一个结果后，执行一条 semSignal 指令，把 C 移到就绪队列中，随后的 D 循环将解除 A 和 B 的阻塞状态。

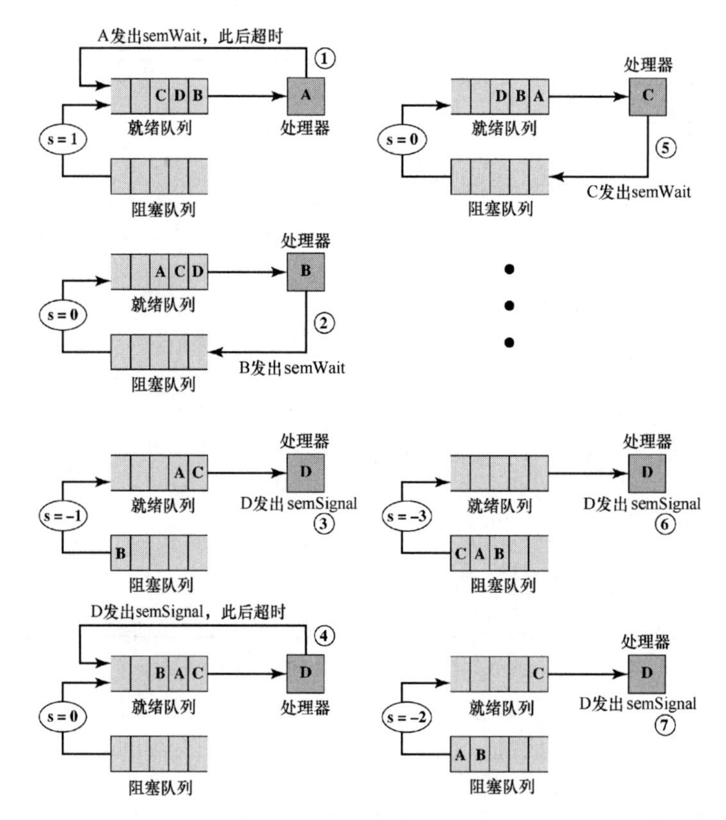

图 5.8 信号量机制示例

对于下节将要讲述的互斥算法（见图 5.9），强信号量保证不会饥饿，而弱信号量则无法保证。这里将采用强信号量，因为它们更方便，且是操作系统提供的典型信号量形式。

5.4.1 互斥

图 5.9 给出了一种使用信号量 s 解决互斥问题的方法（与图 5.4 对比）。设有 n 个进程，用数组 P(i)

① 在有些文献和教材中，互斥量和二元信号量并无区别。实际上，很多操作系统都提供符合本书定义的互斥量机制，如 Linux、Windows 和 Solaris。

表示，所有进程都需要访问共享资源。每个进程进入临界区前执行 semWait(s)，若 s 的值为负，则进程被阻塞；若值为 1，则 s 被减为 0，进程立即进入临界区；由于 s 不再为正，因而其他任何进程都不能进入临界区。

```
/* program mutualexclusion */
const int n = /* 进程数 */;
semaphore s = 1;
void P(int i)
{
     while (true) {
          semWait(s);
          /* 临界区 */;
          semSignal(s);
          /* 其余部分 */;
     }
}
void main()
{
     parbegin (P(1), P(2), … , P(n));
}
```

图 5.9　使用信号量的互斥

信号量一般初始化为 1，这样第一个执行 semWait 的进程可立即进入临界区，并把 s 的值置为 0。接着任何试图进入临界区的其他进程，都将发现第一个进程忙，因此被阻塞，把 s 的值置为-1。可以有任意数量的进程试图进入，每个不成功的尝试都会使 s 的值减 1，当最初进入临界区的进程离开时，s 增 1，一个被阻塞的进程（若有的话）被移出等待队列，置于就绪态。这样，当操作系统下一次调度时，它就可以进入临界区。

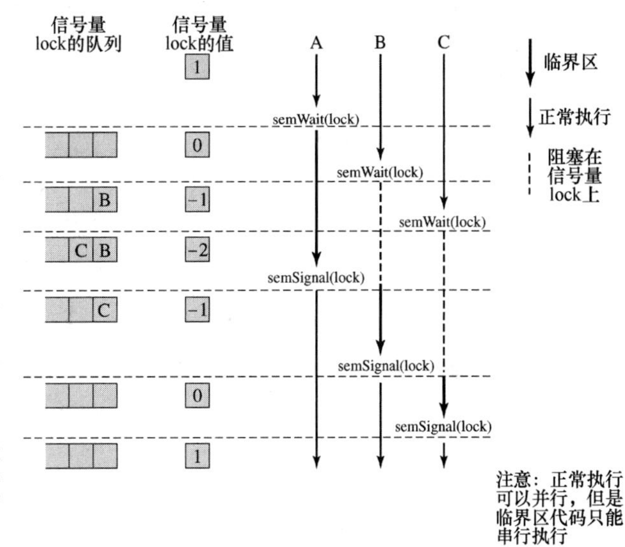

图 5.10　进程访问受信号量保护的共享数据

基于[BACO03]的图 5.10 显示了三个进程使用图 5.9 所示互斥协议后的一种执行顺序。在该例中，三个进程（A、B、C）访问一个受信号量 lock 保护的共享资源。进程 A 执行 semWait(lock)；由于信号量在本次 semWait 操作时值为 1，因而 A 可以立即进入临界区，并把信号量的值置为 0；当 A 在临界区中时，B 和 C 都执行一个 semWait 操作并被阻塞；当 A 退出临界区并执行时，队列中的第一个进程 B 现在可以进入临界区。

图 5.9 中的程序也可公平地处理一次允许多个进程进入临界区的需求。这个需求可通过把信号量初始化成某个特定值来实现。因此，在任何时候，s.count 的值都可解释如下：

- s.count≥0：s.count 是可执行 semWait(s)而不被阻塞的进程数［期间无 semSignal(s)执行］。这种情形允许信号量支持同步与互斥。
- s.count<0：s.count 的大小是阻塞在 s.queue 队列中的进程数。

5.4.2　生产者/消费者问题

现在分析并发处理中最常见的一类问题：生产者（producer）/消费者（consumer）问题。这个访问通常描述如下：有一个或多个生产者生产某种类型的数据（记录、字符），并放置在缓冲区中；有一个消费者从缓冲区中取数据，每次取一项；系统保证避免对缓冲区的重复操作，即在任何时候只有一个主体（生产者或消费者）可访问缓冲区。问题是要确保这种情况：当缓存已满时，生产者不会继续向其中添加数据；当缓存为空时，消费者不会从中移走数据。我们将讨论该问题的多种解决方案，以证明信号量的能力和缺陷。

首先假设缓冲区是无限的，且是一个线性的元素数组。用抽象的术语，可以定义如下的生产者和消费者函数：

```
producer:
while(true) {
    /* 生产 v */;
    b[in] = v;
    in++;
}
```

```
consumer:
while(true) {
    while(in <= out)
        /* 不做任何事 */;
    w = b[out];
    out++;
    /* 消费 w */;
}
```

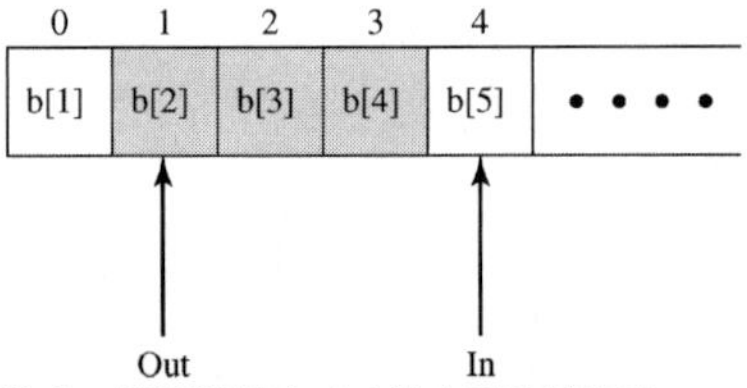

0 1 2 3 4
b[1] b[2] b[3] b[4] b[5] • • • •
Out In

注意：阴影部分表示已被占用的缓冲区

图 5.11 生产者/消费者问题的无限缓冲区

图 5.11 显示了缓冲区 b 的结构。生产者可以按自己的步调产生项目并保存在缓冲区中。每次缓冲区中的索引（in）增 1。消费者以类似的方法继续，但必须确保它不会从一个空缓冲区中读取数据，因此消费者在开始进行之前应该确保生产者已经生产（in>out）。

现在用二元信号量来实现这个系统，图 5.12 是第一次尝试。这里不处理索引 in 和 out，而用整型变量 n（=in-out）简单地记录缓冲区中数据项的个数。信号量 s 用于实施互斥，信号量 delay 用于迫使消费者在缓冲区为空时等待（semWait）。

```
/* program producerconsumer */
    int n;
    binary_semaphore s = 1, delay = 0;
    void producer()
    {
        while (true)  {
            produce();
            semWaitB(s);
            append();
            n++;
            if (n==1) semSignalB(delay);
            semSignalB(s);
        }
    }
    void consumer()
    {
        semWaitB(delay);
        while (true)   {
            semWaitB(s);
            take();
            n--;
            semSignalB(s);
            consume();
            if (n==0) semWaitB(delay);
        }
    }
    void main()
    {
        n = 0;
        parbegin (producer, consumer);
    }
```

图 5.12 使用二元信号量解决无限缓冲区生产者/消费者问题的不正确方法

这种方法看上去很直观。生产者可以在任何时候自由地向缓冲区中增加数据项。它在添加数据前执行 semWaitB(s)，之后执行 semSignalB(s)，以阻止消费者或任何其他生产者在添加操作过程中访问缓冲区。同时，当生产者在临界区中时，将 n 的值增 1。若 n = 1，则在本次添加之前缓冲区为空，生产者执行 semSignalB(delay)以通知消费者这个事实。消费者最初就使用 semWaitB(delay)等待生产出第一个项目，然后在自己的临界区中取到这一项并将 n 减 1。若生产者总能保持在消费者之前工作（一种普通情况），即 n 将总为正，则消费者很少会被阻塞在信号量 delay 上。因此，生产者和消费者都可以正常运行。

但这个程序仍有缺陷。当消费者消耗尽缓冲区中的数据项时，需重置信号量 delay，因此它被迫等待到生产者向缓冲区中放置更多的数据项，这正是语句 if n == 0 semWaitB(delay)的目的。考虑表 5.4 中的情况，在第 14 行，消费者执行 semWaitB 操作失败。但是消费者确实用尽了缓冲区并把 n 置为 0（第 8 行），然而生产者在消费者测试到这一点（第 14 行）之前将 n 增 1，结果导致 semSignalB 和前面的 semWaitB 不匹配。第 20 行的 n 值为-1，表示消费者已经消费了缓冲区中不存在的一项。仅把消费者临界区中的条件语句移出也不能解决问题，因为这将导致死锁（如在表 5.4 的第 8 行后）。

表 5.4　图 5.12 中程序的可能情况

	生产者	消费者	s	n	delay
1			1	0	0
2	semWaitB(s)		0	0	0
3	n++		0	1	0
4	**if** (n==1) (semSignalB(delay))		0	1	1
5	semSignalB(s)		1	1	1
6		semWaitB(delay)	1	1	0
7		semWaiB(s)	0	1	0
8		n--	0	0	0
9		semSignalB(s)	1	0	0
10	semWaitB(s)		0	0	0
11	n++		0	1	0
12	**if**(n==1) (semSignalB(delay))		0	1	1
13	semSignalB(s)		1	1	1
14		**If** (n==0) (semWaitB(delay))	1	1	1
15		semWaitB(s)	0	1	1
16		n--	0	0	1
17		semSignalB(s)	1	0	1
18		**If** (n==0) (semWaitB(delay))	1	0	0
19		semWaitB(s)	0	0	0
20		n--	0	-1	0
21		semSignalB(s)	1	-1	0

注意：白色区域表示由信号量 s 控制的临界区。

解决这个问题的方法是引入一个辅助变量，我们可以在消费者的临界区中设置这个变量供以后使用，如图 5.13 所示。仔细跟踪这个逻辑过程，可以确认不会再发生死锁。

使用一般信号量（也称为计数信号量），可得到一种更清晰的解决方法，如图 5.14 所示。变量 n 为信号量，其值等于缓冲区中的项数。假设在抄录这个程序时发生了错误，操作 semSignalB(s)和 semSignalB(n)被互换，这就要求生产者在临界区中执行 semSignalB(n)操作时不会被消费者或另一个生产者打断。这会影响程序吗？不会，因为无论何种情况，消费者在继续进行之前必须在两个信号量上等待。

```
/* program producerconsumer */
     int n;
     binary_semaphore s = 1, delay = 0;
     void producer()
     {
          while (true) {
                 produce();
                 semWaitB(s);
                 append();
                 n++;
                 if (n == 1) semSignalB(delay);
                 semSignalB(s);
          }
     }
     void consumer()
     {
          int m; /* 局部变量*/
          semWaitB(delay);
          while (true) {
                 semWaitB(s);
                 take();
                 n--;
                 m = n;
                 semSignalB(s);
                 consume();
                 if (m == 0) semWaitB(delay);
          }
     }
     void main()
     {
          n = 0;
          parbegin (producer, consumer);
     }
```

图 5.13 使用二元信号量解决无限缓冲区生产者/消费者问题的正确方法

```
/* program producerconsumer */
     semaphore n = 0, s = 1;
     void producer()
     {
          while (true) {
               produce();
               semWait(s);
               append();
               semSignal(s);
               semSignal(n);
          }
     }
     void consumer()
     {
          while (true) {
                semWait(n);
                semWait(s);
                take();
                semSignal(s);
                consume();
          }
     }
     void main()
     {
          parbegin (producer, consumer);
     }
```

图 5.14 使用信号量解决无限缓冲区生产者/消费者问题的方法

现在假设 semWait(n)和 semWait(s)操作偶然被颠倒，这时会产生严重甚至致命的错误。若缓冲区为空（n.count = 0）时消费者曾进入过临界区，则任何一个生产者都不能继续向缓冲区中添加数据项，系统发生死锁。这是一个体现信号量的微妙之处和进行正确设计的困难之处的较好示例。

最后，我们给生产者/消费者问题增加一个新的实际约束，即缓冲区是有限的。缓冲区被视为一个循环存储器，如图 5.15 所示，指针值必须表达为按缓冲区的大小取模，并总是保持下面的关系：

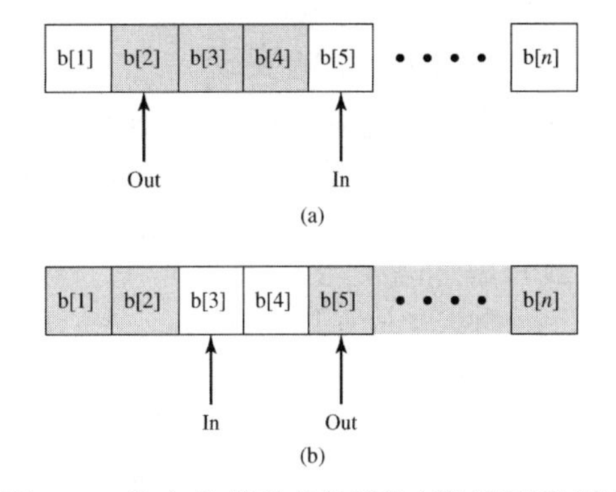

图 5.15　生产者/消费者问题的有限循环缓冲区

被阻塞	解除阻塞
生产者：在满缓冲区中插入	消费者：移出一项
消费者：从空缓冲区中移出	生产者：插入一项

生产者和消费者函数可表示成如下形式（变量 in 和 out 初始化为 0，n 代表缓冲区的大小）：

```
producer:
while (true) {
    /* 生产 v */
    while ((in + 1) % n == out)
        /* 不做任何事 */;
        b[in] = v;
        in = (in + 1) % n;
}
```

```
consumer:
while (true) {
    while (in == out)
        /* 不做任何事 */;
    w = b[out];
    out = (out + 1) % n;
    /* 消费 w */;
}
```

图 5.16 给出了使用一般信号量的解决方案，其中增加了信号量 e 来记录空闲空间的数量。

使用信号量的另外一个例子是在附录 A 中描述的理发店问题。附录 A 还包含了使用信号量会产生竞争的例子。

```
/* program boundedbuffer */
    const int sizeofbuffer = /* 缓冲区大小*/;
    semaphore s = 1, n = 0, e = sizeofbuffer;
    void producer()
    {
         while (true) {
              produce();
              semWait(e);
              semWait(s);
              append();
              semSignal(s);
              semSignal(n);
         }
    }
    void consumer()
    {
         while (true) {
              semWait(n);
              semWait(s);
              take();
              semSignal(s);
              semSignal(e);
              consume();
         }
    }
    void main()
    {
              parbegin (producer, consumer);
    }
```

图 5.16　使用信号量解决有限缓冲区生产者/消费者问题的方法

5.4.3 信号量的实现

如前所述，semWait 和 semSignal 操作必须作为原子原语实现。一种显而易见的方法是用硬件或固件实现。若没有这些方案，则还有很多其他方案。问题的本质是互斥：任何时候只有一个进程可用 semWait 或 semSignal 操作控制一个信号量。因此，可以使用任何一种软件方案，如 Dekker 算法或 Peterson 算法（见 5.1 节），这必然伴随着处理开销。

另一种选择是使用一种硬件支持实现互斥的方案。例如，图 5.17 显示了使用 compare&swap 指令的实现。其中，信号量是图 5.6 中的结构，但还包括一个新的整型分量 s.flag。诚然，这涉及某种形式的忙等待，但 semWait 和 semSignal 操作都相对较短，因此所涉及的忙等待时间量非常小。

对于单处理器系统，在 semWait 或 semSignal 操作期间是可以禁用中断的，如图 5.17(b)所示。这些操作的执行时间相对很短，因此这种方法是合理的。

```
semWait(s)
{
    while (compare and swap(s.flag, 0 , 1) == 1)
        /* 不做任何事 */;
    s.count--;
    if (s.count < 0) {
        /* 该进程进入 s.queue 队列 */;
        /* 阻塞该进程(还须将 s.flag 设置为 0)*/;
    }
    s.flag = 0;
}

semSignal(s)
{
    while (compare and swap(s.flag, 0 , 1) == 1)
        /* 不做任何事 */;
    s.count++;
    if (s.count <= 0) {
        /* 从 s.queue 队列中移出进程 P*/;
        /* 进程 P 进入就绪队列 */;
    }
    s.flag = 0;
}
```

(a) 比较和交换指令

```
semWait(s)
{
    禁用中断;
    s.count--;
    if (s.count < 0) {
        /* 该进程进入 s.queue 队列 */;
        /* 阻塞该进程，并允许中断 */;
    }
    else
        允许中断;
}

semSignal(s)
{
    禁用中断;
    s.count++;
    if (s.count <= 0) {
        /* 从 s.queue 队列中移出进程 P*/;
        /* 进程 P 进入就绪队列 */;
    }
    允许中断;
}
```

(b) 中断

图 5.17 信号量的两种可能实现

5.5 管程

信号量为实施互斥和进程间的合作，提供了一种原始但功能强大且灵活的工具。但是，如图 5.12 所示，使用信号量设计一个正确的程序是很困难的，难点在于 semWait 和 semSignal 操作可能分布在整个程序中，而很难看出信号量上的这些操作所产生的整体效果。

管程是一种程序设计语言结构，它提供的功能与信号量相同，但更易于控制。管程的概念在[HOAR74]中首次定义，但管程结构在很多程序设计语言中都得以实现，包括并发 Pascal、Pascal-Plus、Modula-2、Modula-3 和 Java，它还被作为一个程序库实现。这就允许我们用管程锁定任何对象，对类似于链表之类的对象，可以用一个锁锁住整个链表，也可每个表用一个锁，还可为表中的每个元素用一个锁。

首先介绍 Hoare 的方案，然后对它进行改进。

5.5.1 使用信号的管程

管程是由一个或多个过程、一个初始化序列和局部数据组成的软件模块，其主要特点如下：

1. 局部数据变量只能被管程的过程访问，任何外部过程都不能访问。
2. 一个进程通过调用管程的一个过程进入管程。
3. 在任何时候，只能有一个进程在管程中执行，调用管程的任何其他进程都被阻塞，以等待管程可用。

前两个特点让人联想到面向对象软件中对象的特点。的确，面向对象操作系统或程序设计语言很容易把管程作为一种具有特殊特征的对象来实现。

通过给进程强加规定，管程可以提供一种互斥机制：管程中的数据变量每次只能被一个进程访问。因此，可以把一个共享数据结构放在管程中，从而对它进行保护。若管程中的数据代表某些资源，则管程为访问这些资源提供了互斥机制。

要进行并发处理，管程必须包含同步工具。例如，假设一个进程调用了管程，且当它在管程中时必须被阻塞，直到满足某些条件。这就需要一种机制，使得该进程不仅被阻塞，而且能释放这个管程，以便某些其他的进程可以进入。以后，当条件满足且管程再次可用时，需要恢复该进程并允许它在阻塞点重新进入管程。

管程通过使用**条件变量**（condition variable）来支持同步，这些条件变量包含在管程中，并且只有在管程中才能被访问。有两个函数可以操作条件变量：

- `cwait(c)`：调用进程的执行在条件 `c` 上阻塞，管程现在可被另一个进程使用。
- `csignal(c)`：恢复执行在 `cwait` 之后因某些条件而被阻塞的进程。若有多个这样的进程，选择其中一个；若没有这样的进程，什么也不做。

注意，管程的 `wait` 和 `signal` 操作与信号量不同。若管程中的一个进程发信号，但没有在这个条件变量上等待的任务，则丢弃这个信号。

图 5.18 给出了一个管程的结构。尽管一个进程可以通过调用管程的任何一个过程进入管程，但我们仍可视管程有一个入口点，保证一次只有一个进程可以进入。其他试图进入管程的进程被阻塞并加入等待管程可用的进程队列中。当一个进程在管程中时，它可能会通过发送 `cwait(x)` 把自己暂时阻塞在条件 `x` 上，随后它被放入等待条件改变以重新进入管程的进程队列中，在 `cwait(x)` 调用的下一条指令开始恢复执行。

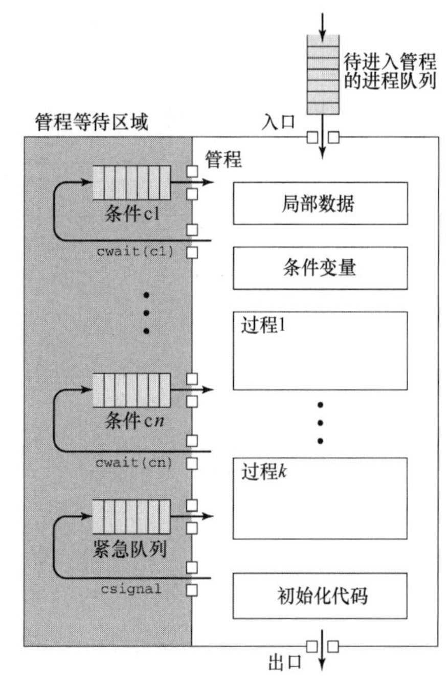

图 5.18　管程的结构

若在管程中执行的一个进程发现条件变量 `x` 发生了变化，则它发送 `csignal(x)`，通知相应的条件队列条件已改变。

为给出一个使用管程的例子，我们再次考虑有界缓冲区的生产者/消费者问题。图 5.19 给出了使用管程的一种解决方案。管程模块 `boundedbuffer` 控制着用于保存和取回字符的缓冲区，管程中有两个条件变量（使用结构 **cond** 声明）：缓冲区中至少有增加一个字符的空间时，`notfull` 为真；缓冲区中至少有一个字符时，`notempty` 为真。

生产者可以通过管程中的过程 `append` 向缓冲区中增加字符，它不能直接访问 `buffer`。该过程首先检查条件 `notfull`，以确定缓冲区是否还有可用空间。若没有，执行管程的进程在这个条件上被阻塞。其他的某个进程（生产者或消费者）现在可以进入管程。此后，当缓冲区不再满时，被阻塞进程可以从队列中移出，重新激活并恢复处理。向缓冲区中放置一个字符后，该进程发送 `notempty` 条件信号。对消费者函数也可以进行类似的描述。

这个例子表明，与信号量相比较，管程担负的责任不同。对于管程，它构造了自己的互斥机制：生产者和消费者不可能同时访问缓冲区；但是，程序员必须把适当的 `cwait` 和 `csignal` 原语放在管程中，以防止进程向一个满缓冲区中存放数据项，或从一个空缓冲区中取数据项。而在使用信号量的情况下，执行互斥和同步都由程序员负责。

```
/* program producerconsumer */
monitor boundedbuffer;
char buffer [N];                                   /* 分配 N 个数据项空间*/
int nextin, nextout;                               /* 缓冲区指针*/
int count;                                         /* 缓冲区中数据项的个数*/
cond notfull, notempty;                            /* 为同步设置的条件变量*/
void append (char x)
{
    if (count == N) cwait(notfull);                /* 缓冲区满，防止溢出*/
    buffer[nextin] = x;
    nextin = (nextin + 1) % N;
    count++;
    /*缓冲区中的数据项个数增 1*/
    csignal (nonempty);                            /*释放任何一个等待的进程*/
}
void take (char x)
{
    if (count == 0) cwait(notempty);               /* 缓冲区空，防止下溢*/
    x = buffer[nextout];
    nextout = (nextout + 1) % N);
    count--;                                       /* 缓冲区中数据项个数减 1*/
    csignal (notfull);                             /* 释放任何一个等待的进程*/
}
{                                                  /* 管程体*/
    nextin = 0; nextout = 0; count = 0;            /* 缓冲区初始化为空*/
}
```

```
void producer()
{
    char x;
    while (true) {
    produce(x);
    append(x);
    }
}
void consumer()
{
    char x;
    while (true) {
    take(x);
    consume(x);
    }
}
void main()
{
    parbegin (producer, consumer);
}
```

图 5.19　使用管程解决有界缓冲区的生产者/消费者问题的方法

注意在图 5.19 中，进程执行 csignal 函数后立即退出管程，若在过程最后未发生 csignal，Hoare 建议发送该信号的进程被阻塞，从而使管程可用，并放入队列中直到管程空闲。此时，一种可能是把阻塞进程放到入口队列中，这样它就必须与其他还未进入管程的进程竞争。但是，由于在 csignal 函数上阻塞的进程已在管程中执行了部分任务，因此使它们优先于新进入的进程是很有意义的，这可通过建立一条独立的紧急队列来实现，如图 5.18 所示。并发 Pascal 是使用管程的一种语言，它要求 csignal 只能作为管程过程中执行的最后一个操作出现。

若没有进程在条件 x 上等待，csignal(x) 的执行将不会产生任何效果。

而对于信号量，在管程的同步函数中可能会产生错误。例如，若省略 bounded-buffer 管程中的任何一个 csignal 函数，则进入相应条件队列的进程将被永久阻塞。管程优于信号量之处在于，所有的同步机制都被限制在管程内部，因此不但易于验证同步的正确性，而且易于检测出错误。此外，若一个管程被正确地编写，则所有进程对受保护资源的访问都是正确的；而对于信号量，只有当所有访问资源的进程都被正确地编写时，资源访问才是正确的。

5.5.2　使用通知和广播的管程

Hoare 关于管程的定义[HOAR74]要求在条件队列中至少有一个进程，当另一个进程为该条件产生 csignal 时，立即运行队列中的一个进程。因此，产生 csignal 的进程必须立即退出管程，或阻塞在管程上。

这种方法有两个缺陷：

1. 若产生 csignal 的进程在管程内还未结束，则需要两次额外的进程切换：阻塞这个进程需要一次切换，管程可用时恢复这个进程又需要一次切换。
2. 与信号相关的进程调度必须非常可靠。产生一个 csignal 时，必须立即激活来自相应条件队列中的一个进程，调度程序必须确保在激活前没有其他进程进入管程，否则进程被激活的条件又会改变。例如，在图 5.19 中，当产生一个 csignal(notempty)时，来自 notempty 队列中的一个进程必须在一个新消费者进入管程之前被激活。另一个例子是，生产者进程可能向一个空缓冲区中添加一个字符，并在发信号前失败，因此在 notempty 队列中的任何进程都将被永久阻塞。

Lampson 和 Redell 为 Mesa 语言开发了一种不同的管程[LAMP80]，这种方法克服了上面的缺陷，并支持许多有用的扩展。Mesa 管程结构还可用于 Modula-3 系统程序设计语言[NELS91]。在 Mesa 中，csignal 原语被 cnotify 取代，cnotify 可解释如下：当一个正在管程中的进程执行 cnotify(x)时，会使得 x 条件队列得到通知，但发信号的进程继续执行。通知的结果是在将来合适且处理器可用时恢复执行位于条件队列头的进程。但是，由于不能保证在它之前没有其他进程进入管程，因而这个等待进程必须重新检查条件。例如，boundedbuffer 管程中的过程现在采用如图 5.20 中的代码。

```
void append (char x)
{
     while (count == N) cwait(notfull);          /* 缓冲区满，防止溢出 */
     buffer[nextin] = x;
     nextin = (nextin + 1) % N;
     count++;                                    /* 缓冲区中数据项的个数增 1*/
     cnotify(notempty);                          /* 通知正在等待的进程 */
}

void take (char x)
{
     while (count == 0) cwait(notempty);         /* 缓冲区空，防止下溢*/
     x = buffer[nextout];
     nextout = (nextout + 1) % N);
     count--;                                    /* 缓冲区中数据项的个数减 1*/
     cnotify(notfull);                           /* 通知正在等待的进程*/
}
```

图 5.20　有界缓冲区管程代码

if 语句被 **while** 循环取代，因此这个方案导致了对条件变量至少多一次额外的检测。作为回报，它不再有额外的进程切换，且对等待进程在 cnotify 之后什么时候运行没有任何限制。

与 cnotify 原语相关的一个有用的改进是，给每个条件原语关联一个监视计时器，不论条件是否被通知，等待时间超时的一个进程将被设置为就绪态。激活该进程后，它检查相关条件，若条件满足则继续执行。超时可以防止如下情况的发生：当某些其他进程在产生相关条件的信号之前失败时，等待该条件的进程被无限制地推迟执行而处于饥饿状态。

由于进程是接到通知而非强制激活的，因此可给指令表增加一条 cbroadcast 原语。广播可以使所有在该条件上等待的进程都置于就绪态，当一个进程不知道有多少进程将被激活时，这种方式非常方便。例如，在生产者/消费者问题中，假设 append 和 take 函数都适用于变长字符块，此时，若一个生产者向缓冲区中添加了一批字符，则它不需要知道每个正在等待的消费者准备消耗多少字符，而只需产生一个 cbroadcast，所有正在等待的进程都得到通知并再次尝试运行。

此外，当一个进程难以准确地判定将激活哪个进程时，也可使用广播。存储管理程序就是一个很好的例子。管理程序有 j 个空闲字节，一个进程释放了额外的 k 个字节，但它不知道哪个等待进程共需要 $k+j$ 个字节，因此它使用广播，所有进程都检测是否有足够的存储空间。

Lampson/Redell 管程优于 Hoare 管程的原因是，Lampson/Redell 方法错误较少。在 Lampson/Redell 方法中，由于每个过程在收到信号后都检查管程变量，且由于使用了 while 结构，一个进程不正确地广播或发信号，不会导致收到信号的程序出错。收到信号的程序将检查相关的变量，若期望的条件得不到满足，它会继续等待。

Lampson/Redell 管程的另一个优点是，它有助于在程序结构中采用更加模块化的方法。例如，考虑一个缓冲区分配程序的实现，为了在顺序的进程间合作，必须满足两级条件：

1. 保持一致的数据结构。管程强制实施互斥，并在允许对缓冲区的另一个操作之前完成一个输入或输出操作。
2. 在 1 级条件的基础上，为该进程加上足够的内存，完成其分配请求。

在 Hoare 管程中，每个信号会传达 1 级条件，同时携带一个隐含消息"我现在有足够的空闲字节，能够满足特定的分配请求"，因此，该信号隐式携带 2 级条件。若后来程序员改变了 2 级条件的定义，则需要重新编写所有发信号的进程；若程序员改变了对任何特定等待进程的假设（即等待一个稍微不同的 2 级不变量），则可能需要重新编写所有发信号的进程。这样就不是模块化的结构，且当代码被修改后可能会引发同步错误（如被错误条件唤醒）。每当对 2 级条件做很小的改动时，程序员就必须记得去修改所有进程。而对于 Lampson/Redell 管程，一次广播可以确保 1 级条件并携带 2 级条件的线索，每个进程将自己检查 2 级条件。不论是等待者还是发信号者对 2 级条件进行了改动，由于每个过程都会检查自己的 2 级条件，故不会产生错误的唤醒。因此，2 级条件可以隐藏在每个过程中。而对 Hoare 管程而言，2 级条件必须由等待者带到每个发信号的进程的代码中，这违反了数据抽象和进程间的模块化原理。

5.6 消息传递

进程交互时，必须满足两个基本要求：同步和通信。为实施互斥，进程间需要同步；为实现合作，进程间需要交换信息。提供这些功能的一种方法是消息传递。消息传递还有一个优点，即它可在分布式系统、共享内存的多处理器系统和单处理器系统中实现。

消息传递系统有多种形式，本节简述这类系统的典型特征。消息传递的实际功能以一对原语的形式提供：

```
send(destination, message)
receive(source, message)
```

这是进程间进行消息传递所需的最小操作集。一个进程以消息（message）的形式给另一个指定的目标（destination）进程发送信息；进程通过执行 receive 原语接收信息，receive 原语中指明发送消息的源进程（source）和消息（message）。

表 5.5 中列出了与消息传递系统相关的一些设计问题，本节的其他部分将依次分析这些问题。

表 5.5　进程间通信和同步的消息传递系统的设计特点

同步	格式
Send	内容
阻塞	长度
无阻塞	固定
receive	可变
阻塞	排队规则
无阻塞	先进先出（FIFO）
测试是否到达	优先级
寻址	
直接	
send	
receive	
显式	
隐式	
间接	
静态	
动态	
所有权	

5.6.1　同步

两个进程间的消息通信隐含着某种同步的信息：只有当一个进程发送消息后，接收者才能接收消息。此外，一个进程发出 send 或 receive 原语后，我们需要确定会发生什么。

考虑 send 原语。首先，一个进程执行 send 原语时有两种可能：要么发送进程被阻塞直到这个消息被目标进程接收到，要么不阻塞。类似地，一个进程发出 receive 原语后，也有两种可能：

1. 若一个消息在此之前已被发送，则该消息被接收并继续执行。
2. 若没有正等待的消息，则(a)该进程被阻塞直到所等待的消息到达，或(b)该进程继续执行，放弃接收的努力。

因此，发送者和接收者都可阻塞或不阻塞。通常有三种组合，但任何一个特定系统通常只实现一种或两种组合：

- **阻塞 send，阻塞 receive**：发送者和接收者都被阻塞，直到完成信息的投递。这种情况有时也称为会合（rendezvous），它考虑到了进程间的紧密同步。
- **无阻塞 send，阻塞 receive**：尽管发送者可以继续，但接收者会被阻塞直到请求的消息到达。这可能是最有用的一种组合，它允许一个进程给各个目标进程尽快地发送一条或多条消息。在继续工作前必须接收到消息的进程将被阻塞，直到该消息到达。例如，一个服务器进程给其他进程提供服务或资源。
- **无阻塞 send，无阻塞 receive**：不要求任何一方等待。

对大多数并发程序设计任务来说，无阻塞 send 是最自然的。例如，无阻塞 send 用于请求一个输出操作（如打印），它允许请求进程以消息的形式发出请求，然后继续。无阻塞 send 有一个潜在的危险：错误会导致进程重复产生消息。由于对进程没有阻塞的要求，这些消息可能会消耗系统资源，包括处理器时间和缓冲区空间，进而损害其他进程和操作系统。同时，无阻塞 send 增加了程序员的负担，由于必须确定消息是否收到，因而进程必须使用应答消息，以证实收到了消息。

对大多数并发程序设计任务来说，阻塞 receive 原语是最自然的。通常，请求一个消息的进程都需要这个期望的信息才能继续执行下去，但若消息丢失（在分布式系统中很可能发生这种情况），或者一个进程在发送预期的消息之前失败，则接收进程会无限期地阻塞。这个问题可以使用无阻塞 receive 来解决。但该方法的危险是，若消息在一个进程已执行与之匹配的 receive 之后发送，则该消息将被丢失。其他可能的方法是允许一个进程在发出 receive 之前检测是否有消息正在等待，或允许进程在 receive 原语中确定多个源进程。若一个进程正在等待从多个源进程发来的消息，且只要有一个消息到达就可以继续下去时，则后一种方法非常有用。

5.6.2 寻址

显然，在 send 原语中确定哪个进程接收消息很有必要。类似地，大多数实现允许接收进程指明消息的来源。

在 send 和 receive 原语中确定目标或源进程的方案分为两类：直接寻址和间接寻址。对于**直接寻址**（direct addressing），send 原语包含目标进程的标识号，而 receive 原语有两种处理方式。一种是要求进程显式地指定源进程，因此该进程必须事先知道希望得到来自哪个进程的消息，这种方式对于处理并发进程间的合作非常有效。另一种是不可能指定所期望的源进程，例如打印机服务器进程将接受来自各个进程的打印请求，对这类应用使用隐式寻址更为有效。此时，receive 原语的 source 参数保存接收操作执行后的返回值。

另一种常用的方法是**间接寻址**（indirect addressing）。此时，消息不直接从发送者发送到接收者，而是发送到一个共享数据结构，该结构由临时保存消息的队列组成，这些队列通常称为**信箱**（mailbox）。因此，两个通信进程中，一个进程给合适的信箱发送消息，另一个进程从信箱中获取这些消息。

间接寻址通过解除发送者和接收者之间的耦合关系，可更灵活地使用消息。发送者和接收者之间的关系可以是一对一、多对一、一对多或多对多（见图 5.21）。**一对一**（one-to-one）关系允许在两个进程间建立专用的通信链接，隔离它们间的交互，避免其他进程的错误干扰；**多对一**（many-to-one）关系对客户-服务器间的交互非常有用，一个进程给许多其他进程提供服务，这时信箱常称为一个端口（port）；**一对多**（one-to-many）关系适用于一个发送者和多个接收者，它对于在一组进程间广播一条消息或某些信息的应用程序非常有用。**多对多**（many-to-many）关系可让多个服务进程对多个客户进程提供服务。

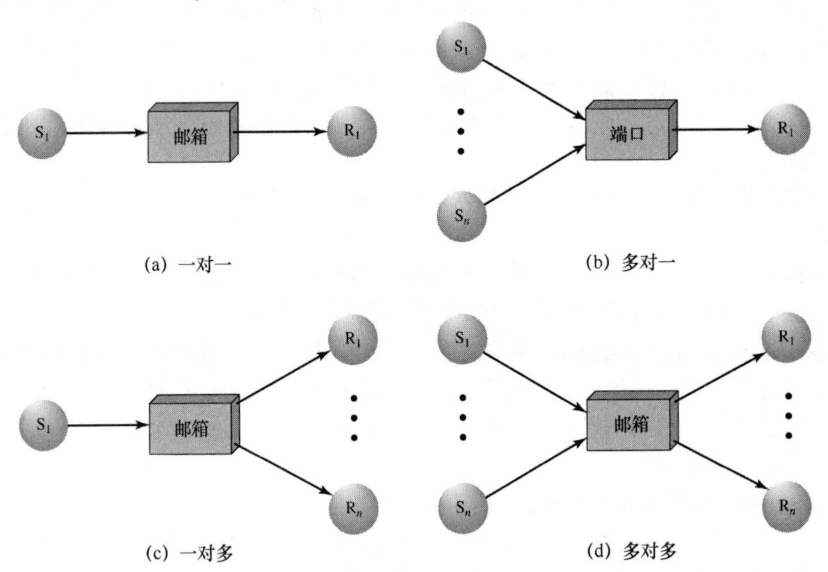

图 5.21 间接的进程通信

进程和信箱的关联既可以是静态的，又可以是动态的。端口常常静态地关联到一个特定的进程上，也就是说，端口被永久地创建并指定到该进程。一对一关系就是典型的静态和永久性关系。当有很多发送者时，发送者和信箱间的关联可以是动态的，基于这一目的可使用诸如 connect 和 disconnect 之类的原语。

一个相关的问题是信箱的所有权问题。对于端口来说，信箱的所有者通常是接收进程，并由接收进程创建。因此，撤销一个进程时，其端口也会随之销毁。对于通用的信箱，操作系统可提供一个创建信箱的服务，这样信箱就可视为由创建它的进程所有，这时它们也同该进程一起终止；或视为由操作系统所有，这时销毁信箱需要一个显式命令。

5.6.3　消息格式

消息的格式取决于消息机制的目标，以及该机制是运行在一台计算机上还是运行在分布式系统中。对某些操作系统而言，设计者会优先选用定长的短消息来减小处理和存储的开销。需要传递大量数据时，可将数据放到一个文件中，然后让消息引用该文件。更为灵活的一种方法是使用变长消息。

图 5.22 给出了操作系统支持的变长消息的典型格式。该消息分为两部分：包含相关信息的消息头和包含实际内容的消息体。消息头包含消息源和目标的标识符、长度域及判定各种消息类型的类型域，还可能含有一些额外的控制信息，例如创建消息链表的指针域、记录源和目标之间所传递消息的数量、顺序和序号，以及一个优先级域。

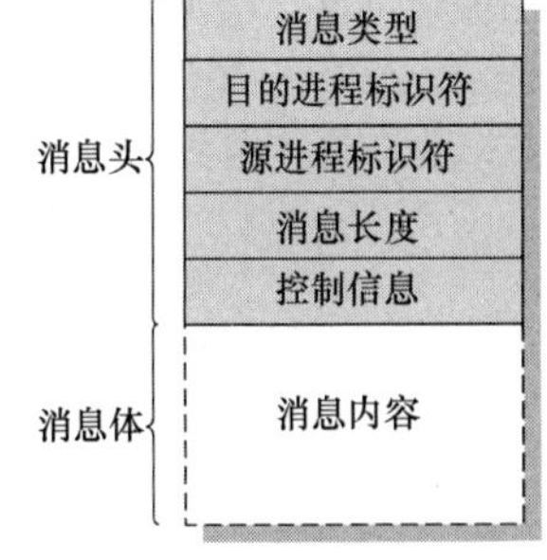

图 5.22　一般消息格式

5.6.4　排队原则

最简单的排队原则是先进先出，但当某些消息比其他消息更紧急时，仅有这一原则是不够的。一个替代原则是允许指定消息的优先级，即根据消息的类型来指定或由发送者指定；另一个替代原则是允许接收者检查消息队列并选择下一次接收哪个消息。

5.6.5　互斥

图 5.23 给出了用于实施互斥的消息传递方式(对照图 5.4、图 5.5 和图 5.9)。假设使用阻塞 receive 原语和无阻塞 send 原语，且一组并发进程共享一个信箱 box，该信箱可供所有进程在发送和接收消息时使用，并初始化为一个无内容的消息。希望进入临界区的进程首先试图接收一条消息，若信箱为空，则阻塞该进程；一旦进程获得消息，它就执行其临界区，然后把该消息放回信箱。因此，消息函数可视为在进程之间传递的一个令牌。

上面的解决方案假设有多个进程并发地执行接收操作，因此

- 若有一条消息，则它仅传递给一个进程，而其他进程被阻塞。
- 若消息队列为空，则所有进程被阻塞；一条消息可用时，仅激活一个阻塞进程，并得到这条消息。

这些假设实际上对所有消息传递机制都为真。

```
/* program mutualexclusion */
const int n = /* 进程数 */
void P(int i)
{
     message msg;
     while (true) {
        receive (box, msg);
        /* 临界区 */;
        send (box, msg);
        /* 其余部分 */;
     }
}
void main()
{
     create mailbox (box);
     send (box, null);
     parbegin (P(1), P(2), … , P(n));
}
```

图 5.23　使用消息的互斥

作为使用消息传递的另一个例子，图 5.24 给出了解决有界缓冲区生产者/消费者问题的一种方法。使用消息传递最基本的互斥能力，该问题可通过类似于图 5.16 的算法结构解决。图 5.24 利用了消息传递的能力，除了传递信号之外，它还传递数据。它使用了两个信箱。当生产者产生数据后，数据将作为消息发送到信箱 mayconsume，只要该信箱中有一条消息，消费者就可开始消费。从此之后 mayconsume 用做缓冲区，缓冲区中的数据被组织成消息队列，缓冲区的大小由全局变量 capacity 确定。信箱 mayproduce 最初填满空消息，空消息的数量等于信箱的容量，每次生产使得 mayproduce 中的消息数减少，每次消费使得 mayproduce 中的消息数增多。

```
const int
    capacity = /* 缓冲区容量 */ ;
    null = /* 空消息 */ ;
int i;
void producer()
{   message pmsg;
    while (true) {
     receive (mayproduce,pmsg);
     pmsg = produce();
     send (mayconsume,pmsg);
    }
}
void consumer()
{   message cmsg;
    while (true) {
     receive (mayconsume,cmsg);
     consume (cmsg);
     send (mayproduce,null);
    }
}
void main()
{
    create_mailbox (mayproduce);
    create_mailbox (mayconsume);
    for (int i = 1;i < = capacity;i++) send (mayproduce,null);
    parbegin (producer,consumer);
}
```

图 5.24　使用消息解决有界缓冲区生产者/消费者问题的一种方法

这种方法非常灵活，可以有多个生产者和消费者，只要它们都访问这两个信箱即可。系统甚至可以是分布式系统，所有生产者进程和 mayproduce 信箱在一个站点上，所有消费者进程和 mayconsume 信箱在另一个站点上。

5.7　读者/写者问题

在设计同步和并发机制时，若能与一个著名的问题关联，检测该问题的解决方案对原问题是否有效，则这种方法是非常有用的。很多文献中都有一些频繁出现的重要问题，它们不仅是普遍性的设计问题，而且具有教育价值。前面介绍的生产者/消费者问题就是这样一个问题，本节介绍另一个经典问题：读者/写者问题。

读者/写者问题定义如下：存在一个多个进程共享的数据区，该数据区可以是一个文件或一块内存空间，甚至可以是一组寄存器；有些进程（reader）只读取这个数据区中的数据，有些进程（writer）只往数据区中写数据。此外，还必须满足以下条件：

1. 任意数量的读进程可同时读这个文件。
2. 一次只有一个写进程可以写文件。
3. 若一个写进程正在写文件，则禁止任何读进程读文件。

也就是说，读进程不需要排斥其他读进程，而写进程需要排斥其他所有进程，包括读进程和写进程。

在继续介绍之前，首先让我们区分这个问题和另外两个问题：一般互斥问题和生产者/消费者问题。在读者/写者问题中，读进程不会向数据区中写数据，写进程不会从数据区中读数据。更一般的情况是，允许任何进程读写数据区，此时可以把该进程中访问数据区的部分声明为一个临界区，并强行实施一般互斥问题的解决方法。之所以关注这种更受限制的情况，是因为对这种情况可以有更有效的解决方案，一般问题的低效方法由于速度过慢而很难被人们接受。例如，假设共享区是一个图书馆目录，普通用户可通过读目录来查找一本书，一位或多位图书管理员可以修改目录。在一般解决方案中，每次对目录的访问都可视为访问一个临界区，并且用户每次只能读一个目录，这将会带来无法忍受的延迟。同时，避免写进程间互相干扰非常重要，此外还要求在写的过程中禁止读操作，以避免访问到不正确的信息。

生产者/消费者问题是否可视为只有一个写进程（生产者）和一个读进程（消费者）的特殊读者/写者问题呢？答案是不能。生产者不仅仅是一个写进程，它必须读取队列指针，以确定向哪里写下一项，还必须确定缓冲区是否已满。类似地，消费者也不仅仅是一个读进程，它必须调整队列指针以显示它已从缓冲区中移走了一个单元。

现在开始分析读者/写者问题的两种解决方案。

5.7.1　读者优先

图 5.25 是使用信号量的一种解决方案，它给出了一个读进程和一个写进程的实例，该方案无须修改就可用于多个读进程和写进程的情况。写进程非常简单，信号量 wsem 用于实施互斥，只要一个写进程正在访问共享数据区，其他写进程和读进程就都不能访问它。读进程也使用 wsem 实施互斥，但为了允许多个读进程，没有读进程正在读时，第一个试图读的读进程需要在 wsem 上等待。当至少已有一个读进程在读时，随后的读进程无须等待，可以直接进入。全局变量 readcount 用于记录读进程的数量，信号量 x 用于确保 readcount 被正确地更新。

```
/* program readersandwriters */
int readcount;
semaphore x = 1,wsem = 1;
void reader()
{
    while (true){
     semWait (x);
     readcount++;
     if(readcount == 1)
          semWait (wsem);
     semSignal (x);
     READUNIT();
     semWait (x);
     readcount--;
     if(readcount == 0)
          semSignal (wsem);
     semSignal (x);
     }
}
void writer()
{
    while (true){
     semWait (wsem);
     WRITEUNIT();
     semSignal (wsem);
     }
}

void main()
{
    readcount = 0;
    parbegin (reader,writer);
}
```

图 5.25　使用信号量解决读者/写者问题的一种方法：读者优先

5.7.2 写者优先

在前面的解决方案中，读进程具有优先权。一个读进程开始访问数据区时，只要至少有一个读进程正在读，就为读进程保留对这个数据区的控制权，因此写进程有可能处于饥饿状态。

图 5.26 给出了另一种解决方案，它保证在一个写进程声明想写时，不允许新的读进程访问该数据区。对于写进程，在已有定义的基础上还必须增加下列信号量和变量：

- 信号量 rsem：至少有一个写进程准备访问数据区时，用于禁止所有的读进程。
- 变量 writecount：控制 rsem 的设置。
- 信号量 y：控制 writecount 的更新。

```
/* program readersandwriters */
int readcount,writecount; semaphore x = 1,y = 1,z = 1,wsem = 1,rsem = 1;
void reader()
{
   while (true){
     semWait (z);
          semWait (rsem);
               semWait (x);
                      readcount++;
                      if (readcount == 1)
                             semWait (wsem);
                      semSignal (x);
               semSignal (rsem);
          semSignal (z);
          READUNIT();
          semWait (x);
               readcount--;
               if (readcount == 0) semSignal (wsem);
          semSignal (x);
   }
}
void writer ()
{
   while (true){
     semWait (y);
          writecount++;
          if (writecount == 1)
               semWait (rsem);
     semSignal (y);
     semWait (wsem);
     WRITEUNIT();
     semSignal (wsem);
     semWait (y);
         writecount--;
         if (writecount == 0) semSignal (rsem);
     semSignal (y);
   }
}
void main()
{
   readcount = writecount = 0;
   parbegin (reader, writer);
}
```

图 5.26 使用信号量解决读者/写者问题的一种方法：写者优先

对于读进程，还需要一个额外的信号量。在 rsem 上不允许建造长队列，否则写进程将无法跳过这个队列，因此只允许一个读进程在 rsem 上排队，而所有其他读进程在等待 rsem 前，在信号量 z 上排队。表 5.6 概括了这些可能性。

表 5.6　图 5.26 所示程序中的进程队列状态

系统中只有读进程	• 设置 wsem • 无队列
系统中只有写进程	• 设置 wsem 和 rsem • 写进程在 wsem 上排队
既有读进程又有写进程，但读进程优先	• 由读进程设置 wsem • 由写进程设置 rsem • 所有写进程在 wsem 上排队 • 一个读进程在 rsem 上排队 • 其他读进程在 z 上排队
既有读进程又有写进程，但写进程优先	• 由写进程设置 wsem • 由写进程设置 rsem • 写进程在 wsem 上排队 • 一个读进程在 rsem 上排队 • 其他读进程在 z 上排队

图 5.27 给出了另一种解决方案，这种方案赋予写进程优先权，并通过消息传递来实现。在这种情况下，有一个访问共享数据区的控制进程，其他要访问这个数据区的进程给控制进程发送请求消息，若请求得到同意，则会收到应答消息 OK，并通过消息 finished 表示访问完成。控制进程备有三个信箱，每个信箱存放一种它可能接收到的消息。

要赋予写进程优先权，控制进程就要先服务于写请求消息，后服务于读请求消息。此外，必须实施互斥。要实现互斥，需要使用变量 count，它被初始化为一个大于可能的读进程数的最大值。在该例中，我们取其值为 100。控制器的动作可总结如下：

- 若 count>0，则无读进程正在等待，而且可能有也可能没有活动的读进程。要清除活动读进程，首先要服务于所有 finished 消息，然后服务于写请求，再服务于读请求。
- 若 count=0，则唯一未解决的请求是写请求。允许该写进程继续执行并等待 finished 消息。
- 若 count<0，则一个写进程已发出一条请求，且正在等待消除所有活动的读进程。因此，只有 finished 消息将得到服务。

```
void reader(int i)
{
   message rmsg;
      while (true) {
            rmsg = i;
         send (readrequest, rmsg);
         receive (mbox[i], rmsg);
         READUNIT ();
         rmsg = i;
         send (finished, rmsg);
      }
}
void writer(int j)
{
   message rmsg;
   while(true) {
      rmsg = j;
      send (writerequest, rmsg);
      receive (mbox[j], rmsg);
      WRITEUNIT ();
      rmsg = j;
      send (finished, rmsg);
   }
}
```

```
void controller()
{
   while (true)
   {
      if (count > 0) {
         if (!empty (finished)) {
            receive (finished, msg);
            count++;
         }
         else if (!empty (writerequest)) {
            receive (writerequest, msg);
            writer_id = msg.id;
            count = count - 100;
         }
         else if (!empty (readrequest)) {
            receive (readrequest, msg);
            count--;
            send (msg.id, "OK");
         }
      }
      if (count == 0) {
         send (writer_id, "OK");
         receive (finished, msg);
         count = 100;
      }
      while (count < 0) {
         receive (finished, msg);
         count++;
      }
   }
}
```

图 5.27　使用消息传递解决读者/写者问题的一种方法

5.8 小结

现代操作系统的核心是多道程序设计、多处理器和分布式处理器，这些方案和操作系统设计技术的基础都是并发。当多个进程并发执行时，不论是在多处理器系统的情况下，还是在单处理器多道程序系统中，都会出现冲突和合作的问题。

并发进程可按多种方式进行交互。互相之间不知道对方的进程可能需要竞争使用资源，如处理器时间或对 I/O 设备的访问。进程间由于共享访问一个公共对象，如一块内存空间或一个文件，可能间接知道对方，这类交互中产生的重要问题是互斥和死锁。

互斥指的是，对一组并发进程，一次只有一个进程能够访问给定的资源或执行给定的功能。互斥技术可用于解决诸如资源争用之类的冲突，也可以用于进程间的同步，使得它们能够合作。后一种情况的例子是生产者/消费者模型，在该模型中，一个进程向缓冲区中放数据，另一个或更多的进程从缓冲区中取数据。

支持互斥的第二种方法要使用专用机器指令，这种方法能降低开销，但由于使用了忙等待，效率较低。

支持互斥的另一种方法是在操作系统中提供相应的功能，其中最常见的两种技术是信号量和消息机制。信号量用于在进程间发信号，能很容易地实施一个互斥协议。消息对实施互斥很有用，还为进程间的通信提供了一种有效的方法。

5.9 关键术语、复习题和习题

5.9.1 关键术语

原子性	临界资源	互斥
二元信号量	临界区	互斥锁（互斥）
阻塞	死锁	无阻塞
忙等待	直接寻址	竞争条件
并发	一般信号量	信号量
并发进程	间接寻址	自旋等待
条件变量	活锁	饥饿
协同程序	消息传递	强信号量
计数信号量	管程	弱信号量

5.9.2 复习题

5.1 列出与并发相关的 4 个设计问题。

5.2 产生并发的三种上下文是什么？

5.3 执行并发进程的最基本要求是什么？

5.4 列出进程间的三种互相知道的程度，并简要给出各自的定义。

5.5 竞争进程和合作进程间有何区别？

5.6 列出与竞争进程相关的三个控制问题，并简要给出各自的定义。

5.7 列出对互斥的要求。

5.8 在信号量上可以执行什么操作？

5.9 二元信号量和一般信号量有何区别？

5.10 强信号量和弱信号量有何区别？

5.11 什么是管程？

5.12 关于消息，阻塞和无阻塞有何区别？

5.13 与读者/写者问题相关的条件通常有哪些？

5.9.3 习题

5.1 证明 Dekker 算法的正确性。

a．证明该算法能够确保互斥执行。提示：说明 Pi 进入临界区时，如下表达式的值为真：

```
flag[i] and (not flag[1-i])
```

b．证明要访问临界区的进程不会无限等待。提示：考虑以下情况：（1）单个进程要进入临界区；（2）两个进程都要进入临界区，且（2a）turn = 0 和 flag[0]= false，（2b）turn = 0 和 flag[0]= true。

5.2 考虑通过下列执行语句的改变而为任意数量的进程所写的 Dekker 算法，当进程离开临界区时，执行语句从

```
turn = 1 - i;              /* 即 P0 设置 turn 为 1，P1 设置 turn 为 0 */
```

改为

```
turn = ( turn + 1) % n     /* n = 进程的数量 */
```

评价并发执行的进程多于两个时的该 Dekker 算法。

5.3 证明下列软件互斥方法不依赖于基本内存访问级别的互斥：

a．面包店算法

b．Peterson 算法

5.4 在 5.2 节中指出，在并发这个问题上，多道程序设计和多处理器代表了同一类问题。到目前为止，这种说法是正确的。请举例说明多道程序设计与多处理器系统在并发概念上的不同。

5.5 进程和线程为实现比串行程序更复杂的程序，提供了强大的工具。一种很有启发性的早期结构是协同程序。本题的目的是介绍协同程序，并与进程进行比较。考虑[CONW63]中的一个简单问题：

读 80 列卡片，并根据下列变化把它们打印在每行 125 个字符的行中。在每张卡片图像后插入一个额外的空白符，并用字符↑代替卡片中每对相邻的星号（**）。

a．为该问题开发一种普通的串行程序解决方案。你会发现程序的编写很有技巧。由于长度从 80 转变到 125，程序中各种元素间的交互是不平衡的；此外，在转换后，卡片图像的长度变化取决于双星号的数量。提高清晰度并减少错误的一种方法是，把该程序编写为三个独立的过程，第一个过程读取卡片图像，在每个图像后补充空格，并将字符流写入一个临时文件。当读完所有卡片后，第二个过程读取这个临时文件，完成字符替换，并写到第二个临时文件。第三个进程从第二个临时文件中读取字符流，按每行 125 个字符进行打印。

b．串行方案之所以没有吸引力，是因为 I/O 和临时文件的开销。Conway 提出了一种新的程序结构：协同程序，它允许把应用程序编写为通过字符缓冲区连接起来的三个程序（见图 5.28）。在传统的过程中，在调用过程和被调用过程之间存在主/从关系，调用过程可在过程中的任何一点执行调用，被调用过程则从其入口点开始，并在调用点返回调用过程。协同程序显示了一种更为对称的关系，在每次调用时，从被调用过程中上一次的活跃点开始执行。由于没有调用过程高于被调用过程的感觉，也就没有返回。相反，任何一个协同程序都可通过恢复命令把控制权传递给另一个协同程序。首次调用一个协同程序时，它会在入口点"恢复"，接着该协同程序在其所拥有的上一个恢复命令的地方重新激活。注意，程序中一次只能有一个协同程序处于执行态，并且转移点可以在代码中显式定义，因此这不是一个并发处理的例子。请解释图 5.28 中程序的操作。

c．这个程序未解决终止条件。假设 I/O 例程 READCARD 把一幅 80 个字符的图像放入 inbuf，它返回 true，否则返回 false。修改这个程序，以包含这种可能性。注意最后打印的一行可能因此少于 125 个字符。

d．使用信号量重写解决方案。

```
char rs, sp;                                    void squash()
char inbuf[80], outbuf[125] ;                   {
void read()                                       while (true) {
{                                                     if (rs != "*") {
  while (true) {                                          sp = rs;
     READCARD (inbuf);                                    RESUME print;
     for (int i=0; i < 80; i++){                      }
          rs = inbuf [i];                             else{
          RESUME squash                                 RESUME read;
     }                                                  if (rs == "*") {
     rs = " ";                                              sp = " ";
     RESUME squash;                                         RESUME print;
  }                                                     }
}                                                       else {
void print()                                                sp = "*";
{                                                           RESUME print;
  while (true) {                                            sp = rs;
     for (int j = 0; j < 125; j++){                         RESUME print;
          outbuf [j] = sp;                              }
          RESUME squash                               }
     }                                                RESUME read;
     OUTPUT (outbuf);                              }
  }                                             }
}
```

图 5.28 协同程序的一个例子

5.6 考虑下列程序：

```
    P1: {                                    P2: {
  shared int x;                            shared int x;
  x = 10;                                  x = 10;
  while (1)                                while ( 1 ) {
     x = x - 1;                               x = x - 1;
     x = x + 1;                               x = x + 1;
     if (x != 10)                             if (x!=10)
        printf("x is %d",x)                      printf("x is %d",x)
     }                                        }
   }                                        }
  }                                        }
```

请注意单处理器系统上的调度器将会通过交替执行指令来实现两个进程的“伪并行”，交替执行的顺序无严格要求。

a. 给出打印“x is 10”的顺序（即跟踪语句交替执行的顺序）。

b. 给出打印“x is 8”的顺序。注意，在源语言级，自增/自减命令不是原子化的，即下面的汇编代码实现单个 C 语言增量指令（x = x + 1）：

```
LD R0, X   /* load R0 from memory location x */
INCR R0   /* increment R0 */
STO R0, X  /* store the incremented value back in X */
```

5.7 考虑下述程序：

```
const int n = 50;
int tally;
void total()
{
   int count;
   for (count = 1; count <= n; count++){
      tally++;
   }
}
void main()
{
   tally = 0;
   parbegin (total (), total () );
   write (tally);
}
```

a. 确定这个并行程序最终输出变量 tally 的合适下界和上界。假设这些进程可以任意相对速度执行，且一个变量只能在被一条单独的机器指令载入到寄存器后自增。

b. 在 a 中假设的基础上，进一步假设允许并行执行任意数量的这种进程，这对 tally 的上界和下界有何影响？

5.8 等待（一直占用 CPU）的效率一定比阻塞等待的效率低吗？请辨析并解释。

5.9 考虑下面的程序：

```
boolean blocked[2];
int turn;
void P(int id)
{
  while(true) {
     blocked[id] = true;
     while(turn != id) {
        while(blocked[1-id])
           /* 不做任何事*/;
        turn = id;
     }
     /* 临界区*/
     blocked[id] = false;
     /* 其余部分 */
    }
}
void main()
{
  blocked[0] = false;
  blocked[1] = false;
  turn = 0;
  parbegin(P(0), P(1));
}
```

这是[HYMA66]中提出的解决互斥问题的一种软件方法。请举出证明该方法不正确的一个反例。有趣的是，《ACM 通讯》都被它蒙蔽了。

5.10 解决互斥的另一种软件方法是 Lamport 的面包店（bakery）算法[LAMP74]。之所以起这个名字，是因为其思想来自面包店或其他商店，每名顾客在到达时都得到一个票号，并按票号依次得到服务。算法如下：

```
boolean choosing[n];
int number[n];
while(true) {
     choosing[i] = true;
     number[i] = 1 + getmax(number[], n);
     choosing[i] = false;
     for(int j = 0; j < n; j++){
       while(choosing[j]) { };
       while((number[j] != 0) &&(number[j],j) < (number[i],i)) { };
     }
     /* 临界区*/;
     number [i] = 0;
     /* 其余部分*/;
 }
```

数组 choosing 和 number 分别初始化为 false 和 0。每个数组的第 i 个元素可由进程 i 读或写，但其他进程只能读。表达式 (a, b) < (c, d) 定义为

(a<c) 或 (a = c 且 b<d)

a. 用文字描述这个算法。

b. 说明这个算法避免了死锁。

c. 说明它实施了互斥。

5.11 考虑一个版本的面包店算法，这个版本未使用变量 choosing，代码如下：

```
1 int number[n];
2 while (true) {
3   number[i] = 1 + getmax(number[], n);
4   for (int j = 0; j < n; j++){
5     while ((number[j] != 0) && (number[j],j) < (number[i],i)) { };
6   }
7   /* 临界区 */;
8   number [i] = 0;
```

```
9    /* 其余部分 */;
10 }
```

该版本是否违反了互斥原则？解释原因。

5.12 考虑下列程序，该程序给出了解决互斥问题的一个软件方法。

```
integer array control [1:N]; integer k
```

其中，1≤k≤N，control 的每个元素为 0、1 和 2，所有元素的初值为 0，k 的初值是任意的。第 i 个进程（1≤i≤N）的代码如下：

```
begin integer j;
L0: control [i] := 1;
L1: for j: = k step 1 until N, 1 step 1 until k do
      begin
          if j = i then goto L2;
          if control [j] ≠ 0 then goto L1
      end;
L2: control [i] := 2;
      for j : = 1 step 1 until N do
        if j ≠ i and control [j] = 2 then goto L0;
L3: if control [k] ≠ 0 and k ≠ i then goto L0;
L4: k := i;
     临界区;
L5: for j : = k step 1 until N, 1 step 1 until k do
     if j ≠ k and control [j] ≠ 0 then
       begin
          k := j;
              goto L6
       end;
L6: control [i] : = 0;
L7: 循环剩余部分;
     goto L0;
end
```

这就是 Eisenberg-McGuire 算法，解释算法的操作和主要特点。

5.13 考虑图 5.5(b)中的第一个 bolt = 0 语句。

a. 使用 exchange 指令是否能够得到相同的结果？

b. 哪种方法更好？

5.14 当按图 5.5 的形式使用专门机器指令提供互斥时，对进程在允许访问临界区之前必须等待多久没有限制。设计一个使用 compare&swap 指令的算法，保证任何一个等待进入临界区的进程在 n-1 个 turn 内进入，n 是要求访问临界区的进程数，turn 是指一个进程离开临界区而另一个进程获准访问临界区的事件。

5.15 考虑下面关于信号量的定义：

```
void semWait(s)
{
    if (s.count > 0) {
      s.count--;
}
    else {
      place this process in s.queue;
      block;
    }
}
void semSignal (s)
{
    if(there is at least one process blocked on semaphore s) {
       remove a process P from s.queue;
       place process P on ready list;
    }
    else s.count++;
}
```

将该定义与图 5.6 中的定义进行比较，得出两个定义之间有一个区别：在前面的定义中，信号量永远不会取负值。在程序中分别使用这两种定义时，其效果有何不同？即能否在不改变程序意义的前提下，用一个定义代替另一个？

5.16 考虑具有如下特征的共享资源：（1）使用该资源的进程个数小于 3 时，新申请资源的进程可立刻获得资源；（2）当三个资源都被占用时，只有当前使用资源的三个进程都释放资源后，其他申请资源的进程才能获得资源。由于需要使用计数器来记录有多少进程正在使用资源和等待资源，而这些计数器自身也需要互斥执行修改动作的共享资源，所以可以采用如下程序：

```
1  semaphore mutex = 1, block = 0;            /* share variables: semaphores, */
2  int active = 0, waiting = 0;                             /* counters, and */
3  boolean must_wait = false;                          /* state information */
4
5  semWait(mutex);                              /* Enter the mutual exclusion */
6  if(must_wait) {                             /* If there are (or were) 3, then */
7     ++waiting;                              /* we must wait, but we must leave */
8     semSignal(mutex);                          /* the mutual exclusion first */
9     semWait(block);                      /* Wait for all current users to depart */
10    semWait(mutex);                           /* Reenter the mutual exclusion */
11    --waiting;                                /* and update the waiting count */
12 }
13 ++active;                                 /* Update active count, and remember */
14 must_wait = active == 3;                            /* if the count reached 3 */
15 semSignal(mutex);                              /* Leave the mutual exclusion */
16
17 /* critical section */
18
19 semWait(mutex);                                    /* Enter mutual exclusion */
20 --active;                                    /* and update the active count */
21 if(active == 0) {                                       /* Last one to leave? */
22     int n;
23     if (waiting < 3) n = waiting;
24     else n = 3;                                   /* If so, unblock up to 3 */
25     while( n > 0 ) {                                    /* waiting processes */
26        semSignal(block);
27        --n;
28     }
29 must_wait = false;                            /* All active processes have left */
30 }
31 semSignal(mutex);                               /* Leave the mutual exclusion */
```

这个程序看起来没有问题：所有对共享数据的访问均被临界区保护，进程在临界区中执行时自身不会阻塞，新进程在有三个资源使用者存在时不能使用共享资源，最后一个离开的使用者会唤醒最多 3 个等待的进程。

a．这个程序仍不正确，解释其出错的位置。

b．若将第 6 行的 `if` 语句更换为 `while` 语句，是否能解决上面的问题？有什么难点仍然存在？

5.17 现在考虑上题的正确解法，如下所示：

```
1  semaphore mutex = 1, block = 0;            /* share variables: semaphores, */
2  int active = 0, waiting = 0;                             /* counters, and */
3  boolean must_wait = false;                          /* state information */
4
5  semWait(mutex);                              /* Enter the mutual exclusion */
6  if(must_wait) {                             /* If there are (or were) 3, then */
7      ++waiting;                             /* we must wait, but we must leave */
8      semSignal(mutex);                         /* the mutual exclusion first */
9      semWait(block);                     /* Wait for all current users to depart */
10 } else {
11      ++active;                                    /* Update active count, and */
11 }
12      must_wait = active == 3;               /* remember if the count reached 3 */
13      semSignal(mutex);                                 /* Leave mutual exclusion */
14 }
15
16 /* critical section */
17
18 semWait(mutex);                                    /* Enter mutual exclusion */
19 --active;                                    /* and update the active count */
20 if(active == 0) {                                       /* Last one to leave? */
21     int n;
```

```
22        if (waiting < 3) n = waiting;
23        else n = 3;                      /* If so, see how many processes to unblock */
24        waiting - = n;                     /* Deduct this number from waiting count */
25        active = n;                               /* and set active to this number */
26        while( n > 0 ) {                              /* Now unblock the processes */
27           semSignal(block);                                       /* one by one */
28           --n;
29        }
30        must_wait = active == 3;                    /* Remember if the count is 3 */
31  }
32  semSignal(mutex);                                 /* Leave the mutual exclusion */
```

a．解释这个程序的工作方式，为什么这种工作方式是正确的？

b．这个程序不能完全避免新到达的进程插到已有等待进程前面得到资源，但至少会使这种问题的发生减少。给出一个例子。

c．这个程序是一个使用信号量实现并发问题的通用解法样例，且这种解法称为“I'll Do It For You”（由释放者为申请者修改计数器）模式。解释这种模式。

5.18 考虑上题的另一种正确解法，如下所示：

```
1  semaphore mutex = 1, block = 0;                   /* share variables: semaphores */
2  int active = 0, waiting = 0;                                    /* counters, and */
3  boolean must_wait = false;                                  /* state information */
4
5  semWait(mutex);                                   /* Enter the mutual exclusion */
6  if(must_wait) {                                /* If there are (or were) 3, then */
7      ++waiting;                                /* we must wait, but we must leave */
8      semSignal(mutex);                             /* the mutual exclusion first */
9      semWait(block);                        /* Wait for all current users to depart */
10     --waiting;                      /* We've got the mutual exclusion; update count */
11  }
12  ++active;                                   /* Update active count, and remember */
13  must_wait = active == 3;                                /* if the count reached 3 */
14  if(waiting > 0 && !must_wait)                          /* If there are others waiting */
15     semSignal(block);;                           /* and we don't yet have 3 active, */
16                                                      /* unblock a waiting process */
17  else semSignal(mutex);                       /* otherwise open the mutual exclusion */
18
19  /* critical section */
20
21  semWait(mutex);                                         /* Enter mutual exclusion */
22  --active;                                         /* and update the active count */
23  if(active == 0)                                         /* If last one to leave? */
24     must_wait = false;                          /* set up to let new processes enter */
25  if(waiting == 0 && !must_wait)                        /* If there are others waiting */
26     semSignal(block);;                                /* and we don't have 3 active, */
27                                                      /* unblock a waiting process */
28  else semSignal(mutex);                       /* otherwise open the mutual exclusion */
```

a．解释这个程序的工作方式，为什么这种工作方式是正确的？

b．这种方法在可以同时唤醒进程的个数方面是否和上题的解法有所不同？为什么？

c．这个程序是一个使用信号量实现并发问题的通用解法样例，且这种解法称为 Pass The Baton（接力棒传递）模式。解释这种模式。

5.19 可以用二元信号量实现一般信号量。我们使用 semWaitB 操作和 semSignalB 操作以及两个二元信号量 delay 和 mutex。考虑下面的代码：

```
void semWait(semaphore s)
```

```
{
    semWaitB(mutex);
    s—;
    if(s < 0) {
      semSignalB(mutex);
      semWaitB(delay);
    }
    else SemsignalB(mutex);
}
void semSignal(semaphore s);
{
     semWaitB(mutex);
     s++;
     if(s <= 0)
       semSignalB(delay);
     semSignalB(mutex);
}
```

最初，s 被设置成期待的信号量值，每个 semWait 操作将信号量减 1，每个 semSignal 操作将信号量加 1。二元信号量 mutex 初始化为 1，确保在更新 s 时保证互斥。二元信号量 delay 初始化为 0，用于阻塞进程。

上面的程序有一个缺点。请找出这个缺点，并提出解决方案。提示：假设有两个进程，每个都在 s 初始化为 0 时调用 semWait(s)，当第一个刚执行 semSignalB(mutex)但还未执行 semWaitB(delay)时，第二个调用 semWait(s)并到达同一点。现在要做的是移动程序中的一行。

5.20 1978 年，Dijkstra 提出了一个推论：使用有限数量的弱信号量，无法开发出一种适用于有限个进程并避免饥饿的互斥解决方案。1979 年，J. M. Morris 提出了使用三个弱信号量的算法，反驳了这个推论。算法描述如下：若一个或多个进程正在 semWait(S)操作上等待，另一个进程正在执行 semSignal(S)，则不修改信号量 S 的值，并解除一个等待进程的阻塞。除三个信号量外，算法还使用两个非负整数变量作为在算法特定区域的进程数的计数器。因此，信号量 A 和 B 初始化为 1，而信号量 M 和计数器 NA、NM 初始化为 0。互斥信号量 B 控制访问计数器 NA。试图进入临界区的进程须通过两个分别由信号量 A 和 M 设置的屏障，计数器 NA 和 NM 分别表示准备通过屏障 A 及已通过屏障 A 但还未通过屏障 M 的进程数。在协议的第二部分，在 M 上阻塞的 NM 个进程将使用类似于第一部分的级联技术，依次进入它们的临界区。定义一个算法实现上面的描述。

5.21 下面的问题曾用于一次测验：侏罗纪公园有一个恐龙博物馆和一个公园。有 *m* 名旅客和 *n* 辆车，每辆车只能容纳 1 名旅客。旅客在博物馆中逛一会儿后，排队乘坐旅行车。当一辆车可用时，它载入一名旅客，然后绕公园行驶任意长时间。若 *n* 辆车都已被旅客乘坐游玩，则想坐车的旅客需要等待；若一辆车已就绪，但没有旅客等待，则这辆车等待。使用信号量同步 *m* 名旅客进程和 *n* 辆车进程。下面的代码框架是在教室的地板上发现的。忽略语法错误和丢掉的变量声明，请判定它是否正确。注意，P 和 V 分别对应于 semWait 和 semSignal。

```
resource Jurassic_Park()
sem car_avail := 0,car_taken := 0,car_filled := 0,passenger_released := 0
 process passenger(i := 1 to num_passengers)
 do true -> nap(int(random(1000*wander_time)))
  P(car_avail);V(car_taken);P(car_filled)
  P(passenger_released)
 od
end passenger
process car(j := 1 to num_cars)
 do true -> V(car_avail); P(car_taken); V(car_filled)
  nap(int(random(1000*ride_time)))
  V(passenger_released)
  od
 end car
end Jurassic_Park
```

5.22 在图 5.12 和表 5.4 的注解中提到：简单地将条件语句移到消费者的临界区（被 s 控制）内不可行，因为这将引起死锁。用与表 5.4 类似的形式说明这一点。

5.23 考虑图 5.13 中定义的无限缓冲区生产者/消费者问题的解决方案。假设生产者和消费者都以大致相同的速度运行，运行情况如下：

生产者：append; **semSignal**; produce; …; append; **semSignal**; produce; …

消费者：consume; …; take; **semWait**; consume; …; take; **semWait**; …

生产者总向缓冲区添加一个新元素，并在消费者消费了前面的元素后发出信号。生产者通常将元素添加到空缓冲区中，而消费者通常取走缓冲区中的唯一元素。尽管消费者从不在信号量上阻塞，但必须进行大量的信号量调用，因此产生相当多的开销。

构建一个新程序，以便在这种情况下更有效率。提示：允许 n 的值为-1，这表示不仅缓冲区为空，而且消费者也检测到这个事实并将被阻塞，直到生产者产生新数据。这个方案不需要使用图 5.13 中的局部变量 m。

5.24 考虑图 5.16。下面各处互换对程序的含义有无影响？

a. `semWait(e); semWait(s)`

b. `semSignal(s); semSignal(n)`

c. `semWait(n); semWait(s)`

d. `semSignal(s); semSignal(e)`

5.25 下列伪代码是一个有界缓冲区的生产者/消费者问题的正确解法：

```
item[3] buffer;        // 初始为空
semaphore empty;       // 初值为+3
semaphore full;        // 初值为 0
binary_semaphore mutex;   // 初值为 1
```

```
void producer()
{
    …
    while (true) {
        item = produce();
p1:     wait(empty);
 /      wait(mutex);
p2:     append(item);
 \      signal(mutex);
p3:     signal(full);
    }
}
```

```
void consumer()
{
    …
    while (true) {
c1:     wait(full);
 /      wait(mutex);
c2:     item = take();
 \      signal(mutex);
c3:     signal(empty);
        consume(item);
    }
}
```

标号 p1,p2,p3 和 c1,c2,c3 代表它们之后的代码行（p2 和 c2 代表它们之后的 3 行代码）。信号量 empty 和 full 是能够取任意正、负、零值的线性信号量。现有多个生产者，以 Pa,Pb,Pc 等代表；有多个消费者，以 Ca,Cb,Cc 等代表。每个信号量维护一个阻塞在其上的进程的 FIFO 队列。在如下的调度表中，每行代表调度的指令执行后缓冲区和信号量的状态。为简单起见，假设调度能使程序在执行指定部分的代码 p1,p2,…,c3 时不会被打断。请完成这个调度表。

调度执行步骤	**full** 的状态和队列	缓 冲 区	**empty** 的状态和队列
初始化	full = 0	OOO	empty = +3
Ca 执行 c1	full = -1 (Ca)	OOO	empty = +3
Cb 执行 c1	full = -2 (Ca, Cb)	OOO	empty = +3
Pa 执行 p1	full = -2 (Ca, Cb)	OOO	empty = +2
Pa 执行 p2	full = -2 (Ca, Cb)	XOO	empty = +2
Pa 执行 p3	full = -1 (Cb) Ca	XOO	empty = +2
Ca 执行 c2	full = -1 (Cb)	OOO	empty = +2
Ca 执行 c3	full = -1 (Cb)	OOO	empty = +3
Pb 执行 p1	full =		empty =
Pa 执行 p1	full =		empty =
Pa 执行__	full =		empty =
Pb 执行__	full =		empty =

（续表）

调度执行步骤	full 的状态和队列	缓　冲　区	empty 的状态和队列
Pb 执行__	full =		empty =
Pc 执行 p1	full =		empty =
Cb 执行__	full =		empty =
Pc 执行__	full =		empty =
Cb 执行__	full =		empty =
Pa 执行__	full =		empty =
Pb 执行 p1~p3	full =		empty =
Pc 执行__	full =		empty =
Pa 执行 p1	full =		empty =
Pd 执行 p1	full =		empty =
Ca 执行 c1~c3	full =		empty =
Pa 执行__	full =		empty =
Cc 执行 c1~c2	full =		empty =
Pa 执行__	full =		empty =
Cc 执行 c3	full =		empty =
Pd 执行 p2~p3	full =		empty =

5.26 本题演示了信号量用来协调 3 种进程的方法①。睡在北极商店中的 6 名圣诞老人只能被下述情形唤醒：（1）所有 9 头驯鹿都从南太平洋度假归来。（2）有些小精灵在制作玩具时遇到了麻烦；为了让圣诞老人们多休息一会儿，只能在 3 个小精灵遇到麻烦时才能叫醒圣诞老人。在这 3 个小精灵解决它们的问题时，其他想要找圣诞老人的小精灵只能等这 3 个小精灵返回。若圣诞老人醒来后发现 3 个小精灵及最后一头从热带度假归来的驯鹿在店门口等着，则圣诞老人就决定让这些小精灵等到圣诞节以后，因为准备雪橇更加重要（假设驯鹿不想离开热带地区，因此它们要在那里待到最后可能的时刻）。最后的驯鹿一定要赶回来找圣诞老人，在套上雪橇之前，驯鹿会在温暖的棚子里等着。用信号量解决上述问题。

5.27 通过以下步骤说明消息传递和信号量具有同等的功能：

a. 用信号量实现消息传递。提示：利用一个共享缓冲区保存信箱，每个信箱由一个消息槽数组组成。

b. 用消息传递实现信号量。提示：引入一个独立的同步进程。

5.28 下面对一个写者/多个读者问题的解法错在哪里？

```
int readcount;                    //共享，初值为 0
Semaphore mutex, wrt;             //共享，初值为 1;
//写者:                           //读者:
                                  semWait(mutex);
                                  readcount : = readcount + 1;
semWait(wrt);                     if readcount == 1 then semWait(wrt);
/* 执行写操作 */                  semSignal(mutex);
semSignal(wrt);                   /*执行读操作*/
                                  semWait(mutex);
                                  readcount : = readcount - 1;
                                  if readcount == 0 then Up(wrt);
                                  semSignal(mutex);
```

① 感谢佛蒙特州圣迈克尔学院的 John Trono 贡献此题。

第 6 章　并发：死锁和饥饿

学习目标

- 列举并解释死锁产生的条件
- 定义死锁预防，针对死锁产生的条件给出死锁预防的策略
- 理解死锁预防与死锁避免的区别
- 掌握死锁避免的两种方法
- 理解死锁检测与死锁预防、死锁检测与死锁避免的本质区别
- 掌握设计综合死锁解决策略的方法
- 分析哲学家就餐问题
- 理解 UNIX、Linux、Solaris、Windows 和 Android 中使用的并发与同步机制

本章介绍并发处理中需要解决的两个问题：死锁和饥饿。本章首先讨论死锁的基本原理和饥饿的相关问题；接着分析处理死锁的三种常用方法：预防、检测和避免；然后考虑用于说明同步和死锁的一个经典问题：哲学家就餐问题。

类似于第 5 章，本章仅讨论单个系统中的并发和死锁，分布式系统中死锁问题的解决方法见第 18 章。本书的配套网站提供了演示死锁的动画。

6.1　死锁原理

死锁定义为一组相互竞争系统资源或进行通信的进程间的“永久”阻塞。当一组进程中的每个进程都在等待某个事件（典型情况下是等待释放所请求的资源），而仅有这组进程中被阻塞的其他进程才可触发该事件时，就称这组进程发生了死锁。因为没有事件能够被触发，故死锁是永久性的。与并发进程管理中的其他问题不同，死锁问题并无有效的通用解决方案。

所有死锁都涉及两个或多个进程之间对资源需求的冲突。一个常见的例子是交通死锁。图 6.1(a)显示了 4 辆汽车几乎同时到达十字路口并停下来的场景。交叉点上的 4 个象限是需要被控制的资源。这 4 辆汽车都想笔直地驶过十字路口，对资源的要求如下：

- 向北行驶的汽车 1 需要象限 a 和 b。
- 向西行驶的汽车 2 需要象限 b 和 c。
- 向南行驶的汽车 3 需要象限 c 和 d。
- 向东行驶的汽车 4 需要象限 d 和 a。

美国的道路行驶规则是，停在十字路口的汽车应给其右边的车让路。十字路口只有两辆或三辆汽车时，这一规则是可行的。例如，只有北行和西行的汽车到达十字路口时，北行的车将等待，西行的车则继续通告。但在 4 辆汽车几乎同时到达十字路口时，每辆车都应避免进入十字路口。这就造成了潜在的死锁。此时任何一辆汽车继续通行所需的资源仍都能满足，因此仅仅是潜在的死锁[1]。最终只要有一辆汽车能通行，就不会发生死锁。

① 未实际发生死锁。——译者注

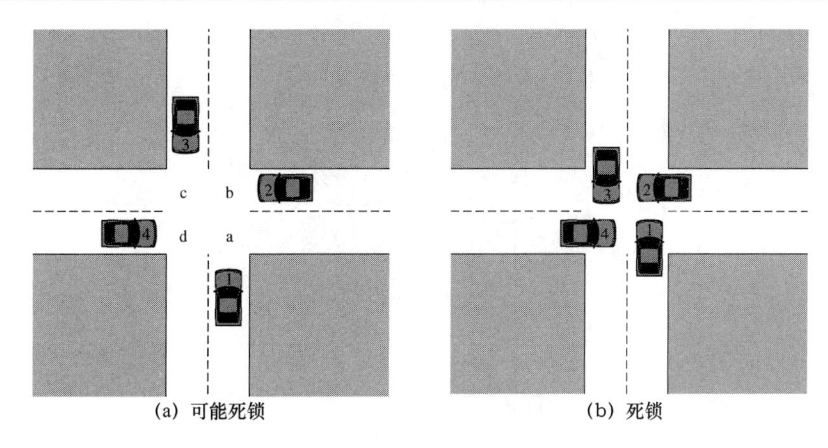

图 6.1　死锁图示

4 辆汽车都忽视这一规则而继续前行到十字路口时，每辆汽车都会占据一个资源（一个象限），且由于所需要的第二个资源被另一辆汽车占有，因此它们都不能通行，于是发生真正的死锁。

下面描述涉及进程和计算机资源的死锁。称为**联合进程图**（joint progress diagram）的图 6.2，显示了两个进程竞争两个资源的进展情况，每个进程都需要独占这两个资源一段时间。两个进程 P 和 Q 的一般形式如下：

进程 P	**进程Q**
• • •	• • •
获得A	获得B
• • •	• • •
获得B	获得A
• • •	• • •
释放A	释放B
• • •	• • •
释放B	释放A
• • •	• • •

在图 6.2 中，x 轴表示 P 的执行进展，y 轴表示 Q 的执行进展，因此两个进程的共同进展由从原点开始到东北方向的前进路径表示。对单处理器系统而言，一次只可执行一个进程，路径由交替出现的水平段和垂直段组成。水平段表示 P 执行而 Q 等待的时期，垂直段表示 Q 执行而 P 等待的时期。图中显示了 P 和 Q 都请求资源 A（斜线区域）的区域、P 和 Q 都请求资源 B（反斜线区域）的区域以及 P 和 Q 请求资源 A 和 B 的区域。因为假定每个进程需要对资源进行互斥访问控制，所以这幅图给出了如下 6 种不同的执行路径：

1. Q 获得 B，然后获得 A；再后释放 B 和 A；当 P 恢复执行时，它可以获得全部资源。
2. Q 获得 B，然后获得 A；P 执行并阻塞在对 A 的请求上；Q 释放 B 和 A；当 P 恢复执行时，它可以获得全部资源。
3. Q 获得 B；然后 P 获得 A；由于在继续执行时，Q 阻塞在 A 上而 P 阻塞在 B 上，因而死锁不可避免。
4. P 获得 A；然后 Q 获得 B；由于在继续执行时，Q 阻塞在 A 上而 P 阻塞在 B 上，因而死锁不可避免。
5. P 获得 A，然后获得 B；Q 执行并阻塞在对 B 的请求上；P 释放 A 和 B；当 Q 恢复执行时，它可以获得全部资源。
6. P 获得 A，然后获得 B；再后释放 A 和 B；当 Q 恢复执行时，它可以获得全部资源。

图 6.2 的灰色阴影区域称为**敏感区域**（fatal region），即路径 3 和 4 的注释部分。执行路径进入这个敏感区域后，死锁将不可避免。注意敏感区域的存在依赖于两个进程的逻辑关系。然而，两个进程的交互过程创建了能够进入敏感区域的执行路径后，死锁必然发生。

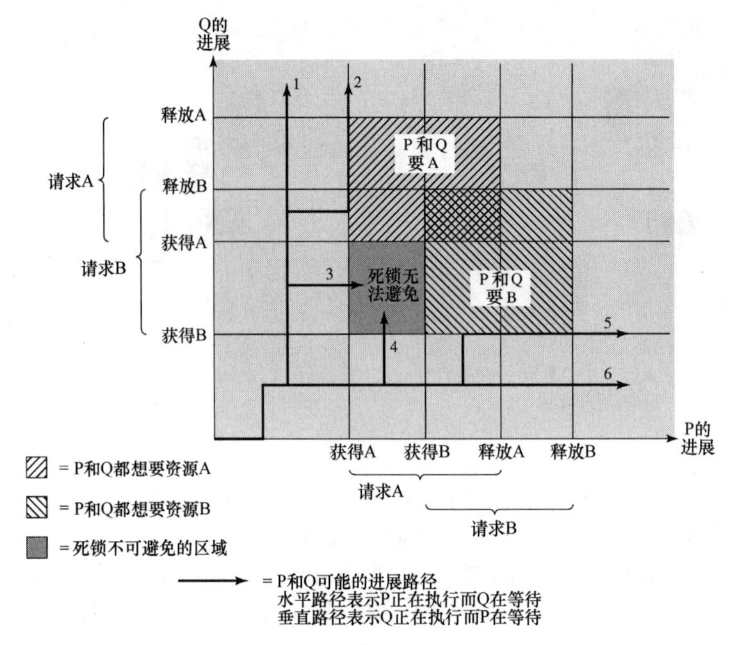

图 6.2　死锁示例

是否发生死锁取决于动态执行和应用程序细节。例如，假设 P 不同时需要两个资源，则两个进程有下面的形式：

进程P	进程Q
• • •	• • •
获得A	获得B
• • •	• • •
释放A	获得A
• • •	• • •
获得B	释放B
• • •	• • •
释放B	释放A
• • •	• • •

图 6.3 反映了这种情况，即不论两个进程的相对时间安排如何，总不会发生死锁。

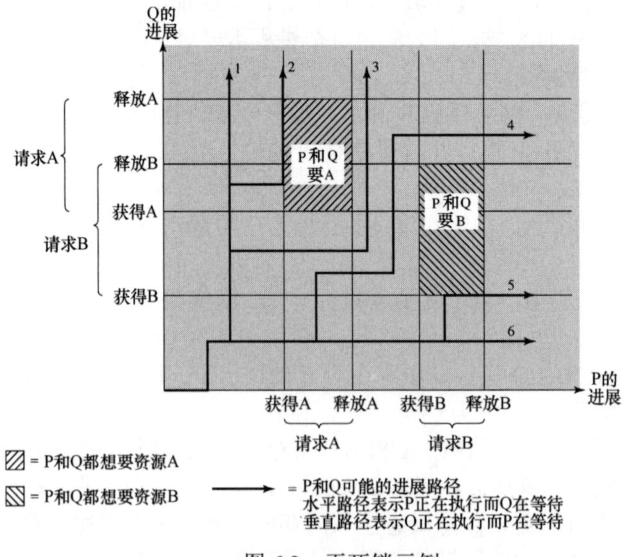

图 6.3　无死锁示例

如上所示，联合进程图可用来记录共享资源的两个进程的执行历史。多于两个进程竞争共享资源时，需要使用维度更高的图形来表示，但涉及敏感区域和死锁的原理相同。

6.1.1　可重用资源

资源通常分为两类：可重用资源和可消耗资源。可重用资源是指一次仅供一个进程安全使用且不因使用而耗尽的资源。进程得到资源单元并使用后，会释放这些单元供其他进程再次使用。可重用资源的例子包括处理器、I/O 通道、内存和外存、设备，以及数据结构（诸如文件、数据库和信号量）。

下面给出一个涉及可重用资源死锁的例子。考虑相互竞争的两个进程都要独占访问磁盘文件 D 和磁带设备 T 的情形。程序执行如图 6.4 所示的操作。每个进程都占用一个资源并请求另一个资源时，就会发生死锁；例如，多道程序设计系统交替地执行两个进程时会发生死锁，如下所示：

$$p_0p_1q_0q_1p_2q_2$$

这看起来更像程序设计错误而非操作系统设计人员的问题。由于并发程序设计非常具有挑战性，因此这类死锁的确会发生，而发生的原因通常隐藏在复杂的程序逻辑中，因此检测非常困难。处理这类死锁的一个策略是，给系统设计施加关于资源请求顺序的约束。

步骤	进程P动作
p_0	Request (D)
p_1	Lock (D)
p_2	Request (T)
p_3	Lock (T)
p_4	Perform function
p_5	Unlock (D)
p_6	Unlock (T)

步骤	进程Q动作
q_0	Request (T)
q_1	Lock (T)
q_2	Request (D)
q_3	Lock (D)
q_4	Perform function
q_5	Unlock (T)
q_6	Unlock (D)

图 6.4　两个进程竞争可重用资源示例

可重用资源死锁的另一个例子是内存请求。假设可用的分配空间为 200KB，且发生的请求序列如下所示：

P1	P2
…	…
请求80KB;	请求70KB;
…	…
请求 60KB;	请求 80KB;

两个进程都行进到它们的第二个请求时，就会发生死锁。若事先并不知道请求的存储空间总量，则很难通过系统设计约束来处理这类死锁。解决这类特殊问题的最好办法是，使用虚存有效地消除这种可能性。虚存将在第 8 章讲述。

6.1.2　可消耗资源

可消耗资源是指可被创建（生产）和销毁（消耗）的资源。某种类型可消耗资源的数量通常没有限制，无阻塞生产进程可以创建任意数量的这类资源。消费进程得到一个资源时，该资源就不再存在。可消耗资源的例子有中断、信号、消息和 I/O 缓冲区中的信息。

作为一个涉及可消耗资源死锁的例子，考虑下面的进程对，其中的每个进程都试图从另一个进程接收消息，然后再给那个进程发送一条消息：

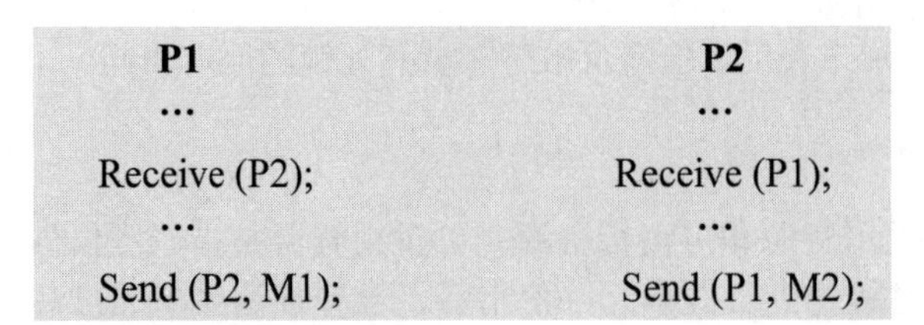

```
P1                  P2
…                   …
Receive (P2);       Receive (P1);
…                   …
Send (P2, M1);      Send (P1, M2);
```

Receive 阻塞（即接收进程被阻塞直到收到消息）时，发生死锁。同样，引发死锁的原因是一个设计错误。这类错误比较微妙，因而难以发现。此外，罕见的事件组合也会导致死锁，因此只有当程序使用了相当长的一段时间甚至几年后，才可能出现这类问题（即发生死锁）。

不存在解决所有类型死锁问题的有效策略。通常有三种处理死锁的方法：

- **死锁预防**：不允许产生死锁的三个必要条件之一成立，或防止发生循环等待条件。
- **死锁避免**：若此次分配可能导致死锁，则不满足该资源请求。
- **死锁检测**：在可能的情况下满足资源请求，但定期检查是否存在死锁，若发生死锁则采取措施进行恢复。

下面首先介绍资源分配图以及产生死锁的条件，然后依次分析每一种方法。

6.1.3 资源分配图

表征进程资源分配的有效工具是 Holt 引入的资源分配图（resource allocation graph）[HOLT72]。资源分配图是有向图，它说明了系统资源和进程的状态，其中每个资源和进程用节点表示。图中从进程指向资源的边表示进程请求资源但还未得到授权，如图 6.5(a)所示。资源节点中，圆点表示资源的一个实例。I/O 设备是有多个资源实例的资源类型，它由操作系统中的资源管理模块分配。图中从可重用资源节点中的点到一个进程的边表示请求已被授权，如图 6.5(b)所示；也就是说，该进程已被安排了一个单位的资源。图中从可消耗资源节点中的点到一个进程的边表示进程是资源生产者。

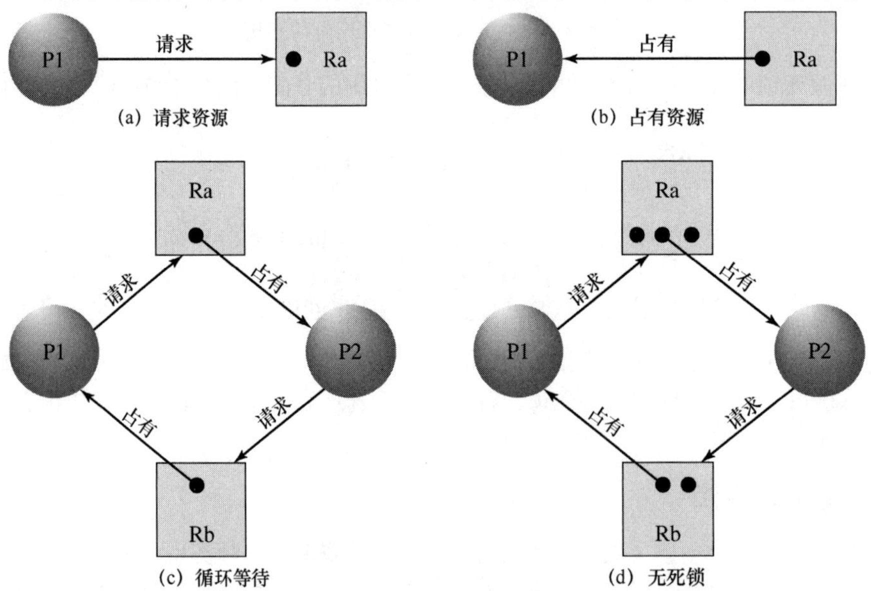

图 6.5 资源分配图示例

图 6.5(c)是一个死锁的例子。资源 Ra 和 Rb 都仅拥有一个单元的资源。进程 P1 持有 Rb 同时请求 Ra；进程 P2 持有 Ra 同时请求 Rb。图 6.5(d)和图 6.5(c)的拓扑结构相同，但图 6.5(d)不会发生死锁，因为每个资源有多个实例。

图 6.6 所示资源分配图的死锁情况与图 6.1(b)类似。与图 6.5(c)不同的是，图 6.6 不是两个进程彼此拥有对方所需资源的简单情况，而是存在进程和资源的环，因此导致了死锁。

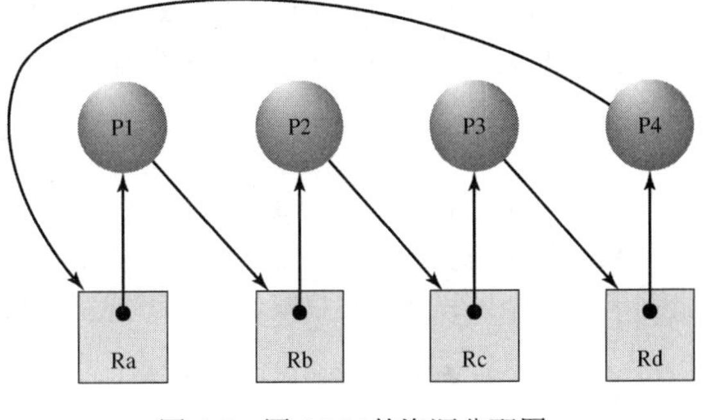

图 6.6　图 6.1(b)的资源分配图

6.1.4　死锁的条件

死锁有三个必要条件：

1. 互斥。一次只有一个进程可以使用一个资源。其他进程不能访问已分配给其他进程的资源。

2. 占有且等待。当一个进程等待其他进程时，继续占有已分配的资源。

3. 不可抢占。不能强行抢占进程已占有的资源。

在很多情况下，这些条件很容易满足。例如，要确保结果的一致性和数据库的完整性，互斥是非常有必要的。同理，不能随意地进行资源抢占。比如，在涉及数据资源时，必须提供回滚恢复机制（rollback recovery mechanism）来支持资源抢占，只有这样才能把进程及其资源恢复到以前的适当状态，使得进程最终可以重复其动作。

前三个条件都只是死锁存在的必要条件而非充分条件。要产生死锁，还需要第四个条件：

4. 循环等待。存在一个闭合的进程链，每个进程至少占有此链中下一个进程所需的一个资源，如图 6.5(c)和图 6.6 所示。

第四个条件实际上是前三个条件的潜在结果，即假设前三个条件存在，则可能发生的一系列事件会导致不可解的循环等待。这个不可解的循环等待实际上就是死锁的定义。条件 4 中列出的循环等待之所以不可解，是因为有前面三个条件的存在。因此，这四个条件一起构成了死锁的充分必要条件①。

为了能够让上面的讨论更加清晰，有必要进一步讨论图 6.2 所示的联合进程图。在该图中定义了一个敏感区域，进程运行至该区域后，一定会发生死锁。只有当上面列出的前三个条件都满足时，这种敏感区域才存在。若一个或多个条件不能满足，就不存在所谓的敏感区域，死锁也不会发生。因此，上述的前三个条件是死锁的必要条件。不仅进入敏感区域会发生死锁，而且进入敏感区域的资源请求顺序也会发生死锁。出现循环等待情况时，进程实际上已进入敏感区域。因此，上述四个条件是死锁的充分条件。总结如下：

死锁的可能性	死锁的存在性
1. 互斥	1. 互斥
2. 不可抢占	2. 不可抢占
3. 占有且等待	3. 占有且等待
	4. 循环等待

处理死锁的方法有三种。一是采用某种策略消除条件 1～4 中的某个条件的出现，来预防（prevent）死锁；二是基于资源分配的当前状态做动态选择来避免（avoid）死锁；三是试图检测（detect）死锁（满足条件 1～4）的存在并从死锁中恢复。下面按序讨论每种方法。

6.2　死锁预防

简单地讲，死锁预防（deadlock prevention）策略是试图设计一种系统来排除发生死锁的可能性。死锁预防方法分为两类。一类是间接死锁预防方法，即防止前面列出的三个必要条件中的任

① 实际上，所有书籍都只列出了死锁所需的这 4 个条件，但这种介绍模糊了一些细节问题。循环等待条件与其他三个条件存在本质上的区别。第一个到第三个条件是策略条件，而第四个条件则取决于所涉及的进程请求和释放资源的顺序。循环等待与三个必要条件导致了死锁“预防”和“避免”之间存在的差别。详细讨论请参阅[SHUB90]和[SHUB03]。

何一个条件的发生（见 6.4.1 节到 6.4.3 节）；另一类是直接死锁预防方法，即防止循环等待的发生（见 6.4.4 节）。下面具体分析与这 4 个条件相关的技术问题。

6.2.1 互斥

一般来说，在所列出的 4 个条件中，第一个条件不可能禁止。若需要对资源进行互斥访问，则操作系统就必须支持互斥。某些资源，如文件，可能允许多个读访问，但只能允许互斥的写访问，此时若有多个进程请求写权限，则也可能发生死锁。

6.2.2 占有且等待

为预防占有且等待的条件，可以要求进程一次性地请求所有需要的资源，并阻塞这个进程直到所有请求都同时满足。这种方法有两个方面的低效性。首先，一个进程可能被阻塞很长时间，以等待满足其所有的资源请求。而实际上，只要有一部分资源，它就可以继续执行。其次，分配给一个进程的资源可能会在相当长的一段时间不会被该进程使用，且不能被其他进程使用。另一个问题是一个进程可能事先并不知道它所需要的所有资源。

这也是应用程序在使用模块化程序设计或多线程结构时产生的实际问题。要同时请求所需的资源，应用程序需要知道其以后将在所有级别或所有模块中请求的所有资源。

6.2.3 不可抢占

预防不可抢占的方法有几种。首先，占有某些资源的一个进程进一步申请资源时若被拒绝，则该进程必须释放其最初占有的资源，必要时可再次申请这些资源和其他资源。其次，一个进程请求当前被另一个进程占有的一个资源时，操作系统可以抢占另一个进程，要求它释放资源。只有在任意两个进程的优先级都不同的条件下，后一种方案才能预防死锁。

此外，只有在资源状态可以很容易地保存和恢复的情况下（就像处理器一样），这种方法才是实用的。

6.2.4 循环等待

循环等待条件可通过定义资源类型的线性顺序来预防。若一个进程已分配了 R 类型的资源，则其接下来请求的资源只能是那些排在 R 类型之后的资源。

为证明这种策略的正确性，我们给每种资源类型指定一个下标。当 $i < j$ 时，资源 R_i 排在资源 R_j 前面。现在假设两个进程 A 和 B 死锁，原因是 A 获得 R_i 并请求 R_j，而 B 获得 R_j 并请求 R_i，则这个条件不可能，因为这意味着 $i < j$ 且 $j < i$。

类似于占有且等待的预防方法，循环等待的预防方法可能是低效的，因此它会使进程执行速度变慢，且可能在没有必要的情况下拒绝资源访问。

6.3 死锁避免

解决死锁问题的另一种方法是*死锁避免*（deadlock avoidance），它和死锁预防的差别很小[①]。在*死锁预防*（deadlock prevention）中，约束资源请求至少可破坏四个死锁条件中的一个条件。这可通过防止发生三个必要条件中的一个（互斥、占有且等待、非抢占）间接完成，也可通过防止循环等待直接完成，但都会导致低效的资源使用和低效的进程执行。死锁避免则相反，它允许三个必要条件，但通过明智地选择，可确保永远不会到达死锁点，因此死锁避免与死锁预防相比，可允许更多的并发。在死锁避免中，是否允许当前的资源分配请求是通过判断该请求是否可能导致死锁来决定

① 术语“避免”有点含糊。实际上可以把本节讨论的策略视为死锁预防的一个例子，因为它们确实防止了死锁的发生。

的。因此，死锁避免需要知道未来进程资源请求的情况。

本节给出了两种死锁避免方法：

- 若一个进程的请求会导致死锁，则不启动该进程。
- 若一个进程增加的资源请求会导致死锁，则不允许这一资源分配。

6.3.1 进程启动拒绝

考虑一个有着 n 个进程和 m 种不同类型资源的系统。定义以下向量和矩阵：

Resource $= \boldsymbol{R} = (R_1, R_2, \cdots, R_m)$	系统中每种资源的总量
Available $= \boldsymbol{V} = (V_1, V_2, \cdots, V_m)$	未分配给进程的每种资源的总量
Claim $= \boldsymbol{C} = \begin{bmatrix} C_{11} & C_{12} & \cdots & C_{1m} \\ C_{21} & C_{22} & \cdots & C_{2m} \\ \vdots & \vdots & \ddots & \vdots \\ C_{n1} & C_{n2} & \cdots & C_{nm} \end{bmatrix}$	C_{ij} = 进程 i 对资源 j 的需求
Allocation $= \boldsymbol{A} = \begin{bmatrix} A_{11} & A_{12} & \cdots & A_{1m} \\ A_{21} & A_{22} & \cdots & A_{2m} \\ \vdots & \vdots & \ddots & \vdots \\ A_{n1} & A_{n2} & \cdots & A_{nm} \end{bmatrix}$	A_{ij} = 当前分配给进程 i 的资源 j

矩阵 Claim 给出了每个进程对每种资源的最大需求，其中每行表示一个进程对所有类型资源的请求。为避免死锁，该矩阵信息必须由进程事先声明。类似地，矩阵 Allocation 显示了每个进程当前的资源分配情况。从中可以看出以下关系成立：

1. $R_j = V_j + \sum_{i=1}^{N} A_{ij}$，对所有 j。所有资源要么可用，要么已被分配。
2. $C_{ij} \le R_j$，对所有 i, j。任何一个进程对任何一种资源的请求都不能超过系统中这种资源的总量。
3. $A_{ij} \le C_{ij}$，对所有 i, j。分配给任何一个进程的任何一种资源都不会超过这个进程最初声明的此资源的最大请求量。

有了这些矩阵表达式和关系式，就可以定义一个死锁避免策略：若一个新进程的资源需求会导致死锁，则拒绝启动这个新进程。仅当

$$R_j \ge C_{(n+1)j} + \sum_{i=1}^{n} C_{ij}，所有 j$$

时才启动一个新进程 P_{n+1}。也就是说，只有满足所有当前进程的最大请求量及新的进程请求时，才会启动该进程。这个策略不是最优的，因为它假设了最坏的情况：所有进程同时发出它们的最大请求。

6.3.2 资源分配拒绝

资源分配拒绝策略，又称银行家算法（banker algorithm）[①]，最初在[DIJK65]中提出。首先需要定义状态和安全状态的概念。考虑一个系统，它有固定数量的进程和固定数量的资源，任何时候一个进程可能分配到零个或多个资源。系统的状态是当前给进程分配的资源情况，因此状态包含前面定义的两个向量 Resource 和 Available 及两个矩阵 Claim 和 Allocation。安全状态（safe state）指至少有一个资源分配序列不会导致死锁（即所有进程都能运行直到结束），不安全状态（unsafe state）指非安全的一个状态。

① Dijkstra 使用这个名称的原因是，该问题类似于银行业务。从银行贷款的顾客对应于进程，贷出的钱对应于资源。作为银行业务问题，银行能贷出的钱有限，每名顾客都有一定的银行信用额。顾客可以选择借一部分，但不能保证顾客取得大量贷款后一定能偿还。银行没有足够的本金放贷时，银行也会拒绝贷款给顾客。

下面的例子说明了这些概念。图 6.7(a)显示了一个含有 4 个进程和 3 个资源的系统的状态。R1、R2 和 R3 的资源总量分别为 9、3 和 6。在当前状态下资源分配给 4 个进程，R2 和 R3 各剩下 1 个可用单元。这是安全状态吗？为了回答这个问题，先提出一个中间问题：在当前的资源状况下，在这 4 个进程中是否存在一个可以运行到结束的进程？也就是说，可用资源能否满足当前的分配情况和任何一个进程的最大需求？按照先前介绍的矩阵和向量概念，对于进程 i，下面的条件应该满足：

$$C_{ij} - A_{ij} \le V_j，所有\ j$$

显然，这对 P1 是不可能的，它只拥有一个 R1 单元，还需要两个 R1 单元、两个 R2 单元和两个 R3 单元。但通过把一个 R3 单元分配给进程 P2，P2 就拥有了所需的最大资源，从而可以运行到结束。现在假设这些已经完成。P2 结束后，其资源回到可用资源池中，结果状态如图 6.7(b)所示。现在可以再次询问其余进程是否可以完成。在这种情况下，其余进程都可以完成。假设选择 P1 运行，分配给其所需要的资源，完成 P1 的工作，并把 P1 的所有资源释放回可用资源池中，此时的状态如图 6.7(c)所示。下一步，可以完成 P3 的工作，得到如图 6.7(d)所示的状态。最后，可完成 P4 的工作。此时所有进程都运行结束。因此，图 6.7(a)定义的状态是一个安全状态。

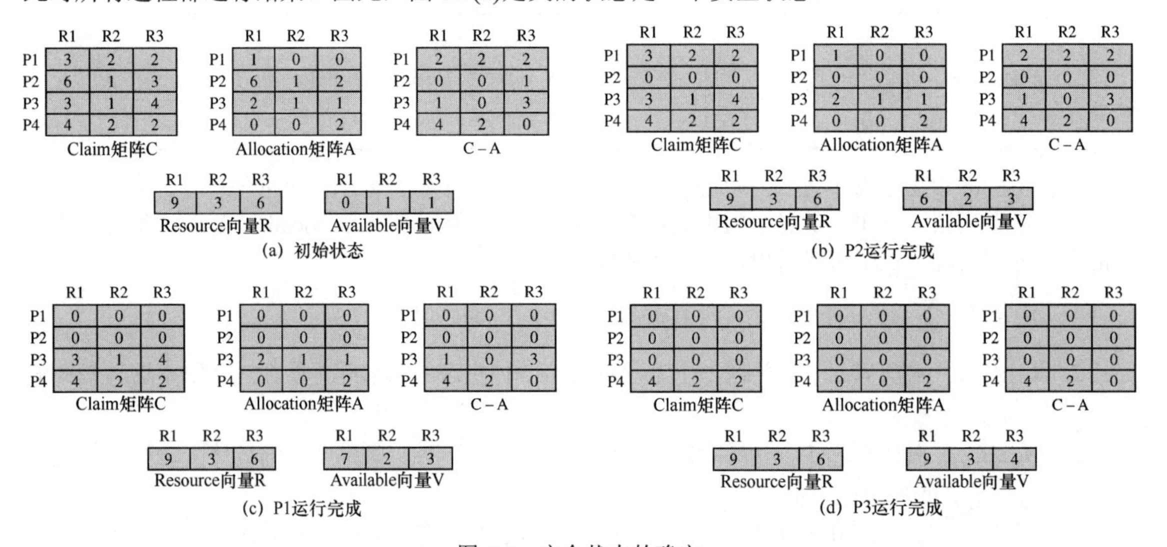

图 6.7 安全状态的确定

从这些概念可得出下面的死锁避免策略，该策略能确保系统中的进程和资源总处于安全状态。进程请求一组资源时，假设同意该请求，因此改变了系统的状态，然后确定结果是否仍处于安全状态。若是，同意这个请求；若不是，阻塞该进程直到同意该请求后系统状态仍然是安全的。

考虑图 6.8(a)定义的状态。假设 P2 请求另外一个 R1 单元和一个 R3 单元。若假定同意该请求，则结果的状态同图 6.7(a)的状态。由于已知这是一个安全状态，因此满足这个请求是安全的。现在回到图 6.8(a)的状态，并假设 P1 请求另外一个 R1 单元和 R3 单元，若假定同意该请求，则到达图 6.8(b)的状态。这个状态安全吗？答案是否定的，因为每个进程至少需要一个额外的 R1 单元，但现在没有一个可用的 R1 单元。因此，基于死锁避免的原则，P1 的请求将被拒绝并且 P1 将被阻塞。

注意，图 6.8(b)并不处于死锁状态，它仅有死锁的可能。例如，若 P1 从这一状态开始运行，先释放一个 R1 单元和一个 R3 单元，后来再次需要这些资源，则系统将达到安全状态。因此，死锁避免策略并不能确切地预测死锁，它仅是预料死锁的可能性并确保永远不会出现这种可能性。

图 6.9 给出了对死锁避免逻辑的抽象描述，图 6.9(b)中为算法的主体。数据结构 `state` 定义了系统状态，`request[*]` 是一个向量，它定义了进程 i 的资源请求。首先，进行一次检测，确保该请求不会超过进程最初声明的要求。若该请求有效，则下一步确定是否能实现这一请求（即是否有足够的可用资源）。若没有，则阻塞该进程；否则，最后确定完成这个请求是否安全。为做到这一点，资源被暂时分配给进程 i 以形成一个 `newstate`，然后使用图 6.9(c)中的算法测试安全性。

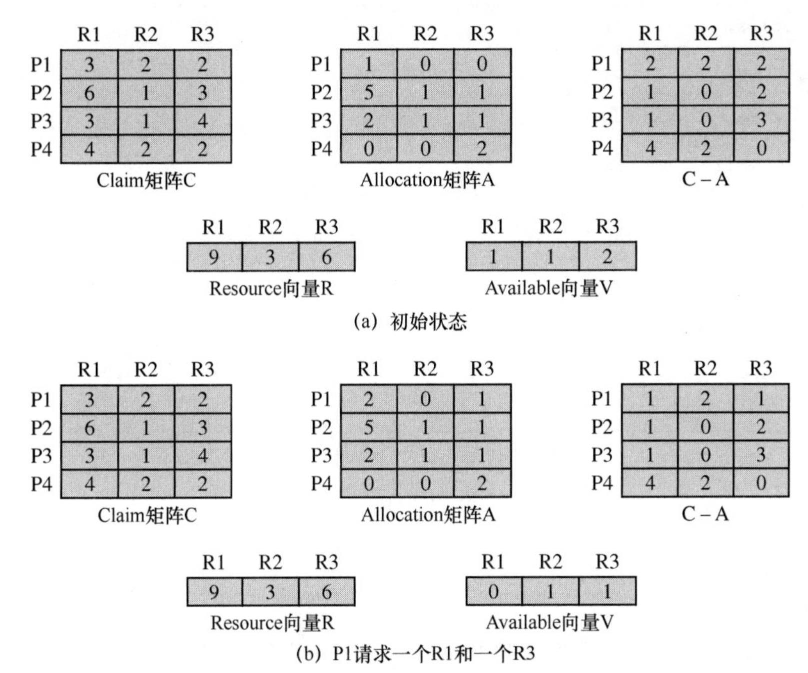

	R1	R2	R3
P1	3	2	2
P2	6	1	3
P3	3	1	4
P4	4	2	2

Claim矩阵C

	R1	R2	R3
P1	1	0	0
P2	5	1	1
P3	2	1	1
P4	0	0	2

Allocation矩阵A

	R1	R2	R3
P1	2	2	2
P2	1	0	2
P3	1	0	3
P4	4	2	0

C – A

R1	R2	R3
9	3	6

Resource向量R

R1	R2	R3
1	1	2

Available向量V

(a) 初始状态

	R1	R2	R3
P1	3	2	2
P2	6	1	3
P3	3	1	4
P4	4	2	2

Claim矩阵C

	R1	R2	R3
P1	2	0	1
P2	5	1	1
P3	2	1	1
P4	0	0	2

Allocation矩阵A

	R1	R2	R3
P1	1	2	1
P2	1	0	2
P3	1	0	3
P4	4	2	0

C – A

R1	R2	R3
9	3	6

Resource向量R

R1	R2	R3
0	1	1

Available向量V

(b) P1请求一个R1和一个R3

图 6.8　不安全状态的确定

死锁避免的优点是，无须死锁预防中的抢占和回滚进程，且与死锁预防相比限制较少。但是，它在使用中也有许多限制：

- 必须事先声明每个进程请求的最大资源。
- 所讨论的进程必须是无关的，即它们的执行顺序必须没有任何同步要求的限制。
- 分配的资源数量必须是固定的。
- 在占有资源时，进程不能退出。

```
struct state {
        int resource[m];
        int available[m];
        int claim[n][m];
        int alloc[n][m];
}
```

(a) 全局数据结构

```
if (alloc [i,*] + request [*] > claim [i,*])
     <error>;                          /* total request > claim*/
else if (request [*] > available [*])
     <suspend process>;
else  {                                      /* simulate alloc */
     <define newstate by:
     alloc [i,*] = alloc [i,*] + request [*];
     available [*] = available [*] - request [*]>;
}
if (safe (newstate))
     <carry out allocation>;
else {
     <restore original state>;
     <suspend process>;
}
```

(b) 资源分配算法

图 6.9　死锁避免逻辑

```
boolean safe (state S) {
   int currentavail[m];
   process rest[<number of processes>];
   currentavail = available;
   rest = {all processes};
   possible = true;
   while (possible) {
      <find a process Pk in rest such that
      claim [k,*] - alloc [k,*]<= currentavail;
      if (found) {              /* simulate execution of Pk */
         currentavail = currentavail + alloc [k,*];
         rest = rest - {Pk};
      }
      else possible = false;
   }
   return (rest == null);
}
```

(c) 测试安全算法（银行家算法）

图 6.9　死锁避免逻辑（续）

6.4　死锁检测

死锁预防策略非常保守，它们通过限制访问资源和在进程上强加约束来解决死锁问题。死锁检测策略则完全相反，它不限制资源访问或约束进程行为。对于死锁检测（deadlock detection）来说，只要有可能，就会给进程分配其所请求的资源。操作系统周期性地执行一个算法来检测前面的条件（4），即图 6.6 中描述的循环等待条件。

6.4.1　死锁检测算法

死锁检测可以频繁地在每个资源请求发生时进行，也可进行得少一些，具体取决于发生死锁的可能性。在每次请求资源时检查死锁有两个优点：可以尽早地检测死锁情况；算法相对比较简单，因为这种方法基于系统状态的逐渐变化情况。然而，这种频繁的检测会耗费相当多的处理器时间。

死锁检测的一个常见算法是[COFF71]中描述的算法，它使用了上节中定义的 Allocation 矩阵和 Available 向量。此外，还定义了一个请求矩阵 $\boldsymbol{Q}$，其中 Q_{ij} 表示进程 i 请求的 j 类资源的数量。这个算法主要是一个标记未死锁进程的过程。最初，所有进程都是未标记的，然后执行下列步骤：

1. 标记 Allocation 矩阵中一行全为零的进程。
2. 初始化一个临时向量 $\boldsymbol{W}$，令 $\boldsymbol{W}$ 等于 Available 向量。
3. 查找下标 i，使进程 i 当前未标记且 $\boldsymbol{Q}$ 的第 i 行小于等于 $\boldsymbol{W}$，即对所有的 $1 \le k \le m$, $Q_{ik} \le W_k$。若找不到这样的行，终止算法。
4. 若找到这样的行，标记进程 i，并把 Allocation 矩阵中的相应行加到 $\boldsymbol{W}$ 中，即对所有的 $1 \le k \le m$，令 $W_k = W_k + A_{ik}$。返回步骤 3。

当且仅当这个算法的最终结果有未标记的进程时，才存在死锁，每个未标记的进程都是死锁的。算法的策略是查找一个进程，使得可用资源能满足该进程的资源请求，然后假设同意这些资源，让该进程运行直到结束，再释放它的所有资源。然后，算法再寻找另一个可以满足资源请求的进程。注意，该算法不能保证防止死锁，是否死锁取决于将来同意请求的次序，它所做的一切是确定当前是否存在死锁。

我们可用图 6.10 来说明这个死锁检测算法。算法步骤如下：

1. 由于 P4 没有已分配的资源，标记 P4。
2. 令 $\boldsymbol{W} = (0\ 0\ 0\ 0\ 1)$。
3. 进程 P3 的请求小于等于 $\boldsymbol{W}$，因此标记 P3，并令 $\boldsymbol{W} = \boldsymbol{W} + (0\ 0\ 0\ 1\ 0) = (0\ 0\ 0\ 1\ 1)$。

4. 不存在其他未标记进程在 $\boldsymbol{Q}$ 中的行小于等于 $\boldsymbol{W}$，因此终止算法。

算法的结果是 P1 和 P2 未标记，表明这两个进程是死锁的。

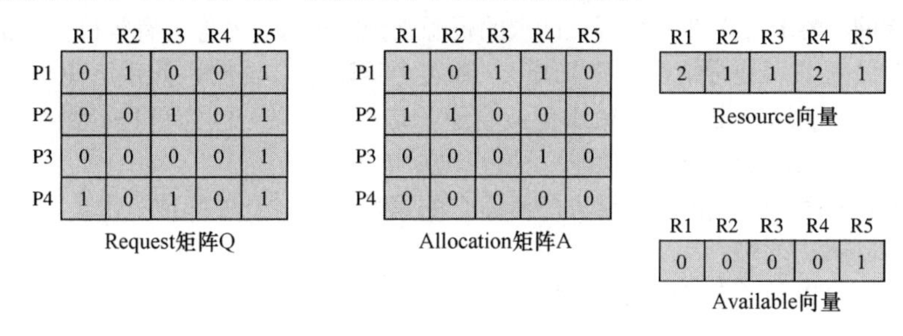

图 6.10　死锁检测示例

6.4.2　恢复

检测到死锁后，就需要某种策略来恢复死锁。下面按复杂度递增的顺序列出可能的方法：

1. 取消所有的死锁进程。这是操作系统中最常采用的方法。
2. 把每个死锁进程回滚到前面定义的某些检查点，并重新启动所有进程。此时，要求在系统中构建回滚和重启机制。这种方法的风险是原来的死锁可能再次发生。但是，并发进程的不确定性通常能保证不会发生这种情况。
3. 连续取消死锁进程直到不再存在死锁。所选取消进程的顺序应基于某种最小代价原则。在每次取消后，必须重新调用检测算法，以测试是否仍存在死锁。
4. 连续抢占资源直到不再存在死锁。和（3）一样，需要使用一种基于代价的选择方法，且需要在每次抢占后重新调用检测算法。一个资源被抢占的进程必须回滚到获得这个资源之前的某一状态。

对于（3）和（4），选择原则如采用如下之一：

- 目前为止消耗的处理器时间最少。
- 目前为止产生的输出最少。
- 预计剩下的时间最长。
- 目前为止分配的资源总量最少。
- 优先级最低。

在这些原则中，有些原则更易于测度。预计剩下的时间最值得怀疑。此外，除优先级测度外，相对于整个系统的代价而言，其他原则对用户而言没有任何代价。

6.5　一种综合的死锁策略

解决死锁的所有策略都各有优缺点。与其将操作系统机制设计为只采用其中的一种策略，不如在不同情况下使用不同的策略。[HOWA73]提出了一种方法：

- 把资源分成几组不同的资源类。
- 为预防在资源类之间由于循环等待产生死锁，可使用前面定义的线性排序策略。
- 在一个资源类中，使用该类资源最适合的算法。

作为这种技术的一个例子，我们考虑如下资源类：

- **可交换空间**：进程交换所用外存中的存储块。
- **进程资源**：可分配的设备，如磁带设备和文件。
- **内存**：可按页或按段分配给进程。
- **内部资源**：诸如 I/O 通道。

前面给出的次序表明了资源分配的次序。考虑到一个进程在其生命周期中可能会遵循这样的顺序，因此这个次序是最合理的。在每一类中，可采用以下策略：

- **可交换空间**：要求一次性分配所有请求的资源来预防死锁，就像占有等待预防策略一样。若知道最大存储需求（通常情况下都知道），则这个策略是合理的，死锁避免也是可能的。
- **进程资源**：对于这类资源，死锁避免策略通常是很有效的，因为进程可以事先声明它们需要的这类资源。采用资源排序的预防策略也是可能的。
- **内存**：对于内存，基于抢占的预防是最适合的策略。当一个进程被抢占后，它仅被换到外存，释放空间以解决死锁。
- **内部资源**：可以使用基于资源排序的预防策略。

6.6　哲学家就餐问题

现在考虑 Dijkstra 引入的哲学家就餐问题[DIJK71]。有五位哲学家住在一栋房子里，他们的面前放了一张餐桌。每位哲学家的生活就是思考和吃饭。通过多年的思考，所有哲学家一致认为最有助于他们思考的食物是意大利面条。由于缺乏手工技能，每位哲学家需要两把叉子来吃意大利面条。

就餐的安排很简单，如图 6.11 所示：一张圆桌上有一碗面和 5 个盘子，每位哲学家一个盘子，还有 5 把叉子。每位想吃饭的哲学家将坐到桌子旁分配给他的位置上，使用盘子两侧的叉子，取面和吃面。问题是：设计一套哲学家吃饭的礼仪（算法）。算法必须保证互斥（两位哲学家不能同时使用同一把叉子），同时还要避免死锁和饥饿（此时，饥饿的字面含义和算法中的含义相同）。

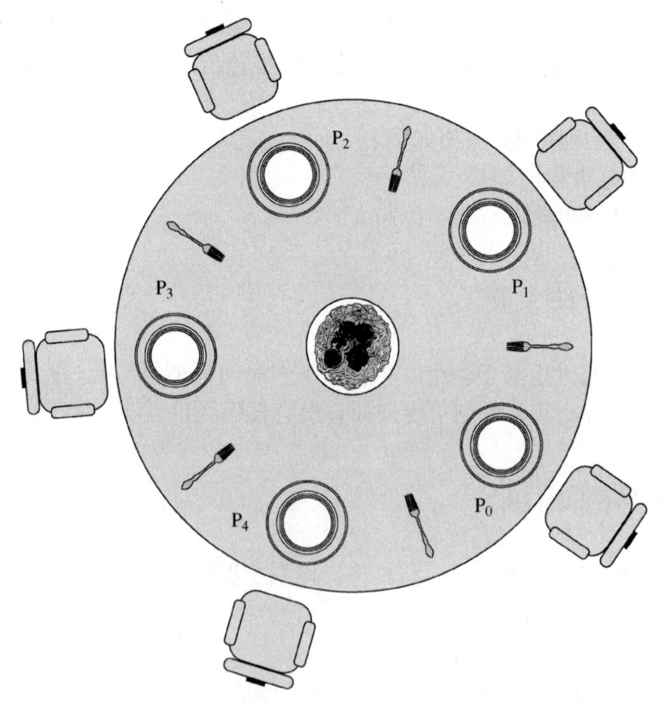

图 6.11　哲学家的就餐安排

这个问题本身也许并不重要，但它确实说明了死锁和饥饿中的基本问题。此外，解决方案的研究展现了并发程序设计中的许多困难（见[GING90]）。另外，哲学家就餐问题可视为应用程序中包含并发执行的线程时，协调处理共享资源的代表性问题。因此，该问题是评价同步方法的一个测试标准。

6.6.1　基于信号量的解决方案

图 6.12 给出了基于信号量的解决方案。每位哲学家首先拿起左边的叉子，然后拿起右边的叉子。在哲学家吃完面后，这两把叉子又被放回到餐桌上。这个解决方案会导致死锁：若所有哲学家在同一时刻都感到饥饿，则他们都会坐下来，都拿起左边的叉子，都伸手拿右边的叉子，但都没有拿到。在这种有损尊严的状态下，所有哲学家都会处于饥饿状态。

为避免死锁的危险，可再买 5 把叉子（一种更卫生的解决方案）或教会哲学家仅用一把叉子吃面。另一种方法是，考虑增加一位服务员，他/她只允许 4 位哲学家同时进入餐厅，由于最多有 4 位哲学家就座，因而至少有一位哲学家可以拿到两把叉子。图 6.13 显示了这种方案，这里再次使用了信号量。这个方案不会发生死锁和饥饿。

```
/* program   diningphilosophers */
semaphore fork [5] = {1};
int i;
void philosopher (int i)
{
     while (true) {
          think();
          wait (fork[i]);
          wait (fork [(i+1) mod 5]);
          eat();
          signal(fork [(i+1) mod 5]);
          signal(fork[i]);
     }
}
void main()
{
     parbegin (philosopher (0), philosopher (1),
          philosopher (2),    philosopher (3),
          philosopher (4));
     }
```

图 6.12　哲学家就餐问题的第一种解决方案

```
/* program   diningphilosophers */
semaphore fork[5] = {1};
semaphore room = {4};
int i;
void philosopher (int i)
{
     while (true) {
          think();
          wait (room);
          wait (fork[i]);
          wait (fork [(i+1) mod 5]);
          eat();
          signal (fork [(i+1) mod 5]);
          signal (fork[i]);
          signal (room);
     }
}
void main()
{
     parbegin (philosopher (0), philosopher (1),
          philosopher (2), philosopher (3),
          philosopher (4));
}
```

图 6.13　哲学家就餐问题的第二种解决方案

6.6.2 基于管程的解决方案

图 6.14 给出了基于管程的哲学家就餐问题的解决方案。这种方案定义了一个含有 5 个条件变量的向量，每把叉子对应一个条件变量。这些条件变量用来标示哲学家等待的叉子可用情况。另外，用一个布尔向量记录每把叉子的可用情况(true 表示叉子可用)。管程包含了两个过程。get_forks 函数表示哲学家取他/她左边和右边的叉子。若至少有一把叉子不可用，则哲学家进程就会在条件变量的队列中等待。这可让其他哲学家进程进入管程。release-forks 函数用来标示两把叉子可用。注意，这种解决方案的结构和图 6.12 中的信号量解决方案相似。在这两种方案中，哲学家都是先取左边的叉子，然后取右边的叉子。与信号量不同的是，管程不会发生死锁，因为在同一时刻只有一个进程进入管程。比如，第一位哲学家进程进入管程保证了只要他拿起左边的叉子，其右边的哲学家可以拿到他/她左边的叉子之前（即这位哲学家右边的叉子），就一定可以拿到右边的叉子。

```
monitor dining_controller;
cond ForkReady[5];      /* condition variable for synchronization */
boolean fork[5] = {true};   /* availability status of each fork */

void get_forks(int pid)   /* pid is the philosopher id number */
{
   int left = pid;
   int right = (++pid) % 5;
   /*grant the left fork*/
   if (!fork[left])
      cwait(ForkReady[left]); /* queue on condition variable */
   fork(left) = false;
   /*grant the right fork*/
   if (!fork[right])
      cwait(ForkReady[right]);/* queue on condition variable */
   fork[right] = false:
}
void release_forks(int pid)
{
   int left = pid;
   int right = (++pid) % 5;
   /*release the left fork*/
   if (empty(ForkReady[left])/*no one is waiting for this fork */
      fork[left] = true;
   else              /* awaken a process waiting on this fork */
      csignal(ForkReady[left]);
   /*release the right fork*/
   if (empty(ForkReady[right])/*no one is waiting for this fork */
      fork[right] = true;
   else              /* awaken a process waiting on this fork */
      csignal(ForkReady[right]);
}
```

```
void philosopher[k=0 to 4]    /* the five philosopher clients */
{
   while (true) {
    <think>;
    get_forks(k);  /* client requests two forks via monitor */
    <eat spaghetti>;
    release_forks(k);/* client releases forks via the monitor */
   }
}
```

图 6.14 哲学家就餐问题的管程解决方案

6.7 UNIX 并发机制

UNIX 为进程间的通信和同步提供了各种机制。这里只介绍最重要的几种：

- 管道
- 消息
- 共享内存
- 信号量
- 信号

管道、消息和共享内存提供了进程间传递数据的方法，而信号量和信号则用于触发其他进程的行为。

6.7.1　管道

UNIX 对操作系统开发最重要的贡献之一就是管道。受协同程序[RITC84]概念的启发，管道是一个环形缓冲区，它允许两个进程以生产者/消费者的模型进行通信。因此，这是一个先进先出（FIFO）队列，由一个进程写，由另一个进程读。

管道在创建时获得一个固定大小的字节数。当一个进程试图往管道中写时，若有足够的空间，则立即执行写请求；否则该进程被阻塞。类似地，一个读进程试图读取的字节数多于当前管道中的字节数时，它也被阻塞；否则立即执行读请求。操作系统强制实施互斥，即一次只能有一个进程可以访问管道。

管道分为两类：命名管道和匿名管道。只有具有“血缘”关系[①]的进程才可共享匿名管道，而不相关的进程只能共享命名管道。

6.7.2　消息

消息是有类型的一段文本。UNIX 为参与消息传递的进程提供 `msgsnd` 和 `msgrcv` 系统调用。每个进程都有一个与之相关联的消息队列，其功能类似于信箱。

消息发送者指定每个发送的消息的类型，类型可被接收者用作选择的依据。接收者可按先进先出的顺序接收信息，或按类型接收信息。当进程试图给一个满队列发送信息时，它会被阻塞；当进程试图从一个空队列读取消息时也会被阻塞；若一个进程试图读取某一特定类型的消息，但由于现在还没有这种类型的消息而失败时，则该进程不会被阻塞。

6.7.3　共享内存

共享内存是 UNIX 所提供的进程间通信手段中速度最快的一种。这是虚存中由多个进程共享的一个公共内存块。进程读写共享内存所用的机器指令，与读写虚存空间的其他部分所用的指令相同。每个进程有一个只读或读写的权限。互斥约束不属于共享内存机制的一部分，但必须由使用共享内存的进程提供。

6.7.4　信号量

UNIX System V 中的信号量系统调用是对第 5 章中定义的 `semWait` 和 `semSignal` 原语的推广，在这些原语之上可同时进行多个操作，且增量和减量操作的值可以大于 1。内核自动完成所有需要的操作，在所有操作完成前，任何其他进程都不能访问该信号量。

信号量由如下元素组成：

- 信号量的当前值。
- 在信号量上操作的最后一个进程的进程 ID。
- 等待该信号量的值大于当前值的进程数。
- 等待该信号量的值为零的进程数。

与信号量相关联的是阻塞在该信号量上的进程队列。

信号量实际上是以集合的形式创建的，一个信号量集合中有一个或多个信号量。`semctl` 系统调

① 指父子关系。——译者注

用允许同时设置集合中所有信号量的值。此外，sem_op 系统调用把一系列信号量操作作为参数，每个操作定义在集合中的一个信号量上。进行这一调用时，内核一次执行一个操作，每个操作的实际功能由 sem_op 的值指定。下面是 sem_op 的可能值：

- 若 sem_op 为正，则内核增加信号量的值，并唤醒所有等待该信号量的值增加的进程。
- 若 sem_op 为 0，则内核检查信号量的值。若值为 0，则继续其他信号量操作；否则，增加等待该值为 0 的进程数量，并将该进程阻塞在信号量值等于 0 的事件上。
- 若 sem_op 为负，且其绝对值小于等于信号量的值，则内核给信号量的值加上 sem_op（一个负数）。若结果为 0，则内核唤醒所有等待信号量的值等于 0 的进程。
- 若 sem_op 为负，且其绝对值大于信号量的值，则内核把该进程阻塞在信号量的值增加这一事件上。

这个对信号量的推广为进程的同步与协作提供了很大的灵活性。

6.7.5 信号

信号是用于向一个进程通知发生异步事件的机制。信号类似于硬件中断，但没有优先级，即内核公平地对待所有信号。对于同时发生的信号，一次只给进程一个信号，而没有特定的次序。

进程间可以互相发送信号，内核也可在内部发送信号。信号的传递是通过修改信号要发送到的进程所对应的进程表中的一个域来完成的。由于每个信号只保存为一位，因此不能对给定类型的信号进行排队。只有在进程被唤醒继续运行时，或进程准备从系统调用中返回时，才处理信号。进程可通过执行某些默认行为（如终止进程）、执行一个信号处理函数或忽略该信号来对信号做出响应。

表 6.1 列出了 UNIX SVR4 中定义的信号。

表 6.1 UNIX 信号

值	名 称	说 明
01	SIGHUP	阻塞；内核设想该进程的用户正在做无用工作时发送给进程
02	SIGINT	中断
03	SIGQUIT	停止；由用户发送，引发进程停止并产生信息转储
04	SIGILL	非法指令
05	SIGTRAP	跟踪捕捉；触发用于进程跟踪的代码的执行
06	SIGIOT	IOT 指令
07	SIGEMT	EMT 指令
08	SIGFPE	浮点异常
09	SIGKILL	杀死；终止进程
10	SIGBUS	总线错误
11	SIGSEGV	段违法；进程试图访问虚地址空间之外的位置
12	SIGSYS	系统调用参数错误
13	SIGPIPE	在没有读进程的管道上写
14	SIGALRM	警报；当一个进程希望在一段时间后收到一个信号时产生
15	SIGTERM	软件终止
16	SIGUSRl	用户定义的信号 1
17	SIGUSR2	用户定义的信号 2
18	SIGCHLD	子进程死
19	SIGPWR	电源故障

6.8 Linux 内核并发机制

Linux 包含了其他 UNIX 系统中（如 SVR4）出现的所有并发机制，包括管道、消息、共享内存和信号。Linux 还支持一种特殊类型的信号——实时信号（RT signals），这种信号是 POSIX.1b

实时扩展中的一个特性。实时信号和标准 UNIX（或 POSIX.1）信号相比有三个主要不同点：

- 支持按优先级顺序排列的信号进行传递。
- 多个信号能进行排队。
- 在标准信号机制中数值和消息只能视为通知，不能发送给目标进程，但实时信号机制可以将数值（一个整数或指针）随信号一起发送过去。

此外，Linux 还包含一套丰富的并发机制，这套机制是专门为内核模式线程准备的。换言之，它们是用在内核中的并发机制，提供内核代码执行中的并发性。本节讨论 Linux 内核的并发机制。

6.8.1　原子操作

Linux 提供了一组操作来保证对变量的原子操作。这些操作可用来避免简单的竞争条件。原子操作执行时不会被打断或干扰。在单处理器上，线程一旦启动原子操作，则从操作开始到结束的这段时间内，不能中断线程。此外，在多处理器系统中，原子操作所针对的变量被锁住，以免被其他进程访问，直到原子操作执行完毕。

Linux 中定义了两种原子操作：一种是针对整数变量的整数操作，另一种是针对位图中某一位的位图操作，如表 6.2 所示。这些操作在 Linux 支持的任何计算机体系结构中都须实现。在某些体系结构中，这些原子操作具有对应的汇编指令。其他体系结构通过锁住内存总线的方式来保证操作的原子性。

表 6.2　Linux 原子操作

原子整数操作	
ATOMIC_INIT (int i)	声明，初始化原子变量为 i
int atomic_read(atomic_t *v)	读整数值 v
void atomic_set(atomic_t*v, int i)	将 v 的值设置为整数 i
void atomic_add(int i, atomic_t *v)	v=v+i
void atomic_sub(int i,atomic_t *v)	v=v-i
void atomic_inc(atomic_t *v)	v=v+1
void atomic_dec(atomic_t *v)	v=v-1
int atomic_sub_and_test(int i, atomic_t *v)	v=v-i；值为 0 返回 1，否则返回 0
int atomic_add_negative(int i, atomic_t *v)	v=v+i；值为负数返回 1，否则返回 0（用于实现信号量）
int atomic_dec_and_test(atomic_t *v)	v=v-1；值为 0 返回 1，否则返回 0
int atomic_inc_and_test(atomic_t *v)	v=v+1；值为 0 返回 1，否则返回 0
原子位图操作	
void set_bit(int nr, void *addr)	将地址为 addr 的位图的第 nr 位置位
void clear_bit(int nr, void *addr)	将地址为 addr 的位图的第 nr 位清零
void change_bit(int nr, void *addr)	将地址为 addr 的位图的第 nr 位反转
int test_and_set_bit(int nr, void *addr)	将地址为 addr 的位图的第 nr 位置位，返回以前的值
int test_and_clear_bit(int nr, void *addr)	将地址为 addr 的位图的第 nr 位清零，返回以前的值
int test_and_change_bit(int nr, void *addr)	将地址为 addr 的位图的第 nr 位反转，返回以前的值
int test_bit(int nr, void *addr)	返回地址为 addr 的位图的第 nr 位的值

对于原子整数操作（atomic integer operations），定义了一个特殊的数据类型 atomic_t，原子整数操作仅能用在这个数据类型上，而其他操作不允许用在这个数据类型上。[LOVE04]列出了这些严格限制的好处：

1. 在某些情况下不受竞争条件保护的变量，不能使用原子操作。
2. 这种数据类型的变量能够避免被不恰当的非原子操作使用。
3. 编译器不能错误地优化对该值的访问（如使用别名而不使用正确的内存地址）。
4. 这种数据类型的实现隐藏了与计算机体系结构相关的差异。

原子整数数据类型的典型用途是实现计数器。

原子位图操作（atomic bitmap operations）操作由指针变量指定的任意一块内存区域的位序列中

的某一位，因此没有和原子整数操作中的 atomic_t 等同的数据类型。

原子操作是内核同步方法中最简单的。在原子操作的基础上，可构建更复杂的锁机制。

6.8.2　自旋锁

在 Linux 中保护临界区的常用技术是自旋锁（spinlock）。在同一时刻，只有一个线程能获得自旋锁。其他任何试图获得自旋锁的线程将一直进行尝试（即自旋），直到获得了该锁。本质上，自旋锁建立在内存区中的一个整数上，任何线程进入临界区前都必须检查该整数。若该值为 0，则线程将该值设置为 1，然后进入临界区。若该值非 0，则该线程继续检查该值，直到它为 0。自旋锁很容易实现，但有一个缺点，即锁外面的线程会以忙等待的方式继续执行。因此，自旋锁在获得锁所需的等待时间较短时，即等待时间少于两次上下文切换时间时，会很高效。

使用自旋锁的基本形式如下：

```
spin_lock(&lock)
/*临界区*/
spin_unlock(&lock)
```

基本的自旋锁　基本的自旋锁（相对于后面要讲到的读写自旋锁）有如下 4 个版本（见表 6.3）：

表 6.3　Linux 自旋锁

自　旋　锁	说　明
void spin_lock(spinlock_t *lock)	获得指定的自旋锁，一直自旋到获得该锁
void spin_lock_irq(spinlock_t *lock)	和 spin_lock 相似，同时也关闭本地处理器上的中断
void spin_lock_irqsave(spinlock_t*lock, unsigned long flags)	和 spin_lock_irq 相似，同时也保存当前的中断状态
void spin_lock_bh(spinlock_t*lock)	和 spin_lock 相似，同时也关闭所有下半部的执行
void spin_unlock(spinlock_t *lock)	释放自旋锁
void spin_unlock_irq(spinlock_t*lock)	释放自旋锁的同时启用本地中断
void spin_unlock_irqrestore(spinlock_t *lock, unsigned long flags)	释放自旋锁的同时将中断状态恢复为以前的状态
void spin_unlock_bh(spinlock_t*lock)	释放自旋锁的同时启用下半部
void spin_lock_init(spinlock_t*lock)	初始化自旋锁
int spin_trylock(spinlock_t*lock)	试图获得自旋锁，若该锁已被锁住，则返回非 0，否则返回 0
int spin_is_locked(spinlock_t *lock)	若自旋锁目前被锁住，则返回非 0，否则返回 0

- **普通**（plain）：在临界区代码不被中断处理程序执行或禁用中断的情况下，可以使用普通自旋锁。它不会影响当前处理器的中断状态。
- **_irq**：中断一直被启用时，可以使用这种自旋锁。
- **_irqsave**：不知道在执行时间内中断是否启用时，可以使用这个版本。获得锁后，本地处理器的中断状态会被保存，该锁释放时会恢复这一状态。
- **_bh**：发生中断时，相应的中断处理器只处理最少量的必要工作。一段我们称之为下半部（bottom half）的代码执行中断相关工作的其他部分，因此允许尽快地启用当前的中断。_bh 自旋锁用来禁用和启用下半部，以避免与临界区冲突。

程序员知道需要保护的数据不会被中断处理程序或下半部访问时，使用普通自旋锁。否则，就需要使用合适的非普通自旋锁。

自旋锁在单处理器系统和多处理器系统中的实现是不同的。对于单处理器系统，必须考虑如下因素：是否关闭内核抢占（kernel preemption）功能。若关闭内核抢占功能，此时线程在内核模式下的运行不会被打断，则锁会因为没有必要使用而在编译时删除。若启用内核抢占，即允许打断内核模式线程，则自旋锁仍会在编译时删除（即不用测试自旋锁内存区是否发生变化），并简单地实现为启用中断/禁用中断。在多处理器的情况下，自旋锁的实现（测试自旋锁的内存区的变化）会编译到内核代码中。在程序中使用自旋锁机制时，可不考虑是在单处理器上运行还是在多处理器上运行。

读写自旋锁　读写自旋锁（reader-writer spinlock）机制允许在内核中达到比基本自旋锁更高的并发度。读写自旋锁允许多个线程同时以只读的方式访问同一数据结构，只有当一个线程想要更新数据结构时，才会互斥地访问该自旋锁。每个读者写者自旋锁包括一个 24 位的读者计数和一个解锁标记，解释如下：

计　数	标　记	解　释
0	1	自旋锁释放并可用
0	0	自旋锁已被一个写者线程获得
n（n>0）	0	自旋锁已被 n 个读者线程获得
n（n>0）	1	无效

类似于基本的自旋锁，也存在读写自旋锁的普通版、_irq 版和 _irqsave 版。

相对于写者而言，读写自旋锁对于读者更有利。自旋锁被读者拥有时，只要至少存在一个读者拥有该锁，写者就不能抢占该锁。而且，即使已有写者在等待该锁，新来的读者仍会抢先获得该自旋锁。

6.8.3　信号量

Linux 在用户级提供了和 UNIX SVR4 对应的信号量接口。在内核内部，Linux 提供了供自身使用的信号量的具体实现，即内核中的代码能够调用内核信号量。内核的信号量不能通过系统调用直接被用户程序访问。内核信号量是作为内核内部函数实现的，因此比用户可见的信号量更加高效。

Linux 在内核中提供三种信号量：*二元信号量*（binary semaphores）、*计数信号量*（counting semaphores）和*读写信号量*（reader-writer semaphores）。

二元信号量与计数信号量　Linux 2.6 中定义的二元信号量和计数信号量（见表 6.4）与第 5 章描述的信号量的功能相同。函数 down 和 up 分别用于第 5 章中提到的 semWait 和 semSignal 函数。

表 6.4　Linux 信号量

传统信号量	
void sema_init(struct semaphore *sem, int count)	将动态创建的信号量值初始化为给定的 count
void init_MUTEX(struct semaphore*sem)	将动态创建的信号量值初始化为 1（初始化未锁住）
void init_MUTEX_LOCKED(struct semaphore *sem)	将动态创建的信号量值初始化为 0（初始化锁住）
void down(struct semaphore *sem)	试图获得指定的信号量，信号量不可得时进入不可中断睡眠状态
int down_interruptible(struct semaphore *sem)	试图获得指定的信号量，信号量不可得时进入可中断睡眠状态，若收到信号而非 up 操作的结果，则返回值-EINTR
int down_trylock(struct semaphore *sem)	试图获得指定的信号量，信号量不可得时返回一个非零值
void up(struct semaphore *sem)	释放指定的信号量
读写信号量	
void init_rwsem(struct rw_semaphore, *rwsem)	将动态创建的信号量初始化为 1
void down_read(struct rw_semaphore, *rwsem)	读者 down 操作
void up_read(struct rw_semaphore, *rwsem)	读者 up 操作
void down_write(struct rw_semaphore, *rwsem)	写者 down 操作
void up_write(struct rw_semaphore, *rwsem)	写者 up 操作

计数信号量使用 sema_init 函数初始化，该函数给信号量命名并赋初值。二元信号量在 Linux 中也称 MUTEX（互斥信号量），它使用 init_MUTEX 和 init_MUTEX_LOCKED 函数初始化，这两

个函数分别将信号量初始为 1 和 0。

Linux 提供了三个版本的 down（semWait）操作。

1. down 函数对应于传统的 semWait 操作。也就是说，线程测试信号量，并在信号量不可用时阻塞。信号量上对应的 up 操作发生时，线程会被唤醒。需要注意的是，该函数既可以用于计数信号量上的操作，也可以用于二值信号量上的操作。
2. down_interruptible 函数允许因 down 操作而被阻塞的线程在此期间接收并响应内核信号。若线程被信号唤醒，则函数 down_interruptible 会在增加信号量值的同时返回错误代码，在 Linux 中该错误代码是-EINTR。这将告知线程对信号量操作的调用已取消。事实上，线程已被强行放弃了信号量。这一特点在设备驱动程序和其他服务中很有用，因为这样可更加方便地覆盖信号量操作。
3. down_trylock 函数可在不被阻塞的同时获得信号量。信号量可用时，就可获得它。否则函数返回一个非零值，而不会阻塞该线程。

读写信号量 读写信号量把用户分为读者和写者；它允许多个并发的读者（没有写者），但仅允许一个写者（没有读者）。事实上，对读者使用的是一个计数信号量，而对写者使用的是一个二元信号量（MUTEX）。表 6.4 显示了基本的读者-写者信号量操作。由于读写信号量使用不可中断睡眠，因此每个 down 操作只有一个版本。

6.8.4 屏障

在有些体系结构中，编译器或处理器硬件为了优化性能，可能会对源代码中的内存访问重新排序。重新排序的目的是优化对处理器指令流水线的使用。重新排序的算法包含相应的检查，以便保证不违反数据依赖性（data dependencies）。例如，代码

```
a = 1;
b = 1;
```

可被重新排序，以便内存地址 b 在内存地址 a 更新之前更新。然而，代码

```
a = 1;
b = a;
```

不能重新排序。即使如此，在某些情况下，读操作和写操作以指定的顺序执行也相当重要，因为这些信息会被其他线程或硬件设备使用。

为保证指令执行的顺序，Linux 提供了内存屏障（memory barrier）设施。表 6.5 列出了该设施中定义的重要函数。rmb()操作保证代码中 rmb()之前的代码没有任何读操作会穿过屏障，rmb()之后的代码中读操作也没有任何机会穿过屏障。类似地，wmb()操作保证代码 wmb()之前的代码没有任何写操作会穿过屏障。mb()操作提供了装载和存储屏障。

对于屏障操作，有两点需要注意：

1. 屏障与机器指令（即装载和存储指令）相关。因此，高级语言指令 a=b 会产生一个装载（读）位置 b 中的数据的指令和一个存储（写）到位置 a 的指令。
2. rmb、wmb 和 mb 操作指明编译器和处理器的行为。在编译方面，屏障操作指示编译器在编译期间不要重新排序指令。在处理器方面，屏障操作指示流水线上在屏障前面的任何指令必须在屏障后面的指令开始执行之前提交。

barrier()操作是 mb()操作的一个轻量级版本，它仅控制编译器的行为。知道处理器不会执行不良的重新排序时，这个操作相当有用，比如 Intel 的 x86 处理器就不会对写操作重新排序。

smp_rmb、smp_wmb 和 smp_mb 操作能优化在单处理器（UP）上编译或在对称多处理器（SMP）上编译的代码。对于 SMP 结构，这些指令定义为我们通常所说的内存屏障；但对于 UP 结构，它们都仅作为编译器屏障。有些数据依赖仅出现在 SMP 环境下，处理这些数据依赖时 smp_操作非常有用。

表 6.5　Linux 内存屏障操作

操　　作	说　　明
rmb()	阻止跨过屏障对装载操作重排序
wmb()	阻止跨过屏障对存储操作重排序
mb()	阻止跨过屏障对装载/存储操作重排序
Barrier()	阻止编译器跨过屏障对装载/存储操作重排序
smp_rmb()	在 SMP 上提供 rmb() 操作，在 UP 上提供 barrier() 操作
smp_wmb()	在 SMP 上提供 wmb() 操作，在 UP 上提供 barrier() 操作
smp_mb()	在 SMP 上提供 mb() 操作，在 UP 上提供 barrier() 操作

注：SMP 表示对称多处理器，UP 表示单处理器。

读-复制-更新（Read-Copy-Update，RCU）　RCU 机制是一种先进的轻量级同步机制，于 2002 年被集成到 Linux 内核中。RCU 用在 Linux 内核的很多地方，如网络子系统、内存子系统、虚拟文件系统等。RCU 也用在其他操作系统中，如 DragonFly BSD 系统使用了一种与 Linux 中可睡眠 RCU（Sleepable RCU，SRCU）机制相似的 RCU 机制。同时，还存在一种名为 liburcu 的用户态 RCU 库。

与常见的 Linux 同步机制不同，RCU 中的读者是不受锁影响的。受 RCU 机制保护的共享资源必须通过指针访问。RCU 的核心 API 非常简洁，只由以下 6 个方法组成：

- rcu_read_lock()
- rcu_read_unlock()
- call_rcu()
- synchronize_rcu()
- rcu_assign_pointer()
- rcu_dereference()

除了上述方法，RCU 的 API 还包括大约 20 个非核心方法。

RCU 机制使得一个共享资源能够被多个读者和写者访问。当一个写者想要更新该资源时，它会创建该资源的一个副本，在副本上完成更新，然后更新指向资源的指针，使其指向新的副本。之后，当旧版本资源不再需要时会被释放。更新指针是一个原子操作，因此读者能够在指针更新前或更新后访问资源，但不能在指针更新的途中访问资源。从性能角度而言，RCU 同步机制最适合读操作较为频繁但写操作较少的场景。

读者访问共享资源的操作必须被封装在从 rcu_read_lock() 开始到 rcu_read_unlock() 结束的代码块内。此外，在该代码块内访问共享资源指针的操作必须由 rcu_dereference(ptr) 完成，不能直接访问。还有，不能在上述代码块之外调用 rcu_dereference() 方法。

在一个写者创建一个副本并更新其值后，在释放旧版本资源之前，必须先确定它已经不再被任何读者需要。这可以通过调用 synchronize_rcu() 完成，也可以通过调用非阻塞方法 call_rcu() 完成。call_rcu() 的第二个参数是一个回调函数的引用，该回调函数会在 RCU 机制确认资源可以被释放后调用。

6.9　Solaris 线程同步原语

除 UNIX SVR4 的并发机制外，Solaris 还支持 4 种线程同步原语：

- 互斥锁
- 多读者单写者锁
- 信号量
- 条件变量

Solaris 在内核中为内核线程实现这些原语，同时在线程库中也为用户级线程提供这些原语。图 6.15 显示了这些原语的数据结构。原语的初始化函数填充这些数据结构的一些成员。创建一个同步对象后，实际上只能执行两个操作：进入（获得锁）和释放（解锁）。内核和线程库中没有实施互斥和防止死锁的机制。线程试图访问一块应被保护的数据或代码，但未使用正确的同步原语时，这种访问会发生。线程加锁了一个对象，但在解锁时失败时，内核不会采取任何行动。

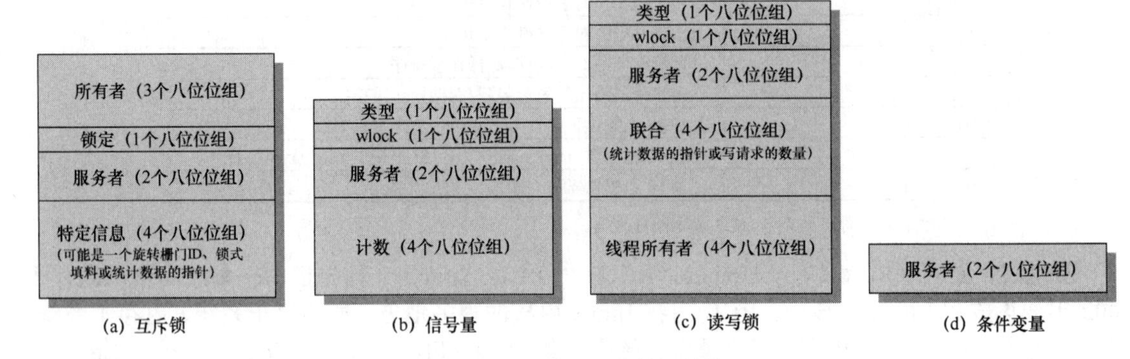

图 6.15 Solaris 同步数据结构

所有同步原语都要求有一个硬件指令来在原子操作中测试和设置对象。

6.9.1 互斥锁

互斥锁用于确保在同一时间只有一个线程能访问被互斥锁保护的资源。加锁互斥量的线程与解锁互斥量的线程必须是同一个线程。一个线程通过执行 `mutex_enter` 原语试图获得一个互斥锁。若 `mutex_enter` 不能获得锁（因为另一个进程已获得），则根据互斥对象中保存的特定信息来决定阻塞动作。默认的阻塞策略是一个自旋锁：被阻塞线程在忙等循环中轮询锁的状态。还有一个基于中断的阻塞机制可供选择。对于后者而言，互斥量包括一个 `turnstile_id`，它用来标记在这个锁上睡眠的线程队列。

与互斥锁相关联的操作如下所示：

`mutex_enter()`	获得锁，若它已被占有则可能阻塞
`mutex_exit()`	释放锁，可能解除一个等待者的阻塞
`mutex_tryenter()`	获得锁，若它未被占有

`mutex_tryenter()` 原语提供了一种执行互斥函数的无阻塞方法，它可使程序员为用户级线程使用忙等待的方法，进而避免一个线程被阻塞时出现整个进程被阻塞的情形。

6.9.2 信号量

Solaris 通过以下原语提供经典的计数信号量：

`sema_p()`	减小信号量，可能阻塞该线程
`sema_v()`	增加信号量，可能为一个等待线程解除阻塞
`sema_tryp()`	若不要求阻塞，就减小信号量

同样，`sema_tryp()` 原语允许忙等待。

6.9.3 多读者/单写者锁

多读者/单写者锁允许多个线程同时以只读权限访问被锁保护的对象，它还允许在排斥所有读线程后，一次有一个线程作为写者访问该对象。写者获得锁后的状态为 `write lock`：所有试图读或写的线程都必须等待。一个或多个读线程获得该锁后的状态为 `read lock`。原语如下：

`rw_enter()`	试图作为读者或写者获得该锁
`rw_exit()`	作为读者或写者释放该锁
`rw_tryenter()`	若不要求阻塞则获得锁
`rw_downgrade()`	已获得 `write lock` 状态的线程转换为 `read lock` 状态。任何正在等

	待的写线程继续等待，直到该线程释放锁。没有正在等待的写线程时，该原语唤醒任意一个挂起的读线程
rw_tryupgrade()	试图把 reader lock 转换成 writer lock

6.9.4　条件变量

条件变量用于等待一个特定的条件为真，它必须和互斥锁联合使用。这实现了图 6.14 中所示类型的管程。原语如下：

cv_wait()	阻塞直到该条件的信号发出
cv_signal()	唤醒阻塞在 cv_wait()上的一个线程
cv_broadcast()	唤醒阻塞在 cv_wait()上的所有线程

cv_wait()在阻塞前释放关联的互斥锁，并在返回前重新获得互斥锁。由于重新获得互斥锁可能被另一个等待这个互斥锁的线程阻塞，因此必须重新测试引发等待的条件。因此，典型的用法如下：

```
mutex_enter (&m)
* *
while (some_condition) {
  cv_wait (&cv, &m);
}
* *
mutex_exit (&m);
```

因为条件受互斥锁的保护，所以这里允许条件是一个复杂的表达式。

6.10　Windows 的并发机制

Windows 提供了线程间的同步，并把它作为对象结构中的一部分。最重要的同步方法包括执行体分派器对象、用户模式临界区、轻量级读写锁、条件变量和锁无关操作。分派器对象利用了等待函数。下面先介绍等待函数，随后介绍同步方法。

6.10.1　等待函数

等待函数允许线程阻塞其自身的执行。等待函数只有在特定的条件满足后才会返回。等待函数的类型决定了所使用的标准。当等待函数被调用时，它会检查等待的条件是否已满足。若条件不满足，则调用的线程就会进入等待状态。在等待条件满足的期间，它不会占用处理器时间。

最简单的等待函数类型是在单个对象上等待的函数。函数 WaitForSingleObject 需要一个同步对象的句柄。当下列条件之一满足时，函数就会返回：

- 特定对象处于有信号状态。
- 出现了超时，超时间隔可设置为 INFINITE，以便指定等待不会超时。

6.10.2　分派器对象

Windows 执行体实现同步的机制是分派器对象族，表 6.6 给出了同步对象的简单描述。

表 6.6　Windows 的同步对象

对象类型	定　义	设置为有信号状态的时机	对等待线程的影响
通知事件	发生一个系统事件的通告	线程设置该事件	全部释放
同步事件	发生一个系统事件的通告	线程设置该事件	释放一个线程
互斥	提供互斥能力的机制；等同于二元信号量	所有者线程或其他线程释放互斥量	释放一个线程
信号量	管理可使用一个资源的线程数的计数器	信号量降到零	全部释放

（续表）

对象类型	定　义	设置为有信号状态的时机	对等待线程的影响
可等待的计时器	记录时间段的计时器	到达设定的时间或时间间隔期满	全部释放
文件	一个打开的文件或I/O设备的实例	I/O操作完成	全部释放
进程	一个程序调用，包括运行该程序所需的地址空间和资源	最后一个线程终止	全部释放
线程	进程中一个可执行的实体	线程终止	全部释放

注意：阴影表示的行对应于同步对象。

表中前5个对象类型主要用来支持同步，而其他对象类型具有其他用途，但也可以用于同步。

每个分派器对象实例既可处于有信号状态，也可处于无信号状态[①]。线程可以阻塞在一个处于无信号状态的对象上，当对象进入有信号状态时线程就会被释放。这种机制非常简单。线程使用同步对象句柄向Windows执行体发出一个等待请求。对象进入有信号状态时，Windows执行体释放一个或全部等待在该分派器对象上的线程对象。

事件对象（even object）用于将一个信号发送给线程，表示某个特定事件已发生。例如在重叠的输入/输出中，当重叠操作完成后，系统将一个特定的时间对象设置为有信号状态来表示操作的完成。**互斥对象**（mutex object）用来确保对资源的互斥访问，同一时间只允许一个线程对象获得访问权。因而互斥对象在功能上和二值信号量类似。当互斥对象进入有信号状态时，只能触发一个在互斥信号上等待的线程。互斥对象用于对运行在不同进程中的线程进行同步。和互斥对象类似，**信号量对象**（semaphore object）可在多个进程中被线程共享。Windows信号量是一个计数信号量。本质上，**可等待的计时器对象**（waitable timer object）会在适当的时间或间隔产生信号。

6.10.3 临界区

临界区提供了与互斥对象类似的同步机制，不同的是，临界区只能用在单个进程的线程中。事件对象、互斥对象和信号量对象也能用于单进程的应用程序中，但临界区为互斥同步提供了更快、更高效的机制。

进程负责分配临界区使用的内存区域。一般来说，这可通过声明类型为`CRITICAL_SECTION`的变量来完成；在进程中的线程使用它之前，使用`InitializeCriticalSection`函数来初始化临界区。

线程使用`EnterCriticalSection`或`TryEnterCriticalSection`函数请求临界区的拥有权，使用`LeaveCriticalSection`函数释放临界区的所有权。若临界区目前被其他进程拥有，则`EnterCriticalSection`将无限期地等待所有权。相比之下，互斥对象用在互斥中时，等待函数将接收一个超时间隔。`TryEnterCriticalSection`函数试图进入临界区而不会阻塞调用线程。

临界区使用一个复杂但精巧的算法来获取互斥量。若是多处理器系统，其代码将会试图获取一个自旋锁。在程序持有临界区的时间很短时，这种方式能够很好地工作，且自旋锁有效地优化了当前拥有临界区的线程在其他处理器上运行的情况。若在合适的循环次数之后仍不能获得自旋锁，系统将使用一个分派器对象阻塞该线程，这样内核就可将其他线程调度到处理器上运行。

分派器对象仅作为万不得已时的手段使用。为了保证正确性，临界区是必需的；但实际上很少发生对临界区的竞争。通过对分派器对象进行**延迟分配**（lazily allocating），系统可节省大量的内核虚存。

6.10.4 轻量级读写锁和条件变量

Windows Vista中增加了用户模式的读写锁。与临界区一样，仅当试图使用自旋锁时，读写锁才进入内核进行阻塞。称它为轻量级（Slim）的原因是，读者写者锁通常只需要一个指针大小的内存空间。

使用轻量级读写锁时，进程要声明一个`SRWLOCK`类型的变量，并调用`InitializeSRWLock`对其进行初始化。线程通过调用`AcquireSRWLockExclusive`或`AcquireSRWLockShared`可获得轻

① 又称等待信号状态。——译者注

量级读写锁，而调用 ReleaseSRWLockExclusive 或 ReleaseSRWLockShared 可释放该锁。

Windows Vista 中还增加了条件变量。进程必须声明一个 CONDITION_VARIABLE 类型的变量，并在某个线程中调用 InitializeConditionVariable 初始化。条件变量能和临界区或轻量级读写锁一起使用，因而有两种调用方法：SleepConditionVariableCS 和 SleepConditionVariableSRW。它们在特定的条件下睡眠并以原子操作的方式释放特定的锁。

有两种唤醒方法，即 WakeConditionVariable 和 WakeAllConditionVariable，它们分别唤醒一个或所有睡眠的线程。条件变量的用法如下：

1. 获得互斥锁。
2. 当 predicate()为 FALSE 时，调用 SleepConditionVariable()。
3. 执行受保护的操作。
4. 释放该锁。

6.10.5　锁无关同步机制

Windows 同样严重依赖于内部锁操作来进行同步。内部锁操作使用硬件机制来确保内存中的位置只会由单独的一个原子操作读、写或修改。这样的例子包括 InterlockedIncrement 和 InterlockedCompareExchange；后者可确保内存中的某处只有当其值自被读取后没有改变的情况下才会被更新。

许多同步原语的实现中都使用了内部锁操作，但这些内部锁操作同样可供程序开发人员在那些不希望使用软件锁来实现同步的场景中使用。锁无关同步原语的优势在于，当一个线程拥有锁时，即使其时间片用完，也不会从 CPU 上换下。因此，同步原语不会阻塞其他的线程运行。

使用内部锁操作可实现更加复杂的锁无关原语，较为知名的是 Windows SLists，它能提供一个锁无关的 LIFO 队列。可用 InterlockedPushEntrySList、InterlockedPopEntrySList 等函数来维护 SLists。

6.11　Android 进程间通信

Linux 内核包含很多用于进程间通信（IPC）的机制，如管道、共享内存、消息、套接字、信号量和信号。但 Android 系统在 IPC 中并未用到上述机制，而是在内核中新增了一个连接器。连接器提供了一个轻量级的远程程序调用功能，它在内存和事务处理方面非常高效，非常适合嵌入式系统。

连接器被用来传递两个进程之间的交互。进程（客户端）组件发起一个调用，调用直接传递给位于内核的连接器，连接器将其传递给目标进程（服务器端）的目标组件，目标进程返回的结果通过连接器传递给发起调用的进程组件。

通常，RPC 是指位于不同机器上的两个进程（客户进程和服务进程）之间的调用/返回交互，但在 Android 系统中，RPC 机制运行在同一系统上的不同虚拟机中。

连接器使用的通信方法是 ioctl（输入/输出控制）系统调用，ioctl 是一种针对特定设备输入/输出操作的多用途系统调用，可用来接入设备驱动和一些类似连接器的伪设备驱动。伪设备驱动使用的通用接口和设备驱动的接口相同，但伪设备驱动用来控制一些内核功能。ioctl 调用包括可执行的参数形式的命令和一些适当的变量。

图 6.16 展示了使用连接器的典型过程，竖直的虚线代表进程中的多个线程，进程在调用服务之前必须要知晓服务进程的存在。提供服务的进程会创建多个线程以便能并发处理多个请求，每个线程通过阻塞 ioctl 来通知连接器。

交互过程如下：

1. 客户端组件（如一个作业）通过带参数的调用来请求服务。
2. 调用唤醒代理线程，代理把调用转化为连接器驱动中的一个事务。代理实现的过程称为数据编组（marshalling），它把高层应用数据结构（如请求/回复参数）转换为一个邮包（parcel），这个邮包是承载消息（数据和对象引用）的容器，消息通过连接器驱动进行传输，然后代理线程通过阻塞 ioctl 调用向连接器提交这次事务。

3. 连接器向目标线程发送一个信号，将它从 ioctl 调用阻塞中唤醒，并将邮包交付给目标进程的存根组件。
4. 存根组件的作用是数据编出（unmarshalling），它把从连接器事务中接收的邮包重新组装成更高层的应用数据结构，接着代理线程用与客户端组件发出的完全相同的调用来访问服务组件。

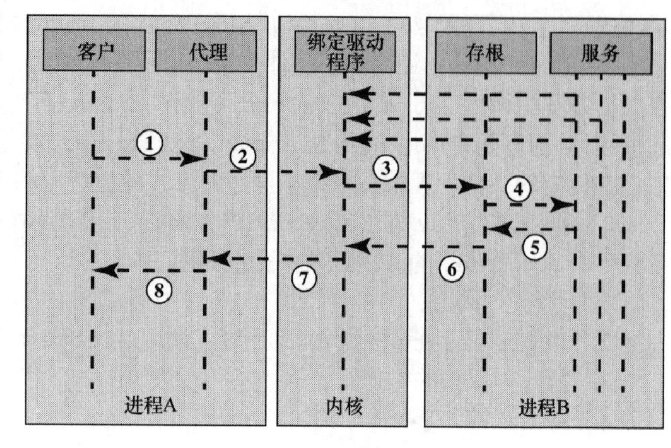

图 6.16　连接器运行过程图

5. 被调用的服务组件将适当的结果返给存根。
6. 存根将返回结果打包成一个用来回复的邮包，然后通过 ioctl 调用提交给连接器。
7. 连接器唤醒正在进行 ioctl 调用的客户端代理线程，让其接收事务处理的返回数据。
8. 代理线程将回复邮包进行解包，并将结果返回给发出服务请求的客户端组件。

6.12　小结

死锁是指一组争用系统资源的进程或互相通信的进程被阻塞的现象。这种阻塞是永久性的，除非操作系统采取某些非常规行动，如杀死一个或多个进程，或强迫一个或多个进程进行回滚。死锁可能涉及可重用资源或可消耗资源。可重用资源是指不会因使用而被耗尽或销毁的资源，如 I/O 通道或一块内存区域。可消耗资源是指当被一个进程获得时就销毁的资源，例如消息和 I/O 缓冲区中的信息。

处理死锁通常有三种方法：预防、检测和避免。死锁预防通过确保不满足死锁的一个必要条件来避免发生死锁。操作系统总是同意资源请求时，需要进行死锁检测。操作系统必须周期性地检查死锁，并采取行动打破死锁。死锁避免涉及分析新的资源请求，以确定它是否会导致死锁，且仅当不可能发生死锁时才同意该请求。

6.13　关键术语、复习题和习题

6.13.1　关键术语

银行家算法	敏感区域	抢占
循环等待	占有且等待	资源分配图
可消耗资源	联合进程图	可重用资源
死锁	内存屏障	安全状态
死锁避免	消息	自旋锁
死锁检测	互斥	饥饿
死锁预防	管道	不安全状态

6.13.2　复习题

6.1　给出可重用资源和可消耗资源的例子。

6.2　产生死锁的三个必要条件是什么？

6.3 产生死锁的 4 个条件是什么？

6.4 如何防止占有且等待条件？

6.5 给出防止不可抢占条件的两种方法。

6.6 如何防止循环等待条件？

6.7 死锁避免、检测和预防之间的区别是什么？

6.13.3　习题

6.1 给出适用于图 6.1(a)中死锁发生的 4 个条件。

6.2 说明预防、避免和检测技术应用于图 6.1 的方式。

6.3 基于 6.1 节对图 6.2 中路径的描述，简单描述图 6.3 中的 6 种路径。

6.4 证明在图 6.3 所示条件下不可能发生死锁。

6.5 在如下条件下考虑银行家算法。

6 个进程：P_0～P_5

4 种资源：A（15 单位），B（6 单位），C（9 单位），D（10 单位）

时间 T0 时的情况：

可用资源向量

A	B	C	D
6	3	5	4

	当前已分配				最大需求			
进程	A	B	C	D	A	B	C	D
P_0	2	0	2	1	9	5	5	5
P_1	0	1	1	1	2	2	3	3
P_2	4	1	0	2	7	5	4	4
P_3	1	0	0	1	3	3	3	2
P_4	1	1	0	0	5	2	2	1
P_5	1	0	1	1	4	4	4	4

68 矩阵的前四列是资源的分配矩阵，后四列是进程对资源的申请矩阵。(b)中提到的资源需求矩阵与教材中的 C-A 矩阵相同。

a．验证可用资源向量的正确性。

b．计算需求矩阵。

c．证明当前状态是安全的，即给出一个安全的进程序列。同时针对该序列，给出可用资源向量（工作数组）在每个进程终止时的变化情况。

d．假设进程 P_5 的请求为(3, 2, 3, 3)。该请求应被允许吗？请说明理由。

6.6 如下代码涉及 3 个进程竞争 6 种资源（A～F）。

a．使用资源分配图（见图 6.5 和图 6.6）指出这种实现中可能存在的死锁。

b．改变某些请求的顺序来预防死锁。注意不能跨函数移动请求，只能在函数内部调整请求的顺序。使用资源分配图证明你的答案。

```
void P0()
{
  while (true) {
  get(A);
  get(B);
  get(C);
  // critical region:
  // use A, B, C
  release(A);
  release(B);
  release(C);
  }
}
```

```
void P1()
{
  while (true) {
  get(D);
  get(E);
  get(B);
  // critical region:
  // use D, E, B
  release(D);
  release(E);
  release(B);
  }
}
```

```
void P2()
{
  while (true) {
  get(C);
  get(F);
  get(D);
  // critical region:
  // use C, F, D
  release(C);
  release(F);
  release(D);
  }
}
```

6.7 一个假脱机系统（见图 6.17）包含一个输入进程 I、一个用户进程 P 和一个输出进程 O，它们之间用两个缓冲区连接。进程以相同大小的块为单位交换数据，这些块利用输入缓冲区和输出缓冲区之间的移动边界缓存在磁盘上，并取决于进程的速度。所使用的通信原语确保满足下面的资源约束：

$$i + o \leq \max$$

其中，max 表示磁盘中的最大块数，i 表示磁盘中的输入块数，o 表示磁盘中的输出块数。

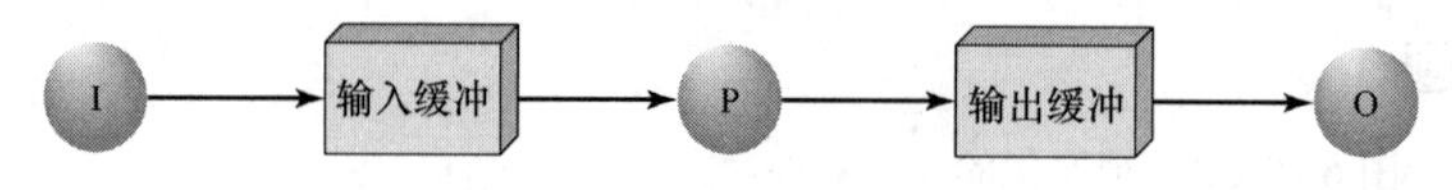

图 6.17　一种假脱机系统

以下是关于进程的知识：

1. 只要环境提供数据，进程 I 最终都会把它输入磁盘（假设有足够的磁盘空间）。

2. 只要磁盘能得到输入，进程 P 最终都会消耗掉它，并在磁盘上为每个输入块输出有限的数据（假设有足够的磁盘空间）。

3. 只要磁盘能得到输出，进程 O 最终都会消耗掉它。

证明这个系统可能会死锁。

6.8 给出习题 6.7 中预防死锁的附加资源约束，这一约束仍然允许输入和输出缓冲区之间的边界可以根据进程现在的要求变化。

6.9 在 THE 多道程序设计系统[DIJK68]中，磁鼓（用作外存的早期磁盘）被划分成输入缓冲区、处理区和输出缓冲区，它们的边界可以移动，具体取决于所涉及的进程速度。磁鼓的当前状态可用以下参数描述：max 表示磁鼓中的最大页数；i 表示磁鼓中的输入页数；p 表示磁鼓中的处理页数；o 表示磁鼓中的输出页数；reso 是为输出保留的最小页数；resp 是为处理保留的最小页数。

为保证不会超出磁鼓的容量，并为输出和处理永远保留最小页数，请给出所需要资源约束的公式。

6.10 在 THE 多道程序设计系统中，一页可以进行下列状态转换：

1. 空→输入缓冲区　　（输入生产）

2. 输入缓冲区→处理区域　　（输入消耗）

3. 处理区域→输出缓冲区　　（输出生产）

4. 输出缓冲区→空　　（输出消耗）

5. 空→处理区域　　（过程调用）

6. 处理区域→空　　（过程返回）

a. 根据量 i、o 和 p，定义这些转换的结果。

b. 若维持习题 6.6 中关于输入进程、用户进程和输出进程的假设，上述转换中是否存在一个会导致死锁的转换？

6.11 考虑共有 150 个内存单元的系统。这些内存当前分配给三个进程，如下所示：

进　程	最大需求量	当前已占有量
1	70	45
2	60	40
3	60	15

使用银行家算法判断是否应该允许下述请求。若允许，指出可行的进程终结序列；若不允许，指出无法继续时的资源分配表。

a. 需要启动第 4 个进程，该进程最大需要 60 个内存单元，最初需要 25 个内存单元。

b. 需要启动第 4 个进程，该进程最大需要 60 个内存单元，最初需要 35 个内存单元。

6.12 评价银行家算法在操作系统中的作用。

6.13 已实现的一个管道算法会使进程 P_0 产生的 T 型数据元素流经进程序列 $P_1, P_2, \cdots, P_{n-1}$，并按该顺序对元素进行操作。

a. 定义一个普通消息缓冲区，其中包含所有部分消耗的数据元素，并按下面的格式为进程 P_i

（$0 \le i \le n-1$）写一个算法。

repeat

　从前任接收

　消耗

　给继任者发送

forever

假设 P_0 收到 P_{n-1} 发送的输入元素。该算法可让进程直接操作缓冲区中保存的消息，而无须复制。

b．说明进程不会死锁（考虑公共缓冲区）。

6.14　假设进程 foo 和 bar 同时运行，并共享信号量 S、R（初始值都为 1）和整数变量 x（初值为 0）。

void foo() {	void bar() {
```do {```	```do {```
semWait(S);	semWait(R);
semWait(R);	semWait(S);
x++;	x--;
semSignal(S);	semSignal(S);
SemSignal(R);	emSignal(R);
} while (1);	} while (1);
}	}

a．这两个进程同时运行会导致其中一个或两个全部被阻塞吗？若会，给出一个导致上述情况的运行序列。

b．这两个进程同时运行会导致其中一个被无限期延后吗？若会，给出一个导致上述情况的运行序列。

6.15　考虑有 4 个进程和 1 种资源的系统。当前的资源请求和分配矩阵如下：

$$\boldsymbol{C}=\begin{bmatrix}3\\2\\9\\7\end{bmatrix},\ \boldsymbol{A}=\begin{bmatrix}1\\1\\3\\2\end{bmatrix}$$

最少需要多少单元的资源才能保证当前的状态是安全的？

6.16　考虑下列处理死锁的方法：（1）银行家算法；（2）死锁检测并杀死线程，释放所有资源；（3）事先保留所有资源；（4）若线程需要等待，则重新启动线程并释放所有资源；（5）资源排序；（6）检测死锁并回滚线程。

a．评价解决死锁问题的不同方法的一个标准是，哪种方法允许最大的并发。换言之，在没有死锁时，哪种方法允许最多数量的线程无须等待继续进行。按顺序 1～6（1 表示最大程度的并发）排列上面 6 种处理死锁的方法，并解释这样排序的原因。

b．另一个标准是效率；换言之，哪种方法需要最小的处理器开销。假设死锁很少发生，按顺序 1～6（1 表示最大程度的并发）排列上面 6 种处理死锁的方法，并解释这样排序的原因。死锁频繁发生时，你的顺序需要改变吗？

6.17　评价下述哲学家就餐问题的解决方案。一位饥饿的哲学家首先拿起左边的叉子，若他右边的叉子也可用，则拿起右边的叉子开始吃饭，否则该哲学家放下左边的叉子，并重复上述过程。

6.18　假设有两种类型的哲学家。一类总是先拿起左边的叉子（左撇子），另一类总是先拿起右边的叉子（右撇子）。左撇子的行为和图 6.12 中定义的一致。右撇子的行为如下：

```
begin
  repeat
    think;
    wait ( fork[ (i+1) mod 5] );
    wait ( fork[i] );
    eat;
    signal ( fork[i] );
    signal ( fork[ (i+1) mod 5] );
```

```
    forever
  end;
```

证明：

a．若至少有一个左撇子和一个右撇子，则他们的任何就座安排都可以避免死锁。

b．若至少有一个左撇子或右撇子，则他们的任何就座安排都可以防止饥饿。

6.19 图 6.18 显示了另一个使用管程来解决哲学家就餐问题的方法。请与图 6.14 进行比较并阐述你的结论。

```
monitor dining_controller;
enum states {thinking, hungry, eating} state[5];
cond needFork[5]                              /* condition variable */

void get_forks(int pid)          /* pid is the philosopher id number */
{
   state[pid] = hungry;                        /* announce that I'm hungry */
   if (state[(pid+1) % 5] == eating || (state[(pid-1) % 5] == eating)
   cwait(needFork[pid]);         /* wait if either neighbor is eating */
   state[pid] = eating;       /* proceed if neither neighbor is eating */
}

void release_forks(int pid)
{
   state[pid] = thinking;
   /* give right (higher) neighbor a chance to eat */
   if (state[(pid+1) % 5] == hungry) && (state[(pid+2)
   % 5]) != eating)
   csignal(needFork[pid+1]);
   /* give left (lower) neighbor a chance to eat */
   else if (state[(pid-1) % 5] == hungry) && (state[(pid-2)
   % 5]) != eating)
   csignal(needFork[pid-1]);
}

void philosopher[k=0 to 4]              /* the five philosopher clients */
{
   while (true) {
     <think>;
     get_forks(k);          /* client requests two forks via monitor */
     <eat spaghetti>;
     release_forks(k);      /* client releases forks via the monitor */
   }
}
```

图 6.18　哲学家就餐问题的一种方案（使用管程）

6.20 在表 6.2 中，Linux 的一些原子操作不会涉及对同一变量的两次访问，比如 `atomic_read(atomic_t *v)`。简单的读操作在任何体系结构中都是原子的。为什么该操作增加到了原子操作的指令表中？

6.21 考虑 Linux 系统中的如下代码片段：

```
read_lock(&mr_rwlock);
write_lock(&mr_rwlock);
```

`mr_rwlock` 是读者写者锁。这段代码的作用是什么？

6.22 两个变量 a 和 b 分别有初值 1 和 2。对于 Linux 系统有如下代码：

线程 1	线程 2
a = 3;	—
mb();	—
b = 4;	c = b;
—	rmb();
—	d = a;

使用内存屏障是为了避免什么错误？

第三部分

内　存

第7章　内存管理

学习目标

- 讨论内存管理的主要需求
- 了解内存分区的原因并解释所用的各种技术
- 理解并解释分页的概念
- 理解并解释分段的概念
- 评估分区和分段的优点
- 了解装载和链接的概念

在单道程序设计系统中，内存划分为两部分：一部分供操作系统使用（驻留监控程序、内核），另一部分供当前正在执行的程序使用。在多道程序设计系统中，必须在内存中进一步细分出“用户”部分，以满足多个进程的要求。细分的任务由操作系统动态完成，这称为*内存管理*（memory management）。

有效的内存管理在多道程序设计系统中至关重要。若只有少量进程在内存中，则所有进程大部分时间都用来等待 I/O，这种情况下处理器也处于空闲状态。因此，必须有效地分配内存来保证适当数量的就绪进程能占用这些可用的处理器时间。

本章首先考察内存管理要满足的需求，然后讨论一些简单的内存管理模式。

表 7.1 介绍了一些我们要讨论的关键术语。

表 7.1　内存管理术语

页　框	内存中固定长度的块
页	固定长度的数据块，存储在二级存储器中（如磁盘）。数据页可以临时复制到内存的页框中
段	变长数据块，存储在二级存储器中。整个段可以临时复制到内存的一个可用区域中（分段），或可以将一个段分为许多页，然后将每页单独复制到内存中（分段与分页相结合）

7.1　内存管理的需求

在研究与内存管理相关的各种机制和策略时，清楚内存管理要满足的需求非常有用。内存管理的需求如下：

- 重定位
- 保护
- 共享
- 逻辑组织
- 物理组织

7.1.1　重定位

在多道程序设计系统中，可用的内存空间通常被多个进程共享。通常情况下，程序员事先并不知道在某个程序执行期间会有其他哪些程序驻留在内存中。此外，我们还希望提供一个巨大的就绪进程池，以便把活动进程换入或换出内存，进而使处理器的利用率最大化。程序换出到磁盘中后，下次换入时要放到与换出前相同的内存区域中会很困难。相反，我们需要把进程*重定位*（relocate）到内存的不同区域。

因此，我们事先并不知道程序会放到哪个区域，并且我们必须允许程序通过交换技术在内存中移动。这关系到一些与寻址相关的技术问题，如图 7.1 所示。该图描述了一个进程映像。为简单起见，假设该进程映像占据了内存中一段相邻的区域。显然，操作系统需要知道进程控制信息和执行栈的位置，以及该进程开始执行程序的入口点。由于操作系统管理内存并负责把进程放入内存，因此可以很容易地访问这些地址。此外，处理器必须处理程序内部的内存访问。跳转指令包含下一步将要执行的指令的地址，数据访问指令包含被访问数据的字节或字的地址。处理器硬件和操作系统软件必须能以某种方式把程序代码中的内存访问转换为实际的物理内存地址，并反映程序在内存中的当前位置。

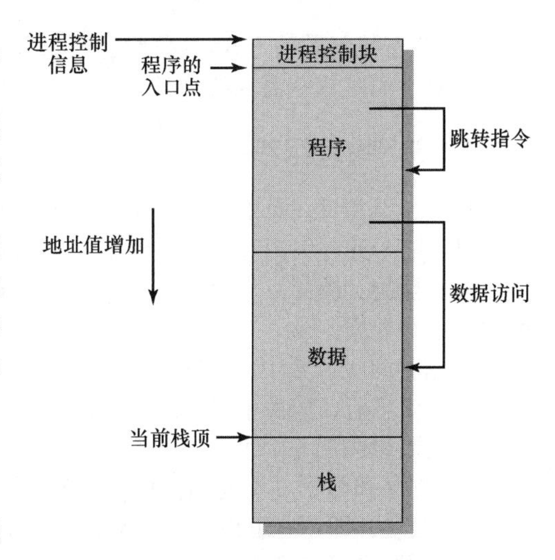

图 7.1　进程的寻址需求

7.1.2　保护

每个进程都应受到保护，以免被其他进程有意或无意地干扰。因此，该进程以外的其他进程中的程序不能未经授权地访问（进行读操作或写操作）该进程的内存单元。在某种意义上，满足重定位的需求增大了满足保护需求的难度。由于程序在内存中的位置不可预测，因而在编译时不可能检查绝对地址来确保保护。此外，大多数程序设计语言允许在运行时进行地址的动态计算（如通过计算数组下标或数据结构中的指针）。因此，必须在运行时检查进程产生的所有内存访问，以确保它们只访问分配给该进程的内存空间。所幸的是，既支持重定位也支持保护需求的机制已经存在。

通常，用户进程不能访问操作系统的任何部分，不论是程序还是数据。此外，一个进程中的程序通常不能跳转到另一个进程中的指令。若无特别许可，则一个进程中的程序不能访问其他进程的数据区。处理器必须能在执行时终止这样的指令。

注意，内存保护需求必须由处理器（硬件）而非操作系统（软件）来满足，因为操作系统不能预测程序可能产生的所有内存访问，即使可以预测，提前审查每个进程中可能存在的内存违法访问也非常费时。因此，只能在指令访问内存时来判断这个内存访问是否违法（存取数据或跳转）。要实现这一点，处理器硬件必须具有这个能力。

7.1.3　共享

任何保护机制都必须具有一定的灵活性，以允许多个进程访问内存的同一部分。例如，多个进程正在执行同一个程序时，允许每个进程访问该程序的同一个副本，要比让每个进程有自己单独的副本更有优势。合作完成同一个任务的进程可能需要共享访问相同的数据结构。因此，内存管理系统在不损害基本保护的前提下，必须允许对内存共享区域进行受控访问。我们将会看到用于支持重定位的机制也支持共享。

7.1.4　逻辑组织

计算机系统中的内存总是被组织成线性（或一维）的地址空间，且地址空间由一系列字节或字组成。外部存储器（简称外存）在物理层上也是按类似方式组织的。尽管这种组织方式类似于实际的机器硬件，但它并不符合程序构造的典型方法。大多数程序被组织成模块，某些模块是不可修改的（只读、只执行），某些模块包含可以修改的数据。若操作系统和计算机硬件能够有效地处理以某种模块形式组织的用户程序与数据，则会带来很多好处：

1. 可以独立地编写和编译模块，系统在运行时解析从一个模块到其他模块的所有引用。
2. 通过适度的额外开销，可以为不同的模块提供不同的保护级别（只读、只执行）。
3. 可以引入某种机制，使得模块可被多个进程共享。在模块级提供共享的优点是，它符合用户看待问题的方式，因此用户可很容易地指定需要的共享。

最易于满足这些需求的工具是分段，它也是本章将要探讨的一种内存管理技术。

7.1.5 物理组织

如 1.5 节所述，计算机存储器至少要组织成两级，即内存和外存。内存提供快速的访问，成本也相对较高。此外，内存是易失性的，即它不能提供永久性存储。外存比内存慢而且便宜，且通常是非易失性的。因此，大容量的外存可用于长期存储程序和数据，而较小的内存则用于保存当前使用的程序和数据。

在这种两级方案中，系统主要关注的是内存和外存之间信息流的组织。我们可以让程序员负责组织这一信息流，但由于以下两方面的原因，这种方式是不切实际的，也是不合乎要求的：

1. 供程序和数据使用的内存可能不足。此时，程序员必须采用*覆盖*（overlaying）技术来组织程序和数据。不同的模块被分配到内存中的同一块区域，主程序负责在需要时换入或换出模块。即使有编译工具的帮助，覆盖技术的实现仍然非常浪费程序员的时间。
2. 在多道程序设计环境中，程序员在编写代码时并不知道可用空间的大小及位置。

显然，在两级存储器间移动信息的任务应由系统负责。这一任务恰好是存储管理的本质。

7.2 内存分区

内存管理的主要操作是处理器把程序装入内存中执行。在几乎所有的现代多道程序设计系统中，内存管理涉及一种称为*虚存*（*虚拟内存*）的复杂方案。虚存基于分段和分页这两种基本技术，或基于这两种技术中的一种。在考虑虚存技术之前，先考虑一些不涉及虚存的简单技术（表 7.2 总结了本章和下一章中分析的全部技术），其中分区技术曾用在许多已过时的操作系统中。另外两种技术，即简单分页和简单分段，实际中并未使用过。在不考虑虚存的前提下，先分析这两种技术有助于阐明虚存的概念。

表 7.2 内存管理技术

技 术	说 明	优 势	弱 点
固定分区	在系统生成阶段，内存被划分成许多静态分区。进程可装入大于等于自身大小的分区中	实现简单，只需要极少的操作系统开销	由于有内部碎片，对内存的使用不充分；活动进程的最大数量是固定的
动态分区	分区是动态创建的，因而每个进程可装入与自身大小正好相等的分区中	没有内部碎片；可以更充分地使用内存	由于需要压缩外部碎片，处理器利用率低
简单分页	内存被划分成许多大小相等的页框；每个进程被划分成许多大小与页框相等的页；要装入一个进程，需要把进程包含的所有页都装入内存内不一定连续的某些页框中	没有外部碎片	有少量的内部碎片
简单分段	每个进程被划分成许多段；要装入一个进程，需要把进程包含的所有段都装入内存内不一定连续的某些动态分区中	没有内部碎片；相对于动态分区，提高了内存利用率，减少了开销	存在外部碎片
虚存分页	除不需要装入一个进程的所有页外，与简单分页一样；非驻留页在以后需要时自动调入内存	没有外部碎片；支持更多道数的多道程序设计；巨大的虚拟地址空间	复杂的内存管理开销
虚存分段	除不需要装入一个进程的所有段外，与简单分段一样；非驻留段在以后需要时自动调入内存	没有内部碎片；支持更多道数的多道程序设计；巨大的虚拟地址空间；支持保护和共享	复杂的内存管理开销

7.2.1 固定分区

大多数内存管理方案都假定操作系统占据内存中的某些固定部分，而内存中的其余部分则供多个用户进程使用。管理用户内存空间的最简方案就是对它分区，以形成若干边界固定的区域。

分区大小　图 7.2 显示了固定分区的两种选择。一种是使用大小相等的分区，此时小于等于分区大小的任何进程都可装入任何可用的分区中。若所有的分区都已满，且没有进程处于就绪态或运行态，则操作系统可以换出一个进程的所有分区，并装入另一个进程，使得处理器有事可做。

使用大小相等的固定分区有两个难点：

- 程序可能太大而不能放到一个分区中。此时，程序员必须使用覆盖技术设计程序，使得在任何时候该程序只有一部分需要放到内存中。当需要的模块不在时，用户程序必须把这个模块装入程序的分区，覆盖该分区中的任何程序和数据。
- 内存的利用率非常低。任何程序，即使很小，都需要占据一个完整的分区。在图 7.2 所示的例子中，假设存在一个长度小于 2MB 的程序，当它被换入时，仍占据一个 8MB 的分区。由于装入的数据块小于分区大小，因而导致分区内部存在空间浪费，这种现象称为*内部碎片*（internal fragmentation）。

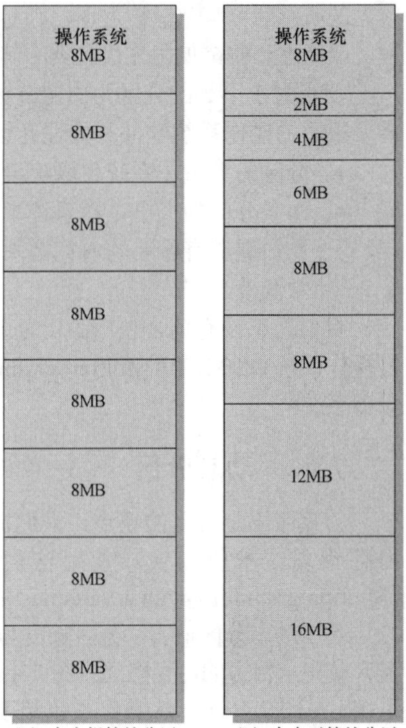

如图 7.2(b)所示，使用大小不等的分区可缓解这两个问题，但不能完全解决这两个问题。在图 7.2(b)的例子中，可以容纳大小为 16MB 的程序而不需要覆盖。小于 8MB 的分区可用来容纳更小的程序，以使产生的内部碎片更少。

操作系统 8MB | 8MB | 8MB | 8MB | 8MB | 8MB | 8MB | 8MB

(a) 大小相等的分区

操作系统 8MB | 2MB | 4MB | 6MB | 8MB | 8MB | 12MB | 16MB

(b) 大小不等的分区

图 7.2　64MB 内存的固定分区示例

放置算法　对于大小相等的分区策略，进程在内存中的放置非常简单。只要存在可用的分区，进程就能装入分区。由于所有的分区大小相等，因而使用哪个分区没有关系。若所有的分区都被处于不可运行状态的进程占据，则这些进程中的一个必须被换出，以便为新进程让出空间。换出哪个进程属于调度问题，相关内容将在第四部分讨论。

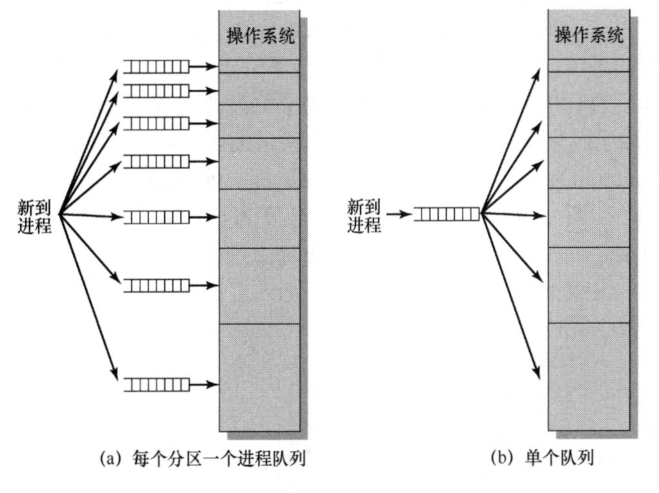

(a) 每个分区一个进程队列　　(b) 单个队列

图 7.3　固定分区中的内存分配

对于大小不等的分区策略，把进程分配到分区有两种方法。最简单的方法是把每个进程分配到能够容纳它的最小分区中[①]。在这种情况下，每个分区都需要维护一个调度队列，用于保存从这个分区换出的进程，如图 7.3(a)所示。这种方法的优点是，若所有进程都按这种方式分配，则可使每个分区内部浪费的空间（内部碎片）最少。

尽管从单个分区的角度来看这种技术是最优的，但从整个系统来看它却不是最佳的。在图 7.2(b)的例子中，考虑这样的情况：在某个确定的时刻，系统中没有大小在 12MB 到 16MB 之间的进程。此时，即使系统中有一些更小的进程本可以分配到 16MB 的分区中，但 16MB 的分区将仍会保持闲置。因此，一种更可取的方法是为所有进程只提供一个队列，如图 7.3(b)所示。当需要把一个进程装入内存时，选择可以容纳该进程的最小可用分

① 这里假定知道一个进程最多需要的内存大小。但这种假定很难得到保证。若不知道一个进程将会变得多大，则唯一可行的替代方案只能是使用覆盖技术或虚存技术。

区。若所有的分区都已被占据，则必须进行交换。一般优先考虑换出能容纳新进程的最小分区中的进程，或考虑一些诸如优先级之类的其他因素。也可以优先选择换出被阻塞的进程而非就绪进程。

使用大小不等的分区为固定分区带来了一定的灵活性。此外，固定分区方案相对比较简单，只需要很小的操作系统软件和处理开销。但是，它也存在以下缺点：

- 分区的数量在系统生成阶段已经确定，因而限制了系统中活动（未挂起）进程的数量。
- 由于分区的大小是在系统生成阶段事先设置的，因而小作业不能有效地利用分区空间。在事先知道所有作业的内存需求的情况下，这种方法也许是合理的，但大多数情况下这种技术非常低效。

目前几乎没有场合使用固定分区方法。成功使用这种技术的一个操作系统例子是早期的 IBM 主机操作系统 OS/MFT（Multiprogramming with a Fixed Number of Tasks，具有固定任务数的多道程序设计系统）。

7.2.2 动态分区

为克服固定分区的缺点，人们提出了一种动态分区的方法。同样，这种方法已被很多更先进的内存管理技术所取代。使用这种技术的一个重要操作系统是 IBM 主机操作系统 OS/MVT（Multiprogramming with a Variable Number of Tasks，具有可变任务数的多道程序设计系统）。

对于动态分区而言，分区长度和数量是可变的。当进程装入内存时，系统会给它分配一块与其所需容量完全相等的内存空间。图 7.4 给出了一个示例，它使用 64MB 的内存。最初，内存中只有操作系统［见图 7.4(a)］。从操作系统结束处开始，装入的前三个进程分别占据各自所需的空间大小［见图 7.4(b)至图 7.4(d)］，这样在内存末尾只剩下一个"空洞"，而这个"空洞"对第 4 个进程来说就太小。在某个时刻，内存中没有一个就绪进程。操作系统换出进程 2［见图 7.4(e)］，这为装入一个新进程（即进程 4）腾出了足够的空间［见图 7.4(f)］。由于进程 4 比进程 2 小，因此形成了另一个小"空洞"。然后，在另一个时刻，内存中没有一个进程是就绪的，但处于就绪挂起状态的进程 2 可用。由于内存中没有足够的空间容纳进程 2，操作系统换出进程 1［见图 7.4(g)］，然后换入进程 2［见图 7.4(h)］。

如图 7.4 中的例子所示，动态分区方法最初不错，但它最终在内存中形成了许多小空洞。随着时间的推移，内存中形成了越来越多的碎片，内存的利用率随之下降。这种现象称为外部碎片（external fragmentation），指在所有分区外的存储空间变成了越来越多的碎片，这与前面所讲的内部碎片正好对应。

克服外部碎片的一种技术是压缩（compaction）：操作系统不时地移动进程，使得进程占用的空间连续，并使所有空闲空间连成一片。例如，在图 7.4(h)中，压缩会产生长度为 16MB 的一块空闲内存空间，足以装入另一个进程。压缩的困难之处在于，它是一个非常费时的过程，且会浪费处理器时间。另外，压缩需要动态重定位的能力。也就是说，必须能够把程序从内存的一块区域移动到另一块区域，且不会使程序中的内存访问无效（见附录 7A）。

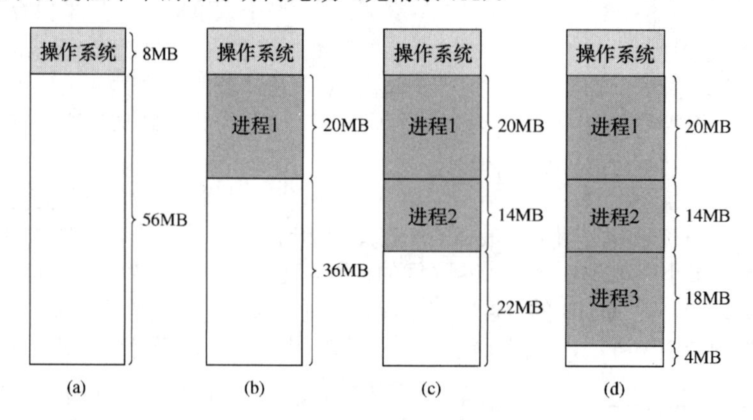

图 7.4 动态分区的效果

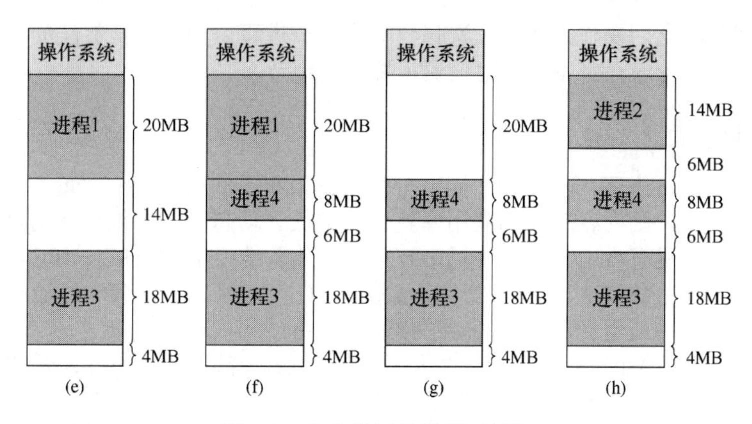

图 7.4 动态分区的效果（续）

放置算法 由于内存压缩非常费时，因而操作系统需要巧妙地把进程分配到内存中，以便盖住内存中的那些“空洞”。当把一个进程装入或换入内存时，若内存中有多个足够大的空闲块，则操作系统必须确定要为此进程分配哪个空闲块。

可供考虑的放置算法有三种：最佳适配、首次适配和下次适配。这三种算法都在内存中选择大于等于进程的空闲块。差别在于：*最佳适配*（Best-fit）选择与要求大小最接近的块；*首次适配*（first-fit）从头开始扫描内存，选择大小足够的第一个可用块；*下次适配*（Next-fit）从上一次放置的位置开始扫描内存，选择下一个大小足够的可用块。

图 7.5(a)给出了经过多次放置和换出操作后的内存配置示例。前一次操作在一个 22MB 的块中创建了一个 14MB 的分区。图 7.5(b)给出了为满足一个 16MB 的分配请求，使用最佳适配、首次适配和下次适配三种放置算法的区别。最佳适配查找所有的可用块列表，最后使用了一个 18MB 的块，形成了 2MB 的碎片；首次适配形成了一个 6MB 的碎片；下次适配形成了一个 20MB 的碎片。

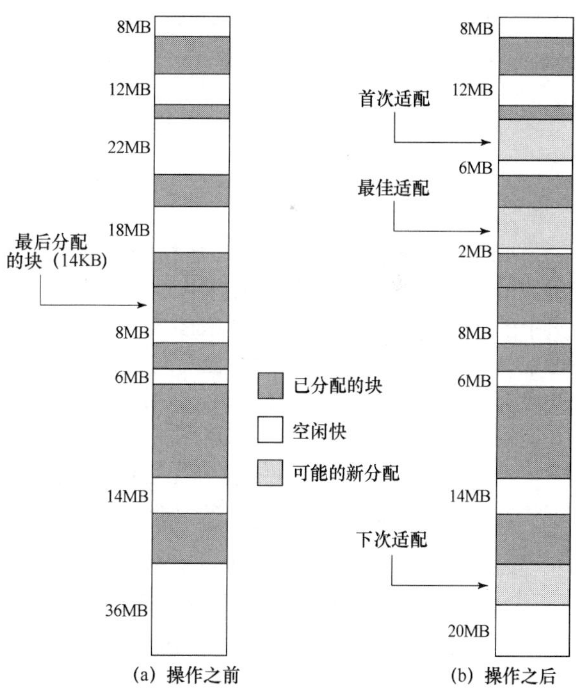

图 7.5 分配 16MB 块前后的内存配置

各种方法的好坏取决于发生进程交换的次序及这些进程的大小。但是，我们仍可得出一些一般性的结论（见[BREN89]、[SHOR75]和[BAYS77]）。首次适配算法不仅是最简单的，而且通常也是最好和最快的。下次适配算法通常要比首次适配的结果差，且常常会在内存的末尾分配空间，导致通常位于存储空间末尾的最大空闲存储块很快分裂为小碎片。因此，使用下次适配算法可能需要更多次数的压缩。另一方面，首次适配算法会使得内存的前端出现很多小空闲分区，并且每当进行首次适配查找时，都要经过这些分区。最佳适配算法尽管称为最佳，但通常性能却是最差的。这个算法需要查找满足要求的最小块，因而能保证产生的碎片尽可能小。尽管每次存储请求总是浪费最小的存储空间，但会使得内存中很快形成许多小到无法满足任何内存分配请求的小块。因此，与其他算法相比，它需要更频繁地进行内存压缩。

置换算法 在使用动态分区的多道程序设计系统中，有时会出现内存中的所有进程都处于阻塞态的情况，即使进行了压缩，新进程仍没有足够的内存空间。为避免由于等待一个活动进程解除阻塞状态引起的处理器时间浪费，操作系统将把一个阻塞的进程换出内存，给新进程或处于就绪-挂起态的进程让出空间。因此，操作系统必须选择要替换哪个进程。由于置换算法的一些细节涉及各种虚存方案，因此将在讨论虚存方案时再讨论置换算法的细节。

7.2.3 伙伴系统

固定分区和动态分区方案都有缺陷。固定分区方案限制了活动进程的数量，且若可用分区的大小与进程大小很不匹配，则内存空间的利用率就会非常低。动态分区的维护特别复杂，并且会引入进行压缩的额外开销。更有吸引力的一种折中方案是伙伴系统（[KNUT97]、[PETE77]）。

伙伴系统中可用内存块的大小为 2^K 个字，$L \le K \le U$，其中 2^L 表示分配的最小块的尺寸，2^U 表示分配的最大块的尺寸；通常 2^U 是可供分配的整个内存的大小。

最初，可用于分配的整个空间被视为一个大小为 2^U 的块。若请求的大小 s 满足 $2^{U-1} < s \le 2^U$，则分配整个空间。否则，该块分成两个大小相等的伙伴，大小均为 2^{U-1}。若有 $2^{U-2} < s \le 2^{U-1}$，则给该请求分配两个伙伴中的任何一个；否则，其中的一个伙伴又被分成两半。持续这一过程，直到产生大于等于 s 的最小块，并分配给该请求。在任何时候，伙伴系统中为所有大小为 2^i 的“空洞”维护一个列表。空洞可通过对半分裂从 $i+1$ 列表中移出，并在 i 列表中产生两个大小为 2^i 的伙伴。当 i 列表中的一对伙伴都变成未分配的块时，将它们从 i 列表中移出，合并为 $i+1$ 列表中的一个块。请求一个大小为 k 的块且 k 满足 $2^{i-1} < k \le 2^i$ 时，可用下面的递归算法找到一个大小为 2^i 的空洞：

```
void get_hole(int i)
{
    if (i == (U + 1)) <failure>;
    if (<i_list empty>) {
        get_hole(i + 1);
        <split hole into buddies>;
        <put buddies on i_list>;
    }
    <take first hole on i_list>;
}
```

图 7.6 给出了一个初始大小为 1MB 的块的例子。第一个请求 A 为 100KB，需要一个 128KB 的块。最初的块被划分成两个 512KB 大小的伙伴，第一个伙伴又被划分成两个 256KB 大小的伙伴，其中的第一个又划分成两个 128KB 大小的伙伴，这两个 128KB 的伙伴中的一个分配给 A。下一个请求 B 需要 256KB 的块，因为已有这样的一个块，随即分配给它。在需要时，继续进行这样的分裂和合并过程。注意当 E 被释放时，两个 128KB 的伙伴合并为一个 256KB 的块，这个 256KB 的块又立即与其伙伴合并成一个 512KB 的块。

1MB的块	1MB					
请求 100KB	A = 128KB	128KB		256KB	512KB	
请求 240KB	A = 128KB	128KB		B = 256KB	512KB	
请求 64KB	A = 128KB	C = 64KB	64KB	B = 256KB	512KB	
请求 256KB	A = 128KB	C = 64KB	64KB	B = 256KB	D = 256KB	256KB
释放 B	A = 128KB	C = 64KB	64KB	256KB	D = 256KB	256KB
释放 A	128KB	C = 64KB	64KB	256KB	D = 256KB	256KB
请求 75KB	E = 128KB	C = 64KB	64KB	256KB	D = 256KB	256KB
释放 C	E = 128KB	128KB		256KB	D = 256KB	256KB
释放 E	512KB				D = 256KB	256KB
释放 D	1MB					

图 7.6 伙伴系统示例

图 7.7 显示了释放 B 的请求后，伙伴系统分配情况的二叉树。叶节点表示内存中的当前分区，若两个伙伴都是叶节点，则至少须分配出去一个，否则它们将合并为一个更大的块。

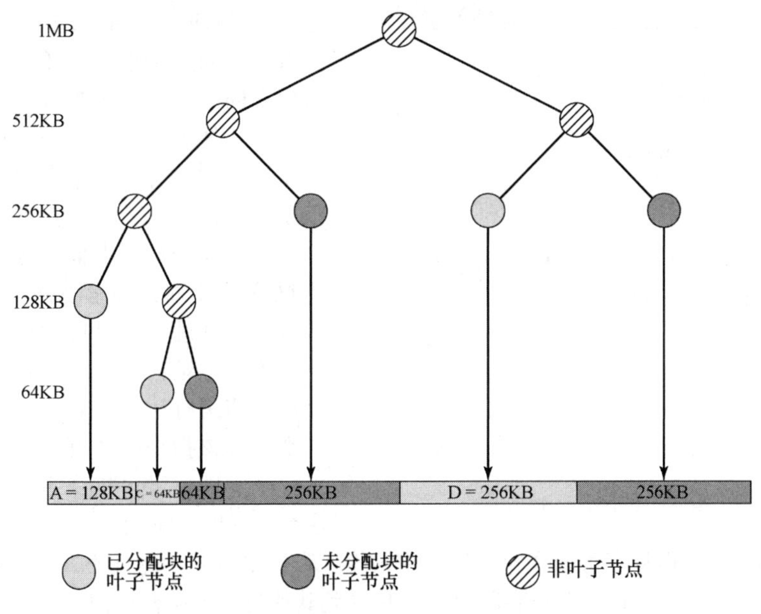

图 7.7　伙伴系统的树状表示

伙伴系统是较为合理的折中方案，它克服了固定分区和可变分区方案的缺陷。但在当前的操作系统中，基于分页和分段机制的虚存更为先进。然而，伙伴系统在并行系统中有很多应用，它是为并行程序分配和释放内存的一种有效方法（参阅文献［JOHN92］）。UNIX 内核存储分配中使用了一种经过改进后的伙伴系统（将在第 8 章论述）。

7.2.4　重定位

在考虑解决分区技术的缺陷之前，必须先解决在内存中放置进程的一个遗留问题。使用图 7.3(a)中的固定分区方案时，一个进程总可指定到同一个分区。也就是说，装入一个新进程时，不论选择哪个分区，当这个进程以后被换出又换入时，仍旧使用这个分区。在这种情况下，需要使用一个诸如附录 7A 中所述的简单重定位加载器：首次加载一个进程时，代码中的相对内存访问被绝对内存地址代替，这个绝对地址由进程被加载到的基地址确定。

在大小相等的分区［见图 7.2(a)］及只有一个进程队列的大小不等的分区［见图 7.3(b)］的情况下，一个进程在其生命周期中可能占据不同的分区。首次创建一个进程映像时，它被装入内存中的某个分区。以后，该进程可能被换出，当它再次被换入时，可能被指定到与上一次不同的分区中。动态分区也存在同样的情况。观察图 7.4(c)和图 7.4(h)，进程 2 两次被换入时分别占用了两个不同的内存区域。此外，使用压缩时，内存中的进程也可能会发生移动。因此，进程访问（指令和数据单元）的位置不是固定的。进程被换入或在内存中移动时，指令和数据单元的位置会发生改变。为解决这个问题，需要区分几种地址类型。**逻辑地址**（logical address）是指与当前数据在内存中的物理分配地址无关的访问地址，在执行对内存的访问之前必须把它转换为物理地址。**相对地址**（relative address）是逻辑地址的一个特例，它是相对于某些已知点（通常是程序的开始处）的存储单元。**物理地址**（physical address）或绝对地址是数据在内存中的实际位置。

系统采用运行时动态加载的方式把使用相对地址的程序加载到内存（相关讨论见附录 7A）。通常情况下，被加载进程中的所有内存访问都相对于程序的开始点。因此，在执行包括这类访问的指令时，需要有把相对地址转换为物理内存地址的硬件机制。

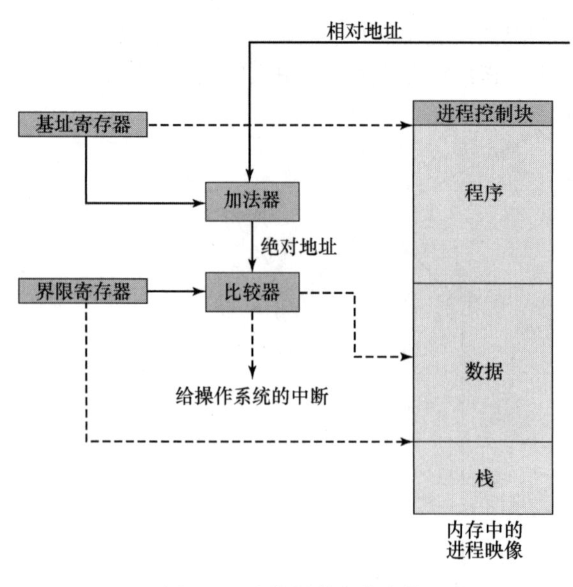

图 7.8 重定位的硬件支持

图 7.8 给出了实现这类地址转换的一种典型方法。进程处于运行态时，有一个特殊处理器寄存器（有时也称基址寄存器），其内容是程序在内存中的起始地址。还有一个界限寄存器指明程序的终止位置。当程序被装入内存或当该进程的映像被换入时，必须设置这两个寄存器。在进程的执行过程中会遇到相对地址，包括指令寄存器的内容、跳转或调用指令中的指令地址，以及加载和存储指令中的数据地址。每个这样的相对地址都经过处理器的两步操作。首先，基址寄存器中的值加上相对地址产生一个绝对地址；然后，将得到的结果与界限寄存器的值进行比较，若这个地址在界限范围内，则继续该指令的执行；否则，向操作系统发出一个中断信号，操作系统必须以某种方式对这个错误做出响应。

图 7.8 中的方案使得程序可以在执行过程中被换入和换出内存，并且还提供了一种保护：每个进程映像根据基址和界限寄存器的内容隔离，以免受到其他进程的越权访问。

7.3 分页

大小不等的固定分区和大小可变的分区技术在内存的使用上都是低效的，前者会产生内部碎片，后者会产生外部碎片。但是，若内存被划分成大小固定、相等的块，且块相对比较小，每个进程也被分成同样大小的小块，则进程中称为页（page）的块可以分配到内存中称为页框（frame）的可用块。在本节中我们将会看到，使用分页技术时，每个进程在内存中浪费的空间，仅是进程最后一页的一小部分形成的内部碎片。没有任何外部碎片。

图 7.9 说明了页和页框的用法。在某个给定时刻，内存中的某些页框正被使用，某些页框是空闲的，操作系统维护空闲页框的列表。存储在磁盘上的进程 A 由 4 页组成。装入这个进程时，操作系统查找 4 个空闲页框，并将进程 A 的 4 页装入这 4 个页框中，如图 7.9(b)所示。进程 B 包含 3 页，进程 C 包含 4 页，它们依次被装入。然后进程 B 被挂起，并被换出内存。此后，内存中的所有进程被阻塞，操作系统需要换入一个新进程，即进程 D，它由 5 页组成。

现在没有足够的连续页框来保存进程 D，这会阻止操作系统加载该进程吗？答案是否定的，因为可以使用逻辑地址来解决这个问题。这时仅有一个简单的基址寄存器是不够的，操作系统需要为每个进程维护一个页表（page table）。页表给出了该进程的每页所对应页框的位置。在程序中，每个逻辑地址包括一个页号和在该页中的偏移量。在简单分区的情况下，逻辑地址是一个字相对于程序开始处的位置，处理器把它转换为一个物理地址。在分页中，逻辑地址到物理地址的转换仍然由处理器硬件完成，且处理器必须知道如何访问当前进程的页表。给出逻辑地址（页号，偏移量）后，处理器使用页表产生物理地址（页框号，偏移量）。

继续前面的例子，进程 D 的 5 页被装入页框 4、5、6、11 和 12。图 7.10 给出了此时各个进程的页表。进程的每页在页表中都有一项，因此页表很容易按页号对进程的所有页进行索引（从 0 页开始）。每个页表项包含内存中用于保存相应页的页框的页框号。此外，操作系统为当前内存中未被占用、可供使用的所有页框维护一个空闲页框列表。

图 7.9　进程的空闲帧分配

图 7.10　图 7.9 中的例子在时间点（f）的数据结构

由此可见，前述的简单分页类似于固定分区，它们的不同之处在于：采用分页技术的分区相当小，一个程序可以占据多个分区，并且这些分区不需要是连续的。

为了使分页方案更加方便，规定页和页框的大小必须是 2 的幂，以便容易地表示出相对地址。相对地址由程序的起点和逻辑地址定义，可以用页号和偏移量表示。图 7.11 给出了一个例子。这里使用的是 16 位地址，页大小为 1KB，即 1024 字节。例如，相对地址 1502 的二进制形式为 0000010111011110。由于页大小为 1KB，偏移量为 10 位，剩下的 6 位为页号，因此一个程序最多由 $2^6 = 64$ 页组成，每页大小为 1KB。如图 7.11(b)所示，相对地址 1502 对应于页 1（000001）中的偏移量 478（0111011110），它们可以产生相同的 16 位数 0000010111011110。

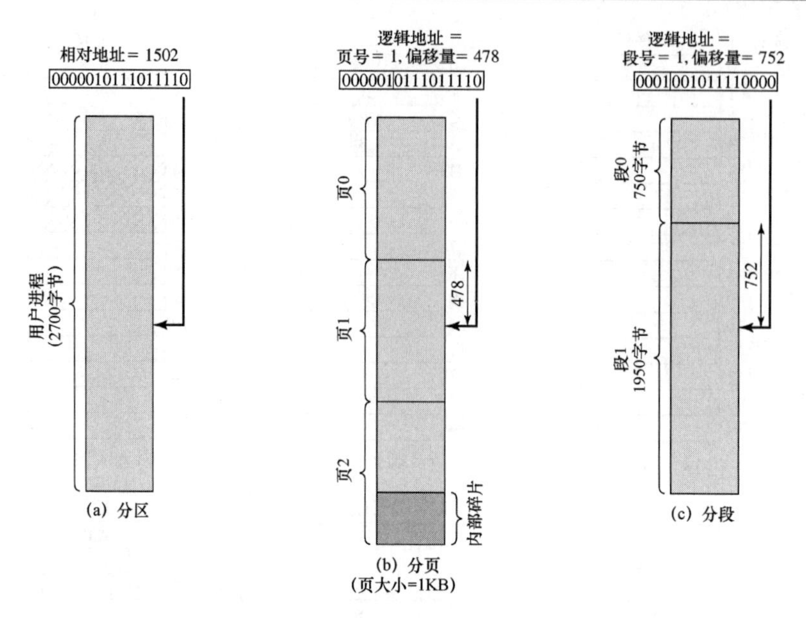

图 7.11 逻辑地址

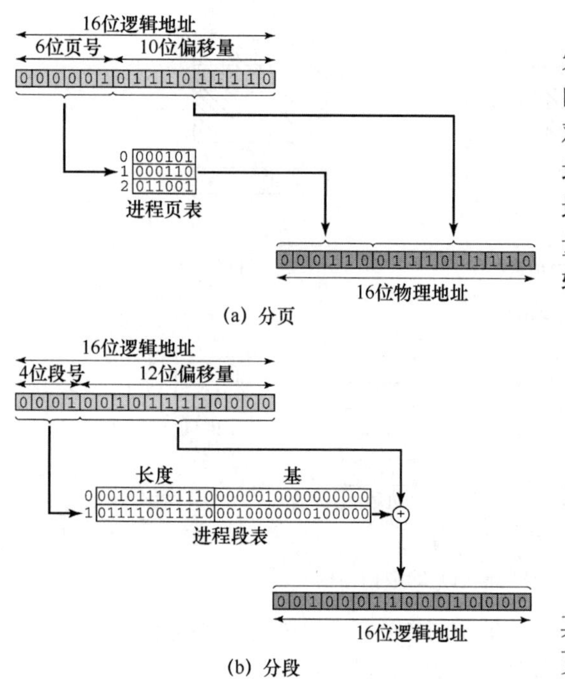

图 7.12 逻辑地址转换为物理地址示例

使用页大小为 2 的幂的页的结果是双重的。首先，逻辑地址方案对编程者、汇编器和链接是透明的。程序的每个逻辑地址（页号，偏移量）与其相对地址是一致的。其次，用硬件实现运行时动态地址转换的功能相对比较容易。考虑一个 $n + m$ 位的地址，最左边的 n 位是页号，最右边的 m 位是偏移量。在图 7.11(b)的例子中，$n = 6$ 且 $m = 10$。地址转换需要经过以下步骤：

- 提取页号，即逻辑地址最左侧的 n 位。
- 以这个页号为索引，查找进程页表中相应的页框号 k。
- 页框的起始物理地址为 $k \times 2^m$，被访问字节的物理地址是这个数加上偏移量。物理地址不需要计算，可以简单地把偏移量附加到页框号后面来构建物理地址。

在前面的例子中，逻辑地址为 0000010111011110，其页号为 1，偏移量为 478。假设该页驻留在内存页框 6（即二进制 000110）中，则物理地址页框号为 6，偏移量为 478，物理地址为 0001100111011110，如图 7.12(a)所示。

总之，采用简单的分页技术，内存可分成许多大小相等且很小的页框，每个进程可划分成同样大小的页；较小的进程需要较少的页，较大的进程需要较多的页；装入一个进程时，其所有页都装入可用页框中，并建立一个页表。这种方法解决了分区技术存在的许多问题。

7.4 分段

细分用户程序的另一种可选方案是分段。采用分段技术，可以把程序和与其相关的数据划分到几个段（segment）中。尽管段有最大长度限制，但并不要求所有程序的所有段的长度都相等。和分页一样，采用分段技术时的逻辑地址也由两部分组成：段号和偏移量。

由于使用大小不等的段，分段类似于动态分区。在未采用覆盖方案或使用虚存的情况下，为执行一个程序，需要把它的所有段都装入内存。与动态分区不同的是，在分段方案中，一个程序可以占据多个分区，并且这些分区不要求是连续的。分段消除了内部碎片，但是和动态分区一样，它会产生外部碎片。不过由于进程被分成多个小块，因此外部碎片也会很小。

分页对程序员来说是透明的，而分段通常是可见的，并且作为组织程序和数据的一种方便手段提供给程序员。一般情况下，程序员或编译器会把程序和数据指定到不同的段。为了实现模块化程序设计的目的，程序或数据可能会进一步分成多个段。这种方法最不方便的地方是，程序员必须清楚段的最大长度限制。

采用大小不等的段的另一个结果是，逻辑地址和物理地址间不再是简单的对应关系。类似于分页，在简单的分段方案中，每个进程都有一个段表，系统也会维护一个内存中的空闲块列表。每个段表项必须给出相应段在内存中的起始地址，还必须指明段的长度，以确保不会使用无效地址。当进程进入运行状态时，系统会把其段表的地址装载到一个寄存器中，由内存管理硬件来使用这个寄存器。考虑一个 $n + m$ 位的地址，最左侧的 n 位是段号，最侧的 m 位是偏移量。在图 7.11(c)的例子中，$n = 4$、$m = 12$，因此最大段长度为 $2^{12} = 4096$。进行地址转换需要以下步骤：

- 提取段号，即逻辑地址最左侧的 n 位。
- 以这个段号为索引，查找进程段表中该段的起始物理地址。
- 最右侧 m 位表示偏移量，偏移量和段长度进行比较，若偏移量大于段长度，则该地址无效。
- 物理地址为该段的起始物理地址与偏移量之和。

在该例中，逻辑地址为 0001001011110000，其中段号为 1，偏移量为 752。假设该段驻留在内存中，起始物理地址为 0010000000100000，则相应的物理地址为 0010000000100000 + 001011110000 = 0010001100010000，如图 7.12(b)所示。

总之，采用简单的分段技术，进程可划分为许多段，段的大小无须相等；调入一个进程时，其所有段都装入内存的可用区域，并建立一个段表。

7.5 小结

内存管理是操作系统中最重要、最复杂的任务之一。内存管理把内存视为一个资源，它可以分配给多个活动进程，或由多个活动进程共享。为有效地使用处理器和 I/O 设备，需要在内存中保留尽可能多的进程。此外，程序员在开发程序时最好能不受程序大小的限制。

内存管理的基本工具是分页和分段。采用分页技术，每个进程被划分为相对较小的、大小固定的页。采用分段技术可以使用大小不同的块。在单独的内存管理方案中，还可结合使用分页技术和分段技术。

7.6 关键术语、复习题和习题

7.6.1 关键术语

绝对加载	链接程序	物理地址
伙伴系统	链接	物理组织
压缩	加载	保护
动态链接	逻辑地址	相对地址

动态分区	逻辑组织	可重定位加载
动态运行时加载	内存管理	重定位
外部碎片	页面	段
固定分区	页表	分段
页框	分页	共享
内部碎片	分区技术	

7.6.2 复习题

7.1 内存管理需要满足哪些需求？

7.2 为何需要重定位进程的能力？

7.3 为何不可能在编译时实施内存保护？

7.4 允许两个或多个进程访问内存某一特定区域的原因是什么？

7.5 在固定分区方案中，使用大小不等的分区有何好处？

7.6 内部碎片和外部碎片有何区别？

7.7 逻辑地址、相对地址和物理地址有何区别？

7.8 页和页框有何区别？

7.9 页和段有何区别？

7.6.3 习题

7.1 2.3 节列出了内存管理的 5 个目标，7.1 节列出了 5 种需求。请说明它们是一致的。

7.2 假设使用固定分区的内存管理方案，分区大小为 2^{16} 字节，内存总大小为 2^{24} 字节。系统维护有一张进程表，它为每个常驻进程保存指向一个分区的指针。这个指针需要多少位？

7.3 假设使用动态分区的内存管理方案。证明平均情况下内存中的空洞数量是段数量的一半。

7.4 为实现动态分区中的各种放置算法（见 7.2 节），内存中须保留一个空闲块列表。分别讨论最佳适配、首次适配、下次适配三种方法的平均查找长度。

7.5 动态分区的另一种放置算法是最差适配。在这种情况下调入一个进程时，使用最大的空闲存储块。

a．该方法与最佳适配、首次适配、下次适配相比，优点和缺点各是什么？

b．最差适配的平均查找长度是多少？

7.6 假设使用动态分区，下图是经过数次放置和换出操作后的内存格局。内存地址从左到右增长；灰色区域是分配给进程的内存块；白色区域是可用内存块。最后一个放置的进程大小为 2MB，用 X 标记。此后仅换出了一个进程。

a．换出进程的最大尺寸是多少？

b．创建分区并分配给 X 之前，空闲块的大小是多少？

c．下一个内存需求大小为 3MB。在使用最佳适配/首次适配/下次适配/最差适配的情况下，分别在图上标记出分配的内存区域。

	4MB		1MB	X	5MB		8MB		2MB	4MB		3MB	

7.7 一个 1MB 大小的内存块使用伙伴系统来分配内存。

a．请画出类似于图 7.6 的图形来表示如下序列的结果：请求 70；请求 35；请求 80；释放 A；请求 60；释放 B；释放 D；释放 C。

b．画出释放 B 后的二叉树表示。

7.8 考虑一个伙伴系统，在当前分配下的一个特定块地址为 011011110000。

a．若块大小为 4，其伙伴的二进制地址为多少？

b．若块大小为 16，其伙伴的二进制地址为多少？

7.9　令 $\text{buddy}_k(x)$是大小为 2^k、地址为 x 的块的伙伴的地址，写出 $\text{buddy}_k(x)$的通用表达式。

7.10　斐波那契数列定义如下：$F_0 = 0, F_1 = 1, F_{n+2} = F_{n+1} + F_n, n \geq 0$。

a．这个数列可用于建立伙伴系统吗？

b．该伙伴系统与本章介绍的二叉伙伴系统相比，有什么优点？

7.11　在程序执行期间，每次取指后处理器将指令寄存器的内容（程序计数器）增 1 个字，但若遇到会导致在程序中其他地址继续执行的跳转或调用指令，处理器将修改这个寄存器的内容。现在考虑图 7.8。关于指令地址有两种选择：

- 在指令寄存器中保存相对地址，并把指令寄存器作为输入进行动态地址转换。遇到一次成功的跳转或调用时，该跳转或调用产生的相对地址将被装入指令寄存器中。
- 在指令寄存器中保存绝对地址。遇到一次成功的跳转或调用时，采用动态地址转换，其结果保存在指令寄存器中。

哪种方法更好？

7.12　系统使用简单分页，内存大小为 2^{32} 字节，页大小为 2^{10} 字节，逻辑地址空间包含 2^{16} 页。

a．逻辑地址有多少位？

b．一个页框有多少字节？

c．物理地址中的多少位是页框号？

d．页表中有多少表项？

e．假设每个页表项中含一位有效位，每个页表项有多少位？

7.13　在使用下列内存管理方案的情况下，分别写出逻辑地址 0001010010111010 转换为物理地址的过程。

a．分页系统，页面大小为 256-address，页表中页框号是页号的 1/4。

b．分段系统，分段最大为 1K-address，段表中物理地址 = 22 + 4096 + 段基址。

7.14　在一个简单的分段系统中，包含如下段表：

起始地址	长度（字节）
660	248
1752	422
222	198
996	604

对如下的每个逻辑地址，确定其对应的物理地址或说明段错误是否会发生：

a．0，198

b．2，156

c．1，530

d．3，444

e．0，222

7.15　在内存中，连续段 $S_1, S_2, \cdots, S_n$ 按其创建顺序依次从一端放置到另一端，如下图所示：

S_1	S_2	• • •	S_n	空洞

创建段 S_{n+1} 时，尽管 $S_1, S_2, \cdots, S_n$ 中的某些段可能已被删除，但段 S_{n+1} 仍被立即放置在段 S_n 之后。当段（正在使用或已被删除）和空洞之间的边界到达内存的另一端时，压缩正在使用的段。

a．说明花费在压缩上的时间 F 满足以下不等式：

$$F \geq \frac{1-f}{1+kf}, \quad k = \frac{t}{2s} - 1$$

式中，s 表示段的平均长度（以字为单位）；t 表示段的平均生命周期，即内存访问次数；f 表示在平衡条件下，未使用的内存部分的比例。提示：计算边界在内存中移动的平均速度，并假设复制一个字至少需要两次内存访问。

b．当 $f = 0.2$，$t = 1000$，$s = 50$ 时，计算 F。

附录 7A 加载和链接

创建活动进程的第一步是把程序装入内存，并创建一个进程映像（见图 7.13）。图 7.14 描述了大多数系统中的一种典型场景。应用程序由许多已编译过或汇编过的模块组成，这些模块以目标代码的形式存在，并被链接起来以解析模块间的任何访问和对库例程的访问。库例程可以合并到程序中，或作为操作系统在运行时提供的共享访问代码。本附录着重总结链接器和加载器的主要特征。为表达清晰起见，首先介绍只涉及一个程序模块时的加载任务，因为这时不需要链接。

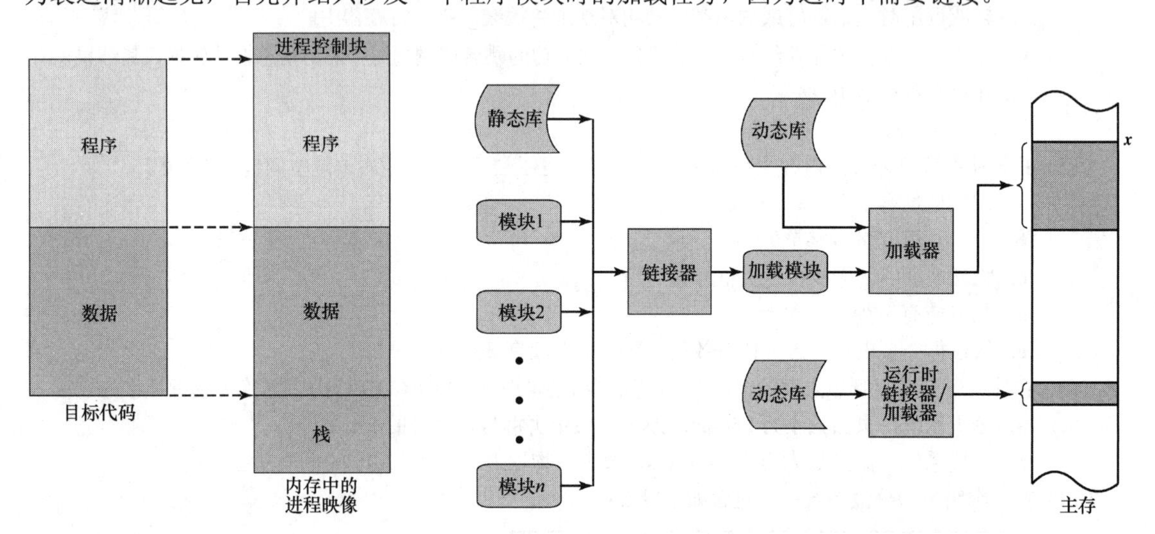

图 7.13 加载功能　　　　图 7.14 链接和加载场景

7A.1 加载

在图 7.14 中，加载器把加载的模块放置在内存中从 x 开始的位置。在加载这个程序的过程中，必须满足图 7.1 中所描述的寻址需求。一般而言，可以采用三种方法：

1. 绝对加载
2. 可重定位加载
3. 动态运行时加载

绝对加载　绝对加载器要求给定加载模块总被加载到内存中的同一位置。因此，在提供给加载器的加载模块中，所有的地址访问必须是确定的，或者说是绝对的内存地址。例如，若图 7.14 中的 x 是 1024 位置，则加载模块中的第一个字在内存中的地址为 1024。

给程序中的内存访问指定具体的地址值既可以由程序员完成，也可以在编译时或汇编时完成，如表 7.3(a)所示。这种方法存在许多缺点：首先，程序员必须知道在内存中放置模块时预定的分配策略；其次，若在程序的模块体中进行了任何涉及插入或删除的修改，则所有地址都需要更改。因此，更可取的方法是允许用符号表示程序中的内存访问，然后在编译或汇编时解析这些符号引用，如图 7.15 所示。对指令或数据项的引用最初被表示成一个符号。在准备输入到一个绝对加载器的模块时，汇编器或编译器将把所有这些引用转换为具体地址。在图 7.15(b)的例子中，模块被加载到从 1024 位置开始的位置。

可重定位加载　在加载之前就把内存访问绑定到具体的地址的缺点是，会使得加载模块只能放置到内存中的一个区域。但是，当多个程序共享内存时，不可能事先确定哪块区域用于加载哪个特定的模块，最好是在加载时确定。因此，需要一个可分配到内存中任何地方的加载模块。

表 7.3　地址绑定

(a) 加载器

绑定时间	功　　能
程序设计时	程序员直接在程序中确定所有实际的物理地址
编译或汇编时	程序包含符号地址访问，由编译器或汇编器把它们转换为实际的物理地址
加载时	编译器或汇编器产生相对地址，加载器在加载程序时把它们转换为实际的绝对地址
运行时	被加载的程序保持相对地址，处理器硬件执行时把它们动态地转换为绝对地址

(b) 链接器

链接时间	功　　能
程序设计时	不允许外部程序或数据访问。程序员必须把所有引用到的子程序的源代码放入程序中
编译或汇编时	汇编器必须取到每个引用的子程序的源代码，并把它们作为一个部件来进行汇编
加载模块产生时	所有目标模块都使用相对地址汇编。这些模块被链接在一起，所有访问都相对于最后加载的模块的地点重新声明
加载时	直到加载模块被加载到内存时才解析外部访问，此时被访问的动态链接模块附加到加载模块后，整个软件包被加载到内存或虚存
运行时	直到处理器执行外部调用时才解析外部访问，此时该进程被中断，需要的模块被链接到调用程序中

为满足这个新需求，汇编器或编译器不产生实际的内存地址（绝对地址），而是使用相对于某些已知点的地址，如相对于程序的起点。这种技术如图 7.15(c)所示。加载模块的起点指定为相对地址 0，模块中的所有其他内存访问都用与该模块起点的相对值来表示。

既然所有内存访问都以相对形式表示，则加载器就可以很容易地把模块放置在期望的位置。若该模块要加载到从 x 位置开始的地方，则当加载器把该模块加载到内存中时，只需简单地给每个内存访问都加上 x。为完成这一任务，加载模块必须包含一些需要告诉加载器的信息，如地址访问在哪里、如何解释它们（通常相对于程序的起点，但也可能相对于程序中的某些其他点，如当前位置）。由编译器或汇编器准备这些信息，通常称这些信息为重定位地址库。

动态运行时加载　可重定位加载器非常普遍，且相对于绝对加载器具有明显的优点。但是，在多道程序设计环境中，即使不依赖于虚存，可重定位的加载方案仍是不够的。由于需要把进程换入或换出内存来增大处理器的利用率，而为最大限度地利用内存，又希望能在不同的时刻把一个进程映像换回到不同的位置，因此，程序被加载后，可能被换出到磁盘，然后又被换回到内存中不同的位置。若在开始加载时，内存访问就被绑定到绝对地址，则前面提到的情况将是不可能实现的。

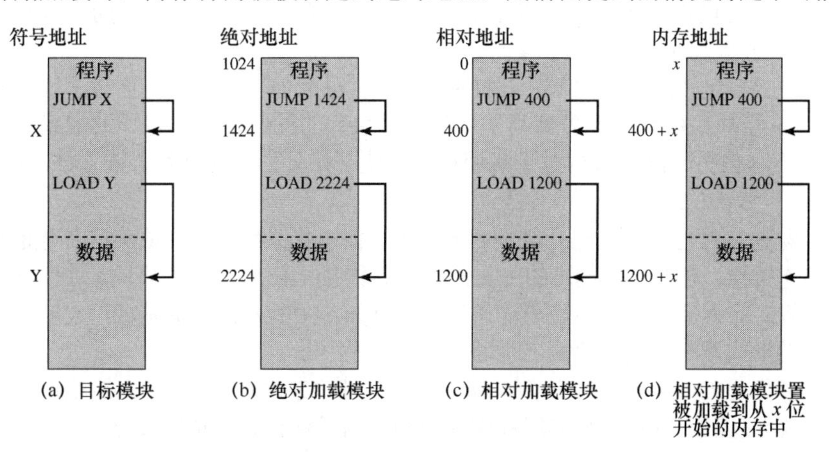

图 7.15　绝对和可重定位加载模块

一种替代方案是在运行时真正在使用某个绝对地址时再计算它。为达到这一目的，加载模块被加载到内存中时，其所有内存访问都以相对形式表示，如图 7.15(d)所示，一条指令只有在真正被执行时才计算其绝对地址。为确保该功能不会降低性能，这些工作必须由特殊的处理器硬件完成，而不用软件实现（见 7.2 节）。

动态地址计算提供了很大的灵活性。一个程序可以加载到内存中的任何区域，程序的执行可以中断，程序还可换出内存，以后再换回到不同的位置。

7A.2 链接

链接器的功能是把一组目标模块作为输入，产生一个包含完整程序和数据模块的加载模块，并传递给加载器。在每个目标模块中，可能有到其他模块的地址访问，每个这样的访问可以在未链接的目标模块中用符号表示。链接器会创建一个单独的加载模块，它把所有目标模块逐个链接起来。每个模块内的引用必须从符号地址转换为对整个加载模块中的一个位置的引用。例如，图 7.16(a)中的模块 A 包含对模块 B 的一个过程调用。当这些模块都组合到加载模块中时，这个到模块 B 的符号引用就变成了对加载模块 B 中的入口点位置的确切引用。

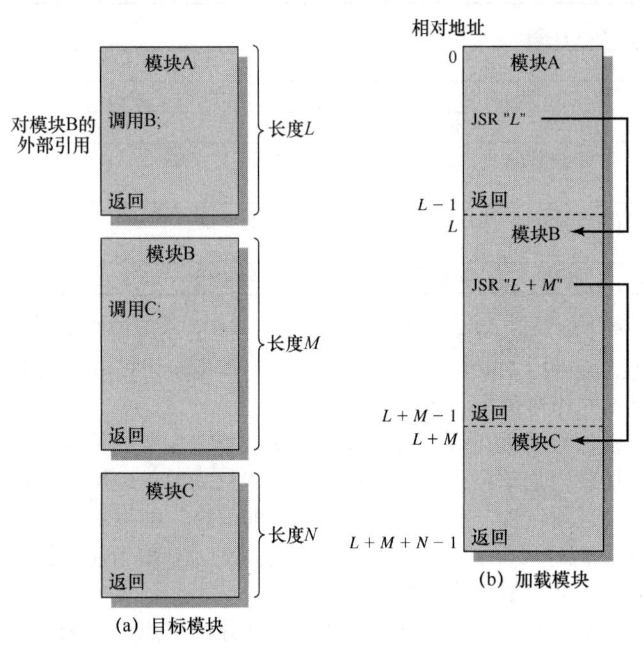

图 7.16 链接功能

链接编辑程序 地址链接的性质取决于链接发生时要创建的加载模块的类型，如表 7.3(b)所示。通常情况下需要可重定位的加载模块，然后链接按以下方式完成。同时创建每个已编译或汇编的目标模块及相对于该目标模块开始处的引用。所有这些模块，连同相对于该加载模块起点的所有引用，一起放进一个可重定位的加载模块中。该模块可以作为可重定位加载或动态运行时加载的输入。

产生可重定位加载模块的链接器通常称为*链接编辑程序*。图 7.16 说明了链接编辑程序的功能。

动态链接器 像加载一样，可以推迟某些链接功能。*动态链接*（dynamic linking）是指把某些外部模块的链接推迟到创建加载模块之后。因此，加载模块包含到其他程序的未解析的引用，这些引用可以在加载时或运行时解析。

加载时的动态链接（包括图 7.14 中上面的动态库）分为如下步骤。待加载的加载模块（应用模块）读入内存。应用模块中到一个外部模块（目标模块）的任何引用都将导致加载程序查找目标模块，加载它，并把这些引用修改为相对于应用程序模块开始处的相对地址。该方法与静态加载相比，有以下优点：

- 能更容易地并入已改变或已升级的目标模块，如操作系统工具，或某些其他的通用例程。而对于静态链接，这类支持模块的变化需要重新链接全部应用程序模块。除静态链接比较低效外，有些情况下甚至不可能使用静态链接。例如，在个人计算机领域，大多数商用软件以加载模块的形式发布，而不会公布源程序和目标程序。
- 在动态链接文件中的目标代码为自动代码共享铺平了道路。因为操作系统加载并链接了该代码，所以可以识别出有多个应用程序使用相同的目标代码。操作系统可以使用此信息，然后只加载目标代码的一个副本，并把这个被加载的目标副本链接到所有使用该目标代码的应用程序，而不是为每个应用程序都分别加载一个副本。
- 独立软件开发人员可以更容易地扩展诸如 Linux 之类的操作系统功能。开发人员可以设计出对各种应用程序都很有用的一个新功能，并把它包装成一个动态链接模块。

使用*运行时动态链接*（run-time dynamic linking）时（包括图 7.14 中下面的动态库），某些链接工作被推迟到执行时。这样一些对目标模块的外部引用保留在被加载的程序中，当调用的模块不存在时，操作系统定位该模块，加载它，并把它链接到调用模块中。这些模块一般是共享的。在 Windows 环境下，这些模块称为动态链接库（DLL）。也就是说，若一个进程已使用动态链接共享模块，该模块就位于内存中，则新的进程就可以简单地链接上已加载好的模块。

使用 DLL 可能会导致一个问题，一般称之为 DLL 地狱（DLL Hell）。两个或更多的进程共享一个 DLL 模块，但它们希望链接不同版本的模块时，就会发生 DLL 地狱问题。例如，一个应用软件或系统功能可能会重新安装，因而会带入一个旧版本的 DLL 文件。

虽然动态加载允许一个完整的加载模块到处移动，但该模块的结构是静态的，在进程执行期间以及从一次执行到下一次执行都保持不变。在某些情况下，不可能在执行前确定需要哪个目标模块，事务处理应用程序就是这类情况的典型代表，如航空公司的预订系统或银行业的应用程序。需要根据事务的性质指定需要哪个程序模块，然后加载它并链接到主程序。使用动态链接器的优点是，在程序单元被引用之前，不需要为它们分配内存空间，这种能力可用于支持分段系统。

还有另外一种改进：应用程序不需要知道可能会调用的所有模块名或入口点。例如，制表程序可能会与各种绘图仪一起工作，每台绘图仪都由不同的驱动软件包驱动，应用程序可以从另一个进程中得知或从配置文件中查找到绘图仪的名字。这种改进允许应用程序的用户安装一台在编写该程序时并不存在的新绘图仪。

第 8 章 虚拟内存

学习目标

- 定义虚拟内存
- 掌握支持虚拟内存的硬件和控制结构
- 掌握实现虚拟内存的各种操作系统机制
- 掌握 UNIX、Linux 和 Windows 中的虚拟内存管理机制

第 7 章介绍了分页和分段的概念，并分析了它们各自的缺点。我们从本章开始讨论虚拟内存。由于内存管理与处理器硬件和操作系统软件都有着紧密而复杂的关系，因此这方面的分析非常复杂。本章首先重点讲述虚拟内存的硬件特征，考虑使用分页、分段和段页式这三种情况，然后考虑操作系统中虚拟内存设施的设计问题。

表 8.1 给出了一些与虚拟内存相关的定义。

表 8.1 虚拟内存术语

虚拟内存	在存储分配机制中，尽管备用内存是主存的一部分，但它也可被寻址。程序引用内存使用的地址与内存系统用于识别物理存储站点的地址是不同的，程序生成的地址会自动转换为机器地址。虚拟存储的大小受计算机系统寻址机制和可用的备用内存量的限制，而不受主存储位置实际数量的限制
虚拟地址	在虚拟内存中分配给某一位置的地址，它使得该位置可被访问，就好像是主内的一部分那样
虚拟地址空间	分配给进程的虚拟存储
地址空间	用于某进程的内存地址范围
实地址	内存中存储位置的地址

8.1 硬件和控制结构

通过对简单分页、简单分段与固定分区、动态分区等方式进行比较，一方面可了解二者的区别，另一方面可了解内存管理方面的根本性突破。分页和分段的两个特点是取得这种突破的关键：

1. 进程中的所有内存访问都是逻辑地址，这些逻辑地址会在运行时动态地转换为物理地址。这意味着一个进程可被换入或换出内存，因此进程可在执行过程的不同时刻占据内存中的不同区域。
2. 一个进程可划分为许多块（页和段），在执行过程中，这些块不需要连续地位于内存中。动态运行时地址转换和页表或段表的使用使得这一点成为可能。

下面介绍这种突破。若前两个特点存在，则在一个进程的执行过程中，该进程不需要所有页或所有段都在内存中。若内存中保存有待取的下一条指令的所在块（段或页）以及待访问的下一个数据单元的所在块，则执行至少可以暂时继续下去。

现在考虑如何实现这一点。用术语“块”来表示页或段，取决于是采用分页机制还是采用分段机制。假设需要把一个新进程放入内存，此时操作系统仅读取包含程序开始处的一个或几个块。进程执行的任何时候都在内存的部分称为进程的常驻集（resident set）。进程执行时，只要所有内存访问都是访问常驻集中的单元，执行就可以顺利进行；使用段表或页表，处理器总可以确定是否如此。处理器需要访问一个不在内存中的逻辑地址时，会产生一个中断，这表明出现了内存访问故障。操作系统会把被中断的进程置于阻塞态。要继续执行这个进程，操作系统必须把包含引发访问故障的逻辑地址的进程块读入内存。为此，操作系统产生一个磁盘 I/O 读请求。产生 I/O 请求后，在执行磁盘 I/O 期间，

操作系统可以调度另一个进程运行。需要的块读入内存后，产生一个 I/O 中断，控制权交回给操作系统，而操作系统则把由于缺少该块而被阻塞的进程置为就绪态。

进程在执行过程中仅仅因为没有装入所有需要的进程块而不得不中断，这种方法的效率很让人怀疑。现在暂且不考虑保证效率的问题，而先考虑新策略的实现问题。提高系统利用率的实现方法有如下两种，其中第二种的效果与第一种相比更令人吃惊：

1. **在内存中保留多个进程**。由于对任何特定的进程都仅装入它的某些块，因此有足够的空间来放置更多的进程。这样，在任何时刻这些进程中至少有一个处于就绪态，于是处理器得到了更有效的利用。
2. **进程可以比内存的全部空间还大**。程序占用的内存空间大小是程序设计的最大限制之一。没有这种方案时，程序员必须清楚地知道有多少内存空间可用。若编写的程序太大，则程序员就须设计出能把程序分成块的方法，这些块可按某种覆盖策略分别加载。通过基于分页或分段的虚拟内存，这项工作可由操作系统和硬件完成。对程序员而言，他所处理的是一个巨大的内存，大小与磁盘存储器相关。操作系统在需要时会自动地把进程块装入内存。

由于进程只能在内存中执行，因此这个存储器称为*实存储器*（real memory），简称*实存*。但程序员或用户感觉到的是一个更大的内存，且通常分配在磁盘上，这称为*虚拟内存*（virtual memory），简称*虚存*。虚存支持更有效的系统并发度，并能解除用户与内存之间没有必要的紧密约束。表 8.2 总结了使用和不使用虚存情况下分页和分段的特点。

表 8.2　分页和分段的特点

简单分页	虚存分页	简单分段	虚存分段
内存划分为大小固定的小块，称为页框	内存划分为大小固定的小块，称为页框	内存未划分	内存未划分
程序被编译器或内存管理系统划分为页	程序被编译器或内存管理系统划分为页	由程序员给编译器指定程序段（即由程序员决定）	由程序员给编译器指定程序段（即由程序员决定）
页框中有内部碎片	页框中有内部碎片	无内部碎片	无内部碎片
无外部碎片	没有外部碎片	有外部碎片	有外部碎片
操作系统须为每个进程维护一个页表，以说明每页对应的页框	操作系统须为每个进程维护一个页表，以说明每页对应的页框	操作系统须为每个进程维护一个段表，以说明每段中的加载地址和长度	操作系统须为每个进程维护一个段表，以说明每段中的加载地址和长度
操作系统须维护一个空闲页框列表	操作系统须维护一个空闲页框列表	操作系统须维护一个内存中的空闲空洞列表	操作系统须维护一个内存中的空闲空洞列表
处理器使用页号和偏移量来计算绝对地址	处理器使用页号和偏移量来计算绝对地址	处理器使用段号和偏移量来计算绝对地址	处理器使用段号和偏移量来计算绝对地址
进程运行时，它的所有页必须都在内存中，除非使用了覆盖技术	进程运行时，并非所有页都须在内存页框中。仅在需要时才读入页	进程运行时，其所有页都须在内存中，除非使用了覆盖技术	进程运行时，并非其所有段都须在内存中。仅在需要时才读入段
	把一页读入内存可能需要把另一页写出到磁盘		把一段读入内存可能需要把另外一段或几段写出到磁盘

8.1.1　局部性和虚拟内存

虚存的优点很有吸引力，但这一方案切实可行吗？关于这一点曾有过很多争论，但众多操作系统的经验业已证明了虚存的可行性。因此，基于分页或分页和分段的虚拟内存已成为当代操作系统的一个基本构件。

要理解关键问题是什么及为什么会有这么多的争论，需要再次分析一下就虚存而言的操作系统任务。考虑一个由很长的程序和多个数据数组组成的大进程。在任何一段很短的时间内，执行可能会局限在很小的一段程序中（如一个子程序），且可能仅会访问一个或两个数据数组。因此，若在程序被挂起或被换出前仅使用了一部分进程块，则为该进程给内存装入太多的块显然会带来巨大的浪费。仅装入这一小部分块可更好地使用内存。然后，若程序转移到或访问到不在内存中的某个块中的指令或数据，则会引发一个错误，告诉操作系统读取需要的块。

因此，在任何时刻，任何一个进程只有一部分块位于内存中，因此可在内存中保留更多的进程。此外，由于未用到的块不需要换入/换出内存，因而节省了时间。但是，操作系统必须很“聪明”地管理这个方案。在稳定状态，内存的几乎所有空间都被进程块占据，处理器和操作系统能直接访问到尽可能多的进程。因此，当操作系统读取一块时，它必须把另一块换出。若一块正好在将要用到之前换出，则操作系统就不得不很快地把它取回。这类操作通常会导致一种称为*系统抖动*（thrashing）的情况：处理器的大部分时间都用于交换块而非执行指令。20 世纪 70 年代，如何避免系统抖动是一个重要的研究领域，同时也出现了许多复杂但有效的算法。从本质上看，这些算法都是操作系统试图根据最近的历史来猜测将来最可能用到的块。

这类推断基于*局部性原理*（principle of locality），第 1 章曾介绍过局部性原理（见附录 1A）。概括来说，局部性原理描述了一个进程中程序和数据引用的集簇倾向。因此，假设在很短的时间内仅需要进程的一部分块是合理的。同时，还可以对将来可能会访问的块进行猜测，从而避免系统抖动。

局部性原理表明虚拟内存方案是可行的。要使虚存比较实用并且有效，需要两方面的因素。首先，必须有对所采用分页或分段方案的硬件支持；其次，操作系统必须有管理页或段在内存和辅助存储器（简称辅存）之间移动的软件。本节首先分析硬件特征，然后介绍由操作系统创建并维护、供内存管理硬件使用的必要控制结构。下一节将介绍操作系统方面的问题。

8.1.2 分页

虽然存在基于分段的虚拟内存（接下来会讲述），但术语虚拟内存通常与使用分页的系统联系在一起。首个使用分页实现虚存的是 Atlas 计算机[KILB62]，随后虚存很快广泛应用于商业用途。

回顾第 7 章可知，通过简单的分页，主存可分为许多长度和大小相同的帧。每个进程被分为许多帧长和大小相同的页。加载所有页即可加载进程，而不必是连续的帧。使用虚拟内存分页，同样能够得到帧长和大小相同的页但在执行时不必将所有页都加载到主存帧中。

在介绍简单分页时，曾指出每个进程都有自己的页表，当它的所有页都装入内存时，将创建页表并装入内存。*页表项*（Page Table Entry，PTE）包含有与内存中的页框相对应的页框号。考虑基于分页的虚拟内存方案时，同样需要页表，且通常每个进程都有一个唯一的页表，但这时页表项会变得更复杂，如图 8.1(a)所示。由于一个进程可能只有一些页在内存中，因而每个页表项需要有一位（P）来表示它所对应的页当前是否在内存中。若这一位表示该页在内存中，则这个页表项还包括该页的页框号。

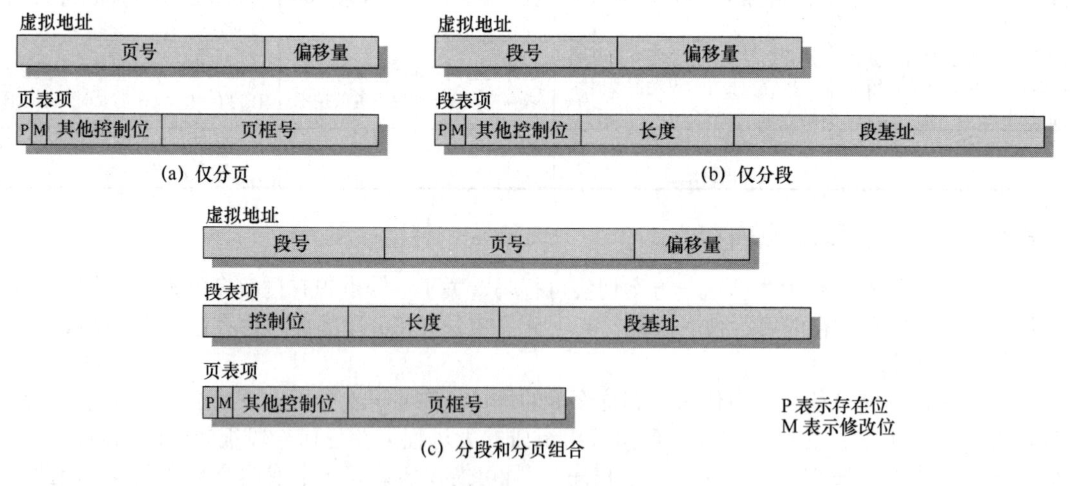

图 8.1 典型的内存管理格式

页表项中所需要的另一个控制位是修改位（M），它表示相应页的内容从上次装入内存到现在是否已改变。若未改变，则在需要把该页换出时，而无须用页框中的内容更新该页。页表项还须提供其他一些控制位，例如，若需要在页一级控制保护或共享，则需要有用于这些目的的位。

页表结构　从内存中读取一个字的基本机制包括使用页表从虚拟地址到物理地址的转换。虚拟地址又称逻辑地址，它由页号和偏移量组成，而物理地址由页框号和偏移量组成。由于页表的长度可基于进程的长度而变化，因而不能期望在寄存器中保存它，它须在内存中且可以访问。图 8.2 给出了一种硬件实现。当某个特定的进程正运行时，一个寄存器保存该进程页表的起始地址。虚拟地址的页号用于检索页表、查找相应的页框号，并与虚拟地址的偏移量结合起来形成需要的实地址。一般来说，页号域长于页框号域（$n > m$）。

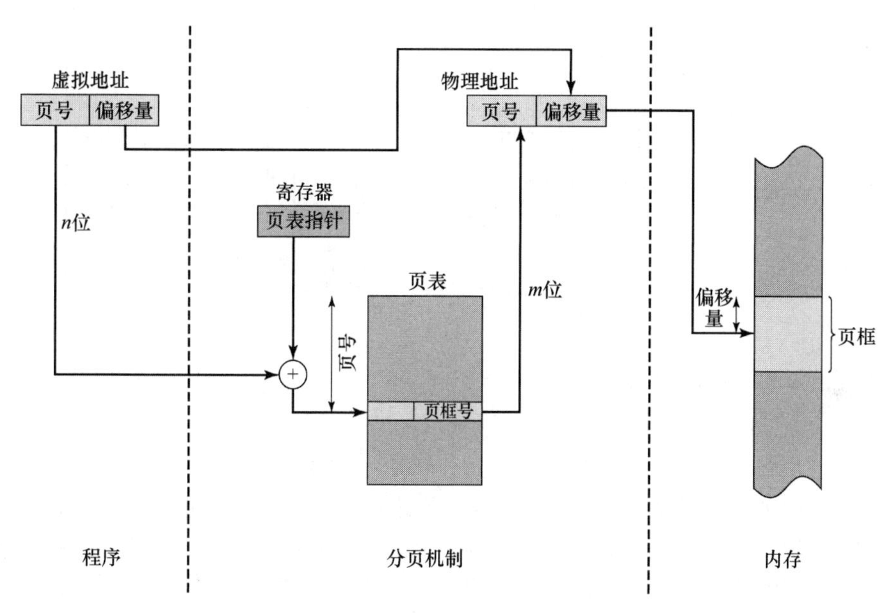

图 8.2　分页系统中的地址转换

在大多数系统中，每个进程都有一个页表。每个进程可以占据大量的虚存空间。例如，在 VAX 系统结构中，每个进程的虚存空间可达 2^{31} = 2GB，若使用 2^9 = 512B 的页，则意味着每个进程需要有 2^{22} 个页表项。显然，采用这种方法来放置页表的内存空间太大。为克服这个问题，大多数虚拟内存方案都在虚存而非实存中保存页表。这意味着页表和其他页一样都服从分页管理。一个进程正在运行时，它的页表至少有一部分须在内存中，这一部分包括正在运行的页的页表项。一些处理器使用两级方案来组织大型页表。在这类方案中有一个页目录，其中的每项指向一个页表。因此，若页目录中页表项数目为 X，且一个页表的最大页表项数目为 Y，则一个进程可以有 XY 页。典型情况下，一个页表的最大长度被限制为一页。例如，Pentium 处理器就使用了这种方法。

图 8.3 给出了用于 32 位地址的两级方案的典型例子。假设采用字节级的寻址，页尺寸为 4KB（2^{12}），则 4GB（2^{32}）虚拟地址空间由 2^{20} 页组成。若这些页中的每页都由一个 4B 的页表项映射，则可创建由 2^{20} 个页表项组成的一个页表，这时需要 4MB（2^{22}）的内存空间。这个由 2^{10} 页组成的巨大用户页表可以保留在虚存中，并由一个包括 2^{10} 个页表项的根页表映射，根页表占据的内存为 4KB（2^{12}）。图 8.4 给出了这种方案中地址转换所涉及的步骤。虚拟地址的前 10 位用于检索根页表，查找关于用户页表的页的页表项。若该页不在内存中，

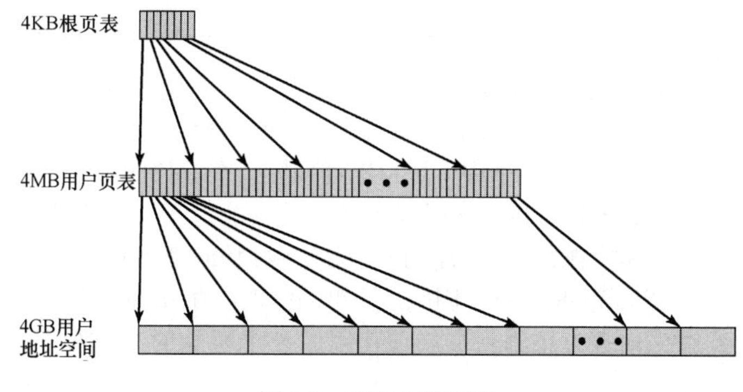

图 8.3　两级层次页表

则发生一次缺页中断。若该页在内存中，则用虚拟地址中接下来的 10 位检索用户页表项页，查找该虚拟地址引用的页的页表项。

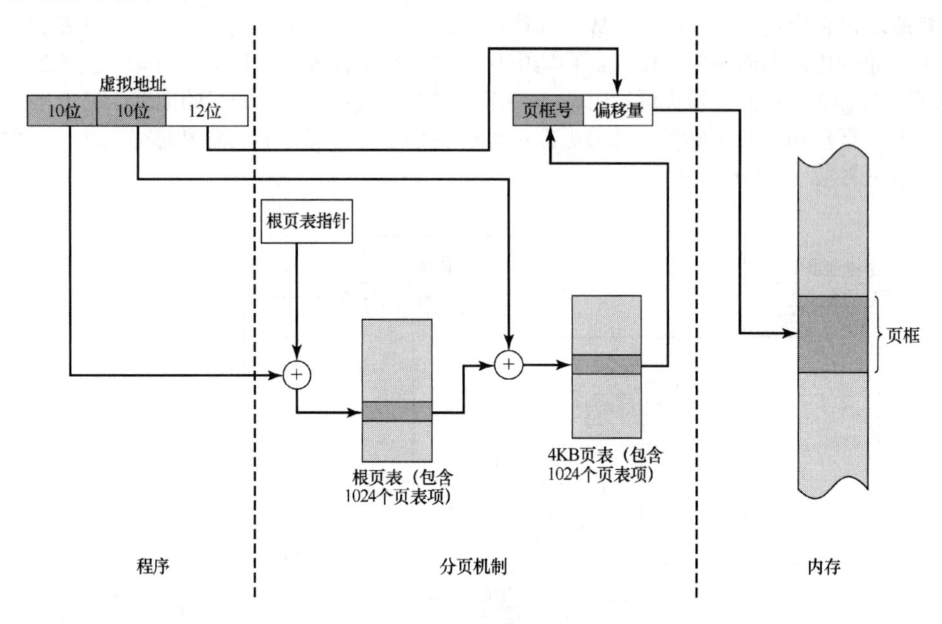

图 8.4　两级分页系统中的地址转换

倒排页表　前述页表设计的一个重要缺陷是，页表的大小与虚拟地址空间的大小成正比。

替代一级或多级页表的一种方法是，使用一个倒排页表结构，这种方法的各种变体已用于 PowerPC、UltraSPARC 和 IA-64 体系结构中，RT-PC 上的 Mach 操作系统也使用了这种技术。

在这种方法中，虚拟地址的页号部分使用一个简单的散列函数映射到散列表中[①]。散列表包含指向倒排表的指针，而倒排表中含有页表项。采用这种结构后，散列表和倒排表中就各有一项对应于一个实存页而非虚拟页。因此，不论有多少进程、支持多少虚拟页，页表都只需要实存中的一个固定部分。由于多个虚拟地址可能映射到同一个散列表项中，因此需要使用一种链接技术来管理这种溢出。散列技术可使链较短，通常只有一到两项。页表结构称为倒排的原因是，它使用页框号而非虚拟页号来索引页表项。

图 8.5 说明了一个倒排页表方法的典型实现。对于大小为 2^m 个页框的物理内存，倒排页表包含 2^m 项，所以第 i 个项对应于第 i 个页框。页表中的每项都包含如下内容：

- **页号**：虚拟地址的页号部分。
- **进程标志符**：使用该页的进程。页号和进程标志符共同标志一个特定进程的虚拟地址空间的一页。
- **控制位**：该域包含一些标记，比如有效、访问和修改，以及保护和锁定信息。
- **链指针**：若某项没有链项，则该域为空（或用一个单独的位来表示）。否则，该域包含链中下一项的索引值（0～2^m-1 之间的数字）。

在图 8.5 的例子中，虚拟地址包含一个 n 位的页号，且 $n > m$。散列函数映射 n 位页号到 m 位数，这个 m 位数用于索引倒排页表。

转换检测缓冲区　原则上，每次虚存访问都可能会引起两次物理内存访问：一次取相应的页表项，另一次取需要的数据。因此，简单的虚拟内存方案会导致内存访问时间加倍。为克服这个问题，大多数虚拟内存方案都为页表项使用了一个特殊的高速缓存，通常称为转换检测缓冲区（Translation

① 见附录 F 中关于散列技术的讨论。

Lookaside Buffer，TLB）。这个高速缓存的功能和高速缓冲存储器（见第 1 章）相似，包含有最近用过的页表项。由此得到的分页硬件组织如图 8.6 所示。给定一个虚拟地址，处理器首先检查 TLB，若需要的页表项在其中（TLB 命中），则检索页框号并形成实地址。若未找到需要的页表项（TLB 未命中），则处理器用页号检索进程页表，并检查相应的页表项。若“存在位”已置位，则该页在内存中，处理器从页表项中检索页框号以形成实地址。处理器同时更新 TLB，使其包含这个新页表项。最后，若“存在位”未置位，则表示需要的页不在内存中，这时会产生一次内存访问故障，称为缺页（page fault）中断。此时离开硬件作用范围，调用操作系统，由操作系统负责装入所需要的页，并更新页表。

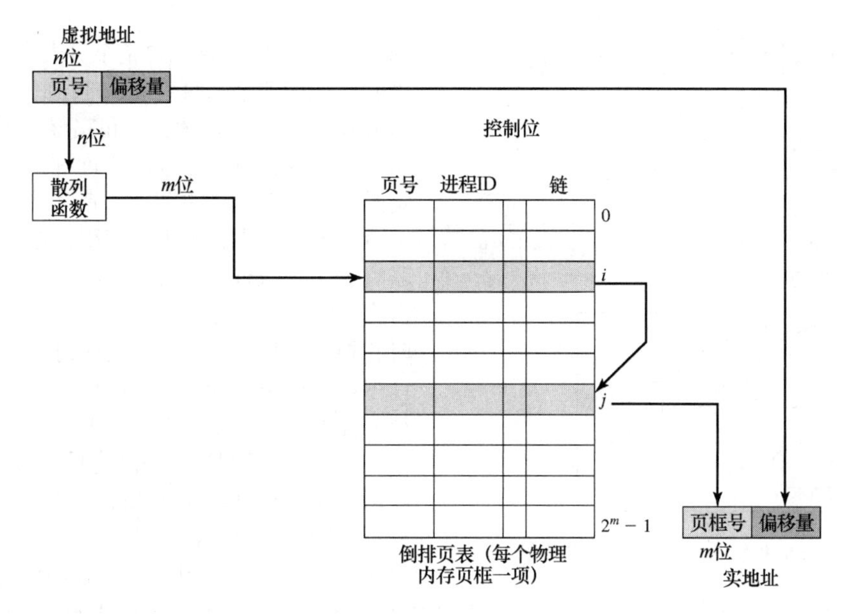

图 8.5 倒排页表结构

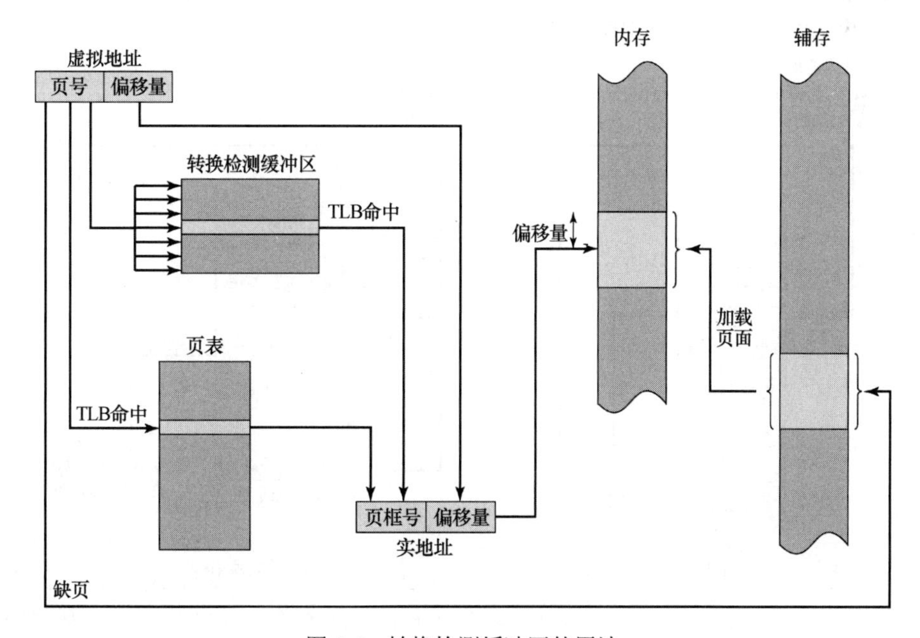

图 8.6 转换检测缓冲区的用法

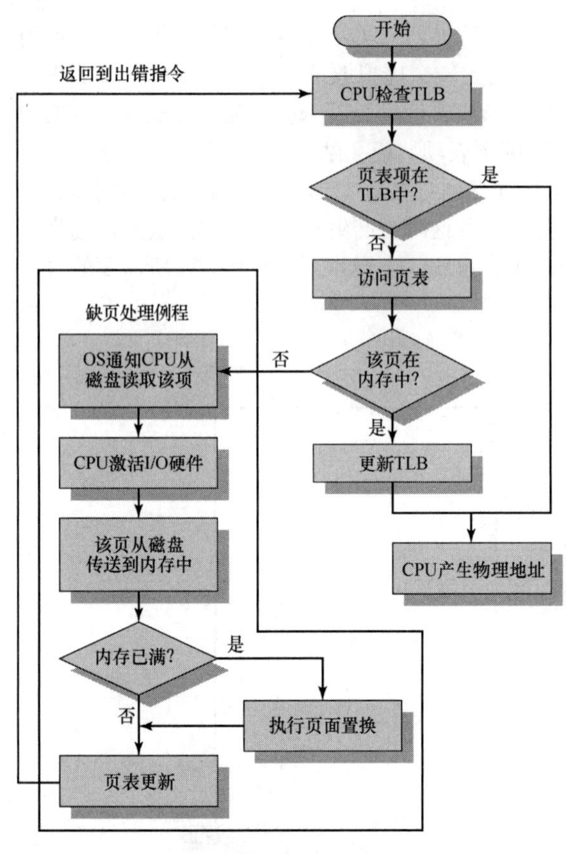

图 8.7 分页和转移检测缓冲区的操作

图 8.7 中的流程图表明了 TLB 的使用。若需要的页不在内存中，则缺页中断会调用缺页中断处理例程。为保持流程图简洁，图中未显示在磁盘 I/O 过程中操作系统可以分派另一个进程执行。根据局部性原理，大多数虚存访问都位于最近使用过的页中，因此，大多数访问将调用告知缓存中的页表项。针对 VAX TLB 的研究表明，这种方案可大幅提升性能[CLAR85, SATY81]。

关于 TLB 的实际组织还有很多额外的细节问题。由于 TLB 仅包含整个页表中的部分表项，因此不能简单地把页号编入 TLB 的索引，相反，TLB 中的项必须包括页号和完整的页表项。处理器中的硬件机制允许同时查询许多 TLB 页，以确定是否存在匹配的页号。对应于图 8.8，在页表中查找所用的直接映射或索引，这种技术称为关联映射（associative mapping）。TLB 的设计还须考虑 TLB 中表项的组织方法，以及读取一个新项时置换哪一项。这些问题是任何硬件高速缓存设计中都必须考虑的，详细信息请参阅高速缓存设计方面的资料（如[STAL16a]）。

最后，虚存机制须与高速缓存系统（不是 TLB 高速缓存，而是内存高速缓存）进行交互，如图 8.9 所示。虚拟地址通常为页号、偏移量的形式。首先，内存系统查看 TLB 中是否存在匹配的页表项，若存在，则组合页框号和偏移量，形成实地址（物理地址）；若不存在，则从页表中读取页表项。产生由一个标记（tag）[①]和其余部分组成的实地址后，查看高速缓存中是否存在包含这个字的块。若有，则把它返回给 CPU；若没有，则从内存中检索这个字。

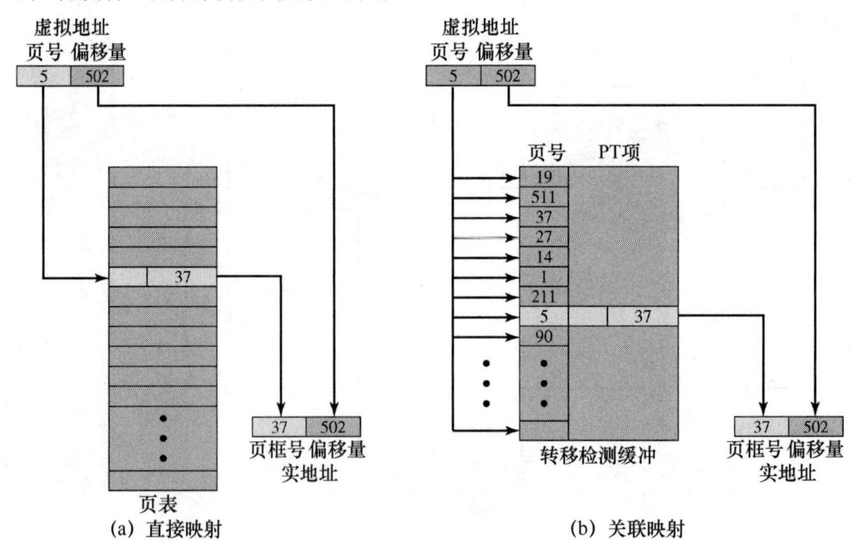

图 8.8 页表项的直接查找和关联查找

① 参见图 1.17。一般来说，标记只是实地址最左侧的位。关于高速缓存的更多讨论，请参考[STAL16a]。

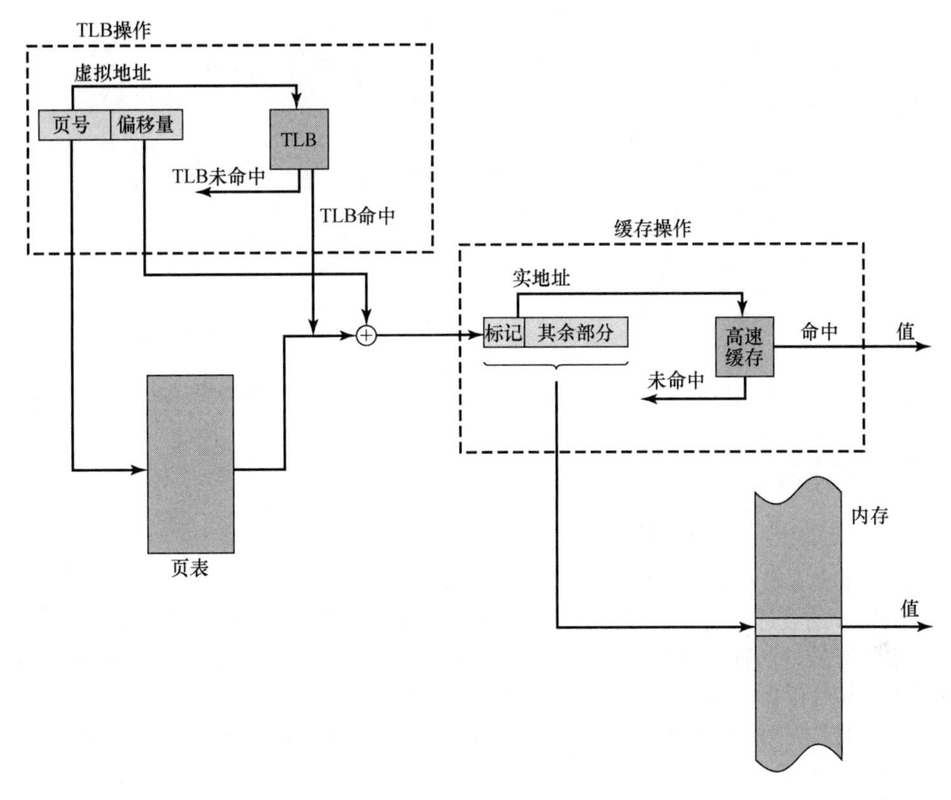

图 8.9　转换检测缓冲区和高速缓存操作

注意单次内存访问中所涉及 CPU 硬件的复杂性。虚拟地址转换为实地址时，需要访问页表项，而页表项可能在 TLB 中，也可能在内存中或磁盘中，且被访问的字可能在高速缓存中、内存中或磁盘中。若被访问的字只在磁盘中，则包含该字的页必须装入内存，且它所在的块须装入高速缓存。此外，包含该字的页所对应的页表项必须更新。

页尺寸　页尺寸是一个重要的硬件设计决策，它需要考虑多方面的因素。其中一个因素是内部碎片。显然，页越小，内部碎片的总量越少。为优化内存的使用，通常希望减少内部碎片；另一方面，页越小，每个进程需要的页的数量就越多，这就意味着更大的页表。对于多道程序设计环境中的大程序，这意味着活动进程有一部分页表在虚存而非内存中。因此，一次内存访问可能产生两次缺页中断：第一次读取所需的页表部分，第二次读取进程页。另一个因素是基于大多数辅存设备的物理特性，希望页尺寸比较大，从而实现更有效的数据块传送。

页尺寸对缺页中断发生概率的影响使得这些问题变得更为复杂。一般而言，基于局部性原理，其性能如图 8.10(a)所示。若页尺寸非常小，则每个进程在内存中就有较多数量的页。一段时间后，内存中的页都包含有最近访问的部分，因此缺页率较低。当页尺寸增加时，每页包含的单元和任何一个最近访问过的单元越来越远。因此局部性原理的影响被削弱，缺页率开始增长。但是，当页尺寸接近整个进程的大小时（图中的 P 点），缺页率开始下降。当一页包含整个进程时，不会发生缺页中断。

更为复杂的是，缺页率还取决于分配给一个进程的页框的数量。图 8.10(b)表明，对固定的页尺寸，当内存中的页数量增加时，缺页率会下降[①]。因此，软件策略（分配给每个进程的内存总量）影响着硬件设计决策（页尺寸）。

① 变量 W 代表工作集的大小，其概念在 8.2 节讨论。

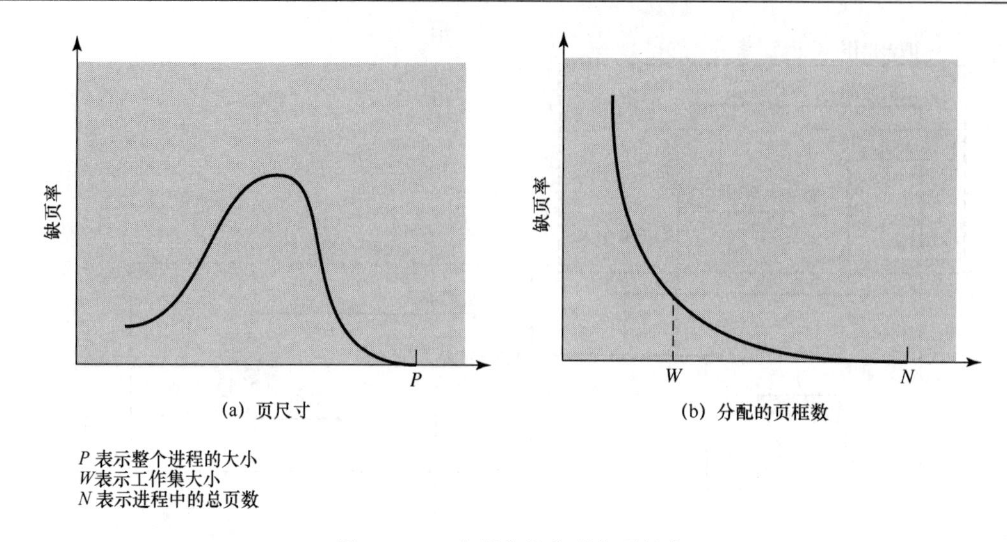

图 8.10　一个程序的典型分页行为

表 8.3 给出了大多数机器中采用的页尺寸。

最后，页尺寸的设计问题与物理内存的大小和程序大小有关。当内存变大时，应用程序使用的地址空间也相应增长，这种趋势在个人计算机和工作站上更为显著。此外，大型程序中所用的当代程序设计技术可能会降低进程中的局部性[HUCK93]。例如，

- 面向对象技术鼓励使用小程序和数据模块，它们的引用在相对较短的时间内散布在相对较多的对象中。
- 多线程应用可能导致指令流和分散内存访问的突然变化。

对于给定大小的 TLB，当进程的内存大小增加且局部性降低时，TLB 访问的命中率降低。在这种情况下，TLB 可能会成为一个性能瓶颈（例如，见[CHEN92]）。

表 8.3　页尺寸示例

计　算　机	页　尺　寸	计　算　机	页　尺　寸
Atlas	512 个 48 位字	MIPS	4KB～16MB
Honeywell-Multics	1024 个 36 位字	UltraSPARC	8KB～4MB
IBM 370/XA 和 370/ESA	4KB	Pentium	4KB～4MB
VAX 系列机	512B	Intel Itanium	4KB～256MB
IBM AS/400	512B	Intel core i7	4KB～1GB
DEC Alpha	8KB		

提高 TLB 性能的一种方法是，使用包含更多项的更大 TLB。但是，TLB 的大小会影响其他的硬件设计特征，如内存高速缓存和每个指令周期访问内存的数量[TALL92]，因此 TLB 的大小不可能像内存大小增长得那么快。替代方法之一是采用更大的页，使 TLB 中的每个页表项对应于更大的存储块。但由前面的讨论得知，采用较大的页可能会导致性能下降。

因此，很多硬件设计者开始尝试使用多种页尺寸[TALL92, KHAL93]，并且很多微处理器体系结构支持多种页尺寸，包括 MIPS R4000、Alpha、UltraSPARC、x86 和 IA-64 等。多种页尺寸为有效地使用 TLB 提供了很大的灵活性。例如，一个进程的地址空间中一大片连续的区域，如程序指令，可以使用数量较少的大页来映射，而线程栈则可使用较小的页来映射。但是，大多数商业操作系统仍然只支持一种页尺寸，而不管底层硬件的能力，原因是页尺寸会影响操作系统的许多特征，因此操作系统支持多种页尺寸是一项复杂的任务（相关论述参见[GANA98]）。

8.1.3　分段

虚拟内存的含义　分段允许程序员把内存视为由多个地址空间或段组成，段的大小不等，并且

是动态的。内存访问以段号和偏移量的形式组成地址。

对程序员而言，这种组织与非段式地址空间相比有许多优点：

1. 简化了对不断增长的数据结构的处理。若程序员事先不知道某个特定的数据结构会变得多大，除非允许使用动态的段大小，则必须对其大小进行猜测。而对于段式虚存，这个数据结构可以分配到它自己的段，需要时操作系统可以扩大或缩小这个段。若扩大的段需要在内存中，且内存中已无足够的空间，则操作系统把这个段移到内存中的一个更大区域（若可以得到），或把它换出。对于后一种情况，扩大的段会在下次有机会时换回。
2. 允许程序独立地改变或重新编译，而不要求整个程序集重新链接和重新加载。同样，这也是使用多个段实现的。
3. 有助于进程间的共享。程序员可以在段中放置一个实用工具程序或一个有用的数据表，供其他进程访问。
4. 有助于保护。由于一个段可被构造成包含一个明确定义的程序或数据集，因而程序员或系统管理员可以更方便地指定访问权限。

组织　在讨论简单分段时，曾指出每个进程都有自己的段表，当它的所有段都装入内存时，会为该进程创建一个段表并装入内存。每个段表项包含相应段在内存中的起始地址和段的长度。基于分段的虚拟内存方案仍然需要段表这个设计，且每个进程都有一个唯一的段表。在这种情况下，段表项变得更加复杂，如图 8.1(b)所示。由于一个进程可能只有一部分段在内存中，因而每个段表项中需要有一位表明相应的段是否在内存中。若这一位表明该段在内存中，则这个表项还包括该段的起始地址和长度。

段表项中需要的另一个控制位是修改位，它用于表明相应的段从上次被装入内存到目前为止其内容是否已改变。若无改变，则把该段换出时就不需要写回。同时还可能需要其他控制位，例如若要在段一级来管理保护或共享，则需要具有用于这种目的的位。

从内存中读一个字的基本机制，涉及使用段表来将段号和偏移量组成的虚拟地址（或逻辑地址）转换为物理地址。根据进程的大小，段表长度可变，无法在寄存器中保存，因此访问段表时它必须在内存中。图 8.11 显示了该方案的一种硬件实现（与图 8.2 类似）。当某个特定的进程正在运行时，有一个寄存器为该进程保存段表的起始地址。虚拟地址中的段号用于检索这个表，并查找该段起点的相应内存地址。这个地址加上虚拟地址中的偏移量部分，就形成了需要的实地址。

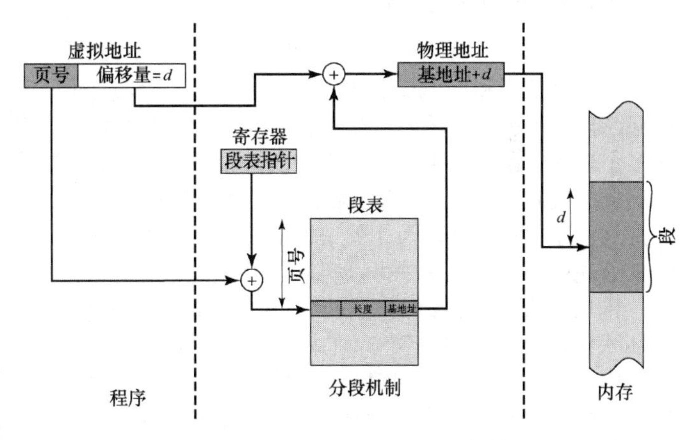

图 8.11　分段系统中的地址转换

8.1.4　段页式

分段和分页各有长处。分页对程序员是透明的，它消除了外部碎片，因而能更有效地使用内存。此外，由于移入或移出内存的块是固定的、大小相等的，因而有可能开发出更精致的存储管理算法。分段对程序员是可见的，它具有处理不断增长的数据结构的能力，及支持共享和保护的能力。为结合二者的优点，有些系统配备了特殊的处理器硬件和操作系统软件来同时支持分段与分页。

在段页式系统中，用户的地址空间被程序员划分为许多段。每段依次划分为许多固定大小的页，页的长度等于内存中的页框大小。若某段的长度小于一页，则该段只占据一页。从程序员的角度看，逻辑地址仍然由段号和段偏移量组成；从系统的角度看，段偏移量可视为指定段中的一个页号和页偏移量。

图 8.12 给出了支持段页式的一个结构（与图 8.4 类似）。每个进程都使用一个段表和一些页表，

且每个进程段使用一个页表。某个特定的进程运行时，使用一个寄存器记录该进程段表的起始地址。对每个虚拟地址，处理器使用段号部分来检索进程段表以寻找该段的页表。然后虚拟地址的页号部分用于检索页表并查找相应的页框号。这种方式结合虚拟地址的偏移部分，就形成了需要的实地址。

图 8.1(c)说明了段表项和页表项的格式。段表项包含段的长度，还包含一个指向一个页表的基域。这时不需要存在位和修改位，因为与它们相关的问题将在页一级处理。此外，还可能需要用于共享和保护目的的其他控制位。页表项本质上与纯粹分页系统中的相同，若某一页在内存中，则其页号被映射到一个相应的页框号。修改位表明当该页框被分配给其他页时，这一页是否需要写回。还可能有一些其他的控制位，用于处理保护或其他存储管理特征。

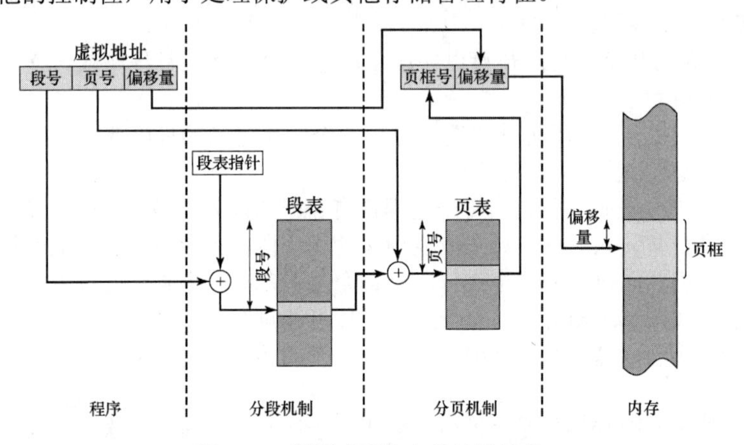

图 8.12 段页式系统中的地址转换

8.1.5 保护和共享

分段有助于实现保护与共享机制。由于每个段表项包括一个长度和一个基地址，因而程序不会不经意地访问超出该段的内存单元。为实现共享，一个段可能会在多个进程的段表中引用。当然，在分页系统中也可得到同样的机制。但是，这种情况下由于程序的页结构和数据对程序员不可见，因此更难说明共享和保护需求。图 8.13 说明了这类系统中可以实施的保护关系的类型。

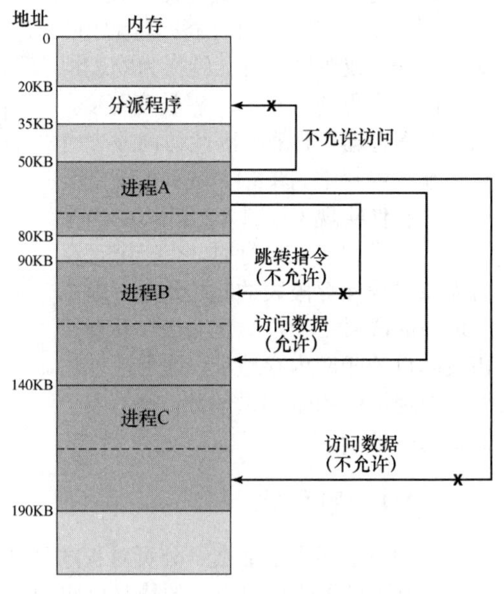

图 8.13 段间的保护关系

同时也存在更高级的机制。一种常用的方案是使用环状保护结构（参见第 3 章中的图 3.18）。在这种方案中，编号小的内环比编号大的外环具有更大的特权。典型情况下，0 号环为操作系统的内核函数保留，应用程序则位于更高层的环中。有些实用工具程序或操作系统服务可能会占据中间的环。环状系统的基本原理如下：

1. 程序可以只访问驻留在同一个环或更低特权环中的数据。
2. 程序可以调用驻留在相同或更高特权环中的服务。

8.2 操作系统软件

操作系统的内存管理设计取决于三个基本的选择：

- 是否使用虚存技术。
- 是使用分页还是使用分段，或同时使用二者。
- 为各种存储管理特征采用的算法。

前两个选择取决于所用的硬件平台。因此，早期 UNIX 实现中不提供虚存的原因是，系统运行的处理器不支持分页或分段。若没有对地址转换和其他基本功能的硬件支持，则这些技术都无法实际使用。

对前两个选择还有两个附加说明：首先，除一些老式计算机上的操作系统（如 MS-DOS）和特殊系统外，所有重要的操作系统都提供了虚拟内存。其次，纯分段系统现在已越来越少，结合分段与分页后，操作系统所面临的大多数内存管理问题都是关于分页方面的[①]。因此，本节将集中探讨与分页有关的问题。

第三个选择属于操作系统软件领域的问题，也是本节的主题。表 8.4 列出了需要考虑的重要设计因素。在各种情况下，最重要的都是与性能相关的问题：由于缺页中断会带来巨大的软件开销，所以希望使缺页中断发生的频率最小。这类开销至少包括决定置换哪个或哪些驻留页，以及交换这些页所需要的 I/O 操作。此外，在这个页 I/O 操作的过程中，操作系统还须调度另一个进程运行，即导致一次进程切换。因此，希望能通过适当的安排，使得在一个进程正在执行时，访问一个未命中的页中的字的概率最小。在表 8.4 中给出的所有策略中，不存在一种绝对的最佳策略。

表 8.4　虚拟内存的操作系统策略

读取策略 　请求分页 　预先分页 **放置策略** **置换策略** 　基本算法 　　最优 　　最近最少使用算法（LRU） 　　先进先出算法（FIFO） 　　时钟 　页缓冲	**驻留集管理** 　驻留集大小 　　固定 　　可变 　置换范围 　　全局 　　局部 **清除策略** 　请求式清除 　预约式清除 **加载控制** 　系统并发度

分页环境中的内存管理任务极其复杂。此外，任何特定策略的总体性能取决于内存的大小、内存和外存的相对速度、竞争资源的进程大小和数量，以及单个程序的执行情况。最后一个特性取决于应用程序的类型、所采用的程序设计语言和编译器、编写该程序的程序员的风格和用户的动态行为（交互式程序）。因此，不要期望在本书或在任何地方给出最终答案。对于小系统，操作系统设计者可以尝试基于当前的状态信息，选择一组看上去在多数条件下都比较“好”的策略；而对于大系统，特别是大型机，操作系统应配备监视和控制工具，以便允许系统管理员根据系统状态调整操作系统，进而获得比较“好”的结果。

8.2.1　读取策略

读取策略决定某页何时取入内存，常用的两种方法是请求分页（demand paging）和预先分页（prepaging）。对于请求分页，只有当访问到某页中的一个单元时才将该页取入内存。若内存管理的其他策略比较合适，则会发生下述情况：当一个进程首次启动时，会在一段时间出现大量的缺页中断；取入越来越多的页后，局部性原理表明大多数将来访问的页都是最近读取的页。因此，在一段时间后错误会逐渐减少，缺页中断的数量会降到很低。

对于预先分页，读取的页并不是缺页中断请求的页。预先分页利用了大多数辅存设备（如磁盘）

① 在段页式系统中，保护和共享通常在段一级进行处理。这些主题将在后面的章节中讨论。

的特性，这些设备有寻道时间和合理的延迟。若一个进程的页连续存储在辅存中，则一次读取许多连续的页要比隔一段时间读取一页有效。当然，若大多数额外读取的页未引用到，则这个策略是低效的。

进程首次启动时，可采用预先分页策略，此时程序员须以某种方式指定需要的页；发生缺页中断时也可采用预先分页策略，由于这个过程对程序员不可见，因此更为可取。

不要把预先分页和交换混淆。某个进程被换出内存并置于挂起态时，它的所有驻留页都会被换出。当该进程被唤醒时，所有以前在内存中的页都会被重新读回内存。

8.2.2 放置策略

放置策略决定一个进程块驻留在实存中的什么位置。在纯分段系统中，放置策略并不是重要的设计问题，第 7 章讲述的诸如最佳适配、首次适配等都可供选择。但对于纯分页系统或段页式系统，如何放置通常无关紧要，因为地址转换硬件和内存访问硬件能以相同的效率为任何页框组合执行相应的功能。

另一个关注放置问题的领域是*非一致存储访问*（NonUniform Memory Access，NUMA）多处理器。在非一致存储访问多处理器中，机器中分布的共享内存可被机器的任何处理器访问，但访问某一特定物理单元所需的时间会随处理器和内存模块之间距离的不同而变化。因此，其性能很大程度上取决于数据驻留的位置与使用数据的处理器间的距离[LARO92、BOLO89 和 COX89]。对于 NUMA 系统，自动放置策略希望能把页分配到能够提供最佳性能的内存。

8.2.3 置换策略

在大多数操作系统教材中，有关内存管理的内容都包括主题为“置换策略”的一节，以便处理在必须读取一个新页时，应该置换内存中的哪一页。由于涉及许多概念，阐明这方面的主题有一定的难度：

- 给每个活动进程分配多少页框。
- 计划置换的页集是局限于那些产生缺页中断的进程，还是局限于所有页框都在内存中的进程。
- 在计划置换的页集中，选择换出哪一页。

前两个概念称为*驻留集管理*，其内容将在下一节讨论；术语*置换策略*专指第三个概念，本节将讲述这方面的内容。

置换策略在内存管理的各个领域都得到了广泛研究。当内存中的所有页框都被占据，且需要读取一个新页以处理一次缺页中断时，置换策略决定置换当前内存中的哪一页。所有策略的目标都是移出最近最不可能访问的页。根据局部性原理，最近的访问历史和最近将要访问的模式间有很大的相关性。因此，大多数策略都基于过去的行为来预测将来的行为。必须折中考虑的是，置换策略设计得越精致、越复杂，实现它的软硬件开销就越大。

页框锁定　在分析各种算法前，需要注意置换策略的一个约束条件：内存中的某些页框可能是被锁定的。一个页框被锁定时，当前保存在该页框中的页就不能被置换。大部分操作系统内核和重要的控制结构就保存在锁定的页框中。此外，I/O 缓冲区和其他对时间要求严格的区域也可能锁定在内存的页框中。锁定是通过给每个页框关联一个“锁定”位实现的，这一位可以包含在页框表和当前的页表中。

基本算法　不论采用哪种驻留集管理策略（在下一节讲述），都有一些用于选择置换页的基本算法。在文献中可以查到的置换算法包括以下几种：

- 最佳（OPTimal，OPT）
- 最近最少使用（Least Recently Used，LRU）
- 先进先出（First In First Out，FIFO）
- 时钟（Clock）

OPT 策略选择置换下次访问距当前时间最长的那些页，这种算法导致的缺页中断最少[BELA66]。

由于它要求操作系统必须知道将来的事件，因此不可能实现，但仍可作为衡量其他算法性能一种标准。

图 8.14 给出了 OPT 策略的一个例子，该例假设固定地为进程分配 3 个页框（驻留集大小固定）。进程的执行需要访问 5 个不同的页，运行该程序所需的页地址顺序为

2　3　2　1　5　2　4　5　3　2　5　2

这意味着访问的第一页是 2，第二页是 3，以此类推。页框分配满后，OPT 策略产生三次缺页中断。

LRU 策略置换内存中最长时间未被引用的页。根据局部性原理，这也是最近最不可能访问到的页。实际上，LRU 策略的性能接近于 OPT 策略。这种方法的问题是比较难以实现。一种实现方法是给每页添加一个最后一次访问的时间戳，并在每次访问内存时更新这个时间戳。即使有支持这种方案的硬件，开销仍然非常大。另一种方法是维护一个关于访问页的栈，但开销同样很大。

图 8.14 给出了关于 LRU 行为的一个例子，它使用了与前面 OPT 策略的例子相同的页地址顺序。该例中会产生 4 次缺页中断。

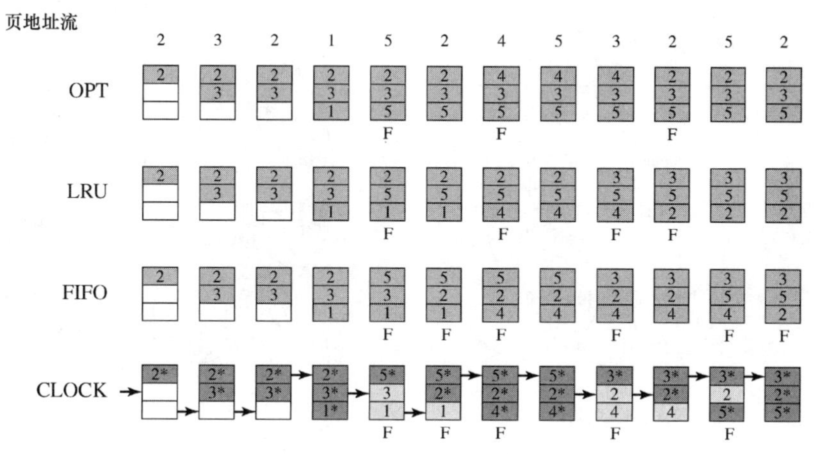

图 8.14　4 种页面置换算法的行为

FIFO 策略把分配给进程的页框视为一个循环缓冲区，并按循环方式移动页。它需要的只是一个指针，该指针在进程的页框中循环。因此这是一种实现起来最简单的页面置换策略。除简单外，这种方法所隐含的逻辑是置换驻留在内存中时间最长的页：很久以前取入内存的页，现在可能不会再用到。这一推断通常是错误的，因为经常会出现一部分程序或数据在整个程序的生命周期中使用频率都很高的情况，若使用 FIFO 算法，则这些页需要被反复地换入和换出。

继续图 8.14 中的例子。FIFO 策略导致了 6 次缺页中断。注意，LRU 认为与其他页相比，页 2 和页 5 的引用更频繁，而 FIFO 则不这么认为。

尽管 LRU 策略几乎与 OPT 策略相同，但其实现较为困难，而且需要大量的开销。另一方面，FIFO 策略实现简单，但性能相对较差。近年来，操作系统设计者尝试了很多其他的算法，试图以较小的开销接近 LRU 的性能。许多这类算法都是称为**时钟策略**（clock policy）的各种变体。

最简单的时钟策略需要给每个页框关联一个称为**使用位**的附加位。当某页首次装入内存时，将该页框的使用位置为 1；该页随后被访问时（在访问产生缺页中断后），其使用位也会置为 1。对于页面置换算法，用于置换的候选页框集（当前进程：局部范围；整个内存：全局范围[①]）被视为一个循环缓冲区，并有一个指针与之相关联。当一页被置换时，该指针被置为指向缓冲区中的下一个页框。需要置换一页时，操作系统扫描缓冲区，查找使用位置为 0 的一个页框。每当遇到一个使用位为 1 的页框，操作系统就将该位重置为 0；若在这个过程开始时，缓冲区中所有页框的使用位均为 0，则选择遇到的第一个页框置换；若所有页框的使用位均为 1，则指针在缓冲区中完整地循环一周，

① 范围的概念将在“置换范围”中详细讨论。

把所有使用位都置为 0，并停留在最初的位置上，置换该页框中的页。可见，该策略类似于 FIFO，唯一不同的是，在时钟策略中会跳过使用位为 1 的页框。这种策略称为时钟策略的原因是，我们可把页框想象在一个环中。许多操作系统都采用这种简单时钟策略的某种变体（如 Multics[CORB68]）。

图 8.15 给出了关于简单时钟策略的一个例子。一个由 n 个内存页框组成的循环缓冲区可用于页面置换。当页 727 进入时，在从缓冲区中选出一页进行置换之前，下一个页框指针指向含有页 45 的页框 2。现在开始执行时钟策略。页框 2 中页 45 的使用位为 1，该页不能被置换。相反，把该页的使用位重新置为 0，指针继续前进。类似地，页框 3 中的页 191 也不能被置换，其使用位被置为 0，指针继续前进。下一个页框是页框 4，其使用位为 0，因此页 556 被页 727 置换，该页框的使用位被置为 1，指针继续前进到页框 5，完成页面置换过程。

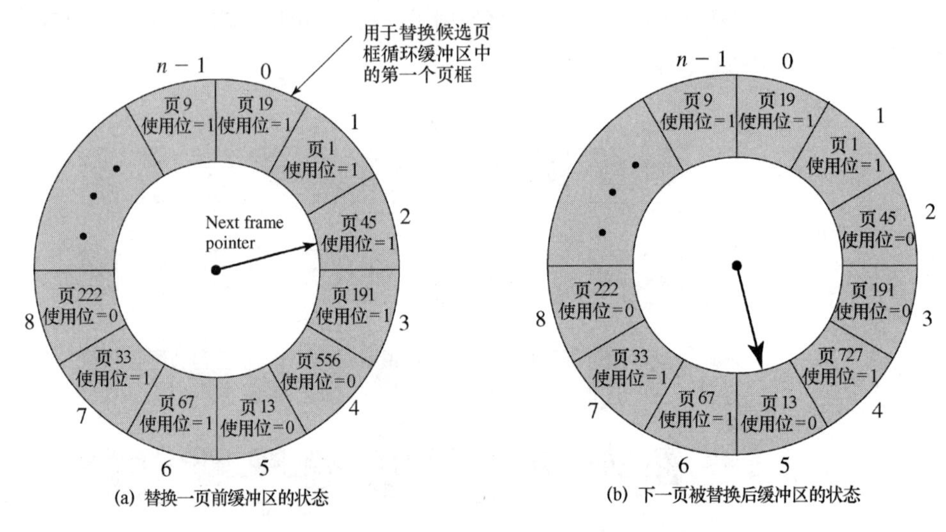

图 8.15　时钟策略的一个例子

图 8.14 说明了时钟策略的行为。星号表示相应的使用位为 1，箭头表示指针的当前位置。注意，时钟策略可以防止页框 2 和页框 5 被置换。

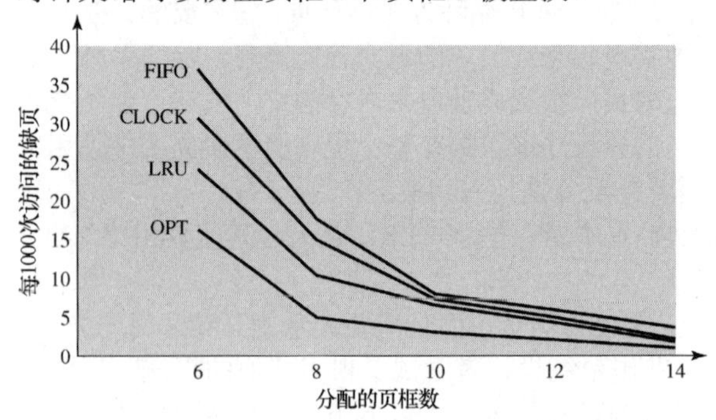

图 8.16　固定分配和局部页面置换算法的比较

图 8.16 给出了[BAER80]中的一个实验结果，该实验比较了前面讨论的 4 个算法；它假设分配给一个进程的页框数量是固定的。实验结果基于在一个 FORTRAN 程序中执行 0.25×10^6 次访问，页尺寸为 256 个字。Baer 分别在分配 6、8、10、12 和 14 个页框的情况下进行了实验。当分配的页框数量比较少时，4 种策略的差别非常显著，FIFO 比 OPT 几乎差了两倍。这里访问某一页的概率分布情况几乎是相同的，如图 8.10(b)所示。为了更高效地执行，希望既能处于曲线拐点的右侧（保证小缺页率），又能保证小页框分配（处于曲线拐角的左侧）。这两个约束条件表明需要的操作模式应位于曲线的拐点。

[FINK88]中报告了几乎完全一致的结果，表明几种方法最多相差两倍。Finkel 从一个包含 100 页的虚拟空间中选出 10000 个访问，组成了一个综合的页访问字符串，以此来仿真多个策略的效果。为模拟局部性原理的效果，规定访问某个特定页的概率满足指数分布。Finkel 指出，有部分人因为数据仅相差了两倍，就得出设计复杂页面置换算法没有意义的结论。同时他还说明了这一差别将对内存的需求（避免降低操作系统性能）或操作系统的性能（避免扩大内存）产生重大影响。

使用可变分配和全局或局部置换范围时（参阅下面关于策略的讨论），也有关于时钟算法与其他算法的比较[CARR84]。时钟算法的性能非常接近于 LRU。

增加使用的位数，可使时钟算法更有效①。在所有支持分页的处理器中，内存中的每页都有一个与之关联的修改位，因此内存中的每个页框也与这些修改位相关联。修改位是必需的，若某页被修改，则在它被写回外存前不会被置换出。我们可以按照下面的方式在时钟算法中利用这一位。若一起考虑使用位和修改位，则每个页框都处于以下 4 种情形之一：

- 最近未被访问，也未被修改（$u = 0$；$m = 0$）
- 最近被访问，但未被修改（$u = 1$；$m = 0$）
- 最近未被访问，但被修改（$u = 0$；$m = 1$）
- 最近被访问，且被修改（$u = 1$；$m = 1$）

根据这一分类，时钟算法的执行过程如下：

1. 从指针的当前位置开始，扫描页框缓冲区。在这次扫描过程中，对使用位不做任何修改。选择遇到的第一个页框（$u = 0$；$m = 0$）用于置换。
2. 若第 1 步失败，则重新扫描，查找（$u = 0$；$m = 1$）的页框。选择第一个遇到的这种页框用于置换。在这一扫描过程中，将每个跳过的页框的使用位置为 0。
3. 若第 2 步失败，则指针回到其最初的位置，且集合中所有页框的使用位均为 0。重复第 1 步，并在必要时重复第 2 步。这样便可找到供置换的页框。

总之，页面置换算法在缓冲区的所有页中循环，查找自被取入至今未被修改且最近未访问的页。这样的页最适合于被置换，并且还有一个优点，即由于未被修改，它不需要写回辅存。若在第一次扫描过程中未找到候选页，则算法再次在缓冲区中开始循环，查找最近未被访问但被修改的页。即使置换这样的页必须先写回，但根据局部性原理，它不会很快又用到。若第二次扫描失败，则缓冲区中的所有页框都被标记为最近未访问，执行第三次扫描。

该策略已用于较早版本的 Macintosh 虚存方案中[GOLD89]。这种算法优于简单时钟算法的地方是，置换时首选无变化的页。由于修改过的页在置换前须写回，因而这样做会节省时间。

页缓冲　尽管 LRU 和时钟策略比 FIFO 更高级，但 FIFO 却没有像它们那样涉及复杂性和开销问题。此外，另一个相关的问题是，置换一个修改过的页，其代价比置换未被修改过的页的代价要大，因为前者需要写回辅存。

能提高分页的性能并允许使用较简单的页面置换策略的一种方法是页缓冲。较有代表性的是 VAX VMS 方法，其页面置换算法是简单的 FIFO。为提高性能，这种算法不丢弃置换出的页，而是将它分配到以下两个表之一中：若未被修改，则分配到空闲页链表中；若已被修改，则分配到修改页链表中。注意，该页在内存中并不会物理性移动，移动的只是该页所对应的页表项，移动后的页表项放置在空闲页链表中或修改页链表中。

空闲页链表内包含有页中可以读取的一系列页框。VMS 试图在任何时刻保留一小部分空闲块。需要读取一页时，使用位于空闲页链表头部的页框，置换原本在那个位置的页。当未经修改的一页被置换时，它仍然在内存中，且其页框被添加到空闲页链表的尾部。与此类似，当已修改过的一页被写出和置换时，其页框也被添加到修改页链表的尾部。

这些操作的一个重要特点是，被置换的页仍然留在内存中。因此，若进程访问该页，则可迅速返回该进程的驻留集，且代价很小。实际上，空闲页链表和修改页链表充当着页的高速缓存的角色。修改页链表还有另外一种很有用的功能：已修改的页按簇写回，而不是一次只写一页，因此大大减少了 I/O 操作的数量，进而减少了磁盘访问时间。

Mach 操作系统中实现了一种更简单的页缓冲[RASH88]，它不区分修改页和未修改页。

---

① 另一方面，若将使用的位数减少至零，则时钟算法就退化为 FIFO。

置换策略和高速缓存大小 如前所述，随着内存越来越大，应用的局部性特性逐渐降低。作为补偿，高速缓存的大小也相应增加。较大的高速缓存，甚至是几兆字节的高速缓存，现在也是合理的设计选择[BORG90]。对于较大的高速缓存，虚存页的置换对性能可能会有所影响。若选择置换的页框在高速缓存中，则该高速缓存块及保存在块中的页都会失效。

对于使用某种形式页缓冲的系统，有可能通过为页面置换策略补充一个在页缓冲区中的页放置策略来提高高速缓存的性能。大多数操作系统通过从页缓冲区中选择一个任意的页框来放置页，且通常使用 FIFO 原则。[KESS92]中的研究表明，细致的页放置策略与任意放置相比，可减少 10%～20%的高速缓存失效。

[KESS92]中分析了几种页放置算法，其具体内容取决于高速缓存结构和策略细节，这超出了本书的范围。这些策略的本质是把连续的页面一起读入内存，以便减少映射到同一个高速缓存槽的页框的数量。

8.2.4 驻留集管理

正如本章前面所介绍的，任何时刻进程实际在内存中的部分称为进程的*驻留集*。

驻留集大小 对于分页式虚拟内存，在准备执行时，不需要也不可能把一个进程的所有页都读入内存。因此，操作系统必须决定读取多少页，即决定给特定的进程分配多大的内存空间。这需要考虑以下几个因素：

- 分配给一个进程的内存越少，在任何时候驻留在内存中的进程数就越多。这增加了操作系统至少找到一个就绪进程的可能性，减少了由于交换而消耗的处理器时间。
- 若一个进程在内存中的页数较少，尽管有局部性原理，缺页率仍相对较高，如图 8.10(b)所示。
- 给特定进程分配的内存空间超过一定大小后，由于局部性原理，该进程的缺页率没有明显的变化。

基于这些因素，当代操作系统通常采用两种策略。*固定分配策略*（fixed-allocation）为一个进程在内存中分配固定数量的页框，以供执行时使用。这一数量在最初加载时（进程创建时）确定，可以根据进程的类型（交互、批处理、应用类）或基于程序员或系统管理员的需要来确定。对于固定分配策略，一旦在进程的执行过程中发生缺页中断，该进程的一页就必须被它所需要的页面置换。

可变分配策略（variable-allocation）允许分配给一个进程的页框在该进程的生命周期中不断地发生变化。理论上，若一个进程的缺页率一直比较高，则表明在该进程中局部性原理表现较弱，应给它多分配一些页框以减小缺页率；而若一个进程的缺页率特别低，则表明从局部性的角度看该进程的表现非常好，可在不明显增大缺页率的前提下减少分配给它的页框。可变分配策略的使用和置换范围的概念紧密相关，有关这方面的内容将在下一节讲述。

可变分配策略看起来性能更优。但是，使用这种方法的难点在于，它要求操作系统评估活动进程的行为，这必然会增加操作系统的软件开销，并且取决于处理器平台所提供的硬件机制。

置换范围 置换策略的作用范围分为全局和局部两类。这两种类型的策略都是在没有空闲页框时由一个缺页中断激活的。*局部置换策略*（local replacement policy）仅在产生这次缺页的进程的驻留页中选择，而*全局置换策略*（global replacement policy）则把内存中所有未被锁定的页都作为置换的候选页，而不管它们属于哪个进程。如前所述，当锁定一个页框时，当前保存在该页框中的页面不会被置换，未锁定的页面是指内存中的页框未锁定。尽管局部转换策略更易于分析，但没有证据表明它一定优于全局置换策略，全局置换策略的优点是实现简单、开销较小[CARR84, MAEK87]。

置换范围和驻留集大小之间存在一定的联系（见表 8.5）。固定驻留集意味着使用局部置换策略：为保持驻留集的大小固定，从内存中移出的一页必须由同一个进程的另一页置换。可变分配策略显然可以采用全局置换策略：内存中一个进程的某一页置换了另一个进程的某一页，导致该进程的分配增加一页，而被置换的另一个进程的分配则减少一页。此外，可变分配和局部置换也是一种有效的组合，下面将分析这三种组合。

表 8.5　驻留集管理

	局部置换	全局置换
固定分配	• 分配给一个进程的页框数是固定的 • 从分配给该进程的页框中选择被置换的页	• 无此方案
可变分配	• 分配给一个进程的页框数不时变化，用于保存该进程的工作集 • 从分配给该进程的页框中选择被置换的页	• 从内存中的所有可用页框中选择被置换的页；这将导致进程驻留集的大小不断变化

固定分配、局部范围　在这种情况下，分配给在内存中运行的进程的页框数固定。发生一次缺页中断时，操作系统必须从该进程的当前驻留页中选择一页用于置换，置换算法可以使用前面讲述过的那些算法。

对于固定分配策略，需要事先确定分配给该进程的总页框数。这将根据应用程序的类型和程序的请求总量来确定。这种方法有两个缺点：总页数分配得过少时，会产生很高的缺页率，导致整个多道程序设计系统运行缓慢；分配得过多时，内存中只能有很少的几个程序，处理器会有很多空闲时间，并把大量的时间花费在交换上。

可变分配、全局范围　这种组织方式可能最容易实现，并被许多操作系统采用。在任何时刻，内存中都有许多进程，每个进程都分配到了一定数量的页框。典型情况下，操作系统还维护有一个空闲页框列表。发生一次缺页中断时，一个空闲页框会被添加到进程的驻留集，并读入该页。因此，发生缺页中断的进程的大小会逐渐增大，这将有助于减少系统中的缺页中断总量。

这种方法的难点在于置换页的选择。没有空闲页框可用时，操作系统必须选择一个当前位于内存中的页框（除了那些被锁定的页框，如内核占据的页框）进行置换。使用前节所述的任何一种策略，选择的置换页可以属于任何一个驻留进程，而没有任何原则用于确定哪个进程应从其驻留集中失去一页。因此，驻留集大小减小的那个进程可能并不是最适合被置换的。

解决可变分配、全局范围策略潜在性能问题的一种方法是使用页缓冲。按照这种方法，选择置换哪一页并不重要，因为若在下次重写这些页之前访问到了这一页，则这一页仍可回收。

可变分配、局部范围　可变分配、局部范围策略试图克服全局范围策略中的问题，总结如下：

1. 当一个新进程被装入内存时，根据应用类型、程序要求或其他原则，给它分配一定数量的页框作为其驻留集。使用预先分页或请求分页填满这些页框。
2. 发生一次缺页中断时，从产生缺页中断的进程的驻留集中选择一页用于置换。
3. 不时地重新评估进程的页框分配情况，增加或减少分配给它的页框，以提高整体性能。

在这种策略中，关于增加或减少驻留集大小的决定必须经过仔细权衡，且要基于对活动进程将来可能的请求的评估。由于这个评估有一定的开销，因此这种策略要比简单的全局置换策略复杂得多，但它会产生更好的性能。

可变分配、局部范围策略的关键要素是用于确定驻留集大小的原则和变化的时间安排。在各种文献中，比较常见的是*工作集策略*（working set strategy）。尽管真正的工作集策略很难实现，但它可作为比较各种策略的标准。

工作集的概念由 Denning 提出并加以推广[DENN68、DENN70 和 CENN80b]，它对虚拟内存的设计影响深远。进程在虚拟时间 t 的参数为 Δ 的工作集 $W(t,\Delta)$，表示该进程在过去的 Δ 个虚拟时间单位中被访问到的页集。

虚拟时间按如下方式定义。考虑一系列内存访问 $r(1), r(2), \cdots$，其中 $r(i)$表示包含某个进程第 i 次产生的虚拟地址的页。时间通过内存访问来衡量，因此 $t = 1,2,3,\cdots$ 表示进程的内部虚拟时间。

现在分别考虑 W 的两个变量。变量 Δ 是观察该进程的虚拟时间窗口。工作集的大小是关于窗口大小的一个非减函数。图 8.17（基于[BACH86]）中给出了访问一个进程的页访问序列，点表示工作集未发生变化的时间单位。注意，虚拟时间窗口越大，工作集就越大。这可用下面的关系式表示：

$$W(t,\Delta+1) \supseteq W(t,\Delta)$$

页访问序列 W	窗口大小Δ 2	3	4	5
24	24	24	24	24
15	24 15	24 15	24 15	24 15
18	15 18	24 15 18	24 15 18	24 15 18
23	18 23	15 18 23	24 15 18 23	24 15 18 23
24	23 24	18 23 24	•	•
17	24 17	23 24 17	18 23 24 17	15 18 23 24 17
18	17 18	24 17 18	•	18 23 24 17
24	18 24	•	24 17 18	•
18	•	18 24	•	24 17 18
17	18 17	24 18 17	•	•
17	17	18 17	•	•
15	17 15	17 15	18 17 15	24 18 17 15
24	15 24	17 15 24	17 15 24	•
17	24 17	•	•	17 15 24
24	•	24 17	•	•
18	24 18	17 24 18	17 24 18	15 17 24 18

图 8.17　由窗口大小定义的进程工作集

该工作集同时还是一个关于时间的函数。若一个进程执行了 Δ 个时间单位，且仅使用一页，则有$|W(t, \Delta)| = 1$。若许多不同的页可以快速定位，且窗口大小允许，则工作集可增长到和该进程的页数 N 一样大。因此有如下关系：

$$1 \leq |W(t, \Delta)| \leq \min(\Delta, N)$$

图 8.18 表明了对于固定的 Δ 值，工作集的大小随时间变化的一种方法。对于许多程序，工作集相对比较稳定的阶段和快速变化的阶段是交替出现的。当一个进程开始执行时，它访问新页的同时也逐渐建立起一个工作集。最终，根据局部性原理，该进程将相对稳定在由某些页构成的工作集上。接下来的瞬变阶段反映了该进程转移到一个新的局部性阶段。在瞬变阶段，来自原局部性阶段中的某些页仍然留在窗口 Δ 中，导致访问新页时工作集的大小剧增。当窗口滑过这些页访问后，工作集的大小减小，直到它仅包含那些满足新的局部性的页。

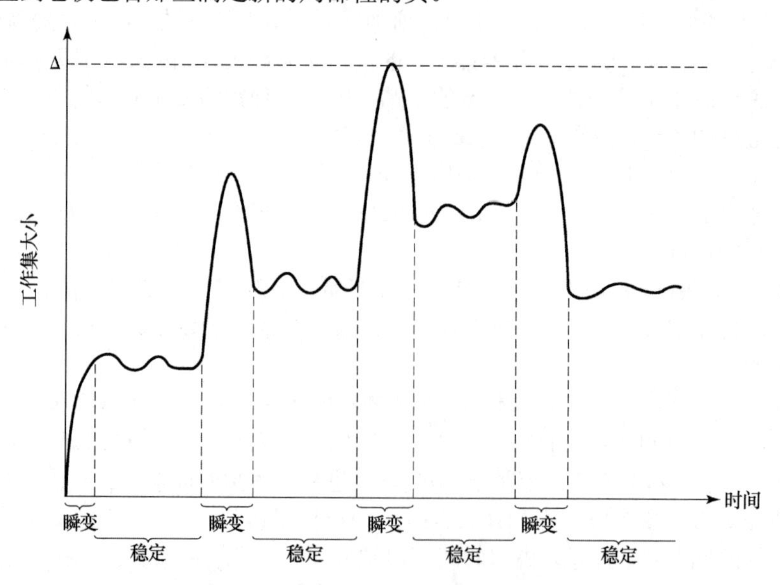

图 8.18　工作集大小的典型图形[MAEK87]

工作集的概念可用于指导有关驻留集大小的策略：

1. 监视每个进程的工作集。
2. 周期性地从一个进程的驻留集中移去那些不在其工作集中的页。这基本上是一个 LRU 策略。
3. 只有当一个进程的工作集在内存中（即其驻留集包含了它的工作集）时，才可执行该进程。

这种策略很有吸引力，因为它采用了一个公认的原理——局部性原理，并利用该原理设计了一个可以减少缺页中断的内存管理策略。遗憾的是，工作集策略仍然存在许多问题：

1. 根据过去并不总能预测将来。工作集的大小和成员都会随时间而变化（例如，见图 8.18）。
2. 为每个进程真实地测量工作集是不实际的，它需要为每个进程的每次页访问使用该进程的虚拟时间作为时间标记，然后为每个进程维护一个基于时间顺序的页队列。
3. Δ 的最优值是未知的，且它在任何情况下都会变化。

然而，这种策略的思想是有效的，许多操作系统都试图采用近似工作集策略。其中一种方法的重点不是精确的页访问，而是进程的缺页率。如图 8.10(b)所示，当增大一个进程的驻留集时，缺页率会下降。工作集的大小会降到图中 W 点所标记的位置。因此，不必直接监视工作集的大小，而是通过监视缺页率来达到类似的结果。推断方法如下：若一个进程的缺页率低于某个最小阈值，则可以给该进程分配一个较小的驻留集但并不降低该进程的性能（导致缺页增加），使得整个系统都从中受益（其他进程可得到更多的页框）。若一个进程的缺页率超过某个最大阈值，则可在不降低整个系统性能的前提下，增大该进程的驻留集，使得该进程从中受益（导致缺页中断减少）。

遵循该策略的一种算法是*缺页中断频率*（Page Fault Frequency，PFF）算法[CHU72, GUPT78]。该算法要求内存中的每页都有一个与之关联的使用位。某页被访问时，相应的使用位置为 1；发生一次缺页中断时，操作系统记录该进程从上次缺页中断到现在的虚拟时间，这通过维护一个页访问计数器来实现。定义一个阈值 F，若从上一次缺页中断到这次缺页中断的时间小于 F，则把该页加到该进程的驻留集中；否则淘汰所有使用位为 0 的页，缩减驻留集大小。同时，把其余页的使用位重置为 0。使用两个阈值可对该算法进行改进：一个是用于引发驻留集大小增加的最高阈值，另一个是用于引发驻留集大小减小的最低阈值。

缺页中断发生的时间间隔和缺页率成反比。尽管最好是维持一个运行时的平均缺页率，但需要允许根据缺页率来决定驻留集的大小，使用时间间隔来度量是一种比较合理的折中。使用页缓冲对该策略进行补充时，会达到相当好的性能。

PFF 方法的主要缺点之一是，若要转移到新的局部性阶段，则在过渡过程中其执行效果不太好。对于 PFF，只有从上次访问开始经过 F 单位时间后还未再被访问的页，才会从驻留集中淘汰。而在局部性之间的过渡期间，快速而连续的缺页中断会导致该进程的驻留集在旧局部性中的页被逐出前快速膨胀。在内存突发请求高峰时，可能会产生不必要的进程去活和再激活，以及相应的切换和交换开销。

解决这种局部性过渡问题且开销低于 PFF 的一种方法是*可变采样间隔的工作集*（Variable-interval Sampled Working Set，VSWS）策略[FERR83]。VSWS 策略根据经过的虚拟时间在采样实例中评估一个进程的工作集。在采样区间的开始处，该进程的所有驻留页的使用位被重置；在末尾处，只有在这个区间中被访问过的页才设置它们的使用位，这些页在下一个区间期间仍将保留在驻留集中，而其他页则被淘汰出驻留集。因此驻留集的大小只能在一个区间的末尾处减小。在每个区间中，任何缺页中断都将导致该页被添加到驻留集中；因此，在该区间中驻留集保持固定或增长。

VSWS 策略由三个参数驱动：M，采样区间的最大宽度；L，采样区间的最小宽度；Q，采样实例间允许发生的缺页中断数量。

VSWS 策略如下：

1. 若从上次采样实例至今的单位时间达到 L，则挂起该进程并扫描使用位。
2. 若在这个长度为 L 的虚拟时间区间内，发生了 Q 次缺页中断：
   a. 若从上次采样实例至今的时间小于 M，则等待，直到经过的虚拟时间到达 M 时，才挂起该进程并扫描使用位。

b．若从上次采样实例至今的时间大于等于 M，则挂起该进程并扫描使用位。

选择参数值，使得上次扫描后发生第 Q 次缺页中断时能正常地激活采样（情况 2b）。另两个参数（M 和 L）为异常条件提供边界保护。VSWS 策略试图通过增加采样频率，减少突然的局部性间过渡所引发的内存请求高峰，进而在缺页中断速度增加时，减少未使用页淘汰出驻留集的速度。这种技术在 Bull 主机操作系统 GCOS 8 中的使用经验表明，它和 PFF 一样实现简单，且更为有效[PIZZ89]。

8.2.5　清除策略

与读取策略相反，清除策略用于确定何时将已修改的一页写回辅存。通常有两种选择：请求式清除和预约式清除。对于请求式清除（demand cleaning），只有当一页被选择用于置换时才被写回辅存；而预约式清除（precleaning）策略则将这些已修改的多页在需要使用它们所占据的页框之前成批写回辅存。

预约式清除和请求式清除策略都各有缺陷。对于预约式清除，写回辅存的一页可能仍然留在内存中，直到页面置换算法指示它被移出。预约式清除允许成批地写回页，但这并无太大的意义，因为这些页中的大部分通常会在置换前又被修改。辅存的传送能力有限，因此不应浪费在实际上不太需要的清除操作上。

另一方面，对于请求式清除，写回已修改的一页和读入新页是成对出现的，且写回在读入之前。这种技术可以减少写页，但它意味着发生缺页中断的进程在解除阻塞之前必须等待两次页传送，而这可能会降低处理器的利用率。

一种较好的方法是结合页缓冲技术，这种技术允许采用下面的策略：只清除可用于置换的页，但去除了清除和置换操作间的成对关系。通过页缓冲，被置换页可放置在两个表中：修改表和未修改表。修改表中的页可以周期性地成批写出，并移到未修改表中。未修改表中的一页要么因为被访问到而被回收，要么在其页框分配给另一页时被淘汰。

8.2.6　加载控制

加载控制会影响到驻留在内存中的进程数量，这称为*系统并发度*。加载控制策略在有效的内存管理中非常重要。若某一时刻驻留的进程太少，则所有进程都处于阻塞态的概率就较大，因而会有许多时间花费在交换上。另一方面，若驻留的进程太多，则平均每个进程的驻留集大小将会不够用，此时会频繁发生缺页中断，从而导致系统抖动。

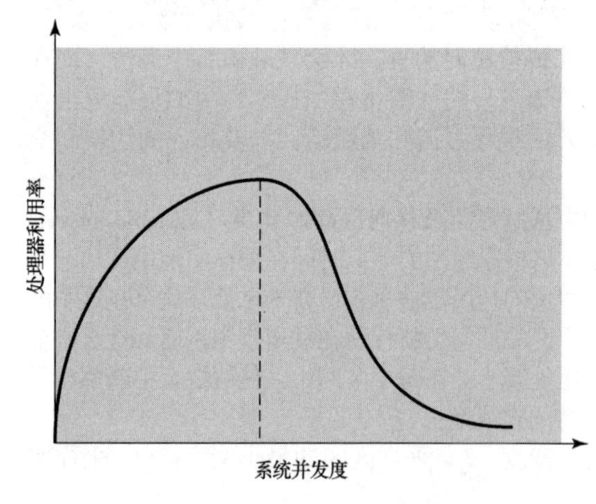

图 8.19　系统并发度的影响

系统并发度　图 8.19 说明了抖动的情况。当系统并发度从一个较小的值开始增加时，由于很少会出现所有驻留进程都被阻塞的情况，因此会看到处理器的利用率增长。但在到达某一点时，平均驻留集会不够用，此时缺页中断数量迅速增加，从而处理器的利用率下降。

解决这个问题有多种途径。工作集或 PFF 算法都隐含了加载控制。只允许执行那些驻留集足够大的进程。在为每个活动进程提供需要的驻留集大小时，该策略会自动并动态地确定活动程序的数量。

Denning 等人提出了称为 $L = S$ 准则的另一种方法[DENN80b]，它通过调整系统并发度，来使缺页中断之间的平均时间等于处理一次缺页中断所需的平均时间。性能研究表明这种情况下处理器的利用率达到最大。[LERO76]中提出了一个具有类似效果的策略，即 50%准则，它试图使分页设备的利用率保持在 50%。同样，性能研究表明这种情况下处理器的利用率最大。

另一种方法是采用前面给出的时钟页面置换算法（见图 8.15）。[CARR84]描述了一种使用全局范围的技术。它监视该算法中扫描页框的指针循环缓冲区的速度。速度低于某个给定的最小阈值时，表明出现了如下的一种或两种情况：

1. 很少发生缺页中断，因此很少需要请求指针前进。
2. 对每个请求，指针扫描的平均页框数很小，表明有许多驻留页未被访问到，且均易于被置换。

在这两种情况下，系统并发度可以安全地增加。另一方面，指针的扫描速度超过某个最大阈值时，表明要么缺页率很高，要么很难找到可置换页，这说明系统并发度太高。

进程挂起 系统并发度减小时，一个或多个当前驻留进程须被挂起（换出）。[CARR84]中列出了 6 种可能性：

- **最低优先级进程**：实现调度策略决策，与性能问题无关。
- **缺页中断进程**：原因在于很有可能是缺页中断任务的工作集还未驻留，因而挂起它对性能的影响最小。此外，由于它阻塞了一个一定会被阻塞的进程，并且消除了页面置换和 I/O 操作的开销，因而该选择可以立即收到成效。
- **最后一个被激活的进程**：这个进程的工作集最有可能还未驻留。
- **驻留集最小的进程**：在将来再次装入时的代价最小，但不利于局部性较小的程序。
- **最大空间的进程**：可在过量使用的内存中得到最多的空闲页框，使它不会很快又处于*去活*（deactivation）状态。
- **具有最大剩余执行窗口的进程**：在大多数进程调度方案中，一个进程在被中断或放置在就绪队列末尾之前，只运行一定的时间。这近似于最短处理时间优先的调度原则。

在操作系统设计的许多其他领域中，选择哪个策略取决于操作系统中许多其他设计因素以及要执行的程序的特点。

8.3 UNIX 和 Solaris 内存管理

UNIX 的目标是与机器无关，因此其内存管理方案因系统的不同而不同。早期的 UNIX 版本仅使用可变分区，未使用虚拟存储方案。目前的 UNIX 和 Solaris 实现已使用了分页式虚存方案。

SVR4 和 Solaris 中实际上有两个独立的内存管理方案。*分页系统*（paging system）提供了一种虚拟存储能力，以便为进程分配内存中的页框，并为磁盘块缓冲分配页框。尽管对用户进程和磁盘 I/O 来说，这是一种有效的内存管理方案，但分页式虚存不适合为内核分配内存的管理。为实现这一目标，使用了*内核内存分配器*（kernel memory allocator）。下面依次介绍这两种机制。

8.3.1 分页系统

数据结构 对于分页式虚存，UNIX 使用了许多与机器无关的数据结构，并进行了一些较小调整（见图 8.20 和表 8.6）：

- **页表**：典型情况下，每个进程都有一个页表，该进程在虚存中的每页在页表中都有一项。
- **磁盘块描述符**：与进程的每页相关联的是表中的项，它描述了虚拟页的磁盘副本。
- **页框数据表**：描述了实存中的每个页框，并以页框号为索引。该表用于置换算法。
- **可交换表**：每个交换设备都有一个可交换表，设备的每页都在表中有一项。

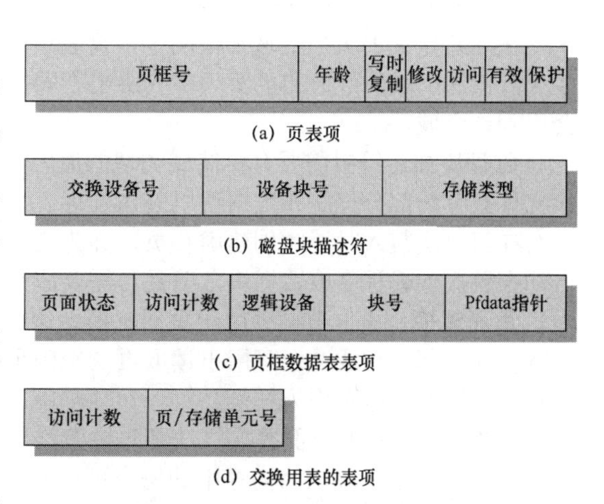

图 8.20 UNIX SVR4 内存管理格式

表 8.6 UNIX SVR4 内存管理参数

页表项
页框号 指向实存中的页框
年龄 表示页在内存中已有多久未被访问到。该域的长度和内容依赖于处理器
写时复制 当有多个进程共享一页时设置。若一个进程要向页中写，则首先须为其他共享该页的进程生成该页的一个副本。这一特征允许复制操作延迟到页表项需要时才进行，从而避免不必要的操作
修改 表明该页已被修改
访问 表明该页已被访问过。当该页首次装入时，该位置 0，然后由页面置换算法周期性地重新设置
有效 表明该页在内存中
保护 表明是否允许写操作
磁盘块描述符
交换设备号 保存有相应页的辅存的逻辑设备号。允许有多个设备用于交换
设备块号 交换设置中页所在的块单元
存储类型 存储的可以是交换单位或可执行文件。对于后者，有一个关于待分配的虚存是否要先清空的指示
页框数据表的表项
页面状态 表明该页框是可用的还是已有一个相关联的页。对于后者，该页的状态是在交换设备、可执行文件或 DMA 过程中确定的
访问计数 访问该页的进程数
逻辑设备 包含有该页副本的逻辑设备
块号 逻辑设备中该页副本所在的块单元
Pfdata 指针 指向空闲页链表中和页的散列队列中其他 pfdata 表项的指针
交换用表的表项
访问计数 指向交换设备中某页的页表项的数量
页/存储单元号 存储单元中的页标识符

表 8.6 定义的大多数域都很明了。页表项中的年龄域表明自程序上次访问这一页框至今持续了多久，但这个域的位数和更新频率取决于不同的实现版本。因此，并非所有 UNIX 页面置换策略都会用到这个域。

磁盘块描述符中需要有存储域类型的原因如下：使用一个可执行文件首次创建一个新进程时，该文件只有一部分程序和数据可以装入实存。后来发生缺页中断时，装入新的一部分程序和数据。只有在第一次装入时，才创建虚存页，并为它分配某个设备中的页面用于交换。这时，操作系统被告知在首次加载程序或数据块之前是否需要清空该页框中的单元（置为 0）。

页面置换 页框数据表用于页面置换。该表中有许多用于创建各种列表的指针。所有可用页框都链接在一起，构成一个可用于读取页的空闲页框链表。可用页的数量减少到某个阈值以下时，内核将“窃取”一些页作为补偿。

SVR4 中使用的页面置换算法是时钟策略（见图 8.15）的一种改进算法，称为*双表针时钟算法*（见图 8.21）。这种算法为内存中的每个可被换出的页（未被锁定）在页表项中设置访问位。当该页被首次读取时，这一位置为 0；当该页被访问以进行读或写时，这一位置为 1。时钟算法中的前指针，扫描可被换出页列表中的页，并把第一页的访问位置为 0。一段时间后，后指针扫描同一个表并检查访问位。若该位被置为 1，则表明从前指针扫描过以后该页曾被访问过，从而略过这些页框。若该位仍然被置为 0，则说明在前指针和后指针访问之间的时间间隔内该页未被访问过，此时将这些页放置到准备置换出页的列表中。

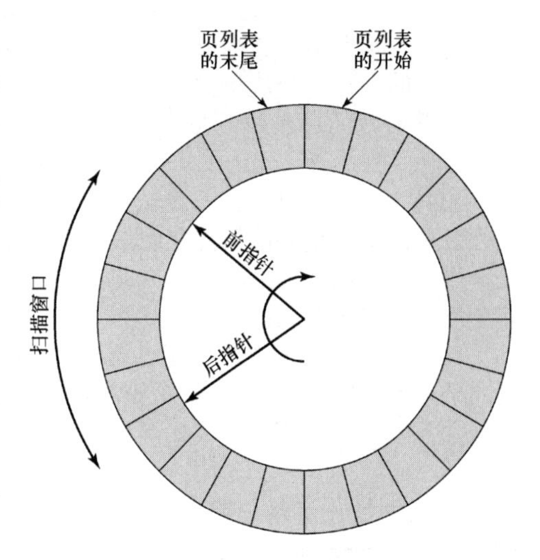

图 8.21　双表针时钟页面置换算法

确定该算法的操作需要两个参数：

- **扫描速度**（scanrate）：双指针扫描页表的速度，单位为页/秒。
- **扫描窗口**（handspread）：前指针和后指针之间的间隔。

在引导期间，需要根据物理内存的总量为这两个参数设置默认值。扫描速度可以改变，以满足变化的条件。当空闲存储空间的总量在 `lotsfree` 和 `minfree` 两个值之间变化时，这个参数在最慢扫描速度和最快扫描速度（在配置时设置）之间线性变化。即当空闲存储空间缩小时，这两个指针的移动速度加快，以释放更多的页。扫描窗口参数确定前指针和后指针之间的间隔。因此，它和扫描速度一起，确定了一个由于很少使用而被换出的页在换出之前被使用的机会窗口。

8.3.2　内核内存分配器

内核在执行期间会频繁地产生和销毁一些小表和缓冲区，产生和销毁的每次操作都需要动态地分配内存。[VAHA96]给出了以下例子：

- 路径名转换过程可能需要分配一个缓冲区，用于从用户空间复制路径名。
- `allocb()`例程分配任意大小的 STREAMS 缓冲区。
- 许多 UNIX 实现分配僵尸结构，以便保留退出状态和已死进程的资源使用信息。
- 在 SVR4 和 Solaris 中，内核在需要时动态地分配许多对象（如 proc 结构、vnodes 和文件描述符块）。

这些块中的大多数都小于典型的机器页尺寸，因此分页机制对动态内核内存分配是低效的。SVR4 使用修改后的伙伴系统，详见 7.2 节。

在伙伴系统中，分配和释放一块存储空间的成本比最佳适配和首次适配策略[KNUT97]都要低。但是，对于内核内存管理的情况，分配和释放操作必须尽可能地快。伙伴系统的缺点是分裂和合并都需要时间。

AT&T 公司的 Barkley 和 Lee 提出了伙伴系统的一种变体，称为懒惰伙伴系统（lazy buddy system）[BARK89]，它已被 SVR4 采用。作者观察到 UNIX 在内存请求中常常表现出稳定状态的特征，也就是说，对某一特定大小的块的请求总量在一段时间内变化很慢。因此，若释放了一个大小为 2^i 的块，并且立即与它的伙伴合并为一个大小为 2^{i+1} 的块，则内核下次需要的可能还是大小为 2^i 的块，这就又需要再次分裂这个大块。为避免这种不必要的合并与分裂，懒惰伙伴系统推迟了合并工作，直到它看上去需要合并时，才合并尽可能多的块。

懒惰伙伴系统使用以下参数：

N_i：当前大小为 2^i 的块的数量。

A_i：当前大小为 2^i 且已被分配（被占据）的块的数量。

G_i：当前大小为 2^i 且全局空闲的块的数量；这些块可以合法合并；若这样一个块的伙伴变成全局空闲的，则两个块可以合并为一个大小为 2^{i+1} 的全局空闲块。在标准伙伴系统中，所有的空闲块（“空洞”）都可视为全局空闲的。

L_i：当前大小为 2^i 且局部空闲的块的数量；这些块不可以合并。即使这类块的伙伴变成空闲的，这两个块仍然不能合并。相反，为了在将来请求这一大小的块，会保留局部空闲块。

这些参数间存在如下关系：

$$N_i = A_i + G_i + L_i$$

总体上看，懒惰伙伴系统试图维护一系列局部空闲块，只有当局部空闲块的数量超过阈值时才进行合并。存在过多的局部空闲块时，可能会出现在满足下次请求时缺少空闲块的情况。大多数时候，当一个块被释放后，并不立即合并，因此记录和操作的代价很小。分配一个块时，局部空闲块和全局空闲块没有区别。

给定大小的空闲块数量超过这一大小的已分配块数量（即 $L_i \leq A_i$）时，才会进行合并。为了限制局部空闲块的增长，这是一个很合理的原则，且[BARK89]中的实验证明该方案显著地节省了成本。

为实现这一方案，作者定义了一个延迟变量：

$$D_i = A_i - L_i = N_i - 2L_i - G_i$$

图 8.22 给出了这一算法。

```
Di的初值为 0
在一次操作后，Di的值做如下更新：
（I）if 下一个操作是一个块分配请求
    if 存在自由块，选择一个分配
      if 选择的块是局部空闲的
          then Di := Di + 2
          else Di := Di + 1
      otherwise
        首先把一个大块分裂成两个来获得两个块（递归操作）
        分配一块，并把另一块标记为局部空闲的
        Di保持不变（但由于递归调用，D 可能变成其他块大小）
（II）if 下一个操作是一个块释放请求
    Case Di > 2
      把它标记成全局空闲的，并全局地释放它
      Di = 2
    Case Di = 1
      把它标记成全局空闲的，并全局地释放它；可能时进行合并
      Di = 0
    Case Di = 0
      把它标记成全局空闲的，并全局地释放它；可能时进行合并
      选择一个大小为 2^i 的局部空闲块，并全局地释放它，可能时进行合并
      Di := 0
```

图 8.22 懒惰伙伴系统算法

8.4 Linux 内存管理

Linux 具有其他 UNIX 实现版本中内存管理方案的许多特征，但也有自己独特的特点。总体来说，Linux 内存管理方案非常复杂[DUBE98]。下面简要概述 Linux 内存管理的两个主要特征（进程虚拟内存和内核内存分配）。内存的基本单位是物理页，在 Linux 内核中用 page 结构表示。页面大小与体系结构相关，通常是 4KB。Linux 还支持大页（Hugepages），即可以为页面设置更大的尺寸（例如 2MB）。有几个项目使用大页以提高性能。例如，数据平面开发工具包 DPDK（http://dpdk.org/）就使用大页作为数据包缓冲区，与使用 4KB 页面相比，减少了系统中 TLB（Translation Lookaside Buffer）的访问次数。

8.4.1 虚拟内存

虚存寻址　Linux 使用三级页表结构，它由下面几种类型的表组成（每个表的大小都是一页）：

- **页目录**：每个活动进程都有一个页目录，页目录的大小为一页。页目录中的每项指向页中间目录中的一页。每个活动进程的页目录都必须在内存中。
- **页中间目录**：页中间目录可能跨越多个页。页中间目录中的每项指向页表中的一页。
- **页表**：页表也可跨越多个页。每个页表项指向该进程的一个虚拟页。

为使用这个三级页表结构，Linux 中的虚拟地址被视为由 4 个域组成，如图 8.23 所示。最靠左也最重要的域作为页目录的索引，接下来的域作为页中间目录的索引，第三个域作为页表的索引，第四个域给出所选内存页内的偏移量。

Linux 页表结构与平台无关，适用于支持三级分页硬件的 64 位 Alpha 处理器。对于 64 位地址，若在 Alpha 中只使用两级页，可能会导致非常庞大的页表和目录。32 位 x86 体系结构有两级硬件分页机制。Linux 软件通过把页中间目录的大小定义成 1 来适应这种两级方案。由于对额外分级的所有访问是在编译时而非执行时优化的，因此在只支持两级页的硬件中使用通常的三级设计并无额外的性能开销。

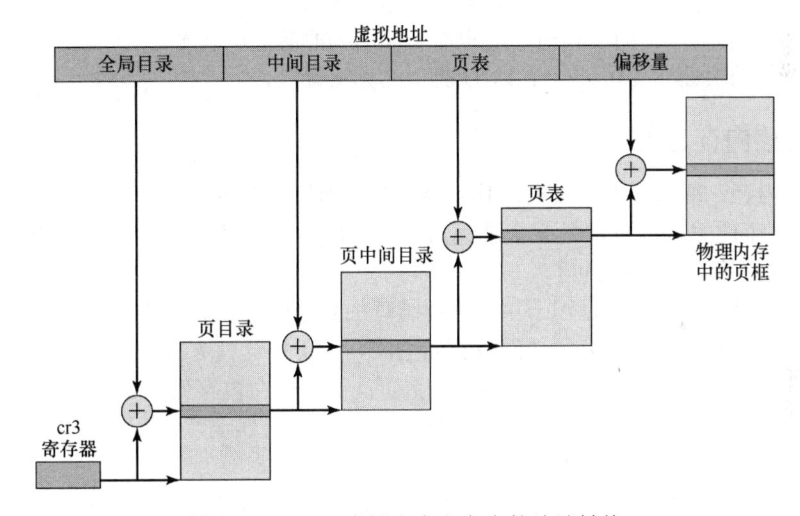

图 8.23　Linux 虚拟内存方案中的地址转换

页面分配　为提升向内存中读入和从内存中写出页的效率，Linux 定义了一种机制，用于把连续的页映射到连续的页框中。基于这一目的，它使用了伙伴系统。内核维护一系列大小固定的连续页框组，一组可以包含 1、2、4、8、16 或 32 个页框。当一页在内存中被分配或被解除分配时，可用的页框组使用伙伴算法来分裂或合并。

页面置换算法　Linux 2.6.28 以前的页面置换算法基于 8.2 节描述的时钟算法（见图 8.15）。在简单的时钟算法中，内存中的每页都有与之关联的一个使用位和一个修改位。在 Linux 方案中，使用位被一个 8 位的 age 变量取代。每当一页被访问时，age 变量增 1。在后台，Linux 周期性地扫描全局页池，而当它在内存中的所有页间循环时，将扫描的每一页的 age 变量减 1。age 为 0 的页是一个"旧"页，有较长一段时间未被访问过，是用于置换的最佳候选页。age 的值越大，该页最近被使用的频率越高，从而越不适合于置换。因此，Linux 算法是一种基于最少使用频率的策略。

从 Linux 2.6.28 开始，内核弃用了前面提到的页面置换算法，引入了一种新的分割 LRU 算法。旧算法的问题之一是，由于内存日益增长，它会周期性地扫描页缓存池，因此增加了大量的处理器时间。

新算法给每个页表项添加了两个有效位：PG_active 和 PG_referenced。Linux 的所有物理内存均基于它们的地址分配到两块"区域"，"激活"和"非激活"两个链表通过内存管理器来进行各区域的页面回收。内核驻留进程 kswapd 在后台周期性地执行各区域的页面回收，它扫描那些与系统页框对应的页表项。对于所有标记为访问过的页表项，启用 PG_referenced 有效位。处理器首次访问一个页面时，会启用这个标志位。kswapd 每次迭代时，都会检查页表项中的页面访问过标志位是否被启用。kswapd 在每次读取页面访问有效位后即将其清除。页面管理步骤总结如下（见图 8.24）：

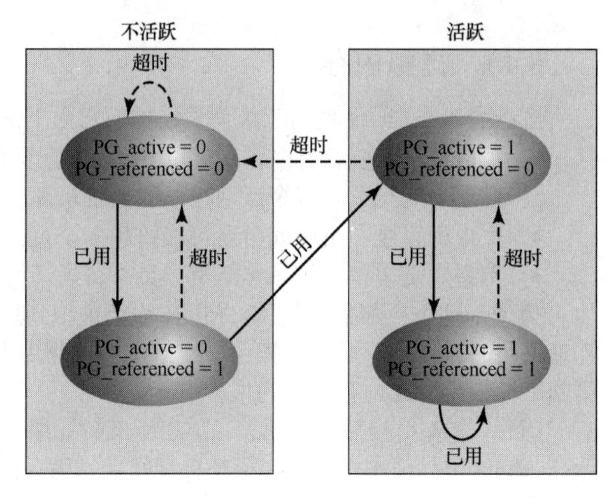

图 8.24　Linux 页面回收

1. 访问非激活链表中的一页时，PG_referenced 有效位启用。
2. 页面下次被访问时，将其移动到激活链表。也就是说，页面经访问两次后被声明为激活。更准确地讲，两次不同扫描的访问才使得一个页面变为激活状态。
3. 若第二次访问并未很快发生，则重置 PG_referenced。
4. 同样，激活的页面在两次超时之后也需要移动到非激活链表中。

非激活链表中的页面然后可被一个 LRU 类型的算法置换。

8.4.2　内核内存分配

Linux 内核内存管理物理内存页框，其主要功能是为特定的用途分配和回收页框。页框的可能所有者包括用户空间进程（即页框是某个进程的虚拟内存当前驻留在实存中的一部分）、动态分配的内核数据、静态内核代码及页缓冲区[①]。

Linux 内核内存分配的基础是用于用户虚存管理的页分配机制。在虚存方案中，使用伙伴算法能以一页或多页为单位，给内核分配或回收存储空间。由于按这种方式可以分配的内存最小量为一页，因而页分配程序可能会因内核需要小的占奇数页面的短寿命内存而效率很低。为适应这些小块，Linux 在分配页时使用了 SLAB 分配方案[BONW94]。在 x86 机器上，页尺寸为 4KB，小于一页的块可被分配给 32B、64B、128B、252B、508B、2040B 和 4080B。

SLAB 分配程序相对比较复杂，这里不详细分析，[VAHA96]中有关于它的详细描述。实际上，Linux 维护了一组链表，每种块大小对应一个链表。块可以按照类似于伙伴算法的方式分裂或合并，且可以在链表间移动。

虽然 SLAB 是最常用的，但 Linux 中共有三个用于分配小内存块的内存分配器：

1. SLAB：设计目标是尽可能对缓存友好且最小化缓存未命中。
2. SLUB（不排队的 SLAB 分配器）：设计目标是简单和最小化指令计数[CORB07]。
3. SLOB（块的简单列表）：设计目标是尽可能紧凑；多用于内存有限的系统[MACK05]。

8.5　Windows 内存管理

Windows 虚拟内存管理程序控制如何分配内存及如何执行分页。内存管理程序可以在各种平台上执行，所用的页尺寸从 4KB 到 64KB。Intel 和 AMD64 平台每页的尺寸为 4KB，而 Intel Itanium 平台每页的尺寸为 8KB。

① 页缓冲区具有与本章介绍的磁盘缓冲及将在第 11 章介绍的磁盘高速缓存类似的属性。第 11 章将详细讨论 Linux 页缓冲区。

8.5.1　Windows 虚拟地址映射

在 32 位系统中，每个 Windows 用户进程看到的是一个独立的 32 位地址空间，每个进程允许 4GB 的存储空间。一半存储空间默认为操作系统保留，因而每个用户实际上有 2GB 的可用虚拟地址空间，在内核模式下运行时，所有进程共享上部的 2GB 系统空间。在客户端和服务器上运行的大型内存密集型应用程序，利用 64 位的 Windows 能更有效地运行。不同于上网本，大多数现代个人计算机使用的是 AMD64 处理器架构，既可运行 32 位系统又可运行 64 位系统。

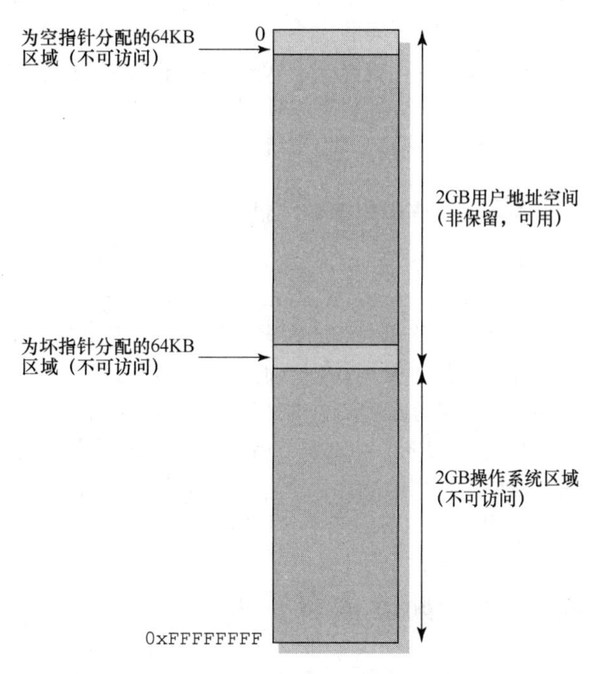

图 8.25　Windows 默认的 32 位虚拟地址空间

图 8.25 给出了用户进程看到的默认 32 位虚拟地址空间。它由 4 个区域组成：

- 0x00000000～0x0000FFFF：留出来用于帮助程序员捕获空指针赋值。
- 0x00010000～0x7FFEFFFF：可用的用户地址空间。该空间被划分为页，可以装入内存。
- 0x7FFF0000～0x7FFFFFFF：用户不能访问的保护页。该页可使操作系统很容易地检查出越界指针的访问。
- 0x80000000～0xFFFFFFFF：系统地址空间。这个 2GB 的进程用于 Windows 执行体、内核、硬件抽象层（HAL）和设备驱动程序。

在 64 位平台上，Windows 允许用户地址空间达 8TB。

8.5.2　Windows 分页

进程被创建后，原则上可以使用整个 2GB（64 位 Windows 为 8TB）的用户空间。这个空间划分为固定大小的页，每页都可以读入内存，操作系统以 64KB 为界在分配的相邻区域管理这些页。一页可以处于以下三种状态之一：

- **可用**：当前未被进程使用的地址。
- **保留**：虚存管理器为一个进程保留的地址，这些地址不能分配给其他进程使用（如为一个栈保留空间以便应对其增长）。
- **提交**：虚存管理器为进程初始化地址空间，以便访问虚存页。这些页可以在磁盘中或物理内存中保留。在磁盘上时，它们可以按文件（映射的页）形式保存，或保存在页面文件中（例如，当它们从内存中移出时写入页的磁盘文件）。

区分保留的存储空间和提交的存储空间是很有用的，因为它：（1）可将系统总共所需要的虚拟内存的大小降至最少，也可使页面文件变小；（2）允许程序保留地址空间，即使这块地址空间还不能被该程序访问或可用资源配额已经装满。

Windows 使用的是可变分配、局部范围的（见表 8.5）驻留集管理方案。当进程首次被激活时，就给它分配一个数据结构以便管理其工作集。当进程所需的页已放入物理内存时，内存管理器使用这个数据结构来记录分配给进程的页面。活动进程的工作集可用下面的通用约束条件进行调整：

- 当内存空间充裕时，虚存管理程序允许活动进程的驻留集增长。为实现这一点，发生缺页中断时，一个新页读入内存，但旧页却不换出，从而该进程的驻留集增加一页。

- 当内存空间不足时，虚存管理程序通过把最近很少使用的页移出活动进程的驻留集，来减少那些驻留集的大小，为系统回收内存空间。
- 即使内存很充裕，Windows 也会随时关注那些迅速增加内存使用量的大型进程。系统开始移走该进程最近未使用的页面。这一策略会使系统响应更快，因为一个新程序不会突然造成内存的稀缺，当系统试图减少已运行进程的驻留集时不会让用户等待。

8.5.3 Windows 交换

随着 Metro 界面的普及，一种为了处理来自 Windows 商店应用产生的中断的新虚拟内存系统应运而生。swapfile.sys 与 Windows 的 pagefile.sys 职能相似，都用来在硬盘上提供虚拟内存访问。交换区保留那些刚被移出内存的内容，而分页则保留那些很长时间未被访问的内容。分页中的内容有可能很长一段时间都不被再访问，而在交换区的内容则很快被再次访问到。只有商店应用使用 swapfile.sys 文件，并且因为商店应用的体积较小，swapfile.sys 的大小只有固定的 256MB。pagefile.sys 文件约为系统内存的 1～2 倍。swapfile.sys 的运行方式是把当前进程从系统内存交换到交换文件并立即释放内存，供其他应用使用。相比之下，页面文件则从系统内存中移动一个程序“页面”到页面文件。这些页面大小为 4KB。当前程序不会整体交换到页面文件。

8.6 Android 内存管理

Android 包含了标准 Linux 内核内存管理设施的许多扩展，具体如下：

- **ASHMem**：这个功能提供匿名共享内存，它将内存抽象为文件描述符。文件描述符可以传递给另一个进程以共享内存。
- **ION**：ION 是一个内存池管理器，也允许客户机共享缓冲区。ION 管理一个或多个内存池，其中一些内存池在启动时被预留出来，用于防止碎片化或满足特殊的硬件需求。GPU、显示控制器和摄像头都是一些可能有特殊内存需求的硬件。ION 以 ION 堆的形式管理其内存池，每种 Android 设备都可以根据设备的内存需求配置不同的一组 ION 堆。
- **Low Memory Killer**：大部分移动设备不具备置换能力（因为闪存的使用寿命因素）。主存耗尽时，使用大量内存的应用不是让步对内存的使用就是被终结。这个功能可让系统通知应用释放内存。若应用不配合，则终结应用。

8.7 小结

要有效地使用处理器和 I/O 设备，就需要在内存中保留尽可能多的进程。此外，还需要解除程序在开发时对程序使用内存大小的限制。

解决这两个问题的途径是虚拟内存技术。采用虚拟内存技术时，所有的地址访问都是逻辑访问，并在运行时转换为实地址。这就允许一个进程位于内存中的任何地址，并且这个地址可随时间变化。虚拟内存技术还允许将进程划分为块。在执行期间，这些块在内存中不需要一定是连续的，甚至在运行时不需要该进程的所有块都在内存中。

支持虚拟内存技术的两种基本方法是分页和分段。对于分页，每个进程划分为相对较小且大小固定的页；对于分段，则可以使用大小可变的块。还可以把分页和分段组合在一个内存管理方案中。

虚拟内存管理方案要求硬件和软件的支持。硬件支持由处理器提供，包括把虚拟地址动态转换为物理地址，当被访问的页或段不在内存中时产生一个中断。这类中断触发操作系统中的内存管理软件。

与操作系统支持内存管理相关的设计问题有如下几种：

- **读取策略**：进程页可在请求时读取，或使用预先分页策略，按簇一次读取多页。
- **放置策略**：对纯分段系统，读取的段必须匹配内存中的可用空间。

- **置换策略**：当内存装满后，必须决定置换哪个页或哪些页。
- **驻留集管理**：换入一个特定的进程时，操作系统必须决定给该进程分配多少内存。这既可以在进程创建时静态分配，也可以动态地变化。
- **清除策略**：修改过的进程页可在置换时写出，或使用预约式清除策略，按簇一次写出多页。
- **加载控制**：加载控制主要关注任何给定时刻驻留在内存中的进程数量。

8.8　关键术语、复习题和习题

8.8.1　关键术语

关联映射	页	驻留集管理
请求分页	缺页中断	段
外部碎片	页面放置策略	段表
读取策略	页面置换策略	分段
页框	页表	SLAB 分配
散列表	分页	抖动
散列法	预先分页	转换检测缓冲区（TLB）
内部碎片	实存	虚拟内存
局部性	驻留集	工作集

8.8.2　复习题

8.1　简单分页与虚拟内存分页有何区别？

8.2　什么是抖动？

8.3　为何在使用虚拟内存时，局部性原理至关重要？

8.4　哪些元素是页表项中能找到的典型元素？简单定义每个元素。

8.5　转换检测缓冲区的目的是什么？

8.6　简单定义两种可供选择的页面读取策略。

8.7　驻留集管理和页面置换策略有何区别？

8.8　FIFO 和时钟页面置换算法有何联系？

8.9　页缓冲实现什么功能？

8.10　为什么不能把全局置换策略和固定分配策略组合起来？

8.11　驻留集和工作集有何区别？

8.12　请求式清除和预约式清除有何区别？

8.8.3　习题

8.1　假设当前运行进程的页表如下。所有数字都是十进制的，所有计数都从 0 开始，所有地址都是内存字节地址。页尺寸为 1024B。

虚页号	有效位	引用位	修改位	页框号
0	1	1	0	4
1	1	1	1	7
2	0	0	0	—
3	1	0	0	2
4	0	0	0	—
5	1	0	1	0

a．详细描述虚拟地址是如何转换为物理地址的。

b．若下列虚拟地址能转换为物理地址，物理地址是多少？（不处理可能出现的缺页中断）

(i) 1052； (ii) 2221； (iii) 5499

8.2 考虑以下程序：

```
#define Size 64
int A[Size; Size], B[Size; Size], C[Size; Size];
int register i, j;
for (j = 0; j< Size; j ++)
    for (i = 0; i< Size; i++)
C[i; j] = A[i; j] + B[i; j];
```

假设该程序在使用请求分页的系统上运行，页尺寸为 1KB。每个整数为 4B。显然每个数组需要 16 页。例如，A[0,0]～A[0,63]、A[1,0]～A[1,63]、A[2,0]～A[2,63]和 A[3,0]～A[3,63]将存储在第一个数据页中。以此类推，可知数组 A 的其他部分和数组 B、C 如何存储。假设系统给这个进程分配了 4 页尺寸的工作集，其中 1 页用于代码，3 页用于数据。系统给 i,j 分配了两个寄存器（使用这两个变量时不需要访问内存）。

a．缺页中断出现的频率是多少？（以执行 C[i,j]=A[i,j]+B[i,j]的次数为单位）

b．如何修改这个程序以减少缺页中断出现的频率？

c．修改后的程序缺页中断出现的频率是多少？

8.3 **a**．图 8.3 中的用户页表中需要多少内存空间？

b．假设需要设计一个散列倒排页表来实现与图 8.3 中相同的寻址机制，使用一个散列函数来将 20 位页号映射到 6 位散列表。表项包含页号、页框号和链指针。若页表能给每个散列表项分配最多 3 个溢出项的空间，散列倒排页表需要占用多大的内存空间？

8.4 考虑如下的页访问序列：7, 0, 1, 2, 0, 3, 0, 4, 2, 3, 0, 3, 2。请画出与图 8.14 类似的图形，说明页框的分配情况：

a．FIFO（先进先出）算法。

b．LRU（最近最少使用）算法。

c．时钟算法。

d．最佳（假设后续的页面访问序列是 1, 2, 0, 1, 7, 0, 1）算法。

e．对以上每种策略分别给出发生的缺页中断次数和缺页率。只计算页框初始化后发生的缺页中断。

8.5 一个进程访问 5 页：A、B、C、D 和 E，访问顺序为

A; B; C; D; A; B; E; A; B; C; D; E

假设置换算法为先进先出，该进程在内存中有三个页框，开始时为空，请查找在这个访问顺序中传送的页号。对于 4 个页框的情况，请重复上面的过程。

8.6 某进程包含 8 个虚拟页，系统在内存中给该进程固定分配了 4 个页框。对如下页面访问序列：

1, 0, 2, 2, 1, 7, 6, 7, 0, 1, 2, 0, 3, 0, 4, 5, 1, 5, 2, 4, 5, 6, 7, 6, 7, 2, 4, 2, 7, 3, 3, 2, 3

a．使用 LRU 置换策略时，驻留在 4 个页框中的页面是哪些？假设页框刚开始时都为空，请计算内存命中率。

b．使用 FIFO 置换策略重复(a)。

c．比较以上两种策略的命中率，针对这个页面访问序列评价 FIFO 模拟 LRU 的效果。

8.7 在 VAX 中，用户页表按系统空间的虚拟地址进行定位。让用户页表位于虚存而非内存中有何优缺点？

8.8 假设在内存中执行下列程序语句：

```
for (i = 1; i <= n; i++)
    a[i] = b[i] + c[i];
```

页尺寸为 1000 个字。令 $n = 1000$。若使用一台具有所有寄存器指令并使用索引寄存器的机器，写出实现上面语句的一个示例程序，然后给出执行过程中的页访问顺序。

8.9 IBM System/370 体系结构使用两级存储器结构，并分别把这两级称为段和页，这里的分段方法缺少本章所述的关于段的许多特征。对于这个基本的 370 体系结构，页尺寸可以是 2KB 或 4KB，段大小固定为 64KB 或 1MB。对于 370/XA 和 370/ESA 体系结构，页尺寸为 4KB，段大小为 1MB。这种方案缺少一般分段系统的哪些优点？370 的分段方法有什么优点？

8.10 假设页面大小为 4KB，页表项大小 4B。要映射 64 位的地址空间，若顶级页表能在一页中存储，需要多少级页表？

8.11 考虑一个使用单级页表的分页系统。假设所需的页表总在内存中。

a. 若一次物理内存访问耗时 200ns，则一次逻辑内存访问耗时多少？

b. 现添加一个 MMU，对每次命中或缺页 MMU 造成 20ns 开销。假设 85%的内存访问都命中 MMU TLB。有效访问时间（EMAT）是多少？

c. 解释 TLB 命中率是如何影响 EMAT 的。

8.12 考虑一个进程的页访问序列，工作集为 M 个页框，最初都是空的。页访问串的长度为 P，包含 N 个不同的页号。对任何一种页面置换算法，

a. 缺页中断次数的下限是多少？

b. 缺页中断次数的上限是多少？

8.13 在论述一种页面置换算法时，有位作者用在循环轨道上来回移动的雪犁机来模拟说明：雪均匀地落在轨道上，雪犁机以恒定的速度在轨道上不断地循环，轨道上被扫落的雪从系统中消失。

a. 8.2 节讨论的哪种页面置换算法可以它来模拟？

b. 这一模拟说明了页面置换算法的哪些行为？

8.14 在 S/370 体系结构中，存储关键字是与实存中每个页框相关联的控制字段。这个关键字中与页面置换有关的有两位：访问位和修改位。当为读或写而访问页框中的任何地址时，访问位置为 1；当一个新页装入该页框时，访问位置为 0。当页框中的任何单元执行写操作时，修改位置为 1。请给出一种方法，仅使用访问位来确定哪个页框是最近最少使用的。

8.15 考虑如下的页访问序列（序列中的每个元素都是页号）：

1 2 3 4 5 2 1 3 3 2 3 4 5 4 5 1 1 3 2 5

定义经过 k 次访问后平均工作集大小为 $s_k(\Delta)=\dfrac{1}{k}\sum_{t=1}^{k}\left|W(t,\Delta)\right|$，并定义经过 k 次访问后错过页的概率为 $m_k(\Delta)=\dfrac{1}{k}\sum_{t=1}^{k}\left|F(t,\Delta)\right|$，其中若缺页中断发生在虚拟时间 t，则 $F(t,\Delta)=1$，否则 $F(t,\Delta)=0$。

a. 当 $\Delta=1,2,3,4,5,6$ 时，绘制与图 8.17 类似的图表来说明刚定义的访问序列的工作集。

b. 写出 $s_{20}(\Delta)$关于 Δ 的表达式。

c. 写出 $m_{20}(\Delta)$关于 Δ 的表达式。

8.16 VSWS 驻留集管理策略的性能关键是 Q 的值。经验表明，若对一个进程使用固定的 Q 值，则在不同的执行阶段，缺页中断发生的频率有很大差别。此外，若对不同的进程使用相同的 Q 值，则缺页中断发生的频率会完全不同。这些差别表明，若有一种机制能在一个进程的生命周期中动态地调整 Q 的值，则会提高算法的性能。请基于这种目标设计一种简单的机制。

8.17 假设一个任务被划分为 4 个大小相等的段，且系统为每段建立了一个有 8 项的页描述符表。因此，该系统是分段与分页的组合。假设页尺寸为 2KB。

a. 每段的最大尺寸为多少？

b. 该任务的逻辑地址空间最大为多少？

c. 假设该任务访问物理单元 00021ABC 中的一个元素，则为它产生的逻辑地址的格式是什么？该系统的物理地址空间最大为多少？

8.18 考虑一个分页式的逻辑地址空间（由 32 个 2KB 的页组成），将它映射到一个 1MB 的物理内存空间。

a. 该处理器的逻辑地址格式是什么？

b. 页表的长度和宽度是多少？（忽略“访问权限”位）

c. 若物理内存空间减少一半，则会对页表有何影响？

8.19 UNIX 内核可在需要时动态地于虚存中增加一个进程的栈，但却从不缩小这个栈。考虑下面的例子：一个程序调用一个 C 语言子程序，这个子程序在栈中分配一个本地数组，一共需要 10KB 大小，内核扩展这个栈段来适应它。当这个子程序返回时，内核应该调整栈指针并释放空间，但它却未被释放。解释这时可以缩小栈及 UNIX 内核未缩小栈的原因。

第四部分

调　　度

第 9 章 单处理器调度

学习目标

- 了解长程、中程和短程调度的区别
- 评估不同调度策略的性能
- 掌握传统 UNIX 系统中的调度思想

在多道程序设计系统中，内存中有多个进程。每个进程要么正在处理器上运行，要么正在等待某些事件的发生，比如 I/O 完成。处理器（或处理器组）通过执行某个进程而保持忙状态，而此时其他进程处于等待状态。

多道程序设计的关键是调度。实际上典型的调度有 4 种（见表 9.1），其中 I/O 调度将在第 11 章介绍（讲述有关 I/O 的问题）。其他三种调度类型属于处理器调度，将在本章和下一章中介绍。

表 9.1 调度的类型

长程调度	决定加入待执行进程池
中程调度	决定加入部分或全部位于内存中的进程集合
短程调度	决定处理器执行哪个可运行进程
I/O 调度	决定可用 I/O 设备处理哪个进程挂起的 I/O 请求

本章首先分析三种类型的处理器调度，并介绍它们之间的关联方式。长程调度和中程调度主要由与系统并发度相关的性能[①]驱动，这些问题已第 3 章得到部分解决，第 7 章和第 8 章介绍得更为详细。因此，本章的其余部分主要讲述短程调度，且只考虑单处理器系统中的调度情况。多处理器系统中的调度情况较为复杂，因此我们先考虑单处理器中的调度，以便能更加清晰地了解不同调度算法的区别。

9.2 节将给出短程调度决策所用的各种算法。

9.1 处理器调度的类型

处理器调度的目的是，以满足系统目标（如响应时间、吞吐率、处理器效率）的方式，把进程分配到一个或多个处理器上执行。在许多系统中，这一调度活动分为三个独立的功能：长程调度、中程调度和短程调度，这些调度的名称表明了执行这些功能的相对时间比例。

图 9.1 在进程状态转换图中结合了调度功能［调度功能首次出现在图 3.9(b)中］。创建新进程时，执行长程调度，它决定是否把进程添加到当前活跃的进程集中。中程调度是交换功能的一部分，它决定是否把进程添加到那些至少部分已在内存且可被执行的进程集中。短程调度真正决定下次执行哪个就绪进程。为反映调度功能的嵌套，图 9.2 重新组织了图 3.9(b)所示的进程状态转换图。

调度决定了哪个进程须等待、哪个进程能继续运行，因此会影响系统的性能。这一点可在图 9.3 中看出，该图给出了进程状态转换过程中所涉及的队列[②]。本质上说，调度属于队列管理（managing queues）问题，用于在排队环境中减少延迟并优化性能。

---

① 系统并发度是指正等待处理器执行的进程的个数。——译者注

② 为简单起见，图 9.3 中给出了新进程直接到达就绪态的情况，图 9.1 和图 9.2 中给出了到达就绪态和就绪/挂起态的两种不同情况。

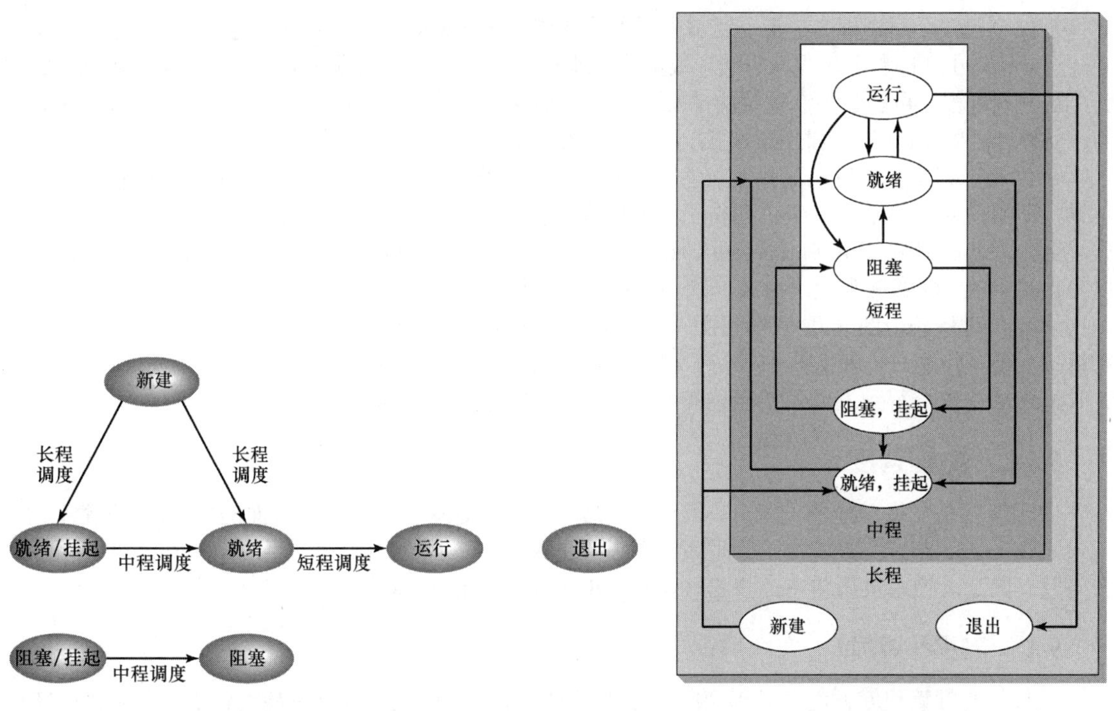

图 9.1 调度和进程状态转换

图 9.2 调度的层次

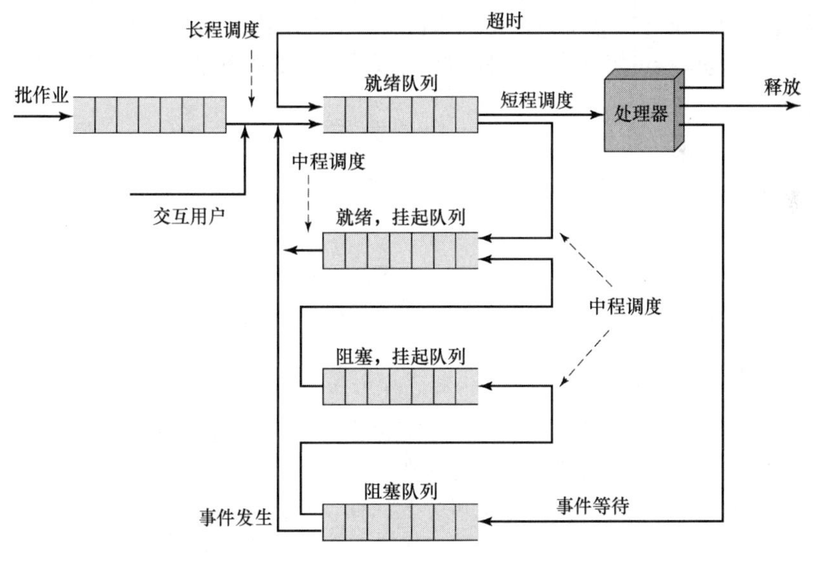

图 9.3 调度的队列图

9.1.1 长程调度

长程调度程序决定哪个程序可以进入系统中处理，因此它控制了系统的并发度。一旦允许进入，作业或用户程序就成为进程，并添加到供短程调度程序使用的队列中，等待调度。在某些系统中，新创建的进程最初处于被换出状态。此时，它会添加到供中程调度程序使用的队列中等待调度。

在批处理系统或操作系统的批处理部分中，新提交的作业会发送到磁盘，并保存在一个批处理队列中。长程调度程序运行时，从队列中创建相应的进程。这时，会涉及两个决策。调度程序必须决定操作系统何时才能接纳一个进程或多个进程；同时，调度程序必须决定接受哪个作业或哪些作业，并将其转变为进程。下面简单介绍这两个决策。

何时创建一个新进程的决策，通常由要求的系统并发度驱动。创建的进程越多，每个进程的执行时间百分比越小（即更多进程竞争同样数量的处理器时间）。因此，为了给当前的进程集提供满意的服务，长程调度程序可能会限制系统的并发度。一个作业终止时，调度程序会决定增加一个或多个新作业。此外，若处理器的空闲时间片超过了某个阈值，则也可能会启动长程调度程序。

下次允许哪个作业进入的决策可基于简单的先来先服务（FCFS）原则，或基于管理系统性能的工具，所用的原则包括优先级、期待执行时间和 I/O 需求。例如，可以得到信息时，调度程序可尝试混合处理处理器密集型（processor-bound）和 I/O 密集型（I/O-bound）进程[①]。同样，调度程序可以根据请求的 I/O 资源来做出决策，进而平衡 I/O 的使用。

对于分时系统中的交互程序，用户连接到系统的动作可能会产生创建进程的请求。分时用户在系统接受前，并非只是在队列中等待。相反，操作系统将接受所有的授权用户，直到系统饱和为止。这时，连接请求会得到表明系统已饱和并要求用户重新尝试的消息。

9.1.2 中程调度

中程调度是交换功能的一部分，第 3 章、第 7 章和第 8 章曾介绍过这方面的问题。典型情况下，换入（swapping-in）决定取决于管理系统并发度的需求。在不使用虚存的系统中，存储管理也是一个问题。因此，换入决策将考虑换出（swapped-out）进程的存储需求。

9.1.3 短程调度

在执行的频繁程度方面，长程调度程序执行的频率相对较低，并且只是大致决定是否接受新进程和接受哪个新进程。要进行交换决定，中程调度程序需要执行得稍频繁一些。短程调度程序，也称分派器（dispatcher），执行得最为频繁，它精确地决定下次执行哪个进程。

导致当前进程阻塞或抢占当前运行进程的事件发生时，调用短程调度程序。这类事件包括：

- 时钟中断
- I/O 中断
- 操作系统调用
- 信号（如信号量）

9.2 调度算法

9.2.1 短程调度规则

短程调度的主要目标是，按照优化系统一个或多个方面行为的方式，来分配处理器时间。通常需要对可能被评估的各种调度策略建立一系列规则。

常用的规则可按两个维度来分类。首先可分为面向用户的规则和面向系统的规则。面向用户的规则与单个用户或进程感知到的系统行为相关。例如，交互式系统中的响应时间。响应时间是指从提交一条请求到输出响应所经历的时间间隔，这个时间量对用户是可见的，自然也是用户关心的。我们希望调度策略能给各个用户提供“好”的服务。对于响应时间，可以定义一个阈值，如 2s。因此调度机制的目标是，使平均响应时间为 2s 或小于 2s 的用户数量最大。

另一个规则是面向系统的，即其重点是处理器使用的效果和效率。关于这类规则的一个例子是吞吐量，即进程完成的速度。吞吐量是系统性能的一个重要测度，我们总是希望系统的吞吐量能达到最大。但是，这一规则侧重于系统的性能，而非提供给用户的服务。因此吞吐量是系统管理员而非普通用户所关注的。

① 若一个进程主要执行计算工作，只是偶尔用到 I/O 设备，则可将其视为处理器密集型的；若一个进程的执行时间主要取决于等待 I/O 操作的时间，则可将其视为 I/O 密集型的。

面向用户的规则在所有系统中都非常重要，面向系统的规则在单用户系统中的重要性要低一些。在单用户系统中，只要系统对用户应用程序的响应时间可以接受，实现处理器高利用率或高吞吐量就不重要。

另一个维度划分的依据是，这些规则是否与性能直接相关。与性能直接相关的规则是定量的，通常很容易度量，如响应时间和吞吐量。与性能无关的规则本质上要么是定性的，要么不易测量和分析。这类规则的一个例子是可预测性。随着时间的流逝，我们希望提供给用户的服务能为用户展现一贯的特性，而与系统执行的其他工作无关。在某种程度上，该规则也可通过计算负载函数的变化量来度量，但是，这并不像度量吞吐率或响应时间关于工作量的函数则直接。

表 9.2 总结了几种重要的调度规则。它们互相依赖，不可能同时都达到最优。例如，提供较好的响应时间可能需要调度算法在进程间频繁切换，而这会增加系统开销，降低吞吐量。因此，设计调度策略时，要在互相竞争的各种要求之间进行折中，并根据系统的本质和使用情况，给各种要求设定相应的权值。

表 9.2　调度规则

	面向用户，与性能相关
周转时间	指一个进程从提交到完成之间的时间间隔，包括实际执行时间和等待资源（包括处理器资源）的时间。对批处理作业而言，这是一种很合适的测度
响应时间	对一个交互进程来说，这指从提交一个请求到开始接收响应之间的时间间隔。通常情况下，进程在处理该请求的同时，会开始给用户产生一些输出。因此从用户的角度来看，相对于周转时间，这是一种更好的测度。该调度原则会试图实现较低的响应时间，并在可接受的响应时间范围内，使可交互的用户数量最大
最后期限	在能指定进程完成的最后期限时，调度原则将降低其他目标，使得满足最后期限的作业数量的百分比最大
	面向用户，其他
可预测性	无论系统的负载如何，一个给定作业运行的总时间量和总代价是相同的。用户不希望响应时间或周转时间的变化太大。这可能需要在系统作业负载大范围抖动时发出信号，或需要系统处理不稳定性
	面向系统，与性能相关
吞吐量	调度策略应使得单位时间内完成的进程数量最大。这是对能执行多少作业的一种度量。它明显取决于一个进程的平均执行长度，也受调度策略的影响，因为调度策略会影响利用率
处理器利用率	这是处理器处于忙状态的时间百分比。对昂贵的共享系统来说，这个规则很重要。在单用户系统和其他一些系统如实时系统中，该规则与其他规则相比不太重要
	面向系统，其他
公平性	没有来自用户或其他系统的指导时，进程应被平等地对待，没有进程处于饥饿状态
强制优先级	指定进程的优先级后，调度策略应优先选择高优先级的进程
平衡资源	调度策略使系统中的所有资源处于忙状态，优先调度较少使用紧缺资源的进程。该规则也适用于中程调度和长程调度

在大多数交互式操作系统中，不论是单用户系统还是分时系统，适当的响应时间都是关键需求。由于这一需求的重要性，且各个应用对“适当”的定义各不相同，因而本章的附录 G 中将继续深入讨论该主题。

9.2.2　优先级的使用

在许多系统中，每个进程都被指定一个优先级，调度程序总是优先选择具有较高优先级的进程。图 9.4 说明了优先级的使用。为清楚起见，简化了队列图，忽略了多个阻塞队列和挂起状态［与图 3.8(a)相比］。这里给出的不是一个就绪队列，而是一组队列，这些队列按优先级递减的顺序排列：RQ0, RQ1, …, RQn，其中对于所有的 $i > j$ 有优先级[RQi] > 优先级[RQj][1]。进行一次调度选择时，调度程序从优先级最高的队列（RQ0）开始。若该队列中有一个或多个进程，则使用某种调度策略选择其中的一个；若 RQ0 为空，则检查 RQ1，以此类推。

---

① 在 UNIX 和许多其他系统中，优先级数值越大，表示的进程优先级越低；除非特别声明，这里沿袭这一惯例。某些系统如 Windows 的用法正好相反，即大数值表示高优先级。

纯优先级调度方案会出现的一个问题是，低优先级进程可能会长时间处于饥饿状态。一直存在高优先级就绪进程时，会出现这种情况。若不希望这样，则只能让一个进程的优先级随时间或执行历史而变化。稍后会给出一个这样的例子。

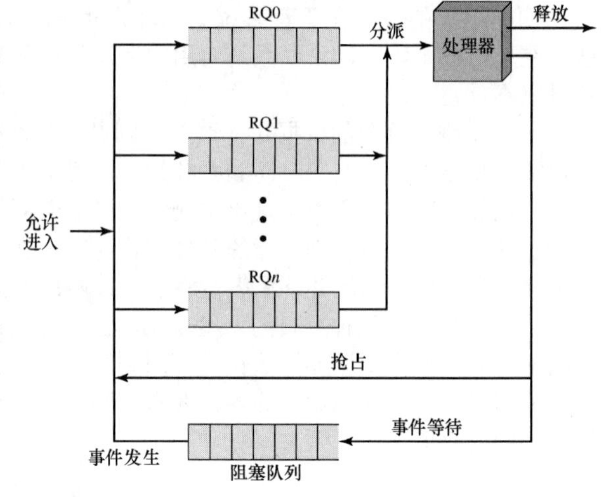

图 9.4　优先级排队

9.2.3　选择调度策略

表 9.3 给出了本节所分析的各种调度策略的一些简要信息。选择函数（selection function）决定选择哪个就绪进程下次执行。这个函数可以根据优先级、资源需求或进程的执行特性来进行选择。对于最后一种情况，下面的三个参数非常重要：

w：目前为止在系统中停留的时间。

e：目前为止花费的执行时间。

s：进程所需的总服务时间，包括 e；这个参数通常须进行估计或由用户提供。

例如，选择函数 max[w]表示先来先服务（First-Come-First-Served，FCFS）原则。

表 9.3　各种调度策略的特点

	FCFS	轮　转	SPN	SRT	HRRN	反　馈
选择函数	max[w]	常数	min[s]	min[$s-e$]	$\max\left(\frac{w+s}{s}\right)$	（见正文）
决策模式	非抢占	抢占（时间片用完时）	非抢占	抢占（到达时）	非抢占	抢占（时间片用完时）
吞吐量	不强调	时间片小时，吞吐量会很低	高	高	高	不强调
响应时间	可能很高，尤其是在进程的执行时间差别很大时	为短进程提供较好的响应时间	为短进程提供较好的响应时间	提供较好的响应时间	提供较好的响应时间	不强调
开销	最小	最小	可能较大	可能较大	可能较大	可能较大
对进程的影响	对运行时间短的进程（简称短进程）不利；对 I/O 密集型进程不利	公平对待	对运行时间长的进程（简称长进程）不利	对长进程不利	平衡性好	对 I/O 密集型的进程可能有利
饥饿	无	无	可能	可能	无	可能

决策模式（decision mode）说明选择函数开始执行的瞬间的处理方式，通常分为两类：

- **非抢占**：在这种情况下，一旦进程处于运行状态，就会不断执行直到终止，进程要么因为等待 I/O，要么因为请求某些操作系统服务而阻塞自己。
- **抢占**：当前正运行进程可能被操作系统中断，并转换为就绪态。一个新进程到达时，或中断发生后把一个阻塞态进程置为就绪态时，或出现周期性的时间中断时，需要进行抢占决策。

与非抢占策略相比，抢占策略虽然会导致较大的开销，但能为所有进程提供较好的服务，因为它们避免了任何一个进程长时间独占处理器的情形。此外，使用有效的进程切换机制（尽可能获得硬件的帮助），提供较大内存使大部分程序都在内存中，可使抢占的代价相对较低。

在描述各种调度策略时，我们使用了图 9.4 中的进程集作为运行实例。我们可将它们想象为批处理作业，服务时间是所需的整个执行时间。另外，我们也可将它们视为正在运行的进程，这些进程需要以重复的方式轮流使用处理器和 I/O。对于后一种情况，服务时间表示一个周期所需要的处理器时间。在任何情况下，根据排队模型，这个参数都对应于服务时间[①]。

① 附录 H 总结了排队模型的术语，第 20 章给出了排队论分析的详细内容。

对于表 9.4 中的例子，图 9.5 显示了每种策略在一个周期内的执行模式，同时表 9.5 给出了一些重要的结果。首先，每个进程的结束时间是确定的。根据这一点，可以确定周转时间。根据排队模型，周转时间（turnaround time）就是驻留时间 T_r，或这一项在系统中花费的总时间（等待时间+服务时间）。更有用的数字是归一化周转时间（normalized turnaround time），它是周转时间与服务时间的比值，表示一个进程的相对延迟情况。典型情况下，进程的执行时间越长，可以容忍的延迟时间就越长。这个比值的最小值为 1.0，比值越大，服务级别越低。

表 9.4 进程调度示例

进 程	到达时间	服务时间
A	0	3
B	2	6
C	4	4
D	6	5
E	8	2

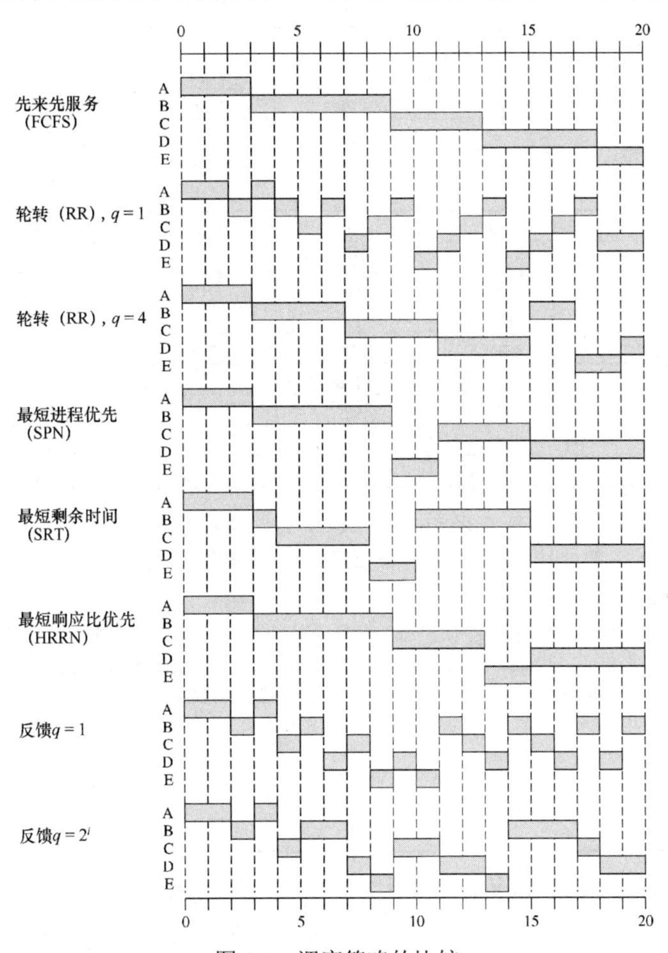

图 9.5 调度策略的比较

表 9.5 调度策略的比较

进程	A	B	C	D	E	
到达时间	0	2	4	6	8	
服务时间（T_s）	3	6	4	5	2	平均值
			FCFS			
完成时间	3	9	13	18	20	
服务时间（T_s）	3	7	9	12	12	8.60
T_r/T_s	1.00	1.17	2.25	2.40	6.00	2.56
			RR $q = 1$			
完成时间	4	18	17	20	15	
服务时间（T_s）	4	16	13	14	7	10.80
T_r/T_s	1.33	2.67	3.25	2.80	3.50	2.71

（续表）

RR $q = 4$						
完成时间	3	17	11	20	19	
服务时间（T_s）	3	15	7	14	11	10.00
T_r/T_s	1.00	2.5	1.75	2.80	5.50	2.71
SPN						
完成时间	3	9	15	20	11	
服务时间（T_s）	3	7	11	14	3	7.60
T_r/T_s	1.00	1.17	2.75	2.80	1.50	1.84
SRT						
完成时间	3	15	8	20	10	
服务时间（T_r）	3	13	4	14	2	7.20
T_r/T_s	1.00	2.17	1.00	2.80	1.00	1.59
HRRN						
完成时间	3	9	13	20	15	
服务时间（T_r）	3	7	9	14	7	8.00
T_r/T_s	1.00	1.17	2.25	2.80	3.5	2.14
FB $q = 1$						
完成时间	4	20	16	19	11	
服务时间（T_r）	4	18	12	13	3	10.00
T_r/T_s	1.33	3.00	3.00	2.60	1.5	2.29
FB $q = 2^i$						
完成时间	4	17	18	20	14	
服务时间（T_r）	4	15	14	14	6	10.60
T_r/T_s	1.33	2.50	3.50	2.80	3.00	2.63

先来先服务 最简单的策略是先来先服务（FCFS），也称先进先出（First-In-First-Out，FIFO）或严格排队方案。每个进程就绪后，会加入就绪队列。当前正运行的进程停止执行时，选择就绪队列中存在时间最长的进程运行。

与短进程相比，FCFS 更适用于长进程。考虑下面的例子（基于[FINK88]中的例子）：

进　程	到达时间	服务时间（T_s）	开始时间	结束时间	周转时间（T_r）	T_r/T_s
W	0	1	0	1	1	1
X	1	100	1	101	100	1
Y	2	1	101	102	100	100
Z	3	100	102	202	199	1.99
平均值					100	26

进程 Y 的归一化周转时间与其他进程相比不协调：它在系统中的总时间是所需处理时间的 100 倍。一个短进程紧跟一个长进程之后到达时会发生这种情况。另一方面，即使在这个极端的例子中，长进程也未遭到冷遇。进程 Z 的周转时间几乎是 Y 的两倍，但其归一化等待时间低于 2.0。

使用 FCFS 的另一个缺点是，相对于 I/O 密集型进程，它更有利于处理器密集型的进程。考虑一组进程，其中的一个进程多数时间都使用处理器（处理器密集型），其他进程多数时间进行 I/O 操作（I/O 密集型）。若一个处理器密集型进程正在运行，则所有 I/O 密集型进程都须等待。有些进程可能在 I/O 队列中（阻塞态），但当处理器密集型进程正在执行时，它们可能会移回就绪队列。这时，大多数或所有 I/O 设备可能是空闲的，即使它们可能还有工作要做。在当前正运行的进程离开运行态时，就绪的 I/O 密集型进程迅速通过运行态，并阻塞在 I/O 事件上。若处理器密集型进程也被阻塞，则处理器空闲。因此，FCFS 可能导致处理器和 I/O 设备都未得到充分利用。

FCFS 自身对于单处理器系统而言并不是很有吸引力的选择，但它与优先级策略结合后通常能提供一种更有效的调度方法。因此，调度程序可以维护许多队列，每个优先级一个队列，每个队列中的调度基于先来先服务原则。在后面讨论反馈调度时，我们会看到这类系统的一个例子。

轮转 减少 FCFS 策略不利于短作业的一类简单方法是，采用基于时钟的抢占策略。在这类方法中，最简单的是轮转算法。这种算法周期性地产生时钟中断，出现中断时，当前正运行的进程会放置到就绪队列中，然后基于 FCFS 策略选择下一个就绪作业运行。这种技术也称时间片（time slicing），因为每个进程在被抢占前都会给定一片时间。

轮转法最主要的设计问题是所用的时间段（片）长度。若长度很短，则短作业会相对较快地通过系统。另一方面，处理时钟中断、执行调度和分派函数都需要处理器开销。因此，应避免使用过短的时间片。较好的想法是，时间片最好略大于一次典型交互的时间。小于这一时间时，大多数进程至少需要两个时间片。图 9.6 显示了时间片长短对响应时间的影响。注意，当一个时间片比运行时间最长的进程还要长时，轮转法就会退化成 FCFS。

图 9.5 和表 9.5 给出了时间片 q 分别为 1 个和 4 个时间单位时，上述例子的运行结果。注意当时间片为 1 时，进程 E（最短的作业）的运行情况已有明显改善。

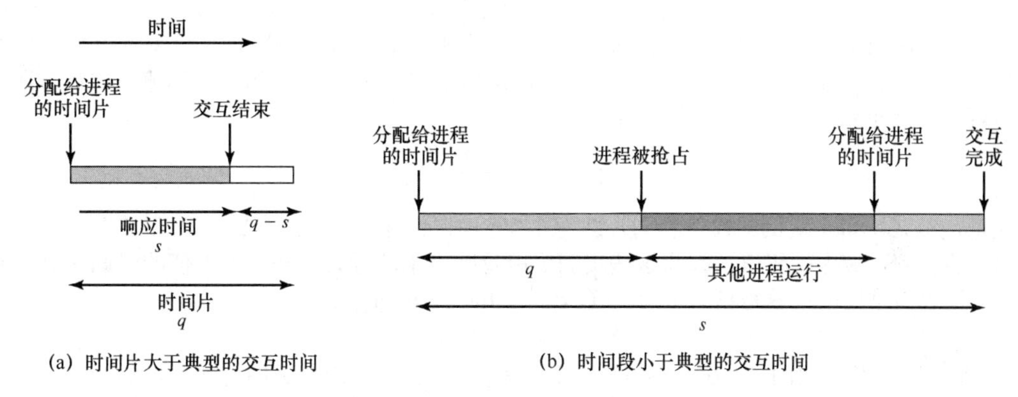

图 9.6　时间片大小的影响

轮转法在通用的分时系统或事务处理系统中特别有效。轮转法的一个缺点是，它对处理器密集型进程和 I/O 密集型进程的处理不同。通常，I/O 密集型进程与处理器密集型进程相比，使用处理器的时间（花费在 I/O 操作之间的执行时间）要短。若既有处理器密集型进程又有 I/O 密集型进程，则有可能发生如下情况：I/O 密集型进程短时间使用处理器后，会因为 I/O 而被阻塞，等待 I/O 操作的完成，然后加入就绪队列；另一方面，处理器密集型进程在执行过程中通常会使用一个完整的时间片，并立即返回到就绪队列中。因此，处理器密集型进程不公平地使用了大部分处理器时间，导致 I/O 密集型进程性能降低，使用 I/O 设备低效，响应时间变化较大。

[HALD91]中提出了一种改进的轮转法，称为虚拟轮转法（Virtual Round Robin，VRR），这种方法可以避免上述不公平性。图 9.7 描述了这种方法。新进程根据 FCFS 的管理到达并加入就绪队列。一个正运行进程用完其时间片后，会返回到就绪队列中。一个进程因 I/O 而阻塞时，会加入一个 I/O 队列。到目前为止，一切并无不同。这种方法的新颖之处是，解除了 I/O 阻塞的进程都会转移到一个 FCFS 辅助队列中。进行调度决策时，辅助队列中的进程优先于就绪队列中的进程。调度辅助队列中的一个进程时，这个进程的运行时间不会长于基本时间段减去其上次在就绪队列中被选择运行的总时间。作者给出的性能研究表明，这种方法在公平性方面确实优于轮转法。

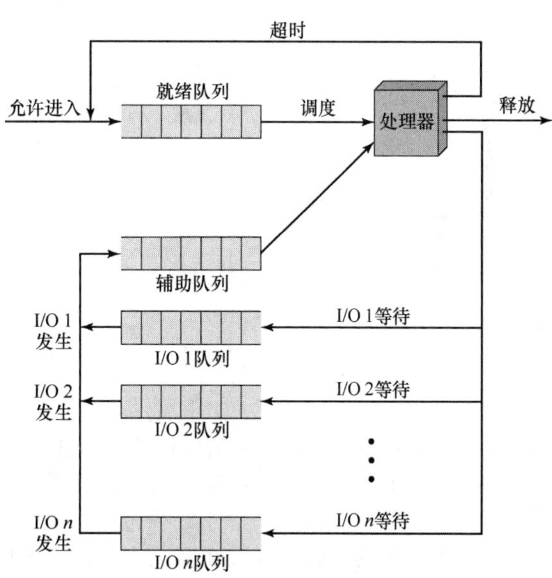

图 9.7　虚拟轮转调度排队图

最短进程优先　解决 FCFS 策略不利于短作业的另一种方法是最短进程优先（Shortest Process Next，SPN）策略。这是一个非抢占策略，其原则是下次选择预计处理时间最短的进程。因此，短进程将会越过长作业，跳到队列头。

图 9.5 和表 9.5 显示了上例的运行结果。注意进程 E 接受服务比在 FCFS 策略下要早，响应时间整体上有明显提高，但响应时间的波动加剧，长进程尤其如此。因此，这种方法降低了可预测性。

SPN 策略的难点在于需要知道或至少需要估计每个进程所需的处理时间。对于批处理作业，系统要求程序员估计该值后提供给操作系统。若程序员的估值远低于实际运行时间，则系统就可能终止该作业。在生产环境中，相同的作业会频繁地运行，因此可以收集它们的统计值。对于交互进程，操作系统可为每个进程保留一个运行平均值。最简单的计算方法所下：

$$S_{n+1}=\frac{1}{n}\sum_{i=1}^{n}T_i \tag{9.1}$$

式中，T_i 是进程的第 i 个实例的处理器执行时间（对批作业而言指总执行时间，对交互作业而言指处理器一次短促的执行时间）；S_i 为第 i 个实例的预测值；S_1 为第一个实例的预测值，非计算所得。

为避免每次重新计算总和，可以把上式重写为

$$S_{n+1}=\frac{1}{n}T_n+\frac{n-1}{n}S_n \tag{9.2}$$

注意，上式中每个实例的权值相同，即每个实例都乘以相同的常数 $1/n$。典型情况下，我们希望给较近的实例以较大的权值，因为这些实例更能反映将来的行为。基于过去值的时间序列预测将来值的一种更为常用的技术是**指数平均法**（exponential averaging）：

$$S_{n+1}=\alpha T_n+(1-\alpha)S_n \tag{9.3}$$

式中，α 是一个常数加权因子（$0<\alpha<1$），用于确定距现在较近或较远的观测数据的相对权值。请将它与式（9.2）比较。通过使用一个与过去的观测数据量无关的常数 α，式（9.3）考虑了过去所有的值。观测值最近越小，其具有的权值越小。要更清楚地了解这一点，可将式（9.3）展开为

$$S_{n+1}=\alpha T_n+(1-\alpha)\alpha T_{n-1}+\cdots+(1-\alpha)^i\alpha T_{n-i}+\cdots+(1-\alpha)^n S_1 \tag{9.4}$$

由于 α 和 $1-\alpha$ 都小于 1，因而上式中越靠后的项越小。例如，对于 $\alpha=0.8$，式（9.4）变成

$$S_{n+1}=0.8T_n+0.16T_{n-1}+0.032T_{n-2}+0.0064T_{n-3}+\cdots+(0.2)^n S_1$$

观测值越旧，其计算入平均值的比例越小。

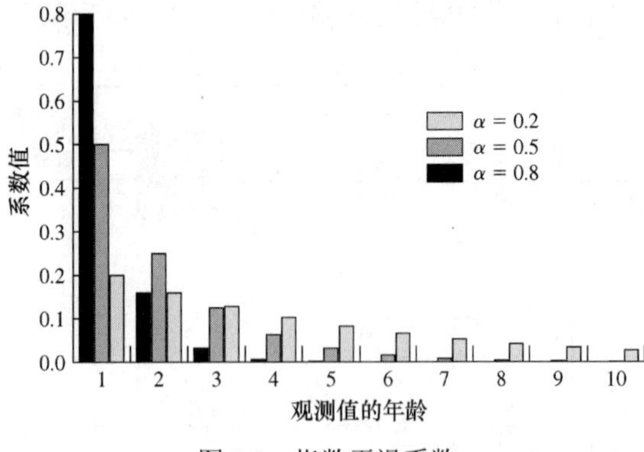

图 9.8　指数平滑系数

图 9.8 给出了系数大小与系数在展开式中的位置的关系图。α 的值越大，较近观测值的权值就越大。$\alpha = 0.8$ 时，几乎所有权值都给了最近的 4 个观测值，而若 $\alpha = 0.2$ 时，则要计算最近 8 个观测值的平均值。α 值接近 1 的优点是，平均值能迅速反映观测值的快速变化，缺点是若观测值出现简单的波动，则会立即影响到平均值，而使用较大的 α 值会导致平均值急剧变化。

图 9.9 比较了两个不同 α 值的简单平均和指数平均。图 9.9(a)中，观测值从 1 开始，递增到 10 后不再变化。图 9.9(b)中，观测值从 20 开始，递减到 10 后不再变化。这两种情况都从估计值 $S_1=0$ 开始。这会使得新进程的优先级更高。注意，指数平均法与简单平均法相比，能更快地跟踪进程行为的变化，且 α 值越大，对观测值变化的反应就越迅速。

SPN 的风险在于，只要持续不断地提供更短的进程，长进程就有可能饥饿。另一方面，尽管 SPN 降低了对长作业的偏向，但由于缺少抢占机制，它在分时系统或事务处理环境下仍不理想。回头再去看关于 FCFS 的论述中对最坏情况的分析，进程 W、X、Y 和 Z 仍然按同样的顺序执行，因而非常不利于短进程 Y。

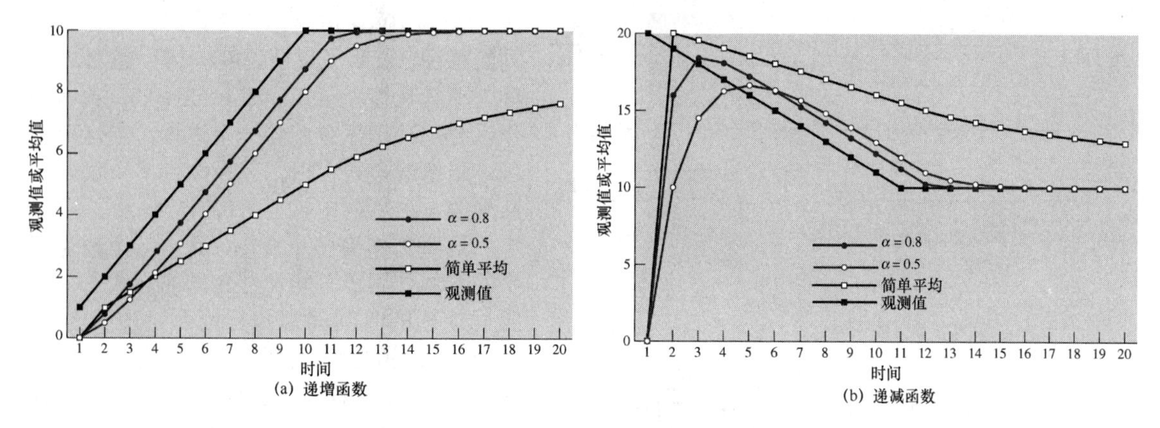

图 9.9　使用指数平均法

最短剩余时间　最短剩余时间（Shortest Remaining Time，SRT）是在 SPN 中增加了抢占机制的策略。在这种情况下，调度程序总是选择预期剩余时间最短的进程。一个新进程加入就绪队列时，与当前正运行的进程相比，它可能具有更短的剩余时间。因此，只要新进程就绪，调度程序就可抢占当前正在运行的进程。和 SPN 一样，调度程序在执行选择函数时，必须具有关于处理时间的估计，并具有长进程饥饿的风险。

SRT 不像 FCFS 那样偏向长进程，也不像轮转法那样会产生额外的中断，因此降低了开销。另一方面，由于它必须记录过去的服务时间，因此增加了开销。从周转时间来看，SRT 的性能要好于 SPN，因为相对于一个正在运行的长作业而言，短作业可被立即选择并运行。

注意，在表 9.5 给出的例子中，三个最短的进程都得到了即时服务，归一化周转时间均为 1.0。

最高响应比优先　表 9.5 中使用了归一化周转时间，它是周转时间和实际服务时间的比值，可作为性能测度。对于每个单独的进程，我们希望这个值最小，并希望所有进程的平均值也最小。一般而言，我们事先并不知道服务时间是多少，但可基于历史或用户和配置管理员的某些输入值来近似地估计它。考虑下面的比值：

$$R = \frac{w+s}{s}$$

式中，R 为响应比，w 为等待处理器的时间，s 为预计的服务时间。进程被立即调度时，R 等于归一化周转时间。注意，R 的最小值为 1.0，只有第一个进入系统的进程才能达到该值。

因此，调度规则如下：当前进程完成或被阻塞时，选择 R 值最大的就绪进程。这种方法非常具有吸引力，因为它说明了进程的年龄。偏向短作业时（小分母产生大比值），长进程由于得不到服务，等待的时间会不断地增加，因此比值变大，最终在竞争中赢了短进程。

类似于 SRT、SPN，使用最高响应比（HRRN）策略时需要估计预计的服务时间。

反馈法　不存在各个进程相对长度的任何信息时，就不能使用 SPN、SRT 和 HRRN 方法。另一种优先考虑短作业的方法是，处罚运行时间较长的作业。换句话说，若不能获得剩余的执行时间，则关注已执行的时间。

具体方法如下：调度基于抢占原则（按时间片）并使用动态优先级机制。一个进程首次进入系统中时，会放在 RQ0 中，如图 9.4 所示。当它首次被抢占并返回就绪态时，会放在 RQ1 中。在随后的时间里，每当它被抢占时，都降级到下一个低优先级队列中。短进程很快就会执行完毕，不会出现在就绪队列中多次降级的现象，长进程则会多次降级。因此，新到的进程和短进程会优先于老进程和长进程。在每个队列中，除优先级最低的队列外，都使用简单的 FCFS 机制。进程处于优先级最低的队列中后，就不会再降低，但会重复返回该队列，直到运行结束。因此，这个队列可按轮转方式调度。

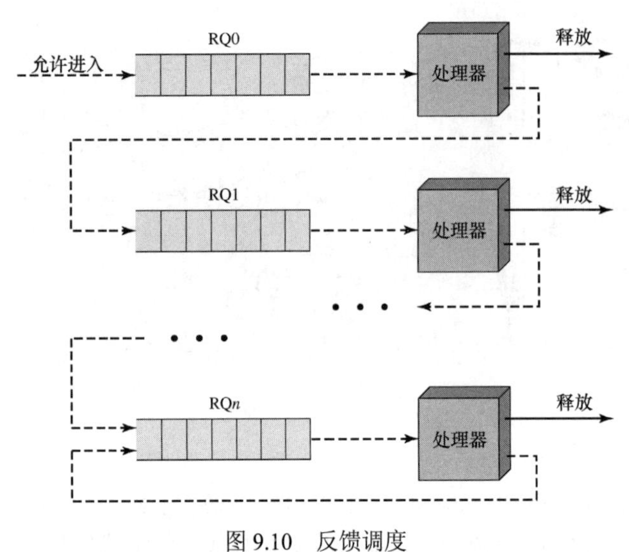

图 9.10 反馈调度

图 9.10 通过显示一个进程经过各个队列的路径，说明了反馈调度机制[①]。这种方法称为多级反馈（multilevel feedback），表示操作系统把处理器分配给一个进程，当这个进程被阻塞或被抢占时，就反馈到多个优先级队列的一个队列中。

这种方案有多个变体，其中一个较为简单的变体使用了与轮转法相同的方式——按照周期性的时间间隔执行抢占。图 9.5 和表 9.5 给出的例子说明了这种情况，其中时间片 q 为 1 个时间单位。注意，在这种情况下，其性能类似于时间片 q 为 1 的轮转法。

这个简单方案的一个问题是，长进程的周转时间可能会惊人地增加。事实上，新作业频繁地进入系统时，可能会出现饥饿的情况。为解决这一问题，可以按照队列来改变抢占次数：从 RQ0 中调度的进程允许执行一个时间单位，然后被抢占；从 RQ1 中调度的进程允许执行两个时间单位，然后被抢占；以此类推。一般而言，从 RQi 中调度的进程允许执行 $q = 2^i$ 时间后才被抢占。这种方案在图 9.5 和表 9.5 的例子中也得到了说明。

即使给较低的优先级分配较长的时间，长进程仍然有可能饥饿。补救方法是，当一个进程在其当前队列中等待服务的时间超过一定的时间后，就把它提升到优先级较高的一个队列中。

9.2.4 性能比较

显然，各种调度策略的性能是选择调度策略的关键因素之一。但是，由于相关的性能取决于各种各样的因素，包括各个进程的服务时间分布、调度的效率、上下文切换机制、I/O 请求的本质和 I/O 子系统的性能等，因而不可能得到明确的比较结果。然而，我们可以通过以下分析得出一些通用的结论。

排队分析 本节中采用基本的排队公式，并做泊松到达率和指数服务时间[②]的假设。

首先我们看到，选择与服务时间无关的下一个服务项的任何调度原则都满足以下关系：

$$\frac{T_r}{T_s} = \frac{1}{1-\rho}$$

式中，T_r 为周转时间或驻留时间，是在系统中的时间、等待时间和执行时间的总和；T_s 为平均服务时间，是运行状态的平均时间；ρ 为处理器的利用率。

特别地，对于一个基于优先级的调度程序，若每个进程优先级的指定与预计服务时间无关，则提供与 FCFS 原则相同的平均周转时间和平均归一化的周转时间。此外，抢占存在与否对这些平均值没有影响。

除轮转法和 FCFS 外，到目前为止考虑的各种调度原则都是基于预计服务时间进行选择的。遗憾的是，很难为这些原则开发分析模型。但是，通过考察基于服务时间的优先级调度，可得到这类调度算法与 FCFS 相比较的性能。

若调度基于优先级来完成，且进程基于服务时间指定到一个优先级类，则会出现差别。表 9.6 给出了假设有两个优先级类且每个类具有不同的服务时间时，所产生的公式。表中的 λ 表示到达率。这些结果可以推广到任何数量的优先级类中。注意，抢占式调度和非抢占式调度的公式是不同的。对于后一种情况，会假设一个高优先级进程就绪时，立即中断低优先级进程。

① 点画线用于强调这是一个时序图，而不是像图 9.4 那样静态地描述可能的转换。

② 本章所用排队技术的术语会在附录 H 中给出总结。泊松到达实质上就是随机到达，附录 H 中将会详细解释。

表 9.6　含有两种优先级类别的单服务器队列的公式

假设：1. 泊松到达率
2. 优先级为 1 的项在优先级为 2 的项之前得到服务
3. 优先级相同的项按先进先出的原则调度
4. 任何项都不会在被服务时中断
5. 任何项都不会离开队列（未接通延迟）

(a)一般公式

$$\lambda = \lambda_1 + \lambda_2$$

$$\rho_1 = \lambda_1 T_{s1};\quad \rho_2 = \lambda_2 T_{s2}$$

$$\rho = \rho_1 + \rho_2$$

$$T_s = \frac{\lambda_1}{\lambda} T_{s1} + \frac{\lambda_2}{\lambda} T_{s2}$$

$$T_r = \frac{\lambda_1}{\lambda} T_{r1} + \frac{\lambda_2}{\lambda} T_{r2}$$

(b)无中断；指数服务时间	(c)抢占-恢复排队原则；指数服务时间
$T_{r1} = T_{s1} + \frac{\rho_1 T_{s1} + \rho_2 T_{s2}}{1+\rho_1}$	$T_{r1} = T_{s1} + \frac{\rho_1 T_{s1}}{1-\rho_1}$
$T_{r2} = T_{s2} + \frac{T_{r1} - T_{s1}}{1-\rho}$	$T_{r2} = T_{s2} + \frac{1}{1-\rho_1}\left(\rho_1 T_{s2} + \frac{\rho T_s}{1-\rho}\right)$

作为一个例子，考虑两个优先级类的情况。每个类中到达的进程数相同，且低优先级类的平均服务时间是高优先级类的 5 倍。因此，希望能优先选择短进程。图 9.11 给出了全部结果。通过优先选择短作业，在较高利用率的基础上，提高了平均归一化周转时间。可以想象，若使用抢占，则会使这种提高达到最大。但要注意，整体性能并未受到太大的影响。

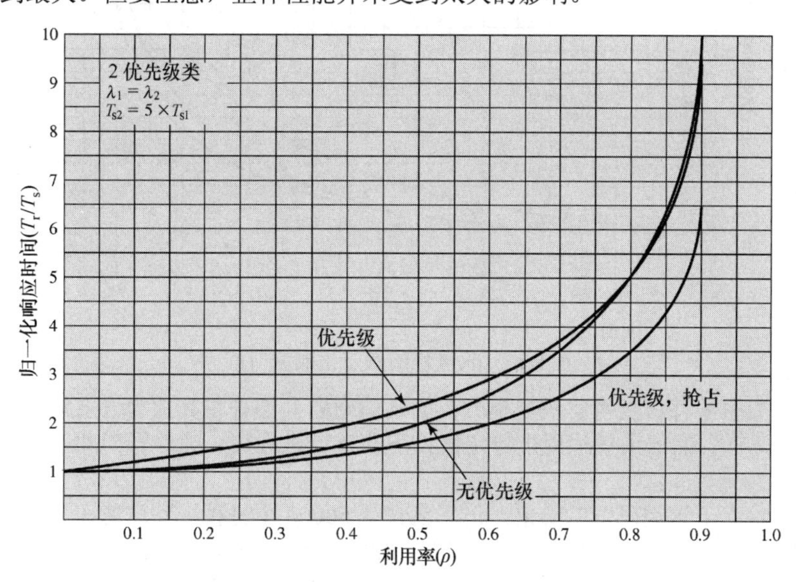

图 9.11　整体归一化响应时间

但是，分别考虑两个优先级类时，会出现较大的差别。图 9.12 显示了高优先级短进程的结果。为便于比较，图中上面的一条曲线假设未使用优先级，并假设仅查看一半进程具有较短处理时间时的相对性能，其余两条曲线假设这些进程被指定了较高的优先级。系统使用无抢占的优先级调度时，性能提高非常明显，使用抢占时的性能提高更为明显。

图 9.13 给出了对低优先级长进程的相同分析。如预料的那样，这类进程在优先级调度策略下性能会下降。

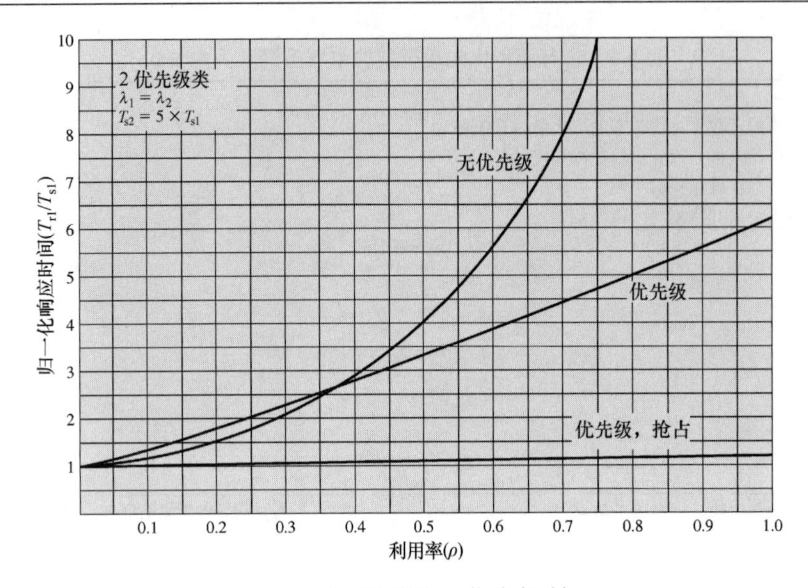

图 9.12　短进程的归一化响应时间

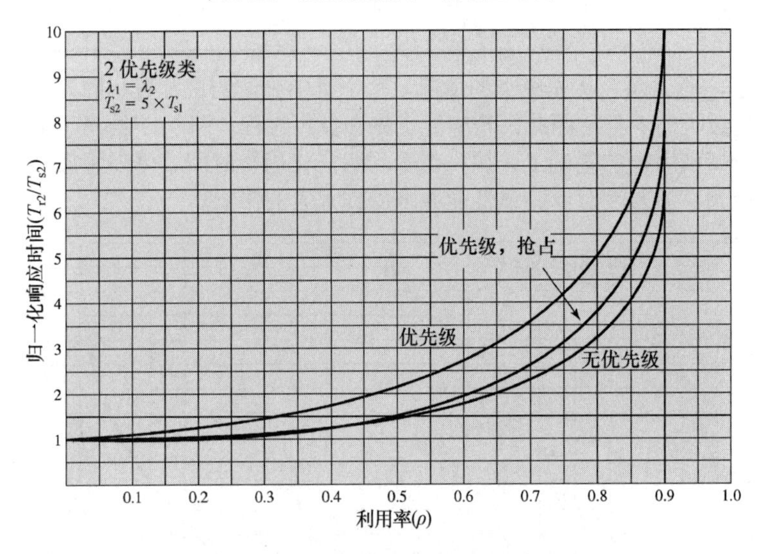

图 9.13　长进程的归一化响应时间

仿真建模　离散事件仿真可解决建模分析的某些问题，这种仿真能为许多策略建立模型。仿真的缺点是给定“运行”的结果仅适用于特定假设下的特定进程集合。尽管如此，我们仍能得到有用的观察结果。

[FINK88]中给出了这类研究的结果。仿真包含了 50000 个进程，到达速率 $\lambda = 0.8$，平均服务时间 $T_s = 1$。因此，假设处理器的利用率为 $\rho = \lambda T_s = 0.8$。注意，这里我们仅测试一种利用率。

为方便表示结果，进程按照服务时间的百分比进行分组，每组有 500 个进程。因此，服务时间最短的 500 个进程位于第一个百分点；剩余进程中服务时间最短的 500 个进程位于第 2 个百分点；以此类推，就可把各种策略的结果视为关于进程长度的函数。

图 9.14 给出了归一化周转时间，图 9.15 给出了平均等待时间。查看周转时间会发现 FCFS 的性能非常差，1/3 的进程归一化周转时间超过了服务时间的 10 倍，且这些进程都是最短的进程；另一方面，因为 FCFS 的调度与服务时间无关，因此其绝对等待时间始终是一致的。这两幅图显示了时间片为一个时间单位的轮转法。除执行时间小于一个时间片的最短进程外，轮转法（RR）对所有进程所产生的标准周转时间约为 5，因此会公平地对待所有进程。除最短进程外，最短进程（SPN）法的执行结果要比轮转法好。最短剩余时间法（SRT）是具有抢占机制的 SPN，除 7%的最长进程外，SRT 的

执行效率要比 SPN 好。可以看出，在所有的非抢占策略中，FCFS 偏向于长进程，SPN 偏向于短进程。最高响应比（HRRN）是这两种结果的折中，这一点在图中得到了证实。最后，该图给出了在每个优先级队列中具有固定统一时间片的反馈调度。如预料的那样，对于短进程，FB 的执行结果非常好。

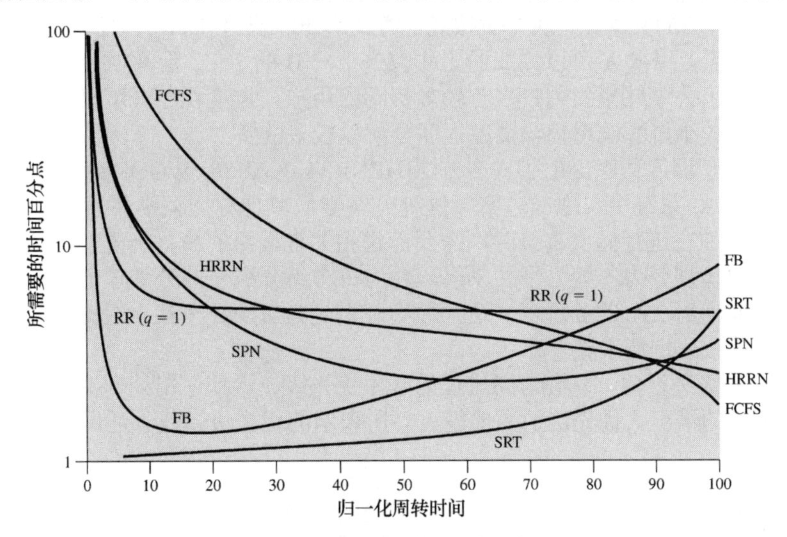

图 9.14　归一化周转时间的仿真结果

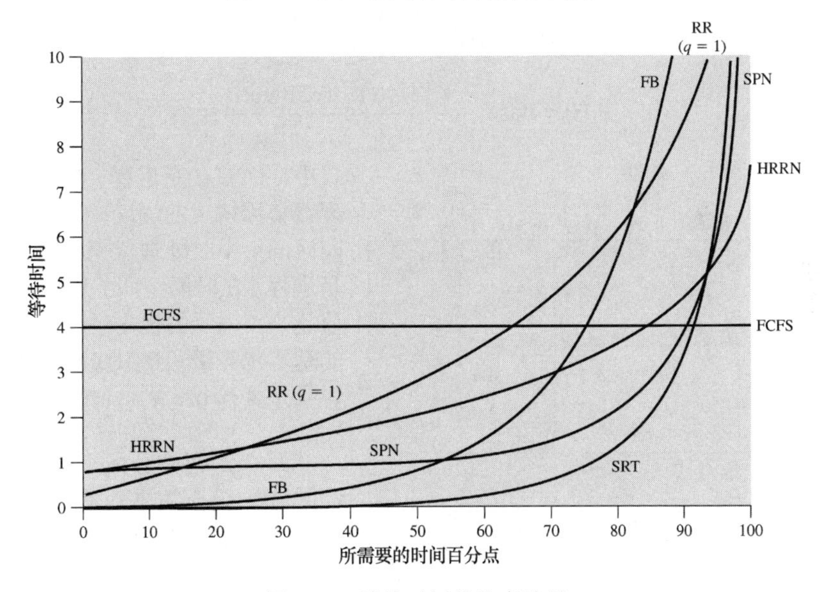

图 9.15　等待时间的仿真结果

9.2.5　公平共享调度

迄今为止介绍的所有调度算法，都把就绪进程集视为单个进程池，并从这个进程池中选择下一个要运行的进程。虽然进程池可以按照优先级划分成几个子进程池，但它们都是同构的。

但是，在多用户系统中，若单个用户的应用程序或作业能组成多个进程（或线程），则会出现传统调度程序无法识别的进程集合结构。用户关心的不是某个特定的进程如何执行，而是构成应用程序的一组进程如何执行。因此，基于进程组的调度策略非常有吸引力，这种方法通常称为**公平共享调度**（fair-share scheduling）。此外，即使每个用户用一个进程表示，这一概念也能扩展到用户组。例如，在分时系统中，可能希望把某个部门的所有用户视为同一个组中的成员，然后进行调度决策，并给每个组中的用户提供相同的服务。因此，若同一个部门中的大量用户登录到系统，则希望响应时间的降低主要影响到该部门的成员，而不影响其他部门的用户。

术语“公平共享”表明了这类调度程序的基本原则。每个用户被指定了某种类型的权值，这个权值定义了用户对系统资源的共享，而且是作为在所有使用资源中所占的比例来体现的。特别地，每个用户被分配了处理器的共享。这种方案按线性方式运作，若用户 A 的权值是用户 B 的两倍，则从长期运行的结果来看，用户 A 可以完成的工作应是用户 B 的 2 倍。公平共享调度程序的目标是监视使用情况，对相对于公平共享的用户占有较多资源的用户，调度程序分配以较少的资源，相对于公平共享的用户占有较少资源的用户，调度程序分配以较多的资源。

人们已为公平共享调度程序提出了许多方法[HENR84，KAY88，WOOD86]。本节讲述[HENR84]中提出并在许多 UNIX 系统中实现的方案。这种方案被简单地称为**公平共享调度程序**（Fair-Share Scheduler，FSS）。FSS 在进行调度决策时，需要考虑相关进程组的执行历史，以及每个进程的执行历史。系统把用户团体划分为一些公平共享组，并为每个组分配一部分处理器资源。因此，可能会有 4 个组，每个组能使用 25%的处理器。这样做实际上是为每个公平共享组提供了一个虚拟系统，虚拟系统的运行速度按比例慢于整个系统。

调度是根据优先级进行的，它会考虑进程的基本优先级、近期使用处理器的情况，以及进程所在组近期使用处理器的情况。优先级的数值越大，所表示的优先级越低。适用于组 k 中进程 j 的公式如下：

$$\mathrm{CPU}_j(i)=\frac{\mathrm{CPU}_j(i-1)}{2}$$

$$\mathrm{GCPU}_k(i)=\frac{\mathrm{GCPU}_k(i-1)}{2}$$

$$P_j(i)=\mathrm{Base}_j+\frac{\mathrm{CPU}_j(i)}{2}+\frac{\mathrm{GCPU}_k(i)}{4W_k}$$

式中，$\mathrm{CPU}_j(i)$是进程 j 在时间区间 i 中时处理器使用情况的测度；$\mathrm{GCPU}_k(i)$是组 k 在时间区间 i 中时处理器使用情况的测度；$P_j(i)$ 是进程 j 在时间区间 i 开始处的优先级，其值越小，表示的优先级越高；Base_j 是进程 j 的基本优先级；W_k 是分配给组 k 的权值，它满足条件 $0<W_k\le 1$ 和 $\sum_k W_k=1$。

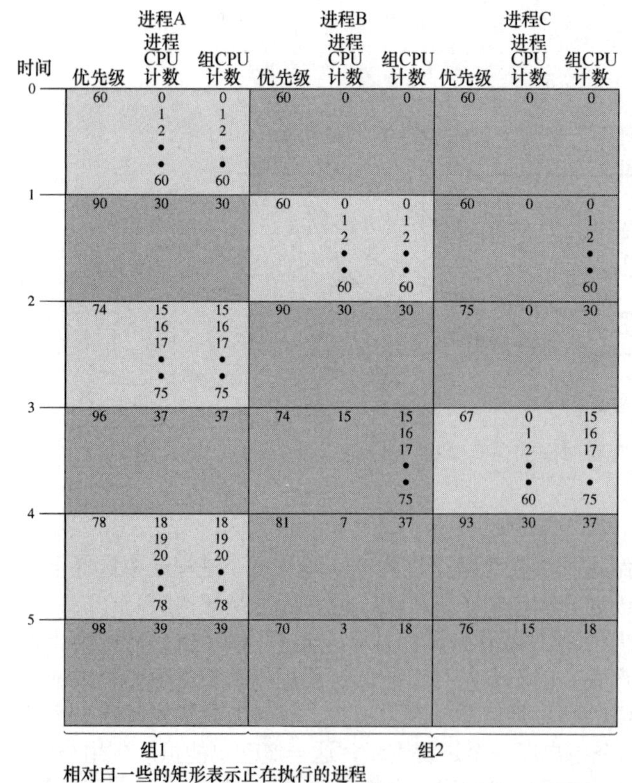

图 9.16　公平共享调度程序示例：三个进程、两个组

每个进程被分配一个基本优先级。进程的优先级会随进程使用处理器及进程所在组使用处理器而降低。对于进程组使用的情况，用平均值除以该组的权值来归一化平均值。分配给某个组的权值越大，则该组使用处理器对其优先级的影响就越小。

在图 9.16 的例子中，进程 A 在一个组中，进程 B 和进程 C 在第二个组中，每个组的权值为 0.5。假设所有进程都是处理器密集型的，且通常处于就绪态。所有进程的基本优先级为 60，处理器的使用按以下方式度量：处理器每秒中断 60 次，在每次中断过程中，当前正运行进程的处理器使用域增 1，对应组的处理器使用域也增 1，且每秒都重新计算优先级。

在该图中，首先调度进程 A。第 1 秒结束时，它被抢占。此时进程 B 和 C 具有最高优先级，进程 B 被调度。在第 2 个单位时间结束时，进程 A 具有最高优先级。注意这一模式是重复的，内核按下面的顺序调度进程：A、B、A、C、A、B 等。因此，处理器的 50%分配给进程 A（进程 A 自成一个组），50%分配给进程 B 和进程 C（进程 B 和进程 C 构成另一个组）。

9.3　传统的 UNIX 调度

本节分析传统的 UNIX 调度，SVR3 和 4.3 BSD UNIX 使用的都是这种调度方案。这些系统主要用于分时交互环境中。调度算法设计的目的是为交互用户提供好的响应时间，同时保证低优先级的后台作业不会饥饿。尽管在现代 UNIX 系统中，这一算法已被其他算法取代，但它值得研究，因为它是分时调度算法的代表。SVR4 的调度方案包括对实时要求的适应调节，因此推迟到第 10 章讲述。

传统的 UNIX 调度程序采用多级反馈，并在每个优先级队列中采用轮转方法。这个系统使用 1 秒抢占方式，也就是说，若一个正在运行的进程在 1 秒内未被阻塞或完成，则它将被抢占。优先级基于进程类型和执行历史。可应用下面的公式：

$$\mathrm{CPU}_j(i)=\frac{\mathrm{CPU}_j(i-1)}{2}$$

$$P_j(i)=\mathrm{Base}_j+\frac{\mathrm{CPU}_j(i)}{2}+\mathrm{nice}_j$$

式中，$\mathrm{CPU}_j(i)$是进程 j 在区间 i 中时处理器使用情况的度量；$P_j(i)$是进程 j 在区间 i 开始处的优先级，其值越小，表示的优先级越高；Base_j 是进程 j 的基本优先级；nice_j 是用户可控制的调节因子。

每秒都重新计算每个进程的优先级，并进行一次新的调度决策。给每个进程赋予基本优先级的目的是，把所有进程划分为固定的优先级区。CPU 和 nice 组件是被限制的，以防止进程迁出指定的区（由基本优先级指定）。这些区用于优化对块设备（如磁盘）的访问并允许操作系统迅速响应系统调用。按优先级递减的顺序排列，这些区如下所示：

- 交换程序
- 块 I/O 设备控制
- 文件操作
- 字符 I/O 设备控制
- 用户进程

这一层次结构可最有效地使用 I/O 设备。用户进程区采用执行历史时，有用 I/O 密集型的进程来处罚处理器密集型的进程。同样，这会提高效率。这一调度策略和轮转抢占策略结合使用，可满足通用的分时要求。

图 9.17 给出了一个进程调度的例子。进程 A、B 和 C 被同时创建，基本优先级为 60（忽略 nice 值）。时钟中断每秒发生 60 次，每中断一次，正运行进程的计数器增 1。这个例子假设不会有进程会阻塞自身，且没有其他进程正准备运行。请与图 9.16 对照。

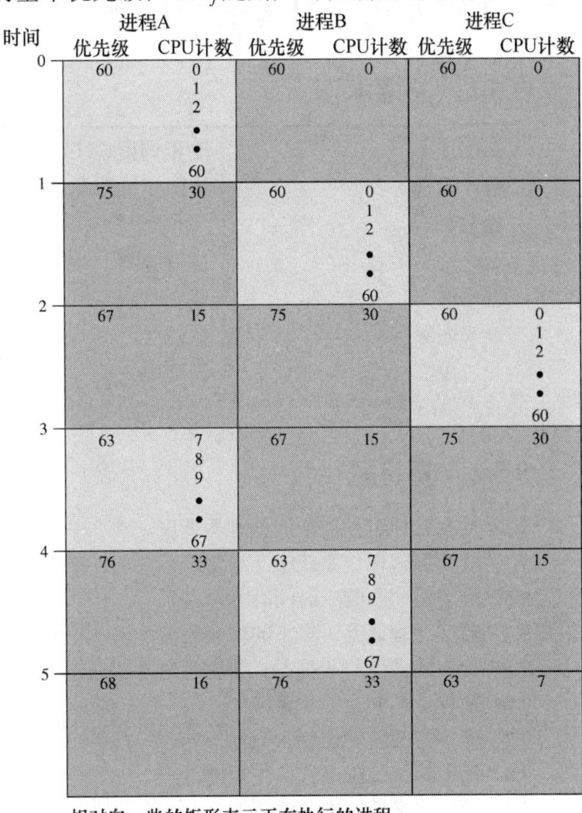

图 9.17　传统的 UNIX 进程调度示例

9.4 小结

操作系统根据执行的进程从三类调度方案中选择一种。长程调度决定何时允许一个新进程进入系统。中程调度是交换功能的一部分，它决定何时把一个程序的部分或全部取进内存，使得该程序能够被执行。短程调度决定哪个就绪进程下次被处理器执行。本章集中讨论了与短程调度相关的问题。

在设计短程调度程序时使用了各种各样的规则。有些规则与单个用户觉察到的系统行为有关（面向用户），其他规则查看系统满足所有用户的需求时的总效率（面向系统）。有些规则与性能的定量测度有关，另一些规则本质上是定性的。从用户的角度来看，响应时间通常是系统最重要的一个特性；从系统的角度看，吞吐量或处理器利用率是最重要的。

针对所有就绪进程的短程调度决策，人们开发了多种算法：

- **先来先服务**：选择等待服务时间最长的进程。
- **轮转**：使用时间片限制任何正运行进程只能使用一段处理器时间，并在所有就绪进程中轮转。
- **最短进程优先**：选择预期处理时间最短的进程，且不抢占该进程。
- **最短剩余时间**：选择预期剩余处理时间最短的进程。另一个进程就绪时，这个进程可能会被抢占。
- **最高响应比优先**：调度决策基于对归一化周转时间的估计。
- **反馈**：建立一组调度队列，基于每个进程的执行历史和其他一些规则，把它们分配到各个队列中。

调度算法的选择取决于预期的性能和实现的复杂度。

9.5 关键术语、复习题和习题

9.5.1 关键术语

到达速率	中程调度程序	短程调度程序
分派器	多级反馈队列	吞吐量
指数平均	可预测性	时间片
公平共享调度	驻留时间	周转时间
公平性	响应时间	利用率
先来先服务	轮转	等待时间
先进先出	调度优先级	
长程调度程序	服务时间	

9.5.2 复习题

9.1 简要描述三种类型的处理器调度。

9.2 在交互式操作系统中，通常最重要的性能要求是什么？

9.3 周转时间和响应时间有何区别？

9.4 对于进程调度，较小的优先级值是表示较低的优先级还是表示较高的优先级？

9.5 抢占式调度和非抢占式调度有何区别？

9.6 简单定义 FCFS 调度。

9.7 简单定义轮转调度。

9.8 简单定义最短进程优先调度。

9.9 简单定义最短剩余时间调度。

9.10 简单定义最高响应比优先调度。

9.11 简单定义反馈调度。

9.5.3　习题

9.1　考虑下面的进程集：

进　程	突发时间	优 先 级	到达时间
P1	50ms	4	0ms
P2	20ms	1	20ms
P3	100ms	3	40ms
P4	40ms	2	60ms

a. 分别给出采用最短剩余时间算法、非抢占式优先级算法（优先级的值越小，表示的优先级高）和时间片（30ms）轮转算法的调度过程。使用类似如下先来先服务算法（FCFS）调度的时间尺度表，表示上述每种调度策略的调度结果。

FCFS 示例（1 单位 ＝10ms）：

P1	P1	P1	P1	P1	P2	P2	P3	P3	P3	P3	P3	P3	P3	P3	P3	P3	P4	P4	P4	P4

0　1 2 3　4　5　6　7　8　9　10　11　12　13　14　15　16　17　18　19　20

b. 计算上述每种调度策略的平均等待时间。

9.2　考虑下面的进程集：

进　程　名	到达时间	处理时间
A	0	3
B	1	5
C	3	2
D	9	5
E	12	5

对于这个集合，给出类似于表 9.5 和图 9.5 的分析。

9.3　证明在非抢占式调度算法中，对于同时到达的批处理作业，SPN 提供了最小平均等待时间。假设调度程序只要有任务就必须执行。

9.4　假设一个进程的突发时间模式为 6, 4, 6, 4, 13, 13, 13，并假设最初的猜测值为 10。请画出类似于图 9.9 的图表。

9.5　考虑下面可以替代式（9.3）的公式：

$$S_{n+1} = \alpha T_n + (1-\alpha)S_n$$

$$X_{n+1} = \min\left[\text{Ubound}, \max\left[\text{Lbound}, (\beta S_{n+1})\right]\right]$$

式中，Ubound 和 Lbound 是预先选择的估计值 T 的上限和下限。X_{n+1} 的值用于最短进程优先算法，它可代替 S_{n+1}。α 和 β 有什么功能，它们都取最大值和最小值时会产生什么影响？

9.6　在图 9.5 下方的例子中，在控制权转移到 B 之前，进程 A 运行 2 个时间单元；另一个场景是在控制权转移到 B 之前，进程 A 运行 3 个时间单元。在反馈调度算法中，这两种场景的策略有何不同？

9.7　在一个非抢占式的单处理器系统中，在刚完成一个作业后的时刻 t，就绪队列中包含三个作业。这些作业分别在时刻 t_1、t_2 和 t_3 到达，估计执行时间分别为 r_1、r_2 和 r_3。图 9.18 表明它们的响应比随时间线性增大。使用该例，设计响应比调度的一个变体（称为极小极大响应比调度算法），使给定的一批作业（忽略后来到达的作业）的最大响应比最小（提示：首先确定最后调度哪个作业）。

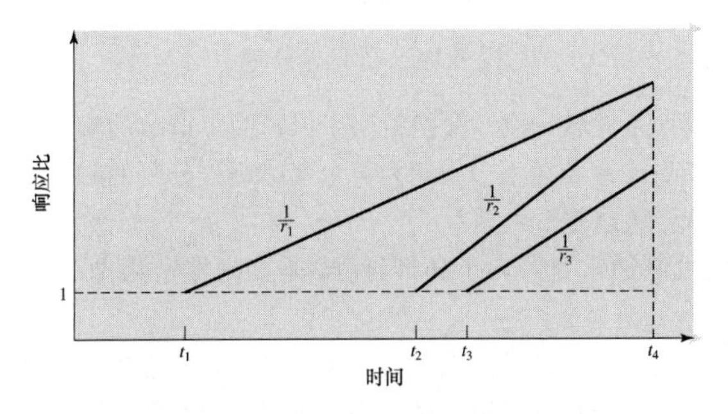

图 9.18　响应比与时间的关系

9.8 对于给定的一批作业，证明上题中的最大响应比调度算法可使最大响应时间最小（提示：重点研究达到最高响应比的作业，以及在它之前执行的所有作业。考虑同样的作业子集，按任何其他顺序调度，观察最后一个执行的作业的响应比。注意，这个子集现在可能混合了整个集中的其他作业）。

9.9 驻留时间 T_r 定义为一个进程花费在等待和服务上的总平均时间。说明对于 FIFO，若平均服务时间为 T_s，则有 $T_r = T_s/(1-\rho)$，其中 ρ 为利用率。

9.10 假设一个处理器被就绪队列中的所有进程以无限的速度多路复用，且没有任何额外的开销（这是一个在就绪进程中使用轮转调度的理想模型，时间片相对于平均服务时间非常小）。说明对于来自一个指数服务时间的无限源的泊松输入，一个进程的平均响应时间 R_x 和服务时间 x 由式 $R_x = x/(1-\rho)$ 给出（提示：复习附录 H 或第 20 章中的基本排队公式，然后考虑一个给定进程到达时，系统中等待项的数量 w）。

9.11 考虑一个轮转调度算法的变体：每个就绪队列中的各项是指向进程控制块的指针。

a．若在就绪队列中有两项指向同一个进程，会产生什么样的效果？

b．这个方案最大的优点是什么？

c．在无两项指向同一个进程的情况下，如何修改基本的轮转调度算法来实现相同的效果？

9.12 在排队系统中，新作业在得到服务之前必须等待一小段时间。当一个作业等待时，其优先级从 0 开始以速度 α 线性增加。一个作业只有等到其优先级达到正在接收服务的作业的优先级后，才开始与其他正在接收服务的作业使用轮转法平等地共享处理器，与此同时，其优先级继续以较慢的速度 β 增加。这个算法称为*自私轮转法*，因为正在接收服务的作业试图（徒然）通过不断地增大其优先级来垄断处理器。使用图 9.19 说明服务时间为 x 的一个作业的平均响应时间 R_x 是

$$R_x = \frac{s}{1-\rho} + \frac{x-s}{1-\rho'}$$

式中，$\rho = \lambda s$，$\rho' = \rho(1-\beta/\alpha)$，$0 \le \beta < \alpha$。

假设到达时间和服务时间分别以均值 $1/\lambda$ 和 s 呈指数分布（提示：分别考虑整个系统和两个子系统）。

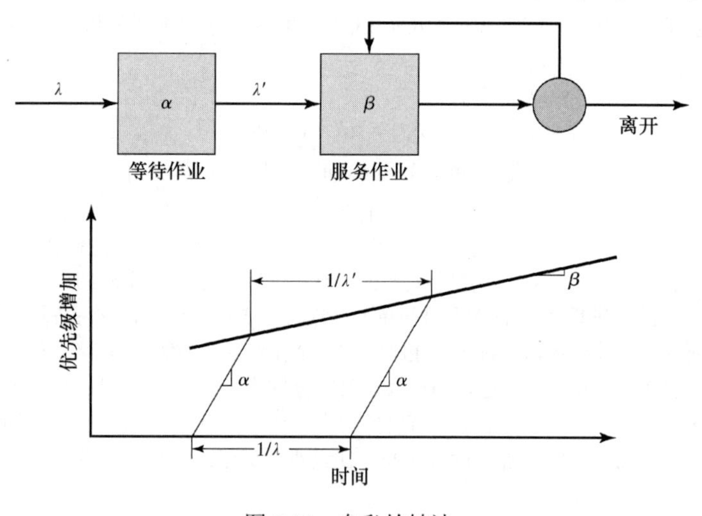

图 9.19 自私轮转法

9.13 一个交互式系统使用如下轮转调度和交换策略来保证简单请求的响应时间：在完成一个所有就绪进程的时间片轮转周期后，系统在下一周期为每个就绪进程分配的时间片，等于最大响应时间除以请求服务的进程数。这一策略是否合理？

9.14 多级反馈队列调度机制通常更倾向于哪种进程，是处理器密集型还是 I/O 密集型进程？请简单解释原因。

9.15 在基于优先级的进程调度中，若当前没有其他优先级更高的进程处于就绪态，则调度程序把控制权交给一个特定的进程。假设在进行进程调度决策时未使用其他信息，还假设进程的优先级是在进程被创建时建立的，并且不会改变。在这样的系统中，为何使用 Dekker 方法（见 5.1 节）解决互斥问

题非常“危险”？请通过说明会发生什么不希望发生的事件和如何发生这种事件来解释该问题。

9.16 从 A 到 E 的 5 个批作业同时到达计算机中心。它们的估计运行时间分别为 15、9、3、6 和 12 分钟，它们的优先级（外部定义）分别为 6、3、7、9 和 4（值越小，表示的优先级越高）。对下面的每种调度算法，确定每个进程的周转时间和所有作业的平均周转时间（忽略进程切换的开销），并解释是如何得到这个结果的。对于最后三种情况，假设一次只有一个作业运行直至结束，且所有作业都完全是处理器密集型的。

a. 时间片为 1 分钟的轮转法。

b. 优先级调度。

c. FCFS（按 15、9、3、6 和 12 的顺序运行）。

d. 最短作业优先。

第 10 章　多处理器、多核和实时调度

学习目标

- 了解线程粒度的概念
- 讨论多处理器线程调度的主要设计问题和线程调度方法
- 理解实时调度的需求
- 掌握 Linux、UNIX SVR4 和 Windows 10 中的调度算法

本章继续讲述进程和线程调度。首先分析使用多个处理器可能带来的问题，探讨一些设计方面的问题，接着讨论多处理器系统中的进程调度，最后介绍多处理器线程调度中的不同设计考虑。10.2 节讲述实时调度，首先讨论实时进程的特点，然后分析线程调度的本质，并分析两种实时调度方法：限时调度和速率单调调度。

10.1　多处理器和多核调度

当计算机系统中包含多个处理器时，在设计调度功能时会出现一些新问题。本节首先简述多处理器，然后分析设计进程级调度和线程级调度时的不同考虑。

多处理器系统分为以下几类：

- **松耦合、分布式多处理器、集群**：由一系列相对自治的系统组成，每个处理器都有自身的内存和 I/O 通道。第 16 章将讲述这种类型的配置。
- **专用处理器**：I/O 处理器是一个典型的例子。此时，有一个通用的主处理器，专用处理器由主处理器控制，并为主处理器提供服务。第 11 章将介绍 I/O 处理器。
- **紧耦合多处理器**：由一系列共享同一个内存并受操作系统完全控制的处理器组成。

本节主要介绍最后一类系统，特别是与调度有关的问题。

10.1.1　粒度

描述多处理器并把它和其他结构放在一个上下文中的一种较好方法是，考虑系统中进程之间的同步粒度或同步频率。根据粒度的不同，我们可区分 5 类并行度，如表 10.1 所示。

表 10.1　同步粒度和进程

粒度大小	说　明	同步间隔（指令）
细	单指令流中固有的并行	< 20
中等	一个单独应用中的并行处理或多任务处理	20～200
粗	多道程序环境中并发进程的多处理	200～2000
极粗	在网络节点上进行分布式处理，形成一个计算环境	2000～1M
无约束	多个无关进程	不适用

无约束并行性　对于*无约束并行性*（independent parallelism），进程间没有显式的同步。每个进程都代表独立的应用或作业。这类并行性的一个典型应用是分时系统。每个用户都执行一个特定的应用，如字处理或电子表格。多处理器和多道程序单处理器提供相同的服务。由于有多个处理器可用，因而用户的平均响应时间更短。

无约束并行有可能达到这样的性能，即每个用户都如同在使用个人计算机或工作站。若任何一个

文件或信息被共享，则单个系统必须连接到一个有网络支持的分布式系统中。这种方法将在第 16 章中介绍。另一方面，在许多实例中，多处理器共享系统与分布式系统相比，其成本效益更高，因页允许节约使用磁盘和其他外围设备。

粗粒度和极粗粒度并行性　粗粒度（coarse）和极粗粒度（very coarse）的并行，是指在进程之间存在同步，但这种同步的级别极粗。这种情况可以简单地处理为一组运行在多道程序单处理器上的并发进程，在多处理器上对用户软件进行很少的改动或不进行改动就可以提供支持。

[WOOD89]给出了一个开发多处理器应用的简单例子。作者开发了一个程序，根据需要重新编译文件的规范说明来重新构造一部分软件，并确定哪些编译（通常是所有）可以同时运行。然后程序为每个并行的编译产生一个进程。作者指出，在多处理器上的加速比实际上超过了仅增加所用处理器数量所期待的加速比，这是磁盘高速缓存（详见第 11 章）和编译代码共享协作的结果，而这些只需要一次性地载入内存。

一般而言，使用多处理器体系结构，对所有需要通信或同步的并发进程集都有好处。进程间的交互不是很频繁时，分布式系统可以提供较好的支持。但在交互更加频繁时，分布式系统中的网络通信开销会抵消部分潜在的加速比，此时多处理器组织结构能提供最有效的支持。

中粒度并行性　第 4 章曾经讲过，应用程序可按进程中的一组线程来有效地实现。此时，须由程序员显式地指定应用程序潜在的并行性。典型情况下，为了达到中粒度（medium-grain）并行性的同步，在应用程序的线程之间，需要更高程度的合作与交互。

尽管多处理器和多道程序单处理器都支持独立、极粗和粗粒度的并行度，且基本不会对调度功能产生影响，但在处理线程调度时，我们仍然需要重新分析调度。应用程序中各个线程间的交互非常频繁，系统对一个线程的调度决策可能会影响到整个应用的性能。后面我们将回过头来讨论这个问题。

细粒度并行性　细粒度（fine-grain）并行性表示与线程中的并行相比，更为复杂的使用情况。尽管在高度并行的应用中已完成了大量的相关研究工作，但迄今为止，这仍然是一个支离破碎的特殊领域，存在许多不同的方法。

第 4 章给出了如何使用粒度的一个示例：Valve 游戏软件。

10.1.2　设计问题

多处理器中的调度涉及三个相互关联的问题：

1. 把进程分配到处理器。
2. 在单处理器上使用多道程序设计。
3. 一个进程的实际分派。

在讨论这三个问题时，必须牢记所用的方法通常取决于应用程序的粒度级和可用处理器的数量。

把进程分配到处理器　若假设多处理器的结构是统一的，即没有哪个处理器在访问内存和 I/O 设备时具有物理上的特别优势，则最简单的调度方法是把处理器视为一个资源池，并按照要求把进程分配到相应的处理器。随之而来的问题是，分配应该是静态的还是动态的？

若一个进程从被激活到完成，一直被分配给同一个处理器，则需要为每个处理器维护一个专门的短程队列。这种方法的优点是调度的开销较小，因为对于所有进程，关于处理器的分配只进行一次。同时，使用专用处理器允许一种称为组调度（gang scheduling）的策略，后面将详细讲述该策略。

静态分配的缺点是，一个处理器可能处于空闲状态，这时其队列为空，而另一个处理器却积压了许多工作。为防止这种情况发生，需要使用一个公共队列。所有进程都进入一个全局队列，然后调度到任何一个可用的处理器中。这样，在一个进程的生命周期中，它可以在不同的时间于不同的处理器上执行。在紧密耦合的共享存储器结构中，所有处理器都能得到所有进程的上下文信息，因此，调度进程的开销与它被调度到哪个处理器上无关。另一种分配策略是动态负载平衡，在该策略中，线程能在不同处理器所对应的队列之间转移。Linux 采用的就是这种动态分配策略。

不论是否给进程分配专用处理器，都需要通过某种方法把进程分配给处理器。可以使用两种方法：主从式和对等式。在主从式结构中，操作系统的核心功能总是在某个特定的处理器上运行，其他处理器可能仅用于执行用户程序。主处理器负责调度作业。当一个进程被激活时，若从处理器需要服务（如一次 I/O 调用），则它必须给主处理器发送一个请求，然后等待服务的执行。这种方法非常简单，几乎不需要改进单处理器多道程序操作系统。由于处理器拥有对所有存储器和 I/O 资源的控制，因而可以简化冲突解决方案。这种方法有两个缺点：（1）主处理器的失败会导致整个系统失败；（2）主处理器可能成为性能瓶颈。

在对等式结构中，操作系统能在任何一个处理器上执行。每个处理器从可用进程池中进行自调度。这种方法增加了操作系统的复杂性，操作系统必须确保两个处理器不会选择同一个进程，进程也不会从队列中丢失，因此必须采用某些技术来解决和同步对资源的竞争请求。

当然，在这两种极端方法之间还存在着许多方法。例如，一种方法是，专门为内核处理提供一个处理器子集，而非只用一个处理器。另一种方法是，基于优先级和执行历史，简单地管理内核进程和其他进程之间的需求差异。

在单处理器上使用多道程序设计 每个进程在其生命周期中都被静态地分配给一个处理器时，就应考虑一个新问题：该处理器支持多道程序吗？读者的第一反应可能是，为什么需要问这样的问题？因为若把单个进程与处理器绑定，而该进程因为等待 I/O 或因为考虑到并发/同步而频繁地被阻塞，就会产生处理器资源的浪费。

传统多处理器处理的是粗粒度或无约束同步粒度（见表 10.1），显然，单处理器能够在许多进程间切换，以达到较高的利用率和更好的性能。但是，对于运行在多处理器系统中的中粒度应用程序，当多个处理器可用时，要求每个处理器尽可能地忙就不再那么重要。相反，我们更加关注如何为应用提供最好的平均性能。由许多线程组成的一个应用程序的运行情况会很差，除非所有的线程都同时运行。

进程分派 与多处理器调度相关的最后一个设计问题是选择哪个进程运行。我们已经知道，在多道程序单处理器上，与简单的先来先服务策略相比，使用优先级或基于使用历史的高级调度算法可以提高性能。考虑多处理器时，这些复杂性可能是不必要的，甚至可能起到相反的效果，而相对比较简单的方法可能会更有效，而且开销也较低。对于线程调度的情况，会出现比优先级和执行历史更重要的新问题。下面将依次讨论这些问题。

10.1.3 进程调度

在大多数传统的多处理器系统中，进程并不指定到一个专用处理器。并非所有处理器都只有一个队列，或只使用某种类型的优先级方案，而是有多个基于优先级的队列，并都送入相同的处理器池中。在任何情况下，都可把系统视为多服务器排队结构。

考虑一个双处理器系统，每个处理器的处理速率为单处理器系统中处理器处理速率的一半。[SAUE81]比较了 FCFS 调度、轮转法和最短剩余时间法，这一研究所关注的是进程服务时间。进程服务时间可用来度量整个作业所需的处理器时间总量，或该进程每次准备使用处理器时所需的时间总量。对于轮转法而言，假设时间片的长度比上下文切换的开销大，而比平均服务时间短。结果取决于服务时间的变化。通常这种变化用变化系数 C_s 来度量[①]。$C_s = 0$ 对应于无变化的情况：所有进程的服务时间相等。也就是说，C_s 的值越大，服务时间的值的变化越大。在处理器服务时间的分配中，C_s 的值通常不会超过 5。

图 10.1(a)给出了轮转法的吞吐量和 FCFS 的吞吐量的比值，它是 C_s 的函数。注意，在双处理器情况下，调度算法间的差别很小。对于双处理器，在 FCFS 下，一个需要长服务时间的进程很少被中断，其他进程可以使用其他处理器。图 10.1(b)中显示了类似的结果。

① C_s 的值由公式 σ_s/T_s 计算，其中 σ_s 是服务时间的标准差，T_s 是平均服务时间。对 C_s 的详细解释请参阅第 20 章。

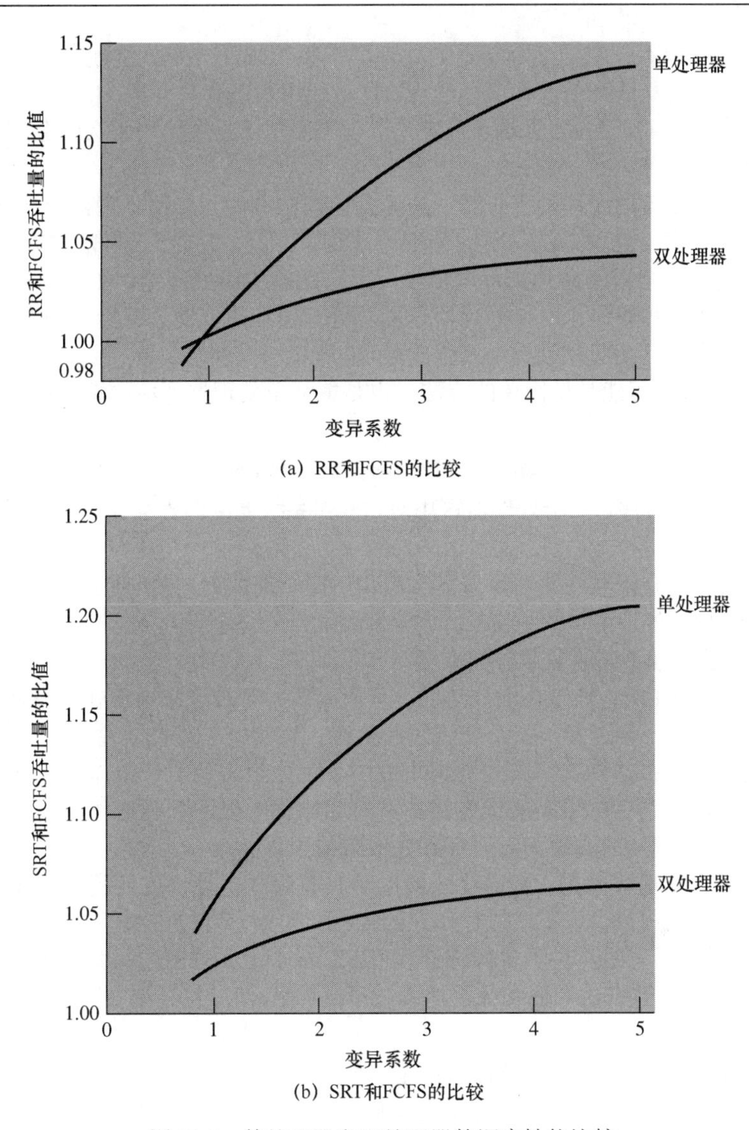

(a) RR和FCFS的比较

(b) SRT和FCFS的比较

图 10.1　单处理器和双处理器的调度性能比较

[SAUE81]在各种情况下重复进行了这一分析，包括多道程序设计程度的假设、I/O 密集型和 CPU 密集型进程和使用优先级。得出的一般结论是，对于双处理器，调度原则的选择不如在单处理器中重要。显然，处理器的数量增加时，这个结论更加确定。因此，在多处理器系统中使用简单的 FCFS 原则或在静态优先级方案中使用 FCFS 就已足够。

10.1.4　线程调度

线程执行的概念与进程中的定义是不同的。一个应用程序可以按一组线程来实现，这些线程可以在同一个地址空间中协作和并发地执行。

在单处理器中，线程可用做辅助构造程序，并在处理过程中重叠执行 I/O。由于线程切换的系统开销远小于进程切换的系统开销，因此可以用很少的代价实现这些优点。在多处理器系统中，线程的全部能力更好地得到了展现。在这种环境中，线程可开发应用程序中的真正并行性。一个应用程序的各个线程同时在各个独立的处理器中执行时，其性能会显著提升。但是，对于需要在线程间交互的应用程序（中粒度并行度），线程管理和调度的很小变化就会对性能产生重大影响[ANDE89]。

在多处理器线程调度和处理器分配的各种方案中，有 4 种比较突出的方法：

1. **负载分配**：进程不分配到某个特定的处理器。系统维护一个就绪线程的全局队列，每个处理器只要空闲就从队列中选择一个线程。这里使用术语负载分配（load sharing）来区分这种策略和负载平衡（load balancing）方案，负载平衡基于一种比较永久的分配方案来分配工作（见[FEIT90a]）①。
2. **组调度**：一组相关的线程基于一对一的原则，同时调度到一组处理器上运行。
3. **专用处理器分配**：这种方法与负载分配方法正好相反，它通过把线程指定到处理器来定义隐式的调度。每个程序在其执行过程中，都分配给一组处理器，处理器的数量与程序中线程的数量相等。程序终止时，处理器返回总处理器池，以便分配给另一个程序。
4. **动态调度**：在执行期间，进程中线程的数量可以改变。

负载分配　负载分配可能是最简单的方法，也是能从单处理器环境中直接移用的方法。它有以下优点：

- 负载均匀地分布在各个处理器上，确保当有工作可做时，没有处理器是空闲的。
- 不需要集中调度程序。一个处理器可用时，操作系统调度例程会在该处理器上运行，以选择下一个线程。
- 可以使用第 9 章介绍的任何一种方案组织和访问全局队列，包括基于优先级的方案和考虑了执行历史或预计处理请求的方案。

[LEUT90]分析了三种不同的负载分配方案：

1. **先来先服务**（FCFS）：一个作业到达时，其所有线程都被连续地放在共享队列末尾。一个处理器变得空闲时，会选择下一个就绪线程执行，直到完成或被阻塞。
2. **最少线程数优先**：共享就绪队列被组织成一个优先级队列，一个作业包含的未调度线程的数量最少时，给它指定最高的优先级。具有相同优先级的队列按作业到达的顺序排队。和 FCFS 一样，被调度的线程一直运行到完成或被阻塞。
3. **可抢占的最少线程数优先**：最高优先级给予具有最少未被调度线程数的作业。若刚到达的作业所包含的线程数少于正在执行作业的线程数，则它将抢占属于这个被调度作业的线程。

作者使用模拟模型后表明，对于多种作业，FCFS 优于上面列出的另两种策略。此外，作者还发现某些组调度（在下一节讲述）通常优于加载共享。

负载分配有以下缺点：

- 中心队列占据了必须互斥访问的存储器区域。因此，若有许多处理器同时进行查找工作，则有可能成为瓶颈。只有很少的几个处理器时，这不是什么大问题；但是，当多处理器系统包含几十甚至几百个处理器时，就可能真正出现瓶颈。
- 被抢占的线程可能不在同一个处理器上恢复执行。每个处理器都配备一个本地高速缓存时，缓存的效率会很低。
- 若所有线程被视为一个公共的线程池，则一个程序的所有线程不可能同时访问处理器。一个程序的线程间需要高度合作时，所涉及的进程切换会严重影响性能。

尽管可能存在许多缺点，但负载分配仍然是当前多处理器系统中使用得最多的一种方案。

Mach 操作系统中使用一种改进后的负载分配技术[BLAC90, WEND89]。操作系统为每个处理器维护一个本地运行队列和一个共享的全局运行队列。本地运行队列供临时绑定在某个特定处理器上的进程使用。处理器首先检查本地运行队列，使得绑定的线程绝对优先于未绑定的线程。使用绑定线程的一个例子是，用一个或多个处理器专门运行属于操作系统一部分的进程。另一个例子是，特定应用程序的线程能分布在许多处理器上，并通过适当的附加软件支持组调度，下面讨论这个问题。

组调度　同时在一组处理器上调度一组进程的概念比线程的使用要早。[JONE80]把这个概念称为组分配，并指出它具有如下优点：

---

① 关于该问题的一些相关文献将这种方法称为自调度（self-scheduling），因为每个处理器调度其本身而不考虑其他处理器。但这一术语在有些文献（如[FOST91]）中也用于表示以某种语言编写的程序允许程序员指定调度算法。

- 组内的进程相关或大致平等时，同步阻塞会减少，且可能只需要很少的进程切换，因此性能会提高。
- 调度开销可能会减少，因为一个决策可以同时影响许多处理器和进程。

Cm*多处理器中使用了协同调度（coscheduling）一词[GEHR87]。协同调度基于调度一组相关任务（称为特别任务）的概念。特别任务中的元素很小，接近于后来的线程这一概念。

术语组调度（gang scheduling）已用于同时调度组成一个进程的一组线程[FEIT90b]。对于中粒度到细粒度的并行应用程序，组调度非常必要，因为这种应用程序的一部分准备运行，而另一部分却还未运行时，它的性能会严重下降。它还对所有并行应用程序有好处，即使那些对性能要求没有这么灵敏的应用程序也是如此。组调度获得了人们的广泛认可，且在许多多处理器操作系统中得以实现。

组调度提高应用程序性能的一种显著方式是使进程切换的开销最小。假设进程的一个线程正在执行并到达与进程中另一个线程同步的某一点。若这个线程未运行，但在就绪队列中，则第一个线程被挂起，直到在其他处理器上进行了进程切换并得到了需要的线程。对于线程间需要紧密合作的应用程序，这种切换会严重降低性能。合作线程的同时调度还能节省资源分配的时间。例如，多个组调度的线程可以访问一个文件，而不需要在执行定位、读、写操作时进行锁定的额外开销。

组调度的使用引发了对处理器分配的要求。一种可能的情况如下：假设有 N 个处理器和 M 个应用程序，每个应用程序的线程数小于等于 N。则在使用时间片时，每个应用程序将被给予 N 个处理器中可用时间的 $1/M$。[FEIT90a]认为这一策略的效率可能很低。例如，有两个应用程序，一个有 4 个线程，另一个有 1 个线程。若使用均匀的时间分配，则会浪费 37.5%的处理资源，因为当该单线程应用程序运行时，其余的三个处理器是空闲的（见图 10.2）。单线程应用程序有多个时，为提高处理器的利用率，可以为它们平均分配处理器时间。这种方法不可用时，另一种可供选择的统一调度方法是根据线程数加权调度。因此，给有 4 个线程的应用程序 4/5 的时间，给只有 1 个线程的应用程序 1/5 的时间，处理器的浪费会降低到 15%。

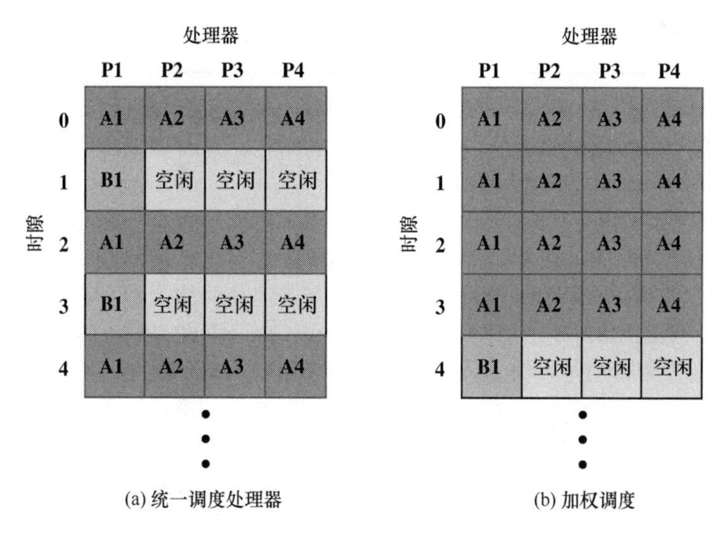

图 10.2　组调度

专用处理器分配　[TUCK89]中给出了一种极端形式的组调度：在一个应用程序执行期间，把一组处理器专门分配给这个应用程序。也就是说，当一个应用程序被调度时，它的每个线程都被分配给一个处理器，相应的处理器专门用于处理对应的线程，直到应用程序运行结束。

这种方法看上去极端浪费处理器时间。应用程序的一个线程被阻塞，等待 I/O 或与其他线程的同步时，该线程的处理器将一直处于空闲：不存在并发处理器。以下两点可在一定程度上解释使用这种策略的原因：

1. 在一个高度并行的系统中，有数十或数百个处理器，每个处理器只占系统总代价的一小部分，处理器利用率不再是衡量有效性或性能的一个重要因素。
2. 在一个程序的生命周期中避免进程切换会加快程序的执行速度。

[TUCK89]和[ZAHO90]给出了支持论述 2 的分析，表 10.2 给出了一个实验结果[TUCK89]。作者同时运行两个应用程序（并发执行），在 16 个处理器上计算矩阵相乘和快速傅里叶变换（FFT）。每个应用程序都把它的问题划分为许多小任务，每个小任务都映射到执行该应用程序的一个线程中。程序使用的线程数量可变。实际上，应用程序定义了许多任务，并对它们进行排队。应用程序从队列中取出任务并映射到一个可用的线程。线程数比任务数少时，剩余的任务留在队列中，线程完成分配给自己的任务后再选择执行这些任务。显然，并非所有应用程序都可以按这种方案构造，但许多数值问题和其他一些应用可以采用这种方式处理。

表 10.2 给出了每个应用程序中执行任务的线程数从 1 变化到 24 时，应用程序的加速比情况。例如，两个应用程序都从同时执行 24 个线程开始，与每个应用程序都只使用 1 个线程相比，矩阵相乘的速度增加了 2.8 倍，FFT 的速度增加了 2.4 倍。表 10.2 说明，当每个应用程序的线程数量超过 8，从而使得系统中的进程总数超过处理器数量时，整个应用程序的性能开始变差。此外，线程的数量越多，应用程序的性能越差，因为这时线程抢占和再次调度的频率增大。过多的抢占导致许多资源的使用效率降低，包括等待挂起线程离开临界区的时间、进程切换中浪费的时间和低效的高速缓存行为。

表 10.2　应用加速比与线程数量的关系

每个应用程序的线程数	矩阵相乘	FFT
1	1	1
2	1.8	1.8
4	3.8	3.8
8	6.5	6.1
12	5.2	5.1
16	3.9	3.8
20	3.3	3
24	2.8	2.4

作者认为，比较有效的策略是限制活跃线程的数量，使其不超过系统中处理器的数量。如大多数应用程序要么只有一个线程，要么可以使用任务队列结构，这种策略将更有效、更合理地使用处理器资源。

专用处理器分配和组调度在解决处理器分配问题时，都对调度问题进行了攻击。可以看出，多处理器系统中的处理器分配问题更加类似于单处理器中的存储器分配问题，而非单处理器中的调度问题。在某一给定时刻，给一个程序分配多少个处理器，这个问题类似于在某一给定时刻，给一个进程分配多少页框。[GEHR87]提出了一个类似于虚存中的工作集的术语——*活动工作集*（activity working set）。活动工作集指的是，为了保证应用程序以可以接受的速度继续执行，在处理器上必须同时调度的最少数量的活动（线程）。和存储器管理方案一样，调度活动工作集中所有元素失败时可能导致处理器抖动。当调度需要服务的线程，导致那些服务将被用到的线程取消调度时，就会发生这种情况。类似地，处理器碎片是指当一些处理器剩余而其他处理器已被分配时，剩余处理器无论是从数量上还是从适合程度上都难以支持正等待应用程序的需要。组调度和专用处理器分配的目的是避免这些问题。

动态调度　某些应用程序可能提供了语言和系统工具，允许动态地改变进程中的线程数量，这就使得操作系统可以通过调整负载情况来提高利用率。

[ZAHO90]提出了一种方法，使得操作系统和应用程序能够共同进行调度决策。操作系统负责把处理器分配给作业，每个作业通过把它的一部分可运行任务映射到线程，使用当前划分给它的处理器执行这些任务。关于运行哪个子集以及该进程被抢占时应该挂起哪个线程之类的决策，则留给单个应用程序（可能通过一组运行时库例程）。这种方法并不适合于所有应用程序。某些应用程序可能

会默认使用一个线程，而其他应用程序可以设计成使用操作系统的这种功能。

在这种方法中，操作系统的调度责任主要局限于处理器分配，并根据以下策略继续进行。当一个作业请求一个或多个处理器时（或因为作业第一次到达，或因为其请求发生了变化）：

1. 若有空闲的处理器，则使用它们来满足请求。
2. 否则，若发请求的作业是新到达的，则从当前已分配了多个处理器的作业中分出一个处理器给这个作业。
3. 若这个请求的任何分配都不能得到满足，则它保持未完成状态，直到一个处理器变得可用，或该作业取消了它的请求（例如，不再需要额外的处理器时）。

释放了一个或多个处理器（包括作业离开）时：

4. 为这些处理器扫描当前未得到满足的请求队列。给表中每个当前还没有处理器的作业（即所有处于等待状态的新到达的作业）分配一个处理器。然后再次扫描这个表，按 FCFS 原则分配剩下的处理器。

[ZAHO90]和[MAJU88]的分析表明，对可以采用动态调度的应用程序，这种方法优于组调度和专用处理器分配。但是，这种方法的开销可能会抵消它的一部分性能优势。为证明动态调度的价值，需要在实际系统中不断体验。

10.1.5　多核线程调度

广泛使用的操作系统如 Windows 和 Linux，本质上仍以多处理系统的方式来进行多核系统的调度。这些调度程序通常主要通过负载均衡来使就绪线程均匀分布在处理器之间，以保持处理器繁忙。然而，这种策略并不能使多核架构获得性能上的好处。

随着单个芯片上内核数量的增加，最小化访问片外存储器比最大化处理器利用率更优先。在最小化访问片外存储器方面，传统且主流的方法依然是利用局部性原理的缓存方法。这种方法在一些使用多核芯片的缓存架构上很复杂，尤其是当一片缓存被部分而非全部内核共享时。如图 10.3 所示的用于皓龙 FX-8000 系统的 AMD 推土机芯片就是一个较好的例子。在这种芯片的架构中，每个内核都有一个独立的一级缓存，每对内核共享一个二级缓存，且所有内核共享三级缓存。相比之下，英特尔酷睿 i7-5960X（见图 1.20）的每个内核的一级缓存和二级缓存都是独立的。

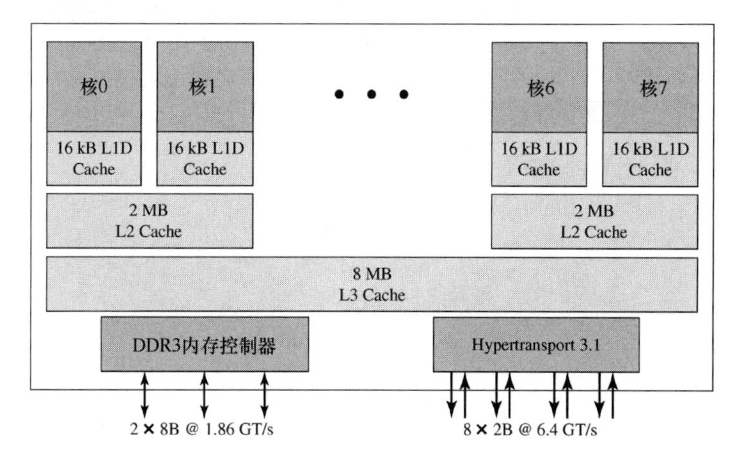

图 10.3　AMD 推土机架构

当部分但非全部内核共享缓存时，调度期间线程分配给内核的方式对性能会有明显的影响。我们假定共享相同二级缓存的两个内核是相邻的，其他则是不相邻的。因此，图 10.3 中核 0 和核 1 相邻，但核 1 和核 2 不相邻。最好的情况是，若两个线程要共享内存资源，则应将它们分配给相邻的内核来提高性能；若它们不共享内存资源，则应分配到不相邻的内核来实现负载均衡。

事实上，缓存共享需要考虑两方面的因此：合作资源共享和资源抢占。合作资源共享使得多个线程可以访问相同的内存区域，例如多线程应用和生产者-消费者线程交互。在这些情况下，一个线程进入缓存的数据可被其他合作线程访问。此时，在相邻内核上调度合作进程是可行的。

另一种情况是，线程在相邻的内核上竞争缓存内存地址。无论使用哪种缓存置换技术，例如最近最少使用（LRU），若将更多的缓存动态分配给一个线程，则竞争线程只会得到较少的可用空间，从而使得性能变差。抢占感知调度的目标是把线程分配到内核上并最有效地利用共享内存，进而减少对片外存储器的访问。人们正在研究实现这一目标的算法。这一主题非常复杂，超出了本书的范围，读者可参阅[ZHUR12]了解最新的进展情况。

10.2 实时调度

10.2.1 背景

实时计算正在成为越来越重要的原则。操作系统，特别是调度程序，可能是实时系统中最重要的组件。目前实时系统应用的例子包括实验控制、过程控制设备、机器人、空中交通管制、电信、军事指挥与控制系统，下一代系统还将包括自动驾驶汽车、弹性关节机器人控制器、智能制造中的系统查找、空间站和海底勘探等。

实时计算定义为这样的一类计算：系统的正确性不仅取决于计算的逻辑结果，而且取决于产生结果的时间。我们可通过定义实时进程或实时任务来定义实时系统[①]。一般来说，在实时系统中，某些任务是实时任务，它们具有一定的紧急度。这类任务试图控制外部世界发生的事件，或对这些事件做出反应。由于这些事件是“实时”发生的，因而实时任务必须能够跟得上它所关注的事件。因此，通常会给某个特定任务指定一个最后期限，最后期限指定开始时间或结束时间。这类任务分为硬实时任务和软实时任务两类。*硬实时任务*（hard real-time task）是指必须满足最后期限的任务，否则会给系统带来不可接受的破坏或致命的错误。*软实时任务*（soft real-time task）也有一个与之关联的最后期限，且希望能满足这一期限的要求，但并不强制，即使超过了最后期限，调度和完成这个任务仍然是有意义的。

实时任务的另一个特征是，它们是周期的或非周期的。*非周期任务*（aperiodic task）有一个必须结束或开始的最后期限，或有一个关于开始时间和结束时间的约束条件。而对*周期任务*（periodic task）而言，这一要求可描述成“每隔周期 T 一次”或“每隔 T 个单位”。

10.2.2 实时操作系统的特点

实时操作系统由如下 5 方面的需求表征[MORG92]：

1. 可确定性。
2. 可响应性。
3. 用户控制。
4. 可靠性。
5. 故障弱化操作。

操作系统的*可确定性*（deterministic），在某种程度上是指它可以按照固定的、预先确定的时间或时间间隔执行操作。多个进程竞争使用资源和处理器时间时，没有哪个系统是完全可确定的。在实时操作系统中，进程请求服务是用外部事件和时间安排来描述的。操作系统可确定性地满足请求的程度首先取决于它响应中断的速度，其次取决于系统是否具有足够的能力在要求的时间内处理所有的请求。

① 术语通常会带来问题，因为在文献中不同的用词会有不同的含义。某个特定进程在重复性的实时约束下进行操作，这种情况很常见。即该进程持续很长一段时间，并且在这段时间内，进行一些重复的功能以响应实时性的事件。本节中把一个单独的功能称为一个任务。因此，进程可视为处理一系列任务的进展。在任意给定的时刻，该进程正在进行一个单独的任务，它是必须调度的进程/任务。

关于操作系统可确定性能力的一个非常有用的度量是，从高优先级设备中断至开始服务之间的延迟。在非实时操作系统中，这一延迟可以是几十到几百毫秒，而在实时操作系统中，这一延迟的上限是从几微秒到 1ms。

相关但截然不同的另一个特点是*可响应性*（responsiveness）。确定性关注的是操作系统获知有一个中断之前的延迟，可响应性关注的是在知道中断之后，操作系统为中断提供服务的时间。可响应性包括以下几方面：

1. 最初处理中断并开始执行中断服务例程（ISR）所需的时间总量。若 ISR 的执行需要一次进程切换，则需要的延迟将比在当前进程上下文中执行 ISR 的延迟长。

2. 执行 ISR 所需的时间总量，通常与硬件平台有关。

3. 中断嵌套的影响。一个 ISR 会因另一个中断的到达而中断时，服务将被延迟。

可确定性和可响应性共同组成了对外部事件的响应时间。对实时系统来说，响应时间的要求非常重要，因为这类系统必须满足系统外部个体、设备和数据流强加的时间要求。

用户控制（user control）在实时操作系统中的应用通常要比在普通操作系统中广泛。在典型的非实时操作系统中，用户要么对操作系统的调度功能没有任何控制，要么仅提供概括性的指导，诸如把用户分成多个优先级组。但在实时系统中，允许用户细粒度地控制任务优先级必不可少。用户应能够区分硬实时任务和软实时任务，并在每类中确定相对优先级。实时系统还允许用户指定一些特性，例如是使用页面调度还是使用进程交换、哪个进程必须常驻内存、使用何种磁盘传输算法、不同优先级的进程各有哪些权限等。

可靠性（reliability）在实时系统中比在非实时系统中更重要。非实时系统中的暂时故障能通过简单地重启系统来解决，多处理器非实时系统中的处理器失败可能会导致服务级别降低，直到发生故障的处理器被修复或替换。但是，实时系统是实时响应和控制事件的，性能的损失或降低可能产生灾难性的后果，例如从资金损失到毁坏主要设备甚至危及生命。

和其他领域一样，实时和非实时操作系统的区别仅体现在程度上，即使实时系统也须设计成响应各种故障的模式。*故障弱化操作*（fail-soft operation）是指系统在故障时尽可能多地保存其性能和数据的能力。例如一个典型的传统 UNIX 系统，当它检测到内核中的数据错误时，给系统控制台产生一个故障信息，并为便于以后分析故障，把内存中的内容转储到磁盘中，然后终止系统的执行。与之相反，实时系统将尝试改正这个问题或最小化它的影响，并且继续执行。一般来说，系统会通知用户或用户进程它正试图进行校正，且可能会在降低的服务级别上继续运行。需要关机时，必须维护文件和数据的一致性。

故障弱化运行的一个重要特征称为*稳定性*。我们说一个实时系统是稳定的，是指当它不可能满足所有任务的最后期限时，即使总是不能满足一些不太重要任务的最后期限，系统也将首先满足最重要的、优先级最高的任务的最后期限。

尽管为众多实时应用设计了众多的实时操作系统，但大部分实时操作系统具有以下常见功能：

- 与传统操作系统相比，有着更为严格的使用优先级，以抢占式调度来满足实时性要求。
- 中断延迟（一个设备从运行到中断的时间）有界且相对较短。
- 与通用操作系统相比，有更精确和更可预测的时序特征。

实时系统的核心是短程任务调度程序。在设计这种调度程序时，公平性和最小平均响应时间并不是最重要的，最重要的是所有硬实时任务都能在最后期限内完成（或开始），且尽可能多的软实时任务也能在最后期限内完成（或开始）。

大多数当代实时操作系统都不能直接处理最后期限，而被设计为尽可能地对实时任务做出响应，使得在临近最后期限时，能迅速调度一个任务。从这一点看，实时应用程序在许多条件下都要求确定性的响应时间在几毫秒到小于 1 毫秒的范围内。前沿应用程序（如军用飞机模拟程序）通常要求响应时间的范围为 10～100μs[ATLA89]。

图 10.4 显示了多种可能性。在使用简单轮转调度的抢占式调度程序中，实时任务将加入就绪队

列，等待它的下一个时间片，如图 10.4(a)所示。此时，调度时间通常是实时应用程序难以接受的。在非抢占式调度程序中，可以使用优先级调度机制，给实时任务更高的优先级。在这种情况下，只要当前的进程阻塞或运行结束，就可以调度这个就绪的实时任务，如图 10.4(b)所示。较慢的低优先级任务在临界时间中执行时，会导致几秒的延迟，因此这种方法也难以接受。一种折中的方法是，把优先级和基于时钟的中断结合起来。可抢占点按规则的间隔出现。出现一个可抢占点时，若有更高优先级的任务正在等待，则当前运行的任务被抢占。这就有可能抢占操作系统内核的部分任务。这类延迟约为几毫秒，如图 10.4(c)所示。尽管最后一种方法对某些实时应用程序已经足够，但对一些要求更苛刻的应用程序来说仍然不够，这时常采用一种称为立即抢占的方法。在这种情况下，操作系统几乎立即响应一个中断，除非系统处于临界代码保护区中。实时任务的调度延迟可降低到 100μs 或更少。

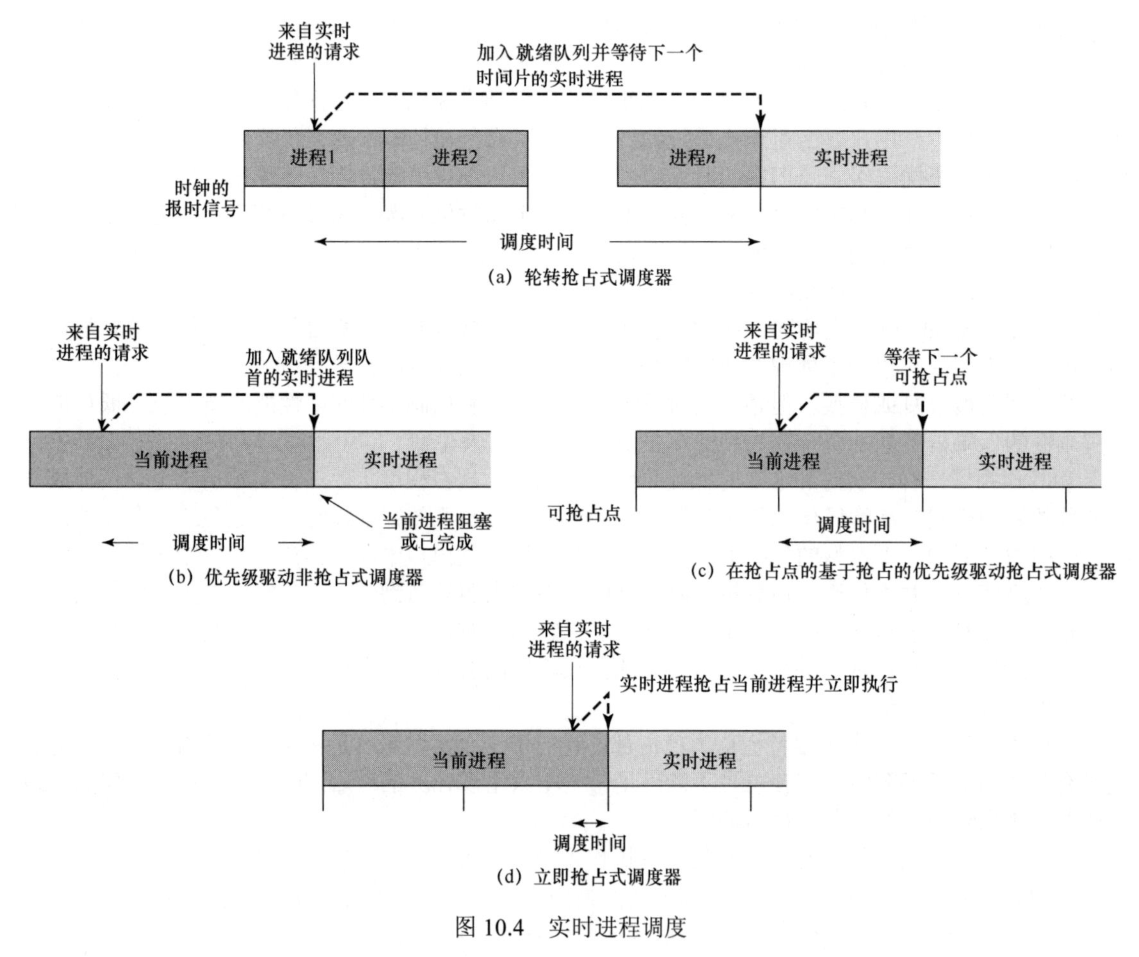

图 10.4　实时进程调度

10.2.3　实时调度

实时调度是计算机科学最活跃的研究领域之一。本节概述各种实时调度方法，并研究两类流行的调度算法。

在考察实时调度算法时，[RAMA94]观察到各种调度方法取决于：（1）一个系统是否执行可调度性分析；（2）若执行，则它是静态的还是动态的；（3）分析结果自身是否根据在运行时分派的任务产生一个调度或计划。基于这些考虑，作者分以下几类算法进行说明：

- **静态表调度法**：执行关于可行调度的静态分析。分析的结果是一个调度，它确定在运行时一个任务何时须开始执行。

- **静态优先级抢占调度法**：执行一个静态分析，但未制定调度，而是通过给任务指定优先级，使得可以使用传统的基于优先级的抢占式调度程序。
- **基于动态规划的调度法**：在运行时动态地确定可行性，而不是在开始运行前离线地确定（静态）。到达的任务仅能在满足其他时间约束时，才可被接受并执行。可行性分析的结果是一个调度或规划，可用于确定何时分派这个任务。
- **动态尽力调度法**：不执行可行性分析。系统试图满足所有的最后期限，并终止任何已经开始运行但错过最后期限的进程。

静态表调度法（static table-driven scheduling）适用于周期性的任务。该分析的输入为周期性的到达时间、执行时间、周期性的最后结束期限和每个任务的相对优先级。调度程序试图开发一种能满足所有周期性任务要求的调度。这是一种可预测的方法，但不够灵活，因为任何任务要求的任何变化都需要重做调度。最早最后期限优先或其他周期性的最后期限技术（后面会讲到）都属于这类调度算法。

静态优先级抢占调度法（static priority-driven preemptive scheduling）与大多数非实时多道程序系统中的基于优先级的抢占式调度所用的机制相同。在非实时系统中，各种因素都可能用于确定优先级。例如，在分时系统中，进程优先级的变化取决于它是处理器密集型的还是 I/O 密集型的。在实时系统中，优先级的分配与每个任务的时间约束相关。这种方法的一个例子是速率单调算法（后面会讲到），它根据周期的长度来给任务指定静态优先级。

基于动态规划的调度法（dynamic planning-based scheduling）在一个任务已到达但未执行时，试图创建一个包含前面被调度任务和新到达任务的调度。若新到达的任务能按如下方式调度：满足它的最后期限，且之前被调度的任务不会错过它的最后期限，则修改这个调度以适应新任务。

动态尽力调度法（dynamic best effort scheduling）是当前许多商用实时系统所使用的方法。一个任务到达时，系统根据任务的特性给它指定一个优先级，并通常使用某种形式的*时限调度*（deadline scheduling），如最早最后期限调度。一般来说，这些任务是非周期性的，因此不可能进行静态调度分析。而对于这类调度，直到到达最后期限或直到任务完成，我们都不知道是否满足时间约束，这是这类调度的一个主要缺点，但其优点是易于实现。

10.2.4　限期调度

大多数当代实时操作系统的设计目标是尽可能快速地启动实时任务，因此强调快速中断处理和任务分派。事实上，在评估实时操作系统时，并没有一个特别有用的度量。尽管存在动态资源请求和冲突、处理过载和软硬件故障，实时应用程序通常并不关注绝对速度，而关注在最有价值的时间内完成（或启动）任务，既不要太早，又不要太晚。它按照优先级来提供工具，而并不以最有价值的时间来完成（或启动）需求。

近年来，人们提出了许多关于实时任务调度的合适方法，这些方法都基于每个任务的额外信息。最常见的信息包括：

- **就绪时间**：任务开始准备执行时的时间。对于重复的或周期性的任务，这实际上是一个事先知道的时间序列。而对于非周期性任务，要么也事先知道这个时间，要么操作系统仅知道什么时候任务真正就绪。
- **启动最后期限**：任务必须开始的时间。
- **完成最后期限**：任务必须完成的时间。典型实时应用程序要么有启动最后期限，要么有完成最后期限，但不会两者都存在。
- **处理时间**：从执行任务直到完成任务所需的时间。在某些情况下，可以提供这个时间，而在另外一些情况下，操作系统会度量指数平均值。其他调度系统未使用这一信息。
- **资源需求**：任务在执行过程中所需的资源集（处理器以外的资源）。
- **优先级**：度量任务的相对重要性。硬实时任务可能具有绝对优先级，若错过最后期限则会导致系统失败。系统必须继续运行时，可为硬实时任务和软实时任务指定相关的优先级，进而指导调度程序。

- **子任务结构**：一个任务可分解为一个必须执行的子任务和一个可选执行的子任务。只有必须执行的子任务拥有硬最后期限。

考虑最后期限时，实时调度功能可分为多个维度：下次调度哪个任务及允许哪种类型的抢占。可以看到，对于某个给定的抢占策略，它具有启动最后期限或完成最后期限，采用最早最后期限优先的策略调度，可以使超过最后期限的任务数最少[BUTT99、HONG89 和 PANW88]。这个结论既适用于单处理器配置，又适用于多处理器配置。

另一个重要的设计问题是抢占。确定启动最后期限后，就可使用非抢占式调度程序。在这种情况下，当实时任务完成必须执行的部分或关键部分后，它负责阻塞自身，以使其他实时启动最后期限能够得到满足，这符合图 10.4(b)中的模式。对于具有完成最后期限的系统，抢占策略是最适合的，如图 10.4(c)和图 10.4(d)所示。例如，若任务 X 正在运行，任务 Y 就绪，则能使 X 和 Y 都满足它们的完成最后期限的唯一方法是，抢占 X、运行 Y 直到完成，然后恢复 X，并运行到完成。

下面给出一个具有完成最后期限的周期性任务调度的例子。考虑从两个传感器 A 和 B 中收集并处理数据的一个系统。传感器 A 每 20ms 收集一次数据，B 每 50ms 收集一次数据。处理来自 A 的每个数据样本需要 10ms 时间，处理来自 B 的每个数据样本需要 25ms 时间（包括操作系统的开销）。表 10.3 概括了这两个周期任务的执行简表。图 10.5 使用表 10.3 的执行简表比较了三种调度技术。图 10.6 的第一行重复了表 10.3 的信息；剩下的三行举例说明了这三种调度技术。

表 10.3 两个周期性任务的执行简表

进　程	到达时间	执行时间	结束最后期限
A（1）	0	10	20
A（2）	20	10	40
A（3）	40	10	60
A（4）	60	10	80
A（5）	80	10	100
⋮	⋮	⋮	⋮
B（1）	0	25	50
B（2）	50	25	100
⋮	⋮	⋮	⋮

计算机能够每隔 10ms[①]进行一次调度决策。假设在这些情况下，我们试图使用一个优先级调度方案，图 10.5 中的前两个时序图显示了调度结果。若 A 具有更高的优先级，则在它的最后期限到来前，仅给任务 B 的第一个实例 20ms 处理时间（两个 10ms 时间块），然后失败。若 B 具有更高的优先级，则 A 将会错过它的第一个最后期限。最后一个时序图显示了使用最早最后期限调度的结果。在时刻 $t = 0$ 处，A1 和 B1 同时到达。由于 A1 的最后期限比 B1 的早，因此它首先被调度。当 A1 完成时，B1 被分配给处理器。当 $t = 20$ 时，A2 到达，由于 A2 的最后期限比 B1 的早，B1 被中断，使得 A2 可以运行到完成。当 $t = 30$ 时，B1 被唤醒。当 $t = 40$ 时，A3 到达。但此时 B1 的最后完成期限比 A3 的早，因此允许它继续执行直到在 $t = 45$ 时完成。然后 A3 被分配给处理器，并在 $t = 55$ 时完成。

在该例中，通过在每个可抢占点上优先调度与最后期限最邻近的进程，可满足系统的所有要求。由于任务是周期性的和可预测的，因此可以使用静态表调度法。

现在考虑处理具有启动最后期限的非周期性任务的方案。图 10.6 给出了这样一个例子，它由 5 个任务组成，每个任务的执行时间为 20ms，图中最上面的部分给出了这 5 个任务的各自到达时间和启动最后期限。表 10.4 给出了它们的执行简表。

① 10ms 并非调度间隔的上限。

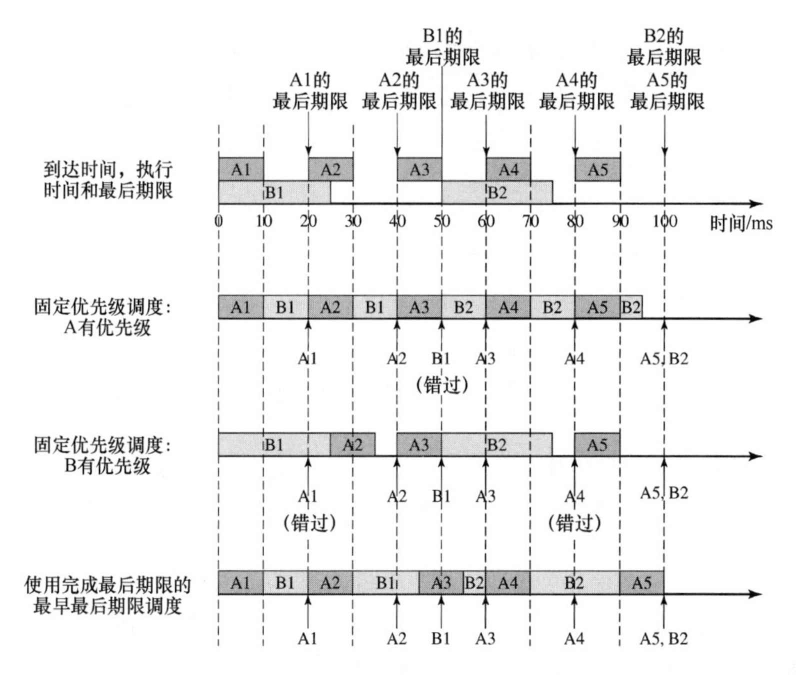

图 10.5　具有完成最后期限的周期性实时任务的调度（基于表 10.3）

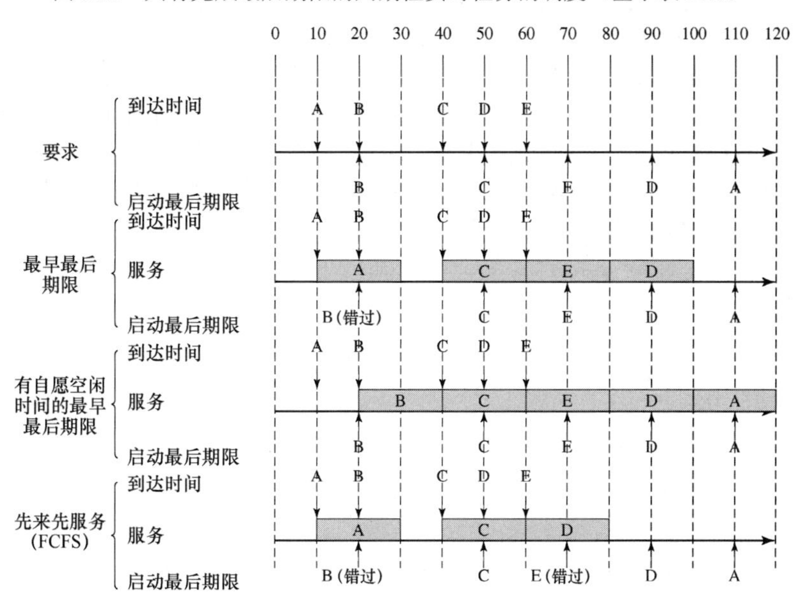

图 10.6　具有启动最后期限的非周期性实时任务的调度

一种最直接的方案是永远调度具有最早最后期限的就绪任务，并让该任务一直运行到完成。将该方法用于图 10.6 中的例子时，可以看到尽管任务 B 需要立即服务，但服务被拒绝。这在处理非周期性任务，特别是在处理有启动最后期限的非同期性任务时，是很危险的。若在任务就绪前事先知道最后期限，则可对该策略进行改进以提高性能。这种策略称为*有自愿空闲时间的最早最后期限*，具体操作如下：总是调度最后期限最早的合格任务，并让该任务运行直到完成。合格的任务可以是还未就绪的任务，因此可能会导致即使有就绪任务，处理器仍保持空闲的情形。注意，在上面的例子中，尽管 A 是唯一的就绪任务，但系统仍然忍住不调度它，因此，尽管处理器的利用率并不是最高的，但可以满足所有的调度要求。最后，为了比较，图中还给出了 FCFS 策略的结果，在这种情况下，任务 B 和任务 E 的最后期限都得不到满足。

表 10.4　5 个非周期性任务的执行简表

进　程	到达时间	执行时间	启动最后期限
A	10	20	110
B	20	20	20
C	40	20	50
D	50	20	90
E	60	20	70

10.2.5　速率单调调度

为周期性任务解决多任务调度冲突的一种优秀方法是速率单调调度（Rate Monotonic Scheduling，RMS）。该方案最早由[LIU73]提出，但最近才得到普及[BRIA99, SHA94]。RMS 基于任务的周期给它们指定优先级。

在 RMS 中，最短周期的任务具有最高优先级，次短周期的任务具有次高优先级，以此类推。同时有多个任务可被执行时，最短周期的任务优先执行。若将任务的优先级视为速率的函数，则它就是一个单调递增函数，“速率单调调度”因此而得名。

图 10.7 说明了周期性任务的相关参数。任务周期 T，指从该任务的一个实例到达至下一个实例到达之间的时间总量。任务速率（单位为赫兹）是其周期（单位为秒）的倒数。例如，若一个任务的周期为 50ms，则它以 20Hz 的速率发生。典型情况下，任务周期的末端也是该任务的硬最后期限，尽管有些任务可能具有更早的最后期限。执行时间（或计算时间）C 是每个发生的任务所需要的处理时间总量。显然，在一个单处理器系统中，执行时间必须不大于其周期（必须保证 $C \le T$）。若一个周期性任务总是运行到完成，即该任务的任何一个实例都不曾因为资源缺乏而被拒绝服务，则该任务的处理器利用率为 $U = C/T$。例如，若一个任务的周期为 80ms，执行时间为 55ms，则它的处理器利用率为 55/80 = 0.6875。图 10.8 给出了 RMS 的一个简单示例，其中任务实例在任务中是按顺序编号的。可以看到，对于任务 3，因为错过了最后期限，所以没有执行第二个实例。第三个实例经历了抢占，但仍然能够在最后期限之前完成。

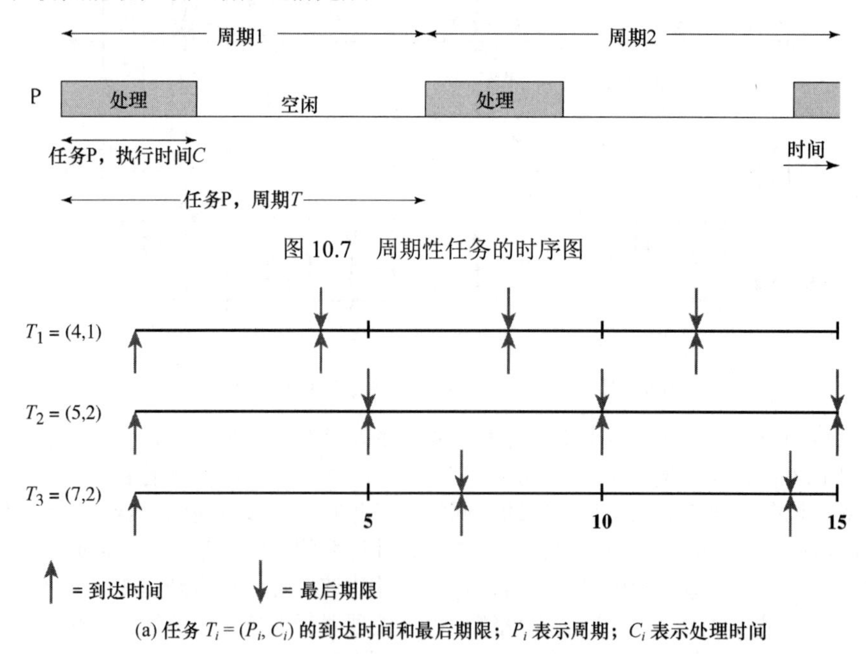

图 10.7　周期性任务的时序图

(a) 任务 $T_i = (P_i, C_i)$ 的到达时间和最后期限；P_i 表示周期；C_i 表示处理时间

图 10.8　速率单调调度的实例

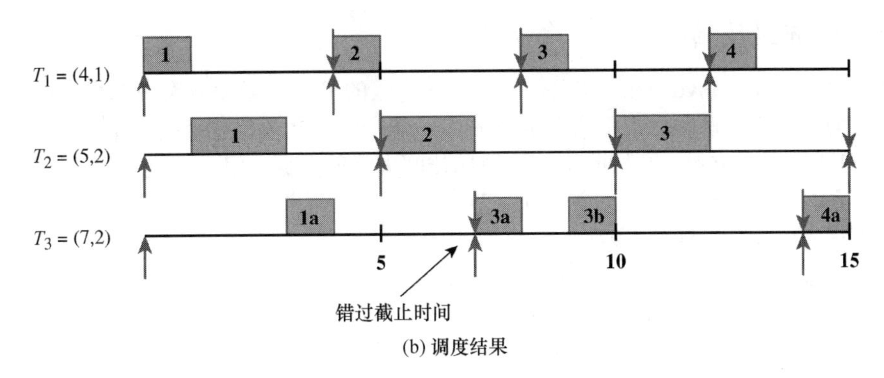

(b) 调度结果

图 10.8　速率单调调度的实例（续）

衡量周期调度算法有效性的一个标准是，看它是否能保证满足所有硬最后期限。假设有 n 个任务，每个任务都有固定的周期和执行时间。要满足所有的最后期限，必须保持下面的不等式成立：

$$\frac{C_1}{T_1}+\frac{C_2}{T_2}+\cdots+\frac{C_n}{T_n}\le 1 \tag{10.1}$$

各个任务的处理器利用率的总和不能超过 1，1 对应于处理器的总利用率。式（10.1）给出了正确调度算法能够成功调度时，任务数量的界限。对任何特定的算法，这个界限可能会很低。对于 RMS，下面的不等式成立：

$$\frac{C_1}{T_1}+\frac{C_2}{T_2}+\cdots+\frac{C_n}{T_n}\le n\left(2^{1/n}-1\right) \tag{10.2}$$

表 10.5 给出了这个上界的一些值。任务数量增加时，调度上界收敛于 $\ln 2 \approx 0.693$。

表 10.5　RMS 上界值

n	$n(2^{1/n}-1)$
1	1.0
2	0.828
3	0.779
4	0.756
5	0.743
6	0.734
⋮	⋮
∞	$\ln 2 \approx 0.693$

例如，考虑下面的三个周期任务，其中 $U_i = C_i / T_i$：

- 任务 P_1：$C_1 = 20$；$T_1 = 100$；$U_1 = 0.2$
- 任务 P_2：$C_2 = 40$；$T_2 = 150$；$U_2 = 0.267$
- 任务 P_3：$C_3 = 100$；$T_3 = 350$；$U_3 = 0.286$

这三个任务的总利用率为 0.2 + 0.267 + 0.286 = 0.753。使用 RMS，这三个任务的可调度性上界为

$$\frac{C_1}{T_1}+\frac{C_2}{T_2}+\frac{C_3}{T_3}\le 3\times\left(2^{1/3}-1\right)=0.779$$

这三个任务的总利用率小于 RMS 的上界（0.753 < 0.779），因此可以知道，若使用 RMS，则所有任务均能得到成功调度。

可以看出，式（10.1）中的上界对最早最后期限调度也成立。因此，有可能实现更大的处理器利用率，最早最后期限调度适用于更多的周期性任务。然而，RMS 已被广泛用于工业应用中。[SHA91] 对此给出了如下解释：

1. 实践中的性能差别很小。式（10.2）的上界是一个较保守的值，利用率实际上常常能达到 90%。
2. 大多数硬实时系统也有软实时部件，如某些非关键性的显示和内置的自测试，它们可以在低优先级上执行，占用硬实时任务的 RMS 调度中未使用的处理器时间。
3. RMS 易于保障稳定性。当一个系统由于超载和瞬时错误而不能满足所有的最后期限时，对一些基本任务，只要它们可调度，它们的最后期限就应得到保证。在静态优先级分配调度法中，只需确保基本任务具有相对较高的优先级。在 RMS 中，这可通过让基本任务具有较短的周期，或修改 RMS 优先级以说明基本任务来实现。对于最早最后期限调度，周期性任务的优先级从一个周期到另一个周期是不断变化的，这就使得基本任务的最后期限很难得到满足。

10.2.6　优先级反转

优先级反转（priority inversion）是在任何基于优先级的可抢占调度方案中都会出现的一种现象，它与实时调度的上下文关联很大。最有名的优先级反转示例当属火星探路者任务。“漫游者”机器人在 1997 年 7 月 4 日登陆火星，开始收集并向地球传回大量的数据。但任务进行了几天后，着陆舱的软件导致整个系统重启，进而导致数据丢失。在制造火星探路者的喷气推进实验室的不懈努力下，发现问题出在优先级反转上[JONE97]。

在任何优先级调度方案中，系统都应不停地执行具有最高优先级的任务。当系统内的环境迫使一个较高优先级的任务等待一个较低优先级的任务时，就会发生*优先级反转*。一个简单的例子是，当一个低优先级的任务被某个资源（如设备或信号量）所阻塞，且一个高优先级的任务也要被同一个资源阻塞时，就会发生优先级反转。高优先级的任务将会被置为阻塞态，直到能够得到需要的资源。低优先级的任务迅速使用完资源并释放资源后，高优先级的任务可能很快被唤醒，并在实时限制内完成。

更加严重的一种情况称为*无界限优先级反转*（unbounded priority inversion），在这种情况下，优先级反转的持续时间不仅取决于处理共享资源的时间，还取决于其他不相关任务的不可预测行为。在探路者（Pathfinder）软件中出现的优先级反转是无界限的，并且是这种现象的一个较好例子。下面的讨论将依据[TIME02]。探路者软件包含如下优先级递减的三个任务：

T_1：周期性地检查太空船和软件的状况

T_2：处理图片数据

T_3：随机检测设备的状态

在 T_1 执行完后，将计时器重新初始化为最大值。若计时器计时完毕，则认为整个着陆舱的软件被不知名的原因终止，处理器终止，所有的服务都会重启，软件完全重新装载，检测太空船系统，重新启动整个系统。整个恢复过程需要一天的时间。T_1 和 T_3 共享了一个通用的数据结构，该数据结构由一个二元信号量 s 保护。图 10.9(a)显示了导致优先级反转的顺序：

t_1：T_3 开始执行。

t_2：T_3 锁住信号量 s 并进入临界区。

t_3：比 T_3 有更高优先级的 T_1 抢占 T_3 并开始执行。

t_4：T_1 准备进入临界区但被阻塞，因为信号量被 T_3 锁住；T_3 重新在自己的临界区中执行。

t_5：比 T_3 有更高优先级的 T_2 抢占 T_3 并开始执行。

t_6：T_2 由于某种与 T_1 和 T_3 不相关的原因被挂起，T_3 接着执行。

t_7：T_3 离开临界区并将信号量解锁，T_1 抢占 T_3，T_1 锁住信号量，进入自己的临界区。

在这一系列环境中，T_1 必须等待 T_3 和 T_2 完成，且在 T_1 运行完毕之前不能重置计时器。

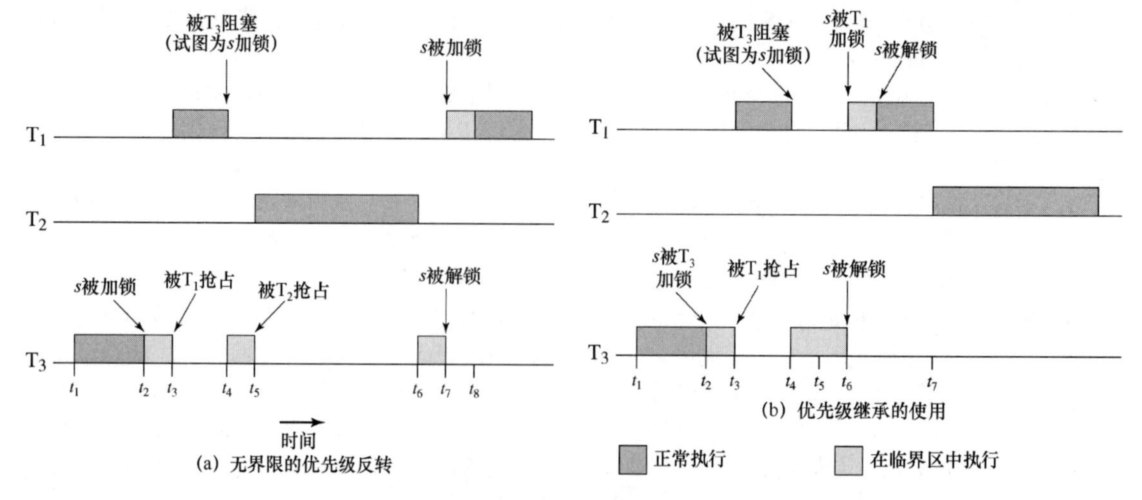

图 10.9　优先级反转

实际系统中用到了两种替代方法来去避免无界限的优先级反转：优先级继承（priority inheritance）和优先级置顶（priority ceiling）。

优先级继承（priority inheritance）的基本思想是，优先级较低的任务继承任何与其共享同一个资源的优先级较高的任务的优先级。当高优先级任务在资源上阻塞时，立即更改优先级。资源被低优先级任务释放时，这一改变结束。图 10.9(b)显示了图 10.9(a)中无界限优先级反转问题的解决方案，相关的事件顺序如下：

t_1：T_3 开始执行。

t_2：T_3 锁住信号量 s 并进入临界区。

t_3：优先级比 T_3 高的 T_1 抢占 T_3 并开始执行。

t_4：T_1 准备进入临界区但被阻塞，因为信号被 T_3 锁住，T_3 立即被临时赋予与 T_1 相同的优先级，T_3 重新在自己的临界区中执行。

t_5：T_2 准备执行但由于现在 T_3 有更高的优先级，T_2 不能抢占 T_3。

t_6：T_3 离开临界区并释放信号量：其优先级降级到之前的默认值。然后 T_1 抢占 T_3，获得信号量，并进入临界区。

t_7：T_1 由于某种与 T_2 不相关的原因被挂起，T_2 开始执行。

这就是 Pathfinder 问题的解决方法。

在优先级置顶（priority ceiling）方案中，优先级与每个资源相关联，资源的优先级被设定为比使用该资源的具有最高优先级的用户的优先级要高一级。调度程序然后动态地将这个优先级分配给任何访问该资源的任务。一旦任务使用完资源，优先级就返回到以前的值。

10.3　Linux 调度

Linux 2.4 和更早版本的 Linux 提供实时调度的能力，这种调度能力与一个非实时进程调度程序耦合在一起，非实时进程调度程序使用的是 9.3 节描述的传统 UNIX 调度算法。Linux 2.6 包含了与以前版本相同的实时调度程序，且在本质上对非实时调度程序进行了修改。下面将分别介绍这两方面的内容。

10.3.1　实时调度

负责 Linux 调度的三个类是：

- **SCHED_FIFO**：先进先出实时线程
- **SCHED_RR**：轮转实时线程
- **SCHED_NORMAL**：其他非实时线程（在老版本内核中称为 SCHED_OTHER）

每个类都使用了多个优先级，实时类的优先级高于 `SCHED_NORMAL` 类。默认设置如下：实时优先级类的优先级范围是 0～99（含 99），`SCHED_NORMAL` 类的范围是 100～139。较小的数字代表较高的优先级。

对于 FIFO 类，有以下规则：

1. 除非是在以下情况，否则系统不会中断一个正在执行的 FIFO 线程：
   a. 另一个具有更高优先级的 FIFO 线程就绪。
   b. 正在执行的 FIFO 线程因为等待一个事件（如 I/O）而被阻塞。
   c. 正在执行的 FIFO 线程通过调用 `sched_yield` 原语自愿放弃处理器。
2. 一个 FIFO 线程中断后，放在一个与其优先级相关联的队列中。
3. 一个 FIFO 线程就绪，且该线程与当前正执行线程相比具有更高的优先级时，当前正执行线程被抢占，具有最高优先级且就绪的 FIFO 线程开始执行。若有多个线程都具有最高优先级，则选择等待时间最长的线程。

SCHED_RR 策略与 SCHED_FIFO 策略类似，只是在 SCHED_RR 策略下，每个线程都有一个时间片与之关联。一个 SCHED_RR 线程在其时间片内执行结束后，将被挂起，然后调度程序选择一个具有相同或更高优先级的实时线程运行。

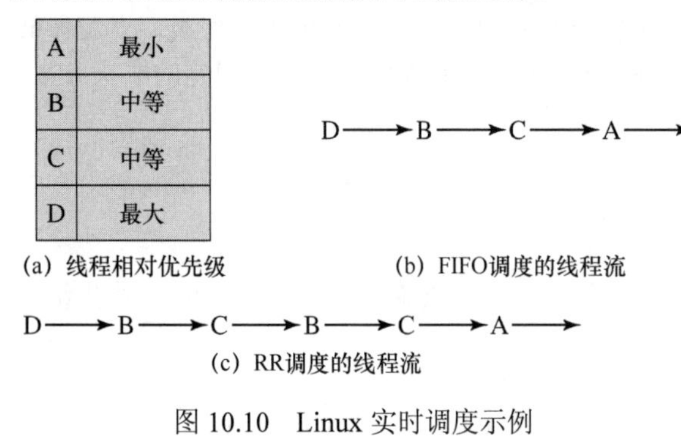

图 10.10　Linux 实时调度示例

图 10.10 中的例子说明了 FIFO 和 RR 调度的区别。假设一个程序有 4 个线程，共有三种优先级，优先级分配情况如图 10.10(a)所示。假设在当前线程等待或终止时，所有等待线程都准备执行，并假设当一个线程正在执行时，不会唤醒更高优先级的线程。图 10.10(b)显示了 SCHED_FIFO 类中的所有线程流。线程 D 执行直到它等待或终止。接着，尽管线程 B 和 C 的优先级相同，但由于线程 B 等待的时间比线程 C 等待的时间长，因此线程 B 开始执行。线程 B 执行直到它等待或终止，然后线程 C 执行直到它等待或终止。最后，线程 A 执行。

图 10.10(c)显示了所有线程都在 SCHED_RR 类中时的线程流。线程 D 执行直到它等待或终止，接下来由于线程 B 和线程 C 的优先级相同，它们按时间片执行。最后执行线程 A。

最后一种调度类是 SCHED_NORMAL。仅当无实时线程运行就绪时，才可执行这个类中的线程。

10.3.2　非实时调度

随着中央处理器及程序数量的增加，Linux 2.4 基于 SCHED_OTHER（现称为 SCHED_NORMAL）策略的调度程序表现得并不好。这种调度程序的缺点如下：

- Linux 2.4 调度程序在对称多处理器系统（SMP）中，对所有中央处理器仅使用一个运行队列。这意味着一个任务可调度到任何一个处理器上运行，这对负载均衡有好处，但却不利于高速缓存。例如，一个任务在 CPU-1 上执行，且该任务的数据在 CPU-1 的高速缓存中。若该任务接下来被 CPU-2 调度，则 CPU-1 高速缓存中的数据不得不作废，任务数据需要重新加载到 CPU-2 中。
- Linux 2.4 调度程序使用一个运行队列锁。因此，在 SMP 系统中，一个处理器选择任务执行的动作会将阻止所有其他处理器从这个队列中调度任务，空闲处理器不得不等待运行队列被解锁，因此会降低工作效率。
- Linux 2.4 采用不可抢占的调度程序，这意味着若低优先级的任务正在执行，则高优先级任务必须等待它结束执行。

为解决这些问题，Linux 2.6 采用了一个全新的优先级调度程序，称为 *O*(1)*调度程序*[①]。这个程序的设计原则是，不管系统的负载或处理器的数量如何变化，选择合适的任务并执行的时刻都是恒定的。然而，事实证明，*O*(1)调度器在内核中较为笨重。它的代码量较大，且算法较为复杂。

由于 *O*(1)调度器的种种缺点，从 Linux 2.6.23 开始，采用一个名为*完全公平调度器*（Completely Fair Scheduler，CFS）的新调度器[PABL04]。CFS 在真实硬件上建模一个理想的多任务 CPU，能够为所有任务提供公平的 CPU 访问。为了达到这个目标，CFS 为每个任务维护一个虚拟运行时间。一个任务的虚拟运行时间是指被当前可运行进程数量归一化的已运行时间。一个任务的虚拟运行时间越短（即任务被允许访问处理器的时间越短），代表它对处理器的需求越强。

CFS 还引入了睡眠公平的概念，用于保证当前不可运行（如等待 I/O）的任务能够在它们最终需要处理器时获得一个公平的比例。CFS 调度器被实现在 fair_sched_class 调度类中。与其他通常基于运行队列实现的调度器不同，CFS 调度器是基于红黑树实现的。红黑树是一种自平衡二分

①术语 *O*(1)是“大 *O*”表示法的一个例子，用于表示算法的时间复杂性。附录 I 会解释这种表示法。

搜索树，它满足如下规则：

1. 一个节点要么是红色的，要么是黑色的。
2. 根节点是黑色的。
3. 所有的叶子节点（空节点 NIL）是黑色的。
4. 若一个节点是红色的，则它的两个子节点都是黑色的。
5. 给定一个节点，每条从它出发到达后继空节点的路径都包含相同数量的黑色节点。

这种方案提供了高效的插入、删除和搜索操作，因为它们的时间复杂度都是 $O(\log N)$。

图 10.11 说明了红黑树。Linux 红黑树包含所有可运行进程的信息。树的 `rb_node` 元素放在 `sched_entity` 对象中。这个红黑树是按照虚拟运行时间排序的，其最左边的节点代表虚拟运行时最短的进程，该进程对 CPU 的需求是最高的。这个节点是 CPU 的首选节点。运行这个节点时，它的虚拟运行时会根据它消耗的时间进行更新。因此，当这个节点再次被插入红黑树时，它很可能不再是虚拟运行时间最短的进程，因而红黑树会被再平衡，以反映当前的状态。这种再平衡过程会在下一个进程被 CFS 调度器选中时再度发生，并一直进行下去。通过这种方式，CFS 实现了一种公平的调度策略。

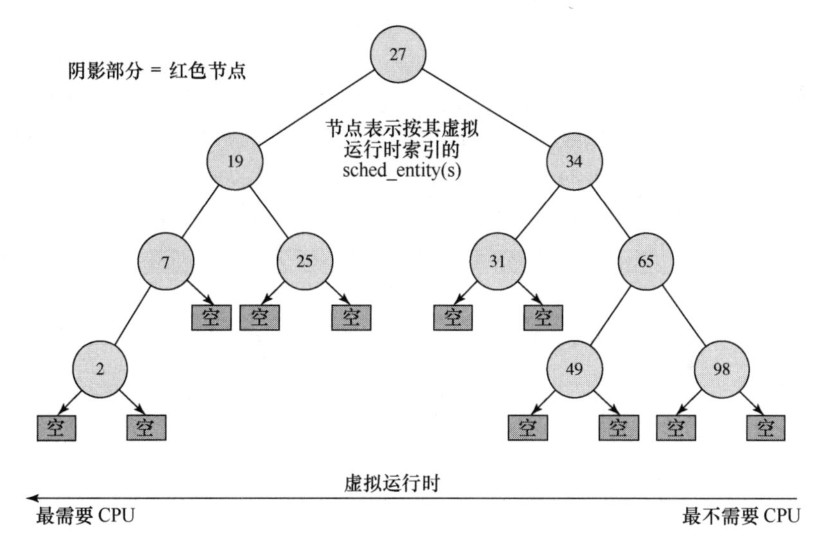

图 10.11　CFS 算法红黑树的例子

在红黑树中进行插入操作时，红黑树的最左边的节点总是被缓存在 `sched_entity` 中以供快速查找。

Linux 2.6.24 引入了一种名为 CFS 组调度的新特性。该特性允许内核将一组任务当成单个任务进行调度。组调度是为了在一个任务会衍生出很多其他任务的情形下保证公平而设计的。

10.4　UNIX SVR4 调度

UNIX SVR4 中使用的调度算法全面修改了早期 UNIX 系统所使用的调度算法（详见 9.3 节）。新设计的算法为实时进程提供最高优先级，为内核模式下的进程提供次高优先有，为其他用户模式下的进程（称为分时进程[①]）提供最低优先级。

SVR4 中的两处重要修改如下：

1. 增加了可抢占的静态优先级调度程序，引进了 160 种优先级，并划分到三个优先级类中。

① 分时进程是对应于传统分时系统中的用户的进程。

2. 插入了可抢占点。基本内核不能被抢占，只能划分为多个处理步骤，每步都须一直运行到完成，中间不能被中断。在处理步骤之间，有一个称为可抢占点的安全位置，内核可以在这里安全地中断处理，并调度一个新进程。安全位置定义为一个代码区域，在该区域内所有内核数据结构要么已更新且一致，要么通过一个信号量被锁定。

优先级类	全局值	调度顺序
实时	159 • • • • 100	最先
内核	99 • • 60	↓
分时	59 • • • • 0	最后

图 10.12　SVR4 的优先级类

图 10.12 给出了 SVR4 中定义的 160 个优先级。每个进程都属于这三类优先级中的一类，并具有该类中的一个优先级。这三类优先级如下：

- **实时**（**159～100**）：具有这些优先级的进程有保证在任何内核进程或分时进程之前被选择运行。此外，实时进程可使用可抢占点抢占内核进程和用户进程。
- **内核**（**99～60**）：具有这些优先级的进程可保证在任何分时进程之前被选择运行，但必须服从实时进程。
- **分时**（**59～0**）：最低优先级的进程，通常是除了实时应用程序以外的用户应用程序。

图 10.13 显示了 SVR4 中实现调度的方式。每个优先级都关联一个调度队列，某一给定优先级的进程按循环方式执行。位图向量 dqactmap 的每位对应于一个优先级。若某个优先级上的队列不为空，则相应的位置为 1。一个正运行进程由于阻塞、时间片到期或抢占等原因离开运行态时，调度程序检查 dqactmap，并从优先级最高的非空队列中调度一个就绪进程。此外，到达一个定义的可抢占点时，内核检查 kprunrun 标记，若它被置位，则表明至少有一个实时进程处于就绪态；若当前进程的优先级低于优先级最高的实时就绪进程，则内核抢占当前进程。

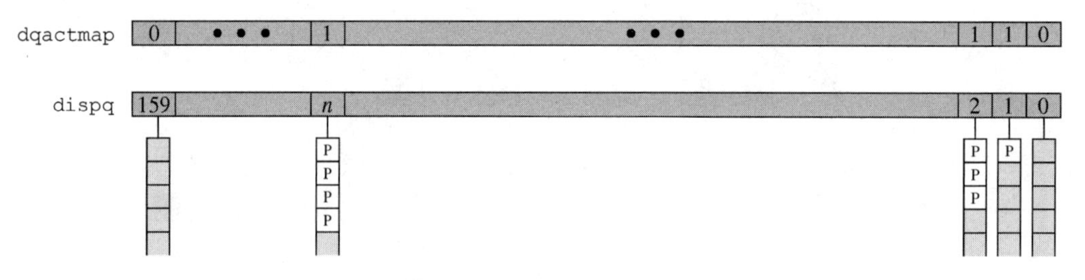

图 10.13　SVR4 调度队列

在分时类中，进程的优先级是可变的。每当一个进程用完其时间片，调度程序就降低它的优先级；若一个进程在一个事件或资源上阻塞，则调度程序提高它的优先级。分配给分时进程的时间配额取决于它的优先级，其范围从给优先级 0 分配的 100ms 到给优先级 59 分配的 10ms。每个实时进程都有一个固定的优先级和固定的时间配额。

10.5　FreeBSD 调度程序

与以前的 UNIX 调度程序相比，FreeBSD 调度程序为多处理器/多核平台提供了针对大负载任务的有效操作。由于 FreeBSD 调度程序在设计上更加复杂，因此本章主要概述它的几个重要特点，更多细节请参考[MCKU15]和[ROBE03]。

10.5.1　优先级

FreeBSD 版调度程序的优先级机制与 SVR4 的优先级机制相似。前者将 0～255 这 256 个优先级由高到低划分为 5 类（见表 10.6），其中 0～127 是内核线程优先级，128～255 是用户线程优先级。内核线程执行编译到内核装载镜像中的代码，并操作内核特权代码。

最高优先级的一类线程称为下半部内核线程，这类线程运行在内核中，并基于中断优先级进行调度，这类线程的优先级在配置相应设备时设置，且不再改变。上半部内核线程同样运行在内核中，并执行一些内核函数，这类线程的优先级被预先定义好，永远不会改变。

表 10.6　FreeBSD 线程调度类别

优　先　级	线程类型	说　　明
0～63	下半部内核	通过中断进行调度。可以阻塞以便等待资源
64～127	上半部内核	一直运行，直到被阻塞或运行结束。可以阻塞以便等待资源
128～159	实时	允许其运行，直到被阻塞或有一个更高优先级的线程就绪。基于抢占式的调度
160～223	分时	根据处理器的使用情况调整优先级
224～255	空闲	没有分时或实时线程运行时才运行
注释：数字越小优先级越高		

第三类优先级称为*实时优先级*，实时线程的优先级不会因为使用系统资源而降低。第四类优先级称为*分时优先级*，每隔一段时间，系统会基于一组参数（如处理器占用时间、内存占用量、其他资源消耗量等）重新计算这类线程的优先级。最后一类优先级称为*空闲优先级*，只有在不存在其他类型的线程时，才会运行空闲优先级的线程。

10.5.2　对称多处理器与多核支持

FreeBSD 5.0 中引入了最新的 FreeBSD 调度程序，目的是更好地支持对称多处理器与多核系统下的任务调度。新的设计实现了如下目标：

- 满足了对称多处理器与多核系统下的亲和性需求。处理器亲和性意味着线程不会在处理器之间频繁迁移（只有当某个处理器处于空闲状态时，才有可能进行迁移）。
- 为多核系统下的多线程提供了更好的支持。
- 改进了调度算法，使得调度算法的时间复杂度与线程数量无关。

本节介绍该调度程序的三个主要特性：队列结构、交互值和线程迁移。

队列结构　旧版本的 FreeBSD 调度程序为所有处理器提供一个全局调度队列，系统每秒扫描一次队列，计算每个线程的优先级：这意味着调度程序的执行效率与队列中的线程数量直接相关。显而易见，随着调度队列中线程数量的增加，处理器维护队列的成本会越来越大。

新版本的 FreeBSD 调度程序为每个处理器提供单独的调度队列：每个处理器维护 3 个队列，其中两个运行队列用于内核线程、实时线程和分时线程的调度（优先级从 0 到 223），第三个队列仅用于用户空闲线程的调度（优先级从 224 到 255），队列的结构如图 10.14 所示。

两个运行时队列分别指定为 current 和 next，系统为一个线程分配时间片后（此时该线程的状态为 Ready），根据该线程的优先级将该线程放入 current 或 next 队列（后面会解释）。维护该队列的处理器按照优先级顺序，从 current 队列中依次选取线程执行，直到 current 队列中再无线程，此时内核交换 current 和 next，处理器重新开始调度。因为两个队列的切换并不受优先级控制，因此这种方式保证了每个进程都至少能被处理器运行一次，从而防止了饥饿。

一个线程是放入 current 队列还是放入 next 队列，由以下规则决定：

1. 内核线程与实时线程永远放入 current 队列。
2. 对于分时线程而言，若它是交互线程，则将它插入 current 队列，否则插入 next 队列。将一个交互线程插入 current 队列可以加快这类线程的响应速度。

交互值　一个线程的主动睡眠时间与运行时间的比值低于某个阈值时，就说该线程是交互线程。交互线程在等待用户输入时，通常都有较长的睡眠时间，在用户输入之后则需要尽快占用 CPU 来处理用户的请求。

交互值的阈值定义在调度代码中，用户无法更改。为了计算交互值，我们首先定义比例因子：

比例因子 ＝ 最大交互值/2

当线程的睡眠时间超过运行时间时，用下面的公式计算其交互值：

交互值 ＝ 比例因子（运行/睡眠）

否则，用如下公式计算其交互值：

交互值 = 比例因子（1 + 睡眠/运行）

利用上面的公式，睡眠时间超过运行时间的线程，其交互性较低（范围是[0, 0.5]），运行时间超过睡眠时间的线程，其交互性较高（范围是[0.5, 1]）。

线程迁移 在大部分情况下，一个线程应该始终在一个处理器上运行，这称为处理器亲和性（processor affinity），对应的处理方案是允许线程在下一个时间片迁移到其他处理器上运行。亲和性对于维持系统性能的意义重大，因为一个线程在运行时，其相关数据有可能保存在当前处理器的缓存中，此时进行线程迁移也就意味着必要的数据必须加载到新的处理器中，这样做将导致流水线的内容被清空。另一方面，线程迁移也有可能提高整体性能，因为线程迁移能够有效地平衡负载，防止处理器空闲这类情况的出现。

FreeBSD 提供了两种线程迁移机制来平衡负载：拉取和推送。在拉取机制（pull mechanism）下，空闲处理器会设置一个全局空闲位（bit-mask），其他忙碌的处理器准备向自己的队列中添加线程时，会首先检查是否设置了空闲位，若发现存在空闲处理器，则将当前线程转移到空闲处理器。拉取机制对于低负载、随机负载或线程频繁运行和结束的情况比较有效。

拉取机制能够有效地解决处理器空闲而导致的计算资源浪费，但并不适用于以下情况：每个处理器都不空闲，且不同的处理器平衡负载不平均。推送机制（push mechanism）可以解决这个问题：调度程序每 0.5s 检查一次处理器的负载，找到任务量最大和最小的两个处理器，并平衡它们的任务队列。可以看出，推送机制能够保证线程的公平性。

10.6 Windows 调度

Windows 被设计成在高度交互的环境中或作为服务器，尽可能地响应单个用户的需求。Windows 实现了可抢占式调度程序，它具有灵活的优先级系统，在每一级上都包括轮转调度算法，在某些级上，优先级可以基于它们当前的线程活动情况动态变化。在 Windows 系统中，处理器的调度单位是线程而非进程。

10.6.1 进程和线程优先级

Windows 中的优先级被组织成两段（两类）：实时和可变。每一段都包括 16 种优先级。需要立即响应的线程在实时类中，它包括诸如通信之类的功能和实时任务。

大体上说，由于 Windows 使用了一种基于优先级的抢占式调度程序，因而具有实时优先级的线程优先于其他线程。当某个线程就绪时，若其优先级高于当前正执行的线程，则低优先级的线程被抢占，具有高优先级的进程占用处理器。

这两类优先级的处理方式有一定的不同（见图 10.14）。在实时优先级类（real-time priority class）中，所有线程具有固定的优先级，且它们的优先级永远不会改变，某一给定优先级的所有活动线程在一个轮转队列中。在可变优先级类（variable priority class）中，一个线程的优先级最初有一个初始值，但在其生命周期中可能会临时性上升。在每个优先级都有一个 FIFO 队列。一个线程的优先级发生变化时，它将在可变优先级类中从一个队列迁移到另一个队列。然而，优先级 15 或低于 15 的线程永远不能提升到 16（或其他实时类优先级别）。

对于可变优先级类中的线程，其最初优先级由两个值确定：进程的基本优先级和线程的基本优先级。进程基本优先级是进程对象的一个属性，它可以取从 1 到 15 的任何值（优先级 0 是执行体为每个处理器保留的空闲线程）。与进程对象相关联的每个线程对象有一个线程基本优先级属性，表明该线程相对于该进程的基本优先级。线程的基本优先级可以等于其进程的基本优先级，或者比进程的基本优先级高 2 级或低 2 级。因此，若一个进程的基本优先级为 4，它的某个线程的基本优先级为-1，则该线程最初的优先级为 3。

可变优先级类中的一个线程激活后，其实际优先级称为该线程的当前优先级，它可以在给定的范围内波动。当前优先级永远不会低于该线程的基本优先级的下限，也永远不会超过 15。图 10.15 给出了一个例子。一个进程对象的基本优先级属性值为 4 时，与这个进程对象相关联的每个线程对象的最初优先级一定在 2 和 6 之间。假设该线程的基本优先级是 4，则该线程的当前优先级根据需求在 4 到 15 之间变动，若 I/O 事件导致线程被中断，则内核将提升这个线程的优先级。当一个被提升优先级的线程由于用完时间配额而被中断时，内核将降低其优先级。可见处理器密集型线程趋向于具有较低的优先级，而 I/O 密集型线程则可能拥有更高的优先级。对于 I/O 密集型线程，执行体为交互式等待（如等待键盘或鼠标）提高其优先级，提升幅度要比为其他 I/O 类型（如磁盘 I/O）提高优先级的幅度大。因此在可变优先级类中，交互式线程往往具有最高的优先级。

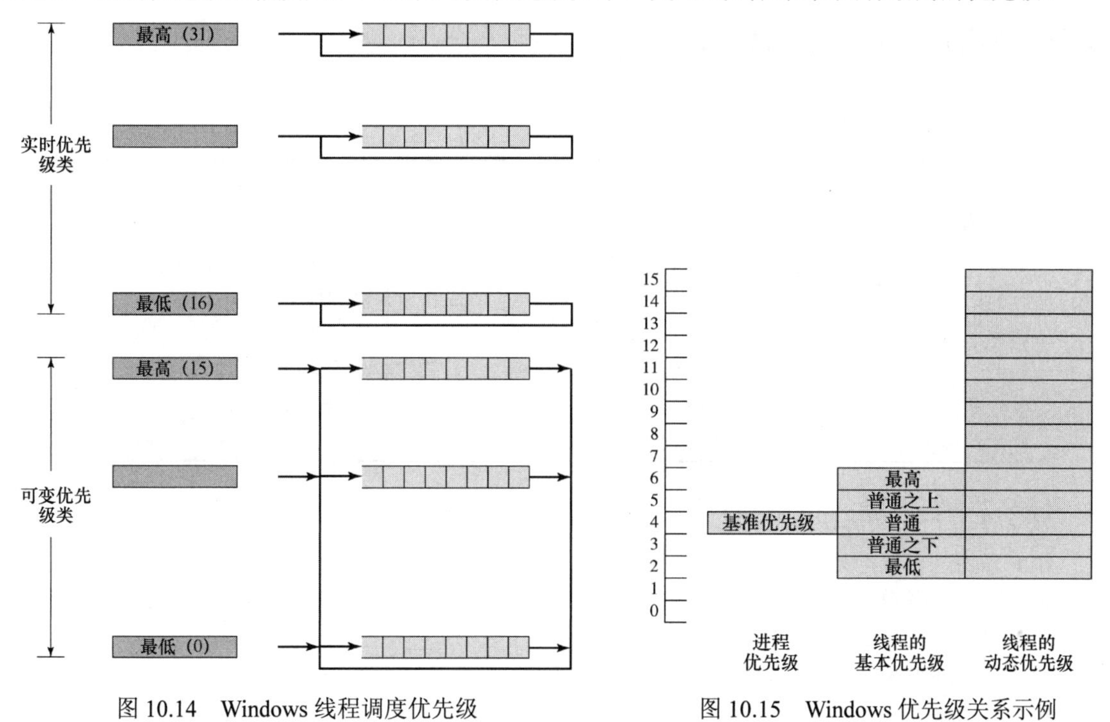

图 10.14　Windows 线程调度优先级　　图 10.15　Windows 优先级关系示例

10.6.2　多处理器调度

Windows 支持多处理器和多核硬件配置。任何进程的线程，包括那些执行体线程，可在任何处理器上运行。缺少关联限制时，内核分派器会为下一个可用处理器指定一个就绪线程。这就保证了没有处理器是空闲的，或在一个高优先级线程就绪时，没有处理器正在执行一个低优先级的线程。

默认情形下，内核分派器在将线程分配给处理器时，会使用软关联政策：分派器试图将一个就绪线程分配给该进程上次于其上运行的同一处理器。这可帮助重用该线程上次执行时，那些仍在处理器内存缓冲区中的数据。对于一个应用程序而言，可将其线程的执行限制到某些处理器上（硬关联）。

当 Windows 运行在一个处理器上时，优先级最高的线程总是活跃的，除非它正在等待一个事件。若有多个线程具有相同的最高优先级，则处理器在这一级的所有线程间循环共享。在具有 N 个处理器的多处理器系统中，内核试图将 N 个最高优先级的就绪线程分配给处理器，余下的低优先级线程必须等待，直到处理器上的线程被阻塞或其优先级被降低。低优先级线程在饥饿状态下，其优先级有可能被短暂地提升到 15，目的仅是为了纠正优先级反转的现象。

上述调度原则受线程的处理器亲和性（processor affinity）影响。若一个线程准备执行，但唯一可用的处理器不在其处理器亲和集中，则该线程被迫等待，内核调度下一个可以得到的线程。

10.7　小结

对于紧耦合的多处理器，多个处理器可以使用同一个内存。在这种配置中，调度结构更加复杂。例如，某个给定的进程在其生命周期中可以分配到同一个处理器，也可在它每次进入运行态时，分派到任何一个处理器上。性能研究表明，在多处理器系统中，不同调度算法间的差别并不是很重要。

实时进程或任务是指该进程的执行与计算机系统外部的某些进程、功能或事件集合有关，且为了保证有效和正确地与外部环境交互，必须满足一个或多个最后期限。实时操作系统是指能够管理实时进程的操作系统。在实时操作系统中，传统的调度算法原则不再适用，关键因素是满足最后期限。很大程度上依赖于抢占及对相对最后期限进行反应的算法，适合于这种情况。

10.8 关键术语、复习题和习题

10.8.1 关键术语

非周期性任务	负载分配	速率单调调度
限期调度	周期性任务	实时操作系统
确定性操作系统	优先级天花板	实时调度
故障弱化运行	优先级继承	响应性
组调度	优先级反转	软实时任务
粒度	处理器亲和性	线程调度
硬亲和性	拉取机制	无界优先级反转
硬实时任务	推送机制	

10.8.2 复习题

10.1 列出并简单定义 5 种不同级别的同步粒度。

10.2 列出并简单定义线程调度的 4 种技术。

10.3 列出并简单定义三种版本的负载分配。

10.4 硬实时任务和软实时任务有何区别？

10.5 周期性实时任务和非周期性实时任务有何区别？

10.6 列出并简单定义实时操作系统的 5 方面要求。

10.7 列出并简单定义 4 类实时调度算法。

10.8 一个任务的哪些信息在实时调度时非常有用？

10.8.3 习题

10.1 考虑一组周期任务（3 个），表 10.7 给出了它们的执行简表。按照类似于图 10.5 的形式，给出关于这组任务的调度图。

表 10.7 习题 10.1 的执行简表

进　程	到达时间	执行时间	完成最后期限
A（1）	0	10	20
A（2）	20	10	40
⋮	⋮	⋮	⋮
B（1）	0	10	50
B（2）	50	10	100
⋮	⋮	⋮	⋮
C（1）	0	15	50
C（2）	50	15	100
⋮	⋮	⋮	⋮

10.2 考虑一组非周期性任务（5 个），表 10.8 给出了它们的执行简表。按照类似于图 10.6 的形式，给出关于这组任务的调度图。

表 10.8　习题 10.2 的执行简表

进　程	到达时间	执行时间	启动最后期限
A	10	20	100
B	20	20	30
C	40	20	60
D	50	20	80
E	60	20	70

10.3 最低松弛度优先（Least Laxity First，LLF）算法是为实时系统中周期性任务设计的一种调度算法。松弛度是指，一个进程现在开始执行时，其预期结束时间和截止时间之间的时间间隔。这同时也是一个可供调度的时间窗口。松弛度定义为

松弛度 = 截止时间 - 当前时间 - 程序执行所需时间

LLF 选择松弛度最低的进程开始执行，若两个进程的松弛度相同，则采用先来先服务的策略。

a．若进程的松弛度为 t，则调度算法最多将该进程延迟多久启动，才能保证在截止时间前完成？

b．一个进程的松弛度为 0，说明了什么情况？

c．负松弛度表示什么意义？

d．有一组三个周期性任务，其执行特征如表 10.9(a)所示，绘制一个如图 10.5 所示的调度序列表，比较在这组任务上分别使用速率单调调度、最早截止时间优先、最低松弛度优先三种调度算法进行处理，并对结果进行分析。假设系统的抢占调度周期为 5ms。

表 10.9　习题 10.3 至习题 10.6 的执行简表

(a) 轻　载			(b) 重　载		
任　务	周　期	执行时间	任　务	周　期	执行时间
A	6	2	A	6	2
B	8	2	B	8	5
C	12	3	C	12	3

10.4 使用表 10.9(b)中的参数重复习题 10.3(d)，并对结果进行分析。

10.5 最大紧迫度优先（Maximum Urgency First，MUF）算法是一种用于周期性任务的实时调度算法。这种算法为每项任务分配一个紧迫度值，该值的定义是两个固定优先级和一个动态优先级的组合。其中一个固定的优先级是决定性的，优先于动态优先级。同时，这个动态优先级优于另一个固定优先级，后一个固定优先级称为*用户优先级*。动态优先级反比于一个任务的松弛度。可以将 MUF 解释如下。首先，任务按最短到最长周期排序。将前 N 个任务定义为关键任务集，这样，在最坏情况下，处理器的利用率也不会超过 100%。若在关键任务集中含有就绪的任务，则调度程序在关键任务集中选取一个松弛度最低的任务；否则调度程序在非关键任务集中选择一个松弛度最低的任务。通过一个可选的用户优先级，然后使用 FCFS，就可以打破这种限制。重复习题 10.3(d)，将 MUF 增加到图表中。假设用户定义的优先级是 A 最高、B 其次、C 最低，并对结果进行分析。

10.6 重复习题 10.4，在图表上添加 MUF，并对结果做出评价。

10.7 本题用于说明对于速率单调调度，式（10.2）是成功调度的充分条件而非必要条件［即有些尽管不满足式（10.2），也可能成功调度］。

a．考虑一个任务集，它包括以下独立的周期任务：

- 任务 P_1：$C_1 = 20$；$T_1 = 100$
- 任务 P_2：$C_2 = 30$；$T_2 = 145$

使用速率单调调度，这些任务可以成功地调度吗？

b．现在再向集合中增加以下任务：

- 任务 P_3：$C_2 = 68$；$T_2 = 150$

式（10.2）能满足吗？

c．假设前述三个任务的第一个实例在 $t = 0$ 时到达，且每个任务的第一个最后期限为

$D_1 = 100$；$D_2 = 145$；$D_3 = 150$

若使用速率单调调度，这三个最后期限都能得到满足吗？每个任务循环的最后期限是多少？

10.8 画出一个类似于图 10.9(b)的图表，表示对同一例子使用优先级置顶策略时的事件序列。

第五部分

输入/输出和文件

第 11 章　I/O 管理和磁盘调度

学习目标

- 总结计算机系统中 I/O 设备的主要分类
- 讨论 I/O 功能的组织结构
- 解释设计操作系统时，为支持 I/O 所遇到的一些主要问题
- 分析不同 I/O 缓冲技术的性能
- 了解磁盘存取过程所涉及的性能问题
- 了解 RAID 的概念并描述 RAID 的不同级别
- 理解磁盘缓存的性能意义
- 理解 UNIX、Linux 和 Windows 中的 I/O 机制

输入/输出可能是操作系统设计中最困难的部分。由于存在许多不同的设备及这些设备的应用，因此很难有一种通用的、一致的解决方案。

本章首先简要介绍 I/O 设备和操作系统中 I/O 功能的组织。通常而言，包含在计算机体系结构范围内的这些主题，是从操作系统角度来研究 I/O 的基础。

接下来的一节分析操作系统的设计问题，包括设计目标和 I/O 功能以何种方式组织。然后分析 I/O 缓冲，缓冲功能是操作系统提供的一种基本 I/O 服务，它可以提升整体性能。

本章的其他小节专门讲述磁盘 I/O。在现代操作系统中，这种形式的 I/O 最重要，且对用户所能感知的性能至关重要。首先建立一个磁盘 I/O 性能模型，然后分析几种可用于提高性能的技术。

附录 J 将总结辅助存储设备的特点，包括磁盘和光盘存储器。

11.1　I/O 设备

如第 1 章所述，计算机系统中参与 I/O 的外设大体上分为如下三类：

- **人可读**：适用于计算机用户间的交互，如打印机和终端。终端又包括显示器和键盘，以及其他一些可能的设备，如鼠标。
- **机器可读**：适用于与电子设备通信，如磁盘驱动器、USB 密钥、传感器、控制器和执行器。
- **通信**：适用于与远程设备通信，如数字线路驱动器和调制解调器。

各类别设备之间有很大的差别，甚至同一类别内的不同设备之间也有很大差异。主要差别包括：

- **数据传送速率**：数据传送速率可能会相差几个数量级，图 11.1 给出了一些例子。
- **应用**：设备用途对操作系统及其支撑设施中的软件和策略都有影响。例如，用于存储文件的磁盘需要文件管理软件的支持；在虚存系统中，用于页面备份的磁盘，其特性取决于虚拟存储器硬件和软件的使用的方式。此外，这些应用对磁盘调度算法也会产生影响（在本章后面讲述）。再如，终端既可被普通用户使用，又可被系统管理员使用。这两种使用情况隐含了不同的特权级别，而且可能在操作系统中拥有不同的优先级。
- **控制的复杂性**：打印机仅需要一个相对简单的控制接口，而磁盘的控制接口则要复杂得多。这些差别对操作系统的影响，在某种程度上被控制该设备的 I/O 模块的复杂性所过滤，这将在下节讨论。

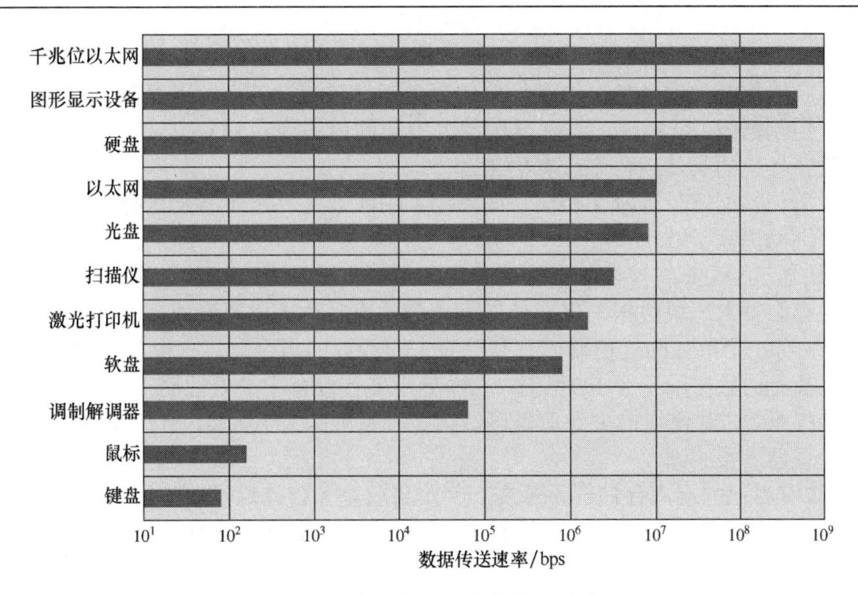

图 11.1　典型的 I/O 设备数据速率

- **传送单位**：数据可按字节流或字符流的形式传送（如终端 I/O），也可按更大的块传送（如磁盘 I/O）。
- **数据表示**：不同的设备使用不同的数据编码方式，这些差别包括字符编码和奇偶校验约定。
- **错误条件**：随着设备的不同，错误的性质、报告错误的方式、错误造成的后果及有效的响应范围，都各不相同。

这些差异使得不管是从操作系统的角度，还是从用户进程的角度，都很难找到一种统一的、一致的 I/O 解决方法。

11.2　I/O 功能的组织

附录 C 中总结了执行 I/O 的三种技术：

- **程序控制 I/O**：处理器代表一个进程给 I/O 模块发送一个 I/O 命令；该进程进入忙等待，直到操作完成才能继续执行。
- **中断驱动 I/O**：处理器代表进程向 I/O 模块发出一个 I/O 命令。有两种可能性：若来自进程的 I/O 指令是非阻塞的，则处理器继续执行发出 I/O 命令的进程的后续指令。若 I/O 指令是阻塞的，则处理器执行的下一条指令来自操作系统，它将当前的进程设置为阻塞态并调度其他进程。
- **直接内存访问（DMA）**：一个 DMA 模块控制内存和 I/O 模块之间的数据交换。为传送一块数据，处理器给 DMA 模块发请求，且只有在整个数据块传送结束后，它才被中断。

表 11.1 描述了这三种技术之间的关系。在大多数计算机系统中，DMA 是操作系统必须支持的主要数据传送形式。

表 11.1　I/O 技术

	无　中　断	使用中断
通过处理器实现 I/O 和内存间的传送	程序控制 I/O	中断驱动 I/O
I/O 和内存间直接传送		直接内存访问（DMA）

11.2.1　I/O 功能的发展

随着计算机系统的发展，单个部件的复杂度和完善度也随之增加，这在 I/O 功能上表现得最为明显。I/O 功能的发展可概括为以下阶段：

1. 处理器直接控制外围设备，这在简单的微处理器控制设备中可以见到。
2. 增加了控制器或 I/O 模块。处理器使用非中断的程序控制 I/O。在这一阶段，处理器开始从外部设备接口的具体细节中分离出来。
3. 本阶段所使的配置与阶段 2 相同，但采用了中断方式。处理器无须费时间等待执行一次 I/O 操作，因而提高了效率。
4. I/O 模块通过 DMA 直接控制存储器。现在可以在没有处理器参与的情况下，从内存中移出或往内存中移入一块数据，仅在传送开始和结束时才需要用到处理器。
5. I/O 模块有一个单独的处理器，有专门为 I/O 设计的指令集。中央处理器（CPU）指导 I/O 处理器执行内存中的一个 I/O 程序。I/O 处理器在没有中央处理器干涉的情况下取指令并执行这些指令。这就使得中央处理器可以指定一系列的 I/O 活动，且仅在整个序列执行完成后中央处理器才被中断。
6. I/O 模块有自己的局部存储器，事实上其本身就是一台计算机。使用这种体系结构可以控制许多 I/O 设备，并使需要中央处理器参与的部分降到最小。这种结构通常用于控制与交互终端的通信，I/O 处理器负责大多数控制终端的任务。

纵观上面的 I/O 发展过程可以发现，越来越多的 I/O 功能可在没有中央处理器参与的情况下执行。中央处理器逐步从 I/O 任务中解脱出来，因此提高了性能。在最后两个阶段（5 和 6），一个主要变化是引入了可执行程序的 I/O 模块的概念。

注意，对从阶段 4 到阶段 6 中描述的所有模块，用术语直接内存访问（DMA）是最适合的，因为所有这几种类型都包括了通过 I/O 模块对内存的直接控制；阶段 5 中的 I/O 模块通常称为 **I/O 通道**（I/O channel）；阶段 6 中的 I/O 模块称为 **I/O 处理器**（I/O processor）。但是，有时这两个术语同时适用于这两种情况。本节的后半部分对这两类 I/O 模块均使用术语 I/O 通道。

11.2.2 直接内存访问

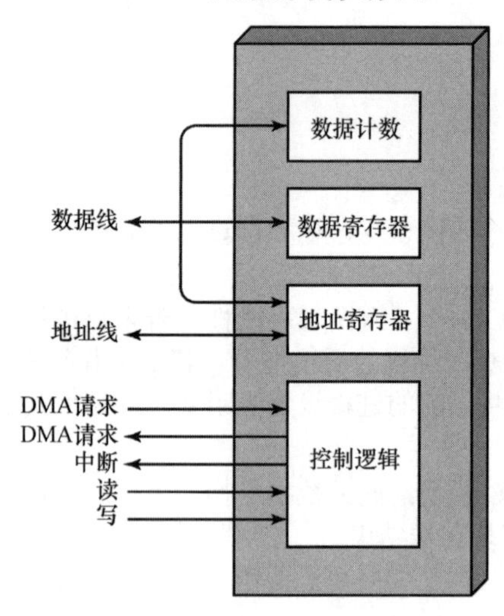

图 11.2 典型的 DMA 框图

图 11.2 概括地给出了 DMA 逻辑。DMA 单元能够模拟处理器，且实际上能够像处理器一样获得系统总线的控制权。这样做是为了能利用系统总线与存储器进行双向数据传送。

DMA 技术工作流程如下：处理器想读或写一块数据时，它通过向 DMA 模块发送以下信息来给 DMA 模块发出一条命令：

- 请求读操作或写操作的信号，通过在处理器和 DMA 模块之间使用读写控制线发送。
- 相关的 I/O 设备地址，通过数据线传送。
- 从存储器中读或向存储器中写的起始地址，在数据线上传送，并由 DMA 模块保存在其地址寄存器中。
- 读或写的字数，也通过数据线传送，并由 DMA 模块保存在其数据计数寄存器中。

然后处理器继续执行其他工作，此时它已把这个 I/O 操作委托给 DMA 模块。DMA 模块直接从存储器中或向存储器中逐字传送整块数据，并且数据不再需要通过处理器。传送结束后，DMA 模块给处理器发送一个中断信号。因此，只有在传送开始和结束时才会用到处理器［见图 C.4(c)］。

DMA 机制可按多种方法配置，图 11.3 给出了一些可能的配置情况。在第一个例子中，所有模块共享同一个系统总线，DMA 模块充当代理处理器，它使用程序控制 I/O 通过 DMA 模块在存储器和 I/O 模块之间交换数据。尽管这个配置的开销可能不大，但显然是低效的：与处理器控制的程序控制 I/O 一样，每传送一个字需要两个总线周期（传送请求及之后的传送）。

通过集成 DMA 和 I/O 功能，可大大降低所需的总线周期数量，如图 11.3(b)所示。这意味着除了系统总线之外，在 DMA 模块和一个或多个 I/O 模块之间还存在一条不包含系统总线的路径。DMA 逻辑实际上可能就是 I/O 模块的一部分，或可能是控制一个或多个 I/O 模块的一个单独模块。使用一个 I/O 总线连接 I/O 模块和 DMA 模块，如图 11.3(c)所示，可以进一步拓展这个概念。这就使得 DMA 模块中 I/O 接口的数量减少到 1，并提供了一种可以很容易地进行扩展的配置。在所有这些情况中，如图 11.3(b)和图 11.3(c)所示，DMA 模块与处理器、内存所共享的系统总线，仅用于 DMA 模块与内存交换数据以及与处理器交换控制信号。DMA 和 I/O 模块之间的数据交换是脱离系统总线完成的。

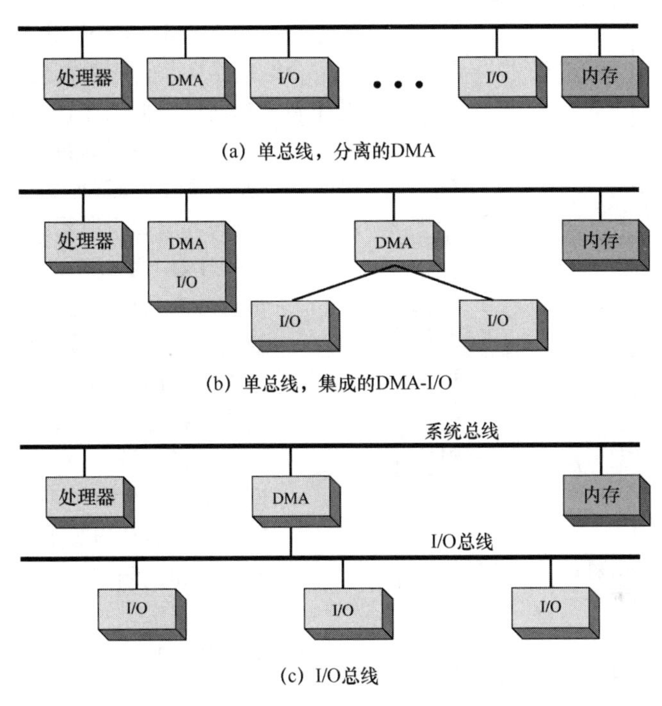

图 11.3　可选 DMA 配置

11.3　操作系统设计问题

11.3.1　设计目标

在设计 I/O 机制时，有两个最重要的目标：效率和通用性。效率（efficiency）很重要，因为 I/O 操作通常是计算机系统的瓶颈。再回到图 11.1，从中可以看出，与内存和处理器相比，大多数 I/O 设备的速度都非常低。解决该问题的一种方法是多道程序设计，如我们所见，多道程序设计允许在一个进程执行的同时，其他一些进程等待 I/O 操作。但是，即使到了计算机中拥有大量内存的今天，I/O 操作跟不上处理器活动的情况仍然会频繁出现。交换技术用于将额外的就绪进程加载到内存，从而使处理器处于工作状态，但这本身就是一个 I/O 操作。因此，I/O 设计的主要任务就是提高 I/O 的效率。目前，因其重要性而最受关注的是磁盘 I/O，本章的大部分内容专门研究磁盘 I/O 的效率。

另一个重要目标是*通用性*（generality）。出于简单和避免错误的考虑，人们希望能用一种统一的方式处理所有的设备。这意味着从两个方面都需要统一：一是处理器看待 I/O 设备的方式，二是操作系统管理 I/O 设备和 I/O 操作的方式。由于设备特性的多样性，在实际中很难真正实现通用性。目前所能做的就是用一种层次化、模块化的方法设计 I/O 功能。这种方法隐藏了大部分 I/O 设备低层例程中的细节，使得用户进程和操作系统高层可以通过如读、写、打开、关闭、加锁和解锁等通用的函数来操作 I/O 设备。下面将详细讲述这种方法。

11.3.2 I/O 功能的逻辑结构

在第 2 章介绍系统结构时，重点讲述了现代操作系统的层次特性。分层的原理是，操作系统的功能可以根据其复杂性、特征时间尺度（time scale）和抽象层次来分开。把这种原理应用于 I/O 机制可以得到图 11.4 所示的组织类型。组织的细节取决于设备的类型和应用程序。图中给出了三个最重要的逻辑结构。当然，某个特定的操作系统可能并不完全符合这些结构，但其基本原则是有效的，且大多数操作系统都通过类似的途径来组织 I/O。

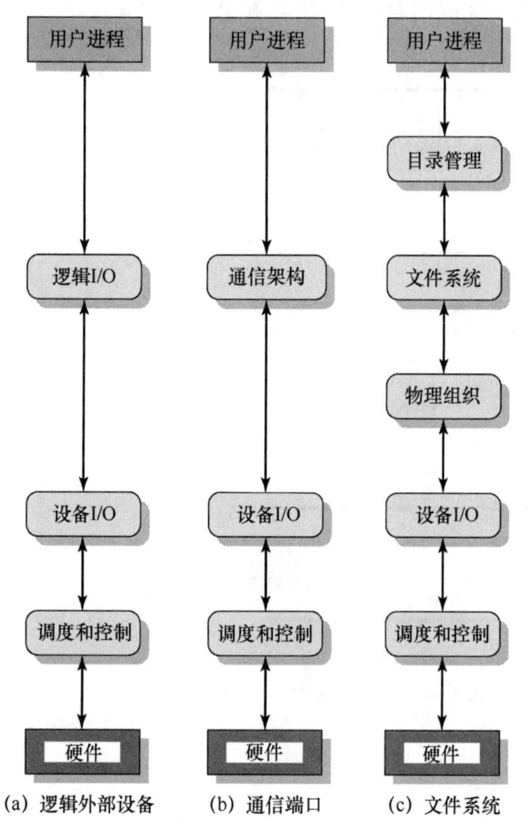

图 11.4 I/O 组织的一个模型

首先考虑一种最简单的情况。本地外设以一种简单的方式进行通信，如字节流或记录流，如图 11.4(a) 所示。涉及的各层如下所示：

- **逻辑 I/O**：逻辑 I/O 模块把设备当作一个逻辑资源来处理，它并不关心实际控制设备的细节。逻辑 I/O 模块代表用户进程管理的普通 I/O 功能，允许用户进程根据设备标识符及诸如打开、关闭、读、写之类的简单命令与设备打交道。
- **设备 I/O**：请求的操作和数据（缓冲的数据、记录等）被转换为适当的 I/O 指令序列、通道命令和控制器指令。可以使用缓冲技术来提高利用率。
- **调度和控制**：I/O 操作的排队、调度实际上发生在这一层。因此，在这一层处理中断，收集并报告 I/O 状态。这一层是与 I/O 模块和设备硬件真正发生交互的软件层。

就某个通信设备而言，I/O 结构［见图 11.4(b)］看上去和刚才描述的几乎一样。主要差别是逻辑 I/O 模块被通信体系结构取代，通信体系结构自身也是由许多层组成的。一个例子是第 17 章将详细描述的 TCP/IP。

图 11.4(c)显示了一个有代表性的结构，该结构常用于在支持文件系统的辅存设备上管理 I/O。这里用到了前面未介绍的三层：

- **目录管理**：在这一层，符号文件名被转换为标识符，采用标识符时可通过文件描述符表或索引表直接或间接地访问文件。这一层还处理影响文件目录的用户操作，如添加、删除、重新组织等。
- **文件系统**：这一层处理文件的逻辑结构及用户指定的操作，如打开、关闭、读、写等。这一层还管理访问权限。
- **物理组织**：就像考虑到分段和分页结构，虚存地址必须转换为物理内存地址一样，考虑到辅存设备的物理磁道和扇区结构，对于文件和记录的逻辑访问也必须转换为物理外存地址。辅助存储空间和内存缓冲区的分配通常也在这一层处理。

由于文件系统非常重要，本章和下一章将花较大的篇幅来介绍其各个组成部分。本章的论述主要集中在比较低的三层，比较高的两层将在第 12 章讲述。

11.4 I/O 缓冲

假设某个用户进程需要从磁盘中读入多个数据块，每次读一块，每块的长度为 512 字节。这些数据将被读入用户进程地址空间中的某个区域，如从虚拟地址 1000 到 1511 的区域。最简单的方法是对磁盘单元执行一个 I/O 命令（类似于 `Read_Block[1000, disk]`），并等待数据传送完毕。这个等待可以是忙等待（不断地测试设备状态），也可以是进程被中断挂起。

这种方法存在两个问题。首先，程序被挂起，等待相对比较慢的 I/O 完成。其次，这种 I/O 方法干扰了操作系统的交换决策。在数据块传送期间，从 1000 到 1511 的虚拟地址单元必须保留在内存中，否则某些数据就有可能丢失。若使用了分页机制，则至少需要将包含目标地址单元的页锁定在内存中。因此，尽管该进程的一部分页面可能被交换到磁盘，但不可能把该进程全部换出，即使操作系统想这么做也不行。还需要注意的是有可能出现单进程死锁。若一个进程发出一个 I/O 命令并被挂起等待结果，然后在开始 I/O 操作之前被换出，则该进程被阻塞，它等待 I/O 事件的发生，此时 I/O 操作也被阻塞，它等待该进程被换入。为避免死锁，在发出 I/O 请求之前，参与 I/O 操作的用户存储空间必须立即锁定在内存中，即使这个 I/O 操作正在排队，且在一段时间内不会被执行。

同样的考虑也适用于输出操作。若一个数据块从用户进程区域直接传送到一个 I/O 模块，则在传送过程中，该进程会被锁定，且不会被换出。

为避免这些开销和低效操作，有时为了方便起见，在输入请求发出前就开始执行输入传送，并且在输出请求发出一段时间之后才开始执行输出传送，这项技术称为**缓冲**。本节将讲述几个操作系统所支持并能提高系统性能的缓冲方案。

在讨论各种缓冲方法时，有时需要区分两类 I/O 设备：面向块的 I/O 设备和面向流的 I/O 设备。**面向块**（block-oriented）的设备将信息保存在块中，块的大小通常是固定的，传送过程中一次传送一块。通常可以通过块号访问数据。磁盘和 USB 智能卡都是面向块的设备。**面向流**（stream-oriented）的设备以字节流的方式输入/输出数据，它没有块结构。终端、打印机、通信端口、鼠标和其他指示设备及其他大多数非辅存设备，都属于面向流的设备。

11.4.1 单缓冲

操作系统提供的最简单的缓冲类型是单缓冲，如图 11.5(b)所示。当用户进程发出 I/O 请求时，操作系统为该操作分配一个位于内存中的系统部分的缓冲区。

对于面向块的设备，单缓冲方案可描述如下：输入传送的数据被放到系统缓冲区中。当传送完成时，进程把该块移到用户空间，并立即请求另一块。这称为**预读**，或预先输入。这样做的原因是期望这块数据最终会被使用。对于许多计算类型来说，这个假设在大多数情况下是合理的，因为数据通常是被顺序访问的。只有在处理序列的最后，才会读入一个不必要的块。

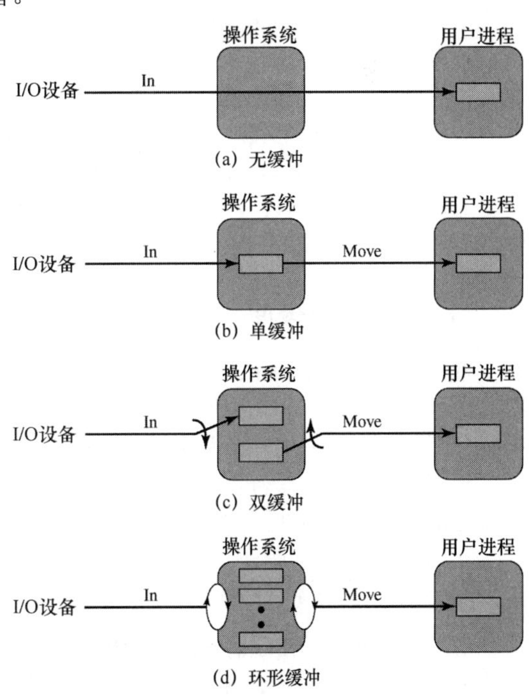

图 11.5　I/O 缓冲方案（输入）

相对于无系统缓冲的情况，这种方法通常会提高系统速度。用户进程可在下一数据块读取的同时，处理已读入的数据块。由于输入发生在系统内存而非用户进程内存中，因此操作系统可以将该进程换出。但是，这种技术增加了操作系统的逻辑复杂度。操作系统必须记录给用户进程分配系统缓冲区的情况。交换逻辑也受到影响：I/O 操作所涉及的磁盘和用于交换的磁盘是同一个磁盘时，磁盘写操作排队等待将进程换出到同一个设备上是没有任何意义的。若试图换出进程并释放内存，则要在 I/O 操作完成后才能开始，而在这时，把进程换出到磁盘已经不再合适。

类似的考虑也适用于面向块的输出。当准备将数据发送到一台设备时，首先把这些数据从用户空间复制到系统缓冲区，它最终是从系统缓冲区中被写出的。发请求的进程现在可以自由地继续执行，或者在必要时换出。

[KNUT97]给出了使用单缓冲和不使用缓冲时的性能比较，这一比较虽然粗略，但能说明问题。假设 T 是输入一个数据块所需要的时间，C 是两次输入请求之间所需的计算时间。无缓冲时，每块的执行时间为 $T + C$。有一个缓冲区时，执行时间为 $\max[C, T] + M$，其中 M 是把数据从系统缓冲区复制到用户内存所需要的时间。在大多数情况下，使用单缓冲时每块的执行时间明显少于没有缓冲的情况。

对于面向流的 I/O，单缓冲方案能以每次传送一行的方式或每次传送一字节的方式使用。每次传送一行适合于滚动模式的终端（有时也称*哑终端*）。对于这种类型的终端，用户每次输入一行，用回车表示到达行尾，并且输出到终端时也是类似地每次输出一行。行式打印机是这类设备的另一个例子。每次传送一字节适用于表格模式终端，每次击键对它来说都很重要，许多其他外设如传感器和控制器等都属于这种类型。

对于每次传送一行的 I/O，可以用缓冲区保存单独一行数据。在输入期间用户进程被挂起，等待整行的到达。对于输出，用户进程可以把一行输出放在缓冲区中，然后继续执行。它不需要挂起，除非在第一次输出操作的缓冲区内容清空之前，又需要发送第二行输出。对于每次传送一字节的 I/O，操作系统和用户进程之间的交互参照第 5 章讲述的生产者/消费者模型进行。

11.4.2 双缓冲

单缓冲方案的改进版可为操作分配两个系统缓冲区，如图 11.5(c)所示。在一个进程向一个缓冲区中传送数据（从这个缓冲区中取数据）的同时，操作系统正在清空（或填充）另一个缓冲区，这种技术称为*双缓冲*（double buffering）或*缓冲交换*（buffer swapping）。

对于面向块的传送，我们可以粗略地估计执行时间为 $\max[C, T]$。因此，若 $C \le T$，则有可能使面向块的设备全速运行；另一方面，若 $C > T$，则双缓冲能确保该进程不需要等待 I/O。在任何情况下，双缓冲的性能与单缓冲相比都有所提升，但这种提升是以增加复杂性为代价的。

对于面向流的输入，我们再次面临两种可选操作模式。对于每次传送一行的 I/O，用户进程不需要为输入或输出挂起，除非该进程的运行速度超过了双缓冲的速度。对于每次传送一个字节的操作，双缓冲与具有两倍长度的单缓冲相比，并无特别的优势。这两种情况都采用生产者/消费者模型。

11.4.3 循环缓冲

双缓冲方案能平滑 I/O 设备和进程之间的数据流。若我们关注的重点是某个特定进程的性能，则通常希望相关 I/O 操作能够跟得上这个进程。若进程需要执行大量的 I/O 操作，则仅有双缓冲并不够，此时通常要使用多于两个缓冲区的方案来弥补需求的不足。

使用两个以上的缓冲区时，这组缓冲区本身会被当作循环缓冲区，如图 11.5(d)所示，其中每个缓冲区是这个循环缓冲区的一个单元。这就是第 5 章研究的有界缓冲区生产者/消费者模型。

11.4.4 缓冲的作用

缓冲是用来平滑 I/O 需求的峰值的一种技术，但在进程的平均需求大于 I/O 设备的服务能力时，缓冲再多也无法让 I/O 设备与该进程一直并驾齐驱。即使有多个缓冲区，所有的缓冲区也终将会被填满，进程每处理一大块数据后不得不等待。但在多道程序设计环境中，当存在多种 I/O 活动和多种进程活动时，缓冲是提高操作系统效率和单个进程性能的一种方法。

11.5 磁盘调度

在过去的 40 年中，处理器速度和内存速度的提高远远超过了磁盘访问速度的提高：处理器和内存的速度提高了两个数量级，磁盘访问的速度只提高了一个数量级。因此，当前磁盘的速度比内存至少慢了 4 个数量级，这一差距在未来仍将继续存在。因此，磁盘存储子系统的性能至关重要。目前，许多研究正致力于如何提高磁盘存储子系统的性能。本节着重介绍一些关键问题和最重要的方法。由于磁盘系统的性能与文件系统的设计问题紧密相关，因此第 12 章将继续进行这方面的论述。

11.5.1 磁盘性能参数

磁盘 I/O 的实际操作细节取决于计算机系统、操作系统以及 I/O 通道和磁盘控制器硬件的特性。图 11.6 给出了磁盘 I/O 传送的一般时序图。

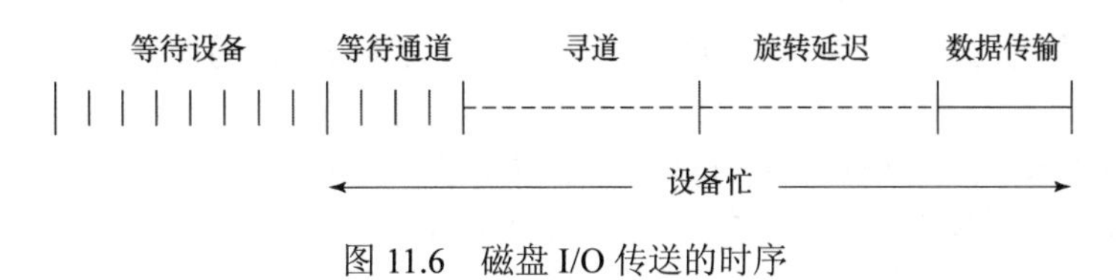

图 11.6 磁盘 I/O 传送的时序

磁盘驱动器工作时，磁盘以某个恒定的速度旋转。为了读或写，磁头必须定位于指定的磁道和该磁道中指定扇区的开始处[①]。磁道选择包括在活动头系统中移动磁头，或在固定头系统中电子选择一个磁头。在活动头系统中，磁头定位到磁道所需要的时间称为*寻道时间*（seek time）。在任何情况下，一旦选择好磁道，磁盘控制器就开始等待，直到适当的扇区旋转到磁头处。磁头到达扇区开始位置的时间称为*旋转延迟*（rotational delay）。寻道时间（存在时）和旋转延迟的总和为*存取时间*（access time），这是达到读或写位置所需要的时间。一旦磁头定位完成，磁头就通过下面旋转的扇区，开始执行读操作或写操作，这正是操作的数据传送部分。传输所需的时间是*传输时间*（transfer time）。

除了存取时间和传输时间外，一次磁盘 I/O 操作通常还会存在排队延迟。进程发出一个 I/O 请求时，它须先在一个队列中等待该设备可用。时间合适时，会将设备分配给这个进程。若这个设备与其他磁盘驱动器共享一个 I/O 通道或一组 I/O 通道，则还可能需要额外的等待时间，直到该通道可用。在这之后才开始访问磁盘。

在某些高端服务器系统中，使用了一种称为*旋转定位感知*（Rotational Positional Sensing，RPS）的技术。这种技术的具体工作流程如下：发出一个寻道命令时，通道被释放以处理其他的 I/O 操作；寻道完成后，设备确定何时数据旋转到磁头下面；该扇区接近磁头时，设备试图重新建立到主机的通信路径；若控制单元或通道正忙于处理另一个 I/O，则重新连接的尝试失败，设备必须旋转一周后才能再次尝试重新连接，这称为一次 *RPS 失败*。这也是一个额外延迟，必须添加到图 11.6 中的时间轴上。

寻道时间 寻道时间是将磁头臂移到指定磁道所需要的时间。事实证明，这个时间很难减少。寻道时间由两个重要部分组成：最初启动时间，以及访问臂达到一定的速度后，横跨那些其必须跨越的磁道所需要的时间。遗憾的是，横跨磁道的时间不是磁道数量的线性函数，它还包括一个稳定时间（从磁头定位于目标磁道直到确认磁道标识之间的时间）。

许多提升都来自更小更轻的磁盘部件。多年前，磁盘直径为 14 英寸，而如今最常见的大小为 3.5 英寸，减少了磁头臂所需移动的距离。今天，典型的硬盘平均寻道时间小于 10ms。

---

① 关于磁盘组织和格式化的讨论，请参阅附录 J。

旋转延迟　旋转延迟是指将磁盘的待访问地址区域旋转到读/写磁头可访问的位置所需要的时间。磁盘的旋转速率为 3600（手持设备如数码相机）～15000rpm，其中 15000rpm 相当于每 4ms 旋转一周。因此，在此速度下，平均旋转延迟为 2ms。

传输时间　向磁盘传送或从磁盘传送的时间取决于磁盘的旋转速度，并用如下公式表示：

$$T=\frac{b}{rN}$$

式中，T 表示传输时间；b 表示要传送的字节数；N 表示一个磁道中的字节数；r 表示旋转速度，单位为转/秒。因此，总平均存取时间表示为

$$T_a=T_s+\frac{1}{2r}+\frac{b}{rN}$$

式中，T_s 为平均寻道时间。

时序比较　定义前面的参数后，现在考虑两个不同的 I/O 操作，以说明依赖平均值的风险。考虑一个典型的磁盘，其平均寻道时间为 4ms，转速为 7500rpm，每个磁道有 500 个扇区，每个扇区有 512 字节。假设读取一个包含 2500 个扇区、大小为 1.28MB 的文件。下面计算传送需要的总时间。

首先，假设文件尽可能紧凑地保存在磁盘上，也就是说，文件占据了 5 个相邻磁道中的所有扇区（5 个磁道×500 个扇区/磁道 =2500 个扇区），这就是通常所说的顺序组织。现在，读第一个磁道的时间如下：

平均寻道	4ms
旋转延迟	4ms
读 500 个扇区	8ms
	16ms

假设现在可以不需要寻道时间而读取其余的磁道，也就是说，I/O 操作能跟得上来自磁盘的数据流。那么，最多需要为随后的每个磁道处理旋转延迟。因此，后面的每个磁道能在 4 + 8 = 12ms 内读入。为读取整个文件，

$$总时间=16+(4\times12)=64ms=0.064s$$

现在计算在随机访问的情况下（不是顺序访问的情况下）读取相同数据所需要的时间，也就是说，对扇区的访问随机分布在磁盘上。对每个扇区，可得

平均寻道	4ms
旋转延迟	4ms
读 1 个扇区	0.016ms
	8.016ms

$$总时间=2500\times8.016=20040ms=20.04s$$

显然，从磁盘读扇区的顺序对 I/O 的性能有很大的影响。在文件访问需要读或写多个扇区的情况下，我们可以对数据在扇区上的存储方式进行一定的控制，下一章将会介绍这方面的内容。然而，即使在访问一个文件的情况下，在多道程序环境中，也会出现 I/O 请求竞争同一个磁盘的情况。因此，在完全随机访问的磁盘上，分析可以提高磁盘 I/O 性能的途径是非常值得的。

11.5.2　磁盘调度策略

在前述例子中，产生性能差异的原因可以追溯到寻道时间。若扇区访问请求包括随机选择磁道，则磁盘 I/O 系统的性能会非常低。为提高性能，需要减少花费在寻道上的时间。

考虑在多道程序环境中的一种典型情况，即操作系统为每个 I/O 设备维护一个请求队列。因此，

对一个磁盘来说，队列中可能有来自多个进程的许多 I/O 请求（写和读）。若随机地从队列中选择项目，则磁道完全是被随机访问的，这种情况下的性能最差。随机调度（random scheduling）可用于与其他技术进行对比，以评估这些技术。

图 11.7 比较了不同调度算法对 I/O 请求序列的性能表现。纵轴表示磁盘上的磁道；横轴表示时间，或跨越磁道的数量。在该例中，假设磁盘有 200 个磁道，磁盘请求队列中是一些随机请求。被请求的磁道，按照磁盘调度程序的接收顺序分别为 55、58、39、18、90、160、150、38、184。表 11.2(a)给出了相应的结果。

先进先出（FIFO）　最简单的调度是先进先出（FIFO）调度，它按顺序处理队列中的项目。该策略的优点是公平，每个请求都会得到处理，且按接收到的顺序处理。图 11.7(a)显示了磁头臂以 FIFO 策略移动的情况。该图由表 11.2(a)中的数据直接生成。可以看到，磁盘的访问顺序与请求被最初接收到的顺序是一致的。

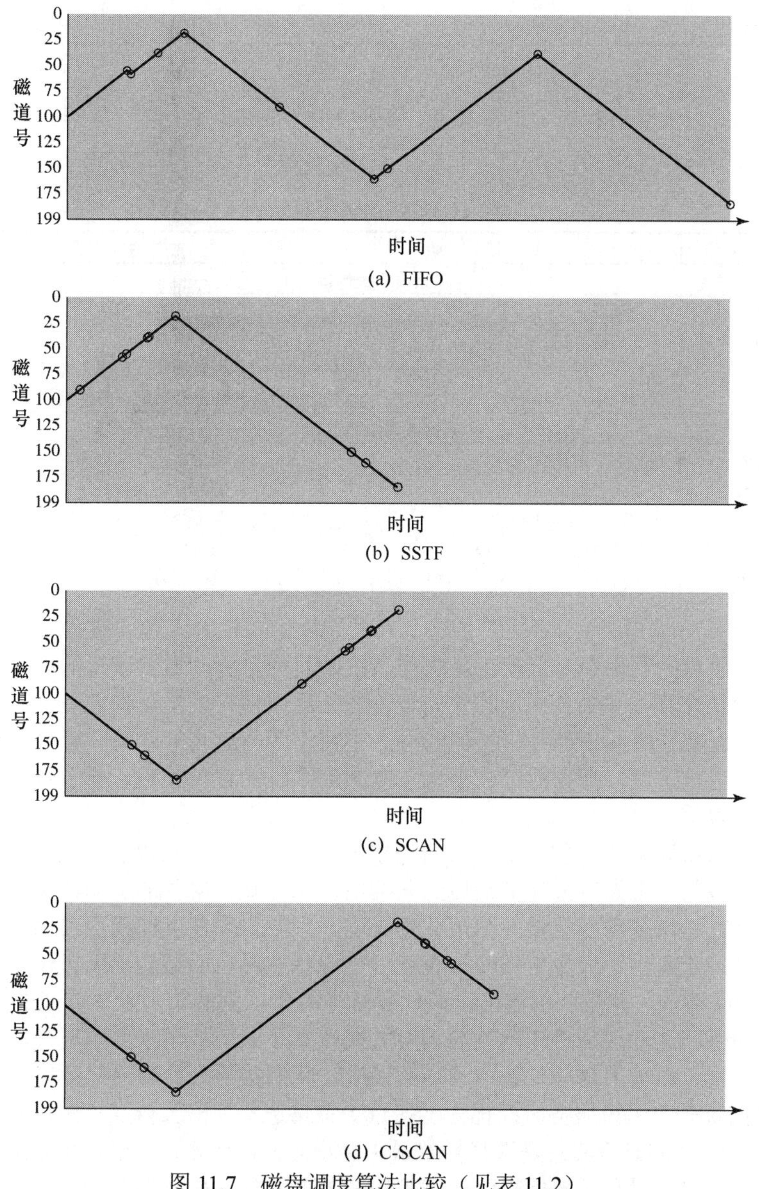

图 11.7　磁盘调度算法比较（见表 11.2）

表 11.2 磁盘调度算法比较

(a) FIFO（从磁道 100 处开始）		(b)SSTF（从磁道 100 处开始）		(c)SCAN（从磁道 100 处开始，以磁道号增大的顺序）		(d) C-SCAN（从磁道 100 处开始，以磁道号增大的顺序）	
下一个被访问的磁道	横跨的磁道数	下一个被访问的磁道	横跨的磁道数	下一个被访问的磁道	横跨的磁道数	下一个被访问的磁道	横跨的磁道数
55	45	90	10	150	50	150	50
58	3	58	32	160	10	160	10
39	19	55	3	184	24	184	24
18	21	39	16	90	94	18	166
90	72	38	1	58	32	38	20
160	70	18	20	55	3	39	1
150	10	150	132	39	16	55	16
38	112	160	10	38	1	58	3
184	146	184	24	18	20	90	32
	—		—		—		—
平均寻道长度	55.3	平均寻道长度	27.5	平均寻道长度	27.8	平均寻道长度	35.8

使用 FIFO，若只有需要访问某些进程，且大多数请求都是访问簇聚的文件扇区，则有望达到较好的性能。但是，若有大量进程竞争一个磁盘，则这种技术在性能上往往接近于随机调度。因此，需要考虑一些更复杂的调度策略。表 11.3 列出了许多这类策略，下面分别讲述。

表 11.3 磁盘调度算法

名 称	说 明	注 释
	根据请求者选择	
随机	随机调度	用于分析和模拟
FIFO	先进先出	最公平的调度
PRI	进程优先级	在磁盘队列管理之外控制
LIFO	后进先出	局部性最好，资源利用率最高
	根据被请求项选择	
SSTF	最短服务时间优先	利用率高，队列小
SCAN	在磁盘上往复	服务分布比较好
C-SCAN	单向，快速返回	服务变化较低
N 步 SCAN	一次 *N* 个记录的 SCAN	服务保证
FSCAN	*N* 步扫描，*N* 等于 SCAN 循环开始处的队列大小	负载敏感

优先级 对于基于优先级（PRI）的系统，有关调度的控制并不包含磁盘管理软件的控制。这种方法并不会优化磁盘的利用率，但能满足操作系统的其他目标。通常较短的批作业和交互作业的优先级较高，而较长计算时间的长作业的优先级较低。这就使得大量短作业能够迅速地通过系统，并能提供较好的交互响应时间。但是，长作业可能不得不等待过长的时间。此外，这种策略可能会导致部分用户采用对抗手段：把作业分成小块，以回应系统的这种策略。对于数据库系统，这类策略往往会使得性能较差。

后进先出 令人惊讶的是，优先处理最新请求的策略具有一定的价值。在事务处理系统中，由于顺序读取文件的缘故，把设备分配给最后到来的用户，可减少磁臂的运动，甚至没有磁臂运动。利用这样的局部性，可以提高吞吐量并缩短队列长度。只要一项任务能积极使用文件系统，它将会被尽快处理。但是，磁盘由于大量工作而一直处于忙碌状态时，明显会出现饥饿的可能性。一旦任务在队列中发出 I/O 请求，并从队头退出，该任务就不能再回到队头，除非前面的队列清空。

FIFO、优先级和 LIFO（后进先出）的调度方式仅基于队列或请求者的属性。若调度程序知道当前轨道的位置，则可以采用这些基于请求项的调度。我们接下来检验这些策略。

最短服务时间优先 最短服务时间优先（SSTF）策略选择使磁头臂从当前位置开始移动最少的磁盘 I/O 请求。因此，SSTF 策略总是选择导致最小寻道时间的请求。当然，总是选择最小寻道时间并不能保证平均寻道时间最小，但能提供比 FIFO 更好的性能。由于磁头臂可沿两个方向移动，因此能使用一种随机选择算法解决距离相等的情况。

图 11.7(b)和表 11.2(b)显示了与前面 FIFO 使用同一个例子的 SSTF 性能。第一个被访问的磁道是 90，因为该磁道是距离起始位置最近的被请求磁道。下一个被访问的磁道是 58，因为它是剩余的请求中距当前位置（磁道 90）最近的磁道。后面访问磁道的选择与此类似。

SCAN　除 FIFO 外，迄今为止描述的所有策略都可能使某些请求直到整个队列为空时才可完成。也就是说，可能总有新请求到达，且它会在队列中已存在的请求之前被选择。为避免出现这类饥饿的情形，一种比较简单的方法是 SCAN（扫描）算法。因其运行与电梯类似，故也称电梯算法。

SCAN 要求磁头臂仅沿一个方向移动，并在途中满足所有未完成的请求，直到它到达这个方向上的最后一个磁道，或者在这个方向上没有其他请求为止，后一种改进有时称为 LOOK 策略。接着反转服务方向，沿相反方向扫描，同样按顺序完成所有请求。

图 11.7(c)和表 11.2(c)说明了 SCAN 策略。假设最初的方向是磁道序号递增的方向，则第一个选择的磁道是 150，因为该磁道是递增方向上距磁道 100 最近的磁道。

可以看出，SCAN 策略的行为和 SSTF 策略非常类似。实际上，若在例子开始时，假设磁头臂沿磁道号减小的方向移动，则 SSTF 和 SCAN 的调度方式是相同的。但这仅是一个静态的例子，队列在这期间不会增加新的请求。即使队列动态变化，除非请求模式不符合常规，否则 SCAN 仍然类似于 SSTF。

注意，SCAN 策略对最近横跨过的区域不公平，因此它并不像 SSTF 和 LIFO 那样能很好地利用局部性。

不难看出，SCAN 策略偏爱那些请求接近最靠里或最靠外的磁道的作业，且偏爱最近的作业。第一个问题可通过 C-SCAN 策略得以避免，第二个问题可通过 *N* 步扫描策略解决。

C-SCAN　C-SCAN（循环 SCAN）策略把扫描限定在一个方向上。因此，当访问到沿某个方向的最后一个磁道时，磁头臂返回到磁盘相反方向末端的磁道，并再次开始扫描。这就减少了新请求的最大延迟。对于 SCAN，若从最里面的磁道扫描到最外面的磁道的期望时间为 t，则这个外设上的扇区的期望服务间隔为 $2t$。而对于 C-SCAN，该间隔约为 $t + s_{max}$，其中 s_{max} 是最大寻道时间。

图 11.7(d)和表 11.2(d)说明了 C-SCAN 的行为。在该例中，最先访问的三个被请求的磁道是 150、160 和 184。然后从磁道编号最小处开始扫描，接下来访问的磁道是 18。

***N* 步 SCAN 和 FSCAN**　对于 SSTF、SCAN 和 C-SCAN，磁头臂可能很长一段时间内都不会移动。例如，若一个或多个进程对一个磁道有较高的访问速度，则它们可通过重复地请求这个磁道来垄断整个设备。高密度多面磁盘比低密度磁盘以及单面或双面磁盘更易受这种特性的影响。为避免这种“磁头臂的黏性”，磁盘请求队列被分成多段，一次只有一段被完全处理。这种方法的两个例子是 *N* 步 SCAN 和 FSCAN。

N 步 SCAN 策略把磁盘请求队列分成长度为 *N* 的几个子队列，每次用 SCAN 处理一个子队列。在处理某个队列时，新请求必须添加到其他某个队列中。若在扫描的最后，剩下的请求数小于 *N*，则它们全在下一次扫描时处理。对于较大的 *N* 值，*N* 步 SCAN 的性能接近于 SCAN；当 $N = 1$ 时，实际上就是 FIFO。

FSCAN 是一种使用两个子队列的策略。扫描开始时，所有请求都在一个队列中，另一个队列为空。在扫描过程中，所有新到的请求都放入另一个队列。因此，对新请求的服务延迟到处理完所有老请求之后。

11.6　RAID

前面曾提到，辅存性能的提高速度远低于处理器和内存性能的提高速度，这种失配使得磁盘存储系统可能会成为提高整个计算机系统性能的关键。

和计算机性能的其他领域一样，磁盘存储器的设计人员认识到，若使用一个组件对性能的影响有限，则并行使用多个组件可获得额外的性能提高。在磁盘存储器的情况下，这就导致了独立并行运行的磁盘阵列的开发。通过多个磁盘，多个独立的 I/O 请求可并行地进行处理，只要它们所需的数据驻留在不同的磁盘中。此外，若要访问的数据块分布在多个磁盘上，I/O 请求也可并行执行。

使用多个磁盘时，组织数据的方法有多种，且可通过增加冗余度来提高可靠性。这就导致难以开发在多个平台和操作系统中均可使用的数据库方案。所幸的是，关于多磁盘数据库设计已形成了一个标准方案，称为*独立磁盘冗余阵列*（Redundant Array of Independent Disks，RAID）。RAID 方案包括从 0 到 6 的 7 个级别[①]。这些级别并不隐含一种层次关系，但表明了不同的设计体系结构。这些设计体系结构具有三个共同的特性：

1. RAID 是一组物理磁盘驱动器，操作系统把它视为单个逻辑驱动器。

2. 数据分布在物理驱动器阵列中，这种设计称之为条带化，将在后面详述。

3. 使用冗余磁盘容量保存奇偶检验信息，保证在一个磁盘失效时，数据具有可恢复性。

不同的 RAID 级别中，第二个特性和第三个特性的细节不同；RAID0 和 RAID1 不支持第三个特性。

术语 RAID 最初出现在加州大学伯克利分校的一个研究小组的论文中[PATT88][②]。这篇论文概述了各种 RAID 配置和应用，并给出了 RAID 的各个级别的定义，且这一定义沿用至今。RAID 策略用多个小容量驱动器代替大容量磁盘驱动器，并以能同时从多个驱动器访问数据的方式来分布数据，因此提高了 I/O 的性能，并能更容易地增加容量。

RAID 特有的贡献是有效地解决了对冗余的要求。尽管 RAID 允许多个磁头和动臂机构同时操作，以达到更高的 I/O 速度和数据传送率，但使用多个设备增大了失效的概率。为补偿这种可靠性的降低，RAID 通过存储奇偶校验信息来从磁盘的失效中恢复所丢失的数据。

下面开始分析 RAID 的每个级别。表 11.4 大致总结了 RAID 的 7 个级别。其中，I/O 的性能以下面两种能力表示：数据传送的能力或移动数据的能力，以及 I/O 请求率或 I/O 请求的完成能力，因为 RAID 不同级别之间的性能差别主要表现在这两种能力上。RAID 不同级别的优点都以粗体表示。图 11.8 给出了一个例子，说明了分别使用 7 种 RAID 方案，在无冗余的情况下需要 4 个磁盘的数据容量。这幅图强调了用户数据和冗余数据的布局，表明了不同级别之间的相对存储需求。下面的论述自始至终都要用到这幅图。

表 11.4　RAID 级别

类　别	级别	说　明	磁盘请求	数据可用性	大 I/O 数据量传送能力	小 I/O 请求率
条带化	0	非冗余	N	低于单个磁盘	很高	读和写都很高
镜像	1	被镜像	$2N$	高于 RAID 2、3、4 或 5；低于 RAID 6	读时高于单个磁盘；写时与单个磁盘相近	读时最快为单个磁盘的两倍；写时与单个磁盘相近
并行访问	2	通过汉明码实现冗余	$N+m$	明显高于单个磁盘；与 RAID 3、4 或 5 可比	所有列出方案中最高的	约为单个磁盘的两倍
	3	交错位奇偶校验	$N+1$	明显高于单个磁盘；与 RAID 2、4 或 5 可比	所有列出方案中最高的	约为单个磁盘的两倍
独立访问	4	交错块奇偶校验	$N+1$	明显高于单个磁盘；与 RAID 2、3 或 5 可比	读时与 RAID 0 相近；写时明显慢于单个磁盘	读时与 RAID 0 相似；写时明显慢于单个磁盘
	5	交错块分布奇偶校验	$N+1$	明显高于单个磁盘；与 RAID 2、3 或 4 可比较	读时与 RAID 0 相近；写时慢于单个磁盘	读时与 RAID 0 相似；写时通常慢于单个磁盘
	6	交错块双重分布奇偶校验	$N+2$	所有列出方案中最高的	读时与 RAID 0 相近；写时慢于 RAID 5	读时与 RAID 0 相近；写时明显慢于 RAID 5

N 表示数据磁盘数量；m 与 $\log N$ 成比例。

---

① 有些研究人员和公司还定义了一些额外的级别，但本节所述的 7 个级别得到了人们的普遍认可。

② 论文中的首字母缩写 RAID 表示*廉价磁盘冗余阵列*（Redundant Array of Inexpensive Disk）。术语*廉价*（inexpensive）用于对比 RAID 阵列中使用的相对较小、较便宜的磁盘和可供选择的一个较大、较昂贵的磁盘（Single Large Expensive Disk，SLED）。SLED 已经过时，类似的磁盘技术已用于 RAID 和非 RAID 配置中。因此，行业采用术语*独立*（independent）来强调 RAID 阵列产生的显著性能和可靠性。

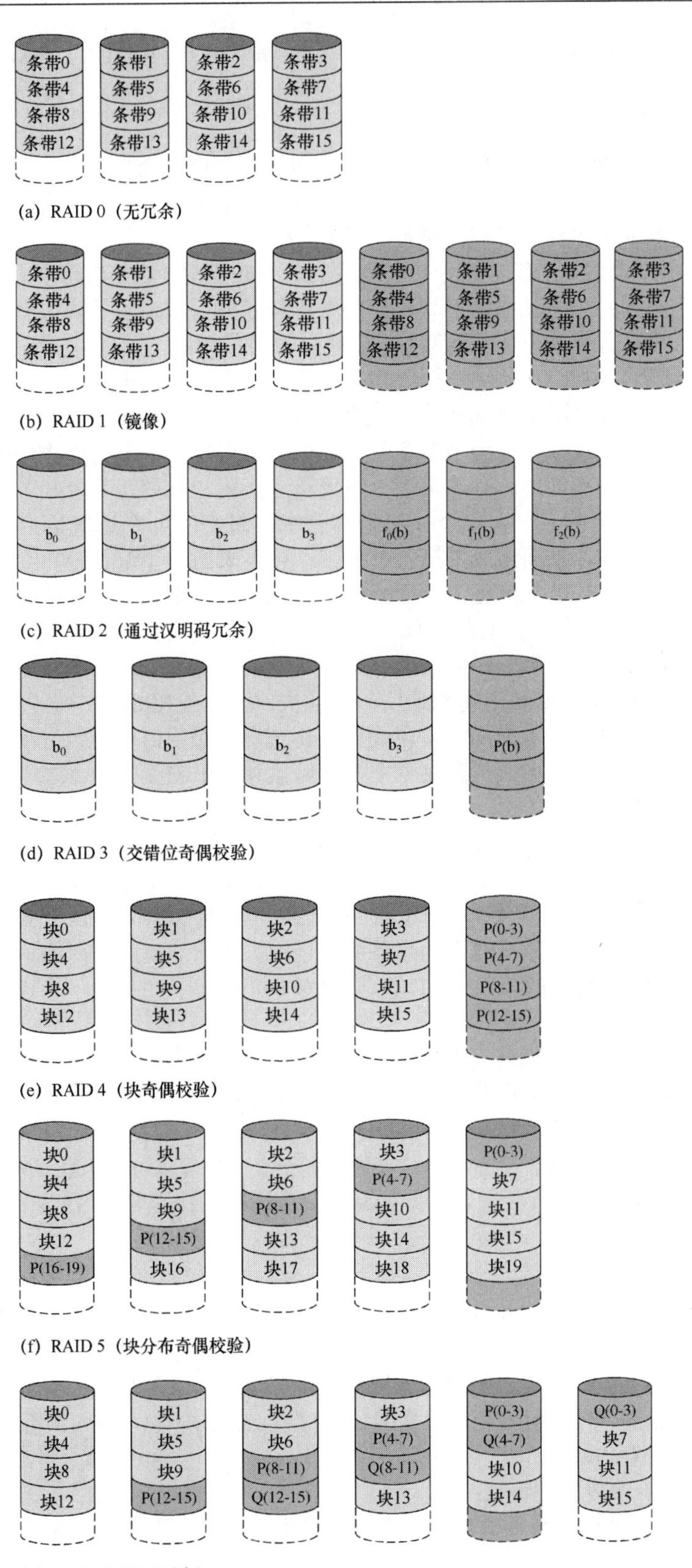
条带0
条带1
条带2
条带3
条带4
条带5
条带6
条带7
条带8
条带9
条带10
条带11
条带12
条带13
条带14
条带15
(a) RAID 0（无冗余）
(b) RAID 1（镜像）
b_0
b_1
b_2
b_3
$f_0(b)$
$f_1(b)$
$f_2(b)$
(c) RAID 2（通过汉明码冗余）
P(b)
(d) RAID 3（交错位奇偶校验）
块0
块1
块2
块3
P(0-3)
块4
块5
块6
块7
P(4-7)
块8
块9
块10
块11
P(8-11)
块12
块13
块14
块15
P(12-15)
(e) RAID 4（块奇偶校验）
P(16-19)
块16
块17
块18
块19
(f) RAID 5（块分布奇偶校验）
Q(0-3)
Q(4-7)
Q(8-11)
Q(12-15)
(g) RAID 6（双重冗余）

图 11.8　RAID 级别

在所介绍的 7 个 RAID 级别中，只有 4 个是常用的：RAID 0、RAID 1、RAID 5 和 RAID 6。

11.6.1　RAID 级别 0

RAID 级别 0 并不是 RAID 家族中的真正成员，因为它未用冗余数据来提高性能或提供数据保护。但是，许多应用程序，比如超级计算机上的应用程序，都采用了这种方式。超级计算机最关注的是性能和容量，降低成本比提高可靠性要重要得多。

对于 RAID 0，用户数据和系统数据分布在阵列的所有磁盘中。比使用单个大磁盘相比，这有着明显的优点：当两个不同的 I/O 请求为两块不同的数据挂起时，被请求的块很有可能在不同的磁盘上，因此这两个请求可以并行发出，从而减少 I/O 排队等待的时间。

然而，RAID 0 和所有的 RAID 级别一样，并不是简单地把数据分布在磁盘阵列中：数据呈条状分布在所有可用磁盘中。通过图 11.8 可很容易地理解这一点。所有用户数据和系统数据都视为存储在一个逻辑磁盘上，这个磁盘被划分为多个条带，一个条带可以是一个物理块、扇区或其他某种单元。这些条带被循环映射到连续的阵列成员。一组逻辑上连续的条带，若恰好一个条带映射到一个阵列成员，则它们称为一个条带。在一个 *n* 磁盘阵列中，最初的 *n* 个逻辑条带保存在 *n* 个磁盘的每个磁盘上的第一个条带中，从而形成了第一个条带；接下来的 *n* 个条带分布在每个磁盘的第二个条带中，以此类推。这种布局的优点是，若一个 I/O 请求由多个逻辑上连续的条带组成，则该请求可以并行处理，因此大大减少了 I/O 传输时间。

RAID 0 实现高数据传送能力　任何一个 RAID 级别的性能都取决于主机系统的请求模式和数据的布局，这些问题在 RAID 0 中可以得到最明确的解决，因为在 RAID 0 中，冗余性的影响对分析不会产生干扰。首先，考虑使用 RAID 0 实现高数据传送率。对于需要高传送率的应用程序，必须满足两个要求：首先，高传送能力必须存在于主机存储器和单个磁盘驱动器之间的整个路径中，包括内部控制总线、主机系统 I/O 总线、I/O 适配器和主机存储器总线。

第二个要求是应用程序必须产生能够有效使用磁盘阵列的 I/O 请求。以条带的大小作为参照，若请求的是大量逻辑上连续的数据，则第二个要求就可得到满足。在这种情况下，单个 I/O 请求涉及从多个磁盘中并行传送数据，相对于单个磁盘的传送，可以增加有效的传送速率。

RAID 0 实现高速 I/O 请求率　在面向事务的环境中，用户对响应时间的关注超过了对传送速率的关注。对一个关于少量数据的单独的 I/O 请求，I/O 时间由磁头的移动（寻道时间）和磁盘的移动（旋转延迟）决定。

在事务处理环境中，每秒可能有上百条 I/O 请求。磁盘阵列可通过在多个磁盘中平衡 I/O 负载来提供较高的执行速率。只有当存在多个未完成的 I/O 请求时，才能实现有效的负载平衡，这意味着存在多个独立的应用程序，或者存在一个能够产生多个异步 I/O 请求的面向事务的应用程序。这一性能还会受到条带大小的影响。若条带相对较大，则一个 I/O 请求可能只包括对一个磁盘的访问，多个正在等待的 I/O 请求可以并行处理，因此能减少每个请求的排队等待时间。

11.6.2　RAID 级别 1

与 RAID 2 到 RAID 6 相比，RAID 1 实现冗余的方法有所不同。RAID 2 到 RAID 6 的 RAID 方案使用某种奇偶计算来实现冗余，而 RAID 1 则通过临时复制所有数据来实现冗余。如图 11.8(b)所示，在 RAID 0 中使用了数据条带。但在这种情况下，每个逻辑条带映射到两个单独的物理磁盘，因此阵列中的每个磁盘都有一个包含相同数据的镜像磁盘。RAID 1 也可在没有数据条带的情况下使用，但这种现象较少发生。

RAID 1 的组织有许多较好的特征：

1. 读请求可由包含被请求数据的任何一个磁盘提供服务，而不管哪个磁盘拥有最小寻道时间和旋转延迟。
2. 写请求需要对两个相应的条带进行更新，但这可并行完成。因此，写性能由两个写操作中较慢的那个（即拥有较大寻道时间和旋转延迟的那个）决定。但是，RAID 1 中并无“写性能损失”。RAID 级别 2 到级别 6 涉及奇偶校验位的使用。因此，一个条带被更新时，阵列管理软件必须先计算并更新奇偶校验位以及实际需要修改的条带。

3. 从失效中恢复很简单。当一个驱动器失效时，仍然可以从第二个驱动器访问到数据。

RAID 1 的主要缺点是成本问题，它需要两倍于所支持逻辑磁盘的空间。因此，使用 RAID 1 配置的驱动器，通常用于保存系统软件和数据以及其他极其重要的文件。在这些情况下，RAID 1 提供对所有数据的实时备份，使得即使一个磁盘失效，仍然可以立即得到所有的重要数据。

在面向事务处理的环境中，有许多读请求时，RAID 1 可以实现高 I/O 请求速度。在这种情况下，RAID 1 的性能接近于 RAID 0 的两倍。但是，有相当一部分 I/O 请求是写请求时，与 RAID 0 相比，RAID 1 不会有明显的性能优势。对于那些对数据传送敏感的应用程序，且大部分 I/O 请求为读请求时，RAID 1 与 RAID 0 相比也能提供更好的性能。若应用程序能把每个读请求分开，使所有磁盘成员都参与进来，就会提高性能。

11.6.3　RAID 级别 2

RAID 级别 2 和级别 3 使用了一种并行访问技术。在并行访问阵列中，所有磁盘成员都参与每个 I/O 请求的执行。通常，所有磁盘的轴心是同步的，这就使得在任何给定时刻，每个磁头都处于各自磁盘中的同一位置。

和其他 RAID 方案一样，RAID 2 也使用数据条带。在 RAID 2 和 RAID 3 中，条带非常小，通常只有 1 字节或 1 个字。RAID 2 对每个数据磁盘中的相应位都计算一个错误校正码，并且这个码位保存在多个奇偶检验磁盘的相应位中。通常，错误校正使用汉明码，它能纠正一位错误并检测双位错误。

尽管与 RAID 1 相比，RAID 2 需要的磁盘数少，但它仍然相当昂贵。冗余磁盘的数量与数据磁盘数的对数成正比。对一次读，所有磁盘都被同时访问到，被请求的数据及相关的错误校正码被送到阵列控制器。若有一个一位错误，控制器可立即识别并改正这个错误，使得读操作的存取时间不会减慢。写操作必须访问所有数据磁盘和奇偶检验磁盘。

RAID 2 仅是在可能发生许多磁盘错误的环境中的一种有效选择。单个磁盘和磁盘驱动器的可靠性很高时，RAID 2 往往会表现出矫枉过正，因而不切实际。

11.6.4　RAID 级别 3

RAID 3 的组织方式类似于 RAID 2，不同之处在于不论磁盘阵列有多大，RAID 3 都只需一个冗余磁盘。RAID 3 采用并行访问，数据分布在较小的条带中。RAID 3 为所有数据磁盘中同一位置的位的集合计算一个简单的奇偶校验位，而不是错误校正码。

冗余性　发生磁盘故障时，访问奇偶检验驱动器，并从其余的设备中重建数据。替换失效驱动器时，丢失的数据可恢复到新驱动器上，并继续执行操作。

数据重建非常简单。考虑有 5 个驱动器的阵列，其中 X0 到 X3 包含数据，X4 为奇偶校验磁盘。第 i 位的奇偶检验计算如下：

$$X4(i) = X3(i) \oplus X2(i) \oplus X1(i) \oplus X0(i)$$

式中，$\oplus$ 表示异或操作。

假设驱动器 X1 失效，在上式两边都加上 $X4(i) \oplus X1(i)$，有

$$X1(i) = X4(i) \oplus X3(i) \oplus X2(i) \oplus X0(i)$$

因此，X1 中每个条带的数据内容都可由阵列中其余磁盘相应条带的内容重新生成。这个原理对 RAID 级别 3 到级别 6 都适用。

磁盘失效时，在缩减模式（reduced mode）下仍然能得到所有数据。在这种模式下，对于读操作，丢失的数据可在运行中通过异或运算重新生成；当数据向一个缩减的 RAID 3 阵列中写时，必须为以后的重新生成维护奇偶校验的一致性。要返回到完全操作，就要替换失效的磁盘，并在新磁盘中重新生成失效磁盘的全部内容。

性能 由于数据分成了很小的条带，因此 RAID 3 能实现非常高的数据传送率。任何一个 I/O 请求都意味着从所有数据磁盘中并行传送数据。对大数据量的传送，性能的提高非常明显。另一方面，由于一次只能执行一个 I/O 请求，因此在面向事务处理的环境中性能并不乐观。

11.6.5 RAID 级别 4

RAID 级别 4 到级别 6 使用了一种独立的访问技术。在独立访问阵列中，每个磁盘成员都单独运转，因此不同的 I/O 请求能并行地得以满足。因此，独立访问阵列更适合于需要较高 I/O 请求速度的应用程序，而相对不太适合于需要较高数据传送率的应用程序。

与其他 RAID 方案一样，这里也使用了数据条带。对于 RAID 4 到 RAID 6，数据条带相对较大。在 RAID 4 中，对每个数据磁盘中相应的条带计算一个逐位奇偶校验，奇偶校验位保存在奇偶校验磁盘的相应条带中。

执行一个很小的 I/O 写请求时，RAID 4 会引发写性能损失。每当写操作发生，阵列管理软件不但须更新用户数据，而且须更新相应的奇偶校验位。考虑有 5 个驱动器的阵列，其中 X0 到 X3 包含数据，X4 为奇偶校验磁盘。假设执行的写操作只涉及磁盘 X1 的一个条带。最初，对于每位 i，以下关系成立：

$$X4(i) = X3(i) \oplus X2(i) \oplus X1(i) \oplus X0(i) \tag{11.1}$$

更新后，修改过的位用撇号（′）表示：

$$\begin{aligned} X4'(i) &= X3(i) \oplus X2(i) \oplus X1'(i) \oplus X0(i) \\ &= X3(i) \oplus X2(i) \oplus X1'(i) \oplus X0(i) \oplus X1(i) \oplus X1(i) \\ &= X3(i) \oplus X2(i) \oplus X1(i) \oplus X0(i) \oplus X1(i) \oplus X1'(i) \\ &= X4(i) \oplus X1(i) \oplus X1'(i) \end{aligned}$$

上式的处理过程如下：第一行表示 X1 的改变也会影响到奇偶校验磁盘上的 X4；第二行添加了短式［$\oplus X1(i) \oplus X1(i)$］，等式依然成立的原因是，任何数自身的异或操作为 0，而 0 并不影响异或操作的结果。通过添加短式，就可以方便地得到第三行。最后利用式（11.1），将第三行的前四项替换为 $X4(i)$。

要计算新的奇偶校验，阵列管理软件必须读取旧用户条带和旧奇偶校验条带，然后用新数据和新近计算的奇偶校验更新这两个条带。因此，每个条带的写操作都包含两次读和两次写。

对于涉及所有磁盘驱动器条带的大数据量 I/O 写的情况，只需使用新数据位进行计算就可得以奇偶校验。因此，奇偶校验驱动器能和数据驱动器一起并行地进行更新，因此不需要额外的读和写。

对于任何一种情况，每次写操作都必须包含奇偶校验磁盘，因此奇偶校验磁盘有可能成为瓶颈。

11.6.6 RAID 级别 5

RAID 5 的组织类似于 RAID 4，不同之处在于 RAID 5 把奇偶校验条带分布在所有磁盘中。典型的分配方案是循环分配，如图 11.8(f)所示。对于一个 n 磁盘阵列，开始的 n 个条带的奇偶校验条带们于与它们不同的一个磁盘上，然后重复这种模式。

奇偶校验条带分布在所有驱动器上，可避免 RAID 4 中一个奇偶校验磁盘的潜在 I/O 瓶颈问题。此外，RAID 5 还具有损失任何一个磁盘而不会损失数据的特性。

11.6.7 RAID 级别 6

RAID 6 是伯克利的研究人员在一篇后续文章中引入的[KATZ89]。RAID 6 方案中采用了两种不同的奇偶校验计算，并保存在不同磁盘的不同块中。因此，用户数据需要 N 个磁盘的 RAID 6 阵列，由 $N+2$ 个磁盘组成。

图 11.8(g)说明了这种方案。P 和 Q 是两种不同的数据校验算法，其中一种是 RAID 4 和 RAID 5 所使用的异或计算，另一种是独立数据校验算法。这就使得即使有两个包含用户数据的磁盘发生错

误，也可以重新生成数据。

RAID 6 的优点是它能提供极高的数据可用性。在 MTTR（平均故障时间）内，三个磁盘同时失效时数据才会丢失。但是，另一方面，RAID 6 会导致严重的写性能损失，因为每次写操作都会影响两个校验块。[EISC07]中的性能测试表明，与 RAID 5 相比，RAID 6 控制器会有 30%以上的整体写性能损失。RAID 5 和 RAID 6 的读性能相当。

11.7 磁盘高速缓存

1.6 节和附录 1A 中总结了高速缓冲存储器。术语*高速缓冲存储器*（cache memory）通常指比内存小且比内存快的存储器，它位于内存和处理器之间。这种高速缓冲存储器利用局部性原理来减少平均存储器存取时间。

同样的原理适用于磁盘存储器。特别地，磁盘高速缓存是内存中为磁盘扇区设置的一个缓冲区，它包含有磁盘中某些扇区的副本。出现对某一特定扇区的 I/O 请求时，首先会进行检测，以确定该扇区是否在磁盘高速缓存中。若在，则该请求可通过这个高速缓存来满足；若不在，则把被请求的扇区从磁盘读到磁盘高速缓存中。由于存在访问的局部性现象，当一块数据被取入高速缓存以满足一个 I/O 请求时，很可能未来还会访问到这一块数据。

11.7.1 设计考虑因素

有许多设计问题需要考虑。首先，当一个 I/O 请求从磁盘高速缓存中得到满足时，磁盘高速缓存中的数据必须传送到发送请求的进程。这可通过如下方法实现：在内存中把这一块数据从磁盘高速缓存传送到分配给该用户进程的存储空间中，或简单地使用一个共享内存，传送指向磁盘高速缓存中相应项的指针。后一种方法节省了内存到内存的传输时间，并且允许其他进程使用第 5 章所描述的读者-写者模型来进行共享访问。

第二个须解决的设计问题是置换策略。当一个新扇区被读入磁盘高速缓存时，必须换出一个已存在的块。第 8 章中曾提出同样的问题。因此，这就需要一个页面置换算法。人们已尝试过许多算法，最常用的算法是最近最少使用算法（LRU）：置换在高速缓存中未被访问的时间最长的块。逻辑上，高速缓存由一个关于块的栈组成，最近访问过的块位于栈项。当高速缓存中的一块被访问到时，它从栈中当前的位置移到栈顶。当一个块从辅存中取入时，把位于栈底的那一块移出，并把新到来的块压入栈顶。当然，并不需要在内存中真正移动这些块，因为有一个栈指针与高速缓存相关联。

另一种可能的算法是*最不常使用页面置换算法*（Least Frequently Used，LFU）：置换集合中访问次数最少的块。LFU 可通过给每个块关联一个计数器来实现。当一个块被读入时，其计数器被指定为 1；每次访问到这一块时，其计数器增 1。需要置换时，选择计数器值最小的块。直觉上 LFU 比 LRU 更适合，因为 LFU 使用了关于每个块的更多相关信息。

简单的 LFU 算法有以下问题：可能存在一些块，从整体上看很少出现对它们的访问，但当它们被访问时，由于局部性原理，会在一段很短的时间内出现很多重复访问，导致访问计数器的值很高。过了这段时间，访问计数器的值可能会让人误解，因为它并不表示很快又会访问到这一块。因此受局部性影响，LFU 算法不是一个好的置换算法。

为克服 LFU 的这些缺点，[ROBI90]提出了一种称为*基于频率的置换算法*。为简单起见，首先考虑一种简化的版本，如图 11.9(a)所示。和 LRU 算法一样，块在逻辑上被组织成一个栈。栈顶的一部分留做一个新区。出现一次高速缓存命中时，被访问的块移到栈顶。若该块已在新区中，则其访问计数器不会增加，否则计数器增 1。新区足够大时，短时间内被重复访问的那些块的访问计数器的结果不会改变。发生一次未命中时，访问计数器值最小，并且不在新区中的块被选择换出。存在多个这样的候选块时，就选择近期最少使用的块。

作者声称这一策略与 LRU 相比性能提升很小。它存在以下问题：

1. 出现一次高速缓存未命中时，一个新块被取入新区，计数器为 1。
2. 只要该块留在新区，计数器的值就保持为 1。
3. 最终该块的年龄超过新区，但其计数器值仍然为 1。
4. 若该块未被很快地再次访问，则它很有可能被置换，因为与那些不在新区中的块相比，它的访问计数器的值必然是最小的。换句话说，对于那些年龄超出了新区的块，即使它们相对比较频繁地被访问到，也通常没有足够长的时间间隔来让它们建立新的访问计数。

这个问题的进一步改进方案是，把栈划分为三个区：新区、中间区和老区，如图 11.9(b)所示。和前面一样，位于新区中的块，其访问计数器不会增加。但是，只有老区中的块才符合置换条件。假设有足够大的中间区，这就使得相对比较频繁地被访问到的块，在它们变成符合置换条件的块之前，有机会增加自己的访问计数器。作者的模拟研究表明，这种改进后的策略与简单的 LRU 或 LFU 相比，性能有明显提升。

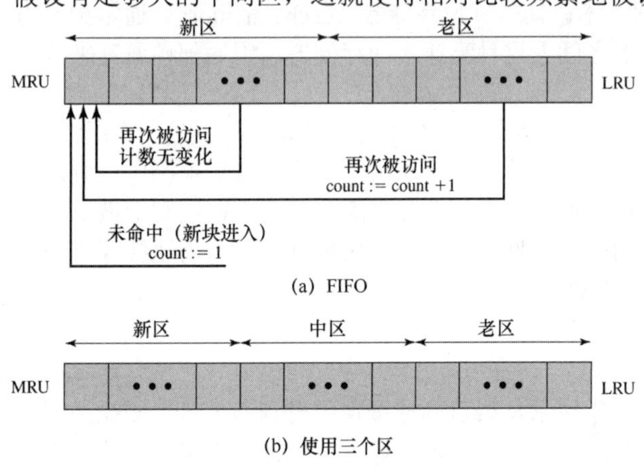

图 11.9　基于频率的置换

不论采用哪种特殊的置换策略，置换都可按需发生或预先发生。对前一种情况，只有当需要用到存储槽时才置换这个扇区。对于后一种情况，一次可以释放多个存储槽。使用后一种方法的原因与写回扇区的要求相关。若一个扇区被读入高速缓存且仅用于读，则当它被置换时，并不需要写回到磁盘。但是，若该扇区已被修改，则在它被换出之前必须写回到磁盘，这时成簇地写回并按顺序写来降低寻道时间是非常有意义的。

11.7.2　性能考虑因素

附录 1A 中介绍的关于性能方面的考虑同样适用于这里，高速缓存的性能问题可简化为是否可以达到某个给定的未命中率。这取决于访问磁盘的局部性行为、置换算法和其他设计因素。但是，未命中率主要是磁盘高速缓存大小的函数。图 11.10 概括了使用 LRU 的多个研究结果，一个是运行在 VAX 上的 UNIX 系统[OUST85]，一个是 IBM 大型机操作系统[SMIT85]。图 11.11 给出了基于频率的置换算法的模拟研究结果。比较这两幅图，可以得出这类性能评估的风险。

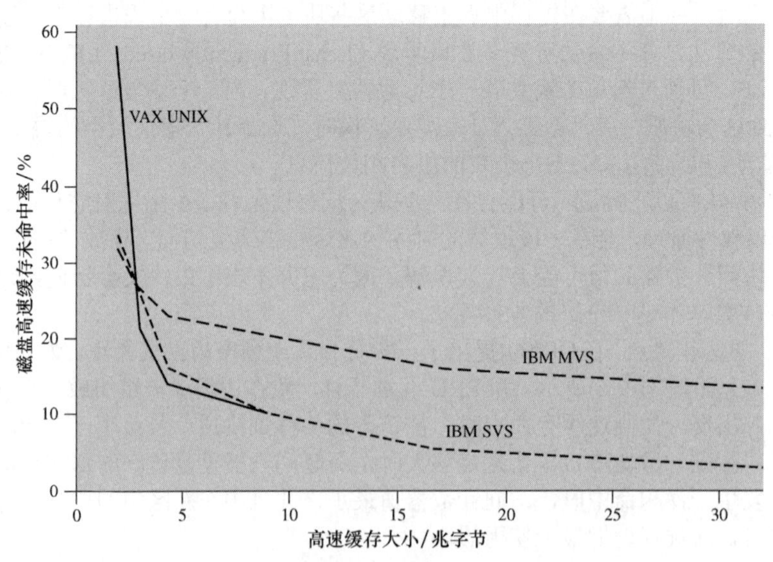

图 11.10　一些使用 LRU 的磁盘高速缓存性能

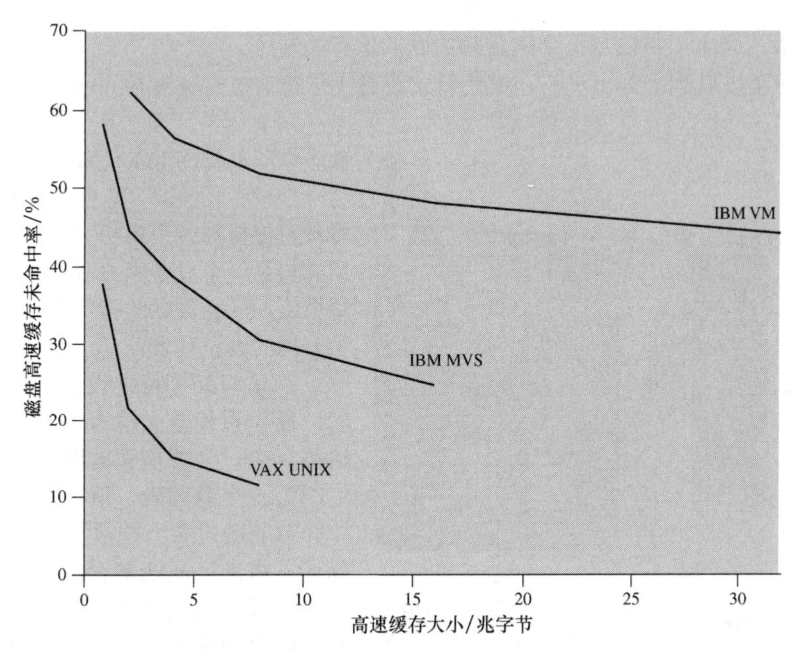

图 11.11　使用基于频率置换算法时的磁盘高速缓存性能

这些图形看上去表明 LRU 的性能优于基于频率的置换算法，但在使用相同高速缓存结构和相同访问模式时，再对它们进行比较，会发现基于频率的置换算法优于 LRU。因此，访问模式的顺序和相关的设计问题，如块大小，会将对性能产生重要的影响。

11.8 UNIX SVR 4 I/O

在 UNIX 中，每个单独的 I/O 设备都与一个特殊文件相关联。它们由文件系统管理，并按照与用户数据相同的方式读写，这就给用户和进程提供了清晰且一致的接口。要从设备读或向设备写，可为与该设备相关联的特殊文件发送读请求或写请求。

图 11.12 显示了 I/O 机制的逻辑结构。文件子系统管理辅存设备中的文件。此外，由于设备被当作文件，因而文件子系统还充当到设备的进程接口。

UNIX 中有两种类型的 I/O：有缓冲和无缓冲。有缓冲 I/O 通过系统缓冲区传送，而无缓冲 I/O（通常包括 DMA 机制）则直接在 I/O 模块和进程 I/O 区域之间传送。有缓冲 I/O 可以使用两种类型的缓冲区：系统缓冲区高速缓存和字符队列。

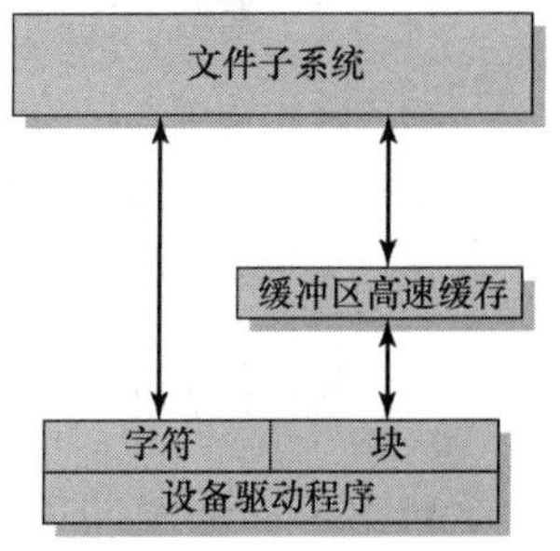

图 11.12　UNIX I/O 结构

11.8.1　缓冲区高速缓冲

UNIX 中的缓冲区高速缓存本质上是磁盘高速缓存。关于磁盘的 I/O 操作通过缓冲区高速缓存处理。缓冲区高速缓存和用户进程空间之间的数据传送通常使用 DMA 进行。由于缓冲区高速缓存和进程 I/O 区域都在内存中，因此在这种情况下使用 DMA 机制是为了执行从存储器到存储器的复制操作。这不会消耗任何处理器周期，但会消耗总线周期。

为管理缓冲区高速缓存，需要维护下面三个列表：

- **空闲列表**：列出了高速缓存中的所有可用于分配的存储槽（存储槽相当于 UNIX 中的缓冲区，每个存储槽保存一个磁盘扇区）。

- **设备列表**：列出了当前与每个磁盘相关联的所有缓冲区。
- **驱动程序 I/O 队列**：列出了正在某个特定设备上进行 I/O 或等待 I/O 的缓冲区。

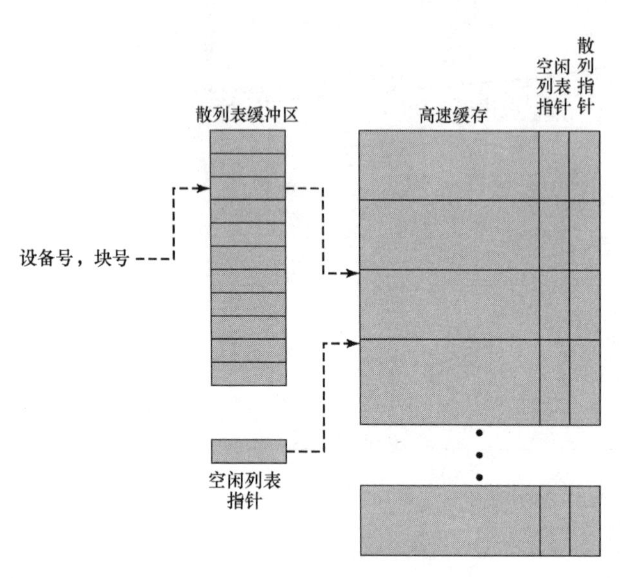

图 11.13　UNIX 缓冲区高速缓存组成

所有缓冲区要么都应在空闲列表中，要么都应在驱动程序 I/O 队列中。一个缓冲区一旦与一个设备相关联，即使它在空闲列表中，也将一直保持与该设备相关联，直到它被重新使用并与另一个设备相关联。这些列表是通过与每个缓冲区相关联的指针来维护的，不是物理上分离的真正列表。

当访问某个特定设备上的一个物理块号时，操作系统首先检查该块是否在缓冲区高速缓存中。为使搜索时间最少，设备列表被组织为一个散列表，所用技术类似于附录 F 中介绍的链式溢出技术[见图 F.1(b)]。图 11.13 描述了缓冲区高速缓存的一般组成。存在一个固定长度的散列表，其中包含指向缓冲区高速缓存的指针。每个到（设备号，块号）的访问映射到散列表中的某个特定项，该项中的指针指向链中的第一个缓冲区。与每个缓冲区相关联的散列指针指向该散列表项的链中的下一个缓冲区。因此，对所有映射到同一个散列表项的（设备号，块号）访问，若相应的块在缓冲区高速缓存中，则该缓冲区在该散列表项的链中。因此，搜索缓冲区高速缓存的长度减少的因子为 N，其中 N 是散列表的长度。

对于块置换，使用的是最近最少使用算法：一个缓冲区已分配给一个磁盘块时，它不会再用于另一个块，直到已在更近的时间内使用了所有其他缓冲区。空闲列表保留最近最少使用的顺序。

11.8.2　字符队列

缓冲区高速缓存可为面向块的设备（如磁盘和磁带）提供有效的服务。另一种不同形式的缓冲适合于面向字符的设备，如终端和打印机。一个字符队列要么被一个 I/O 设备写、被一个进程读，要么被一个进程写、被一个设备读。对于这两种情况，都可使用第 5 章介绍的生产者-消费者模型。因此，字符队列只能被读一次，当所有字符都被读入后，就迅速销毁该队列。这与缓冲区高速缓存不同，缓冲区高速缓存可被读取多次，因此采用的是读者-写者模型（见第 5 章）。

11.8.3　无缓冲 I/O

无缓冲 I/O 是设备和进程空间之间的简单 DMA，它一直是进程执行 I/O 的一种最快速方法。执行无缓冲 I/O 的进程锁定在内存中，不能换出。因此，这会因锁定部分内存而减少交换的机会，进而降低整个系统的性能。同样，在传送过程中，I/O 设备与该进程绑定在一起，使得这些 I/O 设备对其他进程不可用。

11.8.4　UNIX 设备

UNIX 识别如下 5 种类型的设备：

- 磁盘驱动器
- 磁带驱动器
- 终端
- 通信线路
- 打印机

表 11.5 显示了适合于每类设备的 I/O 类型。磁盘驱动器在 UNIX 中使用得很广泛，它是面向块的设备，且有可能达到很高的吞吐量。因此，这类设备倾向于使用无缓冲 I/O 或通过缓冲区高速缓存的 I/O。磁带驱动器的功能与磁盘驱动器类似，因而也使用类似的 I/O 方案。

表 11.5　UNIX 中的设备 I/O

	无缓冲 I/O	缓冲区高速缓冲	字符队列
磁盘设备	×	×	
磁带设备	×	×	
终端			×
通信线路			×
打印机	×		×

由于终端包含相对较慢的字符交换，因此终端 I/O 通常使用字符队列。类似地，通信线程需要为输入或输出串行处理数据字节，因此最好使用字符队列处理。最后，用于打印机的 I/O 类型通常取决于打印机的速度。低速打印机通常使用字符队列，而高速打印机可采用无缓冲 I/O。缓冲区高速缓存也可用于高速打印机，但由于送到打印机的数据永远不会再使用，因此缓冲区高速缓存的开销是没有必要的。

11.9　Linux I/O

大体而言，Linux I/O 核心机制的实现与其他 UNIX 的 I/O 非常相似，例如 SVR4。可以识别块设备和字符设备。本节介绍 Linux I/O 机制的一些特点。

11.9.1　磁盘调度

在 Linux 2.4 中，默认的磁盘调度算法是 Linux 电梯（Linux Elevator）调度程序，它是 11.5 节中介绍的 LOOK 算法的变体。而在 Linux 2.6 中，除电梯算法外还增加了两种额外的算法：最后期限 I/O 调度程序（deadline I/O scheduler）和预期 I/O 调度程序（anticipatory I/O scheduler）[LOVE04]。下面依次介绍它们。

电梯调度程序　电梯调度程序为磁盘读写请求维护一个队列，并在该队列上执行排序和合并功能。一般来说，电梯调度程序通过块号对请求队列进行排序。因此，处理磁盘请求时，磁盘驱动器向一个方向移动，以满足在该方向上遇到的每个请求。这种策略可按如下方式进行改进。在一个新请求添加到队列中时，依次考虑 4 个操作：

1. 若新请求与队列中等待的请求的数据位于同一磁盘扇区或直接相邻的扇区，则现有请求和新请求可以合并为一个请求。
2. 若队列中的一个请求已存在很长时间，则新请求将插入队列的尾部。
3. 若存在合适的位置，新请求将按顺序插入队列。
4. 若没有合适的位置，新请求将插入队列的尾部。

最后期限调度程序　上面的处理列表中，第二个操作是为了防止请求长时间得不到满足，但这并非十分有效[LOVE04]。因为该方式并未试图为服务请求提供最后期限，只是在合理延迟后停止插入排序的请求。电梯调度程序存在两方面的问题。第一，由于队列动态更新的原因，相距较远的请求可能会延迟相当长的时间。例如，考虑磁盘块请求序列 20, 30, 700, 25。电梯调度程序会重新排序，排序后的顺序为 20, 25, 30, 700，其中 20 放到了队伍的开头。若不断地有低块号的请求序列到达，则对 700 块的请求将一直被延迟。

考虑到读请求和写请求的不同，还有一个更严重的问题。写请求通常是异步的。也就是说，一旦进程发出了写请求，其实际执行不必等待该请求的确认。应用程序发出一个写请求后，内核会将数据复制到一个合适的缓冲区，并在时间允许时写出。数据放到内核缓冲区后，应用程序就可继续进行。然而，对于很多读操作来说，进程必须等待，直到所请求的数据在应用程序运行前发送给应用程序。这样的一个写请求流（如向磁盘上写一个大文件）会阻塞一个读请求很长时间，因此会阻塞进程。

为克服这些问题，2002 年开发了一个新的最后期限调度程序，使用了 2 个队列（见图 11.14）。每个新来的请求都放到了排序的电梯队列（读或写）中，这些队列与前面的所述一致。此外，同样的请求还会放到一个 FIFO 的读队列（请求是读请求时）或一个 FIFO 的写队列（请求是写请求时）中。这样，读和写队列就维护了一个按照请求发生时间顺序排序的请求列表。每个请求都有一个到期时间，读请求的默认值为 0.5 秒，写请求的默认值为 5 秒。通常，调度程序从排序队列中分派服务。一个请求得到满足时，会从排序队列的头部移走，同时也从对应的 FIFO 队列移走。然而，当 FIFO 队列头部的请求项超过了它的到期时间时，调度程序将从该 FIFO 队列中派遣任务，取出到期的请求，再加上接下来的几个队列中的请求。任何一个请求被服务时，其也从排序队列中移出。

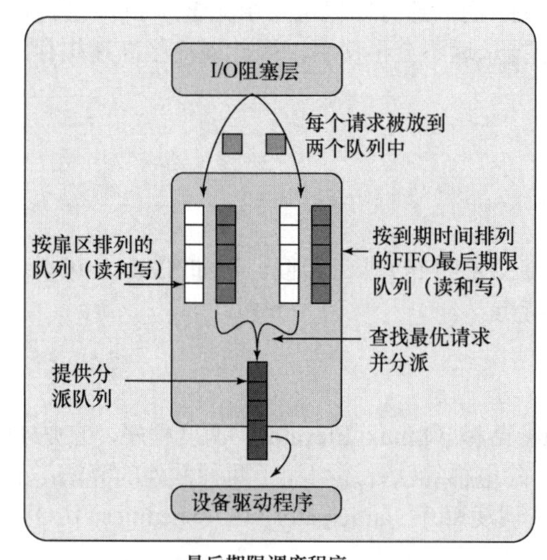

最后期限调度程序

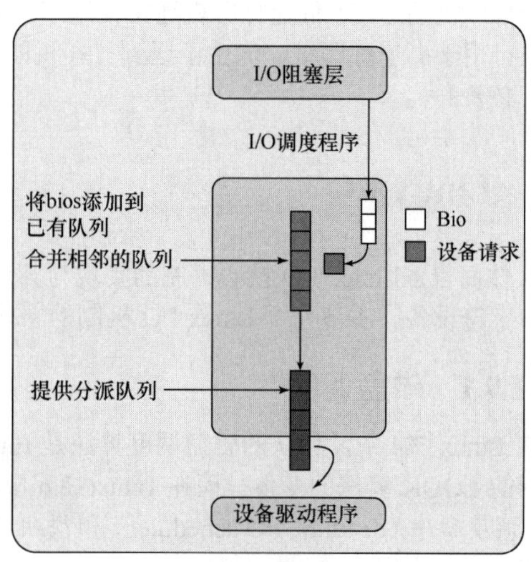

NOOP调度程序

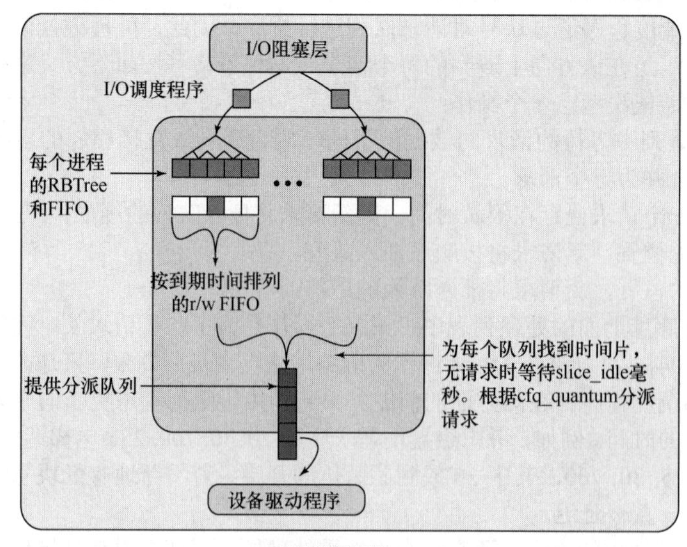

CFQ调度程序

图 11.14 Linux I/O 调度程序

最后期限 I/O 调度程序方式克服了“饥饿”问题和读写不一致问题。

预期 I/O 调度程序　最初的电梯调度程序和最后期限调度程序都用来在现有请求得到满足的情况下，调度新的请求，因而能尽量保持磁盘的繁忙。同样的策略也适用于 11.5 节中介绍的调度算法。然而，当存在很多同步读请求时，这一策略可能达不到预期的效果。典型情况下，应用程序会在一个读请求得到满足且数据可用之后，才会发出下一个读请求。在接受上次读请求的数据和发出下一次读请求之间，会有很小的延迟，利用这一延迟，调度程序可以转向其他等待的请求，并服务该请求。

由于局部性原理，相同进程的连续读请求会发生在相邻的磁盘块上。若调度程序在满足一个读请求后能延迟一小段时间，看看附近是否有新的读请求出现，则可增强整个系统的性能。这就是预期调度程序的原理，它在[IYER01]中提出，并已在 Linux 2.6 中实现。

在 Linux 中，预期调度程序是对最后期限调度程序的补充。分派一个读请求时，预期调度程序会将调度系统的执行延迟 6ms，具体的延迟时间取决于配置文件。在这一小段延迟中，发出上一个读请求的应用程序有机会发出另一个读请求，且该请求发生在相同的磁盘区域。若是这样，新请求会立刻享受服务。若没有新请求发生，则调度程序继续使用最后期限调度算法。

[LOVE04]报告了 Linux 调度算法的两个测试。第一个测试读取一个大小为 200MB 的文件，同时后台执行一个较长的写文件流。第二个测试在后台读一个大文件，同时读取内核源代码树目录中的每个文件，结果列在下表中。

I/O 调度程序和内核	测试 1	测试 2
Linux 2.4 上的 Linux 电梯调度程序	45 秒	30 分 28 秒
Linux 2.6 上的最后期限 I/O 调度程序	40 秒	3 分 30 秒
Linux 2.6 上的预期 I/O 调度程序	4.6 秒	15 秒

可以看出，性能的提升取决于工作负载的性质。但在两个测试中，预期调度程序明显提升了性能。在内核 2.6.33 中，由于采用了 CFQ 调度程序（随后介绍），所以从内核中删除了预期调度程序。

NOOP 调度程序　NOOP 调度程序是 Linux I/O 调度程序中最简单的一个。它是一个最小的调度程序，将 I/O 请求插入 FIFO 队列并使用合并。它的主要用途包括基于非磁盘的块设备（如内存设备），以及专门的软件或硬件环境，它们执行自己的调度，只需要内核提供最少的支持。

完全公平排队 I/O 调度程序　完全公平排队（CFQ）I/O 调度程序是 2003 年开发的，它是 Linux 中默认的 I/O 调度程序，可以保证在所有进程之间公平分配磁盘 I/O 带宽。它维护每个进程的 I/O 队列，每个进程被分配进入一个队列。每个队列都分配一个时间片。系统将 I/O 请求提交到这些队列中，并以循环方式进行处理。

调度程序服务某个队列时，若该队列中没有请求时，则调度程序会等待一段预先确定的时间间隔，检查是否有新的请求到来。仍然没有新的请求时，调度程序就继续处理下一个队列。在该时间间隔内有更多请求的情况下，这一处理优化提高了性能。

注意，I/O 调度程序可以在 GRUB 或运行时设置为引导参数。例如，将 noop、deadline 或 cfq 回送到/sys/class/block/sda/queue/scheduler 中。还有一些优化 sysfs 调度程序的设置，在 Linux 内核文档中对这些设置进行了说明。

11.9.2　Linux 页面缓存

在 Linux 2.2 和较早的版本中，内核维护一个页面缓存，以缓存从普通文件系统中的读写，或缓存虚拟内存的页面；内核还维护一个单独的缓冲区高速缓存，用于块的输入/输出。Linux 2.4 和后续版本使用单个统一的页面高速缓存，它涉及所有磁盘和内存间的数据交换。

页面缓存有两个优点。第一，需要将“脏”页面写回磁盘时，“脏”页面可以适当地排序，从而高效地写回。第二，由于局部性原理，页面缓存中的页面在从缓存中清除前，很有可能被再次引用，因此避免了不必要的磁盘 I/O 操作。

“脏”页面在两种情况下被写回：

- 空闲内存低于某个指定的阈值时，内核会减少页面缓存的大小来释放其所占用的内存，并将其加入空闲内存。
- “脏”页面驻留的时间长于指定的阈值时，将被写回磁盘。

11.10 Windows I/O

图 11.15 显示了与 Windows I/O 管理器相关的关键内核组件。I/O 管理器负责为操作系统处理所有 I/O，并提供所有驱动程序都能调用的统一接口。

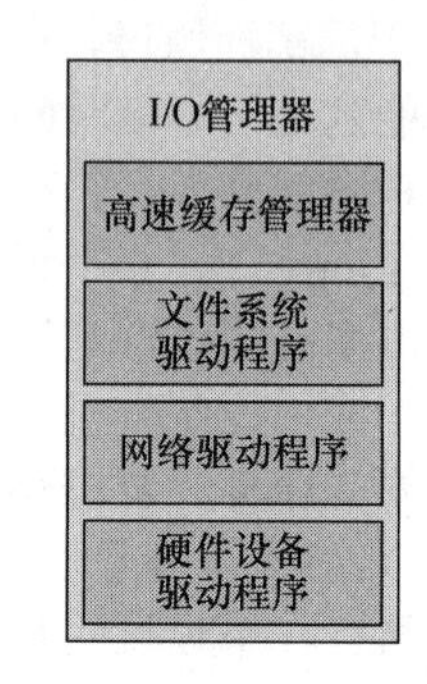

图 11.15 Windows 的 I/O 管理器

11.10.1 基本 I/O 机制

I/O 管理器与 4 种类型的内核组件紧密地协同工作：

- **高速缓存管理器**：高速缓存管理器为所有文件系统处理文件缓存。当可用物理内存变化时，它可动态地增加和减少某个特定文件的高速缓存的大小。系统记录仅在高速缓存中更新，而不在磁盘中更新。一个惰性内核写线程周期性地将系统更新批量写入磁盘。批处理方式的写回更新可使 I/O 系统效率更高。文件块区域被映射到内核的虚拟内存，然后由虚拟内存管理器来完成从磁盘文件中读取页面和向磁盘文件写入页面的大部分工作。高速缓存管理器就是通过这种方式来工作的。
- **文件系统驱动程序**：I/O 管理器仅将文件系统驱动程序视为另一个设备驱动程序，并把关于文件系统中某些卷的 I/O 请求发送给这些卷的相应软件驱动程序。文件系统依次给管理硬件设备适配器的软件驱动程序发送 I/O 请求。
- **网络驱动程序**：Windows 提供完整的联网能力，并支持远程文件系统。这些机制的实现是由软件驱动程序实现的，而不是由 Windows 执行体的一部分来实现的。
- **硬件设备驱动程序**：这些软件驱动程序通过硬件抽象层中的入口点访问外围设备的硬件寄存器。这些例程在 Windows 所支持的每种平台上存在，由于对所有平台，例程名都相同，因此 Windows 设备驱动程序的源代码可在不同的处理器类型间移植。

11.10.2 异步 I/O 和同步 I/O

Windows 提供两种模式的 I/O 操作：异步和同步。异步模式用于优化应用程序的性能。通过异步 I/O，应用程序可以启动一个 I/O 操作，然后在 I/O 请求执行的同时继续处理。而对于同步 I/O，应用程序被阻塞直到 I/O 操作完成。

从调用线程的角度看，异步 I/O 更有效，因为它在 I/O 管理器对 I/O 操作进行排队并随后进行处理的同时，允许线程继续执行。但调用异步 I/O 操作的应用程序需要通过某种方式来确定 I/O 操作何时完成。Windows 提供 4 种不同的技术来在 I/O 完成时发信号：

- **给一个文件对象发信号**：采用这种方法，当某个设备对象上的操作完成时，与该设备对象相关联的一个指示器被置位。请求该 I/O 操作的线程可以继续执行，直到到达必须等待 I/O 操作完成的某一时刻。在这一时刻，线程开始等待直到该操作完成，然后再继续。这种技术简单且易于使用，但不适合处理多个 I/O 请求。例如，若一个线程需要在一个文件上同时执行多个动作，如从文件的一部分读并向文件的另一部分写，则使用这种技术，该线程将无法区分是读操作完成还是写操作完成，它仅知道在这个文件中请求的一个 I/O 操作已经完成。
- **给一个事件对象发信号**：这种技术允许在一个设备或文件中同时有多个 I/O 请求。该线程为每个请求创建一个事件，随后该线程可以在这些请求中的一个上或所有请求的集合上等待。
- **异步过程调用**：这种技术利用与线程相关联的一个队列，称为异步过程调用（Asynchronous

Procedure Call，APC）队列。在这种情况下，线程产生 I/O 请求，指定一个用户模式的例程，当 I/O 完成后来回调它。I/O 管理器把这些请求的结果放在调用线程的 APC 队列中。当这个线程再次被内核阻塞时，这些异步过程调用（APC）会被发送出去。每个异步过程调用都会使线程返回到用户模式并执行指定的例程。

- **I/O 完成端口**：Windows 服务器使用这种技术来优化线程的使用。应用程序创建一个线程池来处理 I/O 请求的完成。每个线程都在完成的端口上等待，I/O 端口完成后，内核唤醒线程来继续进行相应的处理。该方法的一个优点是，应用程序可限定一次执行的线程数量。
- **轮询（Polling）**：异步 I/O 请求会在操作完成时向进程用户的虚拟内存中写入状态和传递数据的计数。线程仅检查这些值就可知道操作是否已完成。

11.10.3　软件 RAID

Windows 支持两类 RAID 配置，[MS96]中给出了它们的定义：

- **硬件 RAID**：独立物理磁盘通过磁盘控制器或磁盘存储柜，组合为一个或多个逻辑磁盘。
- **软件 RAID**：不连续的磁盘空间通过容错软件磁盘驱动程序 FTDISK，组合为一个或多个逻辑分区。

在硬件 RAID 中，控制器接口处理冗余信息的创建和重新生成。Windows 服务器上的软件 RAID，作为操作系统的一部分实现了 RAID 的功能性，且能和任意多个磁盘集一同使用。软件 RAID 机制实现了 RAID 1 和 RAID 5。在 RAID 1 的情况下（磁盘镜像），包括主要分区和镜像分区的两个磁盘可在同一个磁盘控制器上，也可在不同的磁盘控制器上。后一种配置称为*磁盘双工*。

11.10.4　卷影复制

影子复制是一种高效的备份方法，它通过生成卷的连续快照来进行备份。影子复制对于在每个卷上进行文件存档也很有用。若用户删除了一个文件，则通过影子副本可获得该文件的较早副本，其中影子副本由系统管理员生成。影子复制由软件驱动程序完成，它在卷上的数据被覆盖前生成其备份。

11.10.5　卷加密

通过 BitLocker 驱动，Windows 支持整个卷的加密。这样做比对单个文件加密更安全，因为整个系统可协同工作来保证数据安全。支持三种不同的密钥生成方法；允许多层次的安全连锁。

11.11　小结

计算机系统和外界的接口是它的 I/O 体系结构。I/O 体系结构的设计目标是提供一种系统化的方法来控制与外界的交互，并为操作系统提供有效管理 I/O 所需要的信息。

I/O 功能通常划分为多层，较低的层处理与物理功能相关的细节，较高的层以逻辑方式处理 I/O。因此，硬件参数的变化不需要影响大多数 I/O 软件。

I/O 的一个重要方面是使用缓冲区。缓冲区由 I/O 实用程序而非应用程序进程控制。缓冲可以平滑计算机系统内部速度和 I/O 设备速度间的差异。使用缓冲区还可把实际的 I/O 传送从应用程序进程的地址空间分离出来，这就使得操作系统能够更加灵活地执行存储管理功能。

磁盘 I/O 对整个系统的性能影响较大，因而关于这个领域的研究和设计工作远远超过了其他任何一种类型的 I/O。为提高磁盘 I/O 的性能，使用最广泛的两种方法是磁盘调度和磁盘高速缓存。

在任何时候，总有一个关于同一个磁盘上的 I/O 请求的队列，这正是磁盘调度的对象，磁盘调度的目的是按某种方式满足这些请求，并使磁盘的机械寻道时间最小，进而提高性能。那些被挂起请求的物理布局和对局部性的考虑在调度中起着主要作用。

磁盘高速缓存是一个缓冲区，它通常保存在内存中，充当磁盘块在磁盘存储器和其余内存间的高速缓存。由于局部性原理，使用磁盘高速缓存能充分减少内存和磁盘之间 I/O 传送的块数。

11.12 关键术语、复习题和习题

11.12.1 关键术语

块	中断驱动 I/O	读/写头
面向块的设备	输入/输出（I/O）	独立磁盘冗余阵列（RAID）
缓冲交换	最不常使用页面置换算法	旋转延迟
循环缓冲区	I/O 缓冲区	扇区
设备 I/O	I/O 通道	寻道时间
直接内存访问（DMA）	I/O 处理器	面向流的设备
磁盘访问时间	逻辑 I/O	分条
磁盘缓存	不可移动磁盘	磁道
双缓冲	程序控制 I/O	传输时间
间隙		

11.12.2 复习题

11.1 列出并简单定义执行 I/O 的三种技术。

11.2 逻辑 I/O 和设备 I/O 有何区别？

11.3 面向块的设备和面向流的设备有何区别？各举一些例子。

11.4 为什么希望用双缓冲而非单缓冲来提高 I/O 的性能？

11.5 在磁盘读或写时有哪些延迟因素？

11.6 简单定义图 11.7 中描述的磁盘调度策略。

11.7 简单定义 7 个 RAID 级别。

11.8 典型的磁盘扇区大小是多少？

11.12.3 习题

11.1 考虑一个程序访问单个 I/O 设备，并比较无缓冲 I/O 和有缓冲区 I/O。说明使用缓冲区最多可以减少两倍的运行时间。

11.2 若一个程序要访问 n 个设备，请概括总结出习题 11.1 的结论。

11.3 **a**. 使用与表 11.2 类似的方式，分析下列磁道请求序列：27, 129, 110, 186, 147, 41, 10, 64, 120。假设磁头最初定位在磁道 100 处，并沿磁道号减小的方向移动。

b. 假设磁头沿磁道号增大的方向移动，请给出同样的分析。

11.4 考虑一个磁盘，它有 N 个磁道，磁道号从 0 到 $N-1$，并假设请求的扇区随机地均匀分布在磁盘上。现在计算一次寻道平均跨越的磁道数。

a. 计算磁头当前位于磁道 t 时，寻道长度为 j 的概率（提示：这是一个求所有组合数的问题，所有磁道位置作为寻道目标的概率相同）。

b. 对任意的磁头当前位置，计算寻道长度为 K 的概率（提示：包括所有移动了 K 个磁道的概率之和）。

c. 使用下面计算期望值的公式，计算一次寻道平均跨越的磁道数量：

$$E[x]=\sum_{i=0}^{N-1} i\cdot \Pr[x=i]$$

提示：使用等式 $\sum_{i=1}^{n} i = \frac{n(n+1)}{2}$ 和 $\sum_{i=1}^{n} i^2 = \frac{n(n+1)(2n+1)}{6}$。

d．说明当 N 较大时，一次寻道平均跨越的磁道数接近 $N/3$。

11.5 下面的公式适用于高速缓冲存储器和磁盘高速缓存：

$$T_S = T_C + M \cdot T_D$$

请把这个公式推广到 N 级而非 2 级存储器结构。

11.6 对基于频率的置换算法（见图 11.9），定义 F_{new}、F_{middle} 和 F_{old} 分别为包含新区、中间区和老区的高速缓存片段，显然 $F_{new} + F_{middle} + F_{old} = 1$。请在如下情形下表征该策略：

a．$F_{old} = 1 - F_{new}$

b．$F_{old} = 1/$缓存大小

11.7 一个磁盘的参数如下：每个扇区512字节，每道96个扇区，每面110道，共8个可用面。计算存储300000条120字节长的逻辑记录需要多少磁盘空间（扇区、磁道和盘面）。忽略文件头记录和磁道索引，并假设记录不能跨越两个扇区。

11.8 考虑习题 11.7 中的磁盘系统，假设磁盘转速是 360rpm。处理器采用中断驱动 I/O 方式从磁盘读一个扇区，且每个字节中断一次。若处理每个中断的时间是 2.5μs，则处理器用于处理 I/O 的时间所占的百分比是多少？（不考虑寻道所花费的时间）

11.9 针对上题的磁盘系统，若采用 DMA 方式从磁盘上读数据，假设一个扇区中断一次，结果是多少？

11.10 一台 32 位计算机有两个选择通道和一个多路通道，每个选择通道支持两个磁盘和两个磁带部件。多路通道有两台行式打印机和两台读卡机，并连接了 10 台 VDT 终端。假设传送率如下：

磁盘驱动器	800KB/s
磁盘驱动器	200KB/s
行式打印机	6.6KB/s
卡片阅读机	1.2KB/s
VDT	1KB/s

系统的最大总传送率为多少？

11.11 当条带的大小比 I/O 请求的大小小时，磁盘条带化显然能提高数据传送率。同样，相对于单个大磁盘，由于 RAID 0 能并行处理多个 I/O 请求，显然它可以提高性能。对于后一种情况，磁盘条带化还有必要存在吗？也就是说，相对于没有条带化的磁盘阵列，磁盘条带化能提高 I/O 请求速率的性能吗？

11.12 现有一个 RAID 磁盘阵列，它包含 4 个磁盘，每个磁盘的大小都是 200GB。RAID 级分别为 0、1、3、4、5 和 6 时，请给出这个磁盘阵列的有效存储容量。

第12章 文 件 管 理

学习目标

- 掌握文件和文件系统的基本概念
- 掌握文件组织和访问的主要技术
- 定义B树
- 掌握文件目录
- 了解文件共享的需求
- 了解记录组块的概念
- 了解辅存管理的主要设计问题
- 了解文件系统安全性的设计问题
- 了解Linux、UNIX和Windows的文件系统

在大多数应用中，文件都是核心元素。除实时应用和一些特殊的应用外，应用程序的输入都是通过文件来实现的。实际上所有应用程序的输出都保存在文件中，因为文件便于长期存储信息以及用户或应用程序将来访问信息。

除把文件用做输入或输出的单个应用程序外，用户还希望可以访问文件、保存文件并维护文件内容的完整性。为实现这些目标，实际上所有的操作系统都提供了文件管理系统。典型情况下，文件管理系统由系统实用程序组成，它们可作为具有特权的应用程序来运行。一般来说，整个文件管理系统都被当作操作系统的一部分。因此，在本书中讲述文件管理的一些基本原理很有必要。

本章首先概述文件和文件系统，接着介绍各种不同的文件组织方案。尽管文件的组织通常超出了操作系统的范围，但它能帮助读者理解在涉及文件管理的一些设计折中所做的选择。本章的其余部分讲述文件管理的其他主题。

12.1 概述

12.1.1 文件和文件系统

从用户的角度来看，文件系统是操作系统的重要组成部分。文件系统允许用户创建称为文件的数据集。文件拥有一些理想的属性：

- **长期存在**：文件存储在硬盘或其他辅存中，用户退出系统时文件不会丢失。
- **可在进程间共享**：文件有名字，具有允许受控共享的相关访问权限。
- **结构**：取决于具体的文件系统，一个文件具有针对某个特定应用的内部结构。此外，文件可组织为层次结构或更复杂的结构，以反映文件之间的关系。

文件系统不但提供存储数据（组织为文件）的手段，而且提供一系列对文件进行操作的功能接口。典型的操作如下：

- **创建**：在文件结构中定义并定位一个新文件。
- **删除**：从文件结构中删除并销毁一个文件。
- **打开**：进程将一个已有文件声明为“打开”状态，以便允许该进程对这个文件进行操作。
- **关闭**：相关进程关闭一个文件，以便不再能对该文件进行操作，直到该进程再次打开它。

- **读**：进程读取文件中的所有或部分数据。
- **写**：进程更新文件，要么通过添加新数据来扩大文件的尺寸，要么通过改变文件中已有数据项的值。

文件系统通常为文件维护一组属性，包括所有者、创建时间、最后修改时间和访问权限。

12.1.2 文件结构

讨论文件时通常要用到如下 4 个术语：

- 域
- 文件
- 记录
- 数据库

域（field）是基本的数据单元。一个域包含一个值，如雇员的名字、日期或传感器读取的值。域可通过其长度和数据类型（如 ASCII 字符串、二进制数等）来描述。域的长度可以是定长的或变长的，具体取决于文件的设计。对于后一种情况，域通常包含两个或三个子域：要保存的实际值、域名，以及某些情况下的域长度。在其他情况下，域之间特殊的分隔符暗示了域的长度。

记录（record）是一组相关域的集合，可视为应用程序的一个单元。例如，一条雇员记录可能包含以下域：名字、社会保险号、工作类型、雇用日期等。同样，记录的长度也可以是定长的或变长的，具体取决于设计。若一条记录中的某些域是变长的，或记录中域的数量可变，则该记录是变长。对于后一种情况，每个域通常都有一个域名。对于这两种情况，整条记录通常都包含一个长度域。

文件（file）是一组相似记录的集合，它被用户和应用程序视为一个实体，并可通过名字访问。文件有唯一的一个文件名，可被创建或删除。访问控制通常在文件级实施，也就是说，在共享系统中，用户和程序被允许或被拒绝访问整个文件。在有些更复杂的系统中，这类控制也可在记录级或域级实施。

有些文件系统中，文件是按照域而非记录来组织的。在这种情况下，文件是一组域的集合。

数据库（database）是一组相关的数据的集合，其本质特征是数据元素间存在着明确的关系，且可供不同的应用程序使用。数据库可能包含与一个组织或项目相关的所有信息，如一家商店或一项科学研究。数据库自身由一种或多种类型的文件组成。通常，数据库管理系统是独立于操作系统的，尽管它可能会使用某些文件管理程序。

用户和应用程序希望能够使用文件。必须支持的典型操作如下：

- **Retrieve_All**：检索文件的全部记录。当应用程序在某一时刻必须处理文件中的全部信息时，需要用到这一操作。例如，产生文件的信息摘要的应用程序需要检索所有记录。由于这一操作顺序访问所有记录，因此通常等同于术语*顺序处理*（sequential processing）。
- **Retrieve_One**：仅要求检索一条记录。面向事务的交互式应用程序需要这一操作。
- **Retrieve_Next**：要求根据最近检索过的记录，按逻辑顺序检索下一条记录。有些交互式应用程序（如填表程序）可能需要这类操作，执行查找的程序也需要使用这类操作。
- **Retrieve_Previous**：类似于检索下一个，但此时要求检索当前访问记录前面的一条记录。
- **Insert_One**：在文件中插入一条新记录。为保持文件的顺序，新纪录必须插入到文件中的适当位置。
- **Delete_One**：删除一条已存有记录。为保持文件的顺序，可能需要更新某些链接或其他数据结构。
- **Update_One**：检索一条记录，更新该记录的一个或多个域，并把更改后的记录写回文件。同样，在这一操作中需要保持文件的顺序，记录的长度发生变化时，更新操作通常会更复杂。
- **Retrieve_Few**：检索部分记录。例如，应用程序或用户可能希望检索满足某些特定规则的所有记录。

这些是经常对文件执行的操作，它们会影响文件的组织方式，相关内容将在 12.2 节讲述。

注意，并非所有文件管理系统都会呈现本节讨论的这种结构。在 UNIX 或类 UNIX 系统上，文件的基本结构是字节流。例如，一个 C 语言程序以文件的形式存储，而没有物理域、记录等。

12.1.3　文件管理系统

文件管理系统是一组系统软件，它为使用文件的用户和应用程序提供服务。典型情况下，文件管理系统是用户或应用程序访问文件的唯一方式，它可使得用户或程序员不需要为每个应用程序开发专用软件，并为系统提供控制最重要资源的方法。文件管理系统需满足以下目标[GROS86]：

- 满足数据管理的要求和用户的需求，包括存储数据和执行上述操作的能力。
- 最大限度地保证文件中的数据有效。
- 优化性能，包括总体吞吐量（从系统的角度）和响应时间（从用户的角度）。
- 为各种类型的存储设备提供 I/O 支持。
- 减少或消除丢失或破坏数据的可能性。
- 向用户进程提供标准 I/O 接口例程集。
- 在多用户系统中为多个用户提供 I/O 支持。

在第一条中，用户需求的范围取决于各种应用程序和计算机系统的使用环境。对于交互式的通用系统，最小需求集合如下：

1. 每个用户都应能创建、删除、读取和修改文件。
2. 每个用户都应能受控地访问其他用户的文件。
3. 每个用户都应能控制允许对用户文件进行哪种类型的访问。
4. 每个用户都应能在文件间移动数据。
5. 每个用户都应能备份用户文件，并在文件遭到破坏时恢复文件。
6. 每个用户都应能通过名字而非数字标识符访问自己的文件。

在关于文件系统的整个讨论中，我们必须牢记这些目标和要求。

文件系统架构　了解文件管理系统范围的有效途径是，浏览典型的软件架构图，如图 12.1 所示。当然，不同系统有不同的组织方式，但这一组织具有相当的代表性。在底层，*设备驱动*（device drivers）程序直接与外围设备（或它们的控制器或通道）通信。设备驱动程序负责启动设备上的 I/O 操作，处理 I/O 请求的完成。对于文件操作，典型的控制设备是磁盘和磁带设备。设备驱动程序通常是操作系统的一部分。

接下来的一层称为*基本文件系统*，或*物理 I/O 层*。这是与计算机系统外部环境的基本接口。这一层处理在磁盘间或磁带系统间交换的数据块，因此它关注的是这些块在辅存和内存缓冲区中的位置，而非数据的内容或所涉及的文件结构。基本文件系统通常是操作系统的一部分。

基本 I/O 管理程序（basic I/O supervisor）负责所有文件 I/O 的初始化和终止。在这一层，需要一定的控制结构来维护设备的输入/输出、调度和文件状态。基本 I/O 管理程序根据所选的文件来选择执行文件 I/O 的设备，为优化性能，它还参与调度对磁盘和磁带的访问。I/O 缓冲区的指定和辅存的分配，也是在这一层实现的。基本 I/O 管理程序是操作系统的一部分。

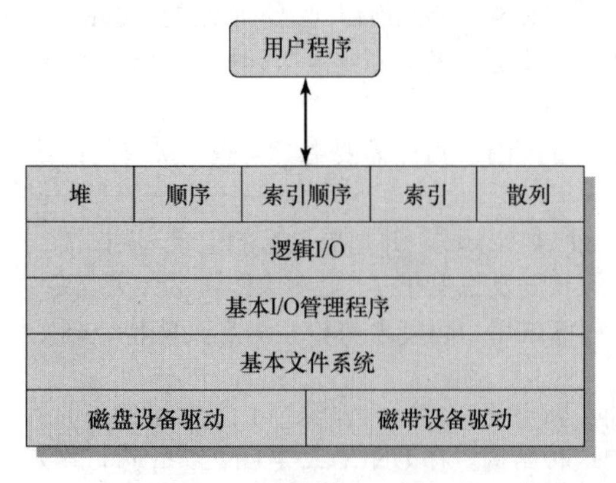

图 12.1　文件系统软件架构

逻辑 I/O（logical I/O）使用户和应用程序能够访问记录。因此，基本文件系统处理的是数据块，而逻辑 I/O 模块处理的是文件记录。逻辑 I/O 提供一种通用的记录 I/O 能力，并维护关于文件的基本数据。

文件系统中与用户最近的一层通常称为*访问方法*（access method），它在应用程序和文件系统以及保存数据的设备之间提供了一个标准接口。不同的访问方法反映了不同的文件结构及访问和处理数据的不同方法。一些最常见的访问方法如图 12.1 所示，对它们的具体描述见 12.2 节。

文件管理功能　图 12.2 显示了文件管理的要素。下面从左到右来看这幅图。用户和应用程序通过使用创建文件、删除文件和执行文件操作的命令，来与文件系统进行交互。在执行任何操作之前，文件系统必须确认和定位所选择的文件。这要求使用某种类型的目录来描述所有文件的位置及它们的属性。此外，大多数共享系统都实行用户访问控制：只有被授权用户才允许以特定方式访问特定的文件。用户和应用程序可以在文件上执行的基本操作是在记录级执行的。用户和应用程序把文件视为具有组织记录的某种结构，如顺序结构（如个人记录按姓氏的字母顺序存储）。因此，要把用户命令转换成特定的文件操作命令，必须采用适合于该文件结构的访问方法。

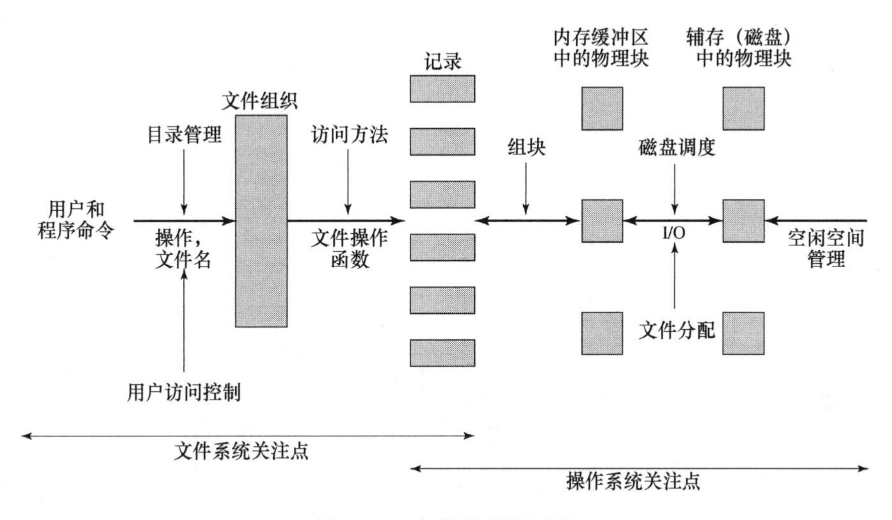

图 12.2　文件管理的要素

虽然用户和应用程序关注的是记录，但 I/O 是以块为基础来完成的，因此文件中的记录必须组织成一组块序列来输出，并在输入后将各块组合起来。支持文件的块 I/O 需要许多功能。首先必须管理辅存，包括把文件分配到辅存中的空闲块，其次还需要管理空闲存储空间，以便知道新文件和现有文件增长时可以使用哪些块。此外，必须调度单个的块 I/O 请求，这一问题已在第 11 章讲述。磁盘调度和文件分配都会影响性能的优化，因此这些功能需要放在一起考虑。此外，优化还取决于文件结构和访问方式。因此，开发性能最优的文件管理系统是相当复杂的任务。

图 12.2 表明，文件管理系统作为一个单独的系统实用程序，和操作系统关注的是不同方面的内容，它们之间的共同点是记录的处理。这种划分是任意的，不同的系统会采用不同的方法。

本章的其余部分着重考虑图 12.2 中提出的设计问题。首先讲述文件组织和访问方法，尽管这方面的内容已超出了操作系统通常所考虑的范围，但是若没有对文件组织和访问的正确评价，则不可能对与文件相关的其他设计问题进行评价；接下来阐述文件目录的概念，它们通常是由操作系统代表文件管理系统进行管理的；然后讲述文件管理的物理 I/O 特征，它们是操作系统设计的一个方面，其中的一个问题是逻辑记录组织为物理块的方式；最后讲述有关辅存中的文件分配和辅存空闲空间的管理等问题。

12.2　文件组织和访问

本节使用的术语文件组织（file organization）指文件中记录的逻辑结构，它由用户访问记录的方式确定。文件在辅存中的物理组织取决于分块策略和文件分配策略，这方面的问题将在本章后面讲述。

在选择文件组织时，有以下重要原则：

- 快速访问
- 易于修改
- 节约存储空间
- 维护简单
- 可靠性

这些原则的相对优先级取决于将要使用这些文件的应用程序。例如，若一个文件仅以批处理方式处理，且每次都要访问到它的所有记录，则基本无须关注用于检索一条记录的快速访问。存储在 CD-ROM 中的文件永远不会被修改，因此易于修改这一点根本不需要考虑。

这些原则可能会自相矛盾。例如，为了节约存储空间，数据冗余应最小；但另一方面，冗余是提高数据访问速度的一种主要手段。这方面的一个例子是使用索引。

已实现或提出的文件组织有多种，本节主要介绍 5 种基本组织。实际系统中使用的大多数结构要么正好是这几类之一，要么是这些组织的组合。这 5 种组织如下，图 12.3 描绘了前 4 种：

- 堆
- 顺序文件
- 索引顺序文件
- 索引文件
- 直接或散列文件

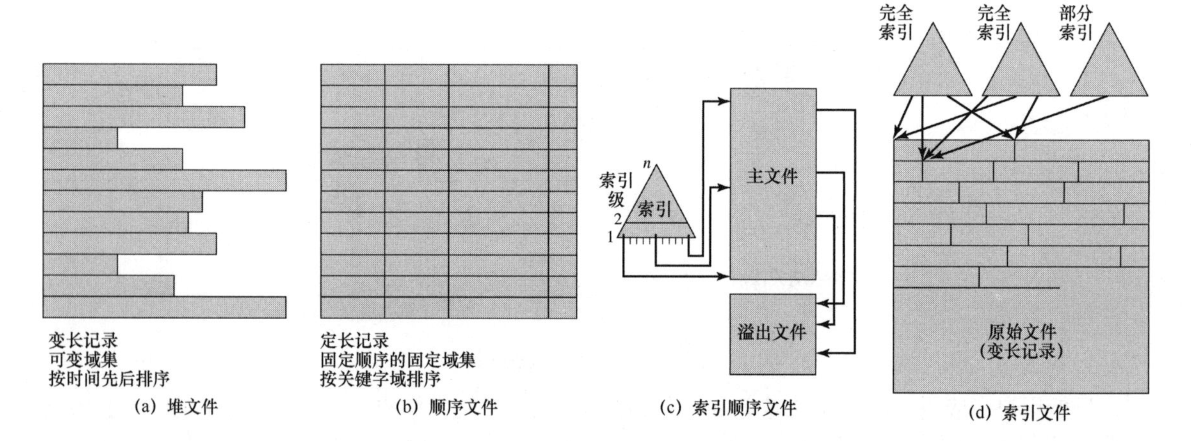

图 12.3　常用的文件组织

12.2.1　堆

堆（pile）是最简单的文件组织形式。数据按它们到达的顺序被收集，每条记录由一串数据组成。堆的目的仅仅是积累大量的数据并保存数据。记录可以有不同的域，或者域相似但顺序不同。因此，每个域都应能自我描述，并包含域名和值。每个域的长度由分隔符隐式地指定，要么明确地包含在一个子域中，要么是该域类型的默认长度。

由于堆文件没有结构，因而对记录的访问是通过穷举查找方式进行的，也就是说，若想找到包括某一特定域且值为某一特定值的记录，则需要检查堆中的每条记录，直到找到所要的记录，或者查找完整个文件为止。若想查找包括某一特定域，或包含具有某一特定值的域的所有记录，则必须查找整个文件。

当数据在处理前采集并存储时，或当数据难以组织时，会用到堆文件。当保存的数据大小和结构不同时，这种类型的文件空间使用情况很好，能较好地用于穷举查找，且易于修改。但是，除这些受限制的使用外，这类文件对大多数应用都不适用。

12.2.2　顺序文件

顺序文件是最常用的文件组织形式。在这类文件中，每条记录都使用一种固定的格式。所有记录都具有相同的长度，并由相同数量、长度固定的域按特定的顺序组成。由于每个域的长度和位置已知，因此只需保存各个域的值，每个域的域名和长度是该文件结构的属性。

有一个特殊的域被称为关键域（key field）。关键域通常是每条记录的第一个域，它唯一地标识这条记录，因此，不同记录的关键域值是不同的。此外，记录按关键域来存储：文本关键域按字母顺序，数字关键域按数字顺序。

顺序文件通常用于批处理应用中，且若这类应用涉及对所有记录的处理（如关于记账或工资单的应用），则顺序文件通常是最佳的。顺序文件组织是唯一可以很容易地存储在磁盘和磁带中的文件组织。

对于查询或更新记录的交互式应用，顺序文件的性能很差。在访问时，为了匹配关键域，需要顺序查找文件。若整个文件或文件的一大部分可以一次性地取入内存，则还可能存在更有效的查找技术。尽管如此，在访问一个大型顺序文件中的记录时，还是会遇到相当多的处理和延迟。除此之外还有一些问题。典型情况下，顺序文件按照记录在块中的简单顺序存储，也就是说，文件在磁带或磁盘上的物理组织直接对应于文件的逻辑组织。在这种情况下，常用的处理过程是把新记录放在一个单独的堆文件中，称为日志文件或事务文件，通过周期性地执行成批更新，把日志文件合并到主文件中，并按正确的关键字顺序产生一个新文件。

另一种选择是把顺序文件组织成链表的形式。一条或多条记录保存在每个物理块中。磁盘中的每个块中都含有指向下一个块的指针。新纪录的插入仅涉及指针操作，而不再要求将新记录放到某个特定的物理块位置。因此，这种方法可以带来一些方便，但它是以增加额外的处理和空间开销为代价的。

12.2.3 索引顺序文件

克服顺序文件缺点的一种常用方法是索引顺序文件。索引顺序文件保留了顺序文件的关键特征：记录按照关键域的顺序组织。但它增加了两个特征：用于支持随机访问的文件索引和溢出（overflow）文件。索引提供了快速接近目标记录的查找能力。溢出文件类似于顺序文件中使用的日志文件，但溢出文件中的记录可根据它前面记录的指针进行定位。

最简单的索引顺序结构只使用一级索引，这种情况下的索引是一个简单的顺序文件。索引文件中的每条记录由两个域组成：关键域和指向主文件的指针，其中关键域和主文件中的关键域相同。要查找某个特定的域，首先要查找索引，查找关键域值等于目标关键域值或者位于目标关键域值之前且最大的索引，然后在该索引的指针所指的主文件中的位置处开始查找。

为说明该方法的有效性，考虑一个包含100万条记录的顺序文件。要查找某个特定的关键域值，平均需要访问50万次记录。现在假设创建一个包含了1000项的索引，索引中的关键域均匀分布在主文件中。为找到这条记录，平均只需在索引文件中进行500次访问，接着在主文件中进行500次访问。查找的开销从500000降低到了1000。

文件可按如下方式处理：主文件中的每条记录都包含一个附加域。附加域对应用程序是不可见的，它是指向溢出文件的一个指针。向文件中插入一条新记录时，它被添加到溢出文件中，然后修改主文件中逻辑顺序位于这条新纪录之前的记录，使其包含指向溢出文件中新纪录的指针。若新记录前面的那条记录也在溢出文件中，则修改新纪录前面的那条记录的指针。和顺序文件一样，索引顺序文件有时也按批处理的方式合并溢出文件。

索引顺序文件极大地减少了访问单条记录的时间，同时保留了文件的顺序特性。为顺序地处理整个文件，需要按顺序处理主文件中的记录，直到遇到一个指向溢出文件的指针，然后继续访问溢出文件中的记录，直到遇到一个空指针，然后恢复在主文件中的访问。

为提供更有效的访问，可以使用多级索引。最低一级的索引文件视为顺序文件，然后为该文件创建高一级的索引文件。再次考虑一个包含100万条记录的文件，首先构建有10000项的低级索引，然后为这个低级索引构造100项的高级索引。查找过程从高级索引开始，找到指向低级索引的一项（平均长度 = 50次访问）。接着查找这个索引，找到指向主文件的一项（平均长度 = 50次访问），然后查找主文件（平均长度 = 50次访问）。因此平均查找长度从500000减少到了1000，最后减少到了150。

12.2.4 索引文件

索引顺序文件保留了顺序文件的一个限制：基于文件的一个域进行处理。当需要基于其他属性而非关键域查找一条记录时，这两种形式的顺序文件都无法胜任。但在某些应用中，却需要这种灵活性。

为实现这一点，需要一种采用多索引的结构，成为查找条件的每个域都可能有一个索引。索引文件一般都摒弃了顺序性和关键字的概念，只能通过索引来访问记录。因此，对记录的放置位置不再有限制，只要至少有一个索引的指针指向这条记录即可。此外，还可以使用长度可变的记录。

可以使用两种类型的索引。完全索引包含主文件中每条记录的索引项，为了易于查找，索引自身被组织成一个顺序文件。部分索引只包含那些有感兴趣域的记录的索引项。对于变长记录，某些记录并不包含所有的域。向主文件中增加一条新记录时，索引文件必须全部更新。

索引文件大多用于对信息的及时性要求比较严格且很少会对所有数据进行处理的应用程序中，例如航空公司的订票系统和商品库存控制系统。

12.2.5 直接文件或散列文件

直接文件或散列文件开发直接访问磁盘中任何一个地址已知的块的能力。和顺序文件及索引顺序文件一样，每条记录中都需要一个关键域。但是，这里没有顺序排序的概念。

直接文件使用基于关键字的散列，这一功能已在附录 F 中描述。图 F.1(b)给出了散列的组织和散列文件中典型使用的溢出文件的类型。

直接文件常在要求快速访问时使用，且记录的长度是固定的，通常一次只访问一条记录，例如目录、价格表、调度和名字列表。

12.3 B 树

12.2 节提到了利用索引文件来访问文件或数据库中的某条特定记录。对于大文件或大型数据库，仅靠一个对主键进行索引的顺序文件并不能保证快速访问。为了提供更加高效的访问，通常会使用一个结构化的索引文件。这种结构最简单的情形是两层组织：把原始文件划分为若干段，上层包含顺序的指针集合，其中每个指针指向下层的一个段。这种结构可扩展到多于两个层次的情况，这样就形成了树状的结构。除非在构造树状索引时遵循某些规则，否则最终可能会形成一种不平衡的结构。其中一些分支很短而另一些分支很长，导致索引搜索的时间不均衡。因此，可能会出现一种所有分支等长的平衡树状结构来提供最佳的平均性能。B 树就是这样的一种结构，它已成为数据库中组织索引的标准方法，且广泛用于一些操作系统的文件系统中。这些文件系统包括 Mac OS X 和 Windows 支持的文件系统，以及几个 Linux 文件系统。B 树结构提供了高效的搜索、增加和删除索引项的操作。

在描述 B 树的概念之前，需要先精确地界定 B 树及其特征。B 树是具有以下特征的一种树状（无闭合回路）结构（见图 12.4）：

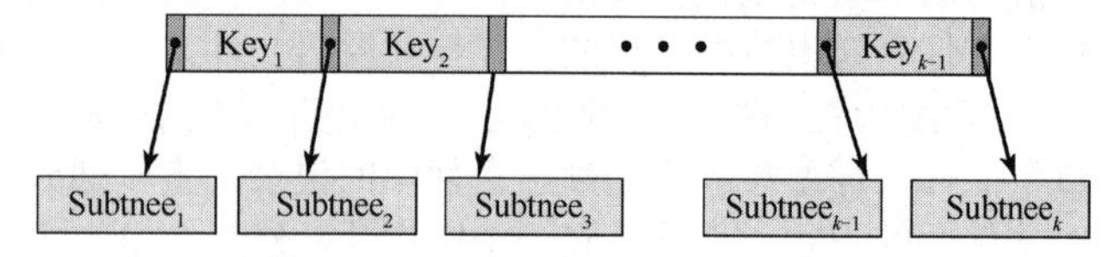

图 12.4 有 k 个子女的 B 树节点

1. 包含若干节点和叶子的一棵树。
2. 每个节点至少包含一个用来唯一标识文件记录的关键码，且包含多于一个指向子节点或叶子的指针。一个节点包含的关键码和指针的数量是可变的，相关的限制如下。
3. 每个节点的关键码数量不能超过最大关键码数量。
4. 每个节点的关键码按照非减次序来存储。每个关键码都对应一个子节点，以该子节点为根的子树所包含的所有关键码，均小于等于当前节点的关键码，并大于前一个节点的关键码。一个节点包含一个额外的最右子节点，以最右子节点为根的子树所包含的所有关键码，都大于该节点包含的任意关键码。这样，每个节点的指针数量就都比关键码数量多一个。

最小度数为 d 的 B 树需满足以下性质：

1. 每个节点最多有 $2d-1$ 个关键码和 $2d$ 个子女，即 $2d$ 个指针[①]。
2. 除根节点外，每个节点都至少有 $d-1$ 个关键码和 d 个指针。所以除根节点外，每个内部节点都至少半满，至少有 d 个子女。
3. 根节点最少有 1 个关键码和 2 个子女。
4. 所有叶子都在同一层，它不包含任何信息。这是用来终止树的一个逻辑结构，实际的实现可能会有不同。比如，每个底层节点可包含用空指针分隔的关键码。
5. 一个包含 k 个指针的非叶子节点有 $k-1$ 个关键码。

通常情况下，具有较大分支数（较多子女）的 B 树会有较低的高度。

图 12.4 给出了一棵 2 层的 B 树，上面一层有 $k-1$ 个关键码和 k 个指针，且满足以下关系：

$$\text{Key}_1 < \text{Key}_2 < \cdots < \text{Key}_{k-1}$$

每个指针都指向一个节点，这个节点是上层节点的一个子树的最高层。每个子树节点都包含若干关键码和指针，除非它是一个叶子节点。这些关键码具有如下关系：

Subtree_1 的所有关键码	小于 Key_1	
Subtree_2 的所有关键码	大于 Key_1	小于 Key_2
Subtree_3 的所有关键码	大于 Key_2	小于 Key_3
⋮	⋮	⋮
Subtree_{k-1} 的所有关键码	大于 Key_{k-2}	小于 Key_{k-1}
Subtree_k 的所有关键码	大于 Key_{k-1}	

搜索一个关键码时，需要从根节点出发。若所需的关键码在该节点中，则搜索结束。否则，就要去树的下一层。这时有三种情况：

1. 所需的关键码小于该节点的最小关键码，沿最左边的指针去下一层。
2. 所需的关键码大于该节点的最大关键码，沿最右边的指针去下一层。
3. 所需关键码的值在该节点的某两个相邻关键码的中间，沿这两个关键码中间的指针去下一层。

比如，考虑图 12.5(d)中的树，目标关键码是 84。在根节点层，$84 > 51$，所以沿最右边的指针去下一层。这时，$71 < 84 < 88$，所以沿 71 和 88 中间的指针去下一层。在下一层找到了关键码 84。与这个关键码关联的是一个指向目标记录的指针。和其他树状结构相比，这种结构的优点在于，它很宽且很浅，因此搜索可以很快结束。进一步讲，因为它是平衡的（从根出发的所有分支都具有同样的长度），因此不存在相对较长的搜索过程。

向 B 树中插入新关键码的规则必须保证 B 树是一棵平衡树。过程如下：

1. 在树中搜索这个关键码。若该关键码不在树中，则到达底层的一个节点。
2. 若该节点的关键码少于 $2d-1$，则把新的关键码按照适当的顺序插入该节点。
3. 若该节点是满的（包含 $2d-1$ 个关键码），则以该节点的中间关键码为界，把该节点分裂为两个新节点，每个新节点都包含 $d-1$ 个关键码，并按步骤 4 把中间的关键码提升到上一层。若新关键码的值小于中间的关键码，则把它插入左边的新节点；否则插入右边的新节点。最后的结果是，原始节点分裂为两个新节点，一个包含 $d-1$ 个关键码，另一个包含 d 个关键码。
4. 提升的节点按照步骤 3 的规则插入父节点。因此，若父节点已满，则它必须被分裂，且它的中间关键码被提升到上一层。
5. 若提升的过程到达了根节点且根节点是满的，则再按照步骤 3 的规则插入。但在这种情况下，中间的关键码变成了一个新的根节点，并且树的高度增 1。

图 12.5 描述了度数 $d=3$ 的 B 树的插入过程。在该图的每个部分，受插入过程影响的节点都无阴影。

① 有些论述与本书一样，要求每个节点中关键码的最大数量是奇数（如[CORM09]）；有些要求是偶数[COME79]；还有一些允许奇数或偶数[KNUT98]。这种选择基本上不会影响 B 树的性能。

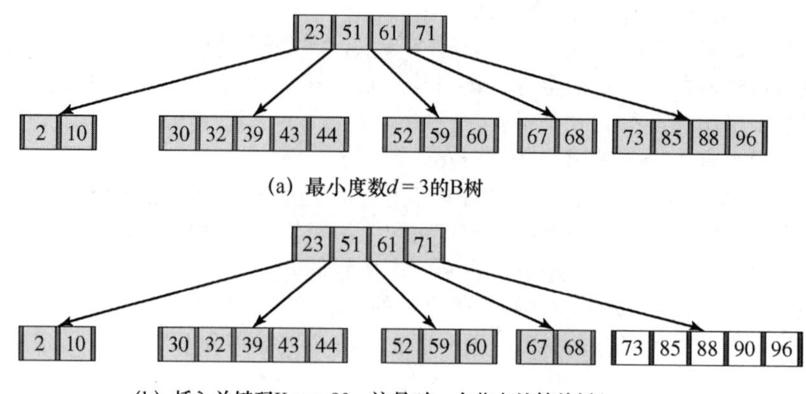

（a）最小度数$d = 3$的B树

（b）插入关键码Key = 90。这是对一个节点的简单插入

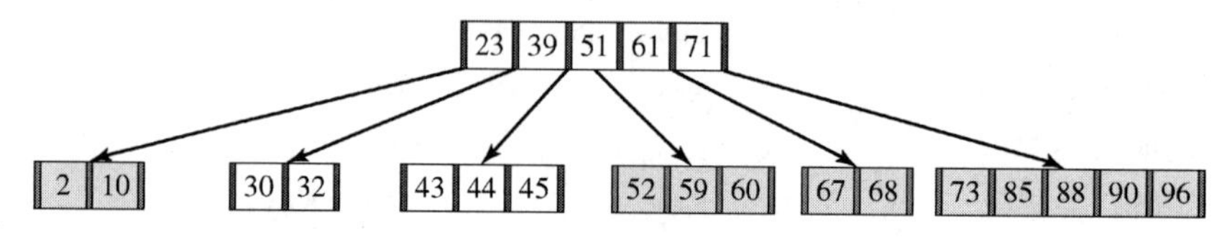

（c）插入关键码Key = 45。需要把一个节点分裂为两部分，并把一个关键码提升到根节点

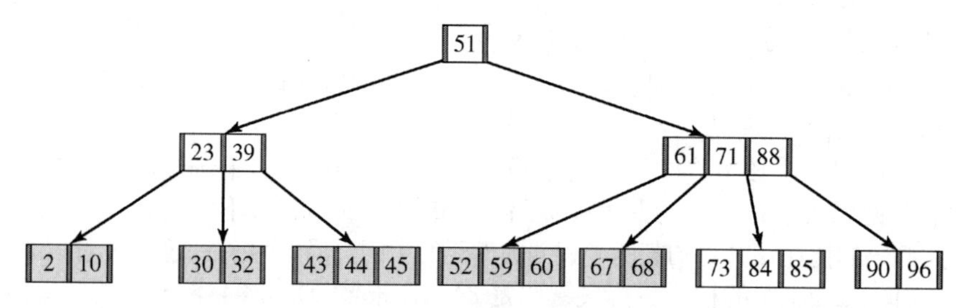

（d）插入关键码Key = 84。需要把一个节点分裂为两部分，并把一个关键码提升到根节点。然后需要把根节点分裂为两部分并创建一个新的根节点

图 12.5　在 B 树中插入节点

12.4　文件目录

12.4.1　内容

与任何文件管理系统和文件集合相关联的是文件目录，目录包含关于文件的信息，如属性、位置和所有权。大部分这类信息，特别是与存储相关的信息，都由操作系统管理。目录自身是一个文件，它可被各种文件管理例程访问。尽管用户和应用程序也可得到目录中的某些信息，但这通常是由系统例程间接提供的。

表 12.1 列出了目录通常为系统中的每个文件保存的信息。从用户的角度看，目录在用户和应用程序所知道的文件名和文件自身之间提供映射。因此，每个文件项都包含文件名。实际上所有系统都需要处理不同类型的文件和不同的文件组织，因此还须提供这方面的信息。每个文件的一类重要文件信息是其存储，包括位置和大小。在共享系统中，还须提供用于文件的访问控制信息。典型情况下，用户是文件的所有者，可以给其他用户授予一定的访问权限。最后，还需要有使用信息，以管理当前对文件的使用并记录文件的使用历史。

表 12.1　文件目录的信息单元

基本信息	
文件名	由创建者（用户或程序）选择的名字，在同一个目录中必须是唯一的
文件类型	如文本文件、二进制文件、加载模块等
文件组织	供那些支持不同组织的系统使用
地址信息	
卷	指示存储文件的设备
起始地址	文件在辅存中的起始物理地址（如在磁盘上的柱面、磁道和块号）
使用大小	文件的当前大小，单位为字节、字或块
分配大小	文件的最大尺寸
访问控制信息	
所有者	控制文件的用户。所有者可授权或拒绝其他用户的访问，并改变给予它们的权限
访问信息	该单元的最简形式包括每个授权用户的用户名和口令
许可的行为	控制读、写、执行及在网上传送
使用信息	
数据创建	文件首次放到目录中的时间
创建者身份	通常是当前所有者，但不一定必须是当前所有者
最后一次读访问的日期	最后一次读记录的日期
最后一次读用户的身份	最后一次进行读的用户
最后一次修改的日期	最后一次修改、插入或删除的日期
最后一次修改者的身份	最后一次进行修改的用户
最后一次备份的日期	最后一次把文件备份到另一个存储介质中的日期
当前使用	当前文件活动的信息，如打开文件的进程、是否被一个进程加锁、文件是否在内存中被修改但未在磁盘中修改等

12.4.2　结构

不同系统对表 12.1 中的信息的保存方式也大不相同。某些信息可以保存在与文件相关联的头记录中，这样做可减少目录所需要的存储量，从而可在内存中保留所有或大部分目录，进而提高速度。当然，一些重要的单元须保存在目录中，如名字、地址、大小和组织。

最简单的目录结构是一个目录项列表，每个文件都有一个目录项。这种结构可表示最简单的顺序文件，文件名用作关键字。一些早期的单用户系统已使用这种技术，但当多个用户共享一个系统或单个用户使用多个文件时，就远远不够了。

要理解文件结构的需求，首先考虑可能在目录上执行的操作类型：

- **查找**：用户或应用程序引用一个文件时，必须查找目录，以找到该文件相应的目录项。
- **创建文件**：创建一个新文件时，必须在目录中增加一个目录项。
- **删除文件**：删除一个文件时，必须在目录中删除相应的目录项。
- **显示目录**：可能会请求目录的全部或部分内容。通常，这个请求是由用户发出的，用于显示该用户所拥有的所有文件和每个文件的某些属性（如类型、访问控制信息、使用信息）。
- **修改目录**：由于某些文件属性保存在目录中，因而这些属性的变化需要改变相应的目录项。

简单列表难以支持这些操作。考虑单用户的需求：用户可能有许多类型的文件，包括字处理文本文件、图形文件、电子表格等，并且用户可能希望按照项目、类型或其他某种方便的方式组织这些文件。若目录是一个简单的顺序列表，则它对于组织文件没有任何帮助，并强迫用户不要对两种不同类型的文件使用相同的名字。这个问题在共享的系统中会变得更糟。命名的唯一性成为严重问题。此外，若目录中没有内在的结构，则很难对用户隐藏整个目录的某些部分。

解决这些问题的出发点是两级方案。在这种情况下，每位用户都有一个目录，还有一个主目录。主目录有每个用户目录的目录项，并提供地址和访问控制信息。每个用户目录是该用户文件的简单

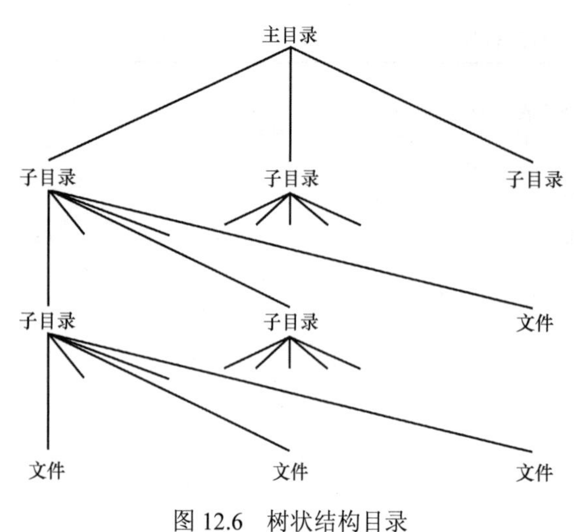

图 12.6　树状结构目录

列表。这些方案意味着只要在每位用户的文件集合中保证名称的唯一性，文件系统就可很容易地在目录上实行访问限制，但它对于用户构造文件集合没有任何帮助。

功能更强大、更灵活的方法是层次或树状结构方法（见图 12.6），这也是普遍采用的一种方法。和前面一样，它有一个主目录，主目录的下方是许多用户目录，每个用户目录依次又有子目录的目录项和文件的目录项，且在任何一级都是这样的。也就是说，在任何一级，一个目录都可以包括子目录的目录项和/或文件项。

目录和子目录如何组织将在后面介绍。当然，最简单的方法是把每个目录保存为顺序文件。当目录包含很多目录项时，这种组织可能会导致查找时间很长，此时最好采用散列结构。

12.4.3　命名

用户通过符号名字来引用文件。显然，为了保证文件引用不会出现歧义，系统中的每个文件都必须具有唯一的名字。另一方面，对用户而言，要求为文件提供唯一的名称是令人难以接受的负担，特别是在共享系统中。

使用树状结构目录降低了提供唯一名称方面的难度。系统中的任何文件都可以按照从根目录或主目录向下到各个分支，最后直到该文件的路径来定位。这一系列目录名和最后到达的文件名组成了该文件的路径名（pathname）。例如，图 12.7 中左下角的文件的路径名为/User_B/Word/Unit_A/ABC，斜线表示序列中各名字的界限。由于所有路径都从主目录开始，因此主目录名是隐含的。注意，在这种情况下，多个文件可以有相同的文件名，只要保证它们的路径名唯一即可。因此，系统中可以存在另外一个名为 ABC 的文件，但这个文件的路径名为/User_B/Draw/ABC。

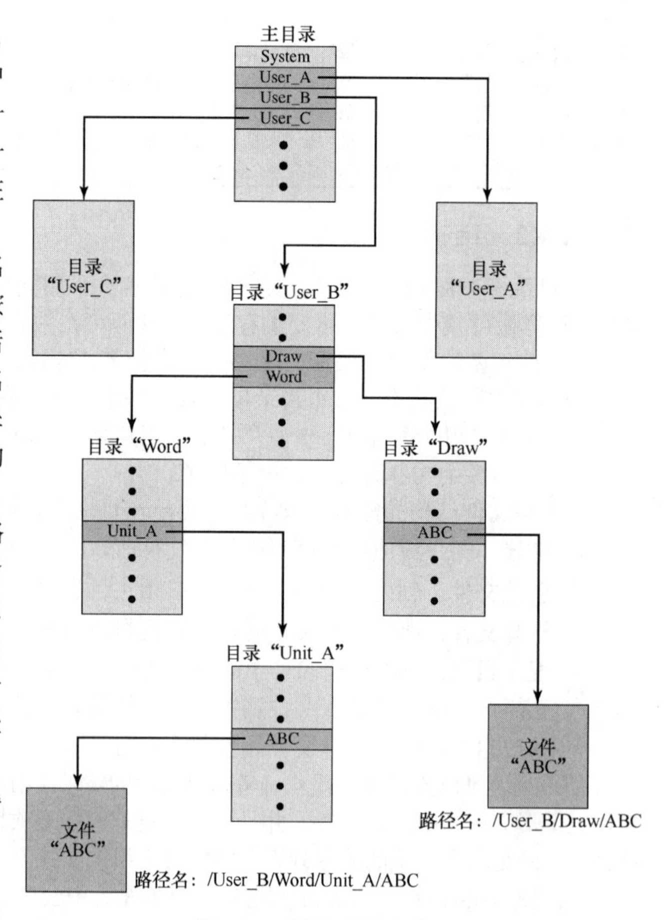

图 12.7　树状结构目录示例

尽管路径名会使得文件名的选择变得容易，但若要求用户在每次访问文件时，则必须拼写出完整的路径名仍比较困难。典型情况下，对交互用户或进程而言，总有一个当前路径与之相关联，通常称为工作目录（working directory）。文件通常按相对于工作目录的方式访问。例如，若用户 B 的工作目录是 Word，则路径名 Unit_A/ABC 足以确定图 12.7 中最左下角处的文件。交互式用户登录或创建一个进程时，默认的工作目录是用户目录。在执行过程中，用户可以在树中向上或向下浏览，进而定义不同的工作目录。

12.5 文件共享

在多用户系统中，几乎总是要求允许文件在多个用户间共享。这时就会产生两个问题：访问权限和对同时访问的管理。

12.5.1 访问权限

文件系统应为多个用户间广泛共享文件提供灵活的工具。文件系统应提供一些选项，使得访问某个特定文件的方式能被控制。典型情况下，用户或用户组可被授予访问文件的某些权限。已使用的访问权限有很多。下面列出的是一些具有代表性的访问权限，它们可指派给某个特定用户，使之有权访问某个特定文件：

- **无**（none）：用户甚至不知道文件是否存在，更不必说访问它。为实施这种限制，不允许用户读包含该文件的用户目录。
- **知道**（knowledge）：用户可确定文件是否存在并确定其所有者。用户可向所有者请求更多的访问权限。
- **执行**（execution）：用户可加载并执行一个程序，但不能复制它。私有程序通常具有这种访问限制。
- **读**（reading）：用户能以任何目的读文件，包括复制和执行。有些系统还可区分浏览和复制，对于前一种情况，文件的内容可以呈现给用户，但用户却无法进行复制。
- **追加**（appending）：用户可给文件添加数据，通常只能在末尾追加，但不能修改或删除文件的任何内容。在许多资源中收集数据时，这种权限非常有用。
- **更新**（updating）：用户可修改、删除和增加文件中的数据。通常包括最初写文件、完全重写或部分重写、移去所有或部分数据。有些系统还区分不同程度的更新。
- **改变保护**（changing protection）：用户可改变已授给其他用户的访问权限。通常，只有文件的所有者才具有这一权力。在某些系统中，所有者可把这项权力扩展到其他用户。为防止滥用这种机制，文件的所有者通常能指定该项权力的持有者改变哪些权限。
- **删除**（deletion）：用户可从文件系统中删除该文件。

这些权限构成了一个层次结构，层次结构中的每个权限都隐含了前面的那些权限。因此，若某个特定的用户被授予对某个文件的修改权限，则该用户也就同时被授予了以下权限：知道、执行、读和追加。

被指定为某个文件所有者的用户，通常是最初创建该文件的用户。所有者具有前面列出的全部权限，并且可给其他用户授予权限。访问可以提供给不同类型的用户：

- **特定用户**（specific user）：由用户 ID 指定的单个用户。
- **用户组**（user groups）：非单独定义的一组用户。系统必须能通过某种方式了解用户组的所有成员。
- **全部**（all）：有权访问该系统的所有用户。这些是公共文件。

12.5.2 同时访问

若允许多个用户追加或更新一个文件，则操作系统或文件管理系统必须强加一些规范。一种蛮力方法是在用户修改文件时，允许用户对整个文件加锁。较好的控制粒度是在修改时对单个记录加锁。实际上，这正是第 5 章讨论的读者/写者问题。在设计共享访问能力时，必须解决互斥问题和死锁问题。

12.6　记录组块

如图 12.2 所示，记录是访问结构化文件[①]的逻辑单元，而块是与辅存进行 I/O 操作的基本单位。为执行 I/O，记录必须组织成块。

这里需要考虑以下几个问题。首先，块是定长的还是变长的？在大多数系统中，块是定长的，因此可简化 I/O、内存中缓冲区的分配和辅存中块的组织。其次，与记录的平均大小相比，块的相对大小是多少？一个折中方案是，块越大，一次 I/O 操作所传送的记录就越多。顺序处理或查找文件时，这显然是一个优点，因为使用大块可以减少 I/O 操作，进而加速处理。另一方面，若随机访问文件，且未发现任何局部性，则大块会导致对未使用记录的不必要传输。但是，综合考虑顺序访问的频率和访问的局部性潜能，可以说使用大块能减少 I/O 传送的时间。需要注意的是，大块需要更大的 I/O 缓冲区，因而会使得缓冲区的管理更加困难。

对于给定的块大小，有三种组块方法：

- **定长组块**（fixed blocking）：使用定长的记录，且若干完整的记录保存在一个块中。在每个块的末尾可能会有一些未使用的空间，称为*内部碎片*。
- **变长跨越式组块**（variable-length spanned blocking）：使用变长的记录，并紧缩到块中，使得块中不存在未使用的空间。因此，某些记录可能会跨越两个块，两个块通过一个指向后续块的指针连接。
- **变长非跨越式组块**（variable-length unspanned blocking）：使用变长的记录，但并不采用跨越方式。若下一条记录比块中剩余的未使用空间大，则无法使用这一部分，因此在大多数块中都会有未使用的空间。

图 12.8 显示了这些方法，这里假设文件保存在磁盘上的顺序块中。图中假设文件大到足以跨越两个磁道[②]。即使使用其他一些文件分配方案，结果也不会改变（见 12.7 节）。

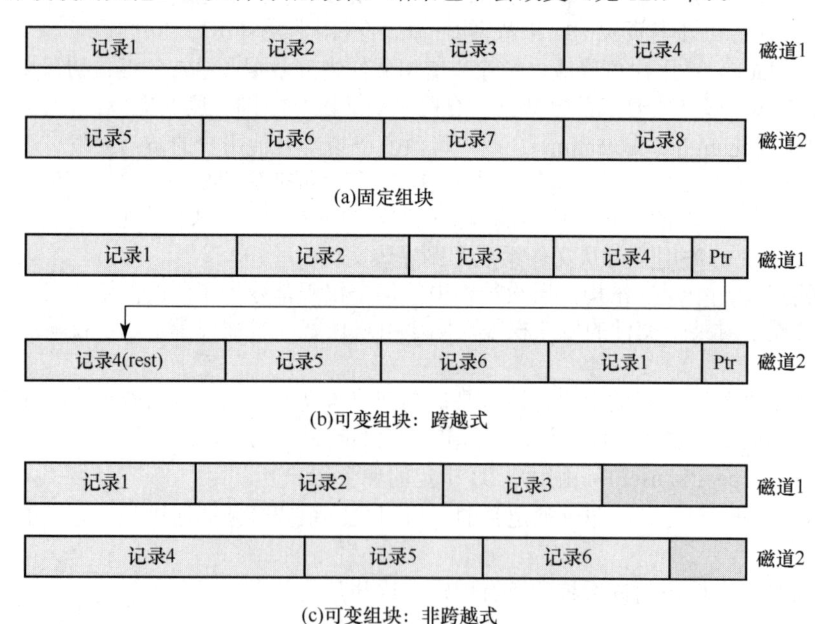

图 12.8　记录组块的方法[WIED87]

定长组块是记录定长顺序文件的最常用方式。变长跨越式组块的存储效率高，并且对文件大

① 与此相反，有些文件系统（如 UNIX 文件系统）把文件视为字节流。

② 附录 J 介绍过，磁盘上的数据组织成了称为磁道的同心圆，磁道和读写头的宽度相同。

小没有限制，但这种技术很难实现。跨越两个块的记录需要两次 I/O 操作，且不论如何组织，文件都很难修改。变长非跨越式组块会浪费空间，且存在记录的大小不能超过块的大小的限制。

采用记录组块技术时，记录组块技术和虚存硬件会互相影响。在虚存环境中，页是传送的基本单位。页通常很小，因此对于非跨越式组块，把页当作块来处理是不现实的。因此，有些系统会组合多页，为文件传送创建一个较大的块。这种方法已在 IBM 主机的 VSAM 文件中使用。

12.7 辅存管理

在辅存中，文件是由许多块组成的。操作系统或文件管理系统负责为文件分配块。这时会引发两个管理问题。首先，辅存中的空间必须分配给文件；其次，必须知道哪些空间可用来进行分配。下面我们将会看到，这两个任务是相关的，即文件分配采用的方法可能会影响空闲空间管理的方法。此外，文件结构和分配策略之间也是互相影响的。

本节首先讨论单个磁盘上的文件分配方法，然后介绍空闲空间的管理问题，最后讨论可靠性问题。

12.7.1 文件分配

文件分配涉及以下几个问题：

1. 创建一个新文件时，是否一次性地给它分配所需的最大空间？

2. 给文件分配的空间是一个或多个连续的单元，这些单元称为分区。也就是说，分区（portion）是一组连续的已分配块。分区的大小可以从一个块大小到整个文件大小。在分配文件时，分区的大小应该是多少？

3. 为跟踪分配给文件的分区，应使用哪种数据结构或表？在 DOS 或其他系统中，这种表通常称为*文件分配表*（File Allocation Table，FAT）。

下面依次分析这些问题。

预分配与动态分配　预分配策略要求在发出创建文件的请求时，声明该文件的最大尺寸。在许多情况下，如程序编译、产生摘要数据文件或通过通信网络从另一个系统中传送文件时，都可以可靠地估计这个值。但对许多应用程序来说，若不能可靠地估计文件的最大尺寸，则很难实现这种策略。此时，用户和应用程序会将文件尺寸估计得大一些，以避免出现分配的空间不够用的情形。从辅存分配的角度看，这显然是非常浪费的。因此，使用动态分配要好一些，动态分配只有在需要时才给文件分配空间。

分区大小　第二个问题是分配给文件的分区大小。一种极端情况是，分配大到足以保存整个文件的分区；另一种极端情况是，磁盘空间一次只分配一块。因此，在选择分区的大小时，需要折中考虑单个文件的效率和整个系统的效率。[WIED87]给出了需要折中考虑的 4 项内容：

1. 邻近空间可以提高性能，特别是对于 `Retrieve_Next` 操作，以及面向事务的操作系统中运行的事务。

2. 数量较多的小分区会增加用于管理分配信息的表的大小。

3. 使用固定大小的分区（例如块）可以简化空间的再分配。

4. 使用可变大小的分区或固定大小的小分区，可减少超额分配导致的未使用存储空间的浪费。

当然，这几项内容是互相影响的，必须一起考虑。因此，我们可有两种选择：

- **大小可变的大规模连续分区**：能提供较好的性能。大小可变避免了浪费，且会使文件分配表较小，但这又会导致空间很难再次利用。
- **块**：小的固定分区能提供更大的灵活性，但为了分配，它们可能需要较大的表或更复杂的结构。邻近性不再是主要目的，主要目的是根据需要来分配块。

每种选择都适用于预分配和动态分配。对于大小可变的大规模连续分区，一个文件被预分配给一组连续的块，这就消除了对文件分配表的需求，所需要的仅是指向第一块的指针和分配的块数量。一次性地分配所有分区需要的所有块，这意味着文件的文件分配表将保持固定大小，因为可以分配的块的数量是一定的。

对于大小可变的分区，我们需要考虑空闲空间的碎片问题。这个问题已在第 7 章讨论内存的划分时讨论过。一些可能的选择策略如下：

- **首次适配**：从空闲块列表中选择第一个未被使用但大小足够的连续块组。
- **最佳适配**：选择大小足够但未使用过的块中的最小一个。
- **最近适配**：为提高局部性，选择与前面分配给该文件的块组最为邻近的组。

很难说哪种策略是最好的，因此许多因素会相互作用，如文件的类型、文件的访问模式、多道程序的道数、系统中的其他性能因素、磁盘缓存、磁盘调度等。

文件分配方法 前面比较了预分配和动态分配，探讨了分区大小等问题，现在需要考虑具体的文件分配方法。通常使用三种方法：连续、链式和索引。表 12.2 总结了每种方法的特点。

表 12.2 文件分配方法

	连 续	链 式	索 引	
是否预分配	需要	可能	可能	
分区大小是固定还是可变	可变	固定块	固定块	可变
分区大小	大	小	小	中
分配频率	一次	低到高	高	低
分配需要的时间	中	长	短	中
文件分配表的大小	一个表项	一个表项	大	中

连续分配（contiguous allocation）是指在创建文件时，给文件分配一组连续的块，如图 12.9 所示。因此，这是一种使用大小可变分区的预分配策略。在文件分配表中，每个文件只需要一个表项，用于说明起始块和文件的长度。从单个顺序文件的角度来看，连续分配是最好的。对于顺序处理，可以同时读入多个块，从而提高 I/O 性能。同时，检索一个块也非常容易。例如，若一个文件从块 b 开始，而我们需要文件的第 i 块，则该块在辅存中的块位置为 $b+i-1$。连续分配也存在一些问题。首先，会出现外部碎片，因此很难找到空间大小足够的连续块。因此，时常需要执行紧缩算法来释放磁盘中的额外空间，如图 12.10 所示。其次，因为是预分配，需要在创建文件时声明文件的大小，这将会导致前面已经讨论过的问题。

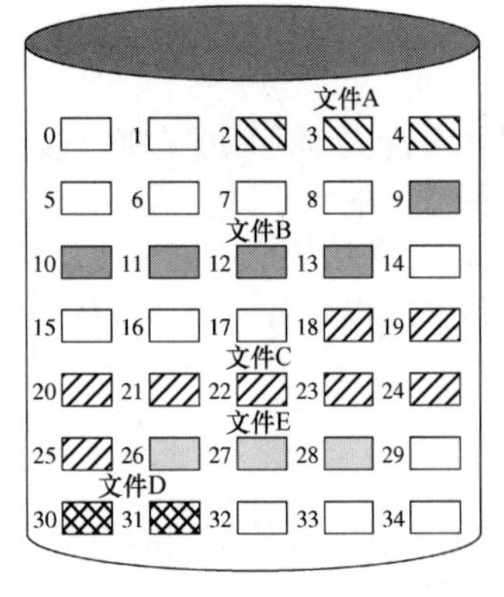

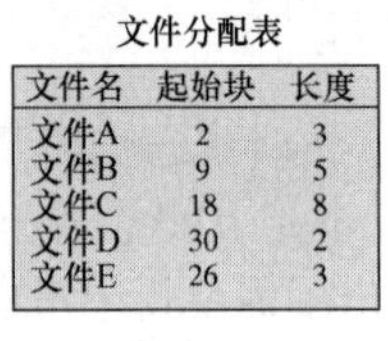

文件分配表

文件名	起始块	长度
文件A	2	3
文件B	9	5
文件C	18	8
文件D	30	2
文件E	26	3

图 12.9 连续文件分配

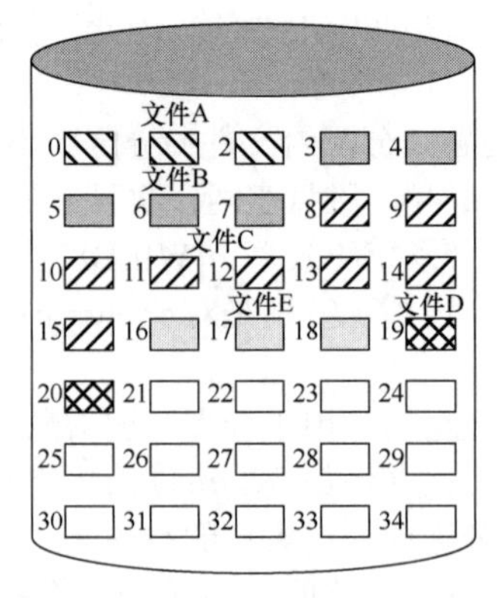

文件分配表

文件名	起始块	长度
文件A	0	3
文件B	3	5
文件C	8	8
文件D	19	2
文件E	16	3

图 12.10 连续文件分配（紧缩后）

与连续分配相对的另一个极端是**链式分配**（chained allocation），如图 12.11 所示。典型情况下，链式分配基于单个块，链中的每块都包含指向下一块的指针。在文件分配表中，每个文件同样只需要一个表项，用于声明起始块和文件的长度。尽管可以预先分配块，但更常根据需要来分配块。块的选择非常简单：任何一个空闲块都可加入链中。由于一次只需一个块，因此不必担心外部碎片的出现。这种类型的物理组织方式最适合于顺序处理的顺序文件。要选择文件中的某一块，需要沿链向下，直到到达期望的块。

链式分配的后果之一是局部性原理不再适用。因此，若需要像顺序处理那样一次取入一个文件中的多个块，则需要对磁盘的不同部分进行一系列访问。这对于单用户系统有重大影响，也是共享系统需要关注的。为克服这个问题，有些系统会周期性地合并文件，如图 12.12 所示。

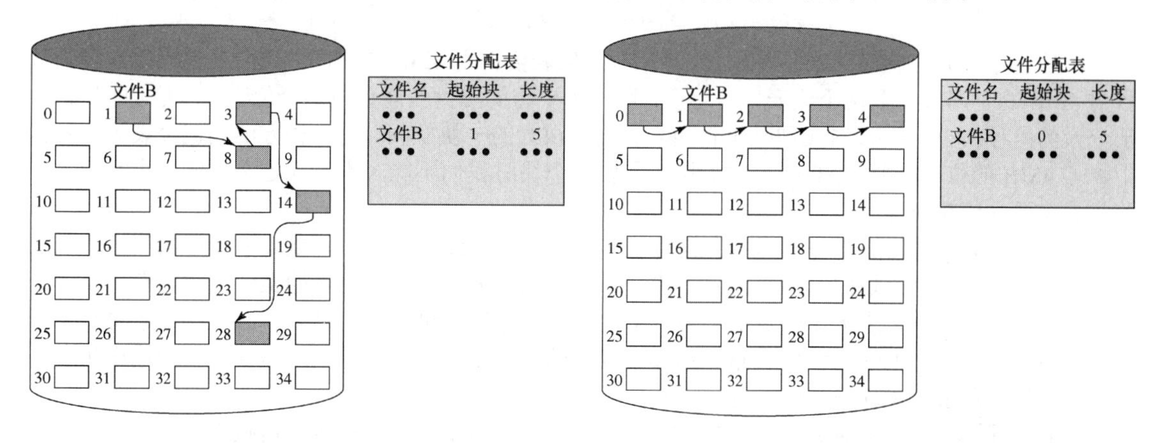

图 12.11　链式分配　　　图 12.12　链式分配（合并后）

索引分配（indexed allocation）解决了连续分配和链式分配中的许多问题。对于索引分配，每个文件在文件分配表中都有一个一级索引。分配给该文件的每个分区在索引中都有一个表项。典型情况下，文件索引物理上并不是作为文件分配表的一部分存储的，相反，文件的索引保存在一个单独的块中，文件分配表中该文件的表项指向这一块。分配可以基于固定大小的块（见图 12.13），也可以基于大小可变的分区（见图 12.14）。基于块来分配可以消除外部碎片，而按大小可变的分区分配可以提高局部性。在任何一种情况下，都需要不时地进行文件整理。在使用大小可变分区的情况下，文件整理可以减少索引的数量，但对于基于块的分配却不能减少索引的数量。索引分配支持顺序访问文件和直接访问文件，因而是最普遍的一种文件分配形式。

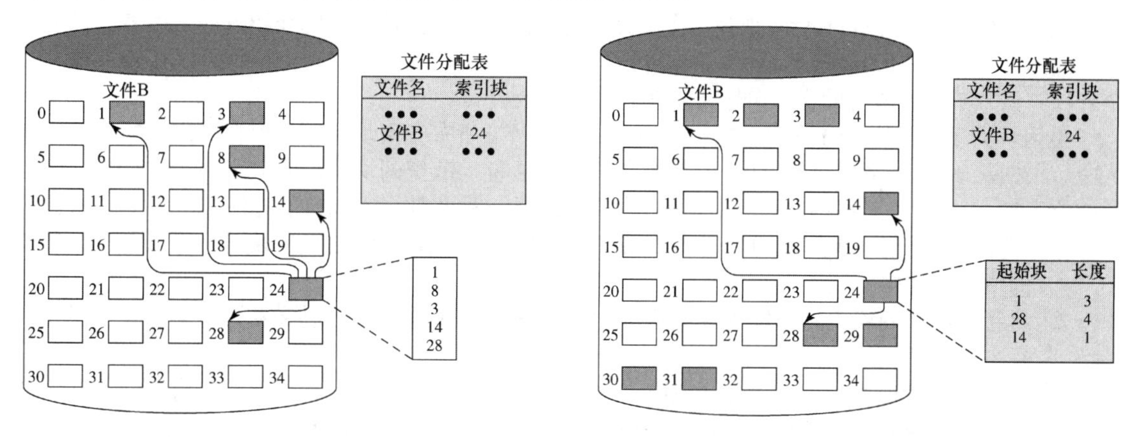

图 12.13　基于块的索引分配　　　图 12.14　基于长度可变分区的索引分配

12.7.2　空闲空间管理

就如分配给文件的空间需要管理那样，当前还未分配给任何文件的空间也需要管理。要实现前述任何一种文件分配技术，首先须知道磁盘中的哪些块是可用的。因此，除文件分配表外，还需要*磁盘分配表*（Disk Allocation Table，DAT）。下面介绍一些已经实现的技术。

位表　这种方法使用一个向量，向量的每一位对应于磁盘中的每一块。0 表示空闲块，1 表示已使用块。例如，对于图 12.9 中的磁盘布局，需要一个长度为 35 的向量，该向量的值如下：

00111000011111000011111111111011000

位表的优点是，通过它能相对容易地找到一个或一组连续的空闲块。因此位表适用于前面描述的任何一种文件分配方法。位表的另一个优点是它非常小，但其长度仍然很长。一个块位图所需的存储器容量为

磁盘大小（字节数）/（8× 文件系统块大小）

因此，对于一个块大小为 512 字节的 16GB 磁盘，位表会占用 4MB 的空间。我们是否能在内存中节省出 4MB 的空间来放置这个位表？若可以，则不需要访问磁盘就能查找这个位表。但是，即使相对于今天的内存大小，4MB 对实现某个功能来说仍是很大的一块空间。另一种方法是把位表放在磁盘中，但 4MB 的位表需要约 8000 个磁盘块，需要一个块时我们不能容忍查找这么大的磁盘空间，因此位表需要驻留在内存中。

即使位表在内存中，穷举式地查找这个表也会使文件系统的性能降低到难以接受的程度，当磁盘满到只剩很少的空闲块时，这个问题尤为严重。因此，大多数使用位表的文件系统都有一个辅助数据结构，用于汇总位表的子区域的内容。例如，位表逻辑上可划分为许多子区域，对于每个子区域，汇总表中包括它的空闲块的数量和连续空闲块的最大长度。当文件系统需要大量的连续块时，以通过扫描汇总表来发现适合的子区域，然后再查找这个子区域。

链接空闲区　使用指向每个空闲区的指针和它们的长度值，可将空闲区链接在一起。由于不需要磁盘分配表，而仅需要一个指向链的开始处的指针和第一个分区的长度，因而这种方法的空间开销可以忽略不计。该方法适用于所有的文件分配方法。若一次只分配一块，则只要简单地选择链头上的空闲块，并调整第一个指针或长度值即可。若基于可变分区进行分配，则可以使用首次适配算法：从头开始取分区，一次取一个，以确定链表中下一个适合的空闲块。这时，同样需要调整指针和长度。

这种方法自身也存在问题。使用一段时间后，磁盘会出现很多碎片，许多分区都会变得只有一个块那么长。还需注意的是，每次分配一个块时，在把数据写到这个块中之前，需要先读这个块，以便找到指向新的第一个空闲块的指针。需要为一个文件操作同时分配许多块时，会大大降低创建文件的速度。与此类似，删除一个由许多碎片组成的文件也非常耗时。

索引　索引方法把空闲空间视为一个文件，并使用一个在文件分配时介绍过的索引表。基于效率方面的考虑，索引应该基于可变大小的分区而非块。因此，磁盘中的每个空闲分区在表中都有一个表项。该方法能为所有的文件分配方法提供有效的支持。

空闲块列表　在这种方法中，每块都指定一个序号，所有空闲块的序号保存在磁盘的一个保留区中。根据磁盘的大小，存储一个块号需要 24 位或 32 位，故空闲块列表的大小是 24 或 32 乘以相应的位表大小，因此它须保存在磁盘而非内存中。这是一种非常令人满意的方法。考虑下面几点：

1. 磁盘上用于空闲块列表的空间小于磁盘空间的 1% 。若使用 32 位的块号，则每个 512 字节的块需要 4B。
2. 尽管空闲块列表大到不能保存到内存中，但两种有效的技术可把该表的一小部分保存到内存中：
   a. 该表可视为一个下推栈（见附录 P），栈中靠前的数千个元素可保留在内存中。分配一个新块时，它从栈顶弹出，此时它在内存中。与此类似，解除一个块的分配时，它会被压入栈中。只有栈中在内存的部分满了或空了时，才需在内存和磁盘之间进行传送。因此，这种技术在大多数时候都能提供零时间的访问。
   b. 该表可视为一个 FIFO 队列，队列头和队列尾的几千项在内存中。分配块时从队列头取走第一项，取消分配时可把它添加到队列尾。只有内存中的头部分空了或内存中的尾部分满了时，才需在磁盘和内存之间传送数据。

在前面给出的任何一种策略（栈或 FIFO 队列）中，后台线程都可对内存中的列表慢慢地排序，因此连续分配很容易。

12.7.3　卷

不同操作系统和不同文件管理系统所用的卷的概念会有不同，但从本质上讲，卷是逻辑磁盘。[CARR05]将卷定义如下：

> **卷**：一组在辅存上可寻址的扇区的集合，操作系统或应用程序用卷来存储数据。卷中的扇区在物理存储设备上不需要连续，只需要对操作系统或应用程序来说连续即可。卷可能由更小的卷合并或组合而成。

在最简单的情况下，一个单独的磁盘就是一个卷。通常，一个磁盘会分为几个分区，每个分区都作为一个单独的卷来工作。

12.7.4　可靠性

考虑以下情况：

1. 用户 A 请求给一个已有文件增加文件分配。
2. 该请求被批准，磁盘和文件分配表在内存中被更新，但未在磁盘中更新。
3. 系统崩溃，随后系统重启。
4. 用户 B 请示一个文件分配，并被分配给了一块磁盘空间，覆盖了上次分配给用户 A 的空间。
5. 用户 A 通过保存在 A 的文件中的引用，访问被覆盖的部分。

当系统为了提高效率而在内存中保留磁盘分配表和文件分配表的副本时，会出现问题。为避免这类错误，请求一个文件分配时，需要执行以下步骤：

1. 在磁盘中对磁盘分配表加锁，以防止在分配完成前另一个用户修改这个表。
2. 查找磁盘分配表，查找可用空间。这里假设磁盘分配表的副本总在内存中，若不在，则须先读入。
3. 分配空间，更新磁盘分配表，更新磁盘。更新磁盘包括把磁盘分配表写回磁盘。对于链式磁盘分配，它还包括更新磁盘中的某些指针。
4. 更新文件分配表和更新磁盘。
5. 对磁盘分配表解锁。

这种技术可以防止错误。但在频繁地分配比较小的块时，就会对性能产生重要影响。为减少这种开销，可以使用一种批存储分配方案。在这种情况下，为了分配，可以先获得磁盘上的一批空闲块，而它们在磁盘上的相应部分则被标记为“已用”。使用这批块的分配在内存中进行。当这批块用完后，更新磁盘上的磁盘分配表，并获得新的一批块。若出现系统崩溃，则磁盘上标为“已用”的部分在被重新分配前，须通过某种方式清空。所用的清空技术取决于文件系统的特性。

12.8　UNIX 文件管理

UNIX 区分 6 种类型的文件：

- **普通文件**：文件中包含的信息是由用户、应用程序或系统实用程序输入的。文件系统在普通文件上不强加任何内部结构，只把它们视为字节流。
- **目录文件**：包含文件名列表和指向与之相关联的索引节点（index node）的指针。目录是按层次结构组织的（见图 12.6）。目录文件实际上是具有特殊写保护权限的普通文件，只有文件系统才能对它进行写操作，但允许所有用户程序对它进行读访问。
- **特殊文件**：不包含数据，但提供一个将物理设备映射到一个文件名的机制。文件名用于访问外围设备，如终端和打印机。每个 I/O 设备都有一个特殊文件与之相关联，详见 11.8 节。
- **命名管道**：如 6.7 节所述，管道是进程间通信的基础设施。管道缓存输入端接收的数据，以便在管道输出端读数据的进程能以先进先出的方式接收数据。

- **链接文件**：链接是一个已有文件的另一个可选文件名。
- **符号链接**：这是一个数据文件，它包含了其所链接的文件的文件名。

本节主要关注普通文件的处理，这也是大多数系统处理文件的方式。

12.8.1 索引节点

现代 UNIX 操作系统支持多种文件系统，但把所有文件系统都映射到了一个统一的、下层的系统中，这个系统用来支持文件系统并给文件分配磁盘空间。所有类型的 UNIX 文件都是由操作系统通过索引节点来管理的。索引节点是一个控制结构，包含操作系统所需的关于某个文件的关键信息。多个文件名能与一个索引节点相关联，但一个活跃的索引节点只能与一个文件相关联，且每个文件只能由一个索引节点来控制。

文件的属性、访问权限和其他控制信息都保存在索引节点中。具体的索引节点结构会因 UNIX 实现的不同而发生变化。图 12.15 描述了 FreeBSD 的索引节点的结构，它包括如下数据元素：

- 文件的类型和访问模式
- 文件的所有者和组访问标识符
- 文件创建的时间，以及最近一次读和写的时间、最近一次索引节点被系统更新的时间
- 文件的大小，以字节表示
- 一系列的块指针，详细介绍见 12.8.2 节
- 文件所用的物理磁盘块的个数，包括用于存储间接指针和属性的块
- 引用该文件的目录项数
- 内核和用户可以设置的用于描述文件特征的标志位

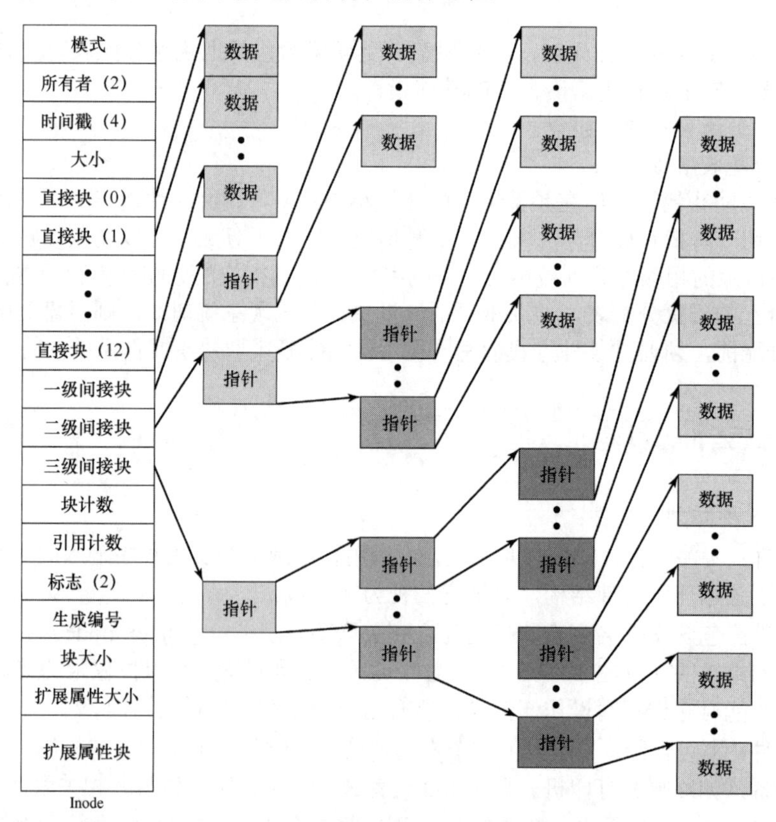

图 12.15 FreeBSD 索引节点和文件的结构

- 文件的产生数（每次将索引节点分配给一个新文件时，为索引节点分配的一个随机选择的数字，产生数用于监控指向被删除文件的引用）
- 索引节点引用的数据块的块大小（通常情况下和文件系统的块大小一样，但有时也会大于文件系统的块大小）
- 扩展属性信息的大小
- 零个或多个扩展属性条目

通常情况下，块大小的数值和文件系统的块大小一样，但有时也会大于文件系统的块大小。在传统的 UNIX 系统上，使用固定的 512 字节块大小。FreeBSD 的最小块大小是 4096 字节（4KB）；块大小可以是大于等于 4096 的 2 的任意次幂。对于普通的文件系统，块大小是 8KB 或 16KB。FreeBSD 中默认的块大小是 16KB。

扩展属性条目的长度是可变的，用来存储和文件内容无关的辅助数据。FreeBSD 中前两个定义的扩展属性与安全相关。第一个支持访问控制链表将在第 15 章中介绍。第二个扩展属性支持安全标签的使用，这是强制访问控制策略的一部分，详见第 15 章。

磁盘上有一个节点表或节点列表，它包含了文件系统中所有文件的节点。打开一个文件时，其节点会载入主存并存储在一个内存驻留节点表中。

12.8.2 文件分配

文件分配是以块为基础完成的。分配按照需要动态地进行，而非预定义分配。因此，文件在磁盘中的块并不需要一定是连续的。系统为了知道每个文件，采用一种索引方法，索引的一部分保存在该文件的索引节点中。在所有的 UNIX 实现中，索引节点都包含一些直接指针和三个间接指针（一级、二级、三级）。

FreeBSD 索引节点包含 120 字节的地址信息，这些信息通常被组织为 15 个 64 位的地址或指针。前 12 个地址指向文件的前 12 个数据块，若文件需要多于 12 个数据块，则按照下面的方式使用一级或多级间接寻址：

- 索引节点中的第 13 个地址指向磁盘中包含下一部分索引的块，称为**一级间接块**。这一块包含指向文件中后续块的指针。
- 若文件中包含更多的块，则索引节点中的第 14 个地址指向一个二级间接块，这一块包含另一个一级间接块地址列表，每个一级间接块依次包含指向文件块的指针。
- 若文件仍然包含更多的块，则索引节点中的第 15 个地址指向一个三级间接块，它是一个三级索引。这个块指向另一个二级间接块。

所有这些如图 12.15 所示。一个文件包含的数据块的总数取决于系统中固定大小的块的容量。在 FreeBSD 系统中，最小的块大小是 4KB，且每块最多保存 512 个块地址。因此在该方案下，文件最大可以超过 500GB（见表 12.3）。

表 12.3 块大小为 4KB 的 FreeBSD 文件的容量

级	块　数	字　节　数
直接	12	48KB
一级间接	512	2MB
二级间接	512×512 = 256K	1GB
三级间接	512×256K = 128M	512GB

这种方案的优点如下：

1. 索引节点大小固定，且相对较小，因此能在内存中保留较长的时间。
2. 访问小文件时，几乎可不间接进行，因此能减少处理时间和磁盘访问时间。
3. 理论上，文件大小对所有应用程序来说都是足够的。

12.8.3 目录

目录以层次树的形式组织。每个目录都可包含文件和其他目录。位于另一个目录中的目录称为子目录。如前所述，目录是包含文件名列表和指向相关索引节点的指针的文件。图 12.16 显示了目录的整体结构。每个目录项都包含一个相关的文件名或目录名和称为索引节点号的整数。访问文件或目录时，其索引节点号会用作索引节点表的索引。

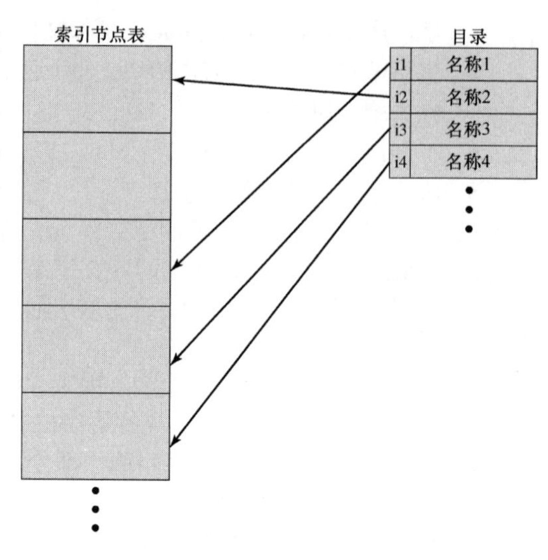

图 12.16 UNIX 目录和索引节点

12.8.4 卷结构

UNIX 文件系统驻留在单个逻辑磁盘或磁盘分区上，它包含以下元素：

- **引导块**（boot block）：包含引导操作系统的代码。
- **超级块**（super block）：包含有关文件系统的属性和信息，如分区大小和索引节点表大小。
- **索引节点表**（inode table）：系统中所有文件的索引节点集。
- **数据块**（data block）：数据文件和子目录所需的存储空间。

12.9 Linux 虚拟文件系统

Linux 包含一个强有力的通用文件处理机制，这种机制利用虚拟文件系统（Virtual File System，VFS）来支持大量的文件管理系统和文件结构。VFS 向用户进程提供一个简单且统一的文件系统接口。VFS 定义了一个能代表任何文件系统的通用特征和行为的通用文件模型。VFS 认为文件是计算机大容量存储器上的对象。这些计算机大容量存储器具有共同的特征，它与目标文件系统或底层的处理器硬件无关。文件有一个符号名，以便在一个文件系统的特定目录下能唯一地标识该文件。同时，文件有一个所有者、对未授权访问或修改的保护和其他一系列属性。文件可被创建、读写或删除。任何文件系统都需要一个映射模块，以便将实际文件系统的特征转换为虚拟文件系统所期望的特征。

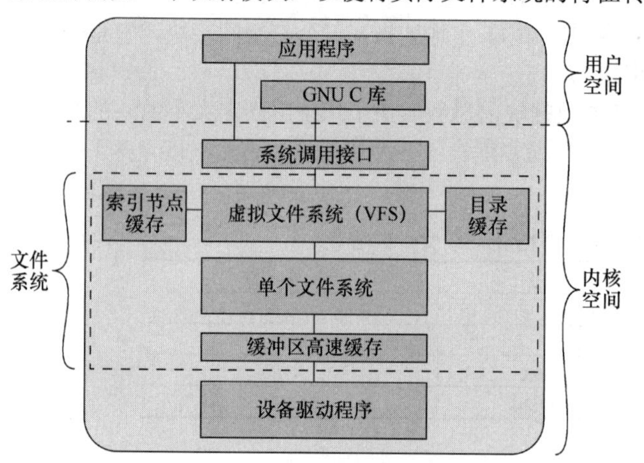

图 12.17 Linux 虚拟文件系统上下文

图 12.17 展示了 Linux 文件系统策略的关键要素。用户进程使用 VFS 文件方案来发起文件系统调用。VFS 通过特定文件系统的一个映射函数，将该系统调用转换为内部某个特定文件系统的功能调用［ext2 FS（二次扩展文件系统）］。在很多情况下，映射函数仅是一个方案的文件系统功能调用到另一个方案的文件系统功能调用的映射。在某些情况下，映射函数比较复杂。例如，有些文件系统使用存储目录树中每个文件位置的文件分配表。在这些文件系统中，目录并不是文件。这些文件系统的映射函数必要时须能动态创建与目录相对应的文件。在任何情况下，原来用户的文件系统调用必须转换为目标文件系统的调用。这样就调用了目标文件系统的相应功能去完成在文件或目录上的相应请求，这种操作的结果以类似的方式返回给用户进程。

VFS 在 Linux 内核中的作用如图 12.18 所示。当进程发起一个面向文件的系统调用时，内核调用 VFS 中的一个函数。该函数处理完与具体文件系统无关的操作后，调用目标文件系统中的相应函数。这个调用通过一个将 VFS 的调用转换到目标文件系统调用的映射函数来实现。VFS 与任何具体的文件系统无关。因此映射函数的实现是文件系统在 Linux 上的实现的一部分。目标文件系统将文件系统请求转换到面向设备的指令。

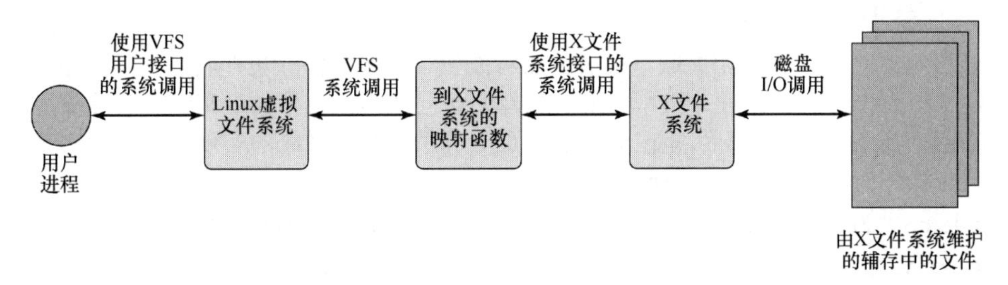

图 12.18　Linux 虚拟文件系统概念

VFS 是面向对象的方案。因为 VFS 不是用面向对象语言（如 C++和 Java）实现的，而是用 C 语言实现的，因此 VFS 的对象简单实现为 C 语言的结构。每个对象都包含数据和函数指针。这些函数指针指向操作这些数据的文件系统的实现函数。VFS 主要的 4 个对象如下：

- **超级块对象**（superblock object）：表示一个已挂载的特定文件系统。
- **索引节点对象**（inode object）：表示一个特定的文件。
- **目录项对象**（dentry object）：表示一个特定的目录项。
- **文件对象**（file object）：表示一个与进程相关的已打开文件。

这种方案基于 UNIX 文件系统中所用的概念。UNIX 文件系统的关键概念如下。文件系统由层次目录组成。目录的概念和许多非 UNIX 平台上的文件夹是一样的，可能包含文件和其他目录。由于一个目录可能包含其他目录，因此就形成了树状结构。在树状结构中，从根开始的路径由一系列目录项组成，最后以目录项或文件名结束。在 UNIX 中，目录是用一个列出了该目录所包含的文件名和目录的文件来实现的。因此，文件操作能同时应用于文件或目录。

12.9.1　超级块对象

超级块存储了描述特定文件系统的信息。通常，超级块对象对应于磁盘上特定扇区的文件系统超级块或文件系统控制块。

超级块对象由许多数据项组成。示例如下：

- 文件系统所挂接的设备
- 文件系统的基本块大小
- 脏标志，表示超级块已被修改，但还未写回磁盘
- 文件系统类型
- 标志，如只读标志
- 指向文件系统根目录的指针
- 打开文件链表
- 控制访问文件系统的信号量
- 操作超级块的函数指针数组的指针

上面列出的最后一项是包含在超级块对象中的操作对象。这个操作对象（super_operations）定义了内核可在超级块对象上调用的对象方法（函数）。为超级块对象定义的方法包括：

- **`alloc_inode`**：分配一个索引节点

- **wrie_inode**：把给定的索引节点写回磁盘
- **put_super**：VFS 卸载一个给定的超出块时调用
- **statfs**：获取文件系统的统计信息
- **remount_fs**：VFS 重新挂接文件系统时调用

12.9.2 索引节点对象

一个索引节点与一个文件相关联。索引节点对象包含命名文件除文件名和实际数据内容外的所有信息。索引节点中包含所有者、组、权限、文件的访问时间、数据长度和链接数等信息。

索引节点对象包含描述 VFS 能在该索引节点上调用的文件系统的实现函数的索引节点操作对象。索引节点操作对象中定义了如下函数：

- **create**：为与某一目录下的目录项对象相关联的普通文件创建一个新索引节点
- **lookup**：为对应于一个文件名的索引节点查找一个目录
- **mkdir**：为与某一目录下的目录项对象相关联的一个目录创建一个新索引节点

12.9.3 目录项对象

目录项（directory entry，dentry）对象是路径上的一个特定组成，它要么是一个目录名，要么是一个文件名。目录项对象为访问文件和目录提供了方便。目录项对象包括一个指向索引节点的指针和超级块，还包括一个指向父目录的指针和指向子目录的指针。

12.9.4 文件对象

文件对象代表一个进程打开的一个文件。文件对象在系统调用 `open()` 时创建，在系统调用 `close()` 时销毁。文件对象包含如下数据项：

- 与该文件相关联的目录项对象
- 包含该文件的文件系统
- 文件对象使用计数
- 用户 ID
- 用户组 ID
- 文件指针，指向下一个文件操作作用到的位置

文件对象包含一个描述 VFS 能在该文件对象上调用的文件系统的实现函数的文件操作对象。该对象包含的函数有 `read`、`write`、`open`、`release` 和 `lock`。

12.9.5 缓存

VFS 利用三个缓存来提高性能：

- **索引节点缓存**：由于每个文件和目录都由一个 VFS 索引节点表示，因此一个目录列表命令或一个文件访问命令会导致一些索引节点被访问。索引节点高速缓存中存储最近访问过的索引节点，因此会使访问更加快速。
- **目录缓存**：目录缓存中存储有完整的目录名称和它们的索引节点号之间的映射，这将加快列出目录的过程。
- **缓冲区高速缓存**：缓冲区高速缓存是独立于文件系统并集成到 Linux 内核使用分配和读写数据缓冲区的机制。作为一个实际文件系统读取底层物理磁盘中的数据，这会请求块设备驱动程序读取它们控制的设备的物理磁盘。因此，在经常需要相同的数据时，它将会检索高速缓冲存储器，而不从磁盘读取。

12.10 Windows 文件系统

Windows NT 的开发人员设计了一个新文件系统——NTFS，用于满足工作站和服务器中的高端需求。高端应用程序的例子有：

- 客户-服务器应用程序，如文件服务器、计算服务器和数据库服务器
- 资源密集型工程和科学应用
- 大型系统的网络应用程序

本节简单介绍 NTFS。

12.10.1 NTFS 的重要特征

NTFS 是建立在一个简洁文件系统模型上的强大文件系统，其显著特征如下：

- **可恢复性**：之所以需要建立新 Windows 文件系统，是为了具备从系统崩溃和磁盘故障中恢复数据的能力。发生这类故障时，NTFS 能够重建文件卷，并使它们返回到一致的状态。它是通过为文件系统的变化使用一个事务处理模型来实现这一目的的。文件系统的每个重要变化都被视为一个原子动作，要么完全执行，要么根本不执行。发生故障时，每个正在处理的事务随后要么取消，要么完成。此外，NTFS 会对重要的文件系统数据进行冗余存储，这样，一个磁盘扇区的故障就不会导致描述文件系统结构和状态的数据丢失。
- **安全性**：NTFS 使用 Windows 对象模型来实施安全机制。一个打开的文件作为一个文件对象来实现，并有一个定义其安全属性的安全描述符。安全描述符作为文件的一个属性被保存在磁盘上。
- **大磁盘和大文件**：与包括 FAT 在内的其他大多数文件系统相比，NTFS 能够更有效地支持非常大的磁盘和非常大的文件。
- **多数据流**：文件的实际内容被当作字节流处理。在 NTFS 中可为一个文件定义多个数据流，这一特征的一个应用示例是允许多个远程 Macintosh 系统使用 NTFS 来保存和检索文件。Macintosh 中的每个文件由两部分组成：文件数据和包含有关文件信息的派生资源。NTFS 把这两部分当作单个文件中的两个数据流。
- **日志**： NTFS 维护一个记录所有对卷上文件进行修改的日志。程序（如桌面查找）可以读取这个日志来识别哪些文件已被修改。
- **压缩和加密**：整个目录和个人文件可被透明地压缩和/或加密。
- **硬链接和符号链接**：为支持 POSIX，Windows 一直支持“硬链接”，它允许在同一个卷上通过多个路径名来存取一个文件。从 Window Vista 开始，Windows 系统就支持“符号链接”，它允许通过多个路径名来存取文件或目录，即使这些路径名位于不同的卷上。Windows 还支持“安装点”，它允许多个卷出现在其他卷上的连接点处，而不通过盘符如“D:”来命名。

12.10.2 NTFS 卷和文件结构

NTFS 使用下列磁盘存储概念：

- **扇区**（sector）：磁盘中最小的物理存储单元。一个扇区中能存储的数据量（字节数）总是 2 的幂，通常为 512 字节。
- **簇**（cluster）：一个或多个连续的扇区（在同一磁道上一个接一个）。一个簇中的扇区数量也为 2 的幂。
- **卷**（volume）：磁盘上的逻辑分区，由一个或多个簇组成，供文件系统分配空间时使用。在任何时候，一个卷中都包含文件系统信息、一组文件及卷中可分配给文件的未分配空间。卷可以是整个磁盘，也可以是一部分磁盘，还可以跨越多个磁盘。采用硬件或软件 RAID 5 时，

卷由跨越多个磁盘的条带组成。NTFS 中，一卷最大为 2^{64} 字节。

NTFS 并不识别扇区，簇是最基本的分配单位。例如，假设每个扇区为 512 字节，且系统为每个簇配置两个扇区（1 簇 = 1KB）。若一个用户创建了一个 1600 字节的文件，则给该文件分配 2 簇。若用户后来又把该文件修改成 3200 字节，则再分配另外 2 簇。分配给一个文件的簇不需要一定是连续的，即允许一个文件在磁盘上被分成几段。目前，NTFS 支持的最大文件为 2^{32} 簇，即 2^{48} 字节。一簇至多有 2^{16} 字节。

使用簇进行分配使得 NTFS 不依赖于物理扇区的大小。因此，NTFS 能够很容易地支持扇区大小不是 512 字节的非标准磁盘，并能使用较大的簇有效地支持非常大的磁盘和非常大的文件。这是因为文件系统必须追踪分配给每个文件的每一簇，而对于较大的簇，需要处理的项很少。

表 12.4 给出了 NTFS 默认的簇大小。默认值取决于卷的大小。当用户要求对某个卷进行格式化时，用于该卷的簇大小是由 NTFS 确定的。

表 12.4　Windows NTFS 分区和簇大小

卷 大 小	每簇的扇区数	簇 大 小
≤ 512MB	1	512B
512MB～1GB	2	1KB
1～2GB	4	2KB
2～4GB	8	4KB
4～8GB	16	8KB
8～16GB	32	16KB
16～32GB	64	32KB
> 32GB	128	64KB

NTFS 卷布局　NTFS 使用一种简单但功能非常强大的方法来组织磁盘卷中的信息。卷中的每个元素都是一个文件，且每个文件包含一组属性，文件的数据内容也视为一个属性。通过这种简单的结构，组织和管理文件系统只需要一些通用的功能。

图 12.19 显示了一个 NTFS 卷的布局，它由 4 个区域组成。在任何卷中，开始的一些扇区被分区引导扇区（partition boot sector）占据（尽管称为一个扇区，但它可能有 16 个扇区那么长），分区引导扇区包含卷的布局信息、文件系统的结构及引导启动信息和代码。接下来是*主文件表*（Master File Table，MFT），主文件表包含该 NTFS 卷中所有文件和文件夹（目录）的信息，以及未分配的可用空间信息。事实上，MFT 是这个 NTFS 卷中所有内容的列表，它被组织成关系数据库结构中的许多行。

分区引导扇区	主文件表	系统文件	文件区域

图 12.19　NTFS 卷的布局

MFT 后面的区域包含若干*系统文件*（system files），具体如下：

- **MFT2**：MFT 前几行的镜像，用于确保一旦存放 MFT 的某个扇区出错时仍可访问该卷。
- **日志文件**：事务步骤列表，用于 NTFS 的恢复。
- **簇的位图**：关于卷中空间的一种表示，说明哪一簇正被使用。
- **属性定义表**：定义该卷所支持的属性类型，指明它们是否可被索引，以及在系统恢复操作中是否可以恢复。

主文件表　MFT 是 Windows 文件系统的核心。MFT 被组织成一个由长度为 1024 字节的行组成的表，每行称为一条*记录*。每行描述了卷中的一个文件或文件夹，包括 MFT 自身，MFT 也被视为一个文件。若文件的内容足够小，则整个文件位于 MFT 的一行中。否则，该行包含文件中的一部分信息，其余的溢出部分放到卷中的其他可用簇中，指向这些簇的指针保存在 MFT 中对应于该文件的行中。

MFT 中的每条记录都包含一组属性，用于定义文件（或文件夹）的特性和文件的内容。表 12.5 列出了一行中可能包含的属性，阴影部分表示必需的属性。

表 12.5　Windows NTFS 文件和目录属性类型

属性类型	说　明
标准信息	包括访问属性（只读、读/写等）、时间戳、文件创建时间或最后一次被修改的时间、有多少目录指向该文件（链接数）
属性表	组成文件的属性列表，以及放置每个属性的 MFT 文件记录的文件引用。在所有属性都不适合一个 MFT 文件记录时使用
文件名	一个文件或目录必须有一个或多个名字
安全描述符	确定谁拥有这个文件，谁可以访问它
数据	文件的内容。一个文件有一个默认的无名数据属性，且可以有一个或多个命名数据属性
索引根	用于实现文件夹
索引分配	用于实现文件夹
卷信息	包括与卷相关的信息，诸如版本信息和卷的名字
位图	提供在 MFT 或文件夹中正在使用的记录的映像

注意：浅色的行表示必需的文件属性，其他属性可选。

12.10.3　可恢复性

NTFS 可在系统崩溃或磁盘失效后，把文件系统恢复到一致的状态。支持可恢复性的重要组件如下所示（见图 12.20）：

- **I/O 管理程序**：包括 NTFS 驱动程序，用于处理 NTFS 中基本的打开、关闭、读、写功能。此外，可以对软件 RAID 模块 FTDISK 进行配置。
- **日志文件服务**：维护一个关于磁盘上文件系统元数据的改变的日志，它用于在系统失败时恢复 NTFS 格式的卷（如在未强制运行文件系统检查功能的情况下）。
- **高速缓存管理器**：负责对文件的读写进行高速缓存，以提高性能。高速缓存管理程序优化磁盘 I/O。

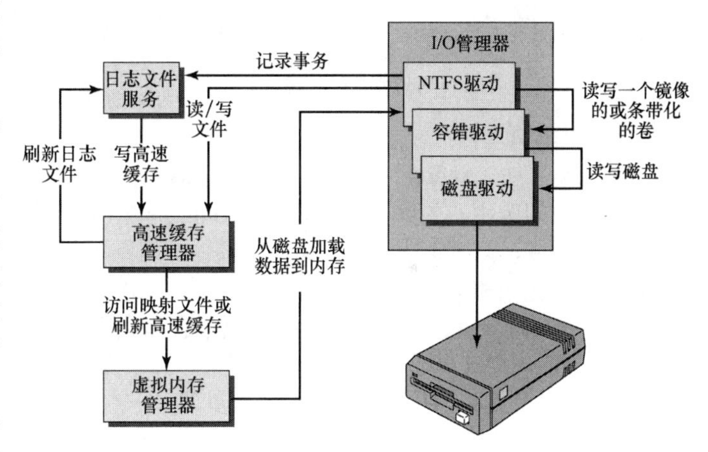

图 12.20　Windows NTFS 组件

- **虚存管理程序**：NTFS 通过把文件引用映射到虚存引用，并通过读写虚存，来访问被缓存的文件。

注意，NTFS 使用的恢复过程是为恢复文件系统的数据而设计的，它不用于恢复文件的内容。因此，用户永远不会因为系统崩溃而丢失应用程序的卷或目录/文件结构，但文件系统并不能保证用户的数据不会丢失。要提供完整的包括恢复用户数据的恢复能力，需要更精确且更消耗资源的恢复机制。

NTFS 恢复能力的实质是记录法。每个改变文件系统的操作都被当作一个事务处理。改变重要文件系统数据结构的事务的每个子操作，在被记录到磁盘卷之前首先记录在日志文件中。使用这个日志，在系统崩溃时完成了一部分的事务可在以后系统恢复时重做或撤销。

一般来说，为保证可恢复性，需要以下 4 个步骤[RUSS11]：

1. NTFS 首先调用日志文件系统，在缓存内的日志文件中记录任何会修改卷结构的事务。
2. NTFS 修改这个卷（在高速缓存中）。
3. 高速缓存管理器调用日志文件系统，提示它刷新磁盘中的日志文件。
4. 日志文件在磁盘上的更新安全时，高速缓存管理器把该卷的变化刷新到磁盘中。

12.11 Android 文件系统

12.11.1 文件系统

Android 使用了 Linux 中的文件管理功能。Android 文件系统目录与我们所知的典型 Linux 安装目录类似，只是前者具有一些 Android 特有的特性。

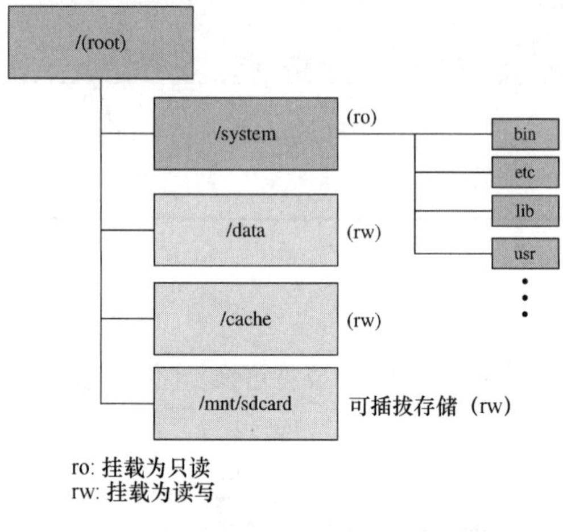

图 12.21 典型的 Android 目录树

图 12.21 所示是 Android 文件系统目录的顶层部分。其中 system 目录（system directory）包含操作系统的核心部分，核心部分包括系统的二进制文件、系统库文件和配置文件。它还包含 Android 的基本应用，如闹钟、计算器和相机。系统映像是锁定的，文件系统只为用户提供只读权限。图 12.21 中所示的其他目录均是可读写的。

data 目录（data directory）数据目录是应用程序存储其私有数据的首选位置。此分区包含了用户的数据，如联系人、短信息、设置和安装的所有 Android 应用程序。当用户在设备上恢复出厂设置时，此分区将被清除。然后，设备将处于第一次使用时状态，或者处于最后一次正式或自定义 ROM 安装之后的状态。当系统中安装了一个新的应用程序时，以下这些操作都与 data 目录有关：

- .apk 文件（Android 安装包）放置在/data/app 中。
- 以应用为中心的库文件安装在/data/data/<应用名称>目录中。这个目录是特定应用程序的沙盒区域，只有该应用可以访问，其他应用则不能访问。
- 建立应用相关的文件数据库。

cache 目录（cache directory）由 OS 用于存储临时数据。该区域存储 Android 系统频繁访问的数据和应用组件。清理高速缓存不会影响到用户的个人数据，而只会简单地清理其中的已有数据，当用户继续使用设备时，其中的数据会自动重建。

mnt/sdcard 目录不是设备内部的内存分区，而是 SD 卡的分区，SD 卡是一种用于 Android 设备的非易失性存储卡。SD 卡是可插拔存储卡，用户可将 SD 卡移除或插入自己的个人计算机中。从使用角度来看，该区域为用户提供存储空间，用户可以在该区域读写任何类型的数据，如数据、音频文件和视频文件。在同时包含内部和外部 SD 卡的设备上，/sdcard 分区通常代表内部 SD 卡。若有外部 SD 卡，则会使用外部 SD 卡的区域，不同的设备，/sdcard 的含义不同。

12.11.2 SQLite

这里需要特别提及基于 SQL 的 SQLite。结构化查询语言（SQL）提供了一种标准化的方法，该方法通过本地或远程的用户或应用来定义和访问关系型数据库。SQL 最初由 IBM 于 20 世纪 70 年代中期开发，这种标准化的查询语言可在关系型数据库中定义模式、操作和查询数据。有一些关于 ANSI/ISO 标准和不同实现的版本，但都遵循了同样的基本语法和语义。

SQLite 是世界上使用最广泛的 SQL 数据库引擎。它被设计为适用于嵌入式系统，以及其他内存有限系统的流水线化数据库管理系统。完整 SQLite 库的实现可能小于 400KB。编译时若禁用不必要的功能，则可把系统库进一步缩小到 190KB 以下（在编译时禁用不必要的功能，可把系统库进一步缩小到 190KB 以下）。

与其他数据库管理系统不同，SQLite 不是一个由客户程序访问的独立进程。相反，SQLite 的库被链接到应用，因而成为应用程序中的一个完整部分。

12.12 小结

文件管理系统是一组系统软件，它为使用文件的用户和应用程序提供服务，包括文件访问、目录维护和访问控制。文件管理系统通常被视为一个由操作系统提供服务的系统服务，而不是操作系统的一部分。但在任何系统中，至少有一部分文件管理功能是由操作系统执行的。

文件由一组记录组成。访问这些记录的方式决定了文件的逻辑组织，并在某种程度上决定了它在磁盘上的物理组织。若文件主要作为一个整体处理，则顺序文件组织是最简单、最适合的。若需要在对单个文件进行顺序访问的同时进行随机访问，则索引顺序文件能产生最佳的性能；若对文件的访问主要是随机访问，则索引文件或散列文件最适合。

不论选择哪种文件结构，都需要一种目录服务，这就使得文件可以按层次方式组织。这种组织有助于用户了解文件，同时也有助于文件管理系统给用户提供访问控制和其他服务。

文件记录即使是固定大小的，通常也与一个物理磁盘块的大小不一致。因此，需要某种类型的组块策略。在复杂性、性能和空间加锁之间的折中决定了要使用的组块策略。

任何文件管理方法的一个重要功能都是管理磁盘空间，其中部分功能是给一个文件分配磁盘块的策略。可以采用各种各样的方法，使用各种各样的数据结构来跟踪对每个文件的分配情况。此外，还需要管理磁盘中的未分配空间，这部分功能主要包括维护一个磁盘分配表，磁盘分配表指明了哪些块是空闲的。

12.13 关键术语、复习题和习题

12.13.1 关键术语

访问方法	文件分配	主文件表（MFT）
基本文件系统	文件分配表（FAT）	分区引导扇区
位表	文件目录	路径名
块	文件管理系统	物理 I/O
cache 目录	文件名	堆
链式文件分配	散列文件	分区
连续文件分配	索引文件	记录
数据库	索引文件分配	顺序文件
设备驱动程序	索引顺序文件	系统目录
磁盘分配表	索引节点	系统文件
域	关键域	虚拟文件系统（VFS）
文件	逻辑 I/O	工作目录

12.13.2 复习题

12.1 域和记录有何不同？

12.2 文件和数据库有何不同？

12.3 什么是文件管理系统？

12.4 选择文件组织时的重要原则是什么？

12.5 列出并简单定义 5 种文件组织。

12.6 为何在索引顺序文件中查找一条记录的平均时间小于在顺序文件中的平均时间？

12.7 对目录执行的典型操作有哪些？

12.8 路径名和工作目录有何关系？

12.9 可以授予或拒绝的某个特定用户对某个特定文件的访问权限通常有哪些？

12.10 列出并简单定义三种组块方法。

12.11 列出并简单定义三种文件分配方法。

12.13.3 习题

12.1 定义 B 为块大小，R 为记录大小，P 为块指针大小，F 为组块因子，即一个块中期望的记录数。对图 12.8 中描述的三种记录组块的方法分别给出 F 的公式。

12.2 避免预分配中的浪费和缺乏邻近性问题的一种方案是，分配区域的大小随文件的增长而增加。例如，开始时，分配区域的大小为 1 块，在以后的每次分配中，分配区域的大小翻倍。考虑一个有 n 条记录的文件，组块因子为 F，假设使用一个简单的一级索引作为一个文件分配表。

a．给出文件分配表中入口数的上限（用关于 F 和 n 的函数表示）。

b．在任何时候，已分配的文件空间中未被使用空间的最大量是多少？

12.3 当数据

a．很少修改并以随机顺序频繁地访问时，

b．频繁修改并相对频繁地访问文件整体时，

c．频繁修改并以随机顺序频繁地访问时，

从访问速度、存储空间的使用和易于更新（添加/删除/修改）这几方面考虑，要达到最大效率，应选择哪种文件组织？

12.4 对图 12.5(c)中的 B 树，给出插入关键码 97 后的结果。

12.5 另一种 B 树的插入算法如下：在插入算法向下遍历整个树时，只要遇到满的节点就立即进行分裂操作，而不管这一分裂是否有必要。

a．这一算法的优点是什么？

b．这一算法的缺点是什么？

12.6 B 树的查找和插入时间都是树的高度的函数。现在我们希望找到最坏情形的查找和插入时间。考虑一棵度数为 d 的 B 树，它包含 n 个关键码。请用由 d 和 n 组成的不等式来表达此树高度 h 的上界。

12.7 考虑一个文件系统，忽略目录和文件描述符的开销，其中文件存储在大小为 16KB 的块中。对于下列各种文件大小，计算文件的最后一块中由于数据未填满而浪费空间的百分比：41600B；640000B；4064000B。

12.8 使用目录的优点是什么？

12.9 目录可当作一种只能通过受限方式访问的“特殊文件”来实现，也可当作普通文件来实现。这两种方法分别有哪些优点和缺点？

12.10 一些操作系统支持树状结构的文件系统，但把树的深度限制到某个较小的级数上。这种限制对用户有什么影响？它是如何简化文件系统的设计的（若能简化）？

12.11 考虑一个层次结构的文件系统，空闲的磁盘空间保留在一个空闲空间列表中。

a．假设指向空闲空间的指针丢失，该系统可以重新构建空闲空间列表吗？

b．给出一种方案，确保即使出现了一次存储器失败，指针也不会丢失。

12.12 在 UNIX System V 中，块大小为 1KB，每块可存放 256 个块地址。使用索引节点方案，一个文件的最大尺寸是多少？

12.13 考虑由一个索引节点表示的 UNIX 文件的组织（见图 12.16）。假设有 12 个直接块指针，在每个索引节点中有一个一级、二级和三级间接指针。此外，假设系统块大小和磁盘扇区大小都是 8KB。若磁盘块指针是 32 位，其中 8 位用于标识物理磁盘，24 位用于标识物理块，则

a．该系统支持的最大文件大小是多少？

b．该系统支持的最大文件系统分区是多少？

c．内存中除文件索引节点外没有其他信息，访问在位置 13423956 中的字节需要多少次磁盘访问？

第六部分

嵌入式系统

第 13 章　嵌入式操作系统

学习目标

- 解释嵌入式操作系统的概念
- 理解嵌入式操作系统的特点
- 解释 Linux 和嵌入式 Linux 的区别
- 描述 TinyOS 的体系结构和关键特征

本章分析一种广泛使用的重要操作系统：嵌入式操作系统。嵌入式系统配置环境的独特、对操作系统苛刻的要求和设计策略的要求，都大大不同于构建普通的操作系统。

首先简要介绍嵌入式系统的概念，然后考虑嵌入式操作系统的原理，最后介绍两种不同的嵌入式系统设计方法：嵌入式 Linux 和 TinyOS。附录 Q 将讨论另一个重要的嵌入式操作系统 eCos。

13.1　嵌入式系统

本节介绍嵌入式系统的概念。首先，我们需要解释一下微处理器和微控制器的区别。

13.1.1　嵌入式系统概念

嵌入式系统是指在电子设备中使用的具有特定功能或功能集的电子设备和软件，而不是通用计算机，如笔记本计算机或台式机系统。我们也可以把嵌入式系统定义为任何包含计算机芯片的设备，但不是通用工作站、台式机或笔记本计算机。计算机每年都会销售上亿台，包括笔记本计算机、个人计算机、工作站、服务器、大型机和超级计算机。相比之下，人类每年会生产数百亿个微控制器，这些微控制器都嵌入在更大的设备中。今天，许多（甚至大多数）使用电力的设备都有嵌入式计算系统。很可能在不久的将来，几乎所有这些设备都会配有嵌入式计算系统。

具有嵌入式系统的设备类型非常多，几乎无法全部列出。现实中的例子包括手机、数码相机、摄像机、计算器、微波烤箱、家庭安全系统、洗衣机、照明系统、恒温器、打印机、各种汽车系统（如变速器控制、巡航控制、燃油喷射、防抱死制动系统和悬挂系统）、网球拍、牙刷以及自动化系统中的多种传感器和执行器。

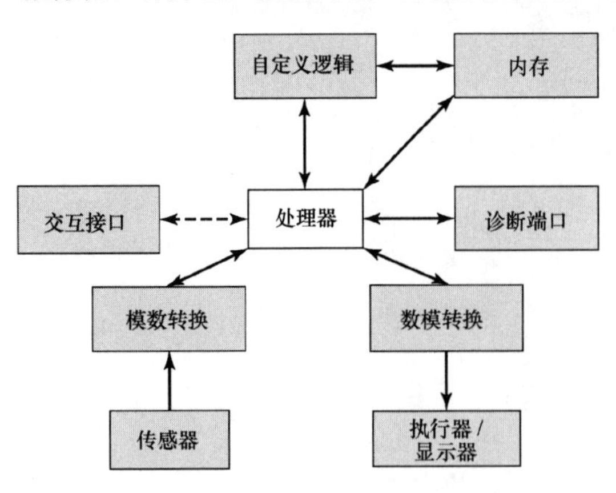

图 13.1　嵌入式系统的组织方式

通常，嵌入式系统与其环境紧密耦合。这导致了由于与环境互动的需要而产生的实时限制。这些约束决定了软件操作的时间，包括所需的运动速度、所需的测量精度和所需的持续时间。若多个任务必须被同时管理，则会带来更复杂的实时性限制。

图 13.1 展示了嵌入式系统组织结构的整体框架。除处理器和内存外，有许多与典型台式机或笔记本计算机不同的元素：

- 嵌入式系统可能有各种接口，这些接口使得系统能够测量、操纵并以其他方式与外部环境互动。嵌入式系统经常通过传感器和执行器与外部世界交互（感知、操纵和沟通），因此通常是反应式系统。反应式系统必须以环境决定的节奏与环境持续交互。

- 人机界面可以像闪光灯一样简单，也可以像实时机器人视觉系统那样复杂。在许多情况下甚至没有人机界面。
- 诊断端口可用于诊断正被控制的系统，而不只用于诊断计算机。
- 专用现场可编程门电路（FPGA）、特定应用（ASIC）甚至非数字硬件都可能被用来提高性能或可靠性。
- 软件通常具有固定的功能，并且用于特定应用程序。
- 效率对嵌入式系统至关重要。这些系统针对能耗、代码量大小、执行时间、重量、尺寸和成本进行了优化。

嵌入式系统还有几个值得一提的与通用计算机相似的领域：

- 即使名义上使用固定的功能软件，嵌入式系统也需要进行现场升级修复、提高安全性和添加功能，而不仅仅适用于消费类设备。
- 一个相对新兴的发展趋势是嵌入式系统平台需要支持各种各样的应用程序。这方面比较好的例子是智能手机和音视频设备，如智能电视。

13.1.2　通用处理器和专用处理器

通用处理器由处理器是否具有执行复杂操作系统的能力来定义，例如 Linux、Android 和 Chrome。因此，通用处理器总体上来说是通用的。一个很好的嵌入式通用处理器的应用例子是智能手机。嵌入式系统旨在支持众多的应用程序，并执行各种功能。

大多数嵌入式系统都采用专用处理器，这是专门为主机设备的一个或少数特定任务而设计的。因为这样的嵌入式系统针对特定的一个或多个任务，处理器和相关组件可以制作成尺寸和成本较小的类型。

13.1.3　微处理器

微处理器是一种处理器，其元件已经小型化为一个或几个集成电路。早期的微处理器芯片包括寄存器、算术逻辑单元（ALU）及某种控制单元或指令处理逻辑单元。随着晶体管密度的增加，微处理器可以增加复杂的指令集架构，最终可以添加内存和多个处理器。当代微处理器芯片包括多个称为核的处理器和大量高速缓存。但是，如图 13.2 所示，微处理器芯片仅包括构成计算机系统的元件的一部分。

大多数计算机，包括智能手机和平板计算机中的嵌入式计算机、个人计算机、笔记本计算机和工作站，都安装在主板上。在描述这种配置之前，我们需要定义一些术语。*印制电路板*（PCB）是一种刚性的平板，用于固定并互连芯片和其他电子元件。电路板由许多层组成，通常为 2～10 层，它们通过蚀刻到电路板上的铜路径互连。计算机中主要的 PCB 被称为*系统板*或*母板*，而较小的 PCB 插在母板上的插槽中，称为*扩展板*。

主板上最突出的元素是芯片。芯片是一片半导体材料，通常由硅组成，电路和逻辑门都在芯片之上。最终的产品被称为*集成电路*。

母板包含用于安装处理器芯片的插槽或插口，这种处理器芯片通常包含多个单独的内核，即所谓的多核处理器。还有存储器芯片、I/O 控制器芯片和其他关键计算机组件用的插槽。对于台式计算机，扩展槽使扩展板上可以安装更多组件。因此，现代主板仅需要连接少数几个芯片组件，每个芯片包含几千个到数以亿计的晶体管。

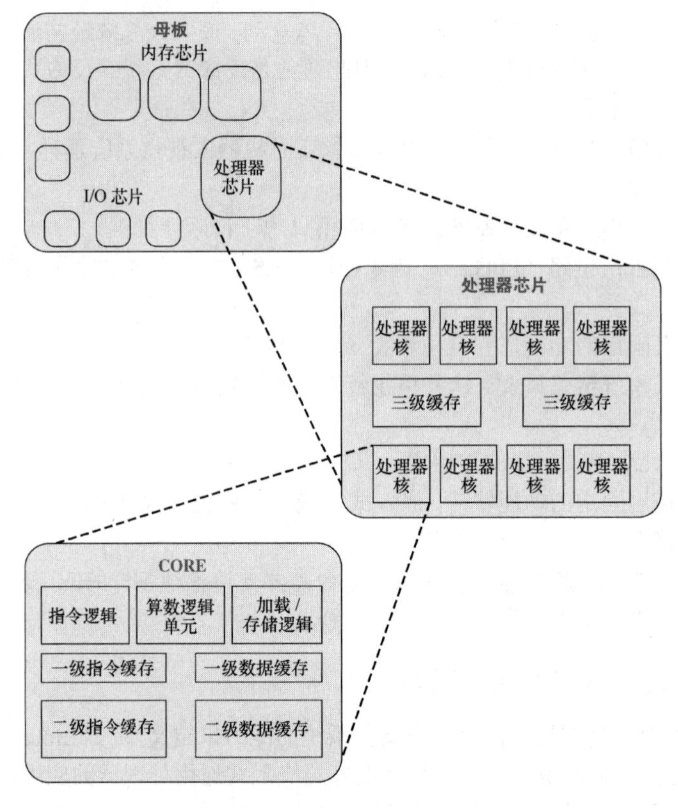

图 13.2　多核计算机主要元素的简化图

13.1.4　微控制器

微控制器是一个芯片，包含处理器、程序使用的非易失性存储器（ROM 或闪存）、用于输入和输出的易失性存储器（RAM）、时钟和 I/O 控制单元。它也被称为片上计算机。一个微控制器芯片对可用的逻辑空间的使用方式可以有很大的不同。图 13.3 显示了通常在微控制器芯片上可以找到的元件。微控制器的处理器部分具有比其他部分低得多的硅面积和更高的能源使用效率。

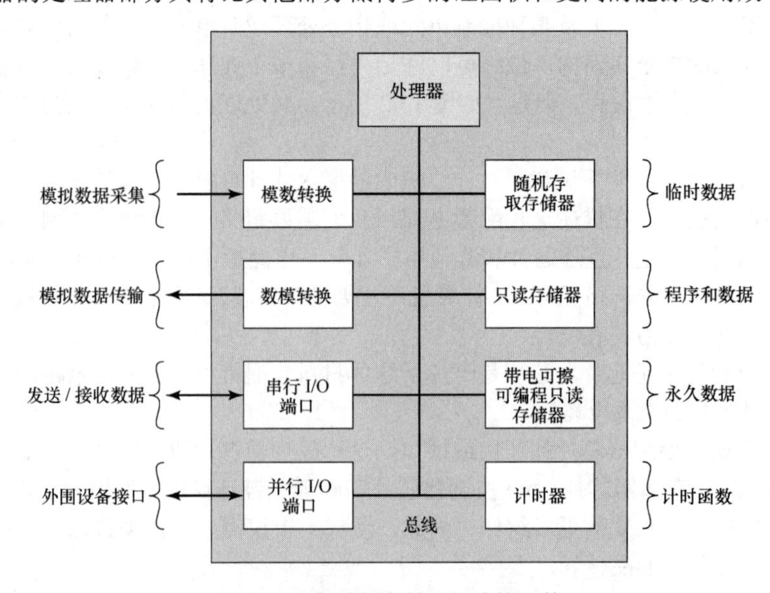

图 13.3　典型微控制器芯片的元件

每年都有数十亿个微控制器单元嵌入到无数产品中，从玩具到家用电器再到汽车。例如，一辆汽车可以使用 70 个或更多个微控制器。这些微控制器通常被用作针对特定任务的专用处理器，特别是那些更小、更便宜的微控制器。比如，微控制器在自动化过程中被大量使用。通过提供简单的对输入的反应，它们可以控制机器、打开和关闭风扇、打开和关闭阀门等。它们是现代工业技术不可或缺的一部分，是生产能够处理极其复杂功能的机械的最便宜方法之一。

微控制器有多种物理尺寸和运算能力。处理器有 4～32 位的各种架构。微控制器往往比微处理器慢很多，通常工作在兆赫兹的尺度范围而非吉赫兹微处理器的速度尺度。微控制器的另一个典型特征是它不提供与人类互动的接口。微控制器为特定任务编程，嵌入在其设备中，并在需要时执行。

13.1.5　深度嵌入式系统

嵌入式系统的很大一部分被称为*深度嵌入式系统*。这个术语虽然技术上广泛用于商业文献中，但很难在互联网中搜索到一个直截了当的定义。一般来说，我们可以说深度嵌入式系统有一个处理器，其行为很难被程序员和使用者观察到。深度嵌入式系统使用微控制器而非微处理器，一旦程序逻辑被刻录到设备中，就不可对只读存储器（ROM）编程，并且与用户无交互。

深度嵌入式系统是单一用途的专用设备。它在环境中检测某些东西，执行基本的处理，并对结果进行处理。深度嵌入式系统通常拥有无线通信能力，且出现在网络配置中，比如部署在某个巨大区域内的传感器构成的网络。物联网非常依赖深度嵌入式系统。通常，深度嵌入式系统在内存、处理器大小、时间和功耗方面都有极大的限制。

13.2　嵌入式操作系统的特性

具有单一功能的简单嵌入式系统可以由专用程序或程序集控制，而无须其他软件。复杂一些的嵌入式系统通常包括一个操作系统。虽然原则上可以把通用操作系统用作嵌入式系统的操作系统（如 Linux），但是由于存储空间的约束，以及功耗和实时性的限制，通常要使用专为嵌入式系统环境设计的特殊用途操作系统。

以下是一些嵌入式操作系统的独特特性和设计要求：

- **实时性操作**：在许多嵌入式系统中，计算的正确性部分取决于它的交付时间。通常，实时性约束由外部 I/O 和控制稳定性决定。
- **反应操作**：嵌入式软件可以响应外部事件并执行。若这些事件不是周期性发生的，或者不是以可预测的间隔发生的，则嵌入式软件可能需要考虑最坏的情况并为执行例程设置优先级。
- **可配置性**：由于嵌入式系统种类繁多，嵌入式操作系统功能的（定性和定量）要求存在很大差异。因此，旨在用于各种嵌入式系统的嵌入式操作系统必须能够灵活配置，满足特定应用程序和硬件所需的功能。[MARW06]给出了以下示例：链接和加载功能可以仅选择加载必要的 OS 模块。嵌入式系统可以使用条件编译。若使用面向对象的结构，则可以定义适当的子类。但是，具有大量派生定制操作系统的设计方案存在一个问题，那就是验证。Takada 认为这是 eCos 的一个潜在问题[TAKA01]。
- **I/O 设备灵活性**：没有一个设备需要所有版本操作系统的支持，且 I/O 设备涵盖的范围很宽。[MARW06]建议对于相对较慢的设备（如磁盘和网络接口），使用定制任务而非将其驱动集成到 OS 内核来处理。
- **简化的保护机制**：嵌入式系统通常用于有限的，定义明确的功能。未经测试的程序很少添加到软件中。在软件完成配置和测试后，我们就假设它是可靠的。因此，除各种安全措施外，嵌入式系统的保护机制有限。比如，I/O 指令不一定是可以陷入操作系统的高级指令，任务可以直接执行各自的 I/O。类似地，存储器保护机制可能被尽量化简了。[MARW06]提供了以下示例：让 switch 指令对应于 I/O 操作中需要检查的值的内存映射 I/O 地址。我们可以允许 I/O 程序使用诸 load register、switch 之类的指令来确定当前值。这种方法优于使用操作系统的服务调用，因为系统调用会产生用于保存和恢复任务上下文的开销。

- **直接使用中断**：通用操作系统通常不允许用户进程直接使用中断。[MARW06]列出了可以让中断直接启动或停止任务（如通过将任务的起始地址存储在中断向量地址表中）而不通过 OS 中断服务程序的三个原因：（1）可以将嵌入式系统视为经过全面测试而很少修改操作系统或应用程序的代码；（2）如前项所述，不需要保护；（3）需要对各种设备进行有效控制。

13.2.1 主环境和目标环境

桌面/服务器和嵌入式 Linux 发行版之间的一个关键区别是，桌面和服务器软件通常在运行它们的平台上进行编译或配置，而嵌入式 Linux 发行版通常在一个平台（称为*主机平台*）上编译或配置，但在另一个平台（目标平台）上执行（见图 13.4）。

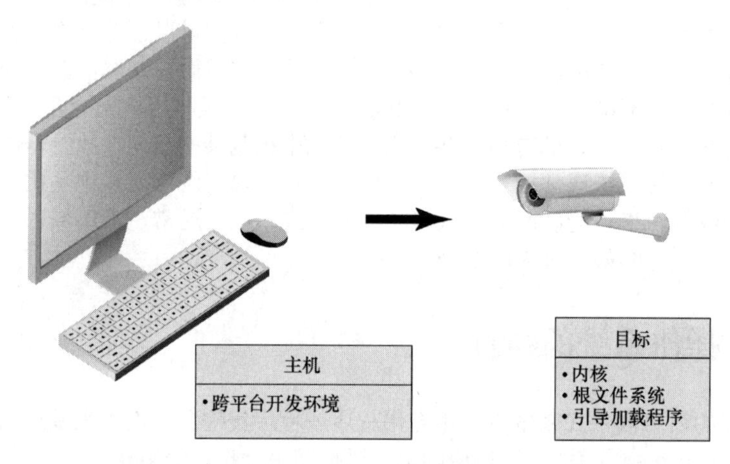

图 13.4 主机-目标环境

引导加载程序 引导加载程序是一个小程序，它在打开电源后将操作系统调到内存（RAM）中。它负责系统的初始引导过程，将内核加载到主内存中。嵌入式系统中的一个典型操作序列如下：

1. 嵌入式系统中的处理器执行 ROM 中的代码以从内部闪存、安全数字（SD）卡或串行 I/O 端口加载第一阶段引导加载程序。
2. 第一阶段引导加载程序初始化内存控制器和一些外设，并将第二阶段引导加载程序加载到 RAM 中。这个引导加载程序无法进行交互，且通常由 ROM 上的处理器供应商提供。
3. 第二阶段引导加载程序将内核和根文件系统从闪存加载到主存储器（RAM）。内核和根文件系统通常以压缩文件的形式存储在闪存中，因此加载过程的一部分是将文件解压缩为内核和根文件系统的二进制映像。然后，引导加载程序将控制权传递给内核。通常，第二阶段用的是开源引导加载程序。

内核 一个完整的内核包括一些独立的模块，比如：

- 内存管理
- 进程、线程管理
- 进程间通信、计时器
- I/O 设备驱动、网络、声卡、存储和显卡
- 文件系统
- 网络
- 电源管理

在给定操作系统的完整内核软件中，许多可选组件会被嵌入式系统排除。例如，若嵌入式系统硬件不支持分页，则可以排除内存管理子系统。完整的内核将包括多个文件系统、设备驱动程序等，可能只需要其中的一部分。

桌面/服务器和嵌入式 Linux 发行版之间的一个关键区别是，桌面和服务器软件通常在将要执行

的平台上编译，而嵌入式 Linux 发行版通常在一个平台上编译，但在另一个平台上执行。执行这一过程的软件称为交叉编译器。图 13.5 说明了它的用途。

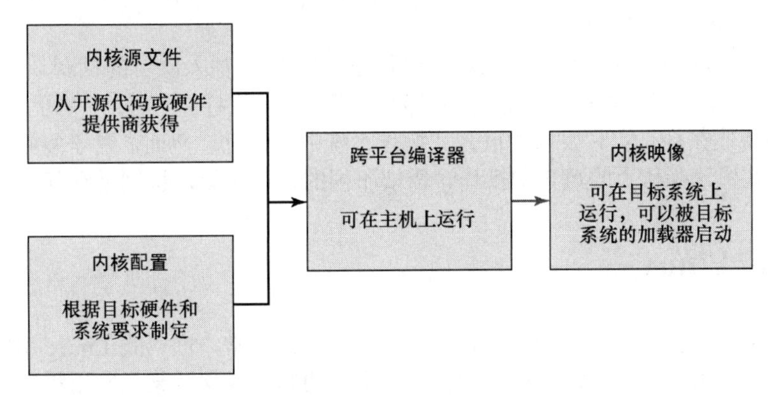

图 13.5　内核编译

根文件系统　在嵌入式操作系统或任何操作系统中，一个包含目录的和文件的全局单一层级结构用来表示系统中的所有文件。这个层级结构的顶部（根）是根文件系统，其中包含系统正常工作所需的所有文件。嵌入式操作系统的根文件系统类似于工作站或服务器上的根文件系统，区别在于它只包含运行系统所需的最小应用程序、库和相关文件集合。

13.2.2　开发方法

开发嵌入式操作系统有两种通用方法。第一种方法是采用现有的操作系统，使其适配嵌入式应用程序；第二种方法是从零开始设计和实现仅供嵌入式用途使用的操作系统。

13.2.3　适配现有的操作系统

通过添加实时功能、简化操作和添加必要的功能，现有的商业 OS 可用于嵌入式系统。这种方法通常使用 Linux，但也使用 FreeBSD、Windows 和其他通用操作系统。与专用嵌入式操作系统相比，此类操作系统通常较慢且可预测性较差。这种方法的一个优点是从商业通用 OS 衍生出来的嵌入式 OS 有一组为人熟知的接口，这增强了系统的可移植性。

使用通用 OS 的缺点是它没有针对实时和嵌入式应用程序进行优化。因此，可能需要相当大的修改才能获得足够的性能。特别是，典型的操作系统针对调度的平均情况而非最坏情况优化，通常会按需分配资源，并且会忽略大多数关于应用程序的语义信息。

13.2.4　根据目标建立的嵌入式操作系统

人们从零开始设计了大量操作系统用于嵌入式应用设计，两个突出的例子是 eCos 和 TinyOS，这两种操作系统将在本章后面讨论。

专用嵌入式操作系统的典型特征包括：

- 拥有快速轻量级的进程和线程切换机制。
- 调度算法是实时的，调度模块是调度系统的一部分而非一个组件。
- 占用空间更小。
- 快速响应外部中断；通常要求响应时间小于 10μs。
- 最小化中断的时间间隔。
- 为内存管理提供固定或可变大小的分区，以及锁定内存中的代码和数据的能力。
- 提供可以快速累积数据的特殊顺序文件。

为了解决时间限制问题，内核可以：

- 为大多数原语规定有限的执行时间。
- 维护一个实时的时钟。
- 提供特殊警报和超时中断。
- 支持实时队列机制，例如最早的截止时间优先和将消息插入队首的机制。
- 提供原语来支持延迟处理一段固定的时间并暂停/恢复执行。

刚刚列出的特性在具有实时要求的嵌入式操作系统中很常见。然而，对于复杂的嵌入式系统，该要求可能强调在快速操作上的可预测操作，需要不同的设计决策，特别是在任务调度领域。

13.3 嵌入式 Linux

嵌入式 Linux 仅指在嵌入式系统中运行的 Linux 版本。通常，嵌入式 Linux 系统使用官方内核版本之一，尽管某些系统会使用针对特定硬件配置定制的修改或支持某类应用程序。注意，嵌入式 Linux 内核的构建配置和开发框架在工作站或服务器上使用的 Linux 内核不同。

本节首先重点介绍嵌入式 Linux 与桌面或服务器上运行的 Linux 版本之间的一些主要差异，然后介绍一个流行的软件产品 μClinux。

13.3.1 嵌入式 Linux 系统的特性

内核大小 桌面和服务器 Linux 系统需要支持大量设备，因为使用 Linux 的配置种类繁多。类似地，这样的系统还需要支持一系列通信和数据交换协议，因此它们可以用于许多不同的目的。嵌入式设备通常只需要支持特定的一组设备、外围设备和协议，具体取决于给定设备中存在的硬件以及该设备的预期用途。所幸的是，Linux 内核在编译它的体系结构以及它支持的处理器和设备方面具有高度可配置性。

嵌入式 Linux 发行版是 Linux 的一个版本，可根据嵌入式设备的大小和硬件限制进行定制，并包括支持这些设备上的各种服务和应用程序的软件包。因此，嵌入式 Linux 内核的大小远远小于普通的 Linux 内核。

内存大小 [ETUT16]用小、中、大三个类别，按可用 ROM 和 RAM 的大小对嵌入式 Linux 系统的大小进行了分类。小型系统的特点是低功耗处理器，至少 2MB ROM 和 4MB RAM。中型系统的特点是中等功率处理器，大约 32MB ROM 和 64MB RAM。大型系统的特点是功能强大的处理器或处理器集合，以及大量的 RAM 和永久存储。

在没有永久存储的系统上，整个 Linux 内核必须能够放进 RAM 和 ROM 中。一个功能齐全的现代 Linux 系统不会这样做。作为对此的说明，图 13.6 展示了随着时间的推移，整个 Linux 内核压缩后的大小。当然，任何 Linux 系统都只配置完整版本的一些组件。即便如此，该图表也表明了必须排除大量内核，特别是对于中小型嵌入式系统。

其他特点 其他嵌入式 Linux 系统的特点包括：

- **时间限制**：严格的时间限制要求系统在指定的时间段内做出响应。温和的时间限制适用于不严格要求即时响应的系统。
- **网络能力**：网络能力意味着系统可以连接到网络。实际上，目前所有嵌入式设备都具有此功能，通常是无线的。
- **用户交互程度**：某些设备以用户交互为中心，如智能手机。其他设备，如工业过程控制，可以提供非常简单的界面，如用于交互的 LED 和按钮。其他设备没有终端用户交互，如物联网传感器，它们收集信息并将其传输到云端。

来自[ETUT16]的表 13.1 给出了使用 Linux 内核的一些商用嵌入式系统的特性。

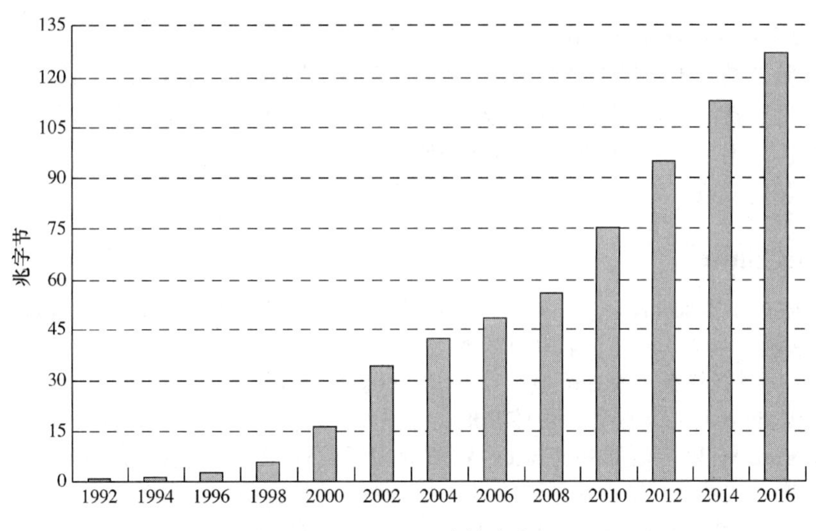

图 13.6　Linux 内核大小

表 13.1　样本嵌入式 Linux 系统的特性

描　述	类　型	大　小	时间限制	是否可配置网络	用户交互等级
加速器控制设备	工业过程控制	中	严格	可以	低
计算机辅助训练系统	航空	大	严格	不可以	高
获取局部信息的蓝牙设备	网络	小	中等	可以	很低
系统控制和数据采集协议转换器	工业过程控制	中	严格	不可以	很低
个人数字助理	消费电子	中	中等	可以	很高
太空飞船控制的电机控制设备	航空	大	严格	可以	高

13.3.2　嵌入式 Linux 文件系统

某些应用程序可能会创建相对较小的文件系统，仅在应用程序的持续时间内使用，可以存储在主存储器中。但通常来说，文件系统必须存储在永久性存储器中，例如闪存或传统的磁盘存储设备。大多数嵌入式系统不会选择内部或外部磁盘，持久存储通常由闪存提供。

与嵌入式 Linux 系统的其他方面一样，文件系统必须尽可能小。许多紧凑的文件系统已被设计出来并用在嵌入式系统中。以下是常用的示例：

- **cramfs**：压缩 RAM 文件系统是一个简单的只读文件系统，旨在通过最大限度地利用底层存储来最小化文件系统。cramfs 文件系统上的文件以与 Linux 页面大小匹配的单位进行压缩（通常为 4096 字节或 4MB，基于内核版本和配置），以提供对文件内容的有效随机访问。
- **squashfs**：与 cramfs 一样，squashfs 是一种压缩的只读文件系统，专为低内存或有限存储大小的环境设计，如嵌入式 Linux 系统。
- **jffs2**：Journaling Flash 文件系统，版本 2，是一个基于日志的文件系统，顾名思义，它设计用于 NOR 和 NAND 闪存设备，特别注意闪存专有的问题，如磨损均衡。
- **ubifs**：未排序的块映像文件系统通常在较大的闪存设备上提供比 jffs2 更好的性能，而且还支持写入缓存，提供了额外的性能改进。
- **yaffs2**：另一个 Flash 文件系统，版本 2，为大型闪存设备提供快速而强大的文件系统。yaffs2 比文件系统（如 jffs2）使用更少的 RAM 来保存文件系统状态信息。文件系统写入太频繁时，通常也会提供更好的性能。

13.3.3　嵌入式 Linux 的优势

早在 1999 年就开始出现了嵌入式版本的 Linux。许多公司已自行开发出适合特定平台的版本。

使用 Linux 作为嵌入式操作系统基础的优点包括：

- **供应商独立性**：平台提供商不依赖于特定供应商来提供所需的功能并满足部署的最后期限。
- **多种硬件支持**：Linux 支持广泛的处理器架构和外围设备，几乎适用于任何嵌入式系统。
- **低成本**：使用 Linux 可以最大限度地降低开发和培训成本。
- **开源**：使用 Linux 可以享受开源软件的优势。

13.3.4 μClinux

μClinux（微控制器 Linux）是一种流行的开源 Linux 内核变体，它针对的是微控制器和其他非常小的嵌入式系统。由于 Linux 的模块化特性，通过删除嵌入式环境中不需要的应用程序、工具和其他系统服务，可以轻松减小操作环境。这是 μClinux 的设计理念。

为了了解 μClinux 可启动映像（内核和根文件系统）的大小，我们来看看 EmCraft Systems 的经验，它使用 Cortex-M 微控制器和 Cortex-A 微处理器[EMCR15]构建板级系统。这些绝不是使用 μClinux 的最小嵌入式系统。最小配置可能只有 0.5MB，但供应商发现实际可启动映像的大小，加上以太网、TCP/IP 和一组合理的用户空间工具与应用程序配置，可以达到 1.5～2MB。运行时 μClinux 操作所需的 RAM 大小为 8～32MB。这些数字远远小于典型 Linux 系统的数字。

与完整 Linux 的对比 μClinux 和 Linux 之间的区别较大，主要包括以下内容（详细探讨见[MCCU04]）：

- Linux 是基于 UNIX 的多用户操作系统。μClinix 是 Linux 的一个版本，适用于通常不需用户交互的嵌入式系统。
- 与 Linux 不同，μClinix 不支持内存管理。因此，μClinix 没有虚拟地址空间；应用程序必须链接到绝对地址。
- Linux 内核为每个进程维护一个单独的虚拟地址空间。μClinix 为所有进程提供单个共享的地址空间。
- 在 Linux 中，在上下文切换时需要恢复地址空间；但在 μClinix 中并不需要。
- 与 Linux 不同，μClinix 不提供 `fork` 系统调用；唯一的选择是使用 `vfork`。`fork` 调用本质上是复制一个调用进程的副本，几乎在所有方面都是相同的（并非所有内容都被复制，如某些实现中的资源限制，但想法是创建尽可能接近的副本）。新进程（子进程）获取不同的进程 ID（PID），并将旧进程（父进程）的 PID 作为其父 PID（PPID）。`vfork` 和 `fork` 之间的基本区别在于，使用 `vfork` 创建新进程时，父进程将暂时挂起，子进程可能会借用父进程的地址空间，直到子进程退出或调用 `execve`，此时父进程继续。
- μClinix 修改设备驱动程序以使用本地系统总线而非 ISA 或 PCI。

一个完整的 Linux 和 μClinux 之间最重要的区别在于内存管理。μClinux 中缺少内存管理支持有很多含义，包括：

- 分配给进程的内存通常必须是连续的。许多进程换入、换出内存时，可能会导致内存碎片（见图 7.4）。但是，嵌入式系统通常具有一组固定的进程，这些进程在启动时加载并持续到下一次重置，因此通常不需要此功能。
- μClinux 无法为运行的进程扩展内存，因为可能有其他进程使用的内存与其相邻。因此，brk 和 sbrk 调用（动态更改为调用进程的数据段分配的空间量）不可用。但是 μClinux 确实提供了 malloc 的实现，它用于从全局内存池中分配一块内存。
- μClinux 缺少动态应用程序堆栈。这可能导致堆栈溢出，从而破坏内存。开发和配置应用程序时必须注意避免这种情况。
- μClinux 不提供内存保护，这会导致应用程序损坏另一个应用程序甚至内核的一部分的风险。一些实现为此提供了修复功能。例如，Cortex-M3/M4 架构提供了一种称为 MPU（存储器保护单元）的存储器保护机制。使用 MPU，Emcraft Systems 在内核中添加了一个可选功能，该功能实现了与使用 MMU [KHUS12]在 Linux 中实现的内存保护机制相同的进程到进程、进程到内核的保护。

μClibc　μClibc 是最初开发用于支持 μClinux 的 C 系统库，它通常与 μClinux 一起使用。但是，μClibc 也可以与其他 Linux 内核一起使用。μClibc 的主要目标是提供一个系统库，用于提供适合开发嵌入式 Linux 系统的 C 库。它比在 Linux 系统上广泛使用的 GNU C 库小得多，但几乎 glibc 支持的所有应用程序也可以与 μClibc 完美配合。将应用程序从 glibc 移植到 μClibc 通常只需要重新编译源代码。μClibc 甚至支持共享库和线程。

表 13.2 基于[ANDE05]比较了两个库中函数的大小。可以看出，节省的空间相当可观。通过默认禁用某些功能并积极重写代码以消除冗余，可以实现这些节省。

表 13.2　μClibc 和 GNU C 语言库的函数大小

glibc 函数库名称	glibc 函数库大小	μClibc 名字	μClibc 大小
libc-2.3.2.so	1.2MB	libuClibc-0.9.2.7.so	284KB
ld-2.3.2.so	92KB	libcrypt-0.9.2.7.so	20KB
libcrypt-2.3.2.so	20KB	libdl-0.9.2.7.so	12KB
libdl-2.3.2.so	12KB	libm-0.9.2.7.so	8KB
libm-2.3.2.so	136KB	libnsl-0.9.2.7so	56KB
libnsl-2.3.2.so	76KB	libpthread-0.9.2.7.so	4KB
libpthread-2.3.2.so	84KB	libresolv-0.9.2.7.so	84KB
libresolv-2.3.2.so	68KB	libutil-0.9.2.7.so	4KB
libutil-2.3.2.so	8KB	libcrypt-0.9.2.7.so	8KB

图 13.7 展示了使用 μClinux 和 μClibc 的嵌入式系统的顶层软件架构。

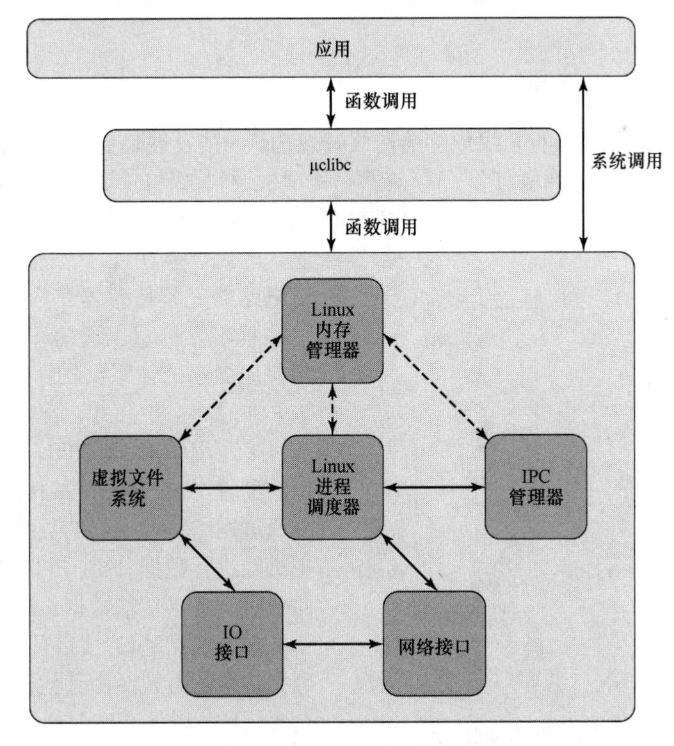

图 13.7　μClinux/μClibc 软件架构

13.3.5　Android

如本书中讨论的那样，Android 是一个基于 Linux 内核的嵌入式操作系统。因此，将 Android 视为嵌入式 Linux 的一个例子是合理的。但是，许多嵌入式 Linux 开发人员并不认为 Android 属于嵌入式 Linux[CLAR13]。这些开发人员认为，经典的嵌入式设备具有固定功能，在出厂时就已经设定而不可修改。Android 更像是一个平台操作系统，可以支持从一个平台到另一个平台不同的各种应用程序。此外，Android 是一个垂直集成系统，包括对 Linux 内核的一些特定于 Android 的修改。Android 的重点在于 Linux 内核和 Android 用户空间组件的垂直集成。最终，这是一个语义问题，没有“官方”对嵌入式 Linux 的定义可供参考。

13.4 TinyOS

与普通商用通用操作系统如嵌入式 Linux 相比，TinyOS 为嵌入式操作系统提供了更新颖的方法。因而，对于内存、处理时间、实时响应、功耗等要求较严格的情况，TinyOS 和类似的系统更为适合。TinyOS 系统非常简洁，为嵌入式系统提供了最小的操作系统，其核心操作系统的数据和代码仅需要 400B 的内存。

TinyOS 明显不同于其他嵌入式操作系统。一个明显的不同之处是 TinyOS 不是实时操作系统，原因是无线传感器网络上下文中的期望工作负载，详见 13.4.1 节的介绍。因为功耗的原因，这些设备大部分时间是关闭的。应用程序趋于简单，处理器的抢占也不再是问题的重点。

另外，TinyOS 没有内核，因为它没有存储保护，是基于组件的操作系统；系统中没有进程；操作系统本身也没有存储分配系统（尽管有些很少用到的组件会引入存储分配系统）；中断和异常处理依靠外围设备；它是完全无阻塞的，因此很少有直接同步原语。

TinyOS 已成为实现无线传感器网络软件的流行方法。目前，超过 500 家组织都在为 TinyOS 开发和发布开源标准。

13.4.1 无线传感器网络

TinyOS 最初是为使用较少的无线传感器网络开发的。一些发展趋势使得开发极紧凑的、低功耗的传感器成为可能。在摩尔定律驱使下，存储器和处理机逻辑部件的尺寸一再减小。尺寸越小，功耗越低。在无线通信硬件、微型机电系统（MEMS）和传感器中，低功耗和小尺寸的趋势也非常明显。因此，能在 1 立方毫米内开发一个包含逻辑电路的完整传感器。应用软件和系统软件须足够紧凑，传感、通信和计算能力能组成一个完整但微小的体系结构。

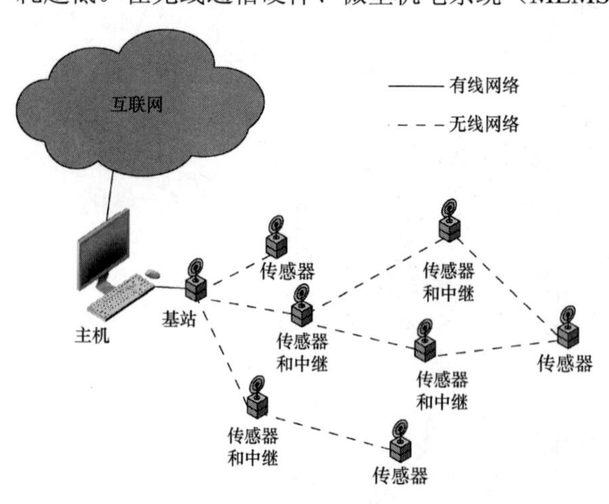

图 13.8 典型无限传感器网络拓扑图

低成本、小尺寸、低功耗的无线传感器可用于许多应用中[ROME04]。图 13.8 显示了一个典型的配置。一个基站连接传感器网络和 PC 主机，并通过网络将传感器的数据传送到 PC 主机上，主机能进行数据分析，并能通过企业网或因特网向分析服务器传输数据。单个传感器收集数据并将数据传送到基站，既可以直接传送，又可通过数据转播的方式经由其他传感器传送。路由功能是必需的，以便决定怎样转播数据，进而经由传感器网络到达基站。[BUON01]指出，在许多应用中，用户希望能够快速部署许多低成本的设备而无须配置或管理它们。也就是说，这些设备必须能将自己整合到某个特殊的网络中。各个传感器的移动性和射频（RF）接口意味着网络本身必须能在秒级上重新进行配置。

13.4.2　TinyOS 的目标

针对分布式微型传感器应用，伯克利大学的研究团队[HILL00]为 TinyOS 设定了下列目标：

- **允许高并发性**：在典型的无线传感器网络应用中，设备要求有强并发性。几个不同的数据流必须同步移动。当传感器数据在一个稳定的流中输入时，处理结果也须在稳定的流中进行传送。另外，必须管理对遥控传感器和基站的外部控制。
- **在有限的资源下操作**：TinyOS 的目标平台会受到存储器和计算资源的限制，并靠电池或太阳能运行。单个平台可能仅提供几 KB 的程序存储器和几百字节的随机存储器（RAM）。软件必须高效地使用可用的处理器和存储器资源，并允许低功耗通信。
- **适应硬件升级**：大部分硬件都是在不断升级的；应用软件和大部分系统服务必须兼容硬件换代。也就是说，若功能相同，则在升级硬件时应没有或只有很少的软件改变。
- **支持广泛的应用软件**：应用软件在其生命周期、通信和传感等方面展示了宽广的需求范围。因此需要模块化、通用的嵌入式操作系统，以便在开发和支持软件时能有标准化的方法来节约成本。
- **支持不同的平台**：如前所述，需要通用的嵌入式操作系统。
- **应是鲁棒的**：传感器网络一旦部署，就须在无人监控的状态下运行数月或数年。理想情况下，单个系统和传感器网络都应是冗余的。实际上，两种类型的冗余都需要额外的资源。可增强健壮性的软件的特点是，使用高度模块化、标准化的软件组件。

需要详细叙述并发需求。在典型应用中，传感器网络中可能会有几十、几百甚至几千个传感器。因为延时的原因，很少使用缓冲。例如，若每隔 5 分钟采样一次，且希望在发送之前缓存 4 个样本，则平均延迟时间就是 10 分钟。因此，信息通常以连续流的形式捕获、处理并发送到网络。此外，传感器采样产生了很大的数据时，有限的存储器可用空间会限制能被缓存的采样数。虽然如此，在某些应用中，每个这样的流会在高级处理中交插许多低级事件。有些高级处理会扩展为多个实时事件。此外，由于低功耗传输，网络中的传感器通常只能运行在距离较小的范围内。因此，来自较远传感器的数据必须经过中间节点中继到一个或多个基站。

13.4.3　TinyOS 的组件

使用 TinyOS 构建的嵌入式系统由一组称为组件的小模块组成，每个组件完成一个简单的任务或一组任务，每个组件与其他组件和硬件的接口受到一定限制且定义明确。仅有的一个例外的软件模块是调度程序，稍后将讨论到。实际上，因为没有内核，也就没有实际的操作系统。但我们可以采用下面的观点。主要的应用领域是无线传感器网络（WSN）。要满足该应用的软件需求，需要一个严格的、包含各种组件的简化软件架构。TinyOS 的开发团队已完成了许多开源组件，这些组件为 WSN 提供了所需的基本功能。这些标准组件的例子包括*单跳网络*（single-hop networking）、*自主路由*（ad-hoc routing）、电源管理、定时器和非易失存储控制。对于特定的配置和应用，用户要构建额外的特定组件，连接并装入用户应用软件的全部组件中。TinyOS 由一系列标准化组件组成。对于任意的特定实现，并非所有组件都能用得上，何况还有一些用户编写的特定应用的组件。上述实现中的操作系统仅是 TinyOS 套件中标准组件的简单集合。

所有配置在 TinyOS 中的组件有着相同的结构，图 13.9(a)展示了一个例子。图中带阴影的方框表示组件，该件作为一个对象，只能通过定义的接口进行访问，这些接口由白色的方框表示。组件可以是硬件或软件。软件组件由 nesC 实现，nesC 是 C 语言的一个扩展，它有两个明显的特征：1）通过接口与组件进行交互的编程模型；2）带有从运行到完成任务和中断句柄的基于事件的并发模型，随后将进行讨论。

体系结构由分层排列的组件组成。每个组件仅能连接其他两个组件，一个比它层次低，一个比它层次高。组件向低层组件发出命令并从低层组件接收事件信号。类似地，组件接收来自高层组件的命令，并向高层组件发送事件信号。底层的组件是硬件组件，最顶层的组件是应用软件组件，这种组件可能不是 TinyOS 标准套件中的一部分，但必须符合 TinyOS 组件的结构。

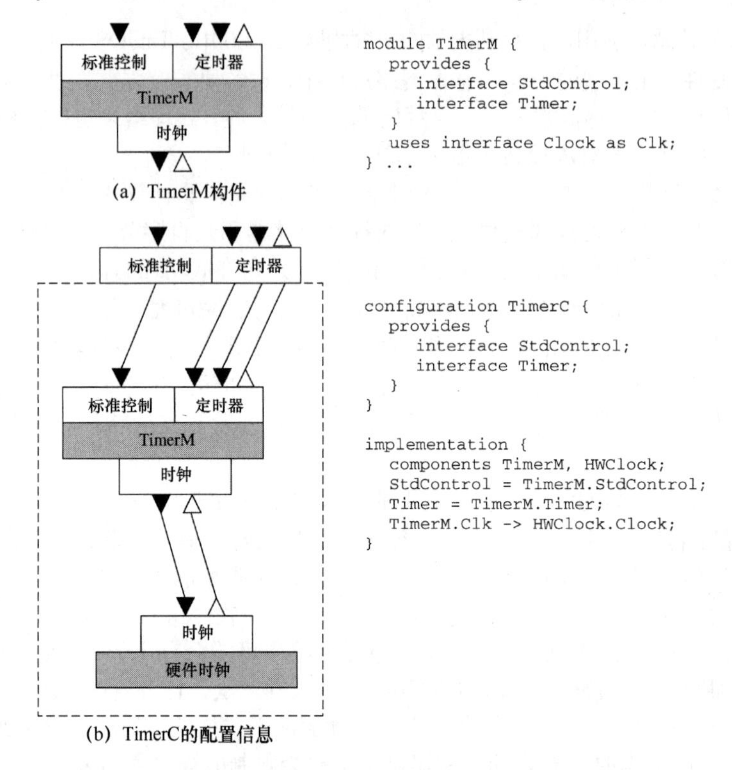
标准控制
定时器
TimerM
时钟
(a) TimerM构件
module TimerM {
provides {
interface StdControl;
interface Timer;
}
uses interface Clock as Clk;
} ...
标准控制
定时器
TimerM
时钟
时钟
硬件时钟
(b) TimerC的配置信息
configuration TimerC {
provides {
interface StdControl;
interface Timer;
}
}
implementation {
components TimerM, HWClock;
StdControl = TimerM.StdControl;
Timer = TimerM.Timer;
TimerM.Clk -> HWClock.Clock;
}

图 13.9　组件和配置的例子

软件组件执行一个或多个任务。每个组件内的任务（task）类似于普通操作系统中的线程，但有一些限制。在组件内，任务是原子的：一旦任务开始执行，就要运行到完成。在相同的组件内，不能被其他任务抢占，也没有时间分片。但任务能被事件抢占，任务不能阻塞或自旋等待。这些限制大大简化了组件内的调度和管理。只有一个简单的栈，它分配给当前运行的任务。任务可以完成计算，调用低层组件（命令），向高层事件发送信号，还可调度其他任务。

命令（command）是不可阻塞的请求。也就是说，发送一条命令的任务不能对来自低层组件的回应进行阻塞或自旋等待。命令通常是让低层组件完成某些服务的请求，比如初始化一个传感器的读操作。接收命令的组件的结果，与该命令及运行该命令的任务有关。通常而言，接收到一条命令后的执行是调度任务，因为命令不能抢占当前运行的任务。命令立刻返回，调用组件；稍后，事件将对调用组件发送完成信号。也就是说，在被调用的组件中，命令不会导致抢占，在调用的组件中，命令不会导致阻塞。

TinyOS 中的事件（event）可直接或间接地与硬件事件关联。底层的软件组件接口直接对应硬件中断，中断可以是外部中断、定时器事件或计数器事件。底层组件的事件处理句柄可以自己处理中断，或向组件上层传递事件消息。命令可以传递一个任务，此后会发送一个事件信号。在这种情况下，与硬件事件毫无关联。

任务分为三个阶段。调用者向模块发出一条命令。模块接着响应任务。然后模块通过事件通知调用者任务已完成。

图 13.9(a)中描述的组件 TimerM 是 TinyOS 定时器服务的一部分。该组件提供标准控制（StdControl）接口和定时器接口，并使用一个时钟接口。提供者实现命令（组件中的逻辑）。用户实现事件（组件外部）。许多 TinyOS 组件使用标准控制接口来初始化、启动或停止。TimerM 提供将硬件时钟映射到 TinyOS 的定时器抽象的逻辑。时钟抽象可为指定的时钟间隔进行倒计时操作。图 13.9(a)还显示了 TimerM 接口的规范。

与 TimerM 关联的接口定义如下：

```
interface StdControl {
    command result_t init();
    command result_t start();
    command result_t stop();
}
interface Timer {
    command result_t start(char type, uint32_t interval);
    command result_t stop();
    event result_t fired();
}
interface Clock {
   command result_t setRate(char interval, char scale);
   event result_t fire();
}
```

通过接口将各个组件"连接"到一起，组件可组织到各个配置中，配置的接口等同于组件的某些接口。图13.9(b)给出了一个简单的例子。大写字母C代表组件，它用于区分接口（如Timer）和提供接口的组件（如TimerC）。大写字母M代表模块。当某个逻辑组件既有配置又有模块时，采用这样的命名规则。提供Timer接口的TimerC组件，是将其实现（TimerM）连接到Clock和LED提供者的配置。另外，TimerC的任何用户必须显式地连接其子组件。

13.4.4　TinyOS 的调度程序

TinyOS 的调度程序操作贯穿整个组件。实际上，所有使用 TinyOS 的嵌入式系统都是单处理机系统，因此在同一时间，全部组件的全部任务中只有一个任务正在执行。调度程序是一个单独的组件，它是任何使用 TinyOS 的系统中都必须存在的一部分。

TinyOS 中默认的调度程序是一个简单的 FIFO 队列。任务递送给调度程序（放入队列），要么作为可以触发该递送的一个事件的结果，要么作为一个正在运行的任务调度另一个任务的请求的结果。调度程序是节能的，这意味着队列中没有任务时，调度程序会使处理器休眠。外围设备保持操作，通过硬件事件向底层的组件发送信号，这些设备中的某个可以唤醒系统。一旦队列清空，其他任务就只能作为一个直接硬件事件的结果来被调度。这一行为使得高效的电池利用成为可能。

调度程序经历了两代的发展。在 TinyOS 1.x 中，针对所有任务有一个共享的任务队列，一个组件可以多次递送一个任务到调度程序中。若任务队列已满，则递送操作失败。网络栈的设计经验表明这样做可能有些问题，任务可以发送分阶段操作完成信号：若发送失败，则上述组件可能永远阻塞，等待一个完成事件。在 TinyOS 2.x 中，每个任务在任务队列中都有自己的保留槽，一个任务只能被发送一次。只有任务已被发送过才会出现发送失败。若一个组件需要多次发送一个任务，则它可设定一个间隔状态变量，任务执行时，它自己发送自己。这个语义上的微小变化简化了许多组件代码。在发送一个任务前，比先测试一下是否已发送过该任务更好的方法是，组件可以发送任务。组件不必尝试从失败和再次尝试中恢复。代价是每个任务有一个字节来表示状态。

用户可以使用不同的调度策略来取代默认的调度程序，例如基于优先级调度或时间期限调度。实际上，不再使用抢占和时间片，因为这类系统会产生系统开销。更重要的是，它们违反了 TinyOS 并发模型，而该模型假定任务不允许彼此抢占。

13.4.5　配置示例

图 13.10 显示了一个由硬件和软件组件组成的结构，它是一个称为 Surge 的简单例子，[GAY03] 对其进行了详细描述。该例完成周期性传感器采样并使用自主多跳路由（ad hoc multihop routing），以便在无线网络中将样本传递至基站。图的上半部分显示了 Surge 的组件（由方框表示）和接口，通过

接口将它们连接起来（用有箭头的线表示）。SurgeM 组件是应用级组件，它安排配置的操作。

图 13.10(b)显示了 Surge 应用的部分配置。以下是 SurgeM 定义中的简要摘录。

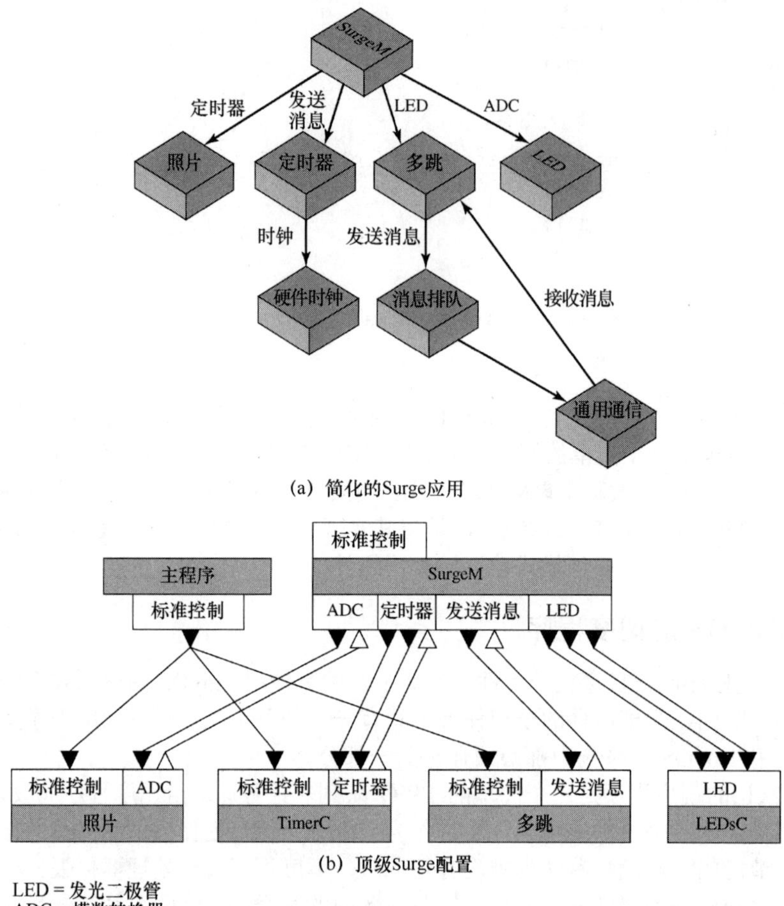

(a) 简化的Surge应用

(b) 顶级Surge配置

图 13.10　TinyOS 应用示例

```
module SurgeM {
        provides interface StdControl;
        uses interface ADC;
        uses interface Timer;
        uses interface SendMsg;
        uses interface LEDs;
}


implementation {
        uint16_t sensorReading;
        command result_t StdControl.init() {
        return call Timer.start(TIMER_REPEAT, 1000);
        }
        event result_t Timer.fired() {
        call ADC.getData();
        return SUCCESS;
        }
        event result_t ADC.dataReady(uint16_t data) {
```

```
            sensorReading = data;
            ... send message with data in it ...
            return SUCCESS;
            }
            ...
    }
```

该例说明了 TinyOS 方法的优点。软件由互连的简单模块组成，每个模块定义了一个或几个任务。不论是硬件还是软件，组件都为其提供简单、标准化的接口。也就是说，组件可以轻易地替换掉，组件可以是硬件组件或软件组件，应用程序员看不出它们的区别。

13.4.6 TinyOS 的资源接口

TinyOS 提供一组简单但强大的规则来处理资源。TinyOS 中使用三种抽象的资源：

- **专用资源**：子系统一直需要独占访问的资源。这个级别的资源不需要共享策略，因为永远只有一个组件在请求使用。专用资源抽象的例子包括中断和计数器。
- **虚拟资源**：虚拟资源的客户把虚拟资源当作专用资源来处理，且所有虚拟实例都建立在单个底层资源的基础上。当底层资源不需要被互斥保护时，可以使用虚拟抽象。时钟或定时器就是这样的例子。
- **共享资源**：共享资源通过一个仲裁器组件来访问专用资源。仲裁器强迫执行互斥，一次仅允许一个使用者（称为客户）对资源进行访问，且允许客户为资源加锁。

在本章剩余的部分，我们简要定义一个 TinyOS 共享资源。仲裁器决定每次哪个客户对资源进行访问。客户掌握一个资源后，它可以完全无限制地去控制资源。仲裁器假定客户之间是协作的，且仅在需要时获取资源，而在不需要时则不再持有该资源。客户显式地释放资源：仲裁器无法强制收回资源。

图 13.11 显示了一个访问高层资源的共享资源配置。与每个待共享资源相关联的是仲裁器组件。仲裁器强制执行允许客户为资源加锁、使用资源并释放资源的策略。共享资源配置为客户提供下列接口：

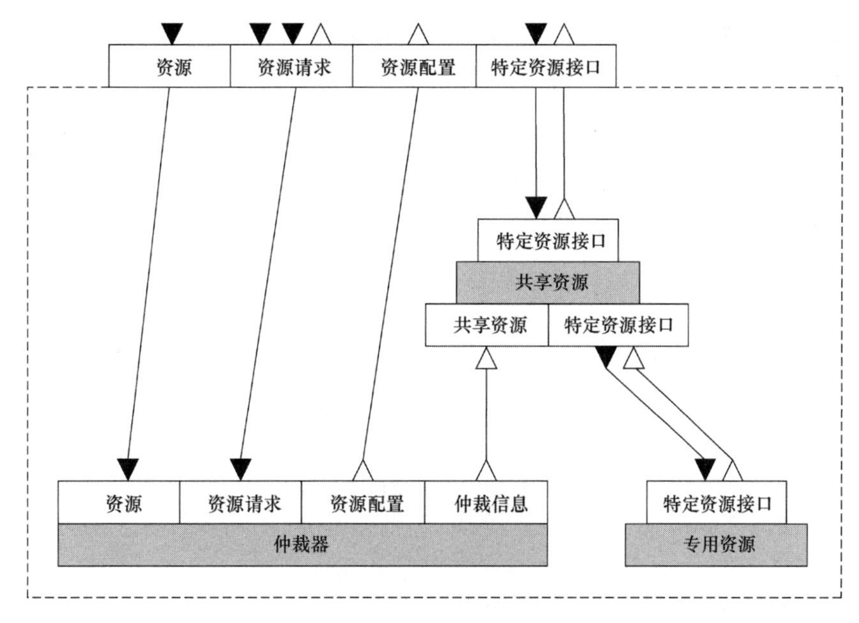

图 13.11　共享资源配置

- **资源**：客户对该接口发出一个请求，请求访问资源。若资源已被加锁，仲裁器就会将请求放入一个队列。客户完成对资源的访问后，它对该接口发送一条释放命令。
- **资源请求**：与资源接口类似。此时，客户可以掌握一个资源，直到客户被通知有其他客户需要资源为止。

- **资源配置**：在客户同意访问一个资源之前，该接口允许该资源自动配置。提供资源配置接口的组件使用这些低层专用资源的接口来配置进行操作需要的一个模式。
- **特定资源接口**：一旦客户能访问资源，就会使用特定资源接口来改变资源的数据和控制资源的信息。

另外，对专用资源来说，共享资源配置由两个组件构成。仲裁器同意一个客户的访问和配置请求，并强制为底层资源加锁。共享资源组件则是客户和底层资源间进行数据交互的媒介。从仲裁器向共享资源组件传递的仲裁器信息控制客户到底层资源的访问。

13.5 关键术语、复习题和习题

13.5.1 关键术语

应用处理器	嵌入式操作系统	微控制器
芯片	嵌入式系统	主板
命令	事件	印制电路板
专用处理器	深度嵌入式系统	任务
集成电路		

13.5.2 复习题

13.1 什么是嵌入式系统？

13.2 嵌入式系统的典型需求或限制有哪些？

13.3 什么是嵌入式操作系统？

13.4 嵌入式操作系统的关键特点有哪些？

13.5 与为特定目的构建的嵌入式操作系统相比，基于现有商业操作系统的嵌入式操作系统有何优缺点？

13.6 什么是 TinyOS 的目标应用程序？

13.7 TinyOS 的设计目标有哪些？

13.8 什么是 TinyOS 的组件？

13.9 TinyOS 操作系统的软件组成是怎样的？

13.10 TinyOS 的默认调度策略是怎样的？

13.5.3 习题

13.1 TinyOS 的调度程序按照 FIFO（先进先出）的顺序调度任务。也曾出现过许多其他的调度程序，但都未得到广泛使用。复杂调度算法在传感器等嵌入式设备领域中发挥空间不大的原因是什么？

13.2 **a**．TinyOS 资源接口不允许资源队列中已被请求的组件再次被请求。请解释原因。

b．TinyOS 资源接口允许持有资源锁的组件再次请求资源锁。该请求先入队列随后得到许可。解释这一策略。提示：在一个组件释放锁后，另一个组件被授予需求资源之前，会有什么限制？是什么导致的呢？

注：下面的习题涉及附录 Q 中的 eCos。

13.3 在 eCos 内核设备驱动程序接口的介绍中（见表 Q.1），推荐设备驱动程序使用`_intsave()`变量而非`non_intsave()`变量来申请和释放自旋锁。请解释原因。

13.4 表 Q.1 建议尽量少用`cyg_drv_spinlock_spin`，此时不会发生死锁/活锁。请解释原因。

13.5 在表 Q.1 中，使用`cyg_drv_spinlock_destroy`时有哪些限制？请解释。

13.6 在表 Q.1 中，使用`cyg_drv_mutex_destroy`时有哪些限制？

13.7 为什么 eCos 的位图调度程序不支持时间片?

13.8 eCos 内核中互斥量不支持循环锁。一个线程给某个互斥量加锁后，若再试图给该互斥量加锁（这种情况在复杂函数调用图中是典型的循环调用），将会导致两种结果：一是出现断言失败，二是该线程出现死锁。请为该策略提出一种合理的解释。

13.9 图 13.12 是 eCos 内核中使用的代码清单。

a. 说明代码进行的操作。假设线程 A 先执行，线程 B 在一些事件发生之后开始执行。

b. 在第 30 行，如果互斥量解锁，等待对 `cyg_cond_wait` 的调用执行完成，这时会发生什么情况？它不是原子的吗？

c. 为什么需要第 28 行的 `while` 循环？

```
1   unsigned char buffer_empty  = true;
2   cyg_mutex_t mut_cond_var;
3   cyg_cond-t cond_var;
4
5   void thread_a(cyg_addrword_t index)
6   {
7       while(1)  //该线程永远运行
8       {
9          //向 buffer 中增加数据
10
11         //现在 buffer 中存在数据
12         buffer_empty = false;
13
14        cyg_mutex_lock(&mut_cond_var);
15
16        cyg_cond_signal(&cond_var);
17
18        cyg_mutex_unlock(&mut_cond_var);
19        }
20    }
21
22    void thread_b (cyg_addrword_t index)
23    {
24        while(1)  //该线程永远运行
25        {
26            cyg_mutex_lock  (&mut_cond_var);
27
28            while(buffer_empty == true)
29            {
30            cyg_cond_wait(&cond_var);
31            }
32
33
34            //从 buffer 中得到一个数据
35
36            //对 buffer 中已处理的数据设置标志
37            buffer_empty = true;
38
39            cyg_mutex_unlock(&mut_cond_var);
40
41            //处理 buffer 中的数据
42        }
43    }
```

图 13.12　条件变量示例代码

13.10 在 eCos 自旋锁的讨论中有一个例子，例中解释了如果两个不同优先级的线程能竞争同一个自旋锁，那么自旋锁不能用于单处理器系统的原因。若仅有相同优先级的线程才能申请同一个自旋锁，为什么该问题仍然存在?

第14章 虚 拟 机

学习目标

- 讨论类型1和类型2两类虚拟化方法
- 解释容器虚拟化并将其与虚拟机管理程序方法进行比较
- 理解实现虚拟机所面临的处理器问题
- 理解实现虚拟机所面临的内存管理问题.
- 理解实现虚拟机所面临的输入/输出问题
- 比较VMware ESXi、Hyper-V、Xen和Java VM的异同
- 解释Linux虚拟机的操作

本章主要讨论在操作系统设计中虚拟化技术的应用。虚拟化是通过在软件和物理硬件之间提供一个软件转换层（称为抽象层）来管理计算资源的一组技术。虚拟化将物理资源转换为逻辑资源或虚拟资源，使得在抽象层之上运行的用户、应用程序和管理软件能够管理与使用资源，而无须知道底层资源的物理细节。

本章前三节主要讨论实现虚拟化的两种主要方法：虚拟机和容器，其余部分将介绍一些具体的系统。

14.1 虚拟机概念

传统上，应用程序直接在个人计算机（PC）或服务器中的操作系统（OS）上运行，PC或服务器一次只运行一个操作系统。因此，应用程序供应商必须为其运行和支持的每个OS/平台重写部分程序，从而延长了新特征/功能的上市时间，增大了产生缺陷的可能性和质量测试工作量，并且通常会导致价格上涨。为了支持多个操作系统，应用程序供应商需要创建、管理和支持多个硬件与操作系统基础架构，这是一个代价高昂且资源密集的过程。处理此问题的一种有效策略称为**硬件虚拟化**（hardware virtualization）。虚拟化技术使单个PC或服务器能够同时运行多个操作系统或单个操作系统的多个会话。具有虚拟化软件的计算机可以在单个平台上托管多个应用程序，包括在不同操作系统上运行的应用程序。本质上，主机操作系统可以支持多个**虚拟机**（Virtual Machines, VM），每个虚拟机具有特定操作系统的特征，并且在某些虚拟化版本中具有特定硬件平台的特征。VM也称**系统虚拟机**，强调它是正在虚拟化的系统硬件。

虚拟化并不是一种新技术。早在20世纪70年代，IBM大型机系统就提供了第一个允许程序仅使用一部分系统资源的功能。从那时起，平台就可以使用各种形式的这种能力。虚拟化在21世纪初进入主流计算领域，此时该技术已在x86服务器上商用。由于Microsoft Windows驱动的“一个应用程序，一个服务器”策略，企业一直承受着服务器过多带来的危害。摩尔定律推动了硬件的快速进步，超越了软件的能力所需，使得大多数服务器未得到充分利用，每台服务器的可用资源通常不到5%。此外，这种过量的服务器填满了数据中心并消耗了大量的电力和冷却资源，进而降低了企业管理和维护基础设施的能力。虚拟化有助于缓解这种压力。

支持虚拟化的解决方案是**虚拟机监视器**（Virtual Machine Monitor, VMM），现在通常称为**虚拟机管理程序**（hypervisor）。该软件位于硬件和VM之间，充当资源代理。简而言之，它允许多个VM安全地共存在单个物理服务器主机上并共享该主机的资源。图14.1概括地说明了这种类型的虚拟化。

在硬件平台之上有一些虚拟化软件，可能包括主机的操作系统和专用的虚拟化软件，或者只是一个包含主机操作系统功能和虚拟化功能的软件包，如下所述。虚拟化软件提供所有物理资源（如处理器，内存，网络和存储）的抽象，从而使多个计算堆栈（称为虚拟机）能够在单个物理主机上运行。

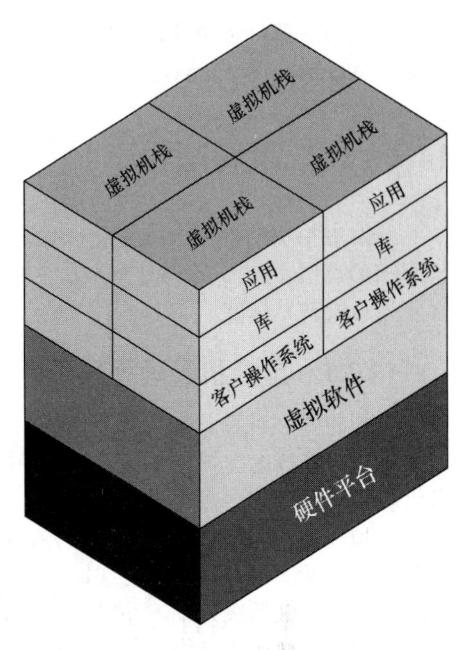

图 14.1　虚拟机概念

每个 VM 包括一个称为客户操作系统的操作系统，该操作系统可以与主机操作系统相同或不同。例如，一个客户 Windows 操作系统可以在 Linux 主机操作系统之上的 VM 中运行。反过来，客户操作系统支持一组标准库函数和其他二进制文件与应用程序。从应用程序和用户的角度来看，该堆栈看起来是具有硬件和操作系统的实际机器；因此，术语虚拟机是合适的。换句话说，它是正在虚拟化的硬件。

单个主机上可以存在的客户虚拟机数量称为整合率（consolidation ratio）。例如，支持 4 个 VM 的主机的整合率为 4 比 1，也写为 4:1（见图 14.1）。最初的商用虚拟机管理程序可以支持 4:1～12:1 的整合率，即使对于最低的整合率 4:1，若虚拟化了所有服务器，企业也可以从数据中心中移除 75%的服务器。更重要的是，还可以消除相应的成本，通常是每年数百万或数千万美元。使用较少的物理服务器，需要更少的电力、更少的冷却及更少的电缆、更少的网络交换机和更少的占地面积。服务器整合成为并且将继续成为解决代价高昂且浪费的问题的极有价值的方法。如今，世界上部署的虚拟服务器数量已超过物理服务器，虚拟服务器部署将继续加速。

企业使用虚拟化的关键原因如下：

- **传统硬件**：通过虚拟化（仿真）老式硬件来运行针对老式硬件构建的应用程序，从而淘汰旧硬件。
- **快速部署**：如下所述，虽然在基础架构中部署新服务器可能需要数周或更长时间，但部署新 VM 只需要几分钟。如下所述，VM 由文件组成。通过复制这些文件，在虚拟环境中可以获得可用服务器的完美副本。
- **多功能性**：可以通过最大化单台计算机能够处理的应用程序类型来优化硬件使用。
- **整合**：通过在多个应用程序之间同时共享，可以更有效地使用拥有大容量或高速资源的服务器。
- **聚合**：虚拟化可以轻松地将多个资源组合到一个虚拟资源中，如存储虚拟化。
- **动态**：使用虚拟机可以轻松地以动态方式分配硬件资源，增强负载平衡和容错能力。
- **易于管理**：虚拟机便于软件的部署和测试。
- **提高可用性**：虚拟机主机聚集在一起形成计算资源池。每个服务器上都托管了多个 VM，若某个物理服务器出现故障，则故障主机上的 VM 可以在群集中的其他主机上快速自动重新启动。与为物理服务器提供此类可用性相比，虚拟环境可以以更低的成本和更低的复杂性提供更高的可用性。

VMware 和 Microsoft 等公司的商用 VM 产品广泛用于服务器，目前已售出数百万份。服务器虚拟化的一个关键方面是，除在一台计算机上运行多个 VM 的功能外，还可以将 VM 视为网络资源。服务器虚拟化从服务器用户端屏蔽服务器资源，包括各个物理服务器、处理器、操作系统的数量和身份认证。这就使得将单个主机分区为多个独立服务器成为可能，从而节省硬件资源。它还可以将服务器从一台机器快速迁移到另一台机器以实现负载平衡，或者在机器故障的情况下进行动态切换。服务器虚拟化已成为处理“大数据”应用程序和实施云计算基础架构的核心要素。

除在服务器环境中使用这些VM技术外，这些VM技术还用于桌面环境中以运行多个操作系统，通常是Windows和Linux。

14.2 虚拟机管理程序

开发虚拟机的各种方法并没有明确的分类。[UHLI05]、[PEAR13]、[RPSE04]、[ROSE05][NAND05]和[GOLD11]中讨论了各种分类方法。本节介绍虚拟机管理程序的概念，这是对虚拟机的实现方法进行分类的最常见标准。

14.2.1 虚拟机管理程序

虚拟化是一种抽象形式。就像操作系统通过使用程序层和接口从用户抽象磁盘I/O命令一样，虚拟化从其支持的虚拟机中抽象出物理硬件。虚拟机监视器或管理程序是提供此抽象的软件，它充当代理或交通警察，在客户（VM）请求和消费物理主机的资源时充当客户（VM）的代理。

虚拟机是一种模仿物理服务器特征的软件构造，可以用一定数量的处理器、一定数量的RAM、存储资源以及通过网络端口的连接进行配置。创建该VM后，它可以像物理服务器一样启动，加载操作系统和软件解决方案，并以物理服务器的方式使用。与物理服务器不同，虚拟服务器只能看到已配置的资源，而不是物理主机本身的所有资源。这种隔离允许主机运行许多虚拟机，每个虚拟机运行相同或不同的操作系统副本，共享RAM、存储和网络带宽。虚拟机中的操作系统访问由管理程序呈现给它的资源。管理程序方便了从虚拟机到物理服务器设备的转换和I/O，并帮助它们再次返回到正确的虚拟机。通过这种方式，“本机”操作系统在其主机硬件上执行的某些特权指令被虚拟机管理程序捕获并作为虚拟机的代理运行。这会在虚拟化过程中造成一些性能下降，但随着时间的推移，硬件和软件的进步都会使这一开销降至最低。

VM实例是在文件中定义的。典型的虚拟机只能包含几个文件。一个配置文件描述了虚拟机的属性。它包含了服务器定义，为虚拟机分配了多少虚拟处理器（vCPU），分配了多少RAM，VM可以访问的I/O设备，虚拟服务器中有多少个网络接口卡（NIC）等。它还描述了VM可以访问的存储。通常，该存储呈现为虚拟磁盘，作为物理文件系统中的附加文件存在。当虚拟机启动或实例化时，会创建其他文件以进行日志记录、内存分页和其他功能。由于VM基本上由文件组成，因此虚拟环境中的某些功能可以比在物理环境中更简单、更快速地定义。从计算机的早期开始，备份数据一直是一项关键功能。由于VM已经是文件，因此复制它们不仅会生成数据备份，而且会生成整个服务器的副本，包括操作系统、应用程序和硬件配置本身。

快速部署新VM的常用方法是使用模板。模板提供了标准化的硬件和软件设置组，可用于创建使用这些设置配置的新VM。从模板创建新VM的过程包括为新VM提供唯一标识符，让配置软件从模板构建VM，并在部署过程中添加配置更改。

管理程序功能 管理程序执行的主要功能如下：

- **VM的执行管理**：包括调度VM执行，管理虚拟内存以确保VM与其他VM隔离，在各种处理器状态之间切换上下文。还包括隔离VM以防止资源使用冲突以及计时器和中断机制的仿真。
- **设备仿真和访问控制**：仿真虚拟机中不同本机驱动程序所需的所有网络和存储（块）设备，调解不同虚拟机对物理设备的访问。
- **由管理员执行特权操作**：由客户操作系统调用的某些操作不由主机硬件直接执行，而可能必须由管理程序代表它执行，因为其具有特权。
- **VM的管理**（也称**VM生命周期管理**）：配置客户VM和控制VM状态（如启动、暂停和停止）。
- **管理虚拟机管理程序平台和管理程序软件**：涉及用户与管理程序主机以及管理程序软件交互

的参数设置。

类型 1 管理程序 管理程序有两种类型，两者的区别在于管理程序和主机之间是否存在操作系统。类型 1 虚拟机管理程序［见图 14.2(a)］作为软件层直接加载到物理服务器上，就像加载操作系统一样。类型 1 管理程序可以直接控制主机的物理资源。安装和配置后，服务器就可以支持虚拟机作为客户虚拟机。在成熟环境中，虚拟化主机聚集在一起以提高可用性和负载平衡，可以在新主机上暂存管理程序。然后，新主机将加入现有集群，并且可以将 VM 移至新主机，而不会中断任何服务。类型 1 管理程序的一些示例是 VMware ESXi、Microsoft Hyper-V 和各种 Xen 变体。

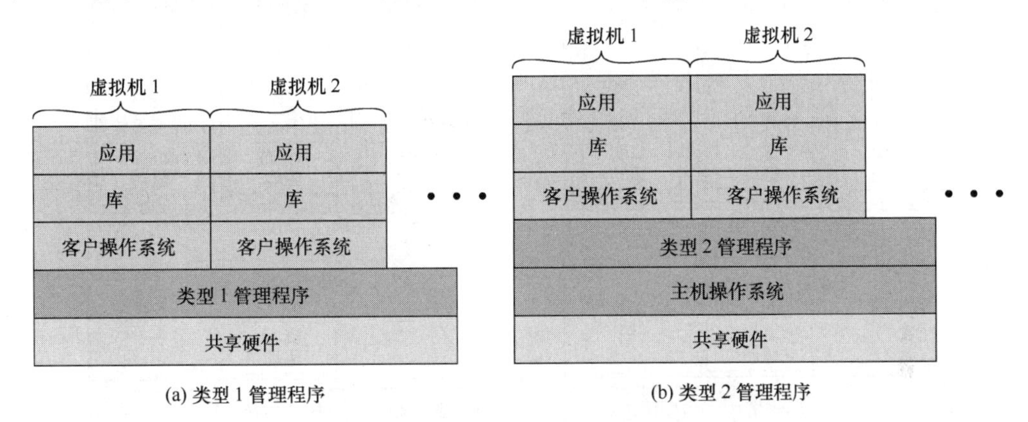

图 14.2 类型 1 和类型 2 管理程序

类型 2 管理程序 类型 2 管理程序利用主机操作系统的资源和功能，并在操作系统上作为软件模块运行［见图 14.2(b)］。它依赖于操作系统来代表虚拟机管理程序处理所有硬件交互。类型 2 管理程序的一些示例是 VMware Workstation 和 Oracle VM Virtual Box。

两种管理程序类型之间的主要区别如下：

- 通常，类型 1 管理程序的性能优于类型 2 管理程序。由于类型 1 虚拟机管理程序不与操作系统竞争资源，因此主机上可用的资源更多，并且通过扩展，可以使用类型 1 虚拟机管理程序在虚拟化服务器上托管更多的虚拟机。
- 通常认为，类型 1 管理程序比类型 2 管理程序更安全。类型 1 虚拟机管理程序上的虚拟机会生成在该客户虚拟机外部处理的资源请求，并且它们不会影响其支持的其他 VM 或虚拟机管理程序。对于类型 2 虚拟机管理程序上的虚拟机而言，不一定是这样的，而且有恶意的客户机可能会影响到其他虚拟机。
- 类型 2 虚拟机管理程序在允许用户利用虚拟化的同时，不要求将服务器专用于该功能。需要运行多个环境的开发人员，除利用 PC 操作系统提供的个人高效工作空间外，还可以使用在其 LINUX 或 Windows 桌面上作为应用程序安装的类型 2 虚拟机管理程序来完成这两项工作。可以将创建和使用的虚拟机从一个虚拟机管理程序环境迁移或复制到另一个虚拟机管理程序环境，缩短部署时间并提高部署的准确性，进而缩短项目的上市时间。

14.2.2 半虚拟化

随着虚拟化在企业中变得越来越普遍，硬件和软件供应商都在寻找提供更高效率的方法。不出所料，这些探索孕育了软件辅助虚拟化和硬件辅助虚拟化。半虚拟化（paravirtualization）是一种软件辅助虚拟化技术，它使用专用 API 将虚拟机与虚拟机管理程序相连接，以优化其性能。虚拟机中的操作系统（Linux 或 Microsoft Windows）将专门的半虚拟化支持作为内核的一部分，再加上特定的半虚拟化驱动程序，使得操作系统和虚拟机管理程序得以削减管理程序转换的开销，更有效地进行协同工作。这种软件辅助功能可在带或不带虚拟化扩展的处理器的服务器上提供优化的虚拟化支持。自 2008 年以来，半虚拟化支持已作为许多常规 Linux 发行版的一部分提供。

虽然这种方法的细节在各种产品中有所不同，但一般描述如下（见图14.3）。若虚拟机管理程序模拟硬件，则无须半虚拟化，客户操作系统无须修改即可运行。在这种情况下，来自客户操作系统驱动程序到硬件的调用被管理程序拦截，管理程序对本机硬件进行任何必要的转换，并将调用重定向到真实驱动程序。通过半虚拟化，操作系统的源代码被修改为在特定虚拟机环境中作为客户操作系统运行。对硬件的调用被替换为对管理程序的调用，管理程序能够接受这些调用并将其重定向而无须修改实际驱动程序。与非半虚拟化配置相比，这种方法更快，开销更少。

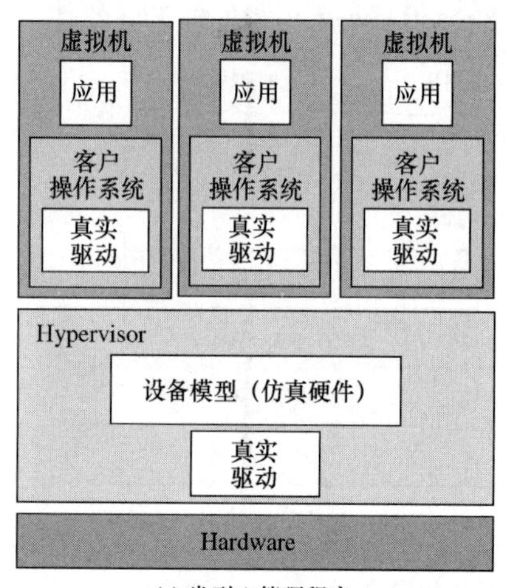

(a) 类型 1 管理程序

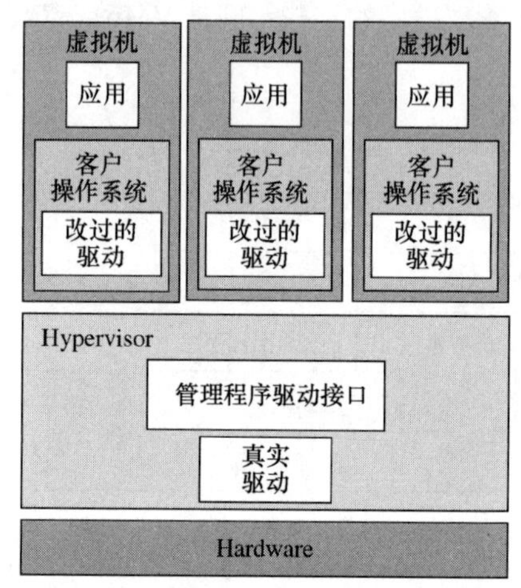

(b) 半虚拟化客户操作系统上的半虚拟化类型 1 管理程序

图 14.3　半虚拟化

14.2.3　硬件辅助虚拟化

同样，处理器制造商 AMD 和英特尔为它们的处理器增加了功能，旨在提高虚拟机管理程序的性能。AMD-V 和英特尔的 VT-x 指定了虚拟机辅助虚拟化扩展，虚拟机管理程序可以在处理过程中利用这些扩展。英特尔处理器提供称为虚拟机扩展（VMX）的额外指令集。通过把这些指令中的一些作为处理器的一部分，管理程序不再需要将这些功能作为其代码库的一部分来维护，代码本身可以变得更小、更高效，支持的操作会变得更快，因为它们完全发生在处理器上。与半虚拟化相比，这种硬件辅助支持不需要修改客户操作系统。

14.2.4　虚拟设备

虚拟设备是独立软件，可以作为虚拟机映像进行分发。因此，它由一组打包的应用程序和客户操作系统组成。它独立于管理程序或处理器体系结构，可以在类型 1 或类型 2 管理程序上运行。

部署预安装和预配置的应用程序设备，比准备系统、安装应用程序以及配置和设置应用程序要容易得多。虚拟设备正在成为实际的软件分发手段，并催生了一种新型业务——虚拟设备供应商。

除许多有用的面向应用程序的虚拟设备外，安全虚拟设备（SVA）是一个相对较新且重要的开发。SVA 是一种安全工具，可监视和保护其他 VM（用户 VM）的功能，并运行在这些 VM 之外，在一种特殊安全加密的 VM 中运行。SVA 通过*虚拟机内省*（virtual machine introspection）API 获取 VM 状态（包括处理器状态、寄存器、内存和 I/O 设备状态）以及 VM 之间和 VM 与虚拟机管理程序之间网络流量的可见性管理程序。NIST SP 800-125（管理程序部署的安全建议，2014 年 10 月）指出了该解决方案的优势。具体来说，SVA：

- 不容易受到客户操作系统中缺陷的影响
- 独立于虚拟的网络配置，并且每次虚拟网络配置因虚拟机迁移或虚拟机管理程序主机上驻留的虚拟机之间的连接更改而发生变化时，都不会对其进行配置。

14.3 容器虚拟化

最近出现了一种称为容器虚拟化（container virtualization）的虚拟化方法。使用这种方法时，需要让称为虚拟化容器（virtualization container）的软件在主机操作系统内核之上运行，这种软件为应用程序提供隔离的执行环境。与基于虚拟机管理程序的VM不同，容器不会模拟物理服务器。与之相反，主机上的所有容器化应用程序共享一个共同的操作系统内核。这消除了为每个应用程序运行单独的操作系统所需的资源，大大减少了开销。

14.3.1 内核控制组

目前流行的容器技术大多是针对Linux开发的，基于Linux的容器是迄今为止使用最广泛的容器。在讨论容器之前，介绍Linux内核控制组的概念很有用。2007年[MENA07]，标准的Linux进程API进行了扩展，包含了用户环境的容器化，以允许分组多个进程、用户安全权限和系统资源管理。这最初称为进程容器（process containers），2007年末，该术语改为控制组（cgroups），以避免Linux内核上下文中的术语容器的多重含义引起混淆。控制组功能在内核版本2.6.24合并到Linux内核主线中，于2008年1月发布。

Linux进程的命名空间是分层的，其中所有进程都是名为`init`的公共引导时进程的子进程。这形成了单个进程层次。内核控制组允许多个进程层次结构在单个操作系统中共存。每个层次结构在配置时附加到系统资源。

cgroups提供：

- **资源限制**：可以将组设置为不超过配置的内存限制。
- **优先级**：某些组可能会获得更大的CPU利用率或磁盘I/O吞吐量。
- **记账**：它衡量一个组的资源使用情况，可用于计费等。
- **控制**：冻结进程组、它们的检查点和重新启动。

14.3.2 容器的概念

图14.4比较了容器和管理程序的软件栈。对于容器，仅需要小的容器引擎作为容器的支撑。容器引擎通过从操作系统请求每个容器的专用资源，将每个容器设置为隔离的实例。然后，每个容器应用程序直接使用主机操作系统的资源。虽然每个容器产品的细节不同，但以下是容器引擎执行的典型任务：

- 维护轻量级运行时环境和工具链，以管理容器、映像和构建。
- 为容器创建进程。
- 管理文件系统挂载点。
- 从内核请求资源，如内存、I/O设备和IP地址。

可以通过Linux容器的不同阶段来理解基于Linux的容器的典型生命周期：

- **设置**：设置阶段包括创建和启动Linux容器的环境。设置阶段的典型示例是激活了标志或安装了软件包的Linux内核，这使得用户空间的分区成为可能。安装程序还包括安装工具链和实用程序（如lxc、bridge utils），它们将容器环境和网络配置实例化到主机操作系统中。
- **配置**：容器被配置的目的是运行特定的应用程序或命令。Linux容器配置包括网络参数（如IP地址）、根文件系统、装载操作以及允许通过容器环境访问的设备。通常，容器被配置为允许在受控系统资源（如应用程序存储器访问的上限）中执行应用程序。
- **管理**：一旦设置并配置了容器，就必须对其进行管理，以便允许无缝引导（启动）和关闭容器。通常，基于容器的环境的管理操作包括启动、停止、冻结和迁移。此外，还有元命令和工具链，它们允许在单个节点中对容器进行受控和托管分配，以供最终用户访问。

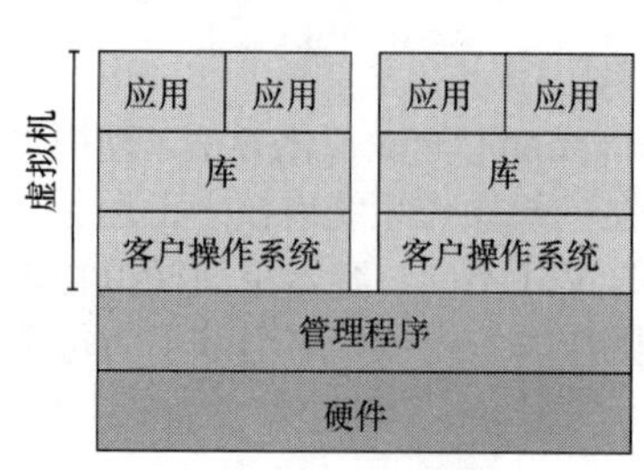

(a) 类型 1 管理程序

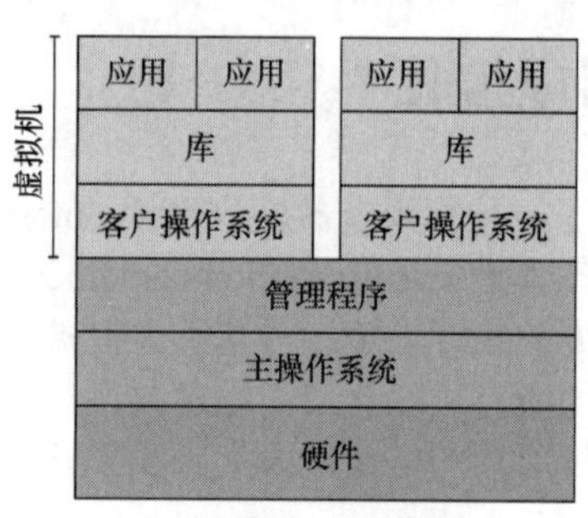

(b) 类型 2 管理程序

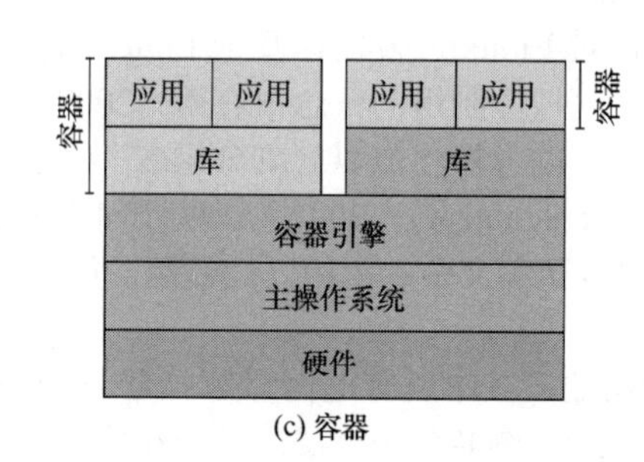

(c) 容器

图 14.4　虚拟机和容器的比较

由于一台机器上的所有容器都在同一内核上执行，从而共享大部分基本操作系统，因此与管理程序/客户机操作系统虚拟机的配置相比，容器的配置要小得多，重量也要轻很多。因此，与可支持的有限数量的管理程序和客户操作系统相比，操作系统可以在其上运行更多容器。

由于使用诸如内核控制组之类的技术实现了资源控制和进程隔离，虚容器是可以实现的。此方法允许在隔离容器的多个实例之间共享系统资源。cgroups 提供了一种管理和监视系统资源的机制。由于在所有用户空间容器实例之间共享单个内核，应用程序性能接近本机系统性能，并且开销仅限于 cgroups 提供的容器隔离机制。使用控制组原语分区的 Linux 子系统包括文件系统、进程命名空间、网络堆栈、主机名、IPC 和用户。

要将虚拟机与容器进行比较，可以考虑在虚拟化环境中使用进程 P 的应用程序进行 I/O 操作。在传统的系统虚拟化环境中（没有硬件支持），进程 P 将在客户虚拟机中执行。I/O 操作通过客户操作系统堆栈路由到模拟客户 I/O 设备。管理程序进一步拦截 I/O 调用，通过主机操作系统堆栈将其转发到物理设备。相比之下，容器主要基于已经合并到主流内核中的容器框架扩展提供的间接机制。在这里，多个容器之间共享单个内核（与各系统虚拟机中的单个操作系统内核相对）。图 14.5 概述了虚拟机和容器的数据流。

应用
客户操作系统设备驱动
虚拟 I/O 设备
管理程序拦截
物理设备驱动
物理 I/O 设备
(a) 管理程序

应用
通过内核控制组间接
物理设备驱动
物理 I/O 设备
(b) 容器

图 14.5　通过管理程序和容器进行 I/O 操作的数据流

容器有两个值得注意的特征：

1. 容器环境中不需要客户操作系统。因此，与虚拟机相比，容器轻量化，开销更小。
2. 容器管理软件简化了容器创建和管理的过程。

因为轻量化，所以容器是虚拟机有力的替代品。容器的另一个吸引人的特性是它们提供了应用程序的便携性。容器化的应用程序可以快速从一个系统移动到另一个系统。

这些容器优势并不意味着容器始终是虚拟机的首选替代方案，原因如下：

- 容器应用程序只能在支持相同操作系统内核、具有相同虚拟化支持功能的系统上移植，这通常意味着 Linux。因此，容器化的 Windows 应用程序只能在 Windows 机器上运行。
- 虚拟机可能需要独特的内核设置，该设置不适用于主机上的其他 VM；使用客户操作系统可以解决这一需求。
- 虚拟机的虚拟化功能位于硬件和操作系统的边界。它可以通过虚拟机和虚拟机管理程序之间的狭窄接口提供强大的性能隔离和安全保障。容器化位于操作系统和应用程序之间，可以降低开销，但可能会带来更大的安全漏洞。

[KERN16]中引用的一个潜在用例围绕 Kubernetes 展开，这是一种由谷歌构建但现在由云原生计算基金会（CNCF）管理的开源容器编排技术。基金会本身作为 Linux Foundation Collaborative 项目运作。例如，若管理员将 500Mb/s 带宽专用于在 Kubernetes 上运行的特定应用程序，则网络控制平面可以参与此应用程序的调度，以找到保证这个带宽的最佳位置。或者，通过使用 Kubernetes API，网络控制平面可以开始制作容器应用程序的入口防火墙规则。

14.3.3　容器文件系统

作为容器隔离的一部分，每个容器必须维护自己的隔离文件系统。具体功能因容器产品而异，但基本原则是相同的。

作为示例，我们查看 OpenVZ 中使用的容器文件系统，如图 14.6 所示。调度程序 `init` 运行以调度用户应用程序，每个容器都有自己的 `init` 进程，从硬件节点的角度来看，这只是另一个正在运行的进程。

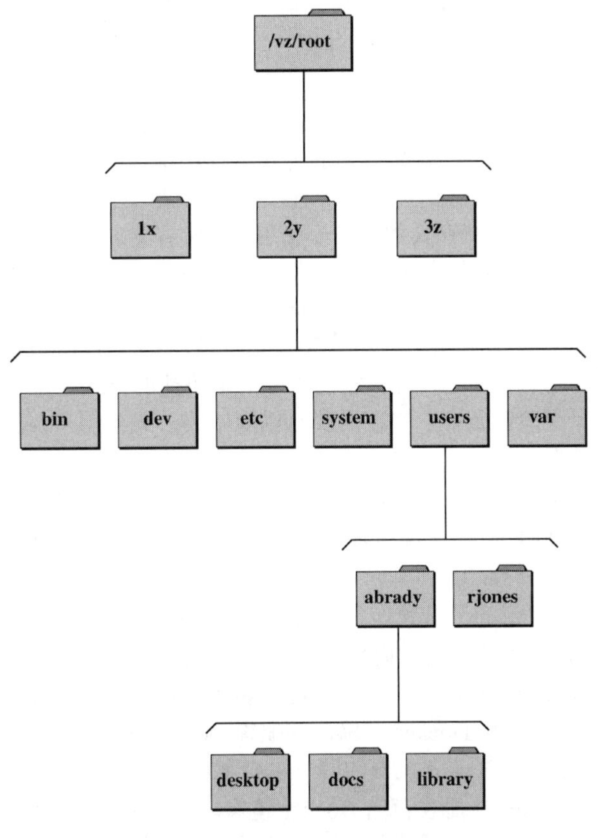

图 14.6　OpenVZ 文件机制

主机上的多个容器很可能运行相同的进程，但即使 `ls` 命令显示容器的/bin 目录中充满了程序，每个容器也没有单独的副本。相反，容器共享一个模板。模板是一个设计功能，其中包含操作系统附带的所有应用程序，以及许多最常见的应用程序，这些被打包在一起作为平台操作系统托管的文件组，并软链接到每个容器。这包括配置文件，除非容器修改它们；进行修改时，操作系统会复制模板文件（称为写入时复制），删除符号链接并将修改后的文件放入容器的文件系统。使用这种虚拟文件共享方案，可以节省大量空间，只有本地创建的文件实际存在于容器的文件系统中。

在磁盘级别，容器是文件，可以轻松扩展或缩小。从病毒检查的角度来看，容器的文件系统安装在硬件节点的特殊安装点下，因此硬件节点级别的系统工具可以在需要时安全可靠地检查每个文件。

14.3.4 微服务

与容器相关的概念是微服务的概念。NIST SP 800-180（NIST 微服务、应用程序容器和系统虚拟机的定义，2016 年 2 月）将微服务定义如下：将应用程序组件的架构分解为由独立服务组成的松散耦合模式得到的一个基本元素，使用标准通信协议 219 和一组定义明确的 API 相互通信，独立于任何供应商、产品或技术。

微服务背后的基本思想是，应用程序交付链中的每个特定服务都被分解为各个部分，而不具有单一应用程序堆栈。使用容器时，人们正在有意识地将他们的基础设施分解成更容易理解的单元。这打开了用网络技术代表用户做出决策的大门，这在之前那个专注于机器本身的世界中是无法做到的。

微服务的两个主要优点如下：

- 微服务实现了更小的可部署单元，从而使用户能够更快地推出更新或执行功能。这与持续交付实践相吻合，其目标是在不必创建单片系统的情况下推出小型单元。
- 微服务还支持精确的可扩展性。由于微服务是一个更大的应用程序的一部分，因此可以轻松地复制它以创建多个实例，并将负载分散到应用程序的一小部分，而不必为整个应用程序执行此操作。

14.3.5 Docker

从历史上看，容器是一种以更灵活、更敏捷的方式运行应用程序的方式。Linux 容器支持在 Linux 操作系统中直接运行轻量级应用程序。无须管理程序和虚拟机，应用程序可以在同一操作系统中独立运行。自 2006 年以来，谷歌一直在其数据中心使用 Linux 容器。但随着 2013 年 Docker 容器的到来，容器方法变得越来越流行。与早期版本的容器相比，Docker 提供了一种更简单、更标准化的方式来运行容器。Docker 容器也可以在 Linux 中运行。但 Docker 并不是运行容器的唯一方法。Linux Containers（LXC）是另一种运行容器的方法。LXC 和 Docker 都源于 Linux。与竞争容器（如 LXC）相比，Docker 容器更受欢迎的原因之一是，它能够以简单快捷的方式在主机操作系统上加载容器映像。Docker 容器作为映像存储在云中，并在需要时以简单的方式被用户执行。

Docker 包含以下主要组件：

- **Docker 镜像**：Docker 镜像是只读模板，可用来实例化 Docker 容器。
- **Docker 客户端**：Docker 客户端请求使用映像创建新容器。客户端可以与 Docker 主机或 Docker 机器位于同一平台上。
- **Docker 主机**：具有自己的主机操作系统的平台，可执行容器化应用程序。
- **Docker 引擎**：这是轻量级的运行时包，可在主机系统上构建和运行 Docker 容器。
- **Docker 机器**：Docker 机器可以在与 Docker 主机不同的系统上运行，用于设置 Docker 引擎。Docker 机器在主机上安装 Docker 引擎，并配置 Docker 客户端与 Docker 引擎通信。Docker 机器也可以在本地运行 Docker 机器的同一主机上设置 Docker 镜像。
- **Docker 注册表**：Docker 注册表存储 Docker 镜像。构建 Docker 镜像后，可以将其推送到公共注册表（如 Docker 中心）或运行在防火墙后面的私有注册表。还可以搜索现有图像并将其从注册表中提取到主机。

- **Docker 中心**：这是一种协作平台，是 Docker 容器映像的公共存储库。用户可以使用存储在中心的他人提供的镜像，也可以提供自己的定制镜像。

14.4 处理器问题

在虚拟化环境中，提供处理器资源主要有两种策略。第一种策略是以软件的方式模拟芯片并提供访问芯片的接口，例如 QEMU 和 Android SDK 中的 Android 模拟器。它们是平台无关的，所以有易于移植的优点，但由于仿真进程是资源密集型的，所以性能并不高。第二种策略并未虚拟化处理器，而是向虚拟机提供主机物理 CPU（pCPU）的时间片。这是大部分虚拟机管理程序提供处理器资源的方式。当虚拟机的操作系统向 CPU 发出一个指令时，虚拟机管理程序拦截请求，然后调度主机的物理处理器时间，发送执行请求并将结果返回给虚拟机操作系统。这可确保高效地利用物理服务器的处理器资源。在更复杂的情况下，多个虚拟机会争夺处理器，此时虚拟机管理程序充当交通控制器，调度各个虚拟机请求的处理器时间、处理请求并将结果返回给虚拟机。

和内存一样，处理器数量已成为衡量一个服务器的主要指标。在虚拟化环境下服务器的处理器数量也十分重要，甚至比在物理服务器中更加重要。在物理服务器中，应用程序通常会独占所有的系统计算资源。例如，一个处理器有 4 个四核处理器，应用可以使用 16 个处理器核心。通常，应用的需求要少得多。这是因为物理服务器已为应用需求峰值的叠加及未来三至五年的需求增长等情况预留了资源。实际上，多数服务器的处理器都是空载的，这就强力地推动了虚拟化整合。

当应用迁移到虚拟化环境时，最大的问题之一就是该为虚拟机分配多少虚拟处理器。由于迁移之前的应用程序运行在 16 核的物理服务器上，因此无论是否真的需要，应用程序请求的处理器数量通常都是 32 个。除了物理服务器的利用率外，被忽略的问题还有新的虚拟化服务器上处理器的能力提升。当服务器报废或到期时，需要迁移的应用程序已在物理服务器上运行了三至五年。即便是最短的三年，根据摩尔定律处理器的性能也会提升 4 倍。为了给虚拟机配置合适的资源，有许多工具可以监视资源（处理器、内存、网络和存储输入/输出）在物理服务器上的使用情况并推荐最优的虚拟机配置。在这种整合估算工具无法运行时，还有一些其他的好方法。经验之一是，在虚拟机创建时只分配一个虚拟 CPU 并监视应用程序的性能。因为给虚拟机添加虚拟 CPU 只需简单地调整配置，多数现代操作系统甚至不需要重启就能识别和使用附加的虚拟 CPU。经验之二是，不要给虚拟机分配过多的虚拟 CPU，而只分配与物理 CPU 数量相匹配的虚拟 CPU。若虚拟机有 4 个虚拟 CPU，虚拟管理程序则要为虚拟机同时模拟调度 4 个物理 CPU。在非常繁忙的虚拟化主机中，配置过多的虚拟 CPU 会对虚拟机性能造成负面影响，因为调度单个 CPU 反而更快。这并不意味着没有应用需要多虚拟 CPU，确实存在这样的应用，但其中的大多数应用都没有合适的配置。

本地操作系统通过充当应用请求和硬件之间的中介来管理硬件。对数据或处理过程的请求生成后，操作系统将这些请求传递给正确的设备驱动程序，再通过物理控制器传递到存储或输入/输出设备，然后返回。操作系统是信息的中央路由器，并控制对所有物理硬件资源的访问。操作系统的一个关键功能是，防止恶意的或意外的系统调用破坏应用程序或操作系统本身。保护环（Ring）描述计算机内部的系统或特权的访问级别，许多操作系统和处理器架构都采用了这种安全模型。最可靠的层通常称为 Ring 0，这是操作系统内核运行区，可以直接和硬件交互。Ring 1 和 Ring 2 是设备驱动执行区，用户应用程序运行在最小信任区 Ring 3。实际情况中，由于 Ring 1 和 Ring 2 不常使用，因此简单地分为信任和非信任执行空间。应用程序因为运行在 Ring 3 而无法直接与硬件交互，因此需要操作系统在 Ring 0 为应用程序执行相应的代码。这种隔离可以防止无特权代码的不可信行为，如系统关机或未经授权地访问硬盘数据和网络。

虚拟机管理程序运行在 Ring 0 区为其托管的虚拟机控制硬件访问。虚拟机的操作系统也认为自己运行在 Ring 0，但仅针对那些为虚拟机所创建的虚拟硬件。例如系统关机，虚拟机操作系统在 Ring 0 请求一个关机命令，虚拟机管理程序会拦截请求，否则物理服务器将会关机，破坏虚拟机管理程序和托管的其他虚拟机。虚拟机管理程序拦截关机请求后，回应虚拟机操作系统正在关机，使虚拟机操作系统能完成关机的必要软件流程。

14.5　内存管理

和虚拟 CPU 数量一样，为虚拟机分配的内存大小也是最重要的配置之一。实际上，内存资源是虚拟设施规模增长时最先遇到的瓶颈。像虚拟处理器一样，虚拟环境的内存使用更多地是管理物理内存资源而非创建一个虚拟的实例。和物理服务器一样，虚拟机需要为操作系统和应用程序配置足够的内存来保证运行效率。虚拟机分配的资源少于物理主机资源。举一个简单的例子，一台物理服务器有 8GB 内存，若为一台虚拟机提供了 1GB 内存，那么它只能看到 1GB 内存，虽然物理服务器主机有更多的内存。虚拟机使用内存资源时，虚拟机管理程序管理会使用转换表管理内存请求，使虚拟机操作系统将内存空间映射到预期的地址。这是很好的开始，但仍然存在问题。和处理器资源一样，应用程序从物理环境迁移到虚拟环境时，无论被分配的内存是否必要，应用程序的所有者都会在虚拟环境中请求分配之前物理环境中的内存的镜像，这会导致内存资源的浪费。8GB 内存的服务器只能托管 7 台 1GB 内存的虚拟机，剩下的 1GB 内存需要给虚拟机管理程序自身使用。除了基于虚拟机实际性能特性正确分配内存资源外，虚拟机管理程序还自带了一些帮助优化内存使用的功能。页共享（page sharing）（见图 14.7）就是其中之一。页共享与数据去重类似，数据去重是一项用来减少存储块使用的存储技术。当虚拟机实例化时，操作系统和应用程序的相关页面会加载到内存中。若多个虚拟机加载相同的操作系统或运行相同的应用程序，则很多内存块都是重复的。虚拟机管理程序管理虚拟内存到物理内存的转换，能确定某个页面是否已加载到内存。遇到重复页面时，虚拟机管理程序并不加载到物理内存，而是共享一个物理页，并在虚拟机的转换表中提供到共享页面的链接。在那些虚拟机都运行相同操作系统和应用的主机上，使用页共享可节省 10%～40%的物理内存。若一个 8GB 服务器中节省了 25%的内存，则可额外托管两个 1GB 的虚拟机。

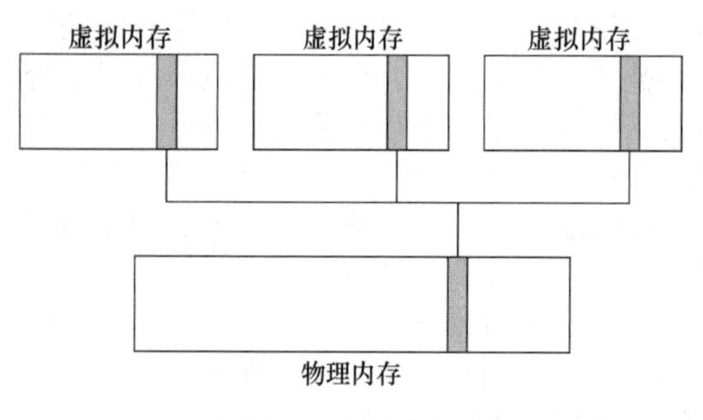

图 14.7　页共享

由于页共享是由虚拟机管理程序完成的，因此虚拟机操作系统并不知道物理系统中发生了什么。另一种高效使用内存资源的策略类似于存储管理的自动精简配置技术。自动精简配置技术允许管理员分配给用户的存储资源超过系统的实际大小，因此能为用户提供通常用不了的大存储空间，这种技术同样可应用于虚拟机内存。虚拟机管理程序为虚拟机分配 1GB 内存，但这仅是虚拟机操作系统看到的，虚拟机管理程序可将这些已分配但未使用的部分内存分配给其他虚拟机，回收的过程通过膨胀（ballooning）技术完成。内存资源发生竞争时，虚拟机管理程序通过膨胀“气球”，把虚拟机操作系统的页面“挤压”到硬盘。页被清除后，“气球”便会“释放”，虚拟机管理程序就可把内存提供给其他虚拟机使用。若 1GB 内存的虚拟机平均使用一半的内存，则 9 个虚拟机应当仅请求 4.5GB 的内存，其余内存由虚拟机管理程序作为共享池。即使我们托管另外 3 个 1GB 虚拟机，共享存储还有剩余。通过这种功能分配的内存资源会超过主机物理内存。在虚拟化环境中，分配 1.2～1.5 倍物理内存给虚拟机很常见，在极端情况下甚至可以分配两倍以上的物理内存。

优化内存资源利用率时，还有其他一些内存管理技术。无论在什么情况下，虚拟机中的操作系统都只能看到并访问已分配给它们的内存。虚拟机管理程序管理物理内存的访问，以保证所有请求得到及时处理，不影响虚拟机的运行。请求内存超过可用内存时，虚拟机管理程序会强制将页面写回硬盘。在多个主机的集群环境中，虚拟机可在主机资源稀缺时自动地实时迁移到其他主机。

14.6　输入/输出管理

应用程序的性能通常直接与服务器所分配的带宽相关。存储访问的瓶颈和网络传输的限制，都可能会影响到应用程序的性能。于是在虚拟化工作负载时，输入/输出虚拟化就是一个关键问题。虚拟化环境中的输入/输出管理架构很简单（见图 14.8）。在虚拟机中，操作系统和在物理服务器中一样调用设备驱动，设备驱动连接到设备，尽管虚拟机中的设备是模拟设备并由虚拟机管理程序管理。这些模拟设备类似于常见的实际设备，如 Intel e1000 网卡或通用 SGVA 或 IDE 控制器。这些虚拟设备挂载在虚拟机管理程序的输入/输出栈上，并与那些映射到主机物理设备的设备驱动通信，将虚拟机的输入/输出地址转换为物理主机的输入/输出地址。虚拟机管理程序控制和监视虚拟机设备驱动的请求，通过输入/输出栈发送到物理设备，再返回，为输入/输出的系统调用建立从虚拟机到对应设备的路由。虽然不同厂商的架构有些不同，但基本模型是类似的。

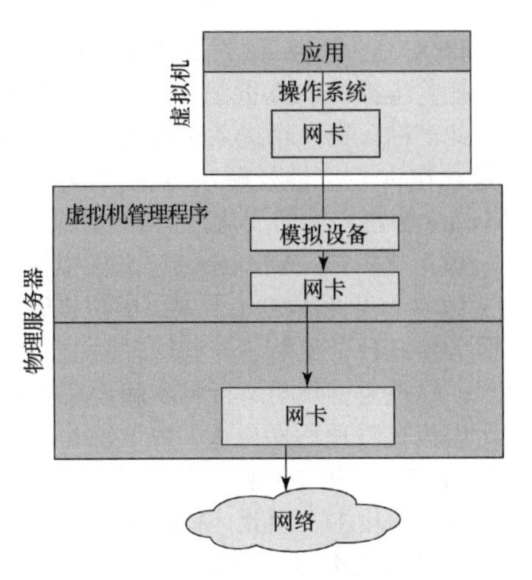

图 14.8　虚拟化环境中的输入/输出

虚拟化工作负载的输入/输出路径有很多好处。它通过将厂商定制设备驱动抽象为虚拟机管理程序中使用的通用版本，实现了硬件无关性。运行在 IBM 服务器上的虚拟机能实时迁移到一台惠普刀片服务器主机，而不用担心硬件不兼容或版本不匹配。这种抽象实现了虚拟环境可用性的最大优势之一——实时迁移。共享聚合资源、网络路径等也归功于这种抽象。在更多成熟的解决方案中，单个虚拟机或一组虚拟机有精准控制虚拟机网络类型和带宽的功能，以保证在共享环境中用合适的性能来提供选定的服务质量水平。除此之外还能提高安全性和可用性，代价是虚拟机管理程序管理所有的传输需要的处理器开销。在早期的虚拟化技术中，这个问题可能是一个限制因素，但现在更快的多核处理器和先进的虚拟机管理程序几乎已经解决了这个问题。

更快的处理器不仅能更快地运行虚拟机管理程序处理输入/输出管理功能，还能提高虚拟机处理器的处理速度。显式的硬件虚拟化支持也可提高性能。Intel 提供输入/输出加速技术（I/OAT），一个物理子系统能通过直接内存访问（DMA）从主处理器将内存复制到主板的特定部分。虽然设计上是为了提高网络性能，但远程内存直接访问同时也提高了实时迁移速度。从处理器的卸载工作到智能设备也是另一种提高性能的方法。例如，智能网卡支持一系列技术：TCP 卸载引擎（TOE）把 TCP/IP 处理从服务器处理机转移到网卡；LRO 将传入的数据包合并成束传输以更高效地处理；反向大块卸载（LSO）使虚拟机管理程序合并大量外发 TCP/IP 数据包，再由网卡硬件将它们分为单独的数据包。

除了前述模型外，有些应用程序或用户有时能需要一个专有路径。在这种情况下，可以绕开管理程序的输入/输出栈和监督，直接将虚拟机的设备驱动和服务器主机的物理设备进行连接。这就有可能提供没有任何额外开销、最大化吞吐量的专用资源。由于虚拟机管理程序尽可能少地参与输入/输出过程，因此这种方法在优化吞吐量的同时，对主机处理器的影响也更小。直接连接输入/输出设备的缺点是，虚拟机与运行该虚拟机的物理服务器捆绑在一起。没有设备抽象，实时迁移难以执行，因此可能会降低可用性。虚拟机管理程序的特性，如内存过载或输入/输出控制也不可用，进而使资源不能充分利用，无法减轻对虚拟化的资源需求。虽然专用设备模型提供了更佳的性能，但如今数据中心很少使用，而更倾向于虚拟化输入/输出设备提供的灵活性。

14.7 VMware ESXi

ESXi 是 VMware 发布的虚拟机管理程序，它在服务器上为用户提供 1 类虚拟机管理程序或裸机来托管虚拟机。20 世纪 90 年代末，VMware 最初开发的基于 x86 的解决方案，是第一个推向市场的商业产品。第一个进入市场的时机，加上不断创新，使 VMware 一直位于市场的顶端，而更重要的是它在许多特性及解决方案的成熟度等方面的领导作用。我们已概述过虚拟化市场的增长和 VMware 解决方案的变化，但 ESXi 架构和其他解决方案有根本的不同。

虚拟化内核（VMkernel）是虚拟机管理程序的核心，它能实现所有虚拟化功能。在早期发布的 ESX 版本［见图 14.9(a)］中，虚拟机管理程序是在 Linux 安装时部署并作为管理层提供服务的。这个服务控制台中安装了一些管理功能，如日志、名称服务，以及经常用于备份或硬件监控的第三方代理。这也为管理员运行脚本和程序提供了很大的空间。服务控制台有两个问题。第一个问题是，它比虚拟机管理程序更大：安装一个典型的虚拟机管理程序需要 32MB 空间，而服务控制台需要 900MB 空间。第二个问题是，基于 Linux 的服务控制台是一个很好理解的界面和系统，它易被恶意软件和个人攻击。因此，VMware 重新架构了 ESX，抛弃了服务控制台的安装和管理。

这种新架构称为 ESXi，其中“i”表示集成，它把所有管理服务都作为 VMkernel 的一部分［见图 14.9(b)］。它比之前的 ESX 更小、更安全，当前版本只有约 100MB。因此，服务器提供商可以提供已在闪存中部署了 ESXi 的服务器硬件。配置管理、监控、脚本运行现在都可通过命令行接口实现。已认证和经过数字签名的第三方代理也可运行在 VMkernel 上。因此，提供硬件监控的服务商可在 VMkernel 中嵌入一个能为 VMware 管理工具或其他管理工具无缝获取内部温度或组件状态等硬件指标的代理。

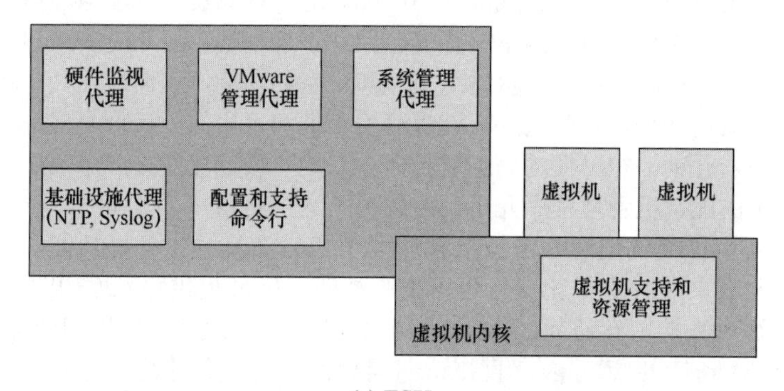

(a) ESX

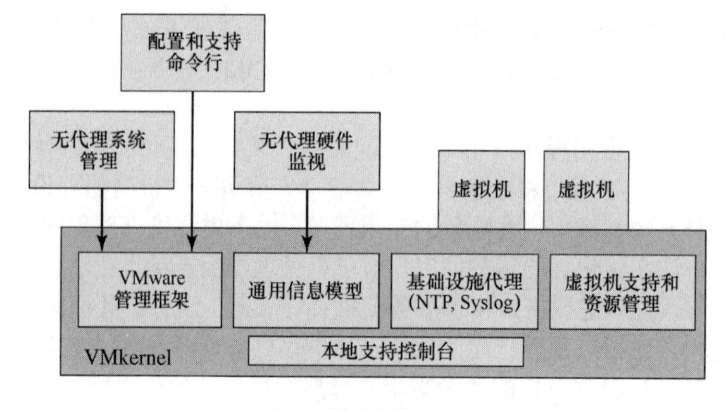

(b) ESXi

图 14.9　ESX 和 ESXi

虚拟机是在 VMkernel 的基础设施服务中工作的。虚拟机请求资源时，虚拟机管理程序满足这些要求，并通过相应的设备驱动程序开始工作。如前所述，虚拟机管理程序需要协调物理服务器上的多个虚拟机和硬件资源之间的所有事务。

迄今为止讨论的例子都是非常基础的，但 VMware ESXi 在可用性、可扩展性、安全性、可管理性和性能方面都十分先进和精致，且在每个版本中都会引入增强平台性能的新功能，例如：

- 存储迁移，对正在运行中的虚拟机文件进行迁移并组成一台虚拟机。
- 容错功能，为虚拟机在另一主机上创建一个时钟同步的副本。若原始主机发生故障，则虚拟机的连接转移到副本，无须中断用户和他们正在使用的应用。这不同于高可用性，高可用性需要在另一服务器上重启虚拟机。
- 站点恢复管理，在数据中心灾难时使用各种复制技术，将选定的虚拟机复制到第二站点。第二站点可以在数分钟内启动，虚拟机以选定和分层的方式启动，以确保顺利和精确地过渡。
- 存储和网络输入/输出控制，允许管理员细粒度分配虚拟网络中的网络带宽。这些规则在有网络有竞争时激活，并保证特定的虚拟机或一组包含特定应用或数据存储的虚拟机，拥有所需的优先级和带宽。
- 分布式资源调度（DRS），为初创企业智能部署虚拟机，并以虚拟机迁移为基础，通过商业规则和资源使用来实现自动负载平衡。其中，分布式电源管理（DPM）能够根据实际需要关闭（和启动）物理主机。存储 DRS 能够基于存储能力和输入/输出延迟动态地迁移虚拟机文件，这同样基于商业规则和资源使用。

这只是 VMware ESXi 解决方案从仅支持虚拟机的虚拟机管理程序，扩展为支持新数据中心和云计算的平台的一小部分。

14.8 微软 Hyper-V 与 Xen 系列

2000 年初，剑桥大学主导开发了开源虚拟机管理程序 Xen。随着时间的推移和对虚拟化需求的增加，出现了虚拟机管理程序 Xen 的许多变体。如今，除了开源虚拟机管理程序外，还存在一些由 Citrix、甲骨文等公司提供的商用虚拟机管理程序。与 VMware 模型的架构不同，Xen 需要一个专用的操作系统或域配合虚拟机管理程序，就像 VMware 服务器控制台那样（见图 14.10）。这个初始的域被称为域 0（Dom0），它运行 Xen 的工具栈，并作为特权区域直接访问硬件。许多版本的 Linux 包含一个可以创建虚拟环境的 Xen 虚拟机管理程序，如 CentOS、Debian、Fedora、Ubuntu、OracleVM、Red Hat（RHEL）、SUSE 和 XenServer。采用基于 Xen 虚拟化技术解决方案的公司这样做的原因是，软件成本很小（或没有），或他们自身拥有 Linux 专业知识。

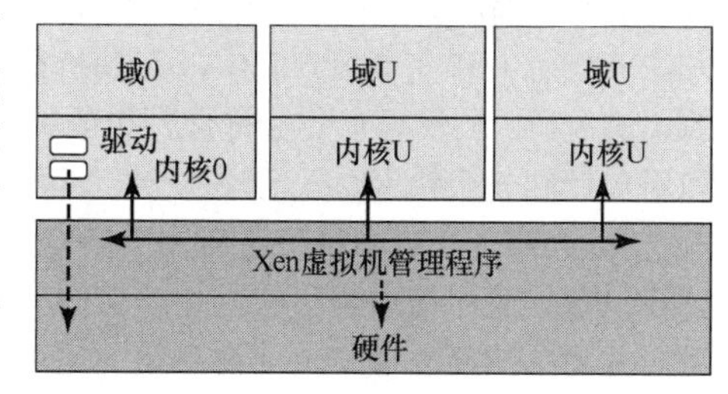

图 14.10 Xen

Xen 上的虚拟机都是未授权的域或用户域，它们被归类到域 U（DomU）。域 0 通过后端驱动与域 U 的前端驱动沟通，进而向虚拟机提供网络访问和存储资源。所有的网络和存储 I/O 都通过 Dom0 处理，除非配置了传递设备（如 USB）。因为 Dom0 自身是 Linux 的一个实例，若发生了未预料到的事情，则它支持的所有虚拟机都会受到影响。类似于打补丁的标准操作系统维护工作也有可能影响总体的可用性。

像大多数开源产品一样，Xen 不包含许多由 VMware EXSi 提供的先进功能，虽然在每个版本中会增强现有功能和增加新功能。

微软提供了许多虚拟化技术，比如 Virtual Server，这是 2005 年收购的 2 类虚拟机管理程序，目前仍在使用，且不需要任何费用。微软的 Hyper-V 是 1 类虚拟机管理程序，它在 2008 年首次发布时

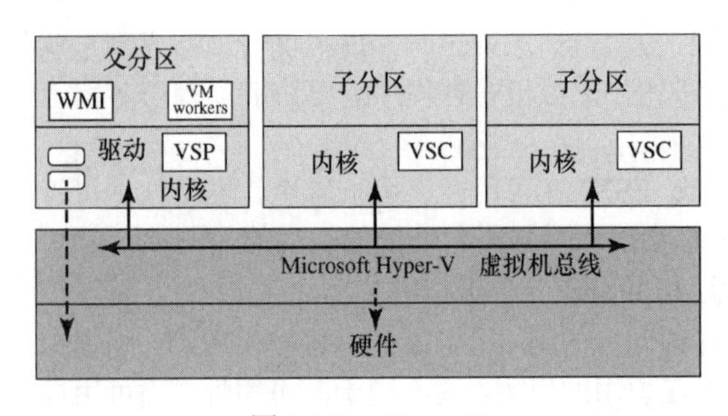

图 14.11 Hyper-V

就作为 Window Server 2008 操作系统的一部分。类似于 Xen 的架构，Hyper-V 有一个父分区作为 1 类虚拟机管理程序的管理助手（见图 14.11），虚拟机被指定为子分区。父分区除了完成自身的功能，如管理虚拟机管理程序、虚拟机分区和设备的驱动程序，还运行 Windows 服务器操作系统。类似于 Xen 中的前端驱动和后端驱动，Hyper-V 的父分区使用一个虚拟服务提供商（VSP）来提供设备到子分区的服务。子分区使用虚拟服务客户（VSC）（或消费者）与 VSP 进行沟通来完成它们的 I/O 需求。

由于父分区、与另一副本的资源竞争和单一的 I/O 通道对操作系统的要求，微软的 Hyper-V 和 Xen 存在类似的可用性问题。Hyper-V 的功能非常强大，使用不如 ESXi 广泛是因为在市场上它仍然较新。随着时间的推移和新功能的出现，其使用量很可能增加。

14.9 Java 虚拟机

尽管 Java 虚拟机（JVM）用“虚拟机”作为其名称的一部分，但其实现和用途与我们前面所讲的模型不同。虚拟机管理程序支持在主机上运行一个或多个虚拟机。这些虚拟机独立地处理工作负载，支持操作系统和应用，且在它们自身看来，访问一系列提供计算、存储和输入/输出的资源。Java 虚拟机的目的是，无须更改任何 Java 代码就可在任意硬件平台的任意操作系统上，提供运行时空间。两种模型的目的都是通过使用某种程度的抽象化来实现平台无关性。

JVM 可描述为一个抽象的计算设备，它包含指令集（instruction）、一个 PC（程序计数器）寄存器（register）、一个用来保存变量和结果的栈（stack）、一个保存运行时数据和垃圾收集的堆（heap）、一个存储代码和常量的方法（method）区。JVM 支持多个线程，每个线程都有自己的寄存器和堆栈区，且所有线程共享栈和方法区。当 JVM 被实例化时，运行时环境启动，分配内存结构并将选定的方法（代码）和变量填入其中，开始执行程序。运行在 JVM 上的代码从 Java 语言实时解释为对应的二进制码。当代码有效且符合预定的标准时，就会开始执行。若代码无效，则执行失败，并向 JVM 和用户返回一个错误。

Java 和 Java 虚拟机广泛应用于各个领域，包括网络应用、移动设备、智能设备如电视机顶盒、游戏设备、蓝牙播放器和使用智能卡的其他物品。Java 承诺的“一次编写，处处运行”提供了一个灵活并简单的部署模型，使得开发的应用与执行平台无关。

14.10 Linux VServer 虚拟机架构

Linux VServer 是一种开源的、快速的、虚拟化的容器方法，用于在 Linux 服务器上实现虚拟机 [SOLT07, LIGN05]，它只需要一个 Linux 内核副本。VServer 由对 Linux 内核的少量修改和一些操作系统用户模式（OS userland[①]）工具组成。VServer Linux 内核支持大量隔离的虚拟服务器，管理所有的系统资源和任务，包括进程调度、内存、磁盘空间和处理器时间。

① userland 指所有运行在用户模式的应用程序；OS userland 一般指操作系统用来与内核交互的程序和库，如处理 I/O 的程序、操作文件系统对象的程序等。

14.10.1　架构

Linux 内核的功能把每个虚拟服务器和其他虚拟服务器隔离开来。这提供了安全性，并且简化了在单个平台上建立多个虚拟机时的操作。隔离机制包含 4 个元素：chroot、chcontext、chbind 和 capability。

chroot 是一个 UNIX 或 Linux 命令，用来把当前进程的根目录改为默认目录（/）之外的其他目录。该命令只能由特权用户运行，以便让一个进程（常见的是网络服务器，如 FTP 或 HTTP）只能访问文件系统中的受限部分。该命令提供了*文件系统隔离*（file system isolation）。所有由虚拟服务器执行的命令只能影响为该服务器指定的根目录之下的那些文件。

Linux 的 **chcontext** 工具会分配一个新的安全上下文，并在这种环境下执行命令。宿主机的安全上下文是 context 0。这个环境与根用户（UID 0）拥有相同的权限：可以看到和杀死其他环境中的任务。context 1 用来观察其他环境，但不能改变这些环境。其他所有环境都是完全隔离的：一个环境中的进程既不能看到其他环境中的进程，又不能与它们进行交互。这就提供了在同一台计算机上同时运行若干相同环境的能力，而在应用层这些环境之间不能进行交互。因此，每个虚拟服务器都拥有自己的执行环境，因此提供了*进程隔离*（process isolation）。

chbind 工具执行一个命令，把产生的进程及其子进程锁定到一个特定的 IP 地址。一旦被调用，所有由该虚拟服务器通过系统网络接口发出的数据包的发送 IP 地址，都会被指定为由 chbind 的参数确定的值。这个系统调用提供了*网络隔离*（network isolation）：每个虚拟服务器使用一个隔离且不同的 IP 地址。进入某个虚拟服务器的网络数据不能被其他虚拟服务器访问。

最后，每个虚拟服务器会被分配一个 **capability** 集合。如 Linux 中那样，capability 是指对根用户可用的所有权限（如读取文件的权限或追踪其他用户所有进程的权限）的一个分割。因此，每个虚拟服务器可被指定拥有根用户权限的一个受限子集。它提供了*根的隔离*（root isolation）。VServer 也可设置资源限制，比如一个进程可以使用的虚拟内存大小。

图 14.12 展示了 Linux VServer 的总体结构。VServer 提供一个共享的虚拟操作系统映像，它包含一个根文件系统和一组共享的系统库及内核服务。每个虚拟机都能单独启动、关闭和重启。图 14.12 展示了运行在计算机系统中的三组软件。*宿主机平台*（hosting platform）包括共享的操作系统映像和一个特权虚拟机，其中特权虚拟机的作用是监视和管理其他虚拟机。*虚拟平台*（virtual platform）创建虚拟机，并且是运行在每个虚拟机中的应用所看到的系统视图。

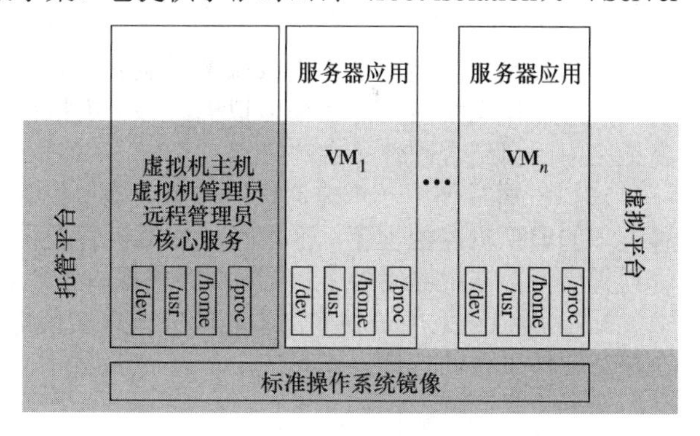

图 14.12　Linux VServer 总体结构

14.10.2　进程调度

Linux VServer 的虚拟机设备提供了一种控制虚拟机处理器时间的方法。VServer 在标准 Linux 调度的上层覆盖令牌桶过滤器（TBF）。TBF 的目的是确定为每个虚拟机分配多少处理器执行时间（单处理器、多处理器或多核）。若只用底层的 Linux 调度器来调度所有虚拟机的进程，则一个虚拟机的资源不足的进程就会排挤其他虚拟机的进程。

图 14.13 展示了 TBF 的概念。对于每个虚拟机，桶定义为 S 个令牌的容量。每隔时间长度 T 就向桶中加入 R 个令牌。当桶满时，加入的令牌就会被丢弃。当虚拟机上有一个进程正在执行时，就在定时器的每个周期消耗一个令牌。当桶空时，进程就会被保持且无法重新启动，直到桶被重新填充到 M 个令牌的最小阈值，进程才能重新启动。TBF 方法的一个显著效果是，虚拟机可能会在一段时间内积攒令牌，然后在需要时再突发使用令牌。

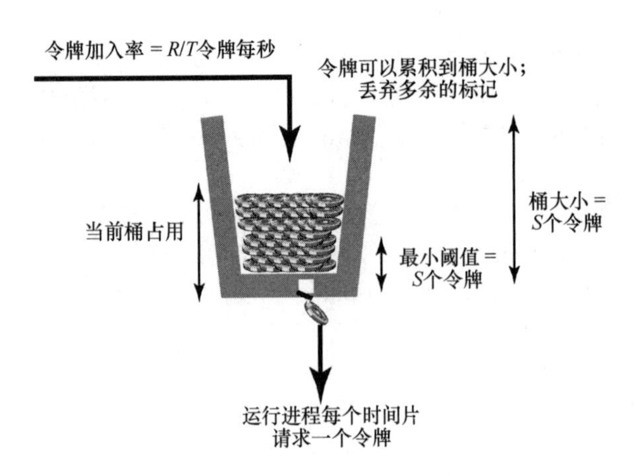

图 14.13 Linux VServer 令牌桶结构

调整 R 和 T 的值可以调节一个虚拟机能保证的容量。对单处理器，可将容量分配定义为

$$R/T = \text{处理器分配的容量}$$

上式表示一个单独处理器在系统中所占的容量。例如，若希望在一个四核的系统中平均为一个虚拟机提供一个专用的处理器，若有 N 个虚拟机，则令 $R=1$ 和 $T=4$。系统整体就被限定为

$$\sum_{i=1}^{N}\frac{R_i}{T_i}\le 1$$

设置参数 S 和 M 是为了在一个虚拟机突发消费处理器资源达到一定次数后进行惩罚。必须为一个虚拟机配置下面的参数：在突发时间 B 之后，虚拟机必须保持时间 H。通过这些参数，能够计算 S 和 M 的所需值：

$$M = W\cdot H\cdot\frac{R}{T},\quad S = W\cdot B\cdot\left(1-\frac{R}{T}\right)$$

式中，W 是调度器的执行速率（做出调度决策）。例如，一个虚拟机只有 1/2 的处理器时间，我们希望使用处理器 30 秒后，会有 5 秒的保持时间。调度器的频率是 1000Hz。那么满足这一需求的值为：$M = 1000\times5\times0.5 = 2500$ 个令牌；$S = 1000\times30\times(1-0.5) = 15000$ 个令牌。

14.11 小结

虚拟化技术使得单个 PC 或服务器能够同时运行多个操作系统或一个操作系统的多个会话。本质上，主操作系统能支持多个虚拟机，每个虚拟机都具有一个特定操作系统的特征，在某些版本的虚拟化中还会结合硬件平台的特点。

虚拟机通常使用一个虚拟机监控器或虚拟机管理程序，在虚拟机下层支持虚拟机的运行。有两种类型的虚拟机监控程序，区别在于虚拟机管理程序和主机中是否有另一个操作系统。1 类虚拟机管理程序直接在机器硬件上执行，2 类虚拟机管理程序基于主机操作系统运行。

Java 虚拟机采用一种非常不同的方式来实现虚拟机环境。Java 虚拟机的目的是，为 Java 代码在任意硬件平台的本地操作系统上运行提供运行时空间，而无须任何代码更改。

14.12 关键术语、复习题和习题

14.12.1 关键术语

容器	内存膨胀	虚拟化容器
容器虚拟化	内存超限	虚拟化
整合率	微服务	虚拟机（VM）
客户	页面共享	虚拟机管理程序（VMM）
硬件虚拟化	半虚拟化	应用处理器
硬件辅助虚拟化	类型 1 虚拟机管理	芯片
主操作系统	类型 2 虚拟机管理	命令
虚拟机管理程序	虚拟设备	专用处理器
Java 虚拟机（JVM）		集成电路
内核控制组		

14.12.2 复习题

14.1 简要描述类型 1 和类型 2 虚拟化。

14.2 简要描述容器虚拟化。

14.3 解释膨胀的概念。

14.4 简要描述 Java 虚拟机。

14.12.3 习题

14.1 内存过载和页面共享技术允许给虚拟机分配的资源超过主机的物理资源。是否能认为集成的虚拟机与单一的物理主机相比，在同样的硬件下能完成更多的实际工作？

14.2 类型 1 虚拟机管理程序直接操作硬件，而对操作系统无任何干预。类型 2 虚拟机管理程序是运行在现有操作系统中的应用程序。类型 1 虚拟机管理程序的性能比类型 2 虚拟机管理程序的性能高很多，因为虚拟机管理程序和硬件之间没有中间层，也不需要和额外的管理层竞争资源。为什么类型 2 虚拟机管理程序应用更广泛？有哪些用例？

14.3 当虚拟机首次出现在 x86 的市场上时，许多服务器供应商曾怀疑这一技术，同时也关心其整合会影响服务器的销售。相反，服务器供应商发现他们能卖出更大、更昂贵的服务器。为什么？

14.4 最初的虚拟服务器需要提供额外的带宽时，需要额外的网络接口卡（NIC）来提供更多的网络连接。随着骨干网络带宽的增长（10Gb/s、40Gb/s 和 100Gb/s），网络接口卡的需求变少。这些聚合网络连接会造成什么问题？怎样才能解决这些问题呢？

14.5 虚拟机通过 TCP/IP、光纤、iSCSI 连接来呈现类似于物理机器一样的存储。虚拟化有优化内存使用和处理器使用的特性。这些先进的特性能提供高效的输入/输出资源使用。你认为在虚拟化环境中，哪些特性能用来提供更好的存储资源使用？

第 15 章　操作系统安全技术

学习目标

- 了解与操作系统相关的主要安全问题
- 理解文件系统安全的设计问题
- 区分各种入侵者行为模式，了解破坏系统安全的入侵技术类型
- 比较两种访问控制的方法
- 理解如何防御缓冲区溢出攻击

15.1　入侵者与恶意软件

操作系统将每个进程与一组权限关联起来。这些权限指明了进程可以访问的资源，包括内存区域、文件和系统权限指令。典型情况是，一个代表用户执行的进程拥有系统授予该用户的权限。系统或公用进程可能在配置时分配权限。

在典型的系统中，最高权限是指管理员（administrator）、管理程序（supervisor）或 root 访问权限（root access）[①]。root 访问权限能访问操作系统中的所有功能与服务。拥有 root 访问权限的进程对系统拥有完全的控制能力，即能添加或修改程序和文件、监控其他进程、发送和接收网络通信消息，以及修改权限级别。

对于任何操作系统设计，其中一个关键的安全问题是如何阻止或至少检测到，用户或恶意软件在系统中尝试获得未被授权的权限的行为，特别是尝试获取 root 访问权限。本节简要介绍与该安全问题相关的威胁及应对措施。后续各节将详细验证本节中提出的一些问题。

15.1.1　系统访问威胁

系统访问威胁主要分为两类：入侵者与恶意软件。

入侵者　一种最常见的安全威胁是入侵者（此外还有病毒），它通常指黑客或剑客。在一项关于入侵的早期研究中，Anderson 明确了三类入侵者[ANDE80]：

- **伪装者**：未被授权使用计算机的个体，它越过了系统访问控制并使用了一个合法的用户账户。
- **违法者**：合法用户，但访问了未被授权的数据、程序或资源，或被授权访问但错误使用了权限。
- **秘密用户**：能控制系统的个体，它通过使用这种控制来逃避审查与访问控制，或停止审计数据的收集。

伪装者可能来自外部；违法者通常来自内部；秘密用户既有可能来自外部也有可能来自内部。

入侵者攻击的影响轻重不等。最轻微的情况是，许多人只是单纯地想通过互联网或其他网络探索一下有什么内容。最严重的情况是个体尝试读取权限数据，对数据进行未被授权的更改，或破坏系统。

入侵者的目标是获取访问系统的权限，或增加系统上可访问的权限范围。大多数初始攻击是通过系统或软件中允许用户执行代码的漏洞来打开系统的后门的。通过实施攻击，如在拥有特定权限的程序上进行缓冲区溢出，入侵者可以访问系统。15.2 节将介绍缓冲区溢出攻击。

---

① 在 UNIX 系统中，administrator 即超级用户，其账户名为 root；因此有 root 访问权限的说法。

另外，入侵者还会试图获得本应被保护的信息。在某些情况下，这些信息是一个用户的密码。拥有了其他用户的密码后，入侵者就可登录系统并使用该合法用户的权限。

恶意软件　对计算机系统最复杂的威胁是利用系统漏洞的程序。这种威胁也称恶意软件（malicious software）或恶件（malware）。这里涉及的既有应用程序又有公用程序，如编辑器、编译器和内核级程序。

恶意软件分为两类：需要宿主程序的恶意软件和独立运行的恶意软件。前者也称寄生型，是无法脱离真实程序（应用程序、公用或系统程序）独立运行的程序片段，如病毒、逻辑炸弹及程序后门。后者是可被操作系统调度和执行的独立程序，如蠕虫和机器人程序。

这种软件威胁还可分为不进行复制的恶意软件和进行复制的恶意软件。前者是可被触发执行的程序或程序片段，如逻辑炸弹、程序后门和机器人程序。后者由一个独立程序或程序片段组成，它在执行时会产生自身的多个副本，这些副本此后会在同一个系统上或其他系统上激活。这样的例子有病毒和蠕虫。

恶意软件可能相对无害，也可能执行一个或多个有害的行为，包括摧毁文件和内存中的数据，越过控制来获取访问权限，为入侵者提供一种越过访问控制的方法。

15.1.2　应对措施

入侵检测　RFC 4949（Internet Security Glossary）将入侵检测定义如下：一个能够监控和分析系统事件的安全服务，对于未授权的系统资源访问尝试，能够发现和提供实时或接近实时的警报。

入侵检测系统（IDS）分类如下：

- **基于宿主的 IDS**：监控一个宿主的特性及宿主中出现的事件，以便发现可疑行为。
- **基于网络的 IDS**：对特定的网段或设备，监控网络传输并分析网络、传输和应用协议，识别可疑行为。

IDS 有三个逻辑组成部分：

- **传感器**：传感器负责收集数据。传感器的输入可以是系统中包含了入侵行为证据的任意部分。传感器的输入类型包括网络包、日志文件及系统调用路径。传感器收集信息并将这些信息发送给分析器。
- **分析器**：分析器接收来自一个或多个传感器或其他分析器的输入。分析器负责判断入侵行为是否发生。分析器的输出是一个入侵行为是否已发生的标示值。输出可能包含了支持结论的证据。对于已发生的入侵应当采取何种行为，分析器可以提供指引。
- **用户界面**：用户界面是 IDS 允许用户查看系统的输出或控制系统行为的部分。在有些系统中，用户界面等同于管理器、监督器或控制台。

入侵检测系统是特地为检测人类入侵者行为和恶意软件行为而设计的。

认证　在大多数计算机安全语义中，用户认证都是基本组成和防御底线。用户认证是大多数访问控制及用户账户的基础。RFC 4949 将用户认证定义如下：证实一个系统实体所声明的身份的过程。认证过程包括两步：

- **识别步骤**：向安全系统提供识别符（分配识别符时应小心，因为被认证的身份是其他安全服务的基础，如访问控制服务）。
- **证实步骤**：提供或生成能够证实实体与识别符之间存在绑定的认证信息。

例如，用户 Alice Toklas 可能拥有用户识别符 ABTOKLAS，该信息需要存储在 Alice 希望使用的任何服务器或计算机系统上，且可能会被系统管理员及其他用户得知。与这个用户 ID 相关联的典型认证信息是一个保持隐秘的密码（只有 Alice 和系统知道）。若没有人能获得或猜到 Alice 的密码，则 Alice 的用户 ID 和密码的组合就能够让管理员设置 Alice 的访问权限并审计其行为。因为 Alice 的 ID 不是隐秘的，因此系统用户可以给她发送 E-mail，但因为她的密码是隐秘的，没有人可以伪装成 Alice。

本质上，识别是用户向系统提供身份声明的方式；用户认证则是建立这种声明有效性的方式。

对用户身份进行认证的通用方式有 4 种，可以单独或组合使用它们：

- **个体知道的信息**：如密码、个人识别号（PIN）或预定义问题集的答案。
- **个体拥有的信息**：如电子卡、智能卡、物理钥匙。用来认证的这类认证者称为令牌。
- **个体是什么（静态生物测定）**：如通过指纹、视网膜和脸部进行的识别。
- **个体做什么（动态生物测定）**：如声音模式、笔迹特征、打字节奏等。

上述所有方法若被恰当地实现和使用，则能提供安全的用户认证。然而，每种方法都存在问题。敌人也许能猜测或偷窃到一个密码。同样，敌人也能铸造或偷窃到一个令牌。用户也可能忘记密码或遗失令牌。此外，在系统上管理密码和令牌信息，并保证这些信息的安全，会带来显著的管理开销。至于生物测定，也存在一系列问题，包括正误识和负误识、用户接受程度、费用及方便性等。

访问控制 访问控制实现一个安全策略，它指明谁或什么（如进程）能对每种指明的系统资源进行访问，以及每种情况下允许的访问类型。

访问控制机制处于用户（或一个代表用户执行的进程）与系统资源（如应用、操作系统、防火墙、路由器、文件和数据库）之间。系统必须首先对尝试访问的用户进行认证。典型情况下，认证函数决定了一个用户是否允许访问系统。访问控制函数然后决定是否允许该用户进行指定的访问。安全管理员维护一个认证数据库，其中指明了该用户对哪些资源可以进行怎样的访问。访问控制函数查询数据库来决定是否授权访问。审计函数监控和记录用户对系统资源的访问记录。

防火墙 防火墙是一种保护本地系统或系统网络免受基于网络的安全威胁，并通过广域网和因特网提供外界访问的有效方式。传统防火墙是一台与网络外部计算机交互的专用计算机，它采用特殊的安全预防措施来保护网络中计算机上的敏感文件。它用于网络外的服务，特别是因特网连接和拨号。在软/硬件中实现且与单个工作站或个人计算机相关联的个人防火墙也很常见。

[BELL94]列出了防火墙的下列设计目标：

1. 所有从内到外或从外到内的传输都必须通过防火墙。这是通过物理上阻塞所有防火墙以外的本地网络访问来实现的。
2. 仅允许按本地安全策略定义的授权传输通过。各种各样的防火墙实现了各种各样的安全策略，本章之后将会详述。
3. 防火墙本身是不会被渗透的。这引申出了具有安全操作系统的坚固系统的使用。可信计算机系统适合作为防火墙的主机，通常在政府应用中使用。

15.2 缓冲区溢出

主存与虚存是容易受到安全威胁的系统资源，因此需要采取相应的安全措施。显而易见的安全要求是阻止对进程内存内容未授权的访问。若一个进程未将其部分内存设置为共享，则其他任何进程都不应访问到这部分内存的内容。若一个进程将其部分内存设置为部分进程共享，则系统安全服务必须保证只有这些进程可以访问。15.1 节讨论的安全威胁和应对措施也与这种类型的内存保护相关。

本节总结其中包含了内存保护的另一种威胁。

15.2.1 缓冲区溢出攻击

缓冲区溢出（buffer overflow）也称缓冲区越界（buffer overrun），它在 NIST（美国国家标准与技术研究院）的关键信息安全术语表中定义如下：

> **缓冲区溢出**：在编程接口上发生的情况，此时缓冲区或数据存储区中放入了比其容量更多的数据，导致其他信息被覆盖。攻击者利用这种情况来使系统崩溃，或插入特定代码来获取系统控制权。

缓冲区溢出可能是编程错误造成的，例如进程尝试在某个固定大小缓冲区的界限之外存储数据，因此覆盖了相邻的内存位置。这些位置可能包含其他程序的变量或参数，或程序控制流数据，如返回地址和栈帧指针。缓冲区可以位于栈上、堆上或进程的数据段中。这种错误的后果有程序数据损坏、程序控制流异常跳转、内存访问违例，甚至造成程序终止运行。若上述情况是故意攻击系统的话，则控制流可能跳转到攻击者选定的代码执行，因此受攻击的进程会以自己的权限执行任意代码。缓冲区溢出攻击是一种最常见也最危险的安全攻击。

为阐明一种常见类型的缓冲区溢出——栈溢出的基本操作，考虑图 15.1(a)中的 C 语言主函数。函数中有三个变量（valid、str1 和 str2）[①]，典型情况下，它们的值存放在相邻的内存位置。它们的顺序和位置实际上取决于变量类型（局部变量或全局变量）、编译器和编程语言、目标机器的体系结构等。在该例中，假设它们存放在连续的内存位置，从最高到最低如图 15.2 所示[②]。在普通处理器体系结构如 Intel Pentium 家族上，对于 C 语言函数中的局部变量，这是一种典型情况。这段代码的目的是调用函数 next_tag(str1)来将一些期望的标记值复制到 str1 中。假设这个值是字符串 START。程序接着使用 C 语言库函数 gets()从标准输入中读取下一行，并将读取的字符串与期望的标记做比较。若下一行确实包含了字符串 START，则比较成功，变量 valid 置为 TRUE[③]。这个例子即图 15.1(b)中三个样例中的第一个。其他任何输入的标记都将 valid 置为 FALSE。这样一段代码可能会被用来解析一些结构化的网络协议交互或文本文件。

```
int main(int argc, char *argv[]) {
    int valid = FALSE;
    char str1[8];
    char str2[8];
    next_tag(str1);
    gets(str2);
    if (strncmp(str1, str2, 8) == 0)
        valid = TRUE;
    printf("buffer1: str1(%s), str2(%s), valid(%d)\n", str1, str2, valid);
}
```

(a) 基本缓冲区溢出C代码

```
$ cc -g -o buffer1 buffer1.c
$ ./buffer1
START
buffer1: str1(START), str2(START), valid(1)
$ ./buffer1
EVILINPUTVALUE
buffer1: str1(TVALUE), str2(EVILINPUTVALUE), valid(0)
$ ./buffer1
BADINPUTBADINPUT
buffer1: str1(BADINPUT), str2(BADINPUTBADINPUT), valid(1)
```

(b) 基本缓冲区溢出示例运行

图 15.1　基本的缓冲区溢出示例

这段代码中存在问题，因为传统的 C 语言库函数 gets()不对复制的数据量做任何检查。它从程序的标准输入中读取下一行文本，出现第一个 newline[④]字符时，将其复制到提供的缓冲区中，并用 C 语言字符串[⑤]使用的 NULL 终结符作为结尾。若一行超过 7 个字符，则读入时（包括结束的 NULL 字符）需要比 str2 缓冲区更大的空间。因此，额外的字符会覆盖相邻变量的值，在本例中即为 str1。

① 例中的变量 valid 使用整型而非布尔型来存储，因为这里的代码是经典 C 语言代码，且我们想要避免存储中的字对齐问题。缓冲区被故意设置得很小，以强调所阐述的缓冲区溢出问题。

② 地址和数据的值在该图和相关图中以十六进制数形式标明。数据的值在某些合适的情况下以 ASCII 码标明。

③ 在 C 语言中，逻辑值 FALSE 和 TRUE 是简单的整数，其值分别为 0 和 1（或任意非 0 值）。对符号进行定义通常用来建立符号名与实际值的映射。在该程序中，符号定义已完成（指 FALSE 和 TRUE 已被定义）。

④ newline（NL）或 linefeed（LF）字符是 UNIX 系统及 C 语言中一行的标准结束符，其 ASCII 值为 0x0a。

⑤ C 语言中的字符串存储在一个字符数组中，并使用 NULL 字符（ASCII 值为 0x00）结束。数组中的剩余位置都是未定义的，可以包含之前存储在此的任意值。由图 15.2 中“之前”列的变量 str2 的值可看出这一点。

例如，若输入行包含 EVILINPUTVALUE，则 str1 中的结果会被覆盖为字符串 TVALUE，str2 不仅会使用分配给它的 8 个字符的空间，而且会使用 str1 中的 7 个字符的空间。这在图 15.1(b)的第二个例子中有所体现。溢出破坏了一个非直接用于存储输入的变量。因为这些字符串并不相等，valid 的值会保持为 FALSE。此外，若输入为 16 个或更多字符，则还会覆盖其他的内存位置。

内存地址	gets(str2)前	gets(str2)后	包含值
. . . .	. . . .	. . . .	
bffffbf4	34fcffbf 4 . . .	34fcffbf 3 . . .	argv
bffffbf0	01000000	01000000	argc
bffffbec	c6bd0340 . . . @	c6bd0340 . . . @	return addr
bffffbe8	08fcffbf	08fcffbf	old base ptr
bffffbe4	00000000	01000000	valid
bffffbe0	80640140 . d . @	00640140 . d . @	
bffffbdc	54001540 T . . @	4e505554 N P U T	str1[4-7]
bffffbd8	53544152 S T A R	42414449 B A D I	str1[0-3]
bffffbd4	00850408	4e505554 N P U T	str2[4-7]
bffffbd0	30561540 0 V . @	42414449 B A D I	str2[0-3]
. . . .	. . . .	. . . .	

图 15.2　基本的缓冲区溢出堆栈值

之前的例子阐述了缓冲区溢出的基本行为。在最简单的情况下，任何未经检查的将数据复制到缓冲区的行为，都可能会导致相邻内存位置的破坏，相邻内存位置中可能是其他变量，或程序控制的地址和数据。对这个简单的例子我们还可更深入一些。若知道处理代码的机构，则攻击者就会设法使 str1 的覆盖值等于 str2 中的值，进而造成比较操作成功。例如，输入行可能是字符串 BADINPUTBADINPUT。这会使比较操作成功，如图 15.1(b)中的第三个样例所示。图 15.2 中还展示了在 gets()之前和之后的局部变量的值。注意输入字符串中表示结束的 NULL 字符在 str1 中。这意味着程序控制流将会如同找到了期望的标记那样继续，但实际上读入的标记完全不同。这几乎肯定会导致程序出现非预期的行为，至于有多严重，则取决于受攻击的程序的逻辑。例如，有一种十分危险的可能性：缓冲区中的数据不是作为标记使用的，而是作为密码来进行权限相关的访问。若是这样，则缓冲区溢出就向攻击者提供了一种访问这些权限相关特性的方式，而无须知道正确的密码。

如上所述，为了利用任意类型的缓冲区溢出，攻击者需要：

1. 识别程序中的缓冲区溢出漏洞，这些漏洞可使用攻击者能控制的外部资源数据触发。
2. 理解缓冲区是怎样在进程的内存中存储的，以及毁坏相邻内存位置和更改程序控制流执行的可能性。

要识别易受攻击的程序，可查看程序代码，记录程序处理过量输入的执行流程，以及使用诸如 fuzzing 之类的工具（包括使用随机生成的输入数据）来自动识别潜在的易受攻击的程序。攻击者破坏内存能实现的目标，则取决于被覆盖的值。

15.2.2　编译时防御

发现并利用堆栈缓冲区溢出其实并不难，过去几十年出现的大量漏洞已清楚地说明了这一点。因此，要么通过防止溢出的出现，要么至少检测到并终止这类攻击。总之，系统需要能够抵御这类攻击。本节讨论实现这类保护的可行方法。这些方法大致分为两类：

- 编译时防御，目标是通过程序来抵御对新程序的攻击。
- 运行时防御，目标是探测并阻止对已有程序的攻击。

虽然人们对于合适防御方法的了解已有 20 多年，但由于存在漏洞的现有软件和系统的数量巨大，因此阻碍了这些防御的开发；于是激发了开发者对于运行时防御的兴趣，这种防御可以配置在操作系统中，可以升级，还可为存在漏洞的已有程序提供一定程度的保护。

本节先讲述编译时防御，然后讲述运行时防御。编译时防御的目标是在程序编译时通过配置程序来探测并阻止缓冲区溢出。存在 4 种做法：一是选择不允许缓冲区溢出的高级语言，二是鼓励安全的编码规范，三是使用安全的标准库，四是额外加入代码来检测栈帧的崩溃。

编程语言的选择　可行方法之一是使用一种现代高级编程语言编写程序，这种语言拥有严格的变量类型概念，且对允许哪些操作有严格的规定。这类语言不易造成缓冲区溢出，因为它们的编译器额外包含了自动触发边界检测的代码，因此免去了程序员显式编写它们的需要。这些语言所提供的伸缩性和安全性确实需要耗费大量的资源，这种消耗既出现在编译期，又出现一些额外代码上。这些代码必须在运行期执行，以便完成如缓冲区限制这一类的检测。但是，由于处理器效率的快速提升，上述这些不足如今已不像以前那么明显。越来越多的程序选择使用这些语言编写，因此也就不再有缓冲区溢出的问题（若这些程序使用了已有系统库或使用了用不安全语言编写的运行时执行环境，则它们仍易于受到攻击）。底层机器语言与框架之间的距离同样会造成指令和硬件资源的丢失。这一点限制了编写代码的效率，比如设备驱动程序就必须与那类资源交互。由于这些原因，程序中仍然会至少使用一些安全性稍差的语言编写代码（如 C 语言）。

安全编码技术　程序员应该意识到，若使用像 C 这样的语言，则指针地址和访问存储器的操作能力就是他们需要直接付出代价的一项要求。C 语言本来是为系统开发而设计的一门语言，它所运行于的系统要比现在所使用的小得多，而且拥有更多约束限制。这意味着 C 的设计者将重点更多地投入到了空间利用率和性能两方面，而非类型安全方面。他们假设程序员会十分小心地使用这些语言编写代码，且会负责任地保证安全使用所有数据结构和变量。

但很遗憾，几十年的经验告诉我们，事实并非如此。从 UNIX 和 Linux 操作系统及应用程序中遗留的大量不安全代码可以看出，其中有些代码存在发生缓冲区溢出的潜在危险。

为加固这些系统，程序员需要检查这些代码，用一种安全的方式重写任何不安全的代码结构。因为快速汲取了以往缓冲区溢出漏洞的利用经验，这一流程已开始在一些系统中执行。使用这一流程的一个较好例子是 OpenBSD 项目，该项目开发出了一套免费、跨平台、基于 4.4BSD 的类 UNIX 操作系统。除了其他方面的一些技术改进外，程序员还对已有代码实施了全面的检查，包括操作系统、标准库和通用程序。这一做法直接促使这套系统成了人们广泛使用的操作系统中最安全的操作系统之一。OpenBSD 项目在 2006 年年中时就宣称，使用 8 年多以来，系统在默认安装情况下只发现了一个远程漏洞。这显然是一项骄人的成绩。微软公司也实施了一个重点工程来检查他们的已有代码，部分原因是为了回应目前仍在继续的有关其操作系统和应用程序中存在的漏洞数量的负面宣传，这些漏洞中包括很多缓冲区溢出问题。

语言扩展及安全库的使用　了解 C 语言中可能出现不安全数组和指针引用等问题后，目前已有一些建议希望参数编译器能够自动为那些引用插入边界检查。虽然对于静态分配的数组来说这样做非常容易，但在处理动态分配的内存时会出现很多问题，因为大小信息在编译期是不可用的。处理这类内存需要一种对指针语义的扩展，以便包含边界信息和库函数的使用，进而正确设定这些值。[LHEE03]中列举了几个这样的方法。然而，使用这类方法一般会造成性能损失，这一点不一定能被人们接受。同时，这些方法还要求所有需要这种安全特性的程序和库使用修改后的编译器重新编译。虽然这对于一个刚刚发布的操作系统及其附属程序可能是可行的，但对于第三方应用程序，这样做仍然可能会出现问题。

对于 C 语言，人们普遍关注的问题来自它对非安全标准库函数的使用，尤其是一些字符串处理函数。改善系统安全性的一种方法是，将这些库函数替换为更安全的变体，包括提供新的方法，如

BSD 系列系统（包括 OpenBSD）中的 `strlcpy()` 方法。使用这些方法需要重写源代码，使它们与更安全的新语义保持一致，或选择只将标准字符串库替换为更安全的版本。Libsafe 是采用这种方法的一个较为知名的例子。它实现了这些标准语义，同时包含了额外的检查来确保复制操作不会延伸到栈帧中局部变量空间以外的地方。因此，虽然 Libsafe 不能防止邻近局部变量的崩溃，但却能够防止对原有栈帧的任何修改，并返回地址值，因此阻止了我们之前检查到的传统栈缓冲区溢出类型攻击。这种库被实现为一种动态库，安排在已有标准库之前载入。此外，若假设它们是动态获取标准库的方法（像大多数程序的做法一样），则能为已有程序提供保护而不必重新编译它们。值得注意的是，更改后的库代码在执行效率方面至少与标准库是一样的，因此使用它保护已有程序免受一些形式的缓冲区溢出攻击是一种非常容易的方法。

栈保护机制 保护程序免受传统栈溢出攻击的一种有效方法是，为函数配备进入和退出代码的标示，并检查栈空间以避免崩溃的出现。若发现任何更改，则终止程序而非放任攻击继续进行。有很多种方法能够提供这种保护，如下所示。

栈保护是最著名的保护机制之一。它是一个扩展 GCC（GNU 编译器套件）编译器，插入了额外的函数来进入和退出代码。在系统为局部变量分配地址空间前，新加入的函数入口代码在旧栈帧指针地址下写入一个 canary[①]值；在系统继续进行常规的退出操作来保存旧栈帧指针并将调用传回返回地址之前，新加入的函数退出代码要检查 canary 值是否已更改。任何企图利用传统栈溢出的攻击为了改变旧栈帧指针和返回地址，都必须先改变 canary 值，因此能探测到这种攻击，进而终止程序的运行。要成功地保护函数，有一点至关重要，即 canary 值必须是不可预知的，而且在不同系统中应该是可变的值。若不这样，则攻击者很容易就能让 shellcode 中包含所需位置上的正确 canary 值。通常在进程创建时选择一个随机值作为 canary 值，然后将它保存为进程状态的一部分，加入函数入口和退出处的代码后，就可使用这个值。

使用这种方法存在很多问题。首先，它需要重新编译所有需要保护的程序。其次，由于栈帧的结构已经改变，因此会导致某些程序出现问题，如分析栈帧的调试器。为抵御栈溢出攻击，canary 技术已用于重新编译整个 Linux 的分发版。使用微软的/GS Visual C++编译器选项进行编译，Windows 程序也能实现类似的功能。

15.2.3 运行时防御

如前所述，大多数编译时方法都需要重新编译已有程序。因此人们对运行时防御开始感兴趣，这种防御可被操作系统的升级程序用来为一些已有的漏洞程序提供保护。这些防御涉及对进程虚拟地址空间存储管理的改进。这些改进要么是改变内存边界属性值，要么是充分预测那些难以阻止多种类型攻击的目标缓冲区的位置。

可执行的地址空间保护 很多缓冲区溢出攻击都涉及复制机器代码到一个目标缓冲区，然后传入执行指令。一种可能的防御是阻断代码在栈中的执行，并假设应该只能在进程地址空间的其他位置找到可执行代码。

为有效地支持这种特性，需要处理器的存储器管理单元（MMU）将虚存的页标记为不可执行。有些处理器，如 Solaris 使用的 SPARC，支持这一功能已有一段时间。想要将这种特性应用于 Solaris，只需简单地更改一个内核参数。而对于其他处理器，如 x86 系列，此前并没有这种支持，只是在近期于 MMU 中添加了一个不可执行位。为支持使用这一特性，Linux、BSD 和其他一些类 UNIX 系统也都实现了这种扩展。堆也是攻击的对象，而这一特性也确实能够像保护栈那样保护堆。如今的 Windows 系统也包含了对实现不可执行保护的支持。

让堆（或栈）不可执行的方法，为已有程序提供了抵御多种类型缓冲区溢出攻击的强大能力；因此，一些现有操作系统的发行版都包含了这一实现。但存在的一个问题是，仍要支持那些确实需要在栈中放置可执行代码的程序。例如，这种情况可能会发生在用于 Java 运行时系统的即时编译器

① 命名自矿工使用的黄钻，它能检测出矿山中的有毒气体，从而提醒矿工及时逃离。

中。栈中的可执行代码可用来实现 C 语言中的嵌套程序（一种 GCC 扩展），也可用在 Linux 信号处理程序中。要想支持这些需求，还需要一些特殊措施。尽管如此，这种方法仍被认为是保护现有程序和加固系统以避免一些攻击的最好方法。

地址空间布局随机化　抵御攻击的另一种运行时技术涉及对进程地址空间中关键数据结构所在地址的操纵。特别地，为实现传统的栈溢出攻击，攻击者要能够准确预测出目标缓冲区的位置。攻击者利用这个预测出的地址确定一个合适的返回地址，以便在攻击中将控制传入 shellcode。用来大大提高这种预测难度的方法是，为每个进程随机地改变栈所在的地址。现代处理器中地址的可用范围很大（32 位），而且绝大多数程序只需要其中很小的一段。因此，将栈存储器区域移动 1MB 或只需对大多数程序有最小的影响，就能使预测目标缓冲区地址变得几乎不可能。

另一种攻击目标是标准库函数的位置。在试图绕过不可执行栈这样的保护时，一些缓冲区溢出的变体会利用标准库中的已有代码。它们往往都是在同一个地址被同一个程序加载进来的。为了阻止这种形式的攻击，可以利用一种安全扩展方式，这种方式通过一个程序及其虚拟存储器地址位置来将加载标准库的顺序随机化。这使得任何特定函数的地址完全不可预测，从而让某个给定攻击正确预测到其地址的概率变得很低。

OpenBSD 系统在为它的一套可靠系统提供技术支持时，包含了这些扩展的各种版本。

守卫页　最后一种运行时技术可将守卫页（Guard Pages）放在一段进程地址空间的各个存储器临界区之间。同样，这一方法利用的原理是一个进程所拥有的可用虚存远大于其真正需要的虚存。守卫页放在地址范围之间，为地址空间中的每个组件所有。在 MMU 中，将这些守卫页或保护页标记为非法地址，任何试图获取它们的操作都会导致进程终止。这样，就可防止缓冲区溢出攻击，通常对于全局数据，它们会试图重写进程地址空间的邻近区域。

进一步的扩展将守卫页放在栈帧之间或堆的不同分配空间之间。这可为栈和堆免受溢出攻击提供更进一步的保护，但要花费一些执行时间来支持必要的大量页映射。

15.3　访问控制

访问控制是由操作系统或文件系统或两者都实行的一项功能。在典型场景中，于两者中应用的原则是相同的。本节首先从文件访问控制的视角出发探讨访问控制，然后将讨论推广到适用于各种系统资源的访问控制策略。

15.3.1　文件系统访问控制

只有在登录成功后，用户才会被赋予权限访问一个或多个主机和应用程序，这种做法对于数据库中有敏感数据的系统来说是不够的。通过用户访问控制程序，用户可被系统识别。系统中会有一个与每个用户相关的配置文件，用来指定用户操作和访问文件的权限。操作系统基于用户配置文件来实施权限控制规则。但是，数据库管理系统必须控制特定的记录或一部分记录。例如，每个人都有权限获得公司员工列表，但只有一部分经过挑选的人才有权限获得员工薪水信息。这个问题并非只是一个详细程度的问题。尽管操作系统赋予用户访问文件或使用应用程序的权限，但并未进行深一步的安全检查，数据库管理系统必须对每个人的访问尝试做出决定，该决定不仅取决于用户的标识，而且取决于被访问数据的特定部分，甚至取决于已透露给用户的信息。

经常用于文件或数据库管理系统的访问控制模型称为*访问矩阵*（access matrix）[见图 15.3(a)]，该模型的基本元素如下所示：

- **主体**：有能力访问对象的实体。一般来说，实体的概念等同于进程的概念，任何用户或应用程序通过代表它们自身的进程来获得访问对象的权限。
- **对象**：可被访问和控制的任何实体，如文件、文件局部数据、程序、内存块及软件中的对象（如 Java 对象）。

- **访问权限**：主体访问对象的方式，如读、写、执行及使用软件对象的功能。

矩阵的一个维度是经过认证后正试图访问数据的主体。虽然可以通过终端、主机或应用程序替代或辅助用户来控制访问，但该名单中一般仅包括单独的用户和用户组。另一个维度列出了被访问的对象。在最细化的情况下，对象可能是一个数据域。更多的聚集组，如记录、文件或整个数据库都可作为矩阵中的对象。矩阵中的每个单元代表了主体对对象的访问权限。

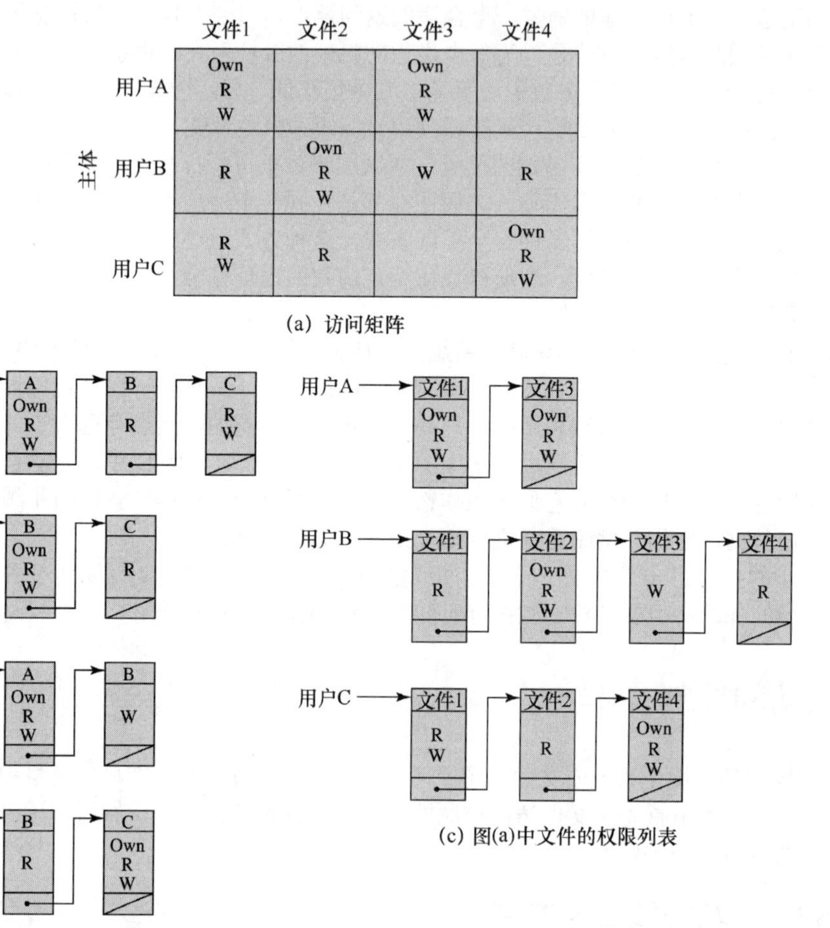

图 15.3　访问控制结构示例

实际上，访问矩阵通常是稀疏的，可以通过两种划分方法来表示。矩阵可按列划分，此时生成的是访问控制列表（access control list）[见图 15.3(b)]。因此，对于每个对象，访问控制列表列出了用户及它们的访问权限。访问控制列表包含了一个默认或公共的单元。这允许未被明确指出有哪些权限的用户具有默认的权限。该列表既包括单独的用户，也包括用户组。

按行划分时，生成的是权能标签（capability ticket）[见图 15.3(c)]。权能标签指定用户被授权的对象和操作。每个用户有许多标签，同时可以授权给他人。因为系统的标签可能会消失，这就意味着会有比访问控制列表更大的安全问题，尤其是用户的标签可以伪造。为了解决这些问题，让操作系统替用户控制权能标签是一种很好的方法。这些标签数据需要放在用户不可访问的内存区域。

网络需要同时考虑基于数据的访问控制和基于用户的访问控制这两种情况。若仅允许部分用户访问特定的数据，则数据在传送给这些用户时，就需要加密保护。一般来说，数据访问控制可以给予更多的权利，可以由基于主机的数据库管理系统控制。若网络中有一个网络数据库服务器，则数据访问控制就变成了一个网络功能。

15.3.2　访问控制策略

访问控制策略规定什么人被允许在什么情况下进行哪种访问。访问控制策略一般分为以下几类：

- **自主访问控制（DAC）**：访问控制基于请求者的身份及授权的访问规则，说明什么样的请求者允许执行，这一策略的条件是任意的，因为一个实体可能具有访问权限，并通过自己的意志使得另一个实体也能够访问某些资源。
- **强制访问控制（MAC）**：访问控制基于比较安全的标签（一些灵敏和关键的系统资源），并能被安全地清除（这表明系统的实体有资格获得某些资源），这一策略是强制性的，因为有些实体可能未清除访问资源，而是按照自己的意愿使另一个实体也能访问某些资源。
- **基于角色的访问控制（RBAC）**：访问控制基于用户在系统中的角色，说明在某些特定条件和规则下哪些访问是允许的。
- **基于属性的访问控制（ABAC）**：访问控制基于用户的属性、要访问的资源和当前环境条件。

DAC 是传统执行的访问控制方法，这种方法在之前的文件访问控制中介绍过，本节将提供更多的细节。MAC 是从军事信息安全中演化出来的一个概念，不在本书的讨论范围内。RBAC 和 ABAC 越来越受欢迎，稍后在本节中会介绍 DAC 和 RBAC。

这四种方法并不互斥，访问控制机制能同时使用两种或三种这样的方法来覆盖不同类型的系统资源。

自主访问控制　本节介绍由 Lampson、Graham 和 Denning 开发的一个自主访问控制模型[LAMP71, GRAH72, DENN71]，该模型假设有一组主体、一组对象和一组规则，通过规则来管理主体对对象的访问。先定义系统信息集的保护状态，在某个特定的时间，每个主体特定的访问权限与每个对象相关。我们能够明确三个要求：标识保护状态、执行访问权限以及允许主体使用某些特定的方法来改变这种保护状态。该模型满足这三个要求，为自主访问控制系统给出了一般的逻辑性描述。

为了表示这种保护状态，我们扩展了访问控制矩阵中的对象，如下所示：

- **进程**：访问权限包括删除、停止和唤醒一个进程。
- **设备**：访问权限包括读/写设备，控制其操作（如磁盘搜索），并用于阻塞和非阻塞设备。
- **内存位置或区域**：访问权限包括读/写某些特定区域被保护和禁止访问的内存。
- **主体**：主体的访问权限可以授权或删除其他对象的访问权限，详见后面的解释。

图 15.4 是一个示例［比较图 15.3(a)］。对于访问控制矩阵 A，矩阵中的每项 $A[S, X]$都包含称为访问属性的字符串，它指定从主体 S 到对象 X 的访问权限。例如在图 15.4 中，S_1 能读文件 F_2，因为在 $A[S_1, F_1]$中出现了“读”。

	对象								
	主体			文件		进程		磁盘驱动	
	S_1	S_2	S_3	F_1	F_2	P_1	P_2	D_1	D_2
主体 S_1	控制	所有者	所有者 控制	读*	读所有者	唤醒	唤醒	查询	所有者
主体 S_2		控制		写*	执行			所有者	查询*
主体 S_3			控制		写	停止			

* — 复制标志设置

图 15.4　扩展访问控制矩阵

从逻辑或功能的角度来看，每类对象都关联一个单独的访问控制模型（见图 15.4）。该模型评估由一个主体提出的访问一个对象的请求，判断是否存在相应的访问权限。一次访问请求将引发以下步骤：

1. 主体 S_0 发起对对象 X 的 α 型访问请求。
2. 该请求使得系统（操作系统，或一个某种类型的访问控制接口模块）生成一条格式为(S_0, α, X)的信息，并发送到 X 的控制者。
3. 控制器检查访问矩阵 A 来判断 α 是否在 $A[S_0, X]$中，若在则允许访问，若不在则拒绝访问请求并发出一个保护性违例，进而引发警告和相应的行动。

由图 15.5 可以看出，从一个主体到一个对象的每个访问请求都由该对象的控制器处理，控制器的决定基于访问矩阵当前的内容。另外，某些主体拥有对访问矩阵做出特定修改的权限。一个修改访问矩阵的请求被视为对矩阵的访问，而矩阵中的各项都被视为对象。这样的访问由一个访问矩阵控制器处理，访问矩阵控制器控制对矩阵的更新。

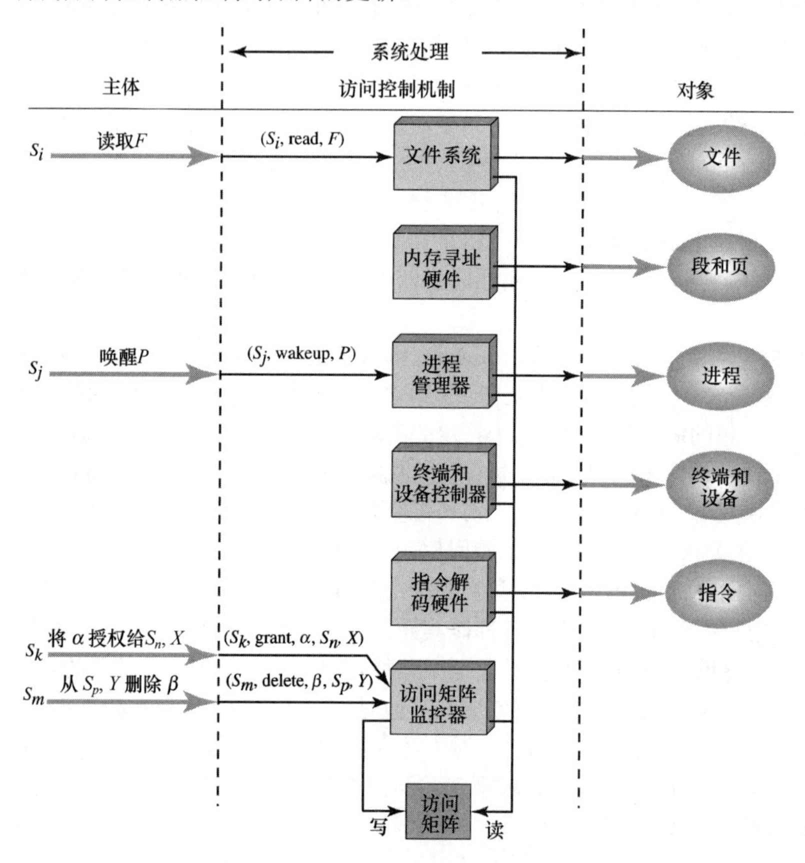

图 15.5　访问控制功能的组成

这个模型同样包括一组修改访问矩阵的管理规则，见表 15.1。为实现这一目标，我们引入访问权限“所有者”和“控制”，以及复制标志的概念，详细说明见如下几段。

前三条规则分别处理访问权限的转移、授权和删除。假设 α*在 $A[S_0, X]$中。这表示 S_0 拥有访问对象 X 的访问权限 α，且因为有复制标志，S_0 能将该权限（带或不带复制标志）转移给另一个主体。规则 R_1 表示这项能力。考虑到新主体可能会恶意地把访问权限转移给其他不应具有该访问权限的主体，一个主体可以转移不带复制标志的访问权限。例如，S_1 可在 F_1 列的所有矩阵元素中放置“读”或“读*”权限。规则 R_2 指定，若 S_0 是对象 X 的所有者，则 S_0 能将访问对象 X 的权限授权给其他任意主体。规则 R_2 指定，若 S_0 具有对象 X 的“所有者”访问权限，则 S_0 可为任意 S 添加访问权限到 $A[S, X]$中。当一个矩阵元素位于 S_0 控制的主体的行中，或位于 S_0 拥有的对象的列中时，规则 R_3 允许 S_0 从该矩阵元素中删除任意访问权限。规则 R_4 允许一个主体读取它所拥有或控制的矩阵部分。

表 15.1　访问控制的系统命令

规则	（S_0 发出的）命令	身份认证	操　作
R_1	将 $\begin{Bmatrix} \alpha^* \\ \alpha \end{Bmatrix}$ 转换为 S, X	“α*”在 $A[S_0, X]$中	将 $\begin{Bmatrix} \alpha^* \\ \alpha \end{Bmatrix}$ 保存到 $A[S, X]$中
R_2	将 $\begin{Bmatrix} \alpha^* \\ \alpha \end{Bmatrix}$ 授权给 S, X	“所有者”在 $A[S_0, X]$中	将 $\begin{Bmatrix} \alpha^* \\ \alpha \end{Bmatrix}$ 保存到 $A[S, X]$中
R_3	从 S, X 中删除 α	“控制”在 $A[S_0, S]$中，或“所有者”在 $A[S_0, X]$中	从 $A[S, X]$中删除 α
R_4	读 S, X 到 w 中	“控制”在 $A[S_0, S]$中，或“所有者”在 $A[S_0, X]$中	将 $A[S, X]$复制到 w
R_5	创建对象 X	无	增加从 A 到 X 的列；将“所有者”保存到 $A[S_0, X]$中
R_6	销毁对象 X	“所有者”在 $A[S_0, X]$中	删除从 A 到 X 的列
R_7	创建主体 S	无	添加从 A 到 S 的行；创建对象 S；将“控制”保存到 $A[S, S]$中
R_8	销毁主体 S	“所有者”在 $A[S_0, S]$中	删除从 A 到 S 的行；销毁对象 S

表 15.1 中的其余规则管理主体和对象的创建与删除。规则 R_5 指定，任意主体均可创建由该主体拥有的新对象，并可授权或删除对该对象的访问权限。规则 R_6 指定，一个对象的所有者能够销毁这个对象，这将删除访问矩阵中的对应列。规则 R_7 允许任意主体创建新主体，创建者拥有新的主体，且新主体拥有对自身的控制权限。规则 R_8 允许一个主体的所有者删除该主体，同时删除访问矩阵中该主体对应的行和列（若有主体对应的列）。

表 15.1 中的规则集是一个访问控制系统规则集的例子。接下来的部分是能包含在规则集中的附加规则或可选规则的例子。也可定义一个仅允许转移的权限，转移的权限被添加到目标主体，并从原有的主体中删除。若不允许所有者权限的复制标志，则可将对象或主体的所有者数量限制为一个。

主体创建另一个主体并具有新主体的“所有者”访问权限的功能，可用于定义一个主体的层次结构。例如，在图 15.4 中，S_1 拥有 S_2 和 S_3，S_2 和 S_3 是 S_1 的下级。根据表 15.1 中的规则，S_1 能将 S_1 已拥有的权限授权给 S_2，或从 S_2 删除这些权限。这一功能很有用，例如，当一个主体需要调用一个未取得完全信任的程序，又不希望该程序将权限转移给其他主体时。

基于角色的访问控制　传统的 DAC 系统为单个用户或用户群组定义访问权限。相比之下，RBAC 则基于用户在系统中的角色而非用户标识来定义访问权限。RBAC 模型通常定义一个角色，如同一个组织中的某项工作职能。RBAC 系统将访问权限分配给角色而非用户。这样，根据用户的不同职责，再静态或动态地分配给不同的角色。

今天，RBAC 已广泛商用，并且是一个非常活跃的研究领域。美国国家标准与技术研究院已经制定了一项标准——密码模块的安全需求（FIPS PUB 140-2，2001 年 5 月 25 日），这项标准需要通过角色进行访问控制和管理。

和角色与资源或系统对象之间的关系一样，用户和角色间的关系是多对多的（见图 15.6）。用户集

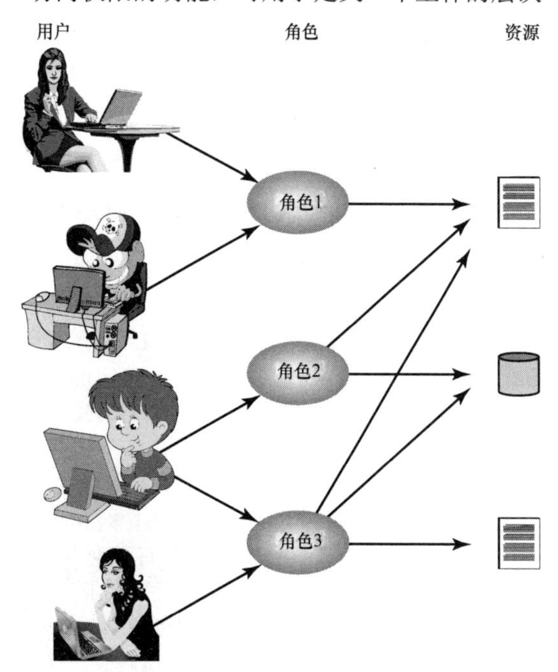

图 15.6　用户、角色和资源

是可变的，而且在某些情况下用户集会经常改变；同样，分配给一个用户的一个或多个角色也是可变的。在绝大部分环境下，系统中的角色集倾向于不变，偶尔有增加或删除。每个角色对一个或多个资源拥有特定的访问权限。资源集与特定访问权限关联到一个具体角色上，这种关联同样很少改变。

我们可用访问矩阵来简单地描述 RBAC 系统中的关键元素，如图 15.7 所示。上方的矩阵将单个用户连接到角色。通常，用户的数量要多于角色的数量。每个矩阵元素均是空的或被标记的；后一个矩阵表示用户分配了角色。注意，一个用户能够分配多个角色（一行中多于一个标记），一个角色也能分配给多个用户（每列多于一个标记）。若将角色视为主体，则下方的矩阵和 DAC 访问控制矩阵的结构相同。通常，角色很少，而对象或资源很多。在这个矩阵中，矩阵元素表示角色拥有的特定访问权限。注意，一个角色可视为一个对象，因此允许定义角色的层次结构。

	R_1	R_2	• • •	R_n
U_1	×			
U_2	×			
U_3		×		×
U_4				×
U_5				×
U_6				×
⋮				
U_m	×			

角色 \ 对象	R_1	R_2	R_n	F_1	F_1	P_1	P_2	D_1	D_2
R_1	控制	所有者	所有者控制	读*	读所有者	唤醒	唤醒	寻道	所有者
R_2		控制		写*	执行			所有者	寻道*
⋮									
R_n			控制		写	停止			

图 15.7 RBAC 的访问控制矩阵表示

RBAC 是一个最小权限原则的有效实现，即每个角色都应包括该角色所需权限的最小集合。用户分配给一个角色时，仅允许这个用户执行这个角色所需的操作。分配给同一个角色的多个用户，拥有相同的最小访问权限集。

15.4 UNIX 访问控制

15.4.1 传统 UNIX 文件访问控制

大多数 UNIX 系统都依赖于或至少基于随早期版本 UNIX 引入的文件访问控制方案。每个 UNIX 用户被指定一个独一无二的标识号（用户 ID），一个用户也是一个“主组”的成员，且很可能是许多其他组的成员，每个组都用一个组 ID 标识。创建一个文件时，它会被指定为属于一个特殊的用户并以用户 ID 标识。此外它还属于一个特定的组，开始时是其创建人的主组或其父目录的组（若这个目录有 SetGID 权限集合）。与每个文件相关联的是一套 12 个保护位。所有者 ID、组 ID 和保护位都是文件索引节点的一部分。

其中的 9 个保护位明确了文件所有者、文件所从属组中的其他成员，以及所有其他用户的读、写和执行权限。使用最相关的权限集，构成了一个包含所有者、组和其他用户的层次结构。图 15.8(a) 给出了一个例子，其中文件所有者有读和写权限，这个文件从属的组中的其他成员有读权限，组外的用户没有访问权限。当这 9 个保护位用于一个目录时，读写位允许列举、创建/重命名/删除目录中的文件[①]。执行位允许在目录中查找文件名。

① 注意，应用到某个目录的权限与应用到该目录所包含的文件或子目录的权限是不同的。用户有权限写一个目录并不代表该用户也有权限写该目录下的文件。能不能写文件，是由文件本身的权限决定的。当然，用户具有重命名目录下的文件的权限。

剩余的 3 个位定义文件和目录的特殊附加行为。其中两个是“设置用户 ID”（SetUID）和“设置组 ID”（SetGID）权限。若将它们应用到一个可执行文件，则操作系统将按照如下方法运行。当一个用户（有执行权限）执行该文件时，系统会临时向用户分配相应的文件创建者的用户 ID 的权限或文件从属的组的权限，让用户来执行文件。这些权限称为“有效用户 ID”和“有效组 ID”，对这个程序进行访问控制决策时，它们和执行者的“真实用户 ID”和“真实组 ID”一起使用。这种变化只有在该程序正在执行时才有效。这一特点使得创建和使用权限程序成为可能，权限程序可能会使用那些正常情况下对其他用户不可访问的文件。它会使得用户以可控制的方式访问某些文件。另外，应用于目录时，SetGID 权限表明新创建的文件将继承这一目录的组。目录的 SetUID 权限会被忽略。

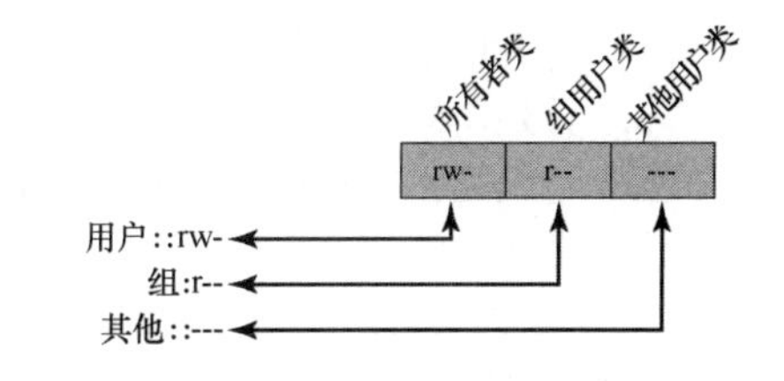

(a) 传统的UNIX方法（最小访问控制列表）

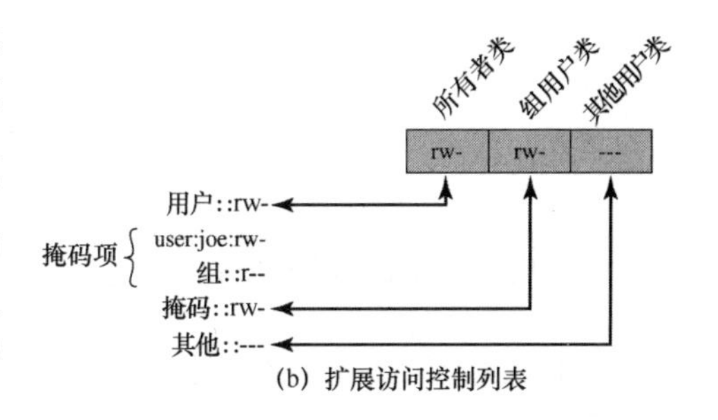

(b) 扩展访问控制列表

图 15.8 UNIX 文件访问控制

最后的许可位是“黏性”位。当应用于一个文件时，它原先表示在执行之后系统应在内存中保留文件内容，现在已不再使用。当应用于一个目录时，它指定目录中任一文件的所有者可以重命名、移动或删除该文件。对于管理共享的临时目录，这很有用。

一个特定的用户 ID 已被指定为“超级用户”。超级用户可以免除文件访问控制的普通限制，并具有访问全系统的权限。任何属于并将 SetUID 设置为“超级用户”的程序，都潜在地为执行该程序的用户赋予了一种不受限制地访问系统的权限。因此，写这样的程序时需要非常谨慎。

当文件访问需求与用户以及包含适度数量用户的组关联时，这一访问方案是可以胜任的。例如，假设一个用户想给用户 A 和 B 对文件 X 的读权限，给用户 B 和 C 对文件 Y 的写权限。我们至少需要两个用户组，且为了访问这两个文件，用户 B 需要同时属于这两个组。但是，若不同分组的大量用户需要对不同文件的访问权限，则需要数量非常多的组。即使是可能的，这也会迅速变得臃肿和难以管理①。克服该问题的办法之一是使用访问控制列表，多数现代 UNIX 系统中都提供访问控制列表。

需要注意的最后一点是，传统 UNIX 文件访问控制方案实现了一个简单的保护域结构。域是与用户相关联的，且切换域对应的是临时改变用户 ID。

15.4.2 UNIX 中的访问控制列表

今天，许多 UNIX 和基于 UNIX 的操作系统都支持访问控制列表，包括 FreeBSD、OpenBSD、Linux 和 Solaris。本节只讨论 FreeBSD 操作系统的实现方法，其他操作系统的实现方法从本质上来讲都具有同样的特点和接口。传统的 UNIX 实现方法称为*最小访问控制列表*，这里讨论的方法称为*扩展访问控制列表*。

FreeBSD 操作系统允许管理员用 `setfacl` 命令将一系列 UNIX 用户 ID 和组分配给一个文件。一个文件可以与任何数量的用户和组关联，每个用户和组都对应三个保护位（读、写、执行），这样就为访问权限的分配提供了一种灵活的机制。文件不需要访问控制列表，但有可能完全被传统的 UNIX 文件访问机制保护。FreeBSD 中的文件包括一个额外的保护位，它指明这个文件是否有扩展访问控制列表。

FreeBSD 和大多数 UNIX 操作系统都支持扩展访问控制列表，其实现的策略如下[见图 15.8(b)]：

1. 在 9 位权限域中，所有者类的项和其他类的项与最小访问控制列表中的相同。

2. 文件的从属组的权限由组类的项指定。这些权限表示的是可以分配给命名用户或命名组的

① 在大多数 UNIX 系统中，对一个用户隶属的组的最大数量及系统中能包含的组的总数都做了限制。

最大权限而非所有者。在这之后的角色中，组类的项还起到掩码的作用。

3. 另外，命名用户和组可能会关联到文件，每个都有一个 3 位权限域。给一个命名用户或命名组列出的权限会与掩码域比较。给命名用户和组的权限中，任何未在掩码域中出现的都是非法的。

一个进程要访问一个文件系统对象，需要执行以下两个步骤。第一步，选择与进程匹配最为紧密的访问控制列表项。访问控制列表项按照以下列顺序查找：所有者，命名用户，（文件从属的或命名的）组，其他。只有单一项可确定访问。第二步，检查所匹配的项是否包含关键权限。一个进程可以作为一个或多个群组中的成员；这样就有多个群组项能够匹配上。若这些匹配的群组项中包含要求的权限，则就挑选出包含那些权限的一项（不管挑选出哪项，结果都相同）。若没有匹配包含要求权限的群组项，则不管挑选哪项，访问都将被禁止。

15.5 操作系统加固

确保系统安全的最关键一步，就是保证所有应用与服务所依赖的操作系统的安全。正确安装、更新和配置的操作系统是安全的基础。遗憾的是，许多操作系统的默认配置通常最大化地提升了使用的方便程度与功能性，而忽略了安全性。此外，因为每个机构都有自己不同的安全需求，恰当的安全配置也会不同。如讨论的那样，特定系统所需要的配置应在计划阶段就被确定。

虽然保证特定操作系统的安全性的具体细节各异，但方法却接近。恰当的安全配置引导与清单在大多数现代操作系统中都存在，但由于各个组织及其系统的独特需求，这些引导和清单还需要征询他们的意见。有些情况下，自动化工具可进一步保证系统配置的安全性。

[NIST08]建议使用如下的基本步骤来保证操作系统的安全性：

- 安装操作系统并安装更新补丁。
- 通过下列方式，配置并加固操作系统，以充分指出系统的安全需求：
  - 删除不必要的服务、应用与协议。
  - 对用户、组和认证过程进行配置。
  - 对资源控制进行配置。
- 安装额外的安全控制，如杀毒软件、基于宿主的防火墙及入侵检测系统（IDS）。
- 测试基本操作系统的安全性，保证采取的步骤满足安全需求。

15.5.1 操作系统安装：初始安装与后续更新

系统安全性始于安装操作系统之时。如前所述，未安装更新的联网系统在安装与继续使用时是易受攻击的。因此系统在易受攻击的阶段不暴露就很重要。理想状态下，新系统应该在一个受保护的网络中创建。它也许是一个安全孤立的网络，包含了操作系统的镜像及所有可用的更新补丁，通过可移动设备如 DVD 或 USB 驱动传输数据。由于恶意软件可以使用可移动设备传播，因此需要特别小心以保证使用的设备未被感染。此外，也可使用对访问更广泛的互联网有严格限制的网络。理想状态下，它应该没有任何外部向内部的访问，且只能访问外部的关键站点来进行系统安装和补丁更新过程。无论哪种情况，完整的安装和加固过程都应该在系统被实际部署到更易访问也更易受攻击的位置前实施。

初始安装应包含系统要求的最少组件，以及额外系统功能所需的软件包。下面简述最小化系统包的理论基础。

必须确保整个启动过程的安全。系统最初启动时需要使用BIOS码，因此可能需要调整关于BIOS码的设置，或指定修改 BIOS 码所需的密码。此外，还可能需要对系统正常启动的媒介进行限制。为防止攻击者改变启动过程，或防止攻击者从外部媒介启动系统，越过正常系统对本地存储的数据进行访问控制，有必要安装一个隐藏的监督管理程序。使用加密的文件系统也可处理这样的威胁，详见后文。

在选择和安装任何额外的设备驱动代码时，需要小心，因为它在执行时具有完整的内核级权限，但它却通常由第三方提供。必须在仔细验证这种驱动代码的完整性和来源后，才能给予最高等级的信任。恶意的驱动可能会越过许多安全控制来安装恶意软件。由于通用操作系统仍然存在易受攻击的弱点，因此保持系统更新、安装所有关键的与安全相关的更新补丁就非常关键。几乎所有的通用系统都提供系统工具来自动下载和安装安全更新。应适当地配置这些工具，并在更新可用时，最小化系统易受攻击的时间。

注意，在变更受控的系统上，不应进行自动更新，因为安全更新偶尔会造成不稳定。对于可用性和正常运行时间极其重要的系统，应在测试系统上验证所有更新后，再将其部署到产品中。

15.5.2　删除不必要的服务、应用与协议

因为系统上运行的任何软件都可能包含漏洞，因此可运行的软件包越少，风险就越低。在可用性、安全与限制安装的数量上，显然存在着一种平衡。不同机构提供的服务、应用和协议的范围各异，即使是同一机构的不同系统也各不相同。系统的规划进程应当识别出给定系统的真正需求，继而提供合适水平的功能性，同时删除无法增强系统安全的软件。

对于大多数分布式系统，默认的设置是将功能性和易用性而非安全性最大化。进行最初的安装时，不应使用其提供的默认设置，而应进行定制，保证只安装所需的软件包。需要额外的软件包时，再安装它。[NIST08]和许多其他加固安全指引提供了不需要时不应安装的服务、应用与协议清单。

[NIST08]还指出用户更偏好于不安装无用的软件，而非安装后再卸载或禁用，因为他们注意到许多卸载脚本不能完全删除软件包的所有内容。他们还指出，禁用一项服务意味着虽然它不能成为攻击的发起点，但若攻击者成功获得了系统的部分访问权限，则被禁用的软件可能会被重新允许并用来攻击系统。因此不需要的软件不安装对于安全性而言更好。

15.5.3　对用户、组和认证过程进行配置

并非所有能访问系统的用户都能访问系统上的所有数据和资源。所有的现代操作系统都实现了对数据和资源的访问控制。它们几乎都提供了某种形式的自主访问控制。一些系统还提供了基于角色的访问控制或强加有访问控制机制。

系统规划进程应考虑系统上用户的分类、所有者的权限、可访问的信息类型，以及在何时、何处进行定义和认证。有些用户会被提升权限来帮助管理系统；其他用户则是普通用户，对文件和其他数据有恰当的共享访问；甚至是拥有有限访问权限的来宾账户。DSD 的关键缓解策略之三是，权限提升仅限于有需要的用户。这样的用户只在需要执行一些任务时才申请必要的权限提升，平时则作为普通用户使用系统。这种做法增强了安全性，因为攻击者利用这些有权限用户的行为攻击系统的机会窗口更小。有些操作系统提供了特殊的工具或访问机制来协助管理员用户只在必要时提升他们的权限，并恰当地记录这些行为。

是在系统上本地指定用户、用户所属的组及它们的认证方法，还是使用中心化的认证服务器，是一个关键的决定。无论选择哪种方式，都应在系统上配置好合适的细节。

在这个阶段，应保证任何在系统安装过程中包含的默认账户的安全。不需要的账户应被删除或禁用。管理系统服务的系统账户应被设置为不能登录。同时，任何默认密码也应被设置为足够安全的新密码。

任何应用于认证凭据，特别是密码安全的策略，都应被恰当配置。这包括一些细节，如对于不同账户的访问应使用哪种认证方法。同时包括密码的要求长度、复杂度和年龄等细节。

15.5.4　对资源控制进行配置

定义好用户和相关的用户组后，就需要在数据和资源上设置恰当的权限来匹配指定的策略。这

样做可限制哪些用户能执行一些程序，特别是一些修改系统状态的程序；或限制特定目录树中的哪些用户可以读写数据。为增强安全性，许多安全加固指引都提供了对默认访问配置的推荐修改。

15.5.5　安装额外的安全控制工具

进一步的安全增强措施可通过安装和配置额外的安全工具实现，如杀毒软件、基于主机的防火墙、IDS 或 IPS，或应用白名单。其中一些可能已在系统安装时提供，但未进行配置，而是使用了默认设置。其他安全工具则是第三方的产品。

随着恶意软件的广泛传播，合适的杀毒软件（能够识别出多种类型的恶意软件）是许多系统上的一个重要安全组成部分。Windows 系统上使用了传统的杀毒产品，因为 Windows 系统以其高使用率成了攻击者的目标。然而，其他平台的增长，特别是智能手机，已导致更多面向这些平台的恶意软件的出现。因此，合适的杀毒产品对于任何系统而言，都会成为其安全性保障的重要部分。

基于主机的防火墙、IDS 和 IPS 软件也通过限制远程网络访问增强了系统的安全性。若对服务的远程访问是不必要的，则这样的限制可帮助保护这些服务不被攻击者远程利用。传统防火墙配置可限制对部分或全部外部系统对某些端口或协议的访问。有些防火墙还能用来限制系统上特定程序的访问控制，进一步限制可以攻击的薄弱点，组织攻击者安装和访问他们自己的恶意软件。IDS 和 IPS 软件可能还包含额外的机制，如流量控制或文件完整性检查，以识别和反击某些类型的攻击。

另一种额外的控制机制是应用白名单。它限制了程序的能力，只允许名单内的程序在系统上运行。这样的工具可以组织攻击者安装和运行他们自己的恶意软件，也是 DSD 缓建策略的第四个关键。虽然这样能增强安全性，但要让它处于最佳工作状态，则必须事先预测用户所需的应用程序集。对软件用途的任何修改都会导致对配置的修改，因此可能会造成对 IT 技术支持需求的增加。但并非所有机构或系统都具有充分的可预测性来满足这种类型的安全控制。

15.5.6　对系统安全进行测试

保障底层操作系统的初始安全性的最后一步是进行安全测试，目标是确保之前的安全配置步骤已正确实现，并识别出所有可能需要纠正和管理的漏洞。

许多安全加固指引中都包括了合适的安全要求清单。此外，还有特定的软件，其设计目的是检查系统以保证它满足基本的安全要求，并扫描已知的漏洞和糟糕配置。这个步骤应在系统的初始加固完成之后进行，并作为安全维护的流程周期性地执行。

15.6　安全性维护

合理地构建、保护和部署系统后，维护安全的流程将持续下去，这是因为环境在不断变化，新漏洞也在不断地发现，从而令系统暴露在新的威胁中。[NIST08]建议安全维护流程应包括如下步骤：

- 监控和分析日志信息
- 定期进行备份
- 从安全漏洞中恢复
- 定期测试系统安全
- 使用合适的软件维护进程来更新所有的关键软件，并检测和修正配置

我们已经注意到配置自动更新的需求。对于基于配置的系统，也应使用一个进程来进行手动测试和安装更新，并保证定期使用清单或自动化工具对该系统进行测试。

15.6.1　记录日志

[NIST08]声称“日志是完美安全姿态的奠基石。”日志是一种活跃的控制机制，只能在异常状态

发生后通知用户。但有效地记录日志能够确保发现系统漏洞或系统故障，帮助系统管理员更快和更准确地识别出发生了什么，因此也能更有效地专注于恢复和补救。日志的关键是确保在日志中捕捉到了正确的数据，并恰当地监控和分析这些数据。日志信息可通过系统、网络、应用产生。所记录数据的范围应在系统规划阶段就确定下来，因为它取决于服务器的安全要求和信息敏感度。

日志记录会生成大量的数据，因此要保证有足够的空间来存储日志。应合理地配置自动日志系统，以帮助管理日志信息的规模。

手工分析日志很乏味，也不是一种检测不良事件的可靠方式。相反，有些自动分析则非常完美，因为它们更可能识别出异常的活动。

15.6.2　数据备份和存档

对系统上的数据定期进行备份是另一种关键的控制机制，能够帮助维护系统和用户数据的完整性。数据从系统中丢失的原因很多，包括软件和硬件故障，或意外和人为损坏。保留数据同样需要满足法律和操作要求。*备份*（Backup）是定期对数据进行复制的过程，使丢失或损坏的数据能够在相对较短的时间（几个小时到几周）内恢复。*存档*（Archive）是获取很久（如数月或数年）以前的数据副本的过程，目的是在满足法律和操作要求的情况下访问过去的数据。虽然这些过程是为了满足不同的需要，但它们通常是相互关联并被管理的。

与备份和存档相关的需求与策略应在系统规划阶段就被确定。需要做出的关键决策包括，存档副本是应在线保存还是应离线保存，是应本地存储还是应传输到外部站点。在实现的难易度、开销与安全性、健壮性方面，也需要进行权衡。

因糟糕的选择而造成严重后果的一个例子是，2011 年初针对澳大利亚主机提供商的攻击。攻击者不仅摧毁了数以千计客户的网站的现场副本，还摧毁了所有的在线备份。因此，许多未保留自己的备份副本的客户丢失了所有的站点内容和数据，造成了更加严重的后果。对服务提供商也造成了重大损失。在另一个例子中，许多只保存了本地备份的机构因为洪水或 IT 中心发生火灾，丢失了所有的数据。这些风险必须被恰当地评估。

15.7　Windows 安全性

对于此前讨论过的访问权限而言，一个较有代表性的例子是 Windows 访问控制功能，该功能使用面向对象的概念来提供强大且灵活的访问控制能力。

Windows 提供了一个统一的访问控制功能，该功能可应用于进程、线程、文件、信号量、窗口和其他对象。访问控制由另外两个实体控制：与每个进程相关联的访问令牌；与每个对象相关联的安全描述符，它决定了跨进程访问是否可行。

15.7.1　访问控制方案

当用户登录 Windows 操作系统时，操作系统会凭借用户名/密码机制来对用户进行授权。若登录被接受，则会为该用户创建一个进程，并创建一个与该进程对象相关联的访问令牌。后面详述的访问令牌内含有一个安全 ID（SID），即系统用于区分用户的一个安全身份标志。令牌还包含该用户所属安全组的 SID。若用户进程创建了一个新进程，则该新进程会自然而然地具备其父进程的访问令牌。

访问令牌有两个主要目的：

1. 包含所有必要的安全信息，这些信息可用于加速安全认证。当与用户相关联的一个进程试图访问时，安全子系统会充分利用与该进程相关的令牌来确定用户的访问权限。
2. 允许通过有限的几种方法来改变每个进程的安全属性，而不影响用户其他进程的运行。

第二点的重要性和与用户相关联的权限有关。访问令牌指出用户具有哪些权限。通常情况下，令牌初始化时，会禁用各个权限。此后，若某个用户进程要进行需要某种权限的操作，则会激活某个合适的权限并尝试进行访问操作。我们并不希望所有用户进程共享同一个令牌，因为为用户进程启用某个权限等于为一组进程启用该权限。

安全描述符与负责实现跨进程访问的各个对象相关联。安全描述符的主要组成部分是一个访问控制列表，该列表包含针对该对象、每个用户及每个组的访问权限信息。当进程试图访问一个对象时，该进程的 SID 会被用来与列表中的信息进行比对，以确认该进程是否具备访问权限。

当应用程序打开了指向某个安全对象的引用时，Windows 会核实该对象的安全描述符是否赋予该应用程序用户足够的访问权限。核实成功后，Windows 会缓存这些获得的权限。

Windows 安全的一个重要方面是扮演（impersonation）的概念，这一概念简化了服务器/客户机环境中对安全机制的使用。若客户机和服务器通过 RPC 连接，则服务器可临时假设客户的身份，以便评估与该客户权限相关的访问请求。访问结束后，服务器将恢复自己的身份。

15.7.2 访问令牌

图 15.9(a)显示了访问令牌的一般结构，它包括以下几个参数：

- **安全 ID**：用来在网络中的多个机器之间唯一地标志一个用户。它通常对应于用户的登录名。Windows 7 中添加了由进程和服务使用的特殊用户 SID。这些专门管理的 SID 是为安全管理设计的；它们不使用账户采用的普通密码策略。
- **组 SID**：当前用户所属组的列表。组是用户 ID 的集合，用来对访问权限进行管理。每个组都有一个唯一的组 SID。对一个对象的访问可以在组 SID、个人 SID 或两者的组合的基础上定义。还有一个用来标识进程完整性级别（低级、中级、高级或系统级）的 SID。

(a) 访问令牌

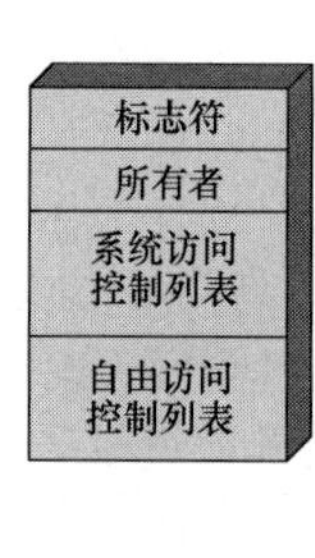

(b) 安全描述符

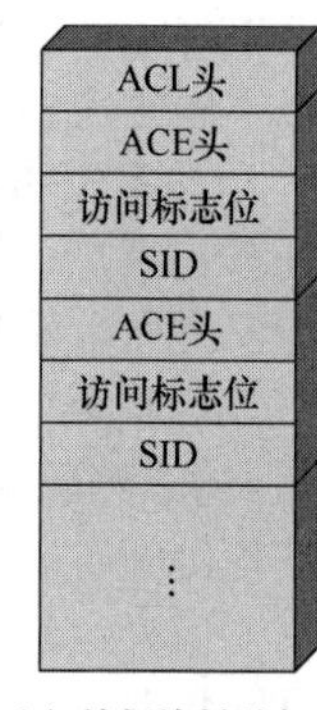

(c) 访问控制列表

图 15.9 Windows 安全结构

- **权限**：一个可被用户调用的对安全敏感的系统服务列表，如创建令牌（CreateToken）。另一个例子是设置备份权限（SetBackupPrivilege）；具有该权限的用户能使用备份工具对通常情况下他们无权阅读的文件进行备份。
- **默认所有者**：若一个进程创建了另外一个对象，默认所有者则用于定义谁是这个新对象的所有者。通常情况下，一个新进程的所有者就是进程的创建者。但是，用户可能将任何新创建进程的默认所有者指定为一个组 SID，创建该进程的用户就属于这个组。
- **默认 ACL**：这是一个初始列表，用来列出针对用户创建的某些对象的保护。用户可能会随即更改用户或用户组所拥有的一个对象的 ACL。

15.7.3 安全描述符

图 15.9(b)显示了安全描述符的一般结构，它主要包含以下几个参数：

- **标志符**：定义安全描述符的类型与内容。这些标志声明 SACL 和 DACL 是否存在，是否通过默认的机制设置在对象上，以及描述符中的指针是相对地址还是绝对地址。相关的描述符需要在网络之间传递对象，例如 RPC 所传递的信息。
- **所有者**：对象的所有者通常可以在安全描述符上进行任何操作。所有者可以是任何用户或组 SID。所有者可以改变 DACL 的内容。
- **系统访问控制列表**（SACL）：定义对对象的哪类操作需要产生审计信息。应用程序在其访问令牌中需要相应的权限才可读取对象的 SACL，目的是预防未经授权的应用程序读 SACL

（了解不应该做什么以避免审计）或写 SACL（产生大量的审计以使得非法操作不被注意）。SACL 还规定了对象完整性级别。除非进程的完整性级别满足或超出了对象的安全等级，否则进程将无法更改对象。

- **自主访问控制列表**（DACL）：针对每一操作定义哪类用户和组可以访问该对象。它由一组访问控制项组成。

进程创建一个对象后，创建进程会为对象分配一个所有者，要么是其自身的 SID，要么是其访问令牌中的组 SID。创建对象的进程无法把不在其访问令牌中的 SID 设置为对象的所有者。此后，任何得到授权的进程都可改变对象的所有者，但都有相同的限制。这一限制的原因在于防止用户在进行了某些未经授权的操作后掩盖踪迹。

现在让我们进一步了解访问控制列表的细节，因为这是Windows访问控制的核心［见图15.9(c)］。每个列表都由整个头部和许多访问标志位组成。每项指定一个SID或组SID，以及赋予该SID的权限的一个访问掩码。当进程试图访问一个对象时，Windows执行体中的对象管理器会从访问令牌中读取SID和组SID，以及完整性级别SID。若请求的访问包含修改对象，则参照SACL中的对象完整性级别来检查该完整性级别，若通过，则对象管理器会扫描对象的DACL。一旦发现匹配（也就是说，若找到一个其SID匹配访问令牌中的一个SID的ACE），则进程会获得由ACE中访问掩码指定的访问权限。这也可包含抵赖性访问，此时访问请求失败。第一个匹配的ACE决定访问检查的结果。

图15.10显示了访问掩码的内容，最低16位指定某个特殊对象的访问权限。例如，一个文件对象的第零位是FILE_READ_DATA访问，一个事件对象的第零位是EVENT_QUERY_STATE访问。

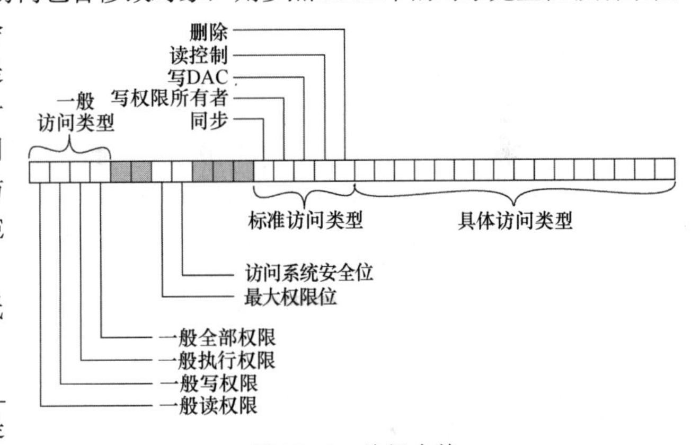

图 15.10　访问令牌

掩码的最高 16 位是应用到所有对象的位。其中的 5 种称为标准访问控制类型：

- **同步**：赋予某个对象相关事件同步执行的权限。该对象可应用于等待函数。
- **Write_owner**：允许一个程序修改对象的所有者。这一点极有意义，原因在于对象的所有者总可改变针对对象的保护（所有者可能无法抵赖写 DAC 访问）。
- **Write_DAC**：允许应用程序修改 DACL 及之后应用在对象上的保护。
- **Read_control**：允许应用程序查询所有者及对象安全描述符的 DACL。
- **Delete**：允许应用程序删除对象。

高半阶的访问掩码也包含 4 种通用访问类型。这些位可方便地为许多不同的对象设置特定的访问类型。例如，假设一个应用程序期望创建几种类型的对象，同时保证用户具有读这些对象的权限，即便是针对这些不同种类的对象，读操作也意味着不同的行为。为了保护这些对象，在不借助通用访问位的前提下，应用程序将不得不为每种类型构建不同的 ACE，并同时在创建对象的过程中谨慎地传递 ACE。与之相比，创建一个唯一的 ACE 并将它作为保存读权限说明的载体，无疑是一种更为简便的方式。创建表示通用概念“允许读”的单个 ACE，将该 ACE 应用于每个创建的对象，并同时让正确的事情发生，会更为方便。这正是如下通用访问位的目的：

- **Generic_all**：允许所有访问。
- **Generic_execute**：允许执行。
- **Generic_write**：允许写访问。
- **Generic_read**：允许只读访问。

通用位也会影响标准访问类型。例如，对于一个文件对象，Generic_Read 位对应于标准位

Read_Control 和 Synchronize，以及特定对象位 File_Read_Data、File_Read_Attributes 和 File_Read_EA。将一个 ACE 设置在一个文件对象上，意味着对其赋予了 Generic_Read 权限，同时也意味着 5 个访问控制位会被设置，从访问控制位的角度来看，它们似乎是被分别设置的。将 ACE 放在已被赋予一些 SID Generic_Read 权限的文件对象上，会赋予这 5 个访问权限，就好像它们已在访问掩码中逐个指定了那样。

访问掩码中的其余两位有着特殊的意义。Access_System_Security 位允许修改对象的审计和警报控制。但这些位不仅要在 ACE 中为 SID 设置，而且在具有该 SID 的进程的访问令牌中要启用相应的权限。

最后是 Maximum_Allowed 位，该位并不是一个访问位，而是用来修改 Windows 扫描这个 SID 的 DACL 的算法的比特位。通常情况下，Windows 会扫描 DACL 直到找到一个授权（位设置）或拒绝进程所请求的访问（位未设置）的 ACE，或扫描至 DACL 的末尾。其中后者的访问会被拒绝。Maximum_Allowed 位允许对象的所有者定义一个访问权限集，这个集合给予特定用户最高级别的权限。在这些前提下，假设应用程序不了解在一个对话过程中所有可能被提出的针对对象的操作，则针对访问请求存在以下三个处理途径：

1. 尝试对所有的访问开放对象。这样做的优势在于，即便是应用程序具备当前对话过程中的所有访问权限，其对对象的访问仍可能被拒绝。
2. 只在特定访问发生的情况下开放对象，同时打开一个指向对象的句柄，用于回应期望访问对象的各种请求。这是采用得较多的途径，原因在于它不会拒绝对对象的访问，也不会允许非必要的访问。在许多情况下，对象本身不需要被第二次引用，但 DuplicateHandle 函数可以在更低的访问级别下复制句柄。
3. 在一定程度上开放对象，开放的程度与当前的 SID 一致。这种办法的优点是，用户不会被人为地拒绝访问，而应用程序可能会有更多的不必要权限。后者意味着程序中存在错误。

Windows 安全的一个重要特征在于，应用程序能使用 Windows 安全构架来实现用户自定义对象。例如，一个数据库服务器可能会创建自己的安全描述符，并将其绑定到数据库的某部分。在通常的读写操作限制之外，服务器能保证针对数据的操作是安全的，譬如通过滚动浏览一组数据或进行数据合并。服务器负责定义特定权限的实施途径并进行安全检查。然而，检查往往发生在标准的环境中，并使用系统范畴内的用户/组账户及审计日志。可扩展性安全模型对于非微软文件执行者而言，也应被证明是有用的。

15.8　小结

操作系统安全的范围非常广泛。本章的重点是一些重要的主题。操作系统安全最知名的问题是应对入侵者和恶意软件的威胁。入侵者尝试获得对系统资源的未授权访问，而恶意软件设计用来突破系统防御并在目标系统上执行。应对两类威胁的措施包括入侵检测系统、认证协议、访问控制机制和防火墙。

突破操作系统安全最常见的一种技术是缓冲区溢出攻击。与容量分配相比，可将更多输入放到缓存或数据容纳区的接口处的条件，会覆盖其他信息。攻击者会检查这种条件来使系统崩溃，或特意插入剑码来控制系统。系统设计人员可使用各种编译时和运行时防御措施来统计这种类型的攻击。

另一个重要的安全防御领域是访问控制。访问控制方法包括确保对文件系统和操作系统用户界面的安全保证。传统的访问控制技术称为*自主的访问控制*。一种灵活性更强且已获得相当多支持的方法是基于角色的访问控制，其中访问不仅取决于用户身份，还取决于该用户为了执行一个或一些特殊任务所能成为的特定角色。

15.9 关键术语、复习题和习题

15.9.1 关键术语

访问控制	缓冲区溢出	入侵者
访问控制列表（ACL）	权能标签	入侵检测
访问控制策略	自主访问控制（DAC）	记录日志
访问矩阵	文件系统访问控制	恶意软件
地址空间随机化	防火墙	基于角色的访问控制（RBAC）
认证	守卫页	栈溢出
缓冲区越界		

15.9.2 复习题

15.1 对于特定的文件和特定的用户，允许/拒绝的典型访问权限是怎样的？

15.2 列出并简要给出三种入侵者的定义。

15.3 总体来讲，认证用户身份有哪 4 种方法？

15.4 简要描述 DAC 和 RBAC 的区别。

15.5 哪种类型的编程语言易受到缓冲区溢出攻击？

15.6 防御缓冲区溢出工具的两类方法是什么？

15.7 列举并简要描述在编译新软件时能用的一些抵御缓冲区溢出的方法。

15.8 列举并简要描述运行有缺陷的软件时，能执行的防御缓冲区溢出的方法。

15.9.3 习题

15.1 指出拥有管理员或 root 权限的进程在系统上运行可能带来的威胁。

15.2 在入侵检测系统中，我们将正误识定义为正常情况入侵检测系统产生的报警信号，将负误识定义为实际需要报警的情况下入侵检测系统没有报警。使用下图分别画两条曲线，大致描绘正误识和负误识。

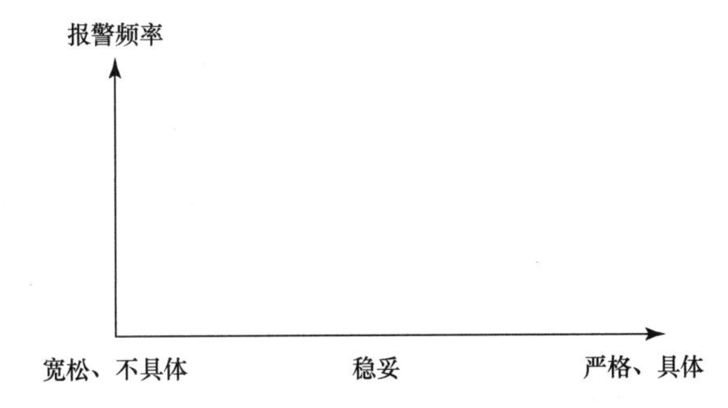

15.3 重写图 15.1(a)中的函数，使其不易受到缓冲区溢出攻击。

15.4 对 15.3 节讨论的 DAC 模型，保护状态的另一种可选表示方法是有向图。保护状态中的每个主体和对象都表示成一个节点（既是主体又是对象的实体只用一个节点表示）。从主体指向对象的有向边表示访问权限，有向边上的标记则定义该访问权限。

a. 画出与图 15.3(a)中的访问矩阵对应的有向图。

b. 画出与图 15.4 中的访问矩阵对应的有向图。

c. 有向图表示和访问矩阵表示能否一一对应？解释原因。

15.5 设置用户（SetUID）和设置用户组（SetGID）的程序与脚本是 UNIX 用来支持调用控制，进而管理对隐私资源的访问的。由于这是一个潜在的安全隐患，这种程序中的缺陷导致了许多 UNIX 系统漏洞的产生。详述你如何确定 UNIX 系统中所有设置用户或用户组的程序及脚本的位置，以及你如何使用此信息。

15.6 用户 ahmed 拥有一个目录 stuff，其中包含一个文本文件 ourstuff.txt，且被设置为与用户组 staff 的用户共享。这些用户可以读或修改该文件，但不能删除该文件，也不能在该目录中加入其他文件。其他用户不能对 stuff 目录中的内容进行读、写或执行。stuff 目录及 ourstuff.txt 中的拥有关系和权限设置应该是怎样的？（以列表形式给出你的答案。）

15.7 UNIX 把文件目录当成文件一样处理，通过同样的数据结构即索引节点来定义。与文件类似，目录包含一个 9 位长度的保护字符串。若不在意，则可能导致访问控制的问题。比如，若保护模式为 730（八进制数）的目录下的一个文件的保护模式为 644（八进制数），问本例中该文件是如何折中保护模式的？

15.8 在传统的 UNIX 文件访问控制模型中，UNIX 系统为新建的文件或目录提供了默认设置，用户可以修改此设置。默认的设置通常是所有者具有完全访问的权限，加上以下几种情况之一：不能被组或其他用户访问，组的读/执行权限，或组和其他用户的读/执行权限。简要讨论每种方式的优点和缺点，包括每种情况的一个适当例子。

15.9 考虑一个带有 Web 服务器的系统中的用户账号，提供用户 Web 域的访问权限。通常情况下，这种机制使用标准的目录名，比如 `public_html`，在用户的根目录下，这表示用户的 Web 域。但是，若允许 Web 服务器访问目录中的页，则至少需要拥有对用户根目录的搜索（执行）权限，对 Web 目录的读/执行权限，以及对其中任何 Web 页的读权限。考虑本例中需求之间的相互影响。这种需求会有怎样的后果？注意到 Web 服务器通常作为一个特殊的用户存在，处在和大部分用户不同的一个组中。是否有一些运行这种 Web 服务根本不合适的情况？请解释。

15.10 假设一个系统有 N 个工作职位。工作职位 i 上的每个用户的编号是 U_i，其所要求的权限编号是 P_i。

a．对于传统的 DAC 模式，必须定义几种用户和权限之间的关系？

b．对于 RBAC 模式，必须定义几种用户和权限之间的关系？

15.11 为什么日志很重要？作为安全控制机制它有什么局限性？远程日志的优点和缺点有哪些？

15.12 考虑一个远程检查日志分析工具（如 swatch）。对于某些机构的系统，你能提出区别“可疑活动”和正常用户行为的一些规则吗？

15.13 使用文件完整性检查工具（如 tripwire）的优点和缺点有哪些？这是一个基于基本规则来通知管理员文件更改情况的程序。考虑哪些文件几乎不会修改，哪些文件可能会修改，哪些文件经常会修改。讨论上述情况如何影响工具的配置，尤其是文件系统的哪些部分会被扫描，以及监控工具对管理员反馈的开销。

15.14 有些人认为 UNIX/Linux 系统在系统的众多上下文中，重用的安全特性很少；而 Windows 系统提供了更多、更具体的用于相应上下文的安全特性。这可以视为一种权衡，即 UNIX/Linux 系统简单而缺乏灵活性，而 Windows 系统更容易定位但更复杂，同时难以正确配置。讨论这种权衡对于这些系统安全的影响，以及管理员在管理系统安全时的工作量。

第 16 章　云与物联网操作系统

学习目标

- 概述云计算概念
- 列出并定义主要的云服务
- 列出并定义云部署模型
- 解释 NIST 云计算参考架构
- 描述云操作系统的主要功能
- 概述 OpenStack
- 解释物联网的范围
- 列出并讨论支持物联网设备的五个主要组件
- 理解云计算和物联网之间的关系
- 定义受限设备
- 描述云操作系统的主要功能
- 概述 RIOT

近年来，计算机领域最重要的两个发展是云计算和物联网（IoT）。在这两种情况下，针对这些环境的特定需求定制的操作系统都在不断发展。本章首先概述云计算的概念，然后讨论云操作系统，接着探讨物联网的概念，最后讨论物联网操作系统。

有关 16.1 节和 16.3 节中云计算与物联网的更多详细内容，请参见[STAL16b]。

16.1　云计算

在许多组织中，有一种日益明显的趋势，那就是将大量甚至所有信息技术（IT）操作转移到互联网连接基础设施（即企业云计算）上。本节将对云计算进行概述。

16.1.1　云计算要素

在 NIST SP-800-145（云计算的 NIST 定义）中，NIST 如下定义云计算：

> **云计算**：一种模型，支持对共享的可配置计算资源(如网络、服务器、存储、应用程序和服务)进行无所不在的、方便的、随需应变的网络工作访问，这些资源可通过最少的管理或与服务提供者的交互快速进行调配和发布。该云模型可提高可用性，并且由五个基本特征、三个服务模型和四个部署模型组成。

该定义涉及各种模型和特性，其关系如图 16.1 所示。云计算的基本特征如下：

- **广泛的网络接入**：功能可通过网络获得，并通过标准机制进行访问，这种机制可以促进异构的瘦客户机或胖客户机平台（如移动电话、笔记本计算机和平板计算机）以及其他传统的或是基于云的软件服务的使用。
- **快速弹性**：云计算可使用户能够根据自己的特定服务要求扩展和减少资源。例如，在特定任务期间，用户可能需要大量服务器资源。然后，用户可以在任务完成后释放这些资源。

- **定制服务**：云系统通过在某种抽象级别上利用与服务类型（如存储、处理、带宽及活动用户账户）相适应的计量功能来自动控制和优化资源使用。可以监视、控制和报告资源使用情况，从而为所使用服务的提供者和使用者提供透明性。
- **按需自助服务**：云服务客户（CSC）可以根据需要自动单方面提供计算功能，例如，服务器时间和网络存储，而无须与每个服务提供商进行人工交互。由于服务是按需提供的，因此资源不是 IT 基础设施的永久组成部分。
- **资源池**：将提供商的计算资源池化，使用多租户模型为多个云服务客户提供服务，并根据客户的需求，动态地分配和重新分配不同的物理与虚拟资源。资源的位置具有一定程度的独立性，因为云服务客户通常无法控制或不了解所提供资源的确切位置，但是可以在更高的抽象级别（如国家、州或数据中心）上指定资源的位置。资源包括存储设备、数据加工、内存、网络带宽和虚拟机等。甚至私有云也倾向于将同一组织不同部分的资源集中起来。

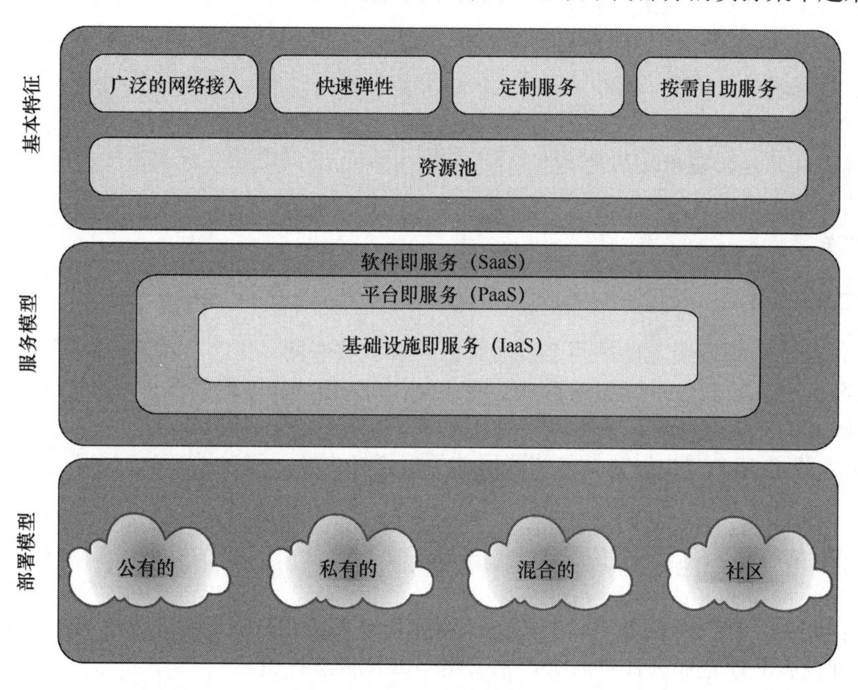

图 16.1　云计算要素

16.1.2　云服务模型

NIST 定义了三种服务模型，可以将它们视为嵌套的服务替代方案：软件即服务（SaaS）、平台即服务（PaaS）、基础设施即服务（IaaS）。

软件即服务（SaaS）　SaaS 以软件的形式为客户提供服务，特别是应用软件，这些软件在云上运行并可在云中访问。SaaS 遵循熟悉的 Web 服务模型，在这种情况下适用于云资源。SaaS 使客户能够使用在提供商的云基础设施上运行的云服务提供商的应用程序。可以通过简单的接口（如 Web 浏览器）从各种客户机设备访问应用程序。企业无须从其使用的软件产品获得桌面和服务器许可证，而从云服务获得相同的功能。SaaS 的使用避免了软件安装、维护、升级和补丁程序的复杂性。此级别的服务示例包括 Google Gmail、Microsoft 365、Salesforce、Citrix GoToMeeting 和 Cisco WebEx。

SaaS 的普通订阅者是希望为员工提供典型办公软件（如文档管理和电子邮件）访问权限的组织。个人通常也使用 SaaS 模型来获取云资源。通常，订阅者根据需要使用特定的应用程序。云服务提供商通常还提供与数据相关的功能，如自动备份和订阅者之间的数据共享。

平台即服务（PaaS） PaaS 以平台的形式向客户提供服务，客户的应用程序可以在该平台上运行。PaaS 使客户能够将客户创建或获取的应用程序部署到云基础设施上。PaaS 云提供了有用的软件构建块，以及许多开发工具，如编程语言工具、运行时环境以及其他有助于部署新应用程序的工具。实际上，PaaS 是云中的一个操作系统。PaaS 对于希望开发新应用程序或定制应用程序，同时只在需要时支付所需计算资源的组织非常有用。AppEngine、Engine Yard、Heroku、Microsoft Azure、Force.com 和 Apache Stratos 就是 PaaS 的例子。

基础设施即服务（IaaS） 用户借助 IaaS 能够使用底层云基础设施。云服务用户不管理或者控制底层的云基础设施的资源，但是可以控制操作系统、部署的应用程序，并且可能具有对某些网络组件（如主机防火墙）的有限控制。IaaS 提供虚拟机以及其他虚拟硬件和操作系统。IaaS 为客户提供处理、存储、网络和其他基础计算资源，以便客户能够部署和运行任意软件，包括操作系统和应用程序。IaaS 能让用户将基本的计算服务（如数字处理、数据存储等）整合起来构建适应性很强的计算机系统。

通常，客户可以使用基于 Web 的图形用户界面自行配置此基础设施，该界面用作整个环境的 IT 运营管理控制台。对基础设施访问的 API 也是可选的。IaaS 的例子有亚马逊的弹性计算云（Amazon EC2）、微软的 Windows Azure、谷歌的计算引擎（GCE）和 Rackspace。

图 16.2 比较了云服务提供商为这三种服务模型实现的功能。

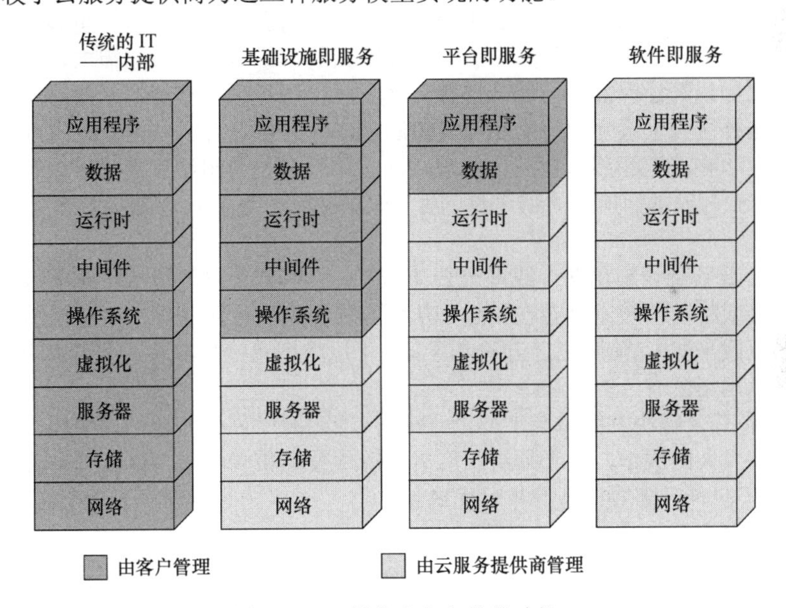

图 16.2 云操作中各部分的功能

16.1.3 云部署模型

目前，在许多企业中流行将相当一部分甚至全部 IT 运营转移到企业云计算平台上。企业在云所有权和云管理上具备一系列选择。这里介绍云计算的四个最重要的部署模型。

公有云 公有云基础设施面向公众或大型行业组织，由销售云服务的组织拥有。云服务提供商负责云基础设施以及云中数据和操作的控制。公有云可以由企业、学术机构、政府组织或它们的某种组合拥有、管理和运营。它存在于云服务提供商的前提下。

在公有云模型中，所有的主要组成部分都在企业防火墙之外，位于多租户基础设施中。应用程序和存储可以通过安全的 IP 在因特网上使用，可以免费使用，也可以按使用付费。这种云服务模式提供简单易用的“类消费者”服务，例如，亚马逊和谷歌随需应变的 Web 应用程序或容量、雅虎邮箱，以及 Facebook 或 LinkedIn 社交媒体提供免费的照片存储空间。尽管公有云价格较低，并且可以扩展以满足需求，但它们通常不提供或弱化服务级别协议（SLA），并且可能不提供私有云或混合云提供的数据丢失或损坏的保证。公有云适用于云服务客户和不需要与防火墙期望相同服务级别的实体。此外，公共 IaaS 云不一定提供限制和遵守隐私法，这仍然是订阅者或公司最终用户的责任。在许多公有云中，重点是云服务客户和中小型企业，它们提供按使用付费的定价，通常等于每千兆字节几美分。这里的服务示例可能是图片和音乐共享、笔记本计算机备份或文件共享。

公有云的主要优势是成本优势，订阅组织只需要为它所需要的服务和资源支付费用，并可以根据需要进行调整。此外，订阅服务器还大大减少了管理开销。安全问题是主要的问题。然而，有许多公有云服务提供商拥有强大的安全控制，实际上，此类提供商可能拥有更多的资源和专业知识来致力于确保私有云中的安全性。

私有云　私有云是在组织的内部 IT 环境中实现的。组织可以选择内部管理云，也可以将管理功能委托给第三方。此外，云服务器和存储设备可以在组织内部或外部存在。

私有云可以通过内部网或因特网向员工或业务单位内部交付 IaaS，并通过虚拟专用网络（VPN）向其分支机构提供软件（应用程序）或存储服务。在这两种情况下，私有云都是利用现有基础设施的一种方式，可以从组织的网络隐私中交付和收回捆绑或完整的服务。通过私有云交付的服务包括按需数据库、按需电子邮件和按需存储。

用户选择私有云的原因往往是看重其安全性。私有云基础设施对数据存储的地理位置和其他方面的安全性提供了更严格的控制。其他好处包括易于资源共享和快速部署到组织实体。

社区云　社区云兼顾私有云和公有云的特征。就像私有云一样，社区云也限制了访问，又像公有云那样云资源在许多独立组织之间共享。共享社区云的组织具有相似的需求，并且通常彼此之间需要交换数据，比如说医疗保健行业就会选择社区云。使用社区云概念的行业的一个例子是卫生保健行业。可以实施社区云来遵守政府隐私和其他法规。社区参与者可以以受控的方式交换数据。

云基础设施可以由参与组织或第三方管理，而且不管有没有组织管理都可以存在。在这种部署模型中，相比公有云，成本分摊到的用户数更少（但比私有云更多），因此只节约了部分潜在的云计算成本。

混合云　混合云基础设施由两个或多个云（私有、社区或公共）组成，这些云保持着唯一的实体，但是通过标准或特有的技术结合在一起，从而实现数据和应用程序的可移植性（例如，云爆发以实现云之间的负载平衡）。使用混合云解决方案，可以将敏感信息放置在云的私有区域中，而敏感度较低的数据可以利用公有云的优势。

混合的公有/私有云解决方案对于小型企业特别有吸引力。许多安全性问题较少的应用程序可以被卸载并能节约相当大的成本，且无须组织将更多敏感数据和应用程序移至公有云中。

表 16.1 列出了四种云部署模型的相对优缺点。

表 16.1　云部署模型比较表

	私有云	社区云	公有云	混合云
可扩展性	有限	有限	非常高	非常高
安全性	最安全的选项	非常安全	比较安全	非常安全
性能	非常好	非常好	低到中等	好
可靠性	非常高	非常高	中	中到高
成本	高	中	低	中

16.1.4　云计算参考架构

NIST SP 500-292（NIST 云计算参考架构）建立了参考架构，如下所述：

> 根据 NIST 的定义，云计算参考架构关注的是云服务提供了“什么”，而不是“如何”设计解决方案和实施。参考架构旨在增进对于云计算操作复杂性的理解。它不代表特定云计算系统的系统架构；相反，它是使用通用参考框架描述、讨论和开发特定于系统的体系结构的工具。

NIST 在开发参考架构时考虑了以下目标：

- 在整体云计算概念模型的背景下说明和理解各种云服务。
- 为云服务客户理解、讨论、分类和比较云服务提供技术参考。
- 促进对安全性、互操作性、可移植性和参考实现的候选标准的分析。

如图 16.3 所示，该参考架构根据角色和职责定义了五个主要参与者：

- **云服务客户**（**CSC**）：与云服务提供商保持业务联系并使用云服务的个人或组织。
- **云服务提供商**（**CSP**）：负责或向相关方提供可用服务的个人、组织或实体。
- **云审计者**（**Cloud auditor**）：能够对云服务、信息系统操作、性能和云实现的安全性进行独立评估的一方。
- **云经纪人**（**Cloud broker**）：管理云服务的使用、性能和交付，并协商云服务提供商和云服务客户之间关系的实体。
- **云载体**（**Cloud carrier**）：提供从云服务提供商到云服务客户的云服务连接和传输的中介。

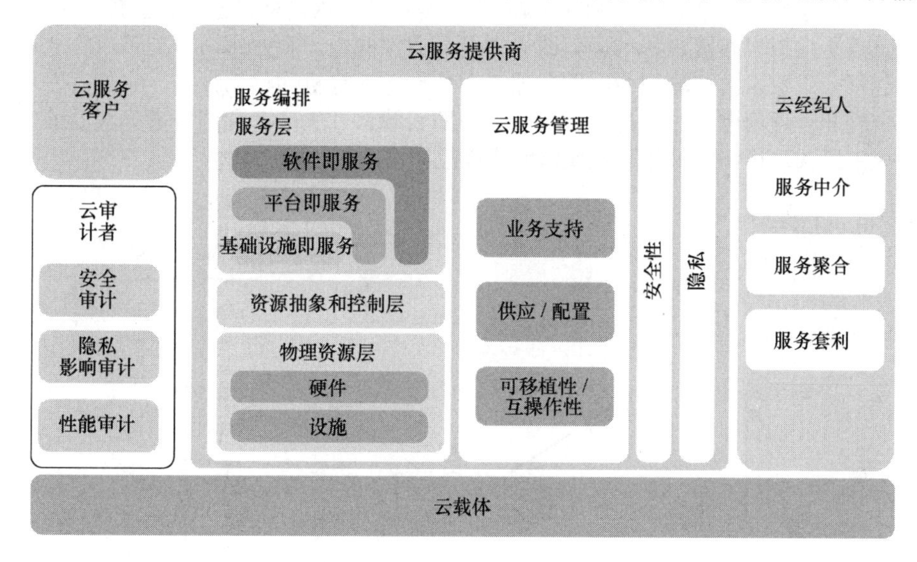

图 16.3　NIST 云计算参考架构

前面讨论了云服务客户和提供商的角色。总而言之，*云服务提供商*能够提供一个或多个云服务来满足*云服务客户*的 IT 和业务需求。对于三种服务模型（SaaS、PaaS、IaaS）中的每一种，云服务提供商都提供支持该服务模型所需的存储和处理设施，并为云服务使用者提供云接口。对于 SaaS，云服务提供商可以在云基础设施上部署、配置、维护和更新软件应用程序，以便按照预期的水平为云服务客户提供服务。SaaS 模式下的客户可以是那些希望分发应用程序给成员使用的组织，或者是希望直接使用软件应用的终端使用者，也可以是那些为终端用户配置应用程序的软件应用程序管理者。

对于 PaaS，云服务客户管理平台的计算基础设施，并运行提供平台组件的云软件，如运行时软件执行堆栈、数据库和其他中间件组件。PaaS 的云服务客户在云环境下使用云服务提供商提供的工具和执行资源进行开发、测试、部署和管理托管在云平台上的应用程序。

对于 IaaS，云服务提供商获取服务底层的物理计算资源，包括服务器、网络、存储和托管基础设施。IaaS 云服务客户进而利用这些计算资源（如虚拟机）来满足其基本的计算需求。

*云载体*是在云服务客户和云服务提供商之间提供云服务连接和传输的网络设施。通常，云服务提供商将与云载体建立服务级别协议（SLA），以提供给云服务客户与之前的 SLA 水平一致的服务，并且可能要求云载体在云服务客户和云服务提供商之间提供专用且安全的连接。

当云服务过于复杂导致云服务用户难以管理时，*云经纪人*非常有用。云经纪人能够提供以下三方面的支持：

- **服务中介**：这些是增值服务，如身份管理、性能报告、安全强化。
- **服务聚合**：经纪人把多个云服务组合在一起，以满足单个云服务提供商不能满足的用户需求，或者优化性能或最小化成本。
- **服务套利**：与服务聚合功能相似，但被聚合的服务是不固定的。服务套利意味着经纪人可以灵活地从多个代理机构中选择服务。例如，云经纪人可以使用信用评分措施来衡量和挑选分数最高的云服务提供商。

*云审计者*可以从安全控制、隐私影响、性能等方面评估云服务提供商提供的服务。审计者是可以确保云服务提供商符合一组标准的独立实体。

图 16.4 说明了参与者之间的交互。云服务客户可以直接或通过云经纪人从云服务提供商请求云服务。云审计者进行独立的审计，这一过程中它可能会联系其他参与者收集必要的信息。该图显示，云网络问题涉及三种独立的不同类型的网络。对于云提供者而言，网络架构是典型的大型数据中心的架构，它由高性能服务器和存储设备的机架组成，与高速以太网交换机进行互连。在这种环境下，需要关注的重点是虚拟机布置、移动、负载平衡及可用性问题。企业网络可能具有完全不同的体系结构，通常包括一定数量的局域网络、服务器、工作站、计算机和移动设备，它们存在着广泛的网络性能、安全性和管理问题。对于与许多用户共享的云载体，生产者和消费者都关心的是在适当的服务级别协议（SLA）和安全保证下云载体创建虚拟网络的能力。

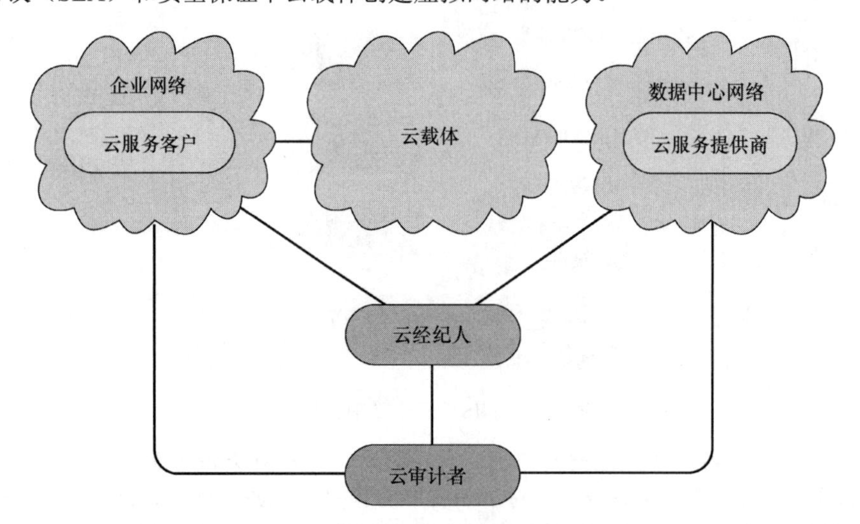

图 16.4 云计算中参与者之间的交互

16.2 云操作系统

云操作系统（Cloud Operating System）是指在云服务提供商的数据中心中运行的分布式操作系统，用于管理高性能服务器、网络和存储资源，并将这些服务提供给云服务客户。从本质上讲，云操作系统是实现了 IaaS 的软件。

注意云操作系统和 PaaS 之间的区别是很重要的。如 16.1 节所述，PaaS 是执行用户应用程序的平台。PaaS 使用户能够将其创建或获取的应用程序部署到云基础架构上。它提供了有用的软件构建块，以及许多开发工具，例如编程语言工具、运行时环境以及其他用来部署应用程序的工具。实际上，PaaS 是云用户可见的操作系统。相反，云操作系统与云用户在云虚拟机上运行的操作系统不同。由于云计算提供商提供了 IaaS，因此用户的操作系统可以在云基础架构上运行。云操作系统管理这些服务，虽然可以为用户提供一些工具，但是对于用户来说云操作系统是透明而不可见的。

本节首先进一步介绍 IaaS 模型，然后研究适用于实现 IaaS 的云操作系统的特性，最后介绍目前最重要的开源云操作系统 —— OpenStack。

16.2.1　基础设施即服务

基础设施即服务（Infrastructure as a Service，IaaS）代表基础架构层，主要由提供计算、存储、网络资源的虚拟化环境组成。虚拟机管理程序（Hypervisor）在实际的物理硬件上运行并管理若干虚拟机，将虚拟化的硬件资源提供给云服务客户（Cloud Service Consumer，CSC）。用户可以自由地在这些虚拟化硬件上安装所需的操作系统和应用程序环境。云服务提供商（Cloud Service Provider，CSP）需要负责虚拟资源的访问控制，保证用户所需的资源数量，并管理这些资源。用户无须管理或控制底层硬件，但可以控制操作系统、存储相关功能、已部署的应用程序，并且可能控制某些网络组件（如主机防火墙）。

注意 IaaS 不仅仅是虚拟化环境的别称。尽管虚拟化是云计算的关键支持技术，但只有在基本环境中包含高级管理工具（如虚拟机迁移、运行情况监控、备份恢复、生命周期管理、自助服务、退款等功能）时，虚拟化环境才能满足基本的 IaaS 特性。

图 16.5 说明了从用户视角看到的 IaaS 主要特征。图中的三个双箭头表示三个重要的交互。

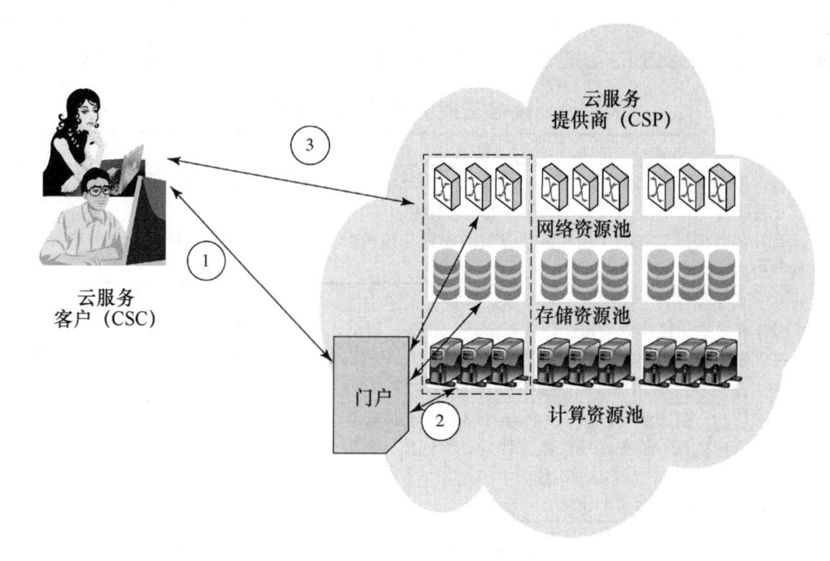

图 16.5　IaaS 概念框架

第一次交互在用户和云服务提供商门户之间进行，云服务提供商门户通过适当的安全机制为用户提供对云资源的访问。它包含以下操作：

1. 用户通过安全机制检查后即可访问 IaaS 服务，再通过云服务提供商门户来检索与基础架构相关的功能列表（如基础架构模板）。
2. 用户从查询结果中选择适当的基础架构模板，并请求云服务提供商根据用户的选择创建基础架构。
3. 在基础架构被创建之后，整个生命周期均由用户管理和监控。包括但不限于：
   - **分配**：通过配置定义的资源数向相应服务分配资源并启动 IaaS（如创建、初始化、启动、启用和开启电源）。
   - **更改**：根据要求更改正在使用的资源（如更新、添加、启用和禁用）。
   - **释放**：通过把某些服务正在使用的资源变为可用，关闭 IaaS 的服务（如删除、关闭、禁用和关闭电源）。

第二次交互包括以下操作：

1. 云服务客户选择模板或自定义配置一个特定虚拟机和/或物理主机。
2. 云服务客户选择存储资源（如块、文件和对象存储），然后应用于相应的计算功能上或直接使用它们。
3. 云服务客户选择网络连接服务，例如 IP 地址、VLAN、防火墙和负载平衡，然后将其应用于相关的计算和/或存储功能。
4. 云服务客户还需确认云服务提供商提供的计算、存储和网络连接服务的服务级别协议（SLA）和收费方式。

云服务提供商授予访问权限并为用户配置资源后，第三个交互过程如下：

1. 云服务客户使用某个应用来管理和监视计算，存储和网络功能。
2. 云服务提供商配置，部署和维护虚拟机管理程序和存储资源。
3. 云服务提供商为云服务客户建立、配置、交付和维护网络连接。
4. 云服务提供商为云服务客户提供安全可靠的基础硬件设施。

16.2.2 云操作系统的需求

云操作系统必须向用户提供对 IaaS 环境的访问和管理。通过查看 IaaS 必须支持的功能，可以对云操作系统需要实现的功能进行定义。ITU-T Recommendation Y.3513（云计算——IaaS 的功能需求，2014 年 8 月）列出了 IaaS 的功能需求，这些要求概述了云操作系统的功能范围（见表 16.2）。

表 16.2 IaaS 云服务提供商的功能需求

范 围	功能需求
普通	➢ 提供 IaaS 功能，例如计算、存储、网络服务、服务逻辑，服务级别协议（SLA）和收费模式的多种组合模式 ➢ 根据云服务客户查询提供有关基础架构的状态信息 ➢ 向云服务客户提供与基础架构实例化有关的模板，该模板允许通过配置来实例化云服务客户所需的计算、存储和网络资源
计算服务	➢ 根据模板或云服务客户指定的配置提供虚拟机 ➢ 为云服务客户提供操作处理机制，包括创建、删除、启动、关闭、挂起、还原、休眠和唤醒 ➢ 为虚拟机提供以下功能：从一台主机迁移到另一台主机；扩展功能，包括更改配置（如处理器、内存、带宽调整）和更改组件（如添加或删除虚拟机）；快照克隆；备份
存储服务	➢ 提供存储功能，例如块级存储、文件级存储和基于对象的存储 ➢ 提供操作处理机制，例如在块级或文件系统级创建、删除、附加、解除附加、查询一定数量的存储资源，并向指定存储位置写入、读取和删除数据 ➢ 提供存储迁移、快照和备份功能
网络服务	➢ 提供网络功能，例如 IP 地址、VLAN、虚拟交换机、负载平衡和防火墙

16.2.3 云操作系统的基本架构

云操作系统的主要功能是利用虚拟化技术通过 IaaS 环境提供计算、存储和网络资源。图 16.6 说明了一些涉及的概念。下面依次研究该图中的相关元素。

虚拟化 如第 14 章所述，虚拟机技术可将专用应用程序、网络和存储服务迁移到现成的商用服务器（COTS）上。传统服务器的网络设备和存储设备等都部署在专用平台上。所有硬件资源都是封闭的，是不能共享的。每个设备想要扩容时都需要增加额外的硬件，但在系统运行时，这些硬件常处于空闲状态。然而，通过虚拟化，在一个包含服务器、存储设备、网络设备的统一平台上，计算、存储和网络资源都可以独立地、灵活地分配部署。这样，软件和硬件将得以解耦，就可以为每个应用程序分配合适的虚拟硬件资源。

在云环境中，硬件资源是标准服务器、网络连接的存储设备和交换机（通常是以太网交换机）。虚拟机管理程序运行在这些硬件之上，并且负责支持和管理分配计算、存储和网络资源的虚拟机。

云服务提供商维护和管理物理硬件，并管理控制虚拟机管理程序（hypervisor）。云服务客户可以向云发出请求以创建和管理新的虚拟机，但是只有当这些请求符合云服务提供商关于资源分配的规定时，这些请求才会被接受。通过虚拟机管理程序，云服务提供商通常会提供网络功能（如虚拟网络交换机）的接口，云服务客户可以使用这些功能在云服务提供商的基础架构上配置自定义虚拟网络。云服务客户通常可以完全控制每个虚拟机中的客户操作系统及其运行的所有软件。

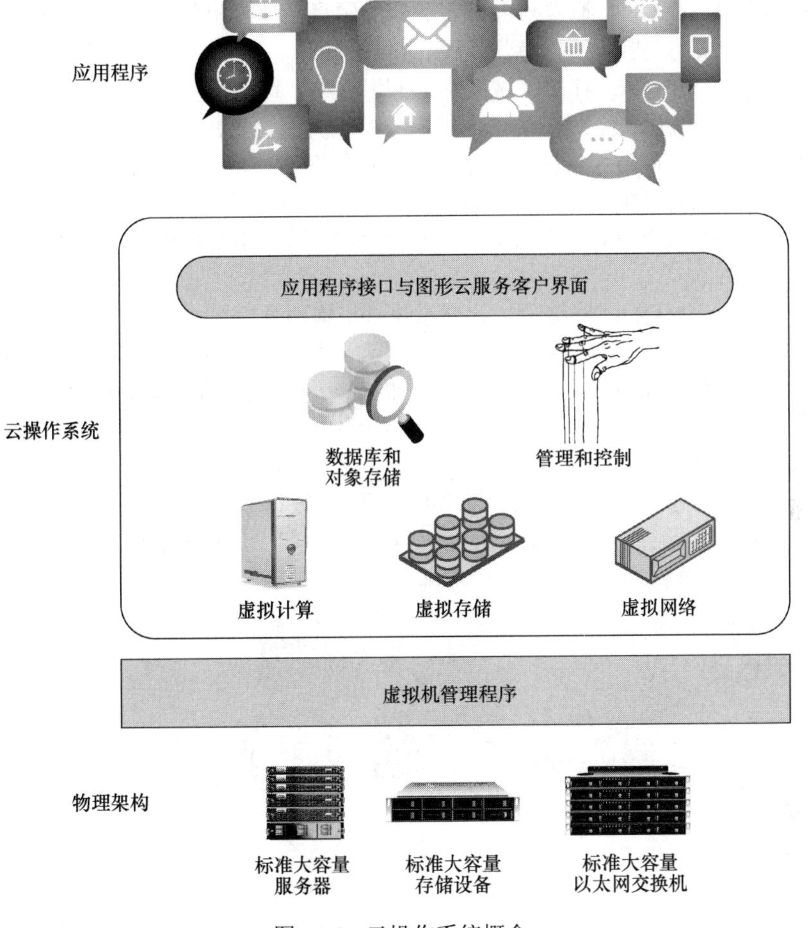

图 16.6　云操作系统概念

虚拟计算　云操作系统的虚拟计算组件控制 IaaS 云计算环境中的虚拟机。操作系统将每个虚拟机视为一个计算实例，其主要元素包括：

- **CPU/内存**：具有主存的 COTS 处理器，用于执行虚拟机的代码。
- **内部存储器**：与处理器具有相同物理结构的非易失性存储器，例如闪存。
- **加速器**：用于安全、网络和数据包处理的加速器功能也可能包括在内。这些虚拟加速器功能对应于与物理服务器关联的加速器硬件。
- **带存储控制器的外部存储**：可访问辅助存储设备。与网络附加存储（NAS）相比，这些是连接到物理服务器的存储设备。

虚拟计算组件还包括用于与云操作系统的其他组件以及与应用程序和云服务客户的 API 和 GUI 界面进行交互的软件。

虚拟存储　云操作系统的虚拟存储组件为云基础架构提供数据存储服务。该组件包括以下服务：

- 存储云管理信息，包括虚拟机和虚拟网络定义。
- 为在云环境中运行的应用程序和工作负载提供工作空间。
- 提供与存储相关的机制，包括工作负载迁移、自动备份、集成版本控制以及已优化的特定于应用程序的存储机制。

对于云服务客户，该组件提供了块存储和附加功能，在虚拟机管理程序中，这种块存储功能是利用虚拟磁盘驱动器组来实现的。该组件必须隔离开不同云服务客户工作中的存储数据。

存储具有以下拓扑结构：

- **直接连接存储（DAS）**：通常与内部服务器的硬盘驱动器相关联，对直接附加存储的一种更好的思考方式是，它可以绑定到所连接的服务器。
- **存储区域网络（SAN）**：存储区域网络是专用网络，可访问各种类型的存储设备，包括磁带库、光盘机和磁盘阵列。对于网络中的服务器和其他设备，存储区域网络的存储设备看起来像本地连接设备。存储区域网络是基于磁盘块的存储技术，它可能是大型数据中心最普遍的存储形式，并且由于它与数据库密集型应用程序相关，因此实际上已成为必需的存储方式。这些应用程序需要共享的存储空间、较大的带宽与数据中心内机架服务器之间长距离通信的支持。
- **网络附加存储（NAS）**：网络附加存储系统是可连网的设备，其中包含一个或多个硬盘驱动器，可以被多台异构计算机共享，它们在网络中的特殊作用是存储和提供文件。网络附加存储的磁盘驱动器通常支持内置的数据保护机制，包括冗余存储设备或独立磁盘（RAID）的冗余阵列。网络附加存储使文件服务与网络上的其他服务器分离，并且通常提供比传统文件服务器更快的数据访问。

图 16.7 说明了存储区域网络和网络附加存储之间的区别。云服务提供商通常会在云基础架构中使用存储区域网络，也可能使用网络附加存储。云操作系统应该能够容纳这两种拓扑并提供对云服务消费者的透明访问，而后者无须了解云的内部存储拓扑结构。

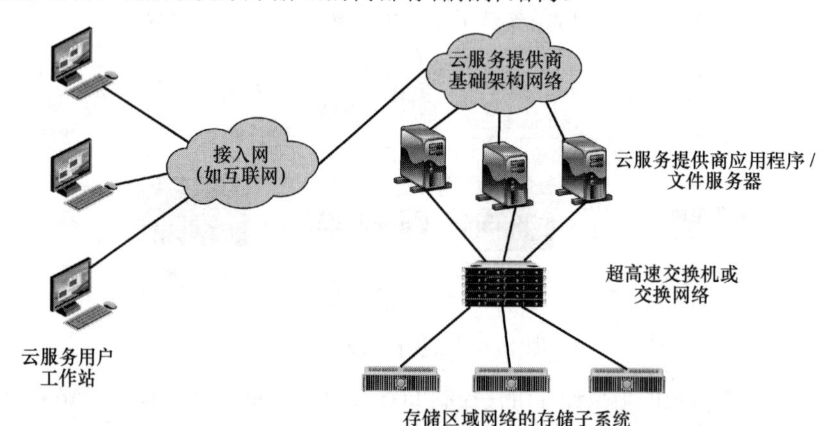

(a) 使用存储区域网络进行配置

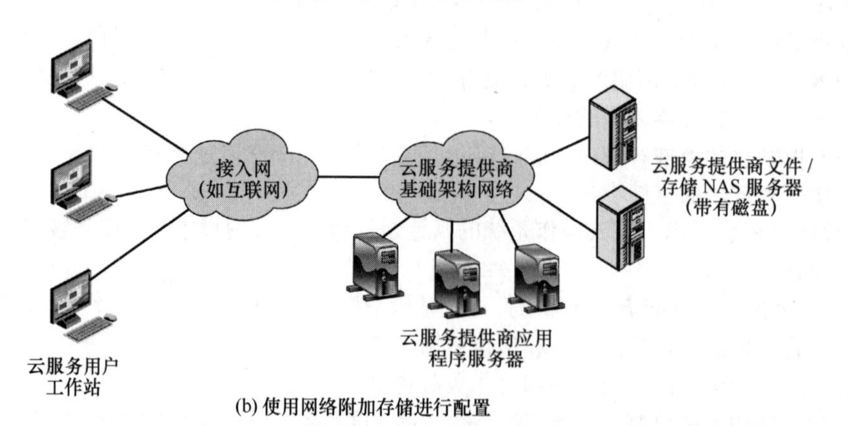

(b) 使用网络附加存储进行配置

图 16.7　云基础架构中的 SAN 和 NAS

虚拟网络　云操作系统的虚拟网络组件为云基础架构提供网络服务。它能连接计算机、存储、基础架构的其他元素和云外部更广泛的环境。该组件还使云服务客户能够在虚拟机和网络设备之间创建虚拟网络。

除基本的连接服务外，虚拟网络组件还包括以下服务和功能：

- 具有地址分配和管理的基础架构寻址方案（可能不止一种方案）。
- 可以将基础架构地址与基础架构网络拓扑中的路由进程相关联。
- 带宽分配进程，包括优先级和服务质量（QoS）功能。
- 支持网络功能，例如虚拟局域网（VLAN）、负载平衡和防火墙。

数据结构管理　云操作系统不仅提供原始存储功能，而且提供以结构化方式访问数据的服务。云操作系统和 IaaS 支持的三种常见结构是块、文件和对象。

通过块存储，数据以固定大小的块存储在硬盘上。每个块是一个连续的字节序列。存储区域网络提供块存储访问，它也与直接附加存储一起使用。块存储适用于快照功能和诸如镜像之类的弹性方案。通常，存储区域网络控制器将利用写时复制机制来保持本地副本和镜像卷同步。

基于文件的存储系统通常是 NAS 的同义词，由存储阵列、某种类型的控制器和操作系统以及一对多的网络存储协议组成。大规模虚拟化环境中使用最广泛的协议是网络文件系统（NFS）。数据作为文件以目录结构存储在硬盘上。这些设备具有自己的处理器和操作系统，可以通过 TCP/IP 协议使用标准网络进行访问。常见协议包括：

- **NFS（Network File System，网络文件系统）**：NFS 在基于 UNIX 和 Linux 的网络中很常见。
- **SMB（Server Message Block，服务器消息块）或 CIFS（Common Internet File System，公用因特网文件系统）**：SMB（或 CIFS）通常在基于 Windows 的网络中使用。
- **HTTP（Hyper Text Transfer Protocol，超文本传输协议）**：HTTP 是使用 Web 浏览器时最常用的协议。

网络附加存储设备相对易于部署，并且使用通用协议即可轻松对客户端进行访问。服务器和网络附加存储设备都通过共享的 TCP/IP 网络连接，几乎任何服务器都可以访问网络附加存储设备上存储的数据，而无须考虑服务器使用的操作系统。

基于文件的存储的优点之一是，能够将文件视为块设备或磁盘驱动器，可以轻松地将文件附加到文件上，以创建更大的虚拟驱动器，而且文件可以轻松地复制到其他位置。使用基于文件的存储的缺点之一是，难以将现有的虚拟磁盘映像快速克隆到新映像中。同样，基于网络附加存储的存储系统通常要比直接附加存储或存储区域网络慢。

与基于文件的存储相反，*对象存储*使用平面地址空间，而是基于目录的分层方案[MESN03, TAUR12]。每个对象都由一个容器组成，该容器既存储数据，又存储描述数据的元数据，如日期、大小和格式。每个对象都分配有唯一的对象 ID，并且可以使用该 ID 直接寻址。对象 ID 存储在数据库或应用程序中，用于引用一个或多个容器中的对象。对象存储在云系统中被广泛使用。

基于对象存储系统中的数据通常使用 Web 浏览器并通过 HTTP 或直接通过 API 进行访问。基于对象存储系统中的平面地址空间可实现简单性和可扩展性，但是这些系统中的数据通常无法修改。对象存储的主要优点之一是，能够直接将独特的方法或安全实现与实际数据耦合起来，而不需要从邻近的系统或服务中获得此类功能。

图 16.8 对比了块、文件和对象的存储。

管理和控制　云操作系统管理和控制（MANO）组件的主要作用是控制 IaaS 环境。NIST 将此功能定义为系统组件的组成部分，通过支持云服务提供商在计算资源的安排、协调和管理中的活动，向云消费者提供云服务（美国政府云计算技术路线图第 I 卷 SP 500-293，2014 年 10 月）。

MANO 包括以下功能和服务：

- **管理**：负责安装和配置新的网络服务（NS）；NS 生命周期管理；全局资源管理；资源请求的验证和授权。

- **虚拟机管理**：负责虚拟机实例的生命周期管理。
- **基础架构管理**：在其授权下，控制和管理虚拟机与计算，存储和网络资源之间的交互及其虚拟化。

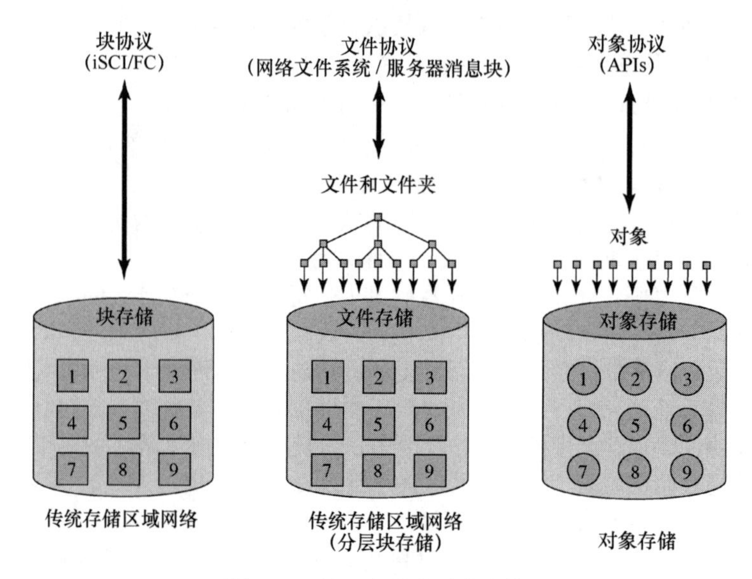

图 16.8　块、文件和对象存储

16.2.4　OpenStack

OpenStack 是 OpenStack Foundation 的一个开源软件项目，旨在产生一个开源云操作系统[ROSA14, SEFR12]，主要目的是在云计算中创建和管理庞大的虚拟专用服务器组。OpenStack 在某种程度上被嵌入由 Cisco、IBM、HP 和其他供应商提供的数据中心基础架构与云计算的产品。它提供了多租户 IaaS，目的是不论云规模多大，都能通过易于实施和大规模扩展的特性来满足公有云和私有云的需求。

OpenStack 操作系统由许多独立的模块组成，每个模块都有一个项目名称和一个功能名称。模块化结构易于扩展，并提供一组常用的核心服务。通常，将这些组件配置在一起以提供全面的 IaaS 功能。但是，模块化设计使得组件通常能够独立使用。

要了解 OpenStack，需要区分三种类型的存储，这些存储是 OpenStack 环境的一部分：

- **网络块存储**：这种类型的存储通过安装一个或多个网络块存储设备来使数据持久化。它是具备持久、可读性和可写性的块存储，可以将其用作虚拟机实例的根磁盘，或用作可以与虚拟机实例连接和/或分离的辅助存储。
- **对象存储**：对象存储是网络上对象的持久存储。从对象存储的角度来看，对象是任意的非结构化数据。存储对象通常是一次写入、多次读取的。这是具有冗余副本的可靠存储。访问控制列表确定了所有者和授权用户关于对象的可见性。
- **虚拟机映像存储**：虚拟机映像是磁盘映像，该映像可以由管理程序在虚拟机上引导。它可以是包含引导加载程序、内核和操作系统的单个映像，也可以将引导加载程序和内核分开。这种类型的存储允许自定义内核，并接受大小可调的映像。

摘自[CALL15]中的图 16.9 说明了 OpenStack 的概念架构，以及主要软件组件之间的交互。表 16.3 定义了功能交互，最左侧的列表示操作的来源。

表格最上面的一行给出了操作的目的。这些组件可以大致分为五个功能组：

- **计算**：计算（Nova）、镜像（Glance）。
- **联网**：网络（Neutron）。
- **存储**：对象存储（Swift）、块存储（Cinder）。

- **共享服务：**安全（Keystone）、仪表盘（Horizon）、测量（Ceilometer）、统筹管理（Heat）。
- **其他可选服务：**随后进行讨论。

下面讨论前四个项目符号中列出的每个组件，然后简要讨论其他组件。

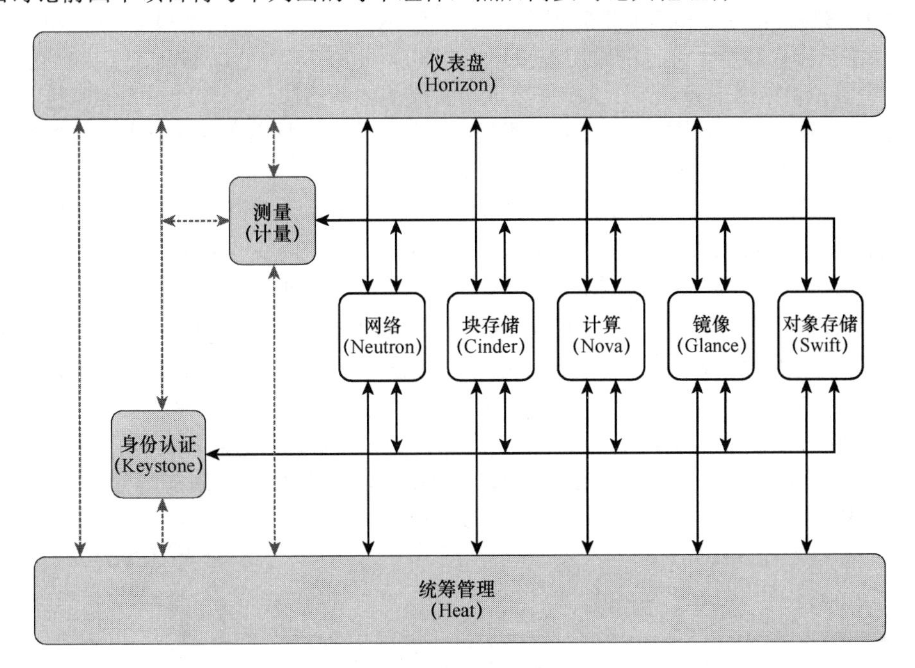

图 16.9　OpenStack 高级架构

表 16.3　OpenStack 功能交互

	Glance（镜像）	Horizon（仪表盘）	Nova（计算）	Swift（对象存储）	Cinder（块存储）	Neutron（网络）
Glance（镜像）			发送镜像	存储磁盘文件	存储块	
Horizon（仪表盘）	提供 UI		提供 UI	提供 UI	提供 UI	提供 UI
Nova（计算）	接收镜像			存储运行量		
Swift（对象存储）	提供磁盘文件		提供运行量			
Cinder（块存储）	提供运行量					
Neutron（网络）						
Keystone（身份认证）	认证	认证	认证	认证	认证	认证
Heat（统筹管理）	统筹管理	统筹管理	统筹管理	统筹管理	统筹管理	统筹管理
Trove（数据库）			提供实例			
Ceilometer（监控器）	监测	监测	监测	监测	监测	监测
VM（虚拟机）	检索镜像文件					

表 16.3　OpenStack 功能交互（续）

	Keystone（身份认证）	Heat（统筹管理）	Trove（数据库）	Ceilometer（控制器）	VM（虚拟机）
Glance（镜像）	认证				提供镜像文件
Horizon（仪表盘）	认证	提供 UI	提供 UI	提供 UI	提供 UI
Nova（计算）	认证		接收实例		发行量
Swift（对象存储）	认证				
Cinder（块存储）	认证				
Neutron（网络）	认证				提供网络链接
Keystone（身份认证）		认证	认证	认证	认证
Heat（统筹管理）	认证		统筹管理	统筹管理	
Trove（数据库）	认证				
Ceilometer（监控器）	认证	监测	监测		
VM（虚拟机）	认证				

计算（Nova） Nova 是管理软件，用于控制 IaaS 云计算平台内的虚拟机。它管理 OpenStack 环境中计算实例的生命周期，包括按需生成、调度和停用，并通过配置和管理大型虚拟机网络，使企业和服务提供商能够根据需求提供计算资源。Nova 的管理范围类似于 Amazon Elastic Compute Cloud（EC2），同时能够与各种开源和商业管理程序进行交互。Nova 不包含任何虚拟化软件，与此相反，它定义了符合在主机操作系统上运行的底层虚拟化机制的驱动程序，并通过 Web API 提供功能。因此，Nova 支持大型虚拟机网络的管理，并支持冗余和可扩展的体系结构。Nova 能对实例所包含的服务器、网络和访问控制等服务进行管理。Nova 不需要任何必备硬件，并且完全独立于虚拟机管理程序。

Nova 由五个主要组件组成（见图 16.10）：

- **API 服务器**：这是用户和应用程序访问仪表盘的外部接口。
- **消息队列**：Nova 组件通过队列（操作）和数据库（信息）来交换信息以执行 API 请求。消息队列实现了用于分发交换的指令，这一机制用以促进通信。
- **计算控制器**：处理虚拟机实例的生命周期，负责创建和操作虚拟服务器并与 Glance 交互。
- **数据库**：主要存储云架构的构建时及运行时状态，包括可用的实例类型、使用的实例、可用的网络和项目。
- **调度程序**：获取虚拟机实例请求并确定应在何处（在哪个计算机服务器主机上）执行它们。

注意，有几个组件与 Swift 交互。Swift 管理卷到计算实例的创建、附加与分离。

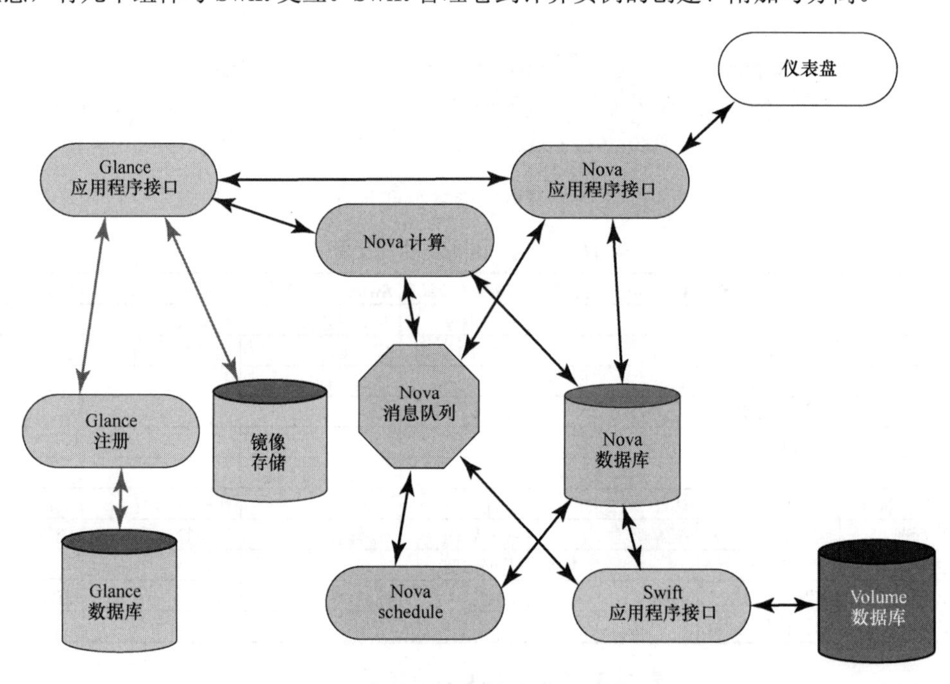

图 16.10　Nova 的逻辑架构

镜像（Glance） Glance 是用于查找和检索虚拟机（VM）磁盘映像的系统。它提供使用应用程序接口进行查找、注册和检索虚拟映像的服务。它还提供一个 SQL 的接口，用于查询有关各种存储系统上托管的映像的信息。OpenStack Compute 在获取实例时调用此接口。

网络（Neutron） 是一个 OpenStack 项目。Neutron 作为一项服务，在被其他 OpenStack 服务（如 Nova）管理的接口设备之间提供网络连接。Neutron 服务器提供一个 Web 服务器，该服务器公开 Neutron API，并将所有 Web 服务调用传递给 Neutron 插件进行处理。本质上，Neutron 提供了一套一致的网络服务，供其他元件使用，例如虚拟机、系统管理模块和其他网络。用户通过 GUI 界面来使用网络功能；其他管理系统和网络使用 Neutron 的 API 与网络服务进行交互。

Neutron 目前实现了位于第 2 层的虚拟局域网（VLAN）和基于 IP 的（位于第 3 层）路由器，

同时包含一些扩展来支持防火墙、负载平衡器和 IPSec 虚拟专用网（VPN）。

使用 Neutron 的三个主要优点如下[PARK13]：

- 通过使用一致的方法为多种类型的虚拟机建立网络，Neutron 帮助提供异构环境中的高效操作，这在服务提供商的系统中经常是必需的。
- 通过提供一套一致的应用程序接口来操作各种物理网络的底层，提供商可以灵活地更改其基础物理网络的设计，同时逻辑上保持云服务不变。
- 负责系统编排及管理的供应商以及供应商自己的技术团队可以使用 Neutron 应用程序接口将云的网络管理与多个更高级别的服务管理任务集成在一起。提供的功能非常实用，包括实现服务级别协议的监视和与自动化平台（如用于动态管理客户云的目录和门户）的集成。

对象存储（Swift）　Swift 是一种分布式对象存储，可创建多达数 PB 数据冗余和可扩展的存储空间。对象存储不是传统的文件系统，而是用于静态数据的分布式存储系统，如虚拟机映像、照片存储、电子邮件存储、备份和存档。Cinder 组件可以使用它来备份虚拟机的卷。

块存储（Cinder）　Cinder 为客户虚拟机提供持久性块存储（或卷）。Cinder 可以使用 Swift 来备份虚拟机的卷。Cinder 还与 Nova 进行交互，为其实例提供卷，并通过其 API 来操作卷、卷的类型和卷的快照。

身份认证（Keystone）　Keystone 提供了可共享的安全服务，这对于运行中的云计算基础架构至关重要。它主要提供以下服务：

- **身份：**用户信息身份认证服务。该信息定义了项目中用户的角色和权限，并且是基于角色的访问控制（RBAC）机制的基础。
- **令牌：**经过用户名/密码登录后，Keystone 将分配一个令牌用于访问控制。OpenStack 服务保留令牌，并在操作期间通过它们使用 Keystone 服务。
- **服务目录：**OpenStack 服务终端，使用 Keystone 注册以创建服务目录。客户端连接到 Keystone，并根据返回的目录确定要调用的终端。
- **政策：**此服务严格规定不同的用户访问级别。

图 16.11 说明了 Keystone 与其他 OpenStack 组件交互以启动新虚拟机的过程。

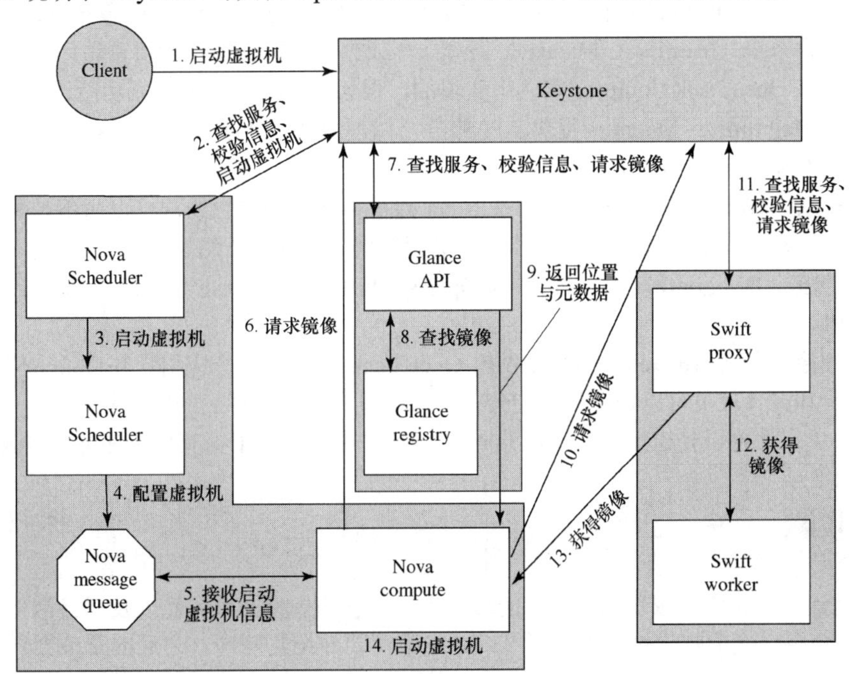

图 16.11　启动一个虚拟机

仪表盘（Horizon） 仪表盘是云基础架构管理的 Web 用户界面。它为管理员和用户提供图形界面来访问、供应和自动化基于云的资源。可扩展的设计使其易于接入和扩展第三方产品与服务，例如计费、监控和其他管理工具。它与所有其他软件组件的 API 进行交互，例如与 Horizon 交互，使用户或应用可以启动实例、分配 IP 地址和配置访问控制。

监控器（Ceilometer） Ceilometer 提供了可配置的功能集合，用于计量数据，例如处理器和存储使用情况以及网络流量。这是用于计费、基准测试、可伸缩性和统计目的的唯一联系点。

统筹管理（Heat） Heat 统筹管理多个云应用程序，目的是创建一个人机可访问的服务，以管理 OpenStack 云中基础架构和应用程序的整个生命周期。它实现了编排引擎，以基于文本文件形式的模板启动多个复合云应用程序，这些文本文件可被视为代码。Heat 与 Amazon Cloudformation 兼容，而后者已成为事实上的标准。

其他可选服务 随着 OpenStack 项目的发展，多个 OpenStack 成员正在开发新组件。在撰写本书时，以下组件已可用或正在开发中：

- **数据库（Trove）**：Trove 是提供关系和非关系数据库引擎的数据库服务。默认情况下 Trove 使用 MySQL 作为其关系数据库管理系统，从而使其他服务能够存储配置和管理信息。
- **消息服务（Zaqar）**：Zaqar 是针对 Web 和移动开发人员的多租户云消息服务。该服务具有一个 API，开发人员可以通过各种通信模式，使用该 API 在其 SaaS 的各组件与移动应用程序之间发送消息。该 API 的基础是高效的消息传递引擎，其设计时考虑了可伸缩性和安全性。
- **密钥管理（Barbican）**：Barbican 提供了一个 API，用于安全存储、供应和管理秘密值，例如密码、加密密钥和 X.509 证书。
- **管理（Congress）**：Congress 提供跨任何云服务集合的策略，以便为动态基础架构提供管理和合规性。
- **弹性地图缩放（Sahara）**：Sahara 旨在为用户提供简单的工具，通过指定几个参数（如 Hadoop 版本、集群拓扑和节点硬件详细信息）来配置 Hadoop 集群。用户填写所有参数后，Sahara 会部署集群。Sahara 还提供工具按需添加和删除工作节点来缩放已配置集群。
- **共享文件系统（Manila）**：Manila 提供对共享或分布式文件系统的协调访问。尽管文件共享主要是在 OpenStack Compute 实例中实现的，但该服务还可作为独立功能进行访问。
- **容器（Magnum）**：Magnum 提供 API 服务，以使容器编排引擎（如 Docker 和 Kubernetes）可作为 OpenStack 中的资源使用。
- **裸机配置（Ironic）**：Ironic 配置的是 Nova 裸机驱动程序派生的裸机，而不是配置虚拟机。最好将其视为裸机管理程序 API 和与裸机管理程序交互的一组插件。
- **DNS 服务（Designate）**：Designate 为 OpenStack 用户提供 DNS 服务，包括用于域/记录管理的 API。
- **应用程序目录（Murano）**：Murano 向 OpenStack 引入了一个应用程序目录，使应用程序开发人员和云管理员可以在可浏览的分类目录中发布各种支持云的应用程序。

这些模块化组件可以轻松配置，以使 IaaS 云服务提供商能够根据其特定任务定制云操作系统。

16.3 物联网

物联网是计算和通信领域长期革命中的最新进展。它的规模、普遍性以及对日常生活、企业和政府的影响，使得过去的技术进步都相形见绌。本节简要介绍物联网，之后的章节会详细探讨其中的细节。

16.3.1　物联网中的物

物联网（IoT）是一个用于描述智能设备拓展互联的术语，这里的“智能设备”大到电器，小到微型传感器。物联网的一个主要主题是将短距离移动收发器嵌入各种小工具和日常用品，从而实现人与物、物与物之间的新型通信形式。今天，通过云系统，因特网支持着数十亿个工业和个人对象的互联。这些对象传递传感器信息，对所在的环境施加作用，并在某些情况下调整自身，以实现对大型系统（如工厂或城市）的整体管理。

物联网主要由深度嵌入式设备驱动。这些嵌入式设备是低重复数据捕获和低带宽数据占用的，它们之间相互通信，并通过用户界面提供数据。也有嵌入式设备（如高分辨率监控摄像头、视频电话和其他一些设备）需要高带宽流能力。当然，很多产品仅要求间歇地传送数据包。

16.3.2　升级换代

由于终端系统的支持，互联网经历了大约四代部署，最终达到了物联网：

1. **信息技术（IT）**：PC、服务器、路由器、防火墙等，由企业 IT 人员将其作为 IT 设备购买，主要使用有线连接。
2. **运营技术（OT）**：非 IT 公司制造了具有嵌入式信息技术的机器/设备，如医疗器械、SCADA（监督控制和数据采集）、过程控制器和公用电话厅。企业运营技术人员购买这些设备，设备间主要以有线方式连接。
3. **个人技术**：消费者（雇员）购买智能手机、平板计算机和电子书阅读器作为 IT 设备，仅使用无线连接（通常是多种形式的无线连接）。
4. **传感器/执行器技术**：消费者、IT 和 OT 人员购买的单用途设备，作为大型系统的一部分，仅使用无线连接（通常是单一形式）。

上述的第四代被认为是通常意义上的物联网，其特点是使用了数十亿个嵌入式设备。

16.3.3　物联网支持设备的组件

物联网支持设备的关键组件如下所示：

- **传感器**：传感器测量物理、化学或生物实体的某些参数，并以模拟电压电平或数字信号的形式传递相应的电子信号。在这两种情况下，传感器的输出通常会输入微控制器或其他管理元件。
- **执行器**：执行器从控制器接收电信号，并通过与环境的相互作用做出响应，从而对物理、化学或生物实体的某些参数产生影响。
- **微控制器**：深度嵌入式微控制器提供了智能设备中的“智能”。
- **收发器**：收发器包含发送和接收数据所需的电子设备。大多数物联网设备包含一个无线收发器，能够使用 Wi-Fi、ZigBee 或其他一些无线方案进行通信。
- **射频识别（RFID）**：使用无线电波识别物品的 RFID 技术正日益成为物联网的一项有效技术。构成 RFID 系统的主要元素是标签和读取器。RFID 标签是用于物体、动物和人类追踪的小型可编程设备，具有多种形状、尺寸、功能和成本。RFID 读取器可读取或重写存储在工作范围（几英寸到几英尺）内的 RFID 标签上的信息。读取器通常连接到计算机系统，这个计算机系统记录并格式化获取的信息以备将来使用。

16.3.4　物联网和云环境

为了更好地理解物联网的功能，我们可以从完整企业网络的上下文中进行观察，其中包含第三方网络和云计算元素。图 16.12 提供了一幅概述图。

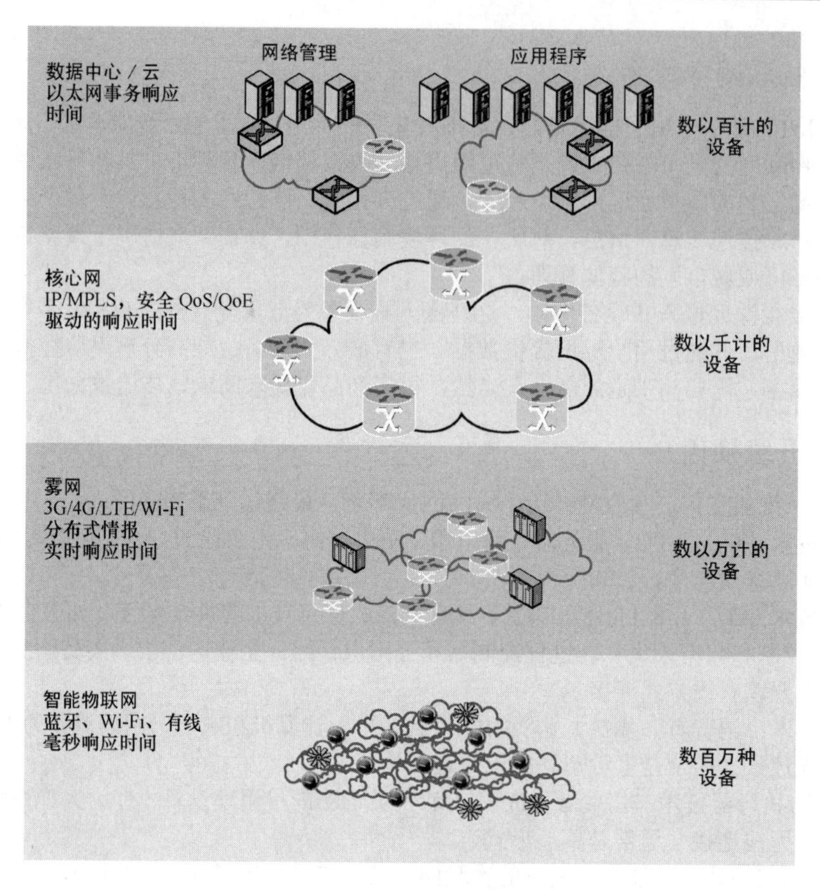

图 16.12　物联网/云环境

边缘　一个典型的企业网络边缘是由物联网设备组成的网络，其中包括传感器和执行器。这些设备可以相互通信。例如，一组传感器可能将它们的数据全部传输到另一个传感器，该传感器聚合数据是为了让更高级别的实体收集数据。在此级别上也可能有许多网关。网关支持物联网设备与更高级别的通信网络互联，必要时从通信网络中使用的协议转换到设备所使用的协议，还可以执行基本的数据聚合功能。

雾计算　在许多物联网的部署中，大量数据可能是由分布式传感器网络生成的。例如，海上油田和炼油厂每天可以生成 1TB 的数据；一架飞机每小时可以产生数 TB 的数据。与其将所有数据永久（或长时间）存储在物联网应用程序可访问的中央存储器中，不如尽可能多地在传感器附近进行数据处理。因此，边缘计算层（有时如此称呼）的目的是将网络数据流转换为适合存储及适合更高层次处理的信息。这些层级的处理器可以处理大量数据并执行数据转换操作，从而实现更少的数据存储量。以下是雾计算操作的例子：

- **评价**：评价数据是否应该在更高的层次上进行处理。
- **格式化**：重新格式化数据以获得一致的高级处理。
- **拓展/解码**：使用附加上下文（如源）处理加密数据。
- **提取/简化**：精简和/或汇总数据，使数据和流量对网络与高级处理系统的影响最小化。
- **评估**：确定数据是否达到阈值或警戒值，可能包括将数据重定向到其他地方。

一般来说，雾计算设备被部署在物联网的边缘附近，即传感器和其他数据生成设备附近。因此，在位于中心的物联网应用程序中，很多生成数据的基本处理被剥离和外包。

雾计算和雾服务有望成为物联网的一个显著特征。雾计算代表了与云计算相反的现代网络趋势。采用云计算时，可以通过云网络设施将大量集中的存储和处理资源提供给少数用户；采用雾计算时，大量的智能单体通过雾计算网络设施相互连接，这些网络设施为物联网的边缘设备提供处理资源和存储资源。雾计算解决了成千上万智能设备的活动带来的挑战，包括安全、隐私、网络容量限制和延迟需求。术语“雾计算”的灵感来自这样一个事实，即雾往往低垂于地面，而云则高悬于天空。

核心　核心网络（也称骨干网络）连接地理上分散的雾网络，并提供对不属于企业网络的其他网络的访问。通常，核心网络使用性能非常高的路由器、大容量的传输线和多个互连的路由器来增加冗余和容量。核心网络也可以连接到高性能、高容量的服务器，如大型数据库服务器和私有云设施。一些核心路由器可能纯粹是内部的，提供冗余和额外的容量，而不充当边缘路由器。

云计算　云网络为大量聚集的数据提供存储和处理能力，这些数据来自边缘的支持物联网的设备。云服务器还托管与物联网设备交互和管理的应用程序，该应用也分析由物联网生成的数据。

表 16.4 比较了云计算和雾计算的性能。

表 16.4　云计算和雾计算的性能比较

	云 计 算	雾 计 算
处理/存储资源的位置	中央	边缘
延迟	高	低
访问	固定或无线	主要是无线
对移动性支持	不适用	支持
控制	集中/分层（完全控制）	分布式/分层（部分控制）
访问服务	通过核心	在边缘/手持设备上
可用性	99.99%	高度易失/高度冗余
用户/设备数	数十亿	数百亿
主要内容生产设备	人工	设备/传感器
内容生成	中央位置	任何地方
内容消费	终端设备	任何地方
软件虚拟基础架构	中央企业服务器	用户设备

16.4　物联网操作系统

物联网设备是嵌入式设备，所以它们也具有嵌入式操作系统。然而，绝大多数物联网设备的资源非常有限，例如有限的 RAM 和 ROM、低功耗要求、缺乏内存管理单元和有限的处理器性能。因此，尽管有些嵌入式操作系统（如 TinyOS）适用于物联网设备，但许多操作系统太大，需要太多的资源来使用。本节首先定义通常被认为适配物联网操作系统的设备类型，然后研究适合于此类设备的嵌入式操作系统的特征，最后介绍流行的开源物联网操作系统 RIOT。

16.4.1　受限设备

“受限设备”一词越来越多地用来表示绝大多数物联网设备。在物联网中，受限设备是指具有有限的易失性和非易失性内存、有限的处理能力和低数据速率收发器的设备。在物联网中，很多设备资源受到了限制，尤其是那些体积更小、数量更多的设备。正如在[SEGH12]中指出的：技术的进步遵循摩尔定律，这不断地使嵌入式设备更便宜、更小、更节能，但不一定更强大。典型的嵌入式物联网设备配备 8 位或 16 位微控制器，其 RAM 和存储容量非常小。资源受限的设备通常配备 IEEE 802.15.4 无线模块，这使得低功耗、低数据速率的无线个人区域网络（WPAN）具有 20～250kb/s 的数据速率和高达 127 字节的帧大小。

RFC 7228（受限节点网络的术语）[BORM14]定义了三类受限设备（见表 16.5）：

- **0 类**：这些是非常受限的设备，通常是传感器，称为尘粒或智能尘埃。尘粒可以被植入或散布在一个区域来收集数据，并将数据从一个传到另一个收集点，或传到某个中心收集点。例如，农民、葡萄园主或生态学家可以配备带传感器的尘粒，以检测温度、湿度等，使每个尘粒成为一个微型气象站。这些尘粒散布在田野、葡萄园或森林中，可以追踪微气候。0 类设备通常不能在传统意义上进行全面的保护或管理。它们很可能是用一个非常小的数据集预先配置的（并且很少重新配置，若有的话）。

- **1 类**：它们在代码空间和处理能力上受到很大的限制，因此它们不能轻易地使用完整的协议栈来与其他互联网节点进行会话。但是，它们有足够的能力使用专门为受限节点（如受限应用程序协议 CoAP）设计的协议栈，并且可以在没有网关节点帮助的情况下参与有意义的会话。
- **2 类**：这些设备没有那么多限制，基本上能够支持与笔记本计算机或服务器上使用的相同的大多数协议栈。然而，与高端物联网设备相比，它们仍然受到很大的限制。因此，它们需要轻量级、节能的协议和较低的传输延迟。

表 16.5 受限设备的种类

类 别	数据规模（RAM）	代码规模（Flash、ROM）
0 类	<<10KB	<<100KB
1 类	~10KB	~100KB
2 类	~50KB	~250KB

0 类设备非常受限，以至于使用传统的操作系统是不现实的。这些设备有一个或一组非常有限的、特殊的功能，可以直接编程到硬件上。1 类和 2 类设备通常不那么特殊化。具有内核功能和支持库的操作系统允许软件开发人员开发利用操作系统功能的应用程序，并且可以在各种设备上执行。然而，许多嵌入式操作系统（如 μClinux）会消耗太多的资源和能量，无法用于这些受限的设备，因此需要一个专门为受限设备设计的操作系统。这样的操作系统通常被称为物联网操作系统。

16.4.2 物联网操作系统的要求

[HAHM15]中列出了物联网操作系统所需的特性，如下所示：

- **内存占用小**：表 16.5 显示了受限设备的内存大小限制。与智能手机、平板计算机和各种更大的嵌入式设备相比，这种内存的规模要小很多个数量级。这个要求产生的影响，举例来说，需要在大小和性能方面对库进行优化并节省数据结构的空间。
- **对异构硬件的支持**：对于较大的系统，如服务器、PC 和笔记本计算机，Intel x86 处理器体系结构占据主导地位。对于较小的系统，如智能手机和许多种类的物联网设备，ARM 架构占据主导地位。但是，受限的设备基于不同的微控制器体系结构和系列，特别是 8 位和 16 位处理器。受限设备上采用的通信技术也多种多样。
- **网络连接**：网络连接对于数据收集、分布式物联网应用开发和远程系统维护至关重要。各种各样的通信技术和协议被用于低功耗、资源最小化的设备，包括：
  - ➢ IEEE 802.15.4［低速率无线个人区域网络（WPAN）］。
  - ➢ 低功耗蓝牙（BLE）。
  - ➢ 6LoWPAN（低功耗无线个人区域网络上的 IPv6）。
  - ➢ CoAP（受限应用协议）。
  - ➢ RPL（低功耗和有损网络的路由协议）。
- **能效**：对于任何嵌入式设备，尤其是受限设备，能效都是至关重要的。在许多情况下，物联网设备应当能够在一次充电后持续工作数年[MIN02]。芯片制造商通过使处理器尽可能地高效能来满足这一需求（如[SHAH15]）。此外，一些无线传输方案已经被开发出来，旨在将功耗最小化[FREN16]。但是，操作系统也扮演着重要的角色。[HAHM15]表明，应用于物联网的操作系统的关键要求为：（1）为上层提供节能选项；（2）尽可能利用自身功能，例如使用 RDC 等技术，或通过最小化需要定期执行的任务的数量。

- **实时功能**：许多物联网设备需要支持实时操作[STAN14]。其中包括：
  - 实时传感器数据流：例如，大多数传感器网络应用（如监控）往往具有时间敏感性，数据包必须能被及时地转发。实时保证是此类应用的必要条件[DONG10]。
  - 广泛的双向控制：例如汽车（或飞机）彼此通信，通过相互控制以免碰撞；人们在相遇时会自动交换数据，并且这可能会影响他们的进一步行动；将生理数据实时上传给医生，并获得医生的实时反馈。
  - 对安全事件的实时响应。

因此，物联网的操作系统必须能够及时完成执行要求，并且必须能够保证最坏情况下的执行时间和最坏情况下的中断延迟。

- **安全性**：物联网设备众多，通常部署在不安全的地方，只有有限的算力和内存资源来支持复杂的安全协议与机制，并且通常以无线方式进行通信，从而使其更易受到攻击。因此，物联网安全性是高优先级且难以实现的[STAL16b]。ITU-T Y-2060 建议书（物联网概述，6 月 2 日至 12 日）列出了物联网设备所需的以下安全功能：
  - **在应用程序层**：权限管理，身份认证，应用程序数据机密性与完整性保护，隐私保护，安全审核和防病毒。
  - **在网络层**：权限管理，身份认证，在使用数据和发送数据时保证机密性，以及对发送数据的完整性保护。
  - **在设备层**：身份认证，权限管理，设备完整性验证，访问控制，数据机密性，以及完整性保护。

因此，物联网操作系统需要在设备资源有限的情况下保证必要的安全性机制，并为已经部署的物联网设备提供软件更新机制。

16.4.3　物联网操作系统架构

很多嵌入式操作系统适用于受限的物联网设备。[HAHM15]提供了一套有用的概述。[DONG10]和[SARA11]是另外两个针对无线传感器网络的概述。尽管这些系统在许多方面彼此不同，但图 16.13 所示的一般结构阐明了典型物联网操作系统的关键要素。主要组件有：

- **系统与支持库**：一组精简的库，包括 shell、日志记录和加密功能。
- **设备驱动程序和逻辑文件系统**：精简的模块化设备驱动程序和文件系统支持组件，可为特定的设备和应用程序进行最小化配置。
- **低功耗网络栈**：各种受限的物联网设备对网络连接的要求不同。对于许多传感器网络，物联网设备仅需要有限的通信功能，该功能允许一个传感器将数据传递到另一个传感器或通信网关。在其他情况下，物联网设备（甚至受限的物联网设备）必须与因特网无缝集成，并与因特网上的其他机器进行端到端通信。因此，物联网操作系统需要提供配置网络栈的能力，该网络栈支持专门为低功耗要求而设计的协议，还包括对因特网协议级别[PETE15]的支持。
- **内核**：通常，内核需要提供调度管理，提供一个任务模型、同步和互斥机制以及定时器。
- **硬件抽象层（HAL）**：HAL 是一种软件，它向上层提供一致的 API，并将上层操作映射到特定的硬件平台上。因此，每个硬件平台的 HAL 不同。可能支持的常见接口包括：
  - **通用输入/输出（GPIO）**：通用引脚，用户可以在运行时将其指定为输入或输出；引脚位置不足时很有用。
  - **通用异步接收器/发送器（UART）**：异步串行数字数据链路。
  - **串行外围设备接口（SPI）**：同步串行数字数据链路。
  - **集成电路间（I^2C）**：串行计算机总线，通常用于在短距离板内通信中将低速外围 IC 连接到处理器和微控制器。

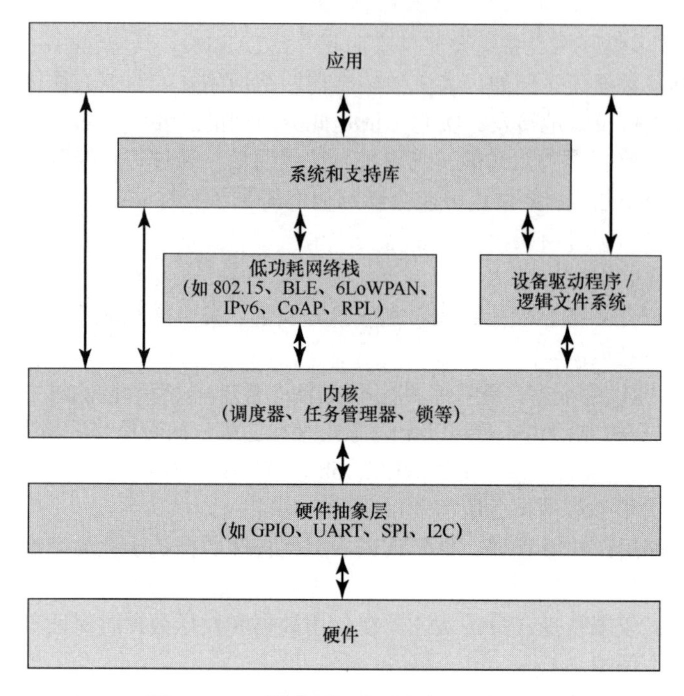

图 16.13 物联网操作系统的典型结构

16.4.4 RIOT

如前所述，并非所有嵌入式操作系统都适用于受限的物联网设备。例如，在第 13 章研究的两个操作系统中，μClinux 需要占用太多的内存，而 TinyOS 是合适的。本节研究 RIOT，这是一种专为受限的物联网设备设计的开源操作系统[BACC13]。表 16.6 比较了μClinux、TinyOS 和 RIOT，图 16.14 给出了 RIOT 的结构。

表 16.6 μClinux、TinyOS 和 RIOT 的比较

	μClinux	TinyOS	RIOT
最小内存	< 32MB	< 1kB	~1.5kB
最小 ROM	< 2MB	< 4kB	~5kB
C 支持	√	×	√
C++支持	√	×	√
多线程	√	○	√
不带 MMU 的微控制器	√	√	√
模块化	○	×	√
即时性	○	×	√

√表示完全支持，○表示部分支持，×表示不支持。

RIOT 内核 RIOT 使用微内核设计结构，这意味着在 RIOT 中作为核心模块的内核，仅包含必要的功能，如调度、进程间通信（IPC）、同步机制、中断请求（IRQ）处理。所有其他操作系统的功能，包括设备驱动程序和系统库，都作为线程运行。由于使用了线程，因此应用程序和系统的其他部分在它们自己的上下文中运行，多个上下文可同时运行，并且 IPC 提供一种安全的、同步的、可定义优先级的通信方式。

微内核方法的优势在于，对特定物联网设备上的应用程序，仅用其所需的最少软件即可轻松配置系统。

内核中的模块包括：

- **IRQ 处理**：提供用于控制中断处理的 API。

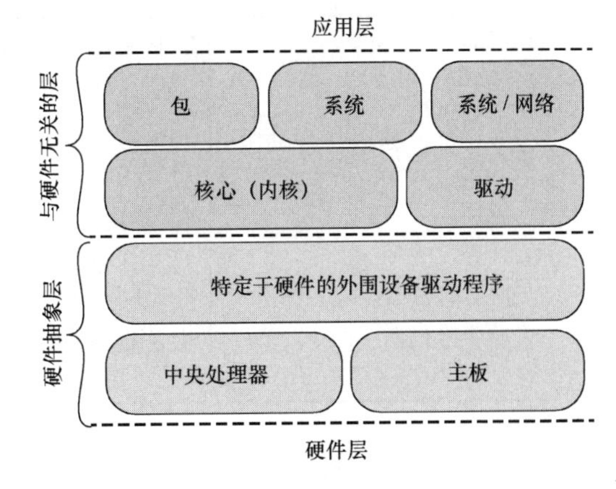

图 16.14　RIOT 结构

- **内核实用程序**：内核使用的实用程序和数据结构。
- **邮箱**：邮箱实现。
- **消息传递/IPC**：用于进程间通信的消息传递 API。
- **电源管理**：内核的电源管理接口。
- **调度器**：RIOT 调度器。
- **启动和配置**：内核的配置数据和启动代码。
- **同步**：用于线程同步的互斥锁。
- **线程**：支持多线程。

与许多其他操作系统相比，RIOT 的一个显著特性是使用了 tickless 调度器。没有待处理的任务时，RIOT 将切换为空闲线程。空闲线程将根据所用的外围设备确定最深的睡眠模式。这样的结果是调度器使睡眠模式时间最大化，从而使系统的能耗最小化。只有（外部的或内核产生的）中断才能将系统从空闲状态唤醒。另外，所有内核功能都尽可能小，这使得内核可以在时钟速度非常低的系统上运行。调度器旨在最大限度地减少线程切换，从而减少开销。此策略适用于没有用户交互的物联网设备。

其他与硬件无关的模块　sys 库包括数据结构（如 bloom、color）、加密库（如 hash、AES）、高级 API（如 Posix 接口）、内存管理（如 malloc）、RIOT shell 和其他常用的系统库模组。

sys/net 子目录包含所有与网络相关的软件，包括网络协议堆栈、网络 API 和与特定网络类型相关的软件。

pkg 库为许多外部库（如 Open-WSN、microcoap）提供支持。RIOT 为每个受支持的库附带一个自定义的 Makefile，该文件将下载该库并可选择许多补丁程序使其与 RIOT 一起工作。

硬件抽象层　RIOT 硬件抽象层由三套软件组成。对于每个 RIOT 支持的处理器，CPU 目录都会包含一个以处理器名字命名的子目录。这些子目录又包含对应处理器的配置，如电源管理、中断处理、启动代码、时钟初始化代码和线程处理（如上下文切换）代码的实现。

平台相关的代码分为两个逻辑元素：处理器和主板。它们之间有严格的 1 对 n 关系，即一种主板只能包含一种处理器，而一种处理器可以被 n 种主板包含。处理器部分包括所有通用的、特定于处理器的代码。

主板部分包括其所支持的处理器的配置。该配置主要包括外围设备配置和引脚映射、板载设备的配置以及处理器的时钟配置。除主板所需的源文件和头文件之外，主板目录还可能包含一些主板接口所需的脚本和配置文件。

特定于硬件的外围设备驱动程序目录为逻辑设备驱动程序软件提供 API，并针对主机系统的特定外围设备进行配置。将驱动程序与驱动程序/外围设备分开的主要目的是为了允许编写可移植的硬件访问代码，这是 RIOT 的一个关键方面。drivers 目录中包含用于实际硬件的驱动程序，例如传感器、无线电设备。drivers/peripherals 目录中包含 RIOT 硬件抽象相关的头文件和一些共享代码，它提供一个统一的 API，用于抽象 UART、I^2C 和 SPI 等微控制器的 I/O 接口。于是，根据统一的 API，驱动程序（或应用程序）只需编写一次，就可以在任何一个已实现所需接口的微控制器上运行，而无须修改代码。

16.5　关键术语和复习题

16.5.1　关键术语

执行器	受限应用协议（CoAP）	网络附加存储（NAS）
骨干网	受限设备	对象存储

块存储	直接附加存储（DAS）	平台即服务（PaaS）
云	基于文件的存储	私有云
云审计者	文件存储	公有云
云经纪人	网关	射频识别（RFID）
云载体	混合云	传感器
云计算	基础设施即服务（IaaS）	服务模式
云服务客户（CSC）	物联网（IoT）	软件即服务（SaaS）
云服务提供商（CSP）	微控制器	存储区域网络（SAN）
社区云		收发器

16.5.2　复习题

16.1　定义云计算。

16.2　列出并简要定义三种云服务模型。

16.3　什么是云计算参考架构？

16.4　列出并简要定义云操作系统的关键组件。

16.5　云操作系统与 IaaS 之间是什么关系？

16.6　什么是 OpenStack？

16.7　定义物联网。

16.8　列出并简要定义一个物联网主要组成部分。

16.9　物联网操作系统应该满足哪些要求？

16.10　什么是 RIOT？

附录 A　并发主题

A.1　竞争条件和信号量

尽管在 5.1 节中定义了竞争条件，但经验表明让学生准确地确定程序中出现的竞争条件还是有困难的。本节内容摘自[CARR01] ①，目的是通过一系列使用信号量的例子来帮助学生理解竞争条件的概念。

A.1.1　问题陈述

假设有两个进程 **A** 和 **B**，每个进程都由若干并发执行的线程组成。每个线程都包含一个无限循环，循环中有一个要与另一个进程的某个线程交换的消息。每个消息由放在共享全局缓冲区的一个整数构成。这样，就有两个需求：

1. 进程 **A** 中线程 A1 的消息对进程 **B** 中的线程 B1 可用后，A1 只有在接收到 B1 的消息之后才能进行下去。类似地，B1 的消息对 A1 可用后，它只能在接收到来自 A1 的消息之后才能进行下去。
2. 一旦线程 A1 的消息可用，它就必须保证在 **B** 中的线程重新得到消息之前，**A** 中的其他线程不能覆盖全局缓冲区。

本节的余下部分介绍用信号量实现该问题的 4 种算法，每种算法都会导致竞争条件。最后提出正确的算法。

A.1.2　算法 1

考虑以下方法：

```
semaphore a = 0, b = 0;
int buf_a, buf_b;
```

```
thread_A(...)
{
   int var_a;
   ...
   while (true) {
     . . .
     var_a =...;
     semSignal(b);
     semWait(a);
     buf_a = var_a;
     var_a = buf_b;
     . . .;
   }
}
```

```
thread_B(...)
{
   int var_b;
   ...
   while (true) {
     . . .
     var_b =...;
     semSignal(a);
     semWait(b);
     buf_b = var_b;
     var_b = buf_a;
     . . .;
   }
}
```

这是一个简单的握手协议。当 **A** 中的线程 A1 准备好交换消息时，它向 **B** 中的一个线程发信号，等待 **B** 中的线程 B1 准备好。一旦 **A** 执行 semWait(a)发现有信号从 B1 返回，A1 就假定 B1 做好了执行交换的准备。B1 的行为类似，不管哪个线程先准备好，交换都会发生。

这种算法会导致竞争条件。例如，考虑以下序列，时间顺序按照下表竖直向下：

① 感谢密歇根工学院的 Ching-Kuang Shene 教授同意使用这个例子。

线程A1	线程B1
semSignal(b)	
semWait(a)	
	semSignal(a)
	semWait(b)
buf_a = var_a	
var_a = buf_b	
	buf_b = var_b

在上述序列中，A1 到达 semWait(a)会被阻塞，B1 到达 semWait(b)未被阻塞，但其能在更新 buf_b 前就被交换出去。同时，A1 执行并在获得想要的值之前读取 buf_b。这时，buf_b 可能有一个先前由另一个线程提供的值，或由前一次交换中由 B1 提供的值。这是一个竞争条件。

若 **A** 和 **B** 中的两个线程是活跃的，则可看到一个不明显的竞争条件。考虑以下序列：

线程A1	线程A2	线程B1	线程B2
semSignal(b)			
semWait(a)			
		semSignal(a)	
		semWait(b)	
	semSignal(b)		
	semWait(a)		
		buf_b = var_b1	
			semSignal(a)
buf_a = var_a1			
	buf_a = var_a2		

在这个序列中，线程 A1 和 B1 试着交换消息并完成合适的信号量发信号指令。然而，随着线程 A1 和 B1 执行两个 semWait，信号产生，线程 A2 开始运行并执行 semSignal(b)和 semWait(a)，造成线程 B2 执行 semSignal(a)，把 A2 从 semWait(b)中释放。这时 A1 或 A2 下一步都有可能更新 buf_a，于是就产生了竞争条件。通过改变线程间的执行顺序，还可发现其他的竞争条件。

经验总结：多个线程共享一个变量时，除非使用合适的互斥保护，否则可能发生竞争条件。

A.1.3 算法 2

该算法利用信号量保护共享变量，目的是确保互斥访问 buf_a 和 buf_b。程序如下所示：

```
semaphore a = 0, b = 0; mutex = 1;
int buf_a, buf_b;
```

```
thread_A(...)
{
   int var_a;
   . . .
   while (true) {
      . . .
      var_a =...;
      semSignal(b);
      semWait(a);
         semWait(mutex);
            buf_a = var_a;
         semSignal(mutex);
      semSignal(b);
      semWait(a);
         semWait(mutex);
            var_a = buf_b;
         semSignal(mutex);
      . . .;
   }
}
```

```
thread_B(...)
{
   int var_b;
   . . .
   while (true) {
      . . .
      var_b =...;
      semSignal(a);
      semWait(b);
         semWait(mutex);
            buf_b = var_b;
         semSignal(mutex);
      semSignal(a);
      semWait(b);
         semWait(mutex);
            var_b = buf_a;
         semSignal(mutex);
      . . .;
   }
}
```

在每个线程交换消息前，它遵循算法 1 中的相同握手协议。信号量 mutex 保护 buf_a 和 buf_b，试图保证更新以前的数据。但这种保护并不充分。一旦两个线程完成了第一次握手，信号量 a 和 b 的值就都是 1。可能发生的情形有以下三种：

1. 两个线程，比如说 A1 和 B1，完成第一次握手后，继续进行第二个阶段的消息交换。
2. 另一对线程开始它们的第一个阶段。
3. 当前线程对中的一个线程和新来的另一线程对中的一个线程继续交换消息。

所有这些情形都可能导致竞争条件。针对第三种可能的竞争条件，考虑以下序列：

线程 A1	线程 A2	线程 B1
semSignal(b)		
semWait(a)		
		semSignal(a)
		semWait(b)
buf_a = var_a1		
		buf_b = var_b1
	semSignal(b)	
	semWait(a)	
		semSignal(a)
		semWait(b)
	buf_a = var_a2	

在这个例子中，A1 和 B1 完成第一次握手后，都更新了相应的全局缓冲区。然后，A2 开始第一次握手，紧接着 B1 开始第二次握手。此时 A2 在 B1 重新获取 A1 放在 buf_a 中的值之前，更新 buf_a 的值。这是一个竞争条件。

经验总结：若变量是一个较长执行序列的一部分，则只保护信号变量可能还不够。要保护整个执行序列。

A.1.4 算法 3

这个算法将临界区扩展为包含整个消息交换（两个线程中的每个线程更新两个缓冲区之一，并从另一个缓冲区读数据）。单个信号量不够，因为每个进程在等待对方时都会导致死锁。程序如下：

```
semaphore aready = 1, adone = 0, bready = 1 bdone = 0;
int buf_a, buf_b;
```

```
thread_A(...)
{
   int var_a;
   ...
   while (true) {
      . . .
      var_a =...;
      semWait(aready);
         buf_a = var_a;
         semSignal(adone);
         semWait(bdone);
         var_a = buf_b;
      semSignal(aready);
      . . .;
   }
}
```

```
thread_B(...)
{
   int var_b;
   ...
   while (true) {
      . . .
      var_b =...;
      semWait(bready);
         buf_b = var_b;
         semSignal(bdone);
         semWait(adone);
         var_b = buf_a;
      semSignal(bready);
      . . .;
   }
}
```

信号量 aready 确保 **A** 中没有其他线程能更新 buf_a，同时 **A** 中的一个线程进入其临界区。信号量 adone 确保 **B** 中没有其他线程会读取 buf_a，直到已经更新 buf_a。这种考虑同样应用于 bready 和 bdone。然而，这种机制不能避免竞争条件。考虑以下事件序列：

线程 A1	线程 B1
buf_a = var_a	
semSignal(adone)	
semWait(bdone)	
	buf_b = var_b
	semSignal(bdone)
	semWait(adone)
var_a = buf_b;	
semSignal(aready)	
...loop back...	
semWait(aready)	
buf_a = var_a	
	var_b = buf_a

在这个序列中，A1 和 B1 都进入了它们的临界区，存储了消息，并到达第二个等待。然后 A1 复制来自 B1 的消息并离开它的临界区。这时 A1 可能返回它的程序，产生新的消息，把它存储到 buf_a 中，如先前的执行序列所示。另一种可能是，此时 **A** 中的另一个线程可能会产生一个消息并把它放到 buf_a 中。任何一种情况都会丢失消息，产生竞争条件。

经验总结：若有许多协同运行的线程组，则保证一组线程的互斥可能不会阻止另一组线程的冲突。此外，若一个线程重复进入临界区，则线程间的协作时间也必须适当地管理。

A.1.5 算法 4

算法 3 未实现强制将一个线程保留在其临界区直到另一个线程重新获取消息。下面是实现该目标的一个算法：

```
semaphore aready = 1, adone = 0, bready = 1 bdone = 0;
int buf_a, buf_b;
```

```
thread_A(...)
{
   int var_a;
   ...
   while (true) {
      . . .
      var_a =...;
      semWait(bready);
         buf_a = var_a;
         semSignal(adone);
         semWait(bdone);
         var_a = buf_b;
      semSignal(aready);
      . . .;
   }
}
```

```
thread_B(...)
{
   int var_b;
   ...
   while (true) {
      . . .
      var_b =...;
      semWait(aready);
         buf_b = var_b;
         semSignal(bdone);
         semWait(adone);
         var_b = buf_a;
      semSignal(bready);
      . . .;
   }
}
```

在这种情况下，**A** 的第一个线程进入其临界区，此时 bready 为 0。**A** 中没有后续线程能交换消息，直到 **B** 中的一个线程完成消息交换并将 bready 增为 1。这一方法也会导致竞争条件，如下面的序列所示：

线程A1	线程A2	线程B1
semWait(bready)		
buf_a = var_a1		
semSignal(adone)		
		semWait(aready)
		buf_b = var_b1
		semSignal(bdone)
		semWait(adone)
		var_b = buf_a
		semSignal(bready)
	semWait(bready)	
	. . .	
	semWait(bdone)	
	var_a2 = buf_b	

在以上序列中，线程 A1 和 B1 为了交换消息进入相应的临界区。线程 B1 重新获取它的消息并发信号 bready，使得 **A** 中的另一线程 A2 进入它的临界区。若 A2 比 A1 执行得快，则 A2 会获取给 A1 的消息。

经验总结：若实现互斥的信号量不能被其所有者释放，则会产生竞争条件。算法 4 中，信号量首先被 **A** 中的一个线程锁定，然后由 **B** 中的一个线程解锁。这是一种危险的编程实践。

A.1.6　正确的算法

读者可能会注意到本节的问题是缓冲区边界变化的问题，可用类似于 5.4 节讨论的方式加以解决。最直接的方法使用两个缓冲区，一个缓冲区用于 **B** 到 **A** 的消息传递，一个缓冲区用于 **A** 到 **B** 的消息传递。需要每个缓冲区的大小都为 1。这样做的理由是考虑到在并发场景下，线程被释放的顺序是不确定的，若一个缓冲区的插槽多于 1 个，则不能保证消息的正确匹配。例如，B1 首先收到来自 A1 的消息，然后向 A1 发消息。但若缓冲区有多个插槽，则 **A** 中的另一线程可能会获得给 A1 的消息。

使用与 5.4 节相同的方法编写出以下程序：

```
semaphore notFull_A = 1, notFull_B = 1;
semaphore notEmpty_A = 0, notEmpty_B = 0;
int buf_a, buf_b;
```

```
thread_A(...)
{
   int var_a;
   ...
   while (true) {
      . . .
      var_a =...;
      semWait(notFull_A);
         buf_a = var_a;
         semSignal(notEmpty_A);
      semWait(notEmpty_B);
         var_a = buf_b;
         semSignal(notFull_B);
      . . .;
   }
}
```

```
thread_B(...)
{
   int var_b;
   ...
   while (true) {
      . . .
      var_b =...;
      semWait(notFull_B);
         buf_b = var_b;
         semSignal(notEmpty_B);
      semWait(notEmpty_A);
         var_b = buf_a;
         semSignal(notFull_A);
      . . .;
   }
}
```

要验证这种方案的可行性，需要说明以下三个问题：

1. 线程组内的消息交换区必须是互斥的。因为 notFull_A 的初值是 1，**A** 中只有一个线程能通过 semWait(notFull_A)直到 **B** 中的一个线程完成交换时执行 semSignal(notFull_A)

发出信号。类似的理由适用于 **B** 中的线程。这样，这个条件就得以满足。

2. 一旦两个线程进入它们的临界区，它们之间交换消息就不会受任何其他线程的干扰。**A** 中的其他线程直到 **B** 中的线程完成消息交换才能进入临界区。**B** 中的其他线程直到 **A** 中的线程完成消息交换才能进入临界区。这样，这个条件就得以满足。
3. 一个线程离开临界区后，同一组中就没有线程能够立即销毁存在的消息。这个条件之所以满足，是因为每个方向用的都是一个插槽的缓冲区。一旦 **A** 中的一个线程执行 `semWait(notFull_A)` 进入临界区，**A** 中就没有其他线程能更新 `buf_a`，直到 **B** 中的相关线程获取了 `buf_a` 的值并发出信号 `semSignal(notFull_A)`。

经验总结：有必要回顾一下著名问题的解决方法，因为手边问题的正确解法可能是一个已知问题的解法的变体。

A.2 理发店问题

考虑另一个使用信号量实现并发的例子——简单的理发店问题[①]。这个例子很有启发意义，因为试着提供定制的理发店资源时所遇到的问题和实际操作系统所遇到的问题类似。

理发店里有三把椅子、三名理发师、可供 4 名顾客在沙发上等待的一个等候区，以及其他顾客站立的空间（见图 A.1）。火灾管理规范要求理发店中的顾客总数不超过 20 人。假设理发店要接待 50 名顾客。

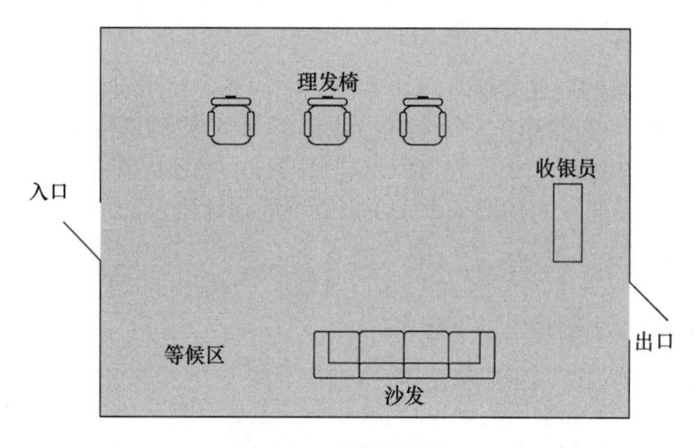

图 A.1 理发店布局

若理发店中的人数已满，则顾客就不会进来。一旦进来，顾客首先就会选择坐在沙发上，或在沙发坐满了的情况下站着。理发师空闲时，向坐在沙发上时间最长的顾客提供服务，若有站着的顾客，则入店时间最长的顾客坐在沙发上。顾客理完发后，任何一名理发师都可以收钱，但由于只有一台收款机，因此一次只能接受一名顾客的付款。理发师将自己的时间划分为理发、收款、在椅子上睡眠等待顾客三部分。

A.2.1 不公平的理发店问题

图 A.2 展示了使用信号量的一个实现；出于节省空间的目的，我们将三个函数并排打印。假设信号量队列处理采用先进先出的策略。

程序的主体激活了 50 名顾客、3 名理发师、收款进程。下面考虑各种同步操作的目的和定位。

---

① 感谢加州大学奇科分校的 Ralph Hilzer 教授提供这些问题的解决方案。

```
/* program barbershop1 */
semaphore max_capacity = 20;
semaphore sofa = 4;
semaphore barber_chair = 3;
semaphore coord = 3;
semaphore cust_ready = 0, finished = 0, leave_b_chair = 0, payment= 0,
        receipt = 0;
```

```
void   customer   ()
{
    semWait(max_capacity);
    enter_shop();
    semWait(sofa);
    sit_on_sofa();
    semWait(barber_chair);
    get_up_from_sofa();
    semSignal(sofa);
    sit_in_barber_chair();
    semSignal(cust_ready);
    semWait(finished);
    leave_barber_chair();
    semSignal(leave_b_chair);
    pay();
    semSignal(payment);
    semWait(receipt);
    exit_shop();
    semSignal(max_capacity)
}
```

```
void   barber()
{
    while   (true)
    {
        semWait(cust_ready);
        semWait(coord);
        cut_hair();
        semSignal(coord);
        semSignal(finished);
        semWait(leave_b_chair);
        semSignal(barber_chair);
    }
}

void   cashier()
{
    while   (true)
    {   semWait(payment);
        semWait(coord);
        accept_pay();
        semSignal(coord);
        semSignal(receipt);
    }
}
```

```
void main()
{
    parbegin (customer, . . . 50 times, . . . customer, barber, barber,
            barber, cashier);
}
```

图 A.2　不公平的理发店

- **理发店和沙发的容量**：理发店和沙发的容量分别由信号量 max_capacity 和 sofa 管理。每次一名顾客进入理发店，信号量 max_capacity 减 1；每次一名顾客离开，信号量加 1。若一名顾客发现理发店已满，则顾客进程被 semWait 函数阻塞在信号量 max_capacity 上。类似地，semWait 和 semSignal 操作坐在沙发上和从沙发上起来的活动。
- **理发椅的容量**：有三把椅子，必须注意保证它们被正确使用。信号量 barber_chair 保证一次不会有多于三名顾客试图获得服务，尽力避免一名顾客坐在另一名顾客腿上这种不庄重的情况发生。一名顾客等到至少有一把椅子空闲时[semWait(barber_chair)]才会起身离开沙发，当一名顾客离开理发椅时，理发师就发出信号[semSignal(barber_chair)]。获取理发椅的公平性由信号量队列的组织方式保证：第一名被阻塞的顾客第一个允许使用可用的椅子。注意，在顾客过程中，若 semWait(barber_chair)在 semSignal(sofa)之后发生，则每名顾客首先只会暂时坐在沙发上，然后排队等待理发椅，造成拥塞，理发师那里只有很少的活动空间。
- **确保顾客坐在理发椅上**：信号量 cust_ready 给睡眠的理发师发唤醒信号，表明有顾客坐在椅子上了。没有这个信号量，理发师永远不会睡眠，顾客一离开椅子就会开始为下一位顾客理发，而若没有新顾客就座，则理发师就只能修剪空气。
- **保持顾客坐在理发椅上**：一旦就坐，顾客就待在椅子上，直到理发师使用信号量 finished 发出信号，表示理发已完成。
- **限制一名顾客一把椅子**：信号量 barber_chair 限制三名顾客坐在三把椅子上。然而，barber_chair 自身不能成功实现这一点。若一名顾客在理发师执行 semSignal(finished)后不能立即获得处理器（即它还处于睡眠态或停下来与邻座聊天），则当下一名顾客要入座时，该顾客可能还在椅子上。信号量 leave_b_chair 的目的就是纠正这个问题，它约定直到逗留的顾客宣布他已离开椅子，理发师才能邀请新顾客入座。在本章末尾的习题里，我们会发现即使是这种防范措施也不能阻止一些顾客重叠落座。

- **付款和收款**：当然，在处理钱的问题上大家都会很仔细。收银员要确保每名顾客在离开理发店之前付费，顾客要确认付款已收到（收据）。面对面地付款能有效地实现这一点。每名顾客，首先从椅子上起身、付款、告诉收银员已付款[semSignal(payment)]，然后等待收据[semWait(receipt)]。收银员重复地处理付款任务：等待付款信号，接受付款，发出付款已收到信号。这里需要避免一些编程错误。若[semSignal(payment)]发生在 pay 活动之前，则顾客发出信号后就会被中断；这将导致即便没有人付款，空闲的收银员也会接受付款的情形。一个更为严重的错误是颠倒队列中 semSignal(payment) 和 semWait(receipt) 的位置。这将导致死锁，因为所有顾客和收银员都会阻塞在各自的 semWait 操作中。
- **调整理发师和收银员的功能**：为了省钱，理发店未单独雇佣收银员。每名理发师在不理发时要扮演收银员的角色。信号量 coord 确保理发师一次只执行一个任务。

表 A.1 概括了程序中所用的每个信号量。

通过把付款功能合并到理发师函数中，消除了收银员进程。每名理发师首先按顺序理发，然后收款。然而，由于只有一台收款机，因此有必要限制一次只有一名理发师能够收款。可以通过把这段代码视为临界区来处理，并通过信号量管理。

表 A.1　图 A.5 中信号量的作用

信　号　量	等待操作	发信号操作
max_capacity	顾客等待进入理发店	离开的顾客向等待进入理发店的顾客发信号
sofa	顾客等待沙发座位	离开沙发的顾客向等待沙发的顾客发信号
barber_chair	顾客等待空闲理发椅	理发椅空出时，理发师向等待理发的顾客发信号
cust_ready	理发师等待顾客坐在理发椅上	顾客坐在理发椅上后，向理发师发信号
finished	顾客等待理完发	理发师理完发后向顾客发信号
leave_b_chair	理发师等待顾客离开理发椅	顾客离开理发椅时向理发师发信号
payment	收银员等待顾客付款	顾客向收银员发已付款信号
receipt	顾客等待支付收据	收银员发已接受支付信号
coord	等待理发师资源空闲，执行理发或收银功能	发理发师资源空闲信号

A.2.2　公平的理发店问题

图 A.2 是一个很好的结果，但仍有问题。其中的一个问题在本节剩余部分解决，其他问题留做习题（见习题 A.3）。

图 A.2 存在一个时间问题，会导致不公平地对待顾客。假设三名顾客同时在理发椅上就座，在这种情况下，顾客会被阻塞在 semWait(finished)上，而且由于队列的组织方式，他们会按照进入理发椅的顺序从理发椅上离开。然而，若某名理发师速度很快或某名顾客头发很少会怎样？让最先进入椅子的顾客离开会导致一名顾客被草率地撵走，理了一半发却被强行收取全部费用，而另一名顾客即使理完发也被限制在椅子上。

该问题可通过图 A.3 中的更多信号量来解决。每名顾客被指定唯一的顾客号码，即每名顾客进入理发店时拿了一个号码。信号量 mutex1 保护对全局变量 count 的访问，使每名顾客收到唯一的号码。信号量 finished 重新定义为 50 个信号量的数组。顾客坐上理发椅后，执行 semWait(finished[custnr]) 等待自己唯一的信号量；理发师执行 semSignal(finished[b_cust])，释放正确的顾客。

还需要说明的一点是理发师是怎样知道顾客号码的。顾客通过信号量 cust_ready 预先发信号给理发师，把号码放在队列 enqueue1 中。当理发师准备理发时，dequeue1(b_cust) 从 queue1 中删除最顶上的顾客号码，把它放在理发师局部变量 b_cust 中。

```
/* program barbershop2 */
semaphore max_capacity = 20;
semaphore sofa = 4;
semaphore barber_chair = 3, coord = 3;
semaphore mutex1 = 1, mutex2 = 1;
semaphore cust_ready = 0, leave_b_chair = 0, payment = 0, receipt = 0;
semaphore finished [50] = {0};
int count;
```

```
void customer()
{
   int  custnr;
   semWait(max_capacity);
   enter_shop();
   semWait(mutex1);
   custnr = count;
   count++;
   semSignal(mutex1);
   semWait(sofa);
   sit_on_sofa();
   semWait(barber_chair);
   get_up_from_sofa();
   semSignal(sofa);
   sit_in_barber_chair();
   semWait(mutex2);
   enqueue1(custnr);
   semSignal(cust_ready);
   semSignal(mutex2);
   semWait(finished[custnr]);
   leave_barber_chair();
   semSignal(leave_b_chair);
   pay();
   semSignal(payment);
   semWait(receipt);
   exit_shop();
   semSignal(max_capacity)
}
```

```
void barber()
{
   int  b_cust;
   while  (true)
   {
      semWait(cust_ready);
      semWait(mutex2);
      dequeue1(b_cust);
      semSignal(mutex2);
      semWait(coord);
      cut_hair();
      semSignal(coord);
      semSignal(finished[b_cust]);
      semWait(leave_b_chair);
      semSignal(barber_chair);
   }
}

void  cashier()
{
   while  (true)
   {
      semWait(payment);
      semWait(coord);
      accept_pay();
      semSignal(coord);
      semSignal(receipt);
   }
}
```

```
void  main()
{  count := 0;
   parbegin (customer, . . . 50 times, . . . customer, barber, barber,
             barber, cashier);
}
```

图 A.3　公平的理发店

A.3　习题

A.1　回答与公平理发店相关的如下问题（见图 A.3）：

a．代码要求理发师完成理发后向他的顾客收款吗？

b．理发师总是使用同一把理发椅吗？

A.2　图 A.3 中的公平理发店存在许多问题。修改程序以便改正如下问题：

a．两名或多名顾客等待付款时，收银员可能会接受来自一名顾客的付款而释放另一名顾客。

b．据传信号量 `leave_b_chair` 会阻止对一把理发椅的多个访问。遗憾的是，这个信号量并不能在所有情形下成功。例如，假设所有三名理发师完成了理发并被阻塞在 `semWait(keave_b_chair)`。两名正要离开理发椅的顾客正处于中断状态。第三名顾客离开椅子并执行 `semSignal(leave_b_chair)`。哪位理发师会被释放？由于 `leave_b_chair` 队列是先进先出的，因此被阻塞的第一位理发师被释放。是这名正在理发的理发师发出顾客理发的信号吗？可能是，也可能不是。如果不是，那么一名新顾客会进入并坐在刚起身顾客的大腿上。

c．程序要求一名顾客先坐在沙发上，即使理发椅是空闲的。这是一个很小的问题，请试着修改代码解决这个问题。

附录 B　编程和操作系统项目

许多教师认为要清楚地理解操作系统的概念，就要参与研究项目。没有项目，学生很难掌握操作系统的一些基本概念和组件间的相互作用；例如，许多学生觉得信号量这个概念很难掌握。参加项目能够加深学生对本书中介绍的概念的理解，更好地了解操作系统的不同部分的组合方式，进而使得学生不但能够理解而且能够实现操作系统的细节。

本附录试图尽力说明操作系统内部的概念，提供一些习题让学生加深对概念的理解。然而，许多教师希望补充关于项目的练习。本附录在这方面给予了一些指导意见，并在培生教育出版集团的教师资源中心（IRC）为教师介绍了可以利用的材料。支持材料包括 8 类项目和其他留给学生的练习。

- 信号量项目
- 文件系统项目
- OS/161 项目
- 模拟项目
- 编程项目
- 研究项目
- 阅读和报告作业
- 写作作业
- 讨论话题
- BACI

B.1　信号量项目

利用信号量管理并发能力是操作系统或系统编程课程中最重要的主题之一，但它很难讲授。并发是抽象的概念，学生很难想象诸如竞争条件和死锁等并发问题。并发可能在各种不同的情况下出现，例如从给文件加锁到网络通信。对学生来说，不仅理解内容特别困难，而且并发主题本身的复杂性会使得开发出吸引学生并且适合于一个学期的课程项目变得很困难。更为复杂的是，对学生来说，看上去相似的并发问题往往有细微的差异，并且需要完全不同的解决方法。

IRC 提供了一组实际操作的作业，这些作业利用一个开源的列车模拟游戏 openTTD 来直观地表达并发问题。每个作业活动都引入信号量的一个应用程序，允许学生沿着精心构建的列车轨道放置“真实的”信号量来模拟计算问题（如比赛条件），从而与系统进行交互。

这些项目任务是由朗伍德大学的 Robert Marmorstein 教授完成的。

B.2　文件系统项目

理解文件系统的实现对学习 OS 的学生来说也是一个挑战。为了支持这一目标，IRC 提供了一个项目，这个项目可使学生一步一步地用 C++实现一个简单的文件系统。这个项目任务是由朗伍德大学的 Robert Marmorstein 教授完成的。

B.3　OS/161

本书的教师资源中心（IRC）对利用 OS/161 进行主动学习提供了支持。

OS/161 是由哈佛大学开发[HOLL02]的一个教学用操作系统，其目的是既让学生体验一个真实操作系统是如何工作的，又不会让学生被诸如 Linux 等成熟操作系统的复杂性压垮。与部署最多的操作系统相比，OS/161 很小（约 20000 行代码和注释），因此很容易在理解整个代码的基础上进行开发。

源代码中有一个完整的操作系统源树，包括内核、库、各种实用程序（ls、cat 等）和一些测试程序。OS/161 可在仿真机器上自举，其自举方式与在真实硬件上的自举方式相同。

System/161 为 OS/161 的运行模拟了一台“真实的”计算机。该计算机具有 MIPS R2000/R3000 CPU 的特性，包括 MMU，但没有浮点处理单元或高速缓存。同样，挂接到系统总线的硬件设备也做了简化。这些设备比真实的硬件简单得多，因此学生可在不必处理物理硬件复杂性的条件下动手实践。使用模拟器有很多优点，因为与其他软件的编写不同，含有错误的操作系统软件可能会导致机器锁定，且调试很困难，因此常常需要重启系统。而模拟器能让调试者在软件体系结构层面访问机器，就像调试真正的 CPU 一样。在某种意义上，模拟器类似于工业界的电路仿真器（ICE），不同之处是模拟器由软件实现。另一个优点是重启速度快。真实机器的重启需要几分钟，因此在真实机器上的开发周期非常缓慢，而在 System/161 上几秒就可启动 OS/161。

OS/161 和 System/161 模拟器能运行在很多平台上，包括 UNIX、Linux、Mac OS X 和 Cygwin（针对 Windows 的免费 UNIX 环境）。

IRC 中包括下列内容：

- **教师的 Web 服务器软件包**：一些 html 和 pdf 文件，很容易将它们上传到教师的操作系统课程网站。软件包中包含所有 OS/161 和 S/161 的在线资源、针对学生的用户手册、作业和其他有用的材料。
- **教师入门手册**：包括构建课程 Web 网站的所有文件和设置课程 Web 网站的使用说明。
- **学生入门手册**：指导学生在自己的机器上按步骤下载并安装 OS/161 和 S/161。
- **学生可以使用的各种背景材料**：包括两个文档：一个是 S/161 体系结构的概述；一个是 OS/161 的内部结构介绍。两份材料足以帮助学生了解这些系统。
- **学生的练习**：一组练习题，覆盖了操作系统的主要功能，如系统调用支持、线程、同步机制、锁及条件变量、调度程序、虚拟内存、文件系统和安全。

IRC 的 OS/161 软件包由多伦多大学的 Andrew Peterson 及其同事和学生开发。

B.4　模拟程序

IRC 还能把得克萨斯大学圣安东尼奥分校开发的一组模拟程序分发给学生。表 B.1 列出了各章中的模拟程序。所有的模拟程序都是基于 Java 的，它们可作为本地 Java 程序执行或通过浏览器在线执行。

IRC 包括以下内容：

1. 可用模拟程序的概要介绍。
2. 如何把它们导入本地环境。
3. 具体布置给学生的作业，告诉他们需要做什么及期望的结果是什么。对每个模拟程序的要求，本节提供了一名或两名老师可以布置给学生的原创作业。

这些模拟程序作业由得克萨斯州大学圣安东尼奥分校的 Adam Critchley 开发。

表 B.1　各章的 OS 模拟程序

第 5 章　并发：互斥和同步	
生产者-消费者	允许用户对一个在单生产者和单消费者场景下的有界缓冲区同步问题进行实验
UNIX Fork-pipe	对由 `pipe`、`dup2`、`close`、`fork`、`read`、`write` 和 `print` 组成的程序进行模拟
第 6 章　并发：死锁和饥饿	
饥饿的哲学家	模拟哲学家就餐问题
第 8 章　虚拟内存	
地址转换	用于探讨地址转换的各个方面。支持 1 级和 2 级页表，以及一个快表（TLB）
第 9 章　单处理器调度	
进程调度	允许用户在一系列进程上试验不同的进程调度算法，并比较不同的统计数字，如吞吐量和等待时间

（续表）

第 11 章 I/O 管理和磁盘调度	
磁盘头调度	支持标准的调度算法，如 FCFS、SSTF、SCAN、LOOK、C-SCAN、C-LOOK 及这些算法具有双倍缓冲区的情况
第 12 章 文件管理	
并发 I/O	模拟一个由 `open`、`close`、`read`、`write`、`fork`、`wait`、`pthread_create`、`pthread_detach` 和 `pthread_join` 指令组成的程序

B.5 编程项目

提供了三个编程项目。

B.5.1 教材中规定的项目

有两个主要的编程项目：一个是开发一个 shell 或一个命令行解释器，另一个是开发一个在线教材中介绍的进程分派器。这两个项目可分别在第 3 章和第 9 章之后布置。IRC 提供了有关信息和开发这些程序的循序渐进练习。

这些项目由澳大利亚格里菲斯大学的 Ian G. Granham 开发。

B.5.2 额外的大型编程项目

学生可得到一系列称之为机器问题（Machine Problem，MP）的编程作业，这些作业是基于 Posix 编程接口的。第一个作业是 C 语言的速成课程，目的是让学生熟练地掌握 C 语言，继而完成后续的作业。该系列项目包含 9 个不同难度的机器问题。建议把一个项目布置给由两名学生组成的小组。

每个 MP 不仅包含了对问题的解释，而且包含了一系列在作业中需要使用的 C 文件及逐步说明，还包括关于每个作业的一些问题，学生必须回答这些问题来表明其对每个项目的理解程度。这些作业的范围如下：

1. 使用基本 I/O 和字符串操作函数创建一个运行在 shell 环境下的程序。
2. 探究和扩展一个简单的 UNIX shell 解释器。
3. 修改利用线程的错误代码。
4. 使用同步原语实现一个多线程应用。
5. 编写一个用户模式的线程调度器。
6. 使用信号和计时器模拟一个分时系统。
7. 一个历时六周的项目，即创建一个简单的可运行网络文件系统。该项目涵盖了 I/O 和文件系统概念、内存管理及网络原语。

IRC 提供了帮助教师如何在本地服务器上建立帮助文件的说明。

这些项目作业由伊利诺伊大学香槟分校（UIUC）计算机科学系开发，由 Matt Sparks 调整后供本书使用。

B.5.3 小型编程项目

教师也可给学生布置一系列在 IRC 中给出的小型编程项目。这些项目可让学生以任意的计算机和任意的编程语言来实现。这些项目与平台和开发语言无关。

相对于大项目，这些小项目有一些优势。大项目能让学生体验到更多的成就感，但能力相对较弱或缺乏组织技能的学生可能不易完成。大项目通常是由最好的学生来承担大部分任务的。小项目具有更大的成功率，且因为可以布置更多的小项目，所以可让学生涉及一系列不同的领域。相应地，教师的 IRC 包含了一系列小项目，每个小项目应该在一周的时间内完成，以便让教师和学生都满意。这些项目由伍斯特理工学院的 Stephen Taylor 开发，他已在十多次教授操作系统课程的过程中使用并完善了这些项目。

B.6　研究项目

加深对课程概念的理解并教给学生研究技巧的一种有效方法是，为学生分配一个研究项目。这样的项目可能包括查找资料、在网上搜索厂商的产品、在实验室的活动和标准化的工作。大项目可以分配给团队，小项目可分配给个人。不管怎样，最好在学期之初便提出有关项目要求的建议，从而给教师以时间评估建议书，确定合适的题目和工作量。发给学生的研究项目说明应包括：

- 建议书的格式
- 最终报告的格式
- 中期和末期的进度安排
- 项目列表

学生可从列出的项目中选择一个，或设计自己的类似项目。IRC 站点中包含建议书和最终报告的参考格式，以及乔治梅森大学 Tan N. Nguyen 教授设计的研究项目列表。

B.7　阅读/报告作业

加深学生对课堂上概念的理解并给予他们研究经验的另一个好办法是，阅读文献并进行分析。IRC 站点中包含了每章的参考论文列表。每篇论文的 pdf 版本都可在 box.com/OS8e 中找到。IRC 站点中还包含作业方面的参考建议。

B.8　书面作业

书面作业能在类似操作系统原理这样的技术课程的学习过程中起到有力的作用。全课程写作（Writing Across the Curriculum，WAC）运动（http://wac.colostate.edu/）的支持者指出了大量关于书面作业提升学习的好处。书面作业能够让学生更为细致和全面地思考特定的题目。此外，书面作业能够防止学生试图通过最少的个人参与来通过课程学习的动机，即防止学生仅学习一些结论和解决问题的技巧，而忽略对目标问题的深入理解。

IRC 站点中包括一系列按章组织的书面作业。教师会发现这是他们教学方式的重要一环。对于任何补充书面作业的反馈和建议，我会非常感谢！

B.9　讨论题目

提供协作体验的一个途径是讨论题目，在 IRC 站点中有一系列讨论题目。每个讨论题目都和书本的内容相关。教师可以准备好这些题目，以便学生能在课上、在线聊天室或消息板上讨论特定的题目。如果有关于讨论题目的建议或相关的反馈，我会非常感谢！

B.10　BACI

除了 IRC 提供的支持外，教师也可尝试使用 Ben-Ari 并发解析器（BACI）。BACI 可以模拟并发进程的执行，支持二值信号量、计数信号量和管程。BACI 有许多项目作业，可强化学生对并发概念的理解。

附录 O 详细介绍了 BACI，包括如何获得该系统和相关作业的介绍。

参考文献

缩写

ACM Association for Computing Machinery，美国计算机协会

IBM International Business Machines Corporation，国际商用机器公司

IEEE Institute of Electrical and Electronics Engineers，美国电气与电子工程师学会

AGAR89 Agarwal, A. *Analysis of Cache Performance for Operating Systems and Multiprogramming*. Norwell, MA: Kluwer Academic Publishers, 1989.

ANDE80 Anderson, J. *Computer Security Threat Monitoring and Surveillance.* Fort Washington, PA: James P. Anderson Co., April 1980.

ANDE89 Anderson, T.; Lazowska, E.; and Levy, H. "The Performance Implications of Thread Management Alternatives for Shared-Memory Multiprocessors." *IEEE Transactions on Computers,* December 1989.

ANDE04 Anderson, T.; Bershad, B.; Lazowska, E.; and Levy, H. "Thread Management for Shared-Memory Multiprocessors." In [TUCK04].

ANDE05 Anderson, E. *μClibc.* Slide Presentation, Codepoet Consulting, January 26, 2005. http://www.codepoet-consulting.com/

ARDE80 Arden, B., ed. *What Can Be Automated?* The Computer Science and Engineering Research Study, National Science Foundation, 1980.

ATLA89 Atlas, A., and Blundon, B. "Time to Reach for It All." *UNIX Review*, January 1989.

BACH86 Bach, M. *The Design of the UNIX Operating System.* Englewood Cliffs, NJ: Prentice Hall, 1986.

BACO03 Bacon, J., and Harris, T. *Operating Systems: Concurrent and Distributed Software Design.* Reading, MA: Addison-Wesley, 2003.

BAER80 Baer, J. *Computer Systems Architecture.* Rockville, MD: Computer Science Press, 1980.

BACC13 Baccelli, E.; Hahm, O.; Wahlisch, M.; Gunes, M.; and Schmidt, T. "RIOT OS: Towards an OS for the Internet of Things." *Proceedings of IEEE INFOCOM, Demo/Poster for the 32nd IEEE International Conference on Computer Communications, Turin, Italy*, April 2013.

BARK89 Barkley, R., and Lee, T. "A Lazy Buddy System Bounded by Two Coalescing Delays per Class." *Proceedings of the Twelfth ACM Symposium on Operating Systems Principles,* December 1989.

BAYS77 Bays, C. "A Comparison of Next-Fit, First-Fit, and Best-Fit." *Communications of the ACM,* March 1977.

BELA66 Belady, L. "A Study of Replacement Algorithms for a Virtual Storage Computer." *IBM Systems Journal,* No. 2, 1966.

BLAC90 Black, D. "Scheduling Support for Concurrency and Parallelism in the Mach Operating System." *Computer,* May 1990.

BOLO89 Bolosky, W.; Fitzgerald, R.; and Scott, M. "Simple but Effective Techniques for NUMA Memory Management." *Proceedings, Twelfth ACM Symposium on Operating Systems Principles,* December 1989.

BONW94 Bonwick, J. "The Slab Allocator: An Object-Caching Kernel Memory Allocator." *Proceedings, USENIX Summer Technical Conference*, 1994.

BORG90 Borg, A.; Kessler, R.; and Wall, D. "Generation and Analysis of Very Long Address Traces." *Proceedings of the 17th Annual International Symposium on Computer Architecture*, May 1990.

BORM14 Bormann, C.; Ersue, M.; and Keranen, A. *Terminology for Constrained-Node Networks.* RFC 7228, May 2014.

BRIA99 Briand, L., and Roy, D. *Meeting Deadlines in Hard Real-Time Systems: The Rate Monotonic Approach.* Los Alamitos, CA: IEEE Computer Society Press, 1999.

BREN89 Brent, R. "Efficient Implementation of the First-Fit Strategy for Dynamic Storage Allocation." *ACM Transactions on Programming Languages and Systems*, July 1989.

BRIN01 Brinch Hansen, P., ed. *Classic Operating Systems: From Batch Processing to Distributed Systems.* New York, NY: Springer-Verlag, 2001.

BUON01 Buonadonna, P.; Hill, J.; and Culler, D. "Active Message Communication for Tiny Networked Sensors." *Proceedings, IEEE INFOCOM 2001*, April 2001.

BUTT99 Buttazzo, G., Sensini, F. "Optimal Deadline Assignment for Scheduling Soft Aperiodic Tasks in Hard Real-Time Environments." *IEEE Transactions on Computers*, October 1999.

CALL15 Callaway, B., and Esker, R. "OpenStack Deployment and Operations Guide." *NetApp White Paper*, May 2015.

CARR84 Carr, R. *Virtual Memory Management.* Ann Arbor, MI: UMI Research Press, 1984.

CARR89 Carriero, N., and Gelernter, D. "How to Write Parallel Programs: A Guide for the Perplexed." *ACM Computing Surveys*, September 1989.

CARR01 Carr, S.; Mayo, J.; and Shene, C. "Race Conditions: A Case Study." *Journal of Computing in Colleges*, October 2001.

CARR05 Carrier, B. *File System Forensic Analysis.* Upper Saddle River, NJ: Addison-Wesley, 2005.

CHEN92 Chen, J.; Borg, A.; and Jouppi, N. "A Simulation-Based Study of TLB Performance." *Proceedings, 19th Annual International Symposium on Computer Architecture*, May 1992.

CHOI05 Choi, H., and Yun, H. "Context Switching and IPC Performance Comparison between μClinux and Linux on the ARM9 Based Processor." *Proceedings, Samsung Conference*, 2005.

CHU72 Chu, W., and Opderbeck, H. "The Page Fault Frequency Replacement Algorithm." *Proceedings, Fall Joint Computer Conference,* 1972.

CLAR85 Clark, D., and Emer, J. "Performance of the VAX-11/780 Translation Buffer: Simulation and Measurement." *ACM Transactions on Computer Systems,* February 1985.

CLAR13 Clark, L. "Intro to Embedded Linux Part 1: Defining Android vs. Embedded Linux." *Libby Clark Blog*, Linux.com, March 6, 2013.

COFF71 Coffman, E.; Elphick, M.; and Shoshani, A. "System Deadlocks." *Computing Surveys,* June 1971.

COME79 Comer, D. "The Ubiquitous B-Tree." *Computing Surveys*, June 1979.

CONW63 Conway, M. "Design of a Separable Transition-Diagram Compiler." *Communications of the ACM*, July 1963.

CORB62 Corbato, F.; Merwin-Daggett, M.; and Daley, R. "An Experimental Time-Sharing System." *Proceedings of the 1962 Spring Joint Computer Conference*, 1962. Reprinted in [BRIN01].

CORB68 Corbato, F. "A Paging Experiment with the Multics System." *MIT Project MAC Report MAC-M-384,* May 1968.

CORB07 Corbet, J. "The SLUB Allocator." April 2007. http://lwn.net/Articles/229984/

CORM09 Cormen, T., et al. *Introduction to Algorithms.* Cambridge, MA: MIT Press, 2009.

COX89 Cox, A., and Fowler, R. "The Implementation of a Coherent Memory Abstraction on a NUMA Multiprocessor: Experiences with PLATINUM." *Proceedings, Twelfth ACM Symposium on Operating Systems Principles,* December 1989.

DALE68 Daley, R., and Dennis, R. "Virtual Memory, Processes, and Sharing in MULTICS." *Communications of the ACM*, May 1968.

DASG91 Dasgupta, P., et al. "The Clouds Distributed Operating System." *IEEE Computer*, November 1991.

DENN68 Denning, P. "The Working Set Model for Program Behavior." *Communications of the ACM,* May 1968.

DENN70 Denning, P. "Virtual Memory." *Computing Surveys*, September 1970.

DENN71 Denning, P. "Third Generation Computer Systems." *ACM Computing Surveys*, December 1971.

DENN80a Denning, P.; Buzen, J.; Dennis, J.; Gaines, R.; Hansen, P.; Lynch, W.; and Organick, E. "Operating Systems." In [ARDE80].

DENN80b Denning, P. "Working Sets Past and Present." *IEEE Transactions on Software Engineering*, January 1980.

DIJK65 Dijkstra, E. *Cooperating Sequential Processes*. Technological University, Eindhoven, The Netherlands, 1965. Reprinted [LAPL96] and in [BRIN01].

DIJK71 Dijkstra, E. "Hierarchical Ordering of Sequential Processes." *Acta informatica*, Volume 1, Number 2, 1971. Reprinted in [BRIN01].

DONG10 Dong, W., et al. "Providing OS Support for Wireless Sensor Networks: Challenges and Approaches." *IEEE Communications Surveys & Tutorials*, Fourth Quarter, 2010.

DOWN16 Downey, A. *The Little Book of Semaphores Version 2.2.1.* 2016. www.greenteapress .com/semaphores/

DUBE98 Dube, R. *A Comparison of the Memory Management Sub-Systems in FreeBSD and Linux.* Technical Report CS-TR-3929, University of Maryland, September 25, 1998.

EISC07 Eischen, C. "RAID 6 Covers More Bases." *Network World*, April 9, 2007.

EMCR15 EmCraft Systems. "What Is the Minimal Footprint of μClinux?" *EmCraft Documentation*, May 19, 2015. http://www.emcraft.com/stm32f429discovery/what-is-minimal-footprint

ETUT16 eTutorials.org. *Embedded Linux Systems.* 2016. http://etutorials.org/Linux+systems/embedded+linux+systems/

FEIT90a Feitelson, D., and Rudolph, L. "Distributed Hierarchical Control for Parallel Processing." *Computer,* May 1990.

FEIT90b Feitelson, D., and Rudolph, L. "Mapping and Scheduling in a Shared Parallel Environment Using Distributed Hierarchical Control." *Proceedings, 1990 International Conference on Parallel Processing,* August 1990.

FERR83 Ferrari, D., and Yih, Y. "VSWS: The Variable-Interval Sampled Working Set Policy." *IEEE Transactions on Software Engineering,* May 1983.

FINK88 Finkel, R. *An Operating Systems Vade Mecum,* Second edition. Englewood Cliffs, NJ: Prentice Hall, 1988.

FOST91 Foster, I. "Automatic Generation of Self-Scheduling Programs." *IEEE Transactions on Parallel and Distributed Systems*, January 1991.

FRAN97 Franz, M. "Dynamic Linking of Software Components." *Computer*, March 1997.

FREN16 Frenzel, L. "12 Wireless Options for IoT/M2M: Diversity or Dilemma?" *Electronic Design*, June 2016.

GANA98 Ganapathy, N., and Schimmel, C. "General Purpose Operating System Support for Multiple Page Sizes." *Proceedings, USENIX Symposium*, 1998.

GAY03 Gay, D., et al. "The nesC Language: A Holistic Approach to Networked Embedded Systems." *Proceedings of the ACM SIGPLAN 2003 Conference on Programming Language Design and Implementation*, 2003.

GEHR87 Gehringer, E.; Siewiorek, D.; and Segall, Z. *Parallel Processing: The Cm* Experience.* Bedford, MA: Digital Press, 1987.

GING90 Gingras, A. "Dining Philosophers Revisited." *ACM SIGCSE Bulletin*, September 1990.

GOLD89 Goldman, P. "Mac VM Revealed." *Byte,* November 1989.

GOYE99 Goyeneche, J., and Souse, E. "Loadable Kernel Modules." *IEEE Software*, January/February 1999.

GRAH72 Graham, G., and Denning, P. "Protection—Principles and Practice." *Proceedings, AFIPS Spring Joint Computer Conference*, 1972.

GROS86 Grosshans, D. *File Systems: Design and Implementation.* Englewood Cliffs, NJ: Prentice Hall, 1986.

GUPT78 Gupta, R., and Franklin, M. "Working Set and Page Fault Frequency Replacement Algorithms: A Performance Comparison." *IEEE Transactions on Computers,* August 1978.

HAHM15 Hahm, O.; Baccelli, E.; Petersen, H.; and Tsiftes, N. "Operating Systems for Low-End Devices in the Internet of Things: A Survey." *IEEE Internet of Things Journal*, December 2015.

HALD91 Haldar, S., and Subramanian, D. "Fairness in Processor Scheduling in Time Sharing Systems." *Operating Systems Review*, January 1991.

HAND98 Handy, J. *The Cache Memory Book, Second edition.* San Diego, CA: Academic Press, 1998.

HARR06 Harris, W. "Multi-Core in the Source Engine." bit-tech.net technical paper, November 2, 2006. bit-tech.net/gaming/2006/11/02/Multi_core_in_the_Source_Engin/1

HENR84 Henry, G. "The UNIX System: The Fair Share Scheduler." *AT&T Bell Laboratories Technical Journal*, October 1984.

HERL90 Herlihy, M. "A Methodology for Implementing Highly Concurrent Data Structures." *Proceedings of the Second ACM SIGPLAN Symposium on Principles and Practices of Parallel Programming*, March 1990.

HILL00 Hill, J., et al. "System Architecture Directions for Networked Sensors." *Proceedings, Architectural Support for Programming Languages and Operating Systems*, 2000.

HOAR74 Hoare, C. "Monitors: An Operating System Structuring Concept." *Communications of the ACM*, October 1974.

HOLL02 Holland, D.; Lim, A.; and Seltzer, M. "A New Instructional Operating System." *Proceedings of SIGCSE 2002*, 2002.

HOLT72 Holt, R. "Some Deadlock Properties of Computer Systems." *Computing Surveys,* September 1972.

HOWA73 Howard, J. "Mixed Solutions for the Deadlock Problem." *Communications of the ACM*, July 1973.

HUCK83 Huck, T. *Comparative Analysis of Computer Architectures.* Stanford University Technical Report Number 83-243, May 1983.

HUCK93 Huck, J., and Hays, J. "Architectural Support for Translation Table Management in Large Address Space Machines." *Proceedings of the 20th Annual International Symposium on Computer Architecture,* May 1993.

HYMA66 Hyman, H. "Comments on a Problem in Concurrent Programming Control." *Communications of the ACM*, January 1966.

ISLO80 Isloor, S., and Marsland, T. "The Deadlock Problem: An Overview." *Computer*, September 1980.

IYER01 Iyer, S., and Druschel, P. "Anticipatory Scheduling: A Disk Scheduling Framework to Overcome Deceptive Idleness in Synchronous I/O." *Proceedings, 18th ACM Symposium on Operating Systems Principles*, October 2001.

JACK10 Jackson, J. "Multicore Requires OS Rework, Windows Architect Advises." *Network World*, March 19 2010.

JOHN92 Johnson, T., and Davis, T. "Space Efficient Parallel Buddy Memory

Management." *Proceedings, Fourth International Conference on Computers and Information*, May 1992.

JONE80 Jones, A., and Schwarz, P. "Experience Using Multiprocessor Systems—A Status Report." *Computing Surveys,* June 1980.

JONE97 Jones, M. "What Really Happened on Mars?" http://research.microsoft.com/~mbj/Mars_Pathfinder/Mars_Pathfinder.html, 1997.

KATZ89 Katz, R.; Gibson, G.; and Patterson, D. "Disk System Architecture for High Performance Computing." *Proceedings of the IEEE*, December 1989.

KAY88 Kay, J., and Lauder, P. "A Fair Share Scheduler." *Communications of the ACM*, January 1988.

KERN16 Kerner, S. " Inside the Box: Can Containers Simplify Networking?" *Network Evolution*, February 2016.

KESS92 Kessler, R., and Hill, M. "Page Placement Algorithms for Large Real-Indexed Caches." *ACM Transactions on Computer Systems*, November 1992.

KHAL93 Khalidi, Y.; Talluri, M.; Williams, D.; and Nelson, M. "Virtual Memory Support for Multiple Page Sizes." *Proceedings, Fourth Workshop on Workstation Operating Systems*, October 1993.

KHUS12 Khusainov, V. "Practical Advice on Running μClinux on Cortex-M3/M4." *Electronic Design*, September 17, 2012.

KILB62 Kilburn, T.; Edwards, D.; Lanigan, M.; and Sumner, F. "One-Level Storage System." *IRE Transactions*, April 1962.

HILL00 Hill, J., et al. "System Architecture Directions for Networked Sensors." *Proceedings, Architectural Support for Programming Languages and Operating Systems*, 2000.

HOAR74 Hoare, C. "Monitors: An Operating System Structuring Concept." *Communications of the ACM*, October 1974.

HOLL02 Holland, D.; Lim, A.; and Seltzer, M. "A New Instructional Operating System." *Proceedings of SIGCSE 2002*, 2002.

HOLT72 Holt, R. "Some Deadlock Properties of Computer Systems." *Computing Surveys,* September 1972.

HOWA73 Howard, J. "Mixed Solutions for the Deadlock Problem." *Communications of the ACM*, July 1973.

HUCK83 Huck, T. *Comparative Analysis of Computer Architectures.* Stanford University Technical Report Number 83-243, May 1983.

HUCK93 Huck, J., and Hays, J. "Architectural Support for Translation Table Management in Large Address Space Machines." *Proceedings of the 20th Annual International Symposium on Computer Architecture,* May 1993.

HYMA66 Hyman, H. "Comments on a Problem in Concurrent Programming Control." *Communications of the ACM*, January 1966.

ISLO80 Isloor, S., and Marsland, T. "The Deadlock Problem: An Overview." *Computer*, September 1980.

IYER01 Iyer, S., and Druschel, P. "Anticipatory Scheduling: A Disk Scheduling Framework to Overcome Deceptive Idleness in Synchronous I/O." *Proceedings, 18th ACM Symposium on Operating Systems Principles*, October 2001.

JACK10 Jackson, J. "Multicore Requires OS Rework, Windows Architect Advises." *Network World*, March 19 2010.

JOHN92 Johnson, T., and Davis, T. "Space Efficient Parallel Buddy Memory Management." *Proceedings, Fourth International Conference on Computers and Information*, May 1992.

JONE80 Jones, A., and Schwarz, P. "Experience Using Multiprocessor Systems—A Status Report." *Computing Surveys,* June 1980.

JONE97 Jones, M. "What Really Happened on Mars?" http://research.microsoft.com/~mbj/Mars_Pathfinder/Mars_Pathfinder.html, 1997.

KATZ89 Katz, R.; Gibson, G.; and Patterson, D. "Disk System Architecture for High

Performance Computing." *Proceedings of the IEEE*, December 1989.

KAY88 Kay, J., and Lauder, P. "A Fair Share Scheduler." *Communications of the ACM*, January 1988.

KERN16 Kerner, S. " Inside the Box: Can Containers Simplify Networking?" *Network Evolution*, February 2016.

KESS92 Kessler, R., and Hill, M. "Page Placement Algorithms for Large Real-Indexed Caches." *ACM Transactions on Computer Systems*, November 1992.

KHAL93 Khalidi, Y.; Talluri, M.; Williams, D.; and Nelson, M. "Virtual Memory Support for Multiple Page Sizes." *Proceedings, Fourth Workshop on Workstation Operating Systems*, October 1993.

KHUS12 Khusainov, V. "Practical Advice on Running μClinux on Cortex-M3/M4." *Electronic Design*, September 17, 2012.

KILB62 Kilburn, T.; Edwards, D.; Lanigan, M.; and Sumner, F. "One-Level Storage System." *IRE Transactions*, April 1962.

KLEI95 Kleiman, S., Eykholt, J. "Interrupts as Threads." *Operating System Review*, April 1995.

KLEI96 Kleiman, S.; Shah, D.; and Smallders, B. *Programming with Threads.* Upper Saddle River, NJ: Prentice Hall, 1996.

KNUT71 Knuth, D. "An Experimental Study of FORTRAN Programs." *Software Practice and Experience,* Vol. 1, 1971.

KNUT97 Knuth, D. *The Art of Computer Programming, Volume 1: Fundamental Algorithms.* Reading, MA: Addison-Wesley, 1997.

KNUT98 Knuth, D. *The Art of Computer Programming, Volume 3: Sorting and Searching.* Reading, MA: Addison-Wesley, 1998.

LAMP71 Lampson, B. "Protection." *Proceedings, Fifth Princeton Symposium on Information Sciences and Systems*, March 1971; Reprinted in *Operating Systems Review*, January 1974.

LAMP74 Lamport, L. "A New Solution to Dijkstra's Concurrent Programming Problem." *Communications of the ACM,* August 1974.

LAMP80 Lampson, B., and Redell D. "Experience with Processes and Monitors in Mesa." *Communications of the ACM*, February 1980.

LAMP91 Lamport, L. "The Mutual Exclusion Problem Has Been Solved." *Communications of the ACM,* January 1991.

LAPL96 Laplante, P., ed. *Great Papers in Computer Science*. New York, NY: IEEE Press, 1996.

LARO92 LaRowe, R.; Holliday, M.; and Ellis, C. "An Analysis of Dynamic Page Placement in a NUMA Multiprocessor." *Proceedings, 1992 ACM SIGMETRICS and Performance '92,* June 1992.

LEBL87 LeBlanc, T., and Mellor-Crummey, J. "Debugging Parallel Programs with Instant Replay." *IEEE Transactions on Computers,* April 1987.

LEON07 Leonard, T. "Dragged Kicking and Screaming: Source Multicore." *Proceedings, Game Developers Conference 2007*, March 2007.

LERO76 Leroudier, J., and Potier, D. "Principles of Optimality for Multiprogramming." *Proceedings, International Symposium on Computer Performance Modeling, Measurement, and Evaluation,* March 1976.

LETW88 Letwin, G. *Inside OS/2.* Redmond, WA: Microsoft Press, 1988.

LEUT90 Leutenegger, S., and Vernon, M. "The Performance of Multiprogrammed Multiprocessor Scheduling Policies." *Proceedings, Conference on Measurement and Modeling of Computer Systems,* May 1990.

LEVI12 Levis, P. "Experiences from a Decade of TinyOS Development." *10th USENIX Symposium on Operating Systems Design and Implementation*, 2012.

LEVI16 Levin, J. "GCD Internals." *Mac OS X and iOS Internals: To the Apple's Core.* newosxbook.com, 2016.

LEWI96 Lewis, B., and Berg, D. *Threads Primer.* Upper Saddle River, NJ: Prentice Hall,

1996.
LHEE03 Lhee, K., and Chapin, S., "Buffer Overflow and Format String Overflow Vulnerabilities." *Software: Practice and Experience*, Volume 33, 2003.
LIGN05 Ligneris, B. "Virtualization of Linux Based Computers : The Linux-VServer Project." *Proceedings of the 19th International Symposium on High Performance Computing Systems and Applications*, 2005.
LIU73 Liu, C., and Layland, J. "Scheduling Algorithms for Multiprogramming in a Hard Real-time Environment." *Journal of the ACM*, January 1973.
LOVE04 Love, R. "I/O Schedulers." *Linux Journal*, February 2004.
MACK05 Mackall, M. "Slob: Introduce the SLOB Allocator." November 2005. http://lwn.net/Articles/157944/
MAEK87 Maekawa, M.; Oldehoeft, A.; and Oldehoeft, R. *Operating Systems: Advanced Concepts.* Menlo Park, CA: Benjamin Cummings, 1987.
MAJU88 Majumdar, S.; Eager, D.; and Bunt, R. "Scheduling in Multiprogrammed Parallel Systems." *Proceedings, Conference on Measurement and Modeling of Computer Systems,* May 1988.
MARW06 Marwedel, P. *Embedded System Design.* Dordrecht, The Netherlands: Springer, 2006.
MCCU04 McCullough, D. "μClinux for Linux Programmers." *Linux Journal*, July 2004.
MCDO06 McDougall, R., and Laudon, J. "Multi-Core Microprocessors Are Here." *;login:*, October 2006.
MCDO07 McDougall, R., and Mauro, J. *Solaris Internals: Solaris 10 and OpenSolaris Kernel Architecture.* Palo Alto, CA: Sun Microsystems Press, 2007.
MCKU15 McKusick, M.; Neville-Neil, J.; and Watson, R. *The Design and Implementation of the FreeBSD Operating System.* Upper Saddle River, NJ: Addison-Wesley, 2015.
MENA07 Menage, P. "Adding Generic Process Containers to the Linux Kernel." *Linux Symposium*, June 2007.
MESN03 Mesnier, M.; Ganger, G.; and Riedel, E. "Object-Based Storage." *IEEE Communications Magazine*. August 2003.
MIN02 Min, R., et al. "Energy-Centric Enabling Technologies for Wireless Wensor Networks." *IEEE wireless communications*, vol. 9, no. 4, 2002.
MORG92 Morgan, K. "The RTOS Difference." *Byte*, August 1992.
MORR16 Morra, J. "Google Rolls Out New Version of Android Operating System." Electronic Design, August 24, 2016.
MOSB02 Mosberger, D., and Eranian, S. *IA-64 Linux Kernel: Design and Implementation.* Upper Saddle River, NJ: Prentice Hall, 2002.
MS96 Microsoft Corp. *Microsoft Windows NT Workstation Resource Kit.* Redmond, WA: Microsoft Press, 1996.
NELS91 Nelson, G. *Systems Programming with Modula-3.* Englewood Cliffs, NJ: Prentice Hall, 1991.
NIST08 National Institute of Standards and Technology. *Guide to General Server Security.* Special Publication 800-124, July 2008.
OUST85 Ousterhout, J., et al. "A Trace-Drive Analysis of the UNIX 4.2 BSD File System." *Proceedings, Tenth ACM Symposium on Operating System Principles*, 1985.
PABL09 Pabla, C. "Completely Fair Scheduler." *Linux Journal*, August 2009.
PARK13 Parker-Johnson, P. "Getting to Know OpenStack Neutron: Open Networking in Cloud Services." *TechTarget article*, December 13, 2013. http://searchtelecom.techtarget.com/tip/Getting-to-know-OpenStack-Neutron-Open-networking-in-cloud-services
PATT82 Patterson, D., and Sequin, C. "A VLSI RISC." *Computer,* September 1982.
PATT85 Patterson, D. "Reduced Instruction Set Computers." *Communications of the ACM*, January 1985.
PATT88 Patterson, D.; Gibson, G.; and Katz, R. "A Case for Redundant Arrays of Inexpensive Disks (RAID)." *Proceedings, ACM SIGMOD Conference of Management of Data,* June 1988.

PAZZ92 Pazzini, M., and Navaux, P. "TRIX, A Multiprocessor Transputer-Based Operating System." *Parallel Computing and Transputer Applications*, edited by M.Valero et al., Barcelona, Spain: IOS Press/CIMNE, 1992.

PEIR99 Peir, J.; Hsu, W.; and Smith, A. "Functional Implementation Techniques for CPU Cache Memories." *IEEE Transactions on Computers*, February 1999.

PETE15 Petersen, H., et al. "Old Wine in New Skins? Revisiting the Software Architecture for IP Network Stacks on Constrained IoT Devices." *ACM MobiSys Workshop on IoT Challenges in Mobile and Industrial Systems (IoTSys)*, May 2015.

PIZZ89 Pizzarello, A. "Memory Management for a Large Operating System." *Proceedings, International Conference on Measurement and Modeling of Computer Systems,* May 1989.

PETE77 Peterson, J., and Norman, T. "Buddy Systems." *Communications of the ACM*, June 1977.

PETE81 Peterson, G. "Myths about the Mutual Exclusion Problem." *Information Processing Letters,* June 1981.

PRZY88 Przybylski, S.; Horowitz, M.; and Hennessy, J. "Performance Trade-offs in Cache Design." *Proceedings, Fifteenth Annual International Symposium on Computer Architecture,* June 1988.

RAMA94 Ramamritham, K., and Stankovic, J. "Scheduling Algorithms and Operating Systems Support for Real-Time Systems." *Proceedings of the IEEE*, January 1994.

RASH88 Rashid, R., et al. "Machine-Independent Virtual Memory Management for Paged Uniprocessor and Multiprocessor Architectures." *IEEE Transactions on Computers,* August 1988.

RAYN86 Raynal, M. *Algorithms for Mutual Exclusion.* Cambridge, MA: MIT Press, 1986.

REIM06 Reimer, J. "Valve Goes Multicore." *Ars Technica*, November 5, 2006. arstechnica .com/articles/paedia/cpu/valve-multicore.ars

RITC74 Ritchie, D., and Thompson, K. "The UNIX Time-Sharing System." *Communications of the ACM*, July 1974.

RITC78 Ritchie, D. "UNIX Time-Sharing System: A Retrospective." *The Bell System Technical Journal,* July–August 1978.

RITC84 Ritchie, D. "The Evolution of the UNIX Time-Sharing System." *AT&T Bell Labs Technical Journal*, October 1984.

ROBE03 Roberson, J. "ULE: A Modern Scheduler for FreeBSD." *Proceedings of BSDCon '03*, September 2003.

ROBI90 Robinson, J., and Devarakonda, M. "Data Cache Management Using Frequency-Based Replacement." *Proceedings, Conference on Measurement and Modeling of Computer Systems,* May 1990.

ROME04 Romer, K., and Mattern, F. "The Design Space of Wireless Sensor Networks." *IEEE Wireless Communications*, December 2004.

ROSA14 Rosado, T., and Bernardino, J. "An Overview of OpenStack Architecture." *ACM IDEAS '14*, July 2014.

RUSS11 Russinovich, M.; Solomon, D.; and Ionescu, A. *Windows Internals: Covering Windows 7 and Windows Server 2008 R2.* Redmond, WA: Microsoft Press, 2011.

SARA11 Saraswat, L., and Yadav, P. "A Comparative Analysis of Wireless Sensor Network Operating Systems." *The 5th National Conference; INDIACom*, 2011.

SATY81 Satyanarayanan, M. and Bhandarkar, D. "Design Trade-Offs in VAX-11 Translation Buffer Organization." *Computer,* December 1981.

SAUE81 Sauer, C., and Chandy, K. *Computer Systems Performance Modeling.* Englewood Cliffs, NJ: Prentice Hall, 1981.

SEFR12 Serfaoui, O.; Aissaoui, M.; and Eleuldj, M. "OpenStack: Toward an Open-Source Solution for Cloud Computing." *International Journal of Computer Applications*, October 2012.

SEGH12 Seghal, A., et al. "Management of Resource Constrained Devices in the

Internet of Things." *IEEE Communications Magazine*, December 2012.

SHA91 Sha, L.; Klein, M.; and Goodenough, J. "Rate Monotonic Analysis for Real-Time Systems." in [TILB91].

SHA94 Sha, L.; Rajkumar, R.; and Sathaye, S. "Generalized Rate-Monotonic Scheduling Theory: A Framework for Developing Real-Time Systems." *Proceedings of the IEEE*, January 1994.

SHAH15 Shah, A. "Smart Devices Could Get a Big Battery Boost from ARM's New Chip Design." *PC World*, June 1, 2015.

SHEN02 Shene, C. "Multithreaded Programming Can Strengthen an Operating Systems Course." *Computer Science Education Journal*, December 2002.

SHOR75 Shore, J. "On the External Storage Fragmentation Produced by First-Fit and Best-Fit Allocation Strategies." *Communications of the ACM*, August, 1975.

SHUB90 Shub, C. "ACM Forum: Comment on a Self-Assessment Procedure on Operating Systems." *Communications of the ACM*, September 1990.

SHUB03 Shub, C. "A Unified Treatment of Deadlock." *Journal of Computing in Small Colleges*, October 2003. Available through the ACM Digital Library.

SILB04 Silberschatz, A.; Galvin, P.; and Gagne, G. *Operating System Concepts with Java.* Reading, MA: Addison-Wesley, 2004.

SIRA09 Siracusa, J. "Grand Central Dispatch." *Ars Technica Review*, 2009. http://arstechnica.com/apple/reviews/2009/08/mac-os-x-10-6.ars/12

SMIT82 Smith, A. "Cache Memories." *ACM Computing Surveys,* September 1982.

SMIT85 Smith, A. "Disk Cache—Miss Ratio Analysis and Design Considerations." *ACM Transactions on Computer Systems*, August 1985.

SOLT07 Soltesz, S., et al. "Container-Based Operating System Virtualization: A Scalable High-Performance Alternative to Hypervisors." *Proceedings of the EuroSys 2007* 2nd *EuroSys Conference, Operating Systems Review*, June 2007.

STAL16a Stallings, W. *Computer Organization and Architecture,* 10th ed. Upper Saddle River, NJ: Pearson, 2016.

STAL16b Stallings, W. *Foundations of Modern Networking: SDN, NFV, QoE, IoT and Cloud.* Upper Saddle River, NJ: Pearson, 2016.

STAN14 Stankovic, J. "Research Directions for the Internet of Things." *Internet of Things Journal*, Volume 1, Number 1, 2014.

STEE95 Steensgarrd, B., and Jul, E. "Object and Native Code Mobility among Heterogeneous Computers." *Proceedings, 15th ACM Symposium on Operating Systems Principles*, December 1995.

STRE83 Strecker, W. "Transient Behavior of Cache Memories." *ACM Transactions on Computer Systems,* November 1983.

TAKA01 Takada, H. "Real-Time Operating System for Embedded Systems." In Imai, M. and Yoshida, N. eds. *Asia South-Pacific Design Automation Conference*, 2001.

TALL92 Talluri, M.; Kong, S.; Hill, M.; and Patterson, D. "Tradeoffs in Supporting Two Page Sizes." *Proceedings of the 19th Annual International Symposium on Computer Architecture*, May 1992.

TAMI83 Tamir, Y., and Sequin, C. "Strategies for Managing the Register File in RISC." *IEEE Transactions on Computers*, November 1983.

TANE78 Tanenbaum, A. "Implications of Structured Programming for Machine Architecture." *Communications of the ACM,* March 1978.

TAUR12 Tauro, C.; Ganesan, N.; and Kumar, A. "A Study of Benefits in Object Based Storage Systems." *International Journal of Computer Applications*, March 2012.

TEVA87 Tevanian, A., et al. "Mach Threads and the UNIX Kernel: The Battle for Control." *Proceedings, Summer 1987 USENIX Conference*, June 1987.

TILB91 Tilborg, A., and Koob, G. eds. *Foundations of Real-Time Computing: Scheduling and Resource Management*. Boston: Kluwer Academic Publishers, 1991.

TIME02 TimeSys Corp. "Priority Inversion: Why You Care and What to Do about It." *TimeSys White Paper*, 2002. https://linuxlink.timesys.com/docs/priority_inversion

TUCK89 Tucker, A., and Gupta, A. "Process Control and Scheduling Issues for Multiprogrammed Shared-Memory Multiprocessors." *Proceedings, Twelfth ACM Symposium on Operating Systems Principles,* December 1989.

TUCK04 Tucker, A. ed. *Computer Science Handbook,* Second Edition. Boca Raton, FL: CRC Press, 2004.

VAHA96 Vahalia, U. *UNIX Internals: The New Frontiers.* Upper Saddle River, NJ: Prentice Hall, 1996.

WARD80 Ward, S. "TRIX: A Network-Oriented Operating System." *Proceedings, COMPCON '80,* 1980.

WARR91 Warren, C. "Rate Monotonic Scheduling." *IEEE Micro,* June 1991.

WEIZ81 Weizer, N. "A History of Operating Systems." *Datamation,* January 1981.

WEND89 Wendorf, J.; Wendorf, R.; and Tokuda, H. "Scheduling Operating System Processing on Small-Scale Microprocessors." *Proceedings, 22nd Annual Hawaii International Conference on System Science,* January 1989.

WIED87 Wiederhold, G. *File Organization for Database Design.* New York, NY: McGraw-Hill, 1987.

WOOD86 Woodside, C. "Controllability of Computer Performance Tradeoffs Obtained Using Controlled-Share Queue Schedulers." *IEEE Transactions on Software Engineering,* October 1986.

WOOD89 Woodbury, P. et al. "Shared Memory Multiprocessors: The Right Approach to Parallel Processing." *Proceedings, COMPCON Spring '89,* March 1989.

ZAHO90 Zahorjan, J., and McCann, C. "Processor Scheduling in Shared Memory Multiprocessors." *Proceedings, Conference on Measurement and Modeling of Computer Systems,* May 1990.

ZHUR12 Zhuravlev, S., et al. "Survey of Scheduling Techniques for Addressing Shared Resources in Multicore Processors." *ACM Computing Surveys,* November 2012.

尊敬的老师：

您好！

为了确保您及时有效地申请培生整体教学资源，请您务必完整填写如下表格，加盖学院的公章后传真给我们，我们将会在2～3个工作日内为您处理。

请填写所需教辅的开课信息：

<table>
<tr><td>采用教材</td><td colspan="2"></td><td>□中文版 □英文版 □双语版</td></tr>
<tr><td>作　　者</td><td></td><td>出版社</td><td></td></tr>
<tr><td>版　　次</td><td></td><td>ISBN</td><td></td></tr>
<tr><td rowspan="2">课程时间</td><td>始于　　年　月　日</td><td>学生人数</td><td></td></tr>
<tr><td>止于　　年　月　日</td><td>学生年级</td><td>□专 科　　□本科 1/2 年级
□研究生　　□本科 3/4 年级</td></tr>
</table>

请填写您的个人信息：

<table>
<tr><td>学　　校</td><td colspan="3"></td></tr>
<tr><td>院系/专业</td><td colspan="3"></td></tr>
<tr><td>姓　　名</td><td></td><td>职　　称</td><td>□助教 □讲师 □副教授 □教授</td></tr>
<tr><td>通信地址/邮编</td><td colspan="3"></td></tr>
<tr><td>手　　机</td><td></td><td>电　　话</td><td></td></tr>
<tr><td>传　　真</td><td colspan="3"></td></tr>
<tr><td>official email(必填)
(eg:XXX@ruc.edu.cn)</td><td></td><td>email
(eg:XXX@163.com)</td><td></td></tr>
<tr><td colspan="4">是否愿意接收我们定期的新书讯息通知：　□是　　□否</td></tr>
</table>

系 / 院主任：__________（签字）

（系 / 院办公室章）

____年____月____日

资源介绍：

—教材、常规教辅（PPT、教师手册、题库等）资源：请访问www.pearsonhighered.com/educator；（免费）

—MyLabs/Mastering 系列在线平台：适合老师和学生共同使用；访问需要 Access Code。（付费）

100013　北京市东城区北三环东路 36 号环球贸易中心 D 座 1208 室
电话：（8610）57355003　传真：（8610）58257961

Please send this form to：